注册
公用设备工程师
执业资格考试
专业基础考试
复习教程

（第2版）

王迅　主编

内容提要

本书涵盖了《注册公用设备工程师(暖通空调及动力专业)执业资格考试基础考试大纲(专业基础部分)》所涉及的全部内容。全书共7章,包括工程热力学、传热学、工程流体力学及泵与风机、自动控制、热工测试技术、机械基础和职业法规等。每章包含考试大纲、复习指导、复习内容、仿真习题及习题答案等五部分。

全书简明扼要,针对性强,可读实用,有益于复习、回顾和培考,有利于考生在复习基础上进行全面的实战练习。

本书是准备参加注册公用设备工程师(暖通空调及动力专业)执业资格考试人员的复习和培训用教材。

图书在版编目(CIP)数据

注册公用设备工程师执业资格考试专业基础考试复习教程 / 王迅主编. -- 2版. -- 天津 : 天津大学出版社, 2022.11

ISBN 978-7-5618-7386-1

Ⅰ.①注… Ⅱ.①王… Ⅲ.①城市公用设施－资格考试－自学参考资料 Ⅳ.①TU99

中国国家版本馆CIP数据核字(2023)第001905号

ZHUCE GONGYONG SHEBEI GONGCHENGSHI ZHIYE ZIGE KAOSHI ZHUANYE JICHU KAOSHI FUXI JIAOCHENG

出版发行 天津大学出版社
地　　址 天津市卫津路92号天津大学内(邮编:300072)
电　　话 发行部:022-27403647
网　　址 www.tjupress.com.cn
印　　刷 天津泰宇印务有限公司
经　　销 全国各地新华书店
开　　本 787×1092　1/16
印　　张 27
字　　数 675千
版　　次 2010年4月第1版　2022年11月第2版
印　　次 2022年11月第1次
定　　价 89.00元

序 言

执业资格注册制度为我国工程技术人员个人的执业资格确立了符合国际惯例的规格、标准及严格的认证程序,它的建立和实施,必将进一步推动人才的社会化、市场化和国际化的进程,为我国市场经济的可持续发展提供更加规范的人才保障。执业注册资格考试是资格认证程序的核心环节。执业注册资格考试必须严格按照相应的考试大纲执行。

全国勘察设计注册工程师执业资格考试大纲是在建设部执业资格注册中心的领导下,根据我国建设行业的具体情况以及与国际接轨的要求制定的。考试大纲由专业考试大纲和基础考试大纲两个部分组成,前者规定了申请者专业能力的测试标准,后者则体现对申请者工程科学背景的要求。

在执业资格考试中设立基础考试程序基于下述两个方面的考虑。

(1)执业工程师的工程科学背景要求是从行业的角度对从业者提出的要求,它并不完全等同于工科院校的基础和专业基础教育的要求,执业注册资格基础考试并不是工科高校基础教学考试的简单重复。

(2)执业资格考试是一种按照独立标准进行的公平认证程序,它原则上不受申请者的学历、学位、职务等传统条件的严格限制。因此,申请者所受的工程基础教育背景差异甚大,有必要在统一的标准下进行检验。

所以,对于基础考试,申请者不可消极应考。正确的做法应当是:根据自身的具体情况,按照基础考试大纲的内容进行系统的学习与准备,切实地充实、强化自身的工程科学基础,从容应对考试。

鉴于申请者教育背景、毕业年限、工作性质、工作岗位及工作经历等诸多因素的影响,基础考试大纲的内容对申请者而言或欠缺或遗忘的情况是普遍存在的,所以为申请者提供适当的考试辅导是必要的、有益的。

天津大学出版社近年来组织出版的勘察设计注册工程师公共基础和专业基础考试辅导系列教程,按照考试大纲的要求,全面地综合了各类基础课的主要内容,恰当地把握了各类课程的广度和深度,准确地体现了对我国执业资格注册制度及其认证程序的正确理解和对基础考试大纲条目的深入分析,为应考者提供了重要的学习资料。相信这些系列辅导教程能够为申请者的学习与考试准备提供切实的帮助。热切希望今后能够出版更多的分册,以帮助不同专业的申请者。

全国勘察设计注册工程师基础考试专家组组长　林孔元

前 言

《注册公用设备工程师执业资格考试专业基础考试复习教程》出版以来，得到考生和有关人员的广泛使用。为了进一步提高质量，使其更有针对性，本次对教程进行了修改和精简。

编撰本书的主要依据是建设部制定的《注册公用设备工程师（暖通工程及动力专业）执业资格考试基础考试大纲》。在编写过程中，教程尽量符合大纲的内容要求，并基本保持了原有风格，在修改原有错误的同时，尽量简明扼要、重点突出，针对性更强。基于作者的理解，书中增加了复习指导部分，以利于考生应对考试。书中最后一部分的仿真习题分为难、中、易三个层次，各层次比例为2∶3∶5，题型与考试题型相同。

全书共设7章，其中第1章由王迅编写；第2章由雷海燕编写；第3章由杨俊红、崔旭阳编写；第4章由马非编写；第5章由张伟编写；第6章由刘建琴编写；第7章由邢金城编写。王迅担任全书主编。

本书包含七门课程，某些相同的技术在本书的不同章节仍保持其原有不同的名称，或仍用不同符号来表示，请读者注意。对于本书不足之处，竭诚欢迎读者提出意见和建议，以使我们能及时改进。

编者

2022年10月

前言

目录

1 工程热力学

考试大纲

1.1 基本概念

热力学系统,状态,平衡,状态参数,状态公理,状态方程,热力参数及坐标图,功和热量,热力过程,热力循环,单位制。

1.2 准静态过程,可逆过程和不可逆过程

1.3 热力学第一定律

热力学第一定律的实质,内能,焓,热力学第一定律在开口系统和闭口系统的表达式,储存能,稳态流动能量方程及其应用。

1.4 气体性质

理想气体模型及其状态方程,实际气体模型及其状态方程,压缩因子,临界参数,对比态及其定律,理想气体比热,混合气体的性质。

1.5 理想气体基本热力过程及气体压缩

定压、定容、定温和绝热过程,多变过程,气体压缩轴功,余隙,多级压缩和中间冷却。

1.6 热力学第二定律

热力学第二定律的实质及表述,卡诺循环和卡诺定理,熵,孤立系统熵增原理。

1.7 水蒸气和湿空气

蒸发,冷凝,沸腾,汽化,定压发生过程,水蒸气图表,水蒸气基本热力过程,湿空气性质,湿空气焓湿图,湿空气基本热力过程。

1.8 气体和蒸汽的流动

喷管和扩压管,流动的基本特性和基本方程,流速,音速,流量,临界状态,绝热节流。

1.9 动力循环

朗肯循环,回热和再热循环,热电循环,内燃机循环。

1.10 制冷循环

空气压缩制冷循环,蒸汽压缩制冷循环,吸收式制冷循环,热泵,气体的液化。

复习指导

工程热力学讨论的是能量转换的一般规律在热能工程中的应用,重点研究热能与机械能相互转换的规律、热工设备的基本原理和寻找适合的工质,达到热能有效利用的目的。

工程热力学是一门学习难度较大的课程,但限于考试的题量和时间,在考题中不大可能出现很复杂的计算题。因此考生复习时应注重基本概念、定律和公式等的理解和掌握,这对分析热力学问题是非常有用的。例如,初态 A 和终态 B 相同的两个热力过程,一个是可逆过程,另一个是不可逆过程,要求判断两个过程熵的变化的大小。如果考生知道熵是状态参数,而状态参数只与状态有关,与路径无关,那么很容易得出两个过程的熵的变化相同的结论。

恰当选取热力系统,可以简化问题的分析。例 1:炎热夏天打开电冰箱门能否给房间降温?若以与屋内空气接触的屋子表面划分系统与外界可以发现,通过边界的相互作用只有两项:一项是外界(环境空气)对系统加热,另一项是外界向系统输入电能。因此可以得出,系统的能量不断增加,屋内只会更热,不必追究电冰箱在里面起什么作用。例 2:有一绝热刚性容器,被隔板分成 A 和 B 两部分,已知 A 和 B 气体的初态参数,求打开隔板后容器达到平衡时的温度和压力。此时,选取 A 和 B 容器中的气体为系统计算比较容易。

热力学第一、第二定律是工程热力学的核心内容,根据选取系统(如闭口、开口等系统)、工质和热力过程特点,正确选用对应计算公式,是计算热力学问题的前提。

尽管热力学问题多种多样,但对它们进行热力分析的方法基本相同,下面列出其分析步骤以供考生参考。

①掌握已知条件,弄清题意。确定系统时注意区分闭口系统、开口系统或孤立系统等,弄清系统与外界之间相互作用的内容(功量迁移、热量迁移等)。

②区分工质。明确所研究工质是理想气体、实际气体或蒸汽等,确定描述工质参数的方法(例如利用状态方程或查图表)。

③对热力过程进行合理简化,例如定压过程、定容过程等。

④利用热力学第一、第二定律和质量守恒定律等,对所选系统建立方程,并求解。

复习内容

1.1 基本概念

工程热力学研究问题的基本方法可以归结为:划分出系统,考察系统与外界之间的相互作用,根据热力学的基本定律分析系统发生的变化和对外界产生的影响。

1.1.1 热力学系统

热工设备的作用原理和性能取决于设备中的工质在外界作用下的行为。于是,进行热力学分析的时候要把设备中的工质作为研究对象。用分界面把与研究对象发生作用的周围物体隔离开来形成的工质隔离体称为热力学系统,简称系统。分界面称为边界。边界以外的物体称为外界。边界可以是实际存在的,也可以是假想(虚拟)的;可以是固定不变的,也可以是运动或变形的。

按照系统与外界有没有物质和能量传递,系统可以分为以下几类。

①闭口系统是与外界没有物质传递的系统。

②开口系统是与外界有物质传递的系统。开口系统通常有相对固定的空间,这个空间范围称为控制体积。

③绝热系统是指与外界没有热量传递的热力学系统。

④孤立系统是指与外界既没有物质传递也没有任何能量传递的系统。

由可压缩流体构成的闭口系统常称为简单可压缩系统,是工程热力学研究的基本系统。

用来实现能量相互转换的媒介物称为工质,它是实现能量转换必不可少的内部条件。工质一般为气态物质。广而言之,热力学系统可以由任何形态的一个物体、一组物体、物体的一部分或一定范围的空间组成,依问题而定。

1.1.2 功与热

功与热是能量传递的两种形式。它们的区别在于:功是在力不平衡(压力差或力差)条件下传递机械能;热的作用是在热不平衡(温度差或温差)条件下传递热能。

1.1.3 状态、热力学平衡状态

系统在瞬间的宏观物理状况称为系统的状态。

系统在没有外界作用(重力作用除外)的条件下,所呈现出的宏观状态称为热力平衡状态,简称平衡状态。实现平衡的充要条件:系统内部及系统与外界之间不存在各种不平衡势差(力差、温差、化学势差)等。具体地,无力差建立的平衡称为力平衡;无温差建立的平衡称为热平衡。平衡状态可以用若干物理量来描述。用来描述系统平衡状态的物理量称为系统的状态参数。系统处于某一平衡状态,各状态参数都具有完全确定的数值。知道了系统各状态参数的数值,系统所处的平衡状态也就完全确定了。

【例 1.1-1】 铁棒一端浸入冰水混合物中,另一端浸于沸水中。经过一段时间后,铁棒各点温度不再随时间而变化。此铁棒处于(　　)。

(A)热力平衡状态　　(B)准静态　　(C)均匀状态　　(D)稳定状态

解:铁棒虽然各点温度不随时间变化,但它是在外界高温热源(沸水)和低温热源(冰水混合物)持续作用下维持的,不符合平衡状态定义,且存在着显著的热不平衡势,因此只是处于稳定(导热)状态。答案为(D)。

1.1.4 状态参数、状态方程式

1. 状态参数的数学特征

系统状态参数的取值只取决于系统的平衡状态,与从何处或以怎样的方式达到这个平衡状态无关。状态参数的这一性质可以用点函数描述。平衡状态在以状态参数为坐标的图上为一个完全确定的点;状态参数的微分是全微分;系统从一平衡状态点变化到另一状态点后的状态参数改变量 Δx 等于两状态同名参数的差值,与积分路径无关,即

$$\Delta x=\int_1^2 \mathrm{d}x=x_2-x_1$$

式中:x 代表任一状态参数,数字 1 和 2 分别表示系统的初始平衡状态和终了平衡状态。

2. 基本状态参数

热力学常用的状态参数有温度（T）、压力（p）、质量体积（v）、热力学能（U）、焓（H）、熵（S）等。系统总体积（V）和总能量的参数值与系统具有的物质数量有关，属于广延参数。广延参数具有可加性，整体总值为各部分数值之和。温度、压力和质量体积或密度都与系统的物质数量无关，属于强度参数。强度参数的数值只决定于系统的状态，没有可加性。广延参数值与系统物质数量的比值也具有强度参数的性质，像质量体积一样，质量热力学能、质量焓和质量熵都用小写字母表示。

诸多状态参数中只有压力和温度是可测量参数，即可以直接用仪表测量。质量体积可以由测量出的系统体积和物质数量直接计算出，也列入可测量参数之中。这三个可测量状态参数称为基本状态参数。其他状态参数可以根据它与基本状态参数之间的函数关系间接计算得到，它们称为导出参数。

温度的度量法称为温度标尺，简称温标。热力学理论建立起的热力学温标不依赖测温物质的性质，成为测量温度最基本的温标。根据热力学温标确定的温度称为热力学温度，符号为T，单位为 K。热力学温标确定纯水的三相点温度 T=273.15 K，间隔 1 K 为水三相点温度的 1/273.15。热力学温度表示系统的真实温度。

实际的温度计用摄氏温标。摄氏温度符号为 t，单位为℃。摄氏温标规定标准大气压下纯水的冰点温度为 0 ℃，沸点温度为 100 ℃。摄氏温标和热力学温标的温度间隔相同，两温标的温度值换算如下：

$$T=t+273.15$$

压力用压力表测量。工程上常用压力表（如弹簧管压力表、U 形管压力计）的测量原理以力平衡原理为基础，测量的读数表示系统真实压力与压力表所处环境压力的差值。系统的真实压力 p 称为绝对压力，压力表读数 p_g 称为表压力，当压力表置于环境空气中时，得

$$p=p_g+p_b$$

式中：p_b 为当地大气压力，大气压力计的读数为当地大气绝对压力。当测量对象的压力 p 低于大气压力 p_b 时，使用真空表测量。真空表读数称为真空度 p_v，则

$$p=p_b-p_v$$

压力的基本单位为帕斯卡（Pa，1 Pa=1 N/m^2），较大的压力用千帕（kPa）或兆帕（MPa），有时也用巴（bar，1 bar=100 kPa）。风机风压等较小压力常用水或水银的 U 形管测量，读数用液柱高度表示，换算如下：

$$1\ \text{mmH}_2\text{O}=9.806\ 65\ \text{Pa}$$

$$1\ \text{mmHg}=133.322\ \text{Pa}$$

严格地讲，压力表所处环境的压力并不一定是大气压力，如图 1.1-1 所示压力表 A 和 C 的环境压力为大气压力，而压力表 D 的环境压力是容器 2 的绝对压力。

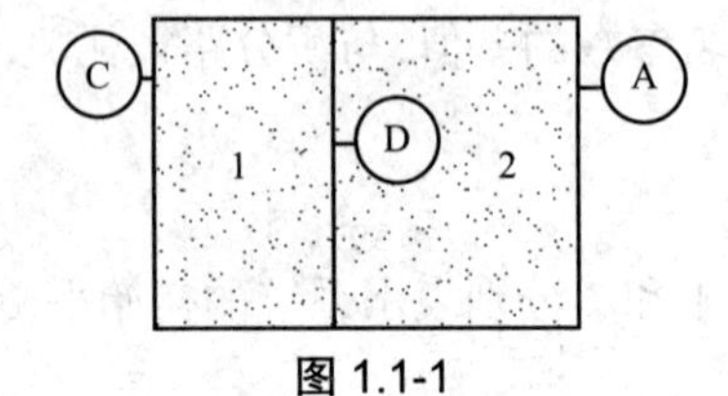

图 1.1-1

3. 状态方程式、状态参数坐标图

状态公理提供了确定系统平衡状态所需独立参数数目的经验规则：所需独立参数的数目为 $n+1$，n 是该系统与外界之间可能传递的可逆功的种类数，加 1 表示加上热量传递。对于简单可压缩系统，可逆功只有体积变化功这一种，$n=1$，于是，独立参数的数目为 2。简单可压缩系统只要基本状态参数 p、v 和 T 之中有任意两个参数取值，就能确定它的平衡状态。

基本状态参数之间的函数关系称为状态方程式。简单可压缩系统的状态方程式可以写成 $f(p,v,T)=0$，或 $v=v(p,T)$、$T=T(p,v)$、$p=p(T,v)$ 等形式。状态方程式的具体表达取决于具体物质的性质。

两个独立参数的系统可以任选一对参数作为坐标构成平面坐标图。这种坐标图称为状态参数坐标图，图上的点表示确定的平衡状态。p-v 图和 T-s 图是常用的状态参数坐标图。

1.1.5 热力过程、准静态过程、可逆过程

外界作用使系统从一状态变化成另一状态，系统的这种变化历程称为热力过程，简称过程。

在系统与外界的压力差、温度差为无限小条件下，系统变化足够缓慢，系统经历一系列无限接近于平衡状态的过程称为准静态过程，也称准平衡过程。这里的"缓慢"是热力学意义上的缓慢，即由不平衡到平衡的弛豫时间远小于过程进行所用时间。准静态过程可以在参数坐标上用一连续曲线准确图示，例如在 p-v 图上图示，用函数 $p=f(v)$ 描述过程中系统的压力随质量体积变化的函数关系。函数 $p=f(v)$ 称为过程方程式。

系统经历一过程之后又能沿着原过程反向回到原来的初状态而对外界没有留下任何痕迹，这样的原过程称为可逆过程；否则称为不可逆过程。

判别一过程是不是可逆过程不必令其反向进行来考察，只看这过程实施的条件。可逆过程的充要条件是过程应为准静态过程且过程无耗散效应（通过摩擦、电阻、磁阻等使功变热的效应）。可逆过程成为系统与外界之间传递能量效果最好的理想化过程。

准静态过程与可逆过程的差别在于有无耗散损失。一个可逆过程必须同时是一个准静态过程，但准静态过程不一定是可逆过程。

当系统经历一可逆过程，根据功的力学定义，系统的体积变化功可以表示为沿着过程的定积分，表示如下：

$$w=\int_1^2 p\mathrm{d}v \tag{1.1-1}$$

系统体积膨胀做功，积分值为正值；系统受压缩，则积分值为负值。

对于可逆过程系统与外界交换的热量，可表示为如下定积分：

$$q=\int_1^2 T\mathrm{d}s \tag{1.1-2}$$

系统吸热为正值，系统放热为负值。

功和热量都是过程中出现的传递量，称为过程量。不同过程中的过程量数值不同，尽管各过程中系统的初状态和终状态都相同。

1.1.6 热力循环

系统经历一系列状态变化又回到出发状态的周而复始的过程称为热力循环，简称循环。循环也可以由若干过程组成，如热工设备的循环。如果组成循环的各过程都是可逆过程，循环也成为可逆循环。系统进行循环涉及的外界由几部分组成，至少有两个不同温度的热源。

正向循环是动力机的原理，称为动力循环。动力循环中，工质吸热 q_1，放热 q_2，做功 $w=q_1-q_2$。逆向循环是制冷机和热泵的原理，分别称为制冷循环和热泵循环。逆向循环中，工质吸热 q_2，放热 q_1，输入功 $w=q_1-q_2$。动力循环、制冷循环和热泵循环分别用循环热效率 η_t、制冷系数 ε 和供热系数 ε' 作为评价循环效果的指标。这些指标以系统与外界之间传递的功量与热量比值的形式定义如下：

循环热效率 $$\eta_t=\frac{w}{q_1}=1-\frac{q_2}{q_1} \tag{1.1-3}$$

制冷系数 $$\varepsilon=\frac{q_2}{w}=\frac{q_2}{q_1-q_2} \tag{1.1-4}$$

供热系数 $$\varepsilon'=\frac{q_1}{w}=\frac{q_1}{q_1-q_2} \tag{1.1-5}$$

1.2 单位制

工程热力学中常用量的国际单位见表 1.2-1，以供查用。

表 1.2-1 工程热力学常用量的国际单位

量的名称	单位名称	单位符号
长度	米	m
质量	千克（公斤）	kg
时间	秒	s
热力学温度	开[尔文]	K
物质的量	摩[尔]	mol
力	牛[顿]	N（$kg\cdot m/s^2$）
压力，压强	帕[斯卡]	Pa（N/m^2）
能[量]，功，热量	焦[耳]	J（N·m）
功率	瓦[特]	W（J/s）
热流密度	瓦[特]每平方米	W/m^2
比热容，比熵	焦[耳]每千克开[尔文]	J/（kg·K）
热容，熵	焦[耳]每开[尔文]	J/K
比内能，比焓	焦[耳]每千克	J/kg

1.3 热力学第一定律

热力学第一定律可以表述为“机械能可以变为热能，热能也可以变为机械能，在转换中能量总数不变”，也可表述为“第一类永动机是造不成的”或“热机的效率不可能大于 1”。第一类永动机指不耗费能量而不断做功的机器。

当考察热能与机械能互相转换的过程时，如果把系统与外界合在一起看作孤立系统，热力学第一定律又可以表述为“在孤立系统内，能量的总量保持不变”。

热力学第一定律有实践经验和科学实验的基础。本节着重讨论应用热力学第一定律分析能量传递过程的基本方法。

1.3.1 热力学第一定律的基本表达式

热力学第一定律的基本表达式为

$$Q = \Delta U + W \tag{1.3-1}$$

式中：Q 和 W 分别表示一闭口系统在与外界相互作用的过程中，通过边界传递的热量和功；ΔU 为系统热力学能的变化量。该式表达了过程中通过边界的热量、功和系统热力学能变化量三者之间的数量关系，三者可以互相转换并且能量守恒。

在基本表达式中，Q 和 W 都是通过边界的实际过程量；热力学能是系统的状态参数，它的变化值 ΔU 只取决于过程的初状态和终状态，是系统热力学能的实际变化结果。所以，基本表达式是从实际结果考察系统与外界的相互作用的，不论系统由何种物质构成，也不论是可逆过程还是不可逆过程，它都适用。式(1.3-1)规定，系统吸热，Q 为正值；系统放热，Q 为负值；系统输出功，W 为正值；对系统输入功，W 为负值。当系统与外界之间有多处热量传递时，式中 Q 代表各处传递热量的代数和。同样，W 也表示代数和。

式(1.3-1)用单位物质(1 kg)表示时写成

$$q = \Delta u + w \tag{1.3-1a}$$

用于微元过程可以写成

$$\delta q = \mathrm{d}u + \delta w \tag{1.3-1b}$$

式中：δ 表示微小过程量；微分 d 表示微小状态变化量。

【例 1.3-1】 定量空气在状态变化过程中向外界放热 40 kJ，热力学能增加 80 kJ。求该过程中的功，并问空气是膨胀还是压缩。

解：以定量空气为系统，根据热力学第一定律基本表达式求解功为

$$W = Q - \Delta U = (-40) - 80 = -120 \text{ kJ}$$

W 值带负号表示空气被压缩，系统输入功为 120 kJ。

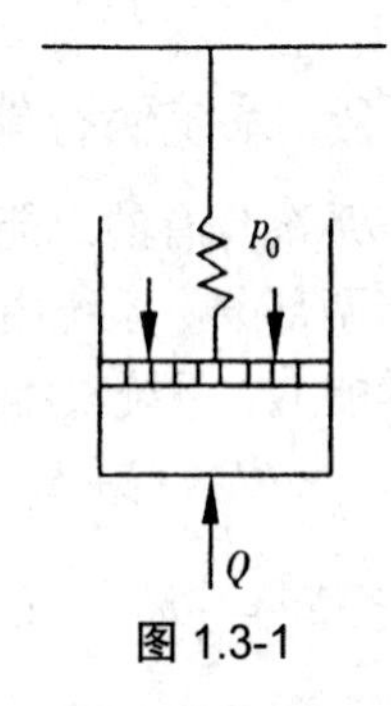

图 1.3-1

【例 1.3-2】 如图 1.3-1 所示，活塞面积 A=4 cm^2，体积为 20 cm^3 的汽缸内充满空气，空气压力为 0.1 MPa，而温度为 20 ℃，空气的质量为 2.4×10^{-5} kg。活塞与悬于支架上的弹簧相连。弹簧的弹性系数 k=100 N/cm，弹簧的压缩量为 x 时位能增加 $kx^2/2$。初始状态时弹簧未变形。现对空气缓慢加热。加热终了，空气的压力升高到 0.3 MPa，温度升高到 536 ℃。求空气吸热量。忽略活塞重

量和活塞与汽缸壁之间的摩擦。已知环境空气压力 p_0=0.1 MPa,空气的质量热力学能与温度的关系为 u=1 000T。

解:选取汽缸内的空气为(闭口)系统。根据热力学第一定律基本表达式

$$Q=\Delta U+W$$

式中系统输出的功可以由弹簧被压缩所得到的功 W_1 和活塞移动时克服环境空气阻力的功 W_2 之和求得。

(1)弹簧压缩功 W_1 提高了弹簧位能 $\frac{1}{2}kx^2$。弹簧的压缩量 x 可以由终状态的活塞力平衡求得,则

$$(p_2-p_0)A=kx$$

解得

$$(0.3\times10^6-0.1\times10^6)\times4\times10^{-4}=100\times10^2x$$

$$x=0.8\ \text{cm}$$

$$W_1=\frac{1}{2}kx^2=\frac{1}{2}\times100\times10^2\times(0.8\times10^{-2})^2=0.32\ \text{J}$$

(2)活塞克服环境空气阻力而移动的功

$$W_2=p_0Ax=0.1\times10^6\times4\times10^{-4}\times0.8\times10^{-2}=0.32\ \text{J}$$

(3)系统热力学能增量

$$\Delta U=m(u_2-u_1)=2.4\times10^{-5}\times1\,000\times\left[(536+273)-(20+273)\right]=12.4\ \text{J}$$

(4)空气吸热量

$$Q=\Delta U+W=\Delta U+W_1+W_2=12.4+0.32+0.32=13.04\ \text{J}$$

【例 1.3-3】 气体在活塞式汽缸中进行可逆膨胀过程。如果过程中压力随体积而变化的关系为 PV^n=定值,n 为定值,试证明气体的体积变化功为 $W=\frac{p_1V_1-p_2V_2}{n-1}$。

解:根据题意 $pV^n=p_1V_1^n=p_2V_2^n$=定值,可得 $p=f(V)$的如下形式:

$$p=\frac{p_1V_1^n}{V^n}$$

$$W=\int_1^2 p\mathrm{d}V=\int_1^2\frac{p_1V_1^n}{V^n}\mathrm{d}V=p_1V_1^n\int_1^2\frac{\mathrm{d}V}{V^n}=p_1V_1^n\frac{V_2^{(-n+1)}-V_1^{(-n+1)}}{1-n}=\frac{p_1V_1-p_2V_2}{n-1}$$

1.3.2 系统储存能

系统具有的总能量称为系统储存能,用 E 表示。系统储存能可分为内部储存能与外部储存能两部分。系统内部由于分子、原子等微观粒子热运动所具有的能量为内部储存能,称为热力学能 U。系统整体宏观运动的动能 E_k 和重力位能 E_p 为外部储存能。因此系统储存能表示为

$$E=U+E_k+E_p \tag{1.3-2}$$

式中:$E_k=\frac{1}{2}mc^2$,$E_p=mgz$。系统的热力学能取决于系统的热力状态。系统的宏观动能和宏观位能属于机械能,与系统的热力状态无关,需要用系统外的参照坐标系来测量。

【例 1.3-4】 由 2 kg 物质构成的闭口系统经历了如下过程:过程中系统散热 25 kJ,外界对系统做功 100 kJ,系统的质量热力学能减少了 15 kJ/kg,并且整个系统被举高 1 000 m。试确定

过程中系统动能的变化。

解:由于系统有整体的宏观运动,式(1.3-1)中的热力学能一项应为储存能,可写成

$$Q=\Delta E+W=\Delta U+\Delta E_{\mathrm{k}}+\Delta E_{\mathrm{p}}+W$$

于是,得

$$\begin{aligned}\Delta E_{\mathrm{k}}&=Q-W-\Delta U-mg\Delta z\\&=(-25)-(-100)-2\times(-15)-2\times 9.8\times 1\,000\times 10^{-3}=85.4\ \mathrm{kJ}\end{aligned}$$

结果说明系统动能增大了 85.4 kJ。

1.3.3　热力学第一定律在开口系统的表达式

大部分热工设备都属于开口系统,可用控制容积考察。

1. 伴随工质的能量

伴随着进出控制容积的工质的能量除了它的储存能之外,还得到(或付出)了流动功(亦称推动功)$W_{\mathrm{f}}=pV=mpv$。这时,伴随 1 kg 工质的能量为

$$e+pv=u+e_{\mathrm{k}}+e_{\mathrm{p}}+pv$$

如果用 1 和 2 分别表示控制容积进口和出口的工质状态,流经控制容积的工质质量为 m,那么将有如下能量参与控制容积中的能量交换过程:

$$m(e_2+p_2v_2)-m(e_1+p_1v_1)$$

伴随工质的各项能量中,u 和 pv 两项都完全由工质的热力状态决定。把 u 和 pv 两项合并称为质量焓或比焓,用 h 表示为

$$h=u+pv \tag{1.3-3}$$

质量焓也具有状态参数的性质。于是,伴随工质的能量中参与能量交换的那部分能量可以表示为

$$m(h_2+e_{\mathrm{k}2}+e_{\mathrm{p}2})-m(h_1+e_{\mathrm{k}1}+e_{\mathrm{p}1})$$

2. 轴功

轴功指通过控制容积边界的功,用 W_{s} 表示。轴功也参加控制容积中的能量交换。如果控制容积中只有轴功和伴随工质的能量参加能量交换,根据能量守恒原理,稳定流动时输入与输出的能量应当平衡,以单位质量工质表示为

$$h_1+e_{\mathrm{k}1}+e_{\mathrm{p}1}=h_2+e_{\mathrm{k}2}+e_{\mathrm{p}2}+w_{\mathrm{s}}$$

从另一方面看,工质流过控制容积时做体积变化功 $\int p\mathrm{d}v$。假设工质的体积变化功总要补偿流动功的差额以维持流动,同时还会改变工质的动能和位能,余额才可能转移到轴上。由功的平衡可得到

$$\int p\mathrm{d}v-\Delta(pv)-\Delta e_{\mathrm{k}}-\Delta e_{\mathrm{p}}=w_{\mathrm{s}}$$

动能与位能和轴功一样都是可以利用的机械能,合并称为技术功,用 w_{t} 表示,得

$$w_{\mathrm{t}}=w_{\mathrm{s}}+\Delta e_{\mathrm{k}}+\Delta e_{\mathrm{p}}=\int p\mathrm{d}v-\Delta(pv)=-\int v\mathrm{d}p \tag{1.3-4}$$

各种热工设备的作用原理不同,$\Delta(pv)$、Δe_{k} 和 Δe_{p} 各项数值都是可正可负的。例如,$\Delta(pv)$ 为负值表明有流动功余额可以直接利用,当不计动能和位能变化时,轴功可能大于体积变化功。

【**例 1.3-5**】 一储气瓶从压缩空气总管充气，总管内压缩空气参数恒定为 500 kPa、25 ℃，储气瓶在充气前的空气压力为 100 kPa，温度为 10 ℃。设充气过程在绝热条件下进行，储气瓶内压力升高到与总管压力平衡时充气结束。若空气可视为理想气体，则充气终了时储气瓶内的空气温度为(　　)。已知比热比 $\gamma = c_p / c_v = 1.4$。

(A)417.2 K　　(B)381.1 K　　(C)298 K　　(D)283 K

解：取进气阀关闭时的储气瓶作为(闭口)系统考察，系统在充气前后的热力学能变化值为 ΔU。开启进气阀充气期间，取储气瓶作为与外界有物质交换的控制体积考察，伴随压缩空气进入控制体的能量为空气焓 H。于是，可以得到充气开始到结束时的能量方程如下：

$$U_2 - U_1 = H$$

或

$$m_2 u_2 - m_1 u_1 = (m_2 - m_1)h$$

式中：$u_1 = c_v T_1, u_2 = c_v T_2, h = c_p T, T = 298\ \text{K}$，$m_2 - m_1 = \dfrac{p_2 V}{R_g T_2} - \dfrac{p_1 V}{R_g T_1}$，$V$ 为储气瓶容积，代入上述能量方程并整理得

$$(p_2 - p_1)c_v = \left(\frac{p_2}{T_2} - \frac{p_1}{T_1}\right)c_p T$$

$$T_2 = \frac{p_2 T}{\dfrac{(p_2 - p_1)}{\gamma} + \dfrac{p_1}{T_1}T} = \frac{298 \times 5 \times 10^5}{\dfrac{(5-1)\times 10^5}{1.4} + \dfrac{298 \times 1 \times 10^5}{283}} = 381.1\ \text{K}$$

答案为(B)。

讨论：如果充气前储气瓶内是真空 $m_1=0$，那么 $u_2=h$。对于理想气体，可得

$$T_2 = \frac{c_p}{c_v}T = 1.4 \times 298 = 417.2\ \text{K}$$

充气后储气瓶内空气温度高于主管空气的温度。这是因为从压缩空气总管进入储气瓶的焓，充气结束后已转变为储气瓶内气体的热力学能，因而温度升高。

3. 稳定流动能量方程式

稳定流动指控制容积内任一点的状态参数和流速都不随时间而变化。在稳定流动过程中，进入控制容积的工质质量恒等于离开控制容积的工质质量，单位时间内控制容积与外界之间传递的热量和功都不随时间而改变，控制容积内的总质量和总能量也不随时间而变化。

当工质流经控制容积时有热量传递、伴随工质的能量和轴功参与能量交换，根据能量守恒可以得到稳定流动能量方程式如下：

$$Q = (H_2 - H_1) + \frac{1}{2}m(c_2^2 - c_1^2) + mg(z_2 - z_1) + W_s \text{或} Q = \Delta H + W_t \tag{1.3-5}$$

$$q = (h_2 - h_1) + \frac{1}{2}(c_2^2 - c_1^2) + g(z_2 - z_1) + w_s \tag{1.3-5a}$$

$$\delta Q = dH + \frac{1}{2}m dc^2 + mg dz + \delta W_s \tag{1.3-5b}$$

$$\delta q = dh + \frac{1}{2}dc^2 + g dz + \delta w_s \tag{1.3-5c}$$

$$\Phi = q_m \Delta h + \frac{1}{2} q_m \Delta c^2 + q_m g \Delta z + P_s \quad (1.3\text{-}5d)$$

式中：Φ 为热流量，W；q_m 为质量流量，kg/s；P_s 为轴功率，W。

1.3.4 稳定流动能量方程式的应用

应用稳定流动能量方程式时，以设备壳体作为控制容积边界，考察设备内流动过程的具体条件，找出主要的能量交换关系。

1. 锅炉和换热器

锅炉和换热器都没有转动部件，与外界没有功传递，进出口工质的动能和位能变化可以忽略不计。由稳定流动能量方程式可得

$$Q = \Delta H = H_2 - H_1 \quad 或 \quad q = \Delta h = h_2 - h_1$$

系统与外界的热交换改变了工质的焓值。

2. 热力发动机

通常，进口和出口之间工质的动能和位能变化不大，控制容积对外界的散热量也不大，都可以忽略不计，由能量方程可以得到热机输出的轴功等于工质焓减少值：

$$W_s = -\Delta H = H_1 - H_2 \quad 或 \quad w_s = -\Delta h = h_1 - h_2$$

3. 喷管

喷管是一段使气流加速的管件，没有转动轴。工质在流动中与外界的热交换及位能变化都可以忽略不计，由能量方程可得

$$\frac{1}{2}(c_2^2 - c_1^2) = -\Delta h = h_1 - h_2$$

气流在喷管中体积膨胀而加速，宏观动能增大量等于气流焓减少值。

扩压管是使气流减速的管件，气流在流动中动能降低而焓值增大。

4. 泵与风机

有轴功输入，与外界没有热量传递，流体在进口与出口的动能和位能变化可以忽略不计。由能量方程可得

$$-w_s = \Delta h = h_2 - h_1$$

输入的轴功提高了流体的焓值。

5. 阀门

流体流经阀门时与外界没有功和热量传递，但是必须克服因通道突然窄小而产生的相当大的摩擦阻力和涡流。这种流动称为绝热节流。流体在阀门进口和出口的动能与位能变化可以忽略不计，于是可得

$$H_2 = H_1 \quad 或 \quad h_2 = h_1$$

流体在节流前后的焓值相同。但是，绝热节流过程存在耗散效应，不是可逆过程，也不是准静态过程。

【例 1.3-6】 进入压气机的空气质量焓 h_1=290 kJ/kg，空气经压缩后温度升高，在压缩机出口的空气质量焓 h_2=580 kJ/kg。若空气流量为 100 kg/s，求压气机消耗的功率。

解：取压气机为控制容积。可以假设控制容积与外界之间没有热量传递（绝热压缩的流动过程），宏观动能和位能的变化可以忽略不计。由稳定流动能量方程式，当 Φ=0、Δc=0、Δz=0

时，得

$$P_s = -q_m \Delta h = -100 \times (580 - 290) = -29\,000 \text{ kW}$$

负号表示输入轴功(率)。

【例 1.3-7】 一集光面积为 3 m^2 的平板式太阳能集热器在测试时，每平方米每小时收集到热量 1 700 kJ，把 50 ℃的水加热到 70 ℃，集热器每小时向环境的散热量为 2 040 kJ。忽略水流过集热器的压力及动能与位能的变化，求 70 ℃水的生产量。

解：以集热器为控制容积可得，$P_s = 0,\ \Delta c^2 = 0, \Delta z = 0$，而 Φ 为收集热和散热两项的代数和，则 $\Phi = 3 \times 1\,700 + (-2\,040) = 3\,060$ kJ/h

水由 50 ℃升高到 70 ℃的质量焓增量可以用下式计算：

$$\Delta h = 4.18 \Delta T = 4.18 \times (70 - 50) = 83.6 \text{ kJ/kg}$$

由稳定流动能量方程式可得

$$q_m = \frac{\Phi}{\Delta h} = \frac{3\,060}{83.6} = 36.6 \text{ kg/h}$$

【例 1.3-8】 一动力机的入口管直径为 7.62 cm，入口工质流速 c_1=3 m/s，入口处工质压力 p_1=689.48 kPa，质量焓 h_1=2 558.6 kJ/kg，质量热力学能 u_1=2 326.0 kJ/kg，动力机出口的工质质量焓 h_2=1 395.6 kJ/kg。如果忽略工质动能与位能的变化和动力机的散热，求动力机的功率。

解：由质量焓的定义式(1.3-3)，得

$$p_1 v_1 = h_1 - u_1 = 2\,558.6 - 2\,326.0 = 232.6 \text{ kJ/kg}$$

$$v_1 = \frac{232.6}{689.48} = 0.337\,3 \ \text{ m}^3/\text{kg}$$

进口管截面积 $A_1 = \frac{\pi d_1^2}{4} = \frac{3.14 \times 0.076\,2^2}{4} = 0.004\,6 \text{ m}^2$

工质的质量流量 $q_m = \frac{A_1 c_1}{v_1} = \frac{0.004\,6 \times 3}{0.337\,3} = 0.04 \text{ kg/s}$

取动力机为控制容积，$\Phi = 0,\ \Delta c^2 = 0, \Delta z = 0$，由稳定流动能量方程式得

$$P_s = q_m (h_1 - h_2) = 0.04 \times (2\,558.6 - 1\,395.6) = 46.5 \text{ kW}$$

1.4 气体的性质

气态物质按它离开液态的远近分为气体和蒸气两类。

理想气体是假想的最简单的气体模型。工程上常用的气体如 O_2、H_2、N_2、CO、CO_2 等及其混合物，如空气、烟气等，在通常使用的温度和压力条件下视为理想气体，可以满足热工计算的要求。

本节着重讨论理想气体状态方程的应用和状态参数变化量的计算。

1.4.1 理想气体模型及其状态方程式

理想气体模型假设气体分子是不占体积的质点、分子之间没有相互作用力、分子之间的碰撞是无动量损失的弹性碰撞。

理想气体状态方程式如下：

$$pV = nRT \quad (n\ \text{mol 气体}) \tag{1.4-1}$$

$$pV_{\text{m}} = RT \quad (1\ \text{mol 气体}) \tag{1.4-1a}$$

$$pV = mR_{\text{g}}T \quad (m\ \text{kg 气体}) \tag{1.4-1b}$$

$$pv = R_{\text{g}}T \quad (1\ \text{kg 气体}) \tag{1.4-1c}$$

式中:R 称为通用气体常数,J/(mol·K);R_{g} 称为气体常数。

根据阿伏伽德罗假说,同温同压下各种气体的摩尔体积相同。物理学规定压力为 1 标准大气压(相当于 101 325 Pa)、温度为 273.15 K 的状态为物理标准状态。各种气体在标准状态的摩尔体积为 22.4×10^{-3} m^3/mol,则

$$R = \frac{pV_{\text{m}}}{T} = \frac{101\,325 \times 22.4 \times 10^{-3}}{273.15} = 8.314\ \text{J/(mol} \cdot \text{K)}$$

气体常数与气体种类有关,而与气体状态无关;通用气体常数 R 是与状态无关也和气体种类无关的常数。

二者的关系如下

$$R_{\text{g}} = \frac{R}{M} = \frac{8\,314}{M}\ \ \text{J/(kg} \cdot \text{K)}$$

式中:M 为摩尔质量,kg/mol。

【例 1.4-1】 体积为 0.028 3 m^3 的氧气瓶上的压力表读数为 5.86×10^5 Pa,温度为 21 ℃。发现泄漏时压力表读数已降低为 3.90×10^5 Pa,温度未变。问至发现为止共泄漏多少千克氧气? 当地环境空气压力 p_{b}=0.1 MPa。

解:(1)泄漏前瓶内状态

$$p_1 = (5.86 + 1) \times 10^5 = 6.86 \times 10^5\,\text{Pa}\ ,\ T_1 = 273 + 21 = 294\ \text{K}\ ,\ V_1 = 0.028\,3\ \text{m}^3$$

(2)泄漏后瓶内状态

$$p_2 = (3.90 + 1) \times 10^5 = 4.90 \times 10^5\,\text{Pa}\ ,\ T_2 = T_1 = 294\,\text{K}\ ,\ V_2 = V_1 = 0.028\,3\ \text{m}^3$$

氧的摩尔质量 M=0.032 kg/mol。由理想气体状态方程式可以求出泄漏前瓶内原有氧气量

$$m_1 = \frac{p_1 V_1}{R_{\text{g}} T_1}$$

发现泄漏时瓶内剩余氧气量 $m_2 = \dfrac{p_2 V_2}{R_{\text{g}} T_2}$

因此泄漏量

$$\Delta m = m_1 - m_2 = \frac{(p_1 - p_2)V_1}{\dfrac{R}{M} T_1} = \frac{(6.86 - 4.90) \times 10^5 \times 0.028\,3}{\dfrac{8.314}{0.032} \times 294} = 0.072\,8\ \text{kg}$$

【例 1.4-2】 已知锅炉燃煤需要的标准状态空气量 q_{V_0}=66 000 m^3/h。若鼓风机送入的热空气温度 t=250 ℃,表压力 p_{g}=20.0 kPa,求实际送风量为多少。当地环境空气压力 p_{b}=101.325 kPa。

解:不同状态送风量的空气质量应相等,由理想气体状态方程式得

$$\frac{pq_V}{T} = \frac{p_0 q_{V_0}}{T_0}$$

由题目条件：$p=p_g+p_b=20.0+101.325=121.325\ \text{kPa}$，$T=250+273=523\ \text{K}$

得实际送风量

$$q_V=q_{V_0}\frac{p_0T}{pT_0}=66\,000\times\frac{101.325\times523}{121.325\times273}=105\,569\ \text{m}^3/\text{h}$$

1.4.2 理想气体的质量热容(比热容)

物质系统在准静态加热过程中温度微小升高 $\text{d}T$ 所需要的外界传入微小量热量 δQ 称为系统的热容量，用 C 表示，单位为 J/K，即

$$C=\frac{\delta Q}{\text{d}T} \tag{1.4-2}$$

气体的数量常用 m kg、标准状态体积 V_0 m^3 和 n mol 计量，单位数量的热容量分别称为

$$\left.\begin{aligned}&\text{质量热容}\ c=\frac{1}{m}\frac{\delta Q}{\text{d}T}\quad \text{J/(kg·K)}\\&\text{体积热容}\ C'=\frac{1}{V_0}\frac{\delta Q}{\text{d}T}\quad \text{J/(m}^3\text{·K)}\\&\text{摩尔热容}\ C_m=\frac{1}{n}\frac{\delta Q}{\text{d}T}\quad \text{J/(mol·K)}\end{aligned}\right\} \tag{1.4-3}$$

三者之间关系如下：

$$C_m=Mc=22.4C' \tag{1.4-4}$$

维持压力不变或体积不变的条件便于实验测定热容，并且根据热力学第一定律基本表达式，定义理想气体的质量定压热容 c_p 和质量定容热容 c_V 如下：

$$\left.\begin{aligned}c_p&=\left(\frac{\delta q}{\text{d}T}\right)_p=\frac{\text{d}h}{\text{d}T}\\c_V&=\left(\frac{\delta q}{\text{d}T}\right)_V=\frac{\text{d}u}{\text{d}T}\end{aligned}\right\} \tag{1.4-5}$$

用迈耶公式表示两者关系如下：

$$c_p-c_V=R_g \tag{1.4-6}$$

定压热容和定容热容的比值称为质量热容比或比热比，用 γ 表示：

$$\gamma=c_p/c_V$$

根据理想气体模型，理想气体的热力学能和焓都只是温度的函数，与质量体积无关。因此，理想气体的 c_p 和 c_V 都只是温度的函数。

在计算热量时，质量热容的数值常用如下方法求得。

①积分法。在热工手册中可以找到函数 $c=f(T)$ 或按温度排列的质量热容数据表，根据温度值由它们得到的数值称为真实质量热容。

②平均法。在计算需要的温度范围内取真实质量热容的平均值。手册中常列出在 0 ℃到 t ℃之间的平均质量热容数据表。

③用定值热容。当气体温度不太高而且计算的温度变化范围不大或计算精度要求不高时，可以将质量热容看作不随温度而变化的定值，如表 1.4-1 所列。

表 1.4-1 理想气体的定值比热容

气体种类	c_V/[J/(kg·K)]	c_p/[J/(kg·K)]	g
单原子	$3R_g/2$	$5R_g/2$	1.67
双原子	$5R_g/2$	$7R_g/2$	1.40
多原子	$7R_g/2$	$9R_g/2$	1.30

1.4.3 理想气体热力学能、焓和熵的计算

理想气体的热力学能只是温度的函数。由定容质量热容的定义式可得理想气体热力学能计算式

$$du = c_V dT \tag{1.4-7a}$$

积分可得理想气体由任意状态 1 变化到状态 2 的热力学能变化值

$$\Delta u = u_2 - u_1 = \int_{T_1}^{T_2} c_V dT \tag{1.4-7b}$$

理想气体的焓也只是温度的函数。由定压质量热容的定义式可得理想气体焓的计算式

$$dh = c_p dT \tag{1.4-8a}$$

$$\Delta h = h_2 - h_1 = \int_{T_1}^{T_2} c_p dT \tag{1.4-8b}$$

理想气体的熵仍然是两个基本状态参数的函数。理想气体经历定温加热时，它的热力学能和焓都不发生变化，但是，熵值将随压力(或体积)变化而变化。由可逆过程中热量计算式(1.1-2)可得熵的计算式

$$ds = \delta q / T$$

根据微元过程的热力学第一定律表达式(1.3-1b)并以可逆功式(1.1-1)和理想气体热力学能计算式(1.4-7a)代入，可以导出理想气体熵的计算式

$$ds = c_V \frac{dT}{T} + R_g \frac{dv}{v} \tag{1.4-9a}$$

引入迈耶公式可以改写成以(T,p)为变量和以(p,v)为变量的计算式

$$ds = c_p \frac{dT}{T} - R_g \frac{dp}{p} \tag{1.4-9b}$$

$$ds = c_V \frac{dp}{p} + c_p \frac{dv}{v} \tag{1.4-9c}$$

它们的积分式

$$\Delta s = s_2 - s_1 = c_V \ln\frac{T_2}{T_1} + R_g \ln\frac{v_2}{v_1} = c_p \ln\frac{T_2}{T_1} - R_g \ln\frac{p_2}{p_1} = c_V \ln\frac{p_2}{p_1} + c_p \ln\frac{v_2}{v_1} \tag{1.4-9d}$$

上述 Δu、Δh 和 Δs 的计算式对理想气体的任何过程都适用。

【例 1.4-3】 p_1=1×10^5 Pa、t_1=15 ℃的空气被压缩到 p_2=6×10^5 Pa，t_2=250 ℃。计算空气的热力学能、焓和熵的变化量。空气视为理想气体，M=28.96 g/mol，质量热容按定值处理。

解： $c_p = \frac{7}{2}\frac{R}{M} = \frac{7}{2} \times \frac{8.314 \times 10^{-3}}{0.028\,96} = 1.004 \text{ kJ/(kg·K)}$

$$\Delta h = c_p (t_2 - t_1) = 1.004 \times (250 - 15) = 236 \text{ kJ/kg}$$

$$\Delta u = c_V(t_2 - t_1) = \frac{5}{2}\times\frac{8.314\times10^{-3}}{0.028\,96}(250-15) = 168.5\ \text{kJ/kg}$$

$$\Delta s = c_p \ln\frac{T_2}{T_1} - \frac{R}{M}\ln\frac{p_2}{p_1}$$

$$= 1.004\times\ln\frac{273+250}{273+15} - 0.287\times\ln\frac{6\times10^5}{1\times10^5} = 0.084\,7\ \text{kJ/(kg}\cdot\text{K)}$$

【例 1.4-4】 透热容器 A 和绝热容器 B 体积相同,它们之间通过一阀门相连。初始时,与环境处于热平衡的容器 A 有空气 1 kg,压力 3 MPa,温度 25 ℃,而容器 B 是空的。打开联络阀使空气由 A 缓慢进入 B,直至两侧压力相等时重新关闭阀门。空气视为理想气体,热容为定值,试求通气过程中容器 A 与环境之间传递的热量。

解:当应用热力学第一定律基本表达式时,容器 A 或 B 在通气时都不满足定质量闭口系统的条件。可以将 A 和 B 一并作为一个闭口系统考察,因 W=0,得 Q=ΔU。由于容器 A 是透热的,而且放气过程缓慢,可以认为容器 A 空气的温度不变,T_{A2}=T_{A1}=298 K。

单独考察控制容积容器 B,在不稳定流动的充气过程中只进不出,控制容积有空气积存 Δm 和能量积存 ΔE_B。

容器 B 积存的空气量为容器 A 的减少量,$\Delta m = m_{A1} - m_{A2} = m_{B2} - m_{B1}$,其中 m_{B1}=0。

容器 B 积存的能量为 Δm 带入的能量 $\Delta E_B = h_{A1}\Delta m$。当阀门关闭后,$U_{B2} - 0 = \Delta E_B = m_{B2}h_{A1}$。

由此可以求出容器 B 终状态的温度 T_{B2} 如下:

$$m_{B2}c_V T_{B2} = m_{B2}c_p T_{A1}$$

$$T_{B2} = \frac{c_p}{c_V}T_{A1} = 1.4\times298 = 417.2\ \text{K}$$

由重新关阀门后容器 A 和 B 的压力相等可以求出容器 A 的剩余空气量 m_{A2} 和压力 p_{A2},即由

$$\frac{m_{A2}RT_{A2}}{MV_A} = \frac{m_{B2}RT_{B2}}{MV_B} = \frac{(m_{A1}-m_{A2})RT_{B2}}{MV_B}$$

$$m_{A2} = \frac{m_{A1}T_{B2}}{T_{A2}+T_{B2}} = \frac{1\times417.2}{298+417.2} = 0.583\ \text{kg}$$

$$p_{A2} = \frac{m_{A2}RT_{A2}}{MV_A} = \frac{m_{A2}RT_{A2}}{\dfrac{MRT_{A1}}{Mp_{A1}}} = \frac{m_{A2}}{m_{A1}}p_{A1} = \frac{0.583}{1}\times3\times10^6 = 1.75\ \text{MPa}$$

考察(A+B)闭口系统得到

$$Q = \Delta U = U_2 - U_1 = (m_{A2}c_V T_{A2} + m_{B2}c_V T_{B2}) - m_{A1}c_V T_{A1}$$

$$= \frac{5}{2}\times\frac{8.314\times10^{-3}}{0.028\,96}(0.583\times298 + 0.417\times417.2 - 1\times298) = 35.64\ \text{kJ}$$

1.4.4 混合气体的性质

组成混合气体的各种气体之间不发生化学反应,它们均匀混合。气体混合物的热力学性质取决于各成分气体的热力学性质和各成分气体之间的相对数量。

根据理想气体模型,在理想气体组成的气体混合物中,各成分气体之间不发生互相影响。

理想气体混合物仍然具有理想气体的性质，遵循理想气体状态方程式，适用于单一理想气体的计算公式仍然适用于理想气体混合物。

1. 分压力定律和分体积定律

理想气体混合物处于平衡状态(p, V, T)时各成分气体具有相同的温度 T 和占有相同的体积 V。

道尔顿分压力定律说明，气体混合物的总压力等于各成分气体分压力 p_i 之和，即

$$p=\sum_{i=1}^{k}p_i \tag{1.4-10}$$

分压力指各成分气体单独处于平衡状态(V, T)时的压力。

阿麦加分体积定律说明，气体混合物的总体积等于各成分气体分体积 V_i 之和，即

$$V=\sum_{i=1}^{k}V_i \tag{1.4-11}$$

分体积 V_i 指各成分气体单独处于平衡状态(p, T)时的体积。

2. 各成分气体相对数量表示法

$$\text{摩尔分数 } x_i=\frac{n_i}{n} \tag{1.4-12}$$

$$\text{质量分数 } w_i=\frac{m_i}{m} \tag{1.4-13}$$

$$\text{体积分数 } \varphi_i=\frac{V_i}{V} \tag{1.4-14}$$

三种分数的换算关系式为

$$\varphi_i=x_i=w_i\frac{M}{M_i}=w_i\frac{R_{g,i}}{R_g} \tag{1.4-15}$$

已知各成分气体的 x_i 值，可以计算出一个混合物的摩尔质量和气体常数

$$M=\frac{m}{n}=\sum_{i=1}^{k}x_iM_i \tag{1.4-16}$$

$$R_g=\frac{R}{M}=\sum_{i=1}^{k}w_iR_{g,i} \tag{1.4-17}$$

分别根据某种成分气体的分压力和分体积可写出该种成分气体的状态方程

$$p_iV=m_iR_{g,i}T$$

$$pV_i=m_iR_{g,i}T$$

于是，某成分气体的气体分压力表示为

$$p_i=\varphi_ip=x_ip=w_i\frac{M}{M_i}p=w_i\frac{R_i}{R}p \tag{1.4-18}$$

3. 理想气体混合物热力学性质的计算

理想气体混合物的质量热容和体积热容为

$$c=\sum_{i=1}^{k}w_ic_i \tag{1.4-19a}$$

$$C'=\sum_{i=1}^{k}\varphi_iC'_i=\sum_{i=1}^{k}x_iC'_i \tag{1.4-19b}$$

热力学能、焓和熵都是广延量,可得

$$U=\sum_{i=1}^{k}U_i=\sum_{i=1}^{k}m_iu_i \tag{1.4-20}$$

$$u=\sum_{i=1}^{k}w_iu_i \tag{1.4-20a}$$

$$H=\sum_{i=1}^{k}H_i=\sum_{i=1}^{k}m_ih_i \tag{1.4-21}$$

$$h=\sum_{i=1}^{k}w_ih_i \tag{1.4-21a}$$

$$S=\sum_{i=1}^{k}S_i=\sum_{i=1}^{k}m_is_i \tag{1.4-22}$$

$$s=\sum_{i=1}^{k}w_is_i \tag{1.4-22a}$$

理想气体熵不仅和温度有关,还和压力有关。根据各成分气体在混合物中的状态,用式(1.4-22)计算时应当用各成分气体的分压力 p_i,而不是用混合物的压力 p。例如:

$$\mathrm{d}s_i=c_{pi}\frac{\mathrm{d}T}{T}-R_{\mathrm{g},i}\frac{\mathrm{d}p_i}{p_i}$$

1.4.5 实际气体模型及其状态方程式

实际气体在相同温度各平衡状态的 pV 乘积不是定值,而是随压力变化而变化。除了根据实验数据整理成的纯经验或半经验公式之外,不少是把理想气体状态方程式加以修正之后作为实际气体状态方程式。

1. 范德瓦尔方程式

范德瓦尔方程式认为,实际气体因分子占有体积而缩小了分子自由运动的空间,分子之间的相互作用力削弱了气体的压力。引入常数 a 和 b 修正理想气体状态方程式如下:

$$\left(p+\frac{a}{v^2}\right)(v-b)=R_{\mathrm{g}}T \tag{1.4-23}$$

范德瓦尔方程式虽然还不能精确表示实际气体状态参数 p、v 与 T 之间的关系,但是,它反映出实际气体在定温状态变化时气态与液态互相转变的现象,液态密度和气态密度的差别随压力升高而减小,并且存在液态和气态密度没有差别的状态。

实际气体的密度与它的液态密度没有差别的状态称为临界点。临界点的状态参数 p_{c}、v_{c} 和 T_{c} 称为临界参数。

2. 引入压缩因子的状态方程式

实际气体与理想气体的差别在于压缩性不同。在给定状态(p, T)下,实际气体的质量体积 v 和理想气体的质量体积 v_{id} 的比值称为压缩因子,得

$$z=\frac{v}{v_{\mathrm{id}}}=\frac{pv}{R_{\mathrm{g}}T} \tag{1.4-24}$$

引入压缩因子修正理想气体状态方程式后的实际气体状态方程式为

$$pv=zR_{\mathrm{g}}T \tag{1.4-25}$$

压缩因子是温度与压力的函数，$z=f(p,T)$。此函数一般用线图形式给出，线图称为压缩因子图。各种气体有各自的压缩因子图。通常认为 z 在 0.95~1.05 范围内的实际气体可以作为理想气体处理。

3. 对比态及对比态定律

各种气体的临界点状态(p_c, v_c, T_c)各不相同。但是可以发现，不同气体在偏离临界点程度相同的状态有相似性。气体的任一状态(p, v, T)与其临界点(p_c, v_c, T_c)同名参数的比值称为对比参数：

$$p_r=\frac{p}{p_c};\quad T_r=\frac{T}{T_c};\quad v_r=\frac{v}{v_c} \tag{1.4-26}$$

$f(p_r, v_r, T_r)=0$ 称为对比态方程式。不同气体由同名对比参数相等确定的状态称为对比态。

实验证明，满足相同对比态方程式的不同气体，如果两个同名对比参数相同，则第三个同名对比参数也相同，这些气体处于对比状态。这个规律称为对比态定律。满足相同的对比态方程式而服从对比态定律的各种气体，它们的热力学性质相似，称为热力学相似的气体。遇到实验数据不足的气体时，可以利用热力学相似的特性获得近似的热力学性质数据。

范德瓦尔方程式(1.4-23)引入对比参数后成为范德瓦尔对比态方程式：

$$\left(p_r+\frac{3}{{v_r}^2}\right)(3v_r-1)=8T_r \tag{1.4-27}$$

式中，已不包括与气体种类有关的 a、b 及 R_g 等常数。

根据对比态定律可以得到压缩因子有如下函数：

$$z=g(p_r,T_r,z_c)$$

大多数气体的临界点压缩因子 z_c=0.23~0.29，可以按不同的 z_c 值分别绘制几张压缩因子图供使用。若取中间值 z_c=0.27，上式简化为

$$z=g(p_r,T_r)$$

就只需要绘制一张用 T_r 作为参变量的 z-p_r 图供近似计算，这张 z-p_r 图称为通用压缩因子图。

1.5 理想气体的基本热力过程及气体压缩

工程上为了实现预期的能量转换或获得预期的工质状态变化，需要研究热力过程。

当定量理想气体构成的闭口系统经历某一过程时，可以依据热力学第一定律基本表达式、理想气体状态方程式和热力学能、焓、熵等基本计算式，找出系统的状态变化规律，计算 Δu、Δh、Δs 和系统与外界传递的功与热量。

定容、定压、定温和绝热等四种可逆过程称为基本热力过程。

1.5.1 理想气体的基本热力过程

定容、定压、定温和绝热这四种可逆过程各有一个状态参数在过程中保持不变，有各自的明显特征。

1. 定容($dv=0$)过程

过程中系统体积没有变化，没有体积变化功($\delta w=0$)，$\delta q=\Delta u$。在定容过程中，外界对系统

的加热量全部提高了系统的热力学能,系统温度和压力升高;系统对外界的放热量来自系统热力学能减少量,系统温度和压力降低。

2. 定压(d*p*=0)过程

系统被加热时体积增大、温度升高,做体积变化功,而热力学能也增加。系统被压缩时温度降低,对外界的放热量来自得到的功和系统热力学能减少量。系统与外界之间传递的热量可以由系统的焓增量计算。

3. 定温(d*T*=0)过程

系统热力学能不变, $\delta q=p\mathrm{d}v$。系统被加热时体积增大,加热量全部用于系统做体积变化功。系统被压缩时,输入的功以放热形式输出。

4. 定熵(d*s*=0)过程

可逆的绝热过程称为定熵过程。过程中, $\delta q=0$,系统 $\mathrm{d}s=0$, $\mathrm{d}u+\delta w=0$。系统受压缩时输入的功全部提高系统的热力学能,或系统减少热力学能而输出体积变化功。

定熵过程可用过程方程式 pv^{κ}=定值描述,κ 称为定熵指数。理想气体的定熵指数 $\kappa=\gamma$。

1.5.2 多变过程

可以用如下方程式描述的过程称为多变过程:

$$pv^n=\text{定值} \tag{1.5-1}$$

式中:n 为定值,称为多变指数。多变指数 n 是 $-\infty$ 到 ∞ 之间的任一数值。赋予 n 具体数值后,式(1.5-1)就代表一具体过程的状态变化规律。上述四种基本过程分别是 $n=\pm\infty$、$n=0$、$n=1$ 和 $n=\kappa$ 的特定过程。

由式(1.5-1)可以得到过程初状态和终状态之间的状态参数关系:

$$\frac{p_2}{p_1}=\left(\frac{v_1}{v_2}\right)^n;\ \frac{T_2}{T_1}=\left(\frac{v_1}{v_2}\right)^{n-1};\ \frac{T_2}{T_1}=\left(\frac{p_2}{p_1}\right)^{\frac{n-1}{n}}$$

过程中热力学能、焓和熵的变化值由式(1.4-7)至式(1.4-9)计算。

基本热力过程和多变过程的主要计算公式见表 1.5-1。

表 1.5-1 基本热力过程和多变过程的主要计算公式

	定容过程	定压过程	定温过程	定熵过程	多变过程
多变指数	$\pm\infty$	0	1	κ	n
过程方程式	v=定值	p=定值	pv=定值	pv^{κ}=定值	pv^{n}=定值
p、v、T 关系式	$\frac{T_2}{T_1}=\frac{p_2}{p_1}$	$\frac{T_2}{T_1}=\frac{v_2}{v_1}$	$p_1v_1=p_2v_2$	$p_1v_1^{\kappa}=p_2v_2^{\kappa}$ $\frac{T_2}{T_1}=\left(\frac{v_1}{v_2}\right)^{\kappa-1}$ $\frac{T_2}{T_1}=\left(\frac{p_2}{p_1}\right)^{\frac{\kappa-1}{\kappa}}$	$p_1v_1^{n}=p_2v_2^{n}$ $\frac{T_2}{T_1}=\left(\frac{v_1}{v_2}\right)^{n-1}$ $\frac{T_2}{T_1}=\left(\frac{p_2}{p_1}\right)^{\frac{n-1}{n}}$

续表

	定容过程	定压过程	定温过程	定熵过程	多变过程
Δu、Δh、Δs 计算式	$\Delta u = c_V(T_2 - T_1)$ $\Delta h = c_p(T_2 - T_1)$ $\Delta s = c_V \ln\frac{T_2}{T_1}$	$\Delta u = c_V(T_2 - T_1)$ $\Delta h = c_p(T_2 - T_1)$ $\Delta s = c_p \ln\frac{T_2}{T_1}$	$\Delta u = 0$ $\Delta h = 0$ $\Delta s = R_g \ln\frac{v_2}{v_1}$ $= R_g \ln\frac{p_1}{p_2}$	$\Delta u = c_V(T_2 - T_1)$ $\Delta h = c_p(T_2 - T_1)$ $\Delta s = 0$	$\Delta u = c_V(T_2 - T_1)$ $\Delta h = c_p(T_2 - T_1)$ $\Delta s = c_V \ln\frac{T_2}{T_1} + R_g \ln\frac{v_2}{v_1}$ $= c_p \ln\frac{T_2}{T_1} - R_g \ln\frac{p_2}{p_1}$ $= c_p \ln\frac{v_2}{v_1} + c_V \ln\frac{p_2}{p_1}$
体积变化功 $w = \int_1^2 p\mathrm{d}v$	w=0	$w = p(v_2 - v_1)$ $= R_g(T_2 - T_1)$	$w = R_g T_1 \ln\left(\frac{v_2}{v_1}\right)$ $= R_g T_1 \ln\frac{p_1}{p_2}$	$w = -\Delta u$ $= \frac{1}{\kappa - 1}(p_1 v_1 - p_2 v_2)$ $= R_g \frac{T_1}{(\kappa - 1)}$ $\left[1 - \left(\frac{p_2}{p_1}\right)^{\frac{\kappa-1}{\kappa}}\right]$	$w = \frac{1}{n-1}(p_1 v_1 - p_2 v_2)$ $= \frac{p_1 v_1}{n-1}\left[1 - \left(\frac{p_2}{p_1}\right)^{\frac{n-1}{n}}\right]$ $n \neq 1$
热量 $q = \int_1^2 c\mathrm{d}T$ $= \int_1^2 T\mathrm{d}s$ $= \Delta u + w$	$q = \Delta u$ $= c_V(T_2 - T_1)$	$q = \Delta h$ $= c_p(T_2 - T_1)$	$q = T\Delta s = w$	$\delta q = 0$ $q = 0$	$q = c_n(T_2 - T_1)$ $= \frac{n-\kappa}{n-1} c_V(T_2 - T_1)$ $(n \neq 1)$
比热容	c_V	c_p	$\pm\ \infty$	0	$c_n = \frac{n-\kappa}{n-1} c_V (n \neq 1)$

多变过程的质量热容 c_n 可以通过热力学第一定律基本表达式导出，为

$$c_n = \frac{n-\kappa}{n-1} c_V \tag{1.5-2}$$

热工设备中的过程往往难以用一个 n 值描述整个过程。但是，可以将整个过程分段取不同的 n 值。如果已知各分段的初、终状态，各分段的 n 值可以用下式计算出：

$$n = \frac{\ln(p_2/p_1)}{\ln(v_1/v_2)} \tag{1.5-3}$$

在 p-v 图和 T-s 图上可以表示出不同 n 值多变过程的相对位置，如图 1.5-1 所示，并且可以分析它们的特征。

图中以中心点作为过程的起点，箭头表示过程的方向。例如任意一个 $1<n<\kappa$ 的多变过程，根据多变指数值在图上的变化规律很容易看出，图中向右下方向进行的过程有如下特征：气体压力降低（$\Delta p<0$），质量体积增大（$\Delta v>0$），气体向外界输出的体积变化功增加（$w>0$），而温度下降（$\Delta T<0$），熵增大（$\Delta s>0$），气体的热力学能和焓都减小（$\Delta u<0$, $\Delta h<0$），气体从外界吸热（$q>0$）。如果此过程沿相反的方向进行（图中左上方向），上述特征相反。

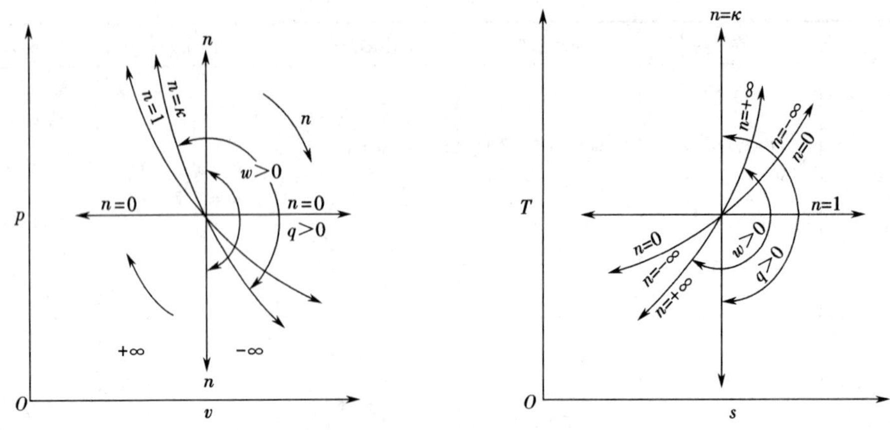

图 1.5-1　在参数坐标图上的多变过程图示

【例 1.5-1】 1 kg 空气从初始状态(p_1, T_1),经可逆过程膨胀到终状态(p_2, T_2),膨胀过程的多变指数 n=1.3,该过程中 q、w 和 Δu 的情况为(　　)。

(A) $q>0$, $w>0$, $\Delta u<0$　　(B) $q<0$, $w>0$, $\Delta u<0$

(C) $q>0$, $w<0$, $\Delta u>0$　　(D) $q<0$, $w>0$, $\Delta u>0$

解:以 1 kg 空气作为系统,空气视为理想气体。系统在膨胀过程中对外界做功, $w>0$。在 p-v 图上, n=1.3 的膨胀过程线位于绝热膨胀线(空气 n=1.4)和定温(n=1)膨胀线之间,系统在膨胀过程中吸热而且温度降低,即 $q>0$,$\Delta u<0$。答案为(A)。

【例 1.5-2】 活塞式汽缸中有 10 kg 空气。若空气经历一可逆过程,从初状态 p_1=0.1 MPa、t_1=27 ℃变化到终状态 p_2=0.7 MPa、t_2=50 ℃,求空气热力学能的变化量以及过程中与外界传递的功和热量。已知空气的定容质量热容 c_V=0.717 kJ/(kg·K)。

解:设空气(理想气体)经历一多变过程,根据初状态和终状态的参数可以求出多变指数

$$n=\frac{\ln\frac{p_2}{p_1}}{\ln\frac{v_1}{v_2}}=\frac{\ln\frac{p_2}{p_1}}{\ln\frac{T_1}{T_2}+\ln\frac{p_2}{p_1}}=\frac{\ln\frac{0.7}{0.1}}{\ln\frac{300}{323}+\ln\frac{0.7}{0.1}}=1.039\,5$$

空气热力学能的变化

$$\Delta U=m\Delta u=mc_V(T_2-T_1)==10\times 0.717\times(323-300)=164.91\text{ kJ}$$

过程中空气与外界传递的热量

$$Q=mq=m\frac{n-\kappa}{n-1}c_V\left(T_2-T_1\right)=10\times\frac{1.039\,5-1.4}{1.039\,5-1}\times 0.717\times(323-300)=-1\,505.06\text{ kJ}$$

负号表示空气放热。

过程中空气与外界之间传递的功

$$W=Q-\Delta U=-1\,505.06-164.91=-1\,669.97\text{ kJ}$$

负号表示外界向空气传递功。

由计算结果可知,该过程为多变压缩过程,输入的功大部分转变为空气的放热量,少部分提高了空气的热力学能,因此空气温度升高幅度不大。

1.5.3 气体压缩

各种压气机(活塞式、叶轮式)的基本工作过程都是相同的,由吸气、压缩和排气三个过程组成。气体只在压缩过程中发生状态变化。

在一般情况下,压气机在单位时间内输送出的高压气体数量保持稳定,压气机可以作为稳定流动的开口系统分析。根据稳定流动能量方程式,压气机的能量交换关系可以表示如下:

$$q=(h_2-h_1)+w_c$$

式中 w_c 为压气机的轴功,压气机进口和出口的气流动能和位能变化可以忽略不计。当压缩过程为可逆过程时,压气机理论功可以通过气体状态参数之间的变化关系来计算,即

$$w_c=-\int_1^2 v\mathrm{d}p$$

1. 压缩过程对压气机理论功的影响

比较定熵压缩(不加冷却)、定温压缩(充分冷却)和多变压缩(适度冷却)三种情况的压气机理论功。

定熵压缩

$$w_{cs}=\frac{\kappa}{\kappa-1}R_gT_1\left[1-\left(\frac{p_2}{p_1}\right)^{\frac{\kappa}{\kappa-1}}\right] \tag{1.5-4}$$

多变压缩

$$w_{cn}=\frac{n}{n-1}R_gT_1\left[1-\left(\frac{p_2}{p_1}\right)^{\frac{n}{n-1}}\right] \tag{1.5-5}$$

定温压缩

$$w_{cT}=-R_gT_1\ln\frac{p_2}{p_1} \tag{1.5-6}$$

三种情况可以图示为图 1.5-2,p-v 图上过程线左侧的面积代表 $w_c=-\int_1^2 v\mathrm{d}p$。当把一定量气体从相同的初状态压缩到相同的终压力时:

$$|w_{cT}|<|w_{cn}|<|w_{cs}|$$

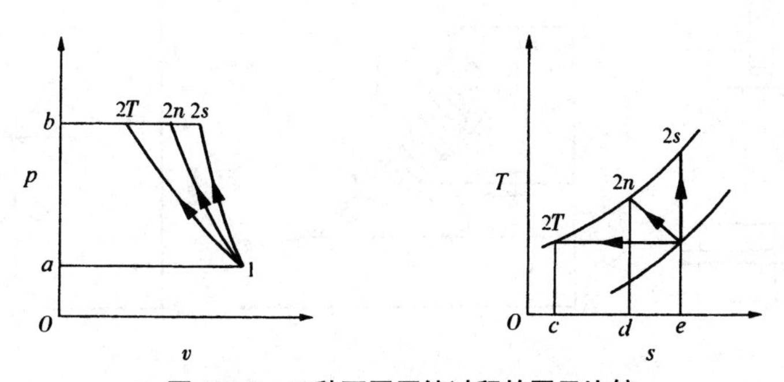

图 1.5-2 三种不同压缩过程的图示比较

从 T-s 图上可以看到压缩终了的温度为

$T_{2T}<T_{2n}<T_{2s}$

定熵压缩和定温压缩是两种极端情况。将压缩过程加以冷却可以省功并能降低压缩终了的温度。

2. 活塞式压气机余隙的影响

活塞在上止点位置与汽缸盖之间的间隙称为余隙。存在余隙会使压气机排气不净和延后进气。

排气不净使压气机的工作过程中发生余隙残留高压气体的膨胀过程。余隙气体又与吸入的新气一同参加压缩过程。于是,压气机消耗的功应为此压缩过程消耗的轴功与余隙气体膨胀产生的轴功的代数和。一般可以认为压缩和膨胀两个过程的多变指数 n 值相等,因此,压气机生产单位质量压缩气体消耗的理论功与没有余隙时相同。

余隙气体膨胀使压气机延后进气,活塞有效吸气行程缩短,压气机产量降低。余隙对产量的影响可以用容积效率 η_V 表示:

$$\eta_V=\frac{V}{V_{\mathrm{h}}}=1-\frac{V_{\mathrm{c}}}{V_{\mathrm{h}}}\left[\left(\frac{p_2}{p_1}\right)^{\frac{1}{n}}-1\right] \tag{1.5-7}$$

式中:V_{h} 为活塞排量;V 为有效吸气容积,$V=V_{\mathrm{h}}+V_{\mathrm{c}}-V_{\mathrm{c}}\left(\frac{p_2}{p_1}\right)^{\frac{1}{n}}$;$V_{\mathrm{c}}$ 为余隙容积。

由式(1.5-7)可见,活塞式压气机的容积效率随余隙的容积比($V_{\mathrm{c}}/V_{\mathrm{h}}$)增大而降低,随升压比($p_2/p_1$)增大而降低。太大的升压比会导致 $\eta_V\to 0$。

容积效率和压缩终了气体温度的限制(汽缸润滑要求)是限制单级活塞式压气机升压比的两个因素。一般,余隙容积比限定在 0.03~0.08 之间,压缩终了气体温度不超过 160 ℃。因此,单级的升压比限制在 10 以下。

3. 多级压缩和级间冷却

当需要获得较高压力的压缩气体时,采用具有级间冷却设备的多级压气机是行之有效的,如图 1.5-3 所示。

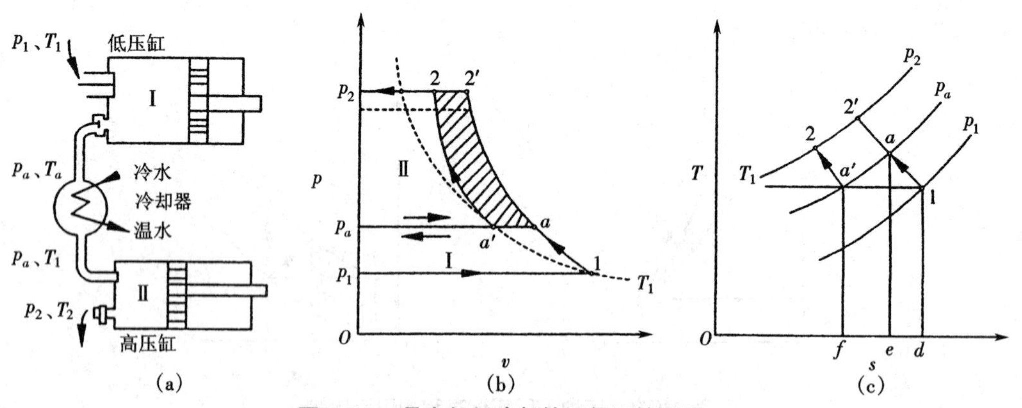

图 1.5-3 具有级间冷却的两级压缩图示

由图中两级压缩的 p-v 图和 T-s 图可以看出,级间冷却可以使最后的排气温度降低并且省功。

当升压比相同时，具有级间冷却的多级压缩与单级压缩比较降低了排气温度（由 $T_{2'}$ 降低至 T_2）并且省功（阴影面积）。当限定同样的排气温度时，多级压缩加级间冷却可以比单级压缩达到更高的排气压力。对于活塞式压气机，多级压缩加级间冷却的容积效率比单级压缩高。

采用多级压缩加级间冷却时，按照压气机总耗功最小的目的可以找出各级升压比相等的最佳分配原则，即

$$\pi = \sqrt[z]{\frac{p_{z+1}}{p_1}}$$

式中：π 为各级升压比，p_1 为第一级的进气压力，z 为级数。

各级升压比相同时各级功相同，各级气体温升相同，各级间冷却器的放热量相同。

1.6 热力学第二定律

热力学第一定律和热力学第二定律构成热力学的理论基础。热力学第一定律阐明能量相互转换在数量上的守恒性，第二定律阐明能量转换的方向性。只有同时满足热力学第一定律和第二定律的过程才是能实现的。

1.6.1 热力学第二定律的表述及实质

热力学第二定律是以经验为基础的，通常用如下两种说法作为经典表述。

克劳修斯说法：不可能把热量从低温物体传到高温物体而不引起其他的变化。

普朗克—开尔文说法：不可能制造只从一个热源取热使之完全变成机械能而不引起其他变化的循环发动机。

此外还有“第二类永动机是制造不成的”，“自然过程进行的结果都使能量的做功能力退化”等等其他说法。

热力学第二定律的各种表述是等效的，违反其中的一种表述也必违反其他表述。

热力学第二定律的各种表述从不同的经验事实揭示自发过程是单方向发生的，例如高温物体向低温物体传热、功转换为热（摩擦生热），而逆向过程需要施加必需的条件，即逆向过程只有在外界的作用下才能发生，至少在理论上可以发生。

1.6.2 卡诺循环和卡诺定理

1. 卡诺循环

卡诺循环由工作于两个恒温热源（T_1 为高温热源，T_2 为低温热源）之间的两个可逆定温过程和两个可逆绝热过程组成。卡诺循环中，系统除了向高温热源吸热之外，还必须向另一个热源放热。根据动力循环热效率的定义式（1.1-3），可以导出卡诺循环热效率

$$\eta_{t,c} = 1 - \frac{T_2}{T_1} \tag{1.6-1}$$

逆向卡诺循环除了把热量从低温物体转移到高温物体外，还必须由外界输入功。根据式（1.1-4）和式（1.1-5）的定义，逆向卡诺循环的评价指标分别有卡诺制冷循环制冷系数

$$\varepsilon_c = \frac{T_2}{T_1 - T_2} \tag{1.6-2}$$

和卡诺热泵循环供热系数

$$\varepsilon'_{c}=\frac{T_1}{T_1-T_2} \tag{1.6-3}$$

2. 卡诺定理

定理一：在相同温度的恒温高温热源和相同温度的恒温低温热源之间工作的一切可逆循环，它们的循环热效率相等，与可逆循环的种类无关，与采用哪一种工质也无关。

定理二：在相同温度的恒温高温热源和相同温度的恒温低温热源之间工作的一切不可逆循环，它们的循环热效率必定小于可逆循环的热效率。

卡诺定理说明，在高温和低温两恒温热源之间，可逆循环的热效率最高，例如卡诺循环热效率，可以引为循环热效率的极限值。

从卡诺循环热效率式（1.6-1）可以得出结论：①卡诺循环的热效率值只取决于高温热源和低温热源的温度，即工质的吸热温度 T_1 和放热温度 T_2，与工质的种类无关；②卡诺循环热效率只能小于 1；③提高循环热效率的基本途径在于提高高温热源温度、降低低温热源温度以及尽可能减少不可逆因素。

卡诺定理也适用于逆向循环。

【例 1.6-1】 某热机从 t_1=1 000 ℃的高温热源吸热，又向 t_2=150 ℃的低温热源放热，试求该热机在理想情况下可能达到的最高热效率。若传热时存在温差，工质吸热时有 200 ℃温差，放热时有 100 ℃温差，此热机可能达到的热效率又为多少？

解：理想情况下热机可能达到的最高热效率为卡诺循环热效率，根据式（1.6-1），得

$$\eta_{t,c}=1-\frac{T_2}{T_1}=1-\frac{150+273}{1\,000+273}=0.668$$

热源与工质之间传热存在温差时，相当于热源温度分别为 $T_1'=T_1-200=1\,073$ K 和 $T_2'=T_2+100=523$ K，这时的卡诺循环热效率

$$\eta_{t,c}=1-\frac{T_2'}{T_1'}=1-\frac{523}{1\,073}=0.513$$

由于存在传热温差，热机可能达到的最高热效率由 66.8%降低到 51.3%。

【例 1.6-2】 冬天用一以环境空气为热源的热泵对房屋供热，若室外环境空气温度为-10 ℃，房屋热损失每小时 50 000 kJ，问要使房屋保持室温 20 ℃，带动热泵所需的最小功率是多少？

解：热泵工作于-10 ℃与 20 ℃两个热源之间，理想情况下可能达到的供热系数为逆向卡诺循环的供热系数，即

$$\varepsilon'_{c}=\frac{T_1}{T_1-T_2}=\frac{273+20}{(273+20)-(273-10)}=9.77$$

带动热泵所需的最小功率为

$$P_{c}=\frac{\Phi}{\varepsilon'_{c}}=\frac{50\,000}{3\,600\times 9.77}=1.42\ \text{kW}$$

1.6.3 克劳修斯不等式、熵

1. 克劳修斯不等式

克劳修斯根据卡诺循环和卡诺定理分析工作于无穷多个热源之间任意的可逆循环和不可逆循环,将分别得到的循环积分合并写成

$$\oint \frac{\delta q}{T} \leqslant 0 \tag{1.6-4}$$

式中等号属于可逆循环,不等号属于不可逆循环。式(1.6-4)称为克劳修斯不等式,它表明任何循环的($\delta q/T$)循环积分永远小于零,极限值等于零,绝对不可能大于零。进一步解读可以得到,由于热源的热力学温度 T 总是正的,在可逆循环或不可逆循环中的 δq 必须有正有负,即循环中的工质必须有吸热过程也有放热过程,否则式(1.6-4)不能成立而违反循环热效率必须小于 1 的热力学第二定律基本内容。因此,克劳修斯不等式可以作为热力学第二定律的一种数学表达式。

【例 1.6-3】 设计某热机从 T_1=937 K 的热源吸热 2 000 kJ,向 T_2=303 K 的冷源放热 800 kJ,此循环能实现吗?若将此热机作为制冷机用,从 T_2 冷源吸热 800 kJ 时是否可能向 T_1 热源放热 2 000 kJ?

解:在热机循环中有

$$\oint \frac{\delta q}{T} = \frac{Q_1}{T_1} + \frac{Q_2}{T_2} = \frac{2\,000}{973} + \frac{-800}{303} = 2.055 - 2.640 = -0.585 \text{ kJ/K}$$

满足克劳修斯不等式,此热机循环是可能实现的。循环积分得负值,此热机循环是不可逆的。因而此热机作为制冷机用时不能达到吸热 800 kJ 而放热 2 000 kJ 的效果。因为作为制冷机用时,循环积分

$$\oint \frac{\delta q}{T} = \frac{Q_1}{T_1} + \frac{Q_2}{T_2} = 2.640 - 2.055 = 0.585 \text{ kJ/K}$$

为正值,可知不可能实现。例题说明此热机循环是不可逆的,正循环的效果不可能通过逆向循环得到消除。

2. 熵

式(1.6-4)已经得到可逆循环存在循环积分

$$\oint \frac{\delta q}{T} = 0$$

这符合状态参数的性质:全微分的循环积分为零,与积分路径无关。此被积函数应是某个状态参数的全微分,此状态参数称为熵,定义式如下:

$$ds = \frac{\delta q}{T} \tag{1.6-5}$$

定义式限定只适用于可逆过程。当工质由状态 1 经历可逆过程到达状态 2 时,工质熵的变化值

$$\Delta s = s_2 - s_1 = \int_1^2 \frac{\delta q}{T} \tag{1.6-6}$$

工质吸热熵增大,放热熵减小。工质熵的变化量既可以通过初、终状态的基本参数(p、v、T)来计算,也可以由式(1.6-6)计算。但是用式(1.6-6)计算的前提必须是可逆过程。只有可

逆过程,工质的温度和吸热量或放热量才能用热源温度和通过边界的传递热量表示。因此,当工质经历不可逆过程时,熵的变化可由克劳修斯不等式和熵的状态参数的性质得到,即

$$ds > \frac{\delta q}{T}$$

$$\Delta s > \int_1^2 \frac{\delta q}{T}$$

因此,对于任意过程可以表示为

$$\left.\begin{aligned} ds &\geqslant \frac{\delta q}{T} \\ \Delta s &\geqslant \int_1^2 \frac{\delta q}{T} \end{aligned}\right\} \tag{1.6-7}$$

式中等号属于可逆过程,不等号属于不可逆过程。

由(1.6-7)可知,在不可逆过程中,Δs 大于过程中的$\int \frac{\delta q}{T}$。若将此差值用 s_g 表示,则有

$$\Delta s = \int \frac{\delta q}{T} + s_g$$

由此可知,系统熵变的因素有两类:一是由于系统与外界的热交换,由热流引起的熵变,称为熵流 $s_f\left(=\int \frac{\delta q}{T}\right)$,记为 s_f;二是由于不可逆因素的存在引起的熵增,称为熵产,记为 s_g。因此,热力系统熵的变化可表示为

$$\Delta s = s_f + s_g$$

熵流可正、可负或为零,视热流方向和情况而定。熵产 s_g 反映了过程的不可逆性。不可逆性越大,则熵产越大;反之亦然。因此,不可逆过程 $s_g>0$,可逆过程 $s_g=0$。

1.6.4 孤立系统熵增原理

当孤立系统内发生任意过程时,由于 $\delta Q=0$,熵流为零,孤立系统熵的变化值为

$$\Delta S=S_g \geqslant 0 \text{ 或 } dS=\delta S_g \geqslant 0 \tag{1.6-8}$$

式中等号属于可逆过程,不等号属于不可逆过程。式(1.6-8)表达了孤立系统熵增原理:孤立系统熵或是增大或是保持不变,绝对不可能减少。或者说,导致孤立系统熵减少的过程是不可能发生的。

熵增原理表达式(1.6-8)适用于孤立系统,所以计算熵的变化时,热量的方向应以构成孤立系统的有关物体为对象,它们的吸热为正,放热为负。熵的增量是孤立系统内所有物体熵变化值的代数和。

孤立系统熵增原理同样揭示了自然界方向性的客观规律。任何自发过程都是使孤立系统熵增加的过程。因此,孤立系统熵增原理及其表达式(1.6-8)是热力学第二定律的又一表达式,可以用来判断任何热力过程能否进行,通过它可以对热力过程进行的方向、条件和限度进行分析。

【例 1.6-4】 在下列关于热力学第二定律的解读中,(　　)是正确的。

(A)功可以转换为热,但热不能转换为功

(B)自发过程是不可逆的,而非自发过程是可逆的

（C）从任何一个具有一定温度的热源取热都能进行热变功的循环

（D）孤立系统熵增大的过程必是不可逆的过程

解：选项（A）违反热力学第一定律。选项（B）的说法不对，诚然自发过程是不可逆过程，但非自发过程却并非可逆过程，而是不可能自发进行的过程。选项（C）违反普朗克—开尔文说法。选项（D）符合孤立系统熵增原理，正确。答案为（D）。

【例 1.6-5】 用孤立系统熵增原理判断例 1.6-3。

解：（1）孤立系统由热源、冷源和热机的工质系统组成。因此，孤立系统的熵增

$$\Delta S=\Delta S_H+\Delta S_L+\Delta S_E$$

吸热者熵增大，放热者熵减小。上式中热源熵增

$$\Delta S_H=\frac{Q_1}{T_1}=\frac{-2\,000}{973}=-2.055\ \text{kJ/K}$$

冷源熵增

$$\Delta S_L=\frac{Q_2}{T_2}=\frac{800}{303}=2.640\ \text{kJ/K}$$

工质系统熵增 $\Delta S_E=0$

于是，孤立系统的熵增

$$\Delta S=\Delta S_H+\Delta S_L=-2.055+2.640=0.585\ \text{kJ/K}>0$$

此循环能实现，循环为不可逆。

（2）热机作为制冷机用时，同样得孤立系统熵增

$$\Delta S=\Delta S_L+\Delta S_H+\Delta S_E=-2.640+2.055+0=-0.585\ \text{kJ/K}$$

可知，不可能实现由冷源吸热 800 kJ 而向热源放热 2 000 kJ。

讨论：在此冷源与热源温度条件之下，怎样才能达到制冷量为 800 kJ 呢？当循环可逆时，即

$$\Delta S_H=-\Delta S_L=2.640\ \text{kJ/K}$$

$$Q_1=T_1\Delta S_H=973\times 2.640=2\,569\ \text{kJ}$$

说明在逆向循环中，至少需要加入功 1 769 kJ 才能实现从冷源吸热 800 kJ。而此热机用作制冷机时，由于温升（T_1-T_2）很大，仅输入功 1 200 kJ 不足以从冷源吸热 800 kJ 转移到热源。在此冷源与热源温度条件下，制冷系数极限值只有 0.452。

1.6.5 㶲

以周围自然环境状态（p_0, T_0）为基准，任一形式的能量中理论上能够转换为功的那部分有效能称为该能量的㶲，以符号 E_x 表示。

㶲是根据能量的做功能力来评价能量品质的指标。

1. 热量㶲

以环境为冷源 T_0，由温度为 T（$T>T_0$）的热源获得的热量 Q，在此条件下通过可逆热机能提供利用的最大功称为热量㶲，表达式为

$$E_x=W_{\max}=Q\left(1-\frac{T_0}{T}\right) \tag{1.6-9}$$

获得的热量的温度 T 越高，认为热量的品质越高。

2. 冷量㶲

以环境为热源 T_0,按逆向循环从冷源 T 获取冷量 Q 转移到环境时需要消耗的最小功称为冷量㶲,表达式为

$$E_x = W_{\min} = Q\left(\frac{T_0}{T} - 1\right) \tag{1.6-10}$$

3. 热力学能㶲

闭口系统工质从任意状态(p, T)经过一系列可逆过程达到与环境状态(p_0, T_0)平衡的最终状态时可能提供利用的最大功称为热力学能㶲,公式为

$$E_x = (U + p_0V - T_0S) - (U_0 + p_0V_0 - T_0S_0) \tag{1.6-11}$$

当闭口系统工质由状态 1 变化到状态 2 时,可能提供利用的最大功为初、终两状态热力学能㶲的差值,表达式为

$$W_{\max} = E_{x1} - E_{x2}$$

4. 焓㶲

工质从初状态(p, T)通过可逆稳定流动过程变化到与环境(p_0, T_0)平衡的最终状态可能提供利用的最大功称为焓㶲,表达式为

$$E_x = (H - T_0S) - (H_0 - T_0S_0) \tag{1.6-12}$$

稳定流动工质从状态 1 变化到状态 2 可能提供的最大功为初、终两状态焓㶲的差值,表达式为

$$W_{\max} = E_{x1} - E_{x2}$$

分析一个能量利用设备系统中各部分的㶲值可以了解该系统能量利用的有效程度。

1.7 水蒸气和湿空气

水蒸气和湿空气是常用的工质。

在工程应用的压力和温度范围内,水蒸气的状态距离它的液态不远,工作过程中会有物态的变化。水蒸气的性质比理想气体复杂得多。大气中的水蒸气很稀薄,工程上可以视为理想气体。

水由液态转变为气态的过程称为汽化。

汽化有蒸发和沸腾两种形式。蒸发是指液体表面的汽化现象,通常在任何温度下都可以发生。沸腾是汽化已深入液体内部,液体内部产生汽泡的汽化过程,它在全部液体达到沸点温度时发生。汽化是吸热的过程。

蒸汽由气态转变为液态的过程称为凝结,是放热的过程。

1.7.1 水蒸气状态的确定

1. 从水蒸气的定压发生过程了解水蒸气的性质

定压条件下把水加热变成蒸汽的过程可以分为预热、汽化和过热三个阶段,如图 1.7-1 所示。从温度变化状况来看,汽化阶段显然不同于前后两个阶段。

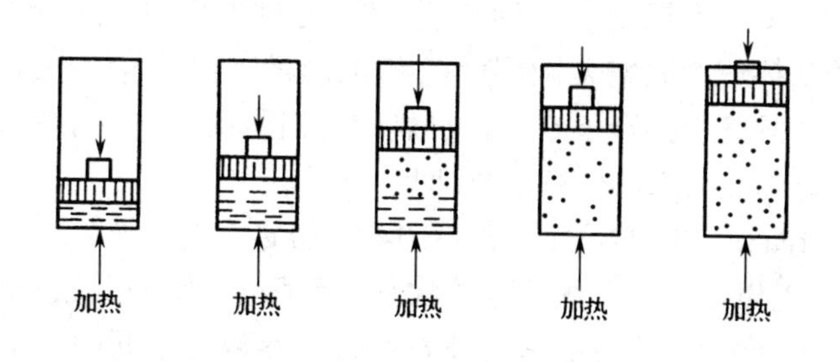

未饱和液体	饱和液体	湿饱和蒸汽	干饱和蒸汽	过热蒸汽
预热		汽化		过热
p=常数	p=常数	p=常数	p=常数	p=常数
$t<t_s$	$t=t_s$	$t=t_s$	$t=t_s$	$t>t_s$
$v<v'$	$v=v'$	$v'<v<v''$	$v=v''$	$v>v''$
$s<s'$	$s=s'$	$s'<s<s''$	$s=s''$	$s>s''$
$h<h'$	$h=h'$	$h'<h<h''$	$h=h''$	$h>h''$

图 1.7-1 定压加热下水蒸气的形成

汽化阶段自始至终保持温度 t_s 不变。它的起点仍然是液态水，称为饱和水。预热阶段加热，饱和水已成为具有最大能量的液态水状态；继续加热时，超过的能量将使饱和水不能继续全部以液态存在而逐渐转变为蒸汽，直至全部都汽化成蒸汽。汽化阶段终点全部为蒸汽，终点的蒸汽称为干饱和蒸汽。干饱和蒸汽成为具有最低能量的蒸汽状态，失去少许能量就立即出现液滴。在起点和终点之间为饱和水和干饱和蒸汽的混合物，简称为湿蒸汽。湿蒸汽是汽液平衡共存的一系列状态，各状态的混合比例不同。

汽化阶段的温度 t_s 称为饱和温度，它的数值只取决于压力。或者说，饱和温度和饱和压力之间存在单值的对应关系。

1 kg 饱和水全部汽化成为干饱和蒸汽需要的加热量称为汽化潜热，用 r 表示，单位为 kJ/kg，关系式为

$$r=h''-h'=T_s(s''-s') \tag{1.7-1}$$

式中干饱和蒸汽状态用上角标“″”表示，饱和水状态用上角标“′”表示。

在预热阶段的水称为未饱和水，它的温度 $t<t_s$，加热量为液体热，计算式为

$$q=\int_t^{t_s} c\mathrm{d}t \tag{1.7-2}$$

干饱和蒸汽继续加热成为过热蒸汽，温度 $t>t_s$，加热量为过热量，计算式为

$$q=\int_t^{t_s} c_p\mathrm{d}t \tag{1.7-3}$$

不同压力的定压汽化过程记录在 p-v 图上，如图 1.7-2 所示。图中的 AC 线段是由不同压力饱和水的状态点组成的，称为饱和水线，亦称下界线。BC 线段由不同

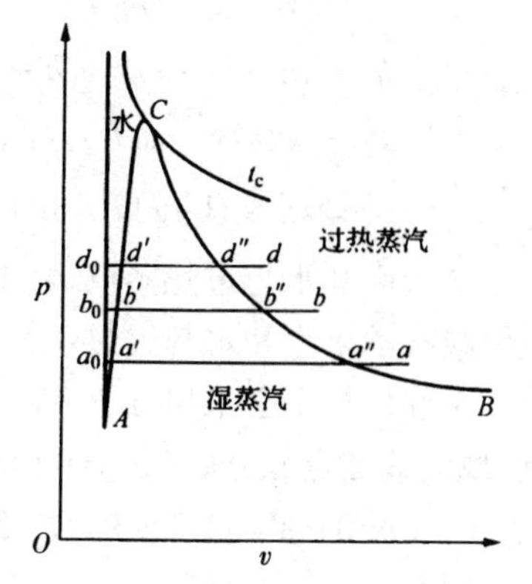

图 1.7-2 水蒸气的定压汽化过程在 p-v 图上的表示

压力干饱和蒸汽的状态点组成，称为干饱和蒸汽线，亦称上界线。随着压力升高，饱和温度相应升高，饱和水的质量体积稍微增大，干饱和蒸汽的质量体积显著缩小，定压汽化过程缩短，汽化潜热 r 值变小，两线段终于会合于 C 点。C 点称为临界状态点。在临界状态点，$v''=v'=v_c$，$r=0$。水的临界点状态参数为水的固有常数，即

$$p_c=22.115\ \text{MPa};t_c=374.12\ ℃;v_c=0.003\ 147\ \text{m}^3/\text{kg}$$

温度超过临界温度以后汽液平衡共存的状态不复存在，水只以气态出现。

临界点反映物质的性质，不同物质的临界点状态参数是不同的。例如，空气的临界压力 p_c=3.77 MPa，临界温度 T_c=132.4 K，常温常压（0.1 MPa，300 K）的空气已经离开液态比较远了，表现出理想气体的性质。如果要设计一个常温冷凝的设备，工质为水，则从它的临界参数可以看出冷凝压力极低（30 ℃的饱和压力为 4 241.7 Pa），设备处于高真空之下的气密性是个重要问题；工质为 CO_2 时，p_c=7.38 MPa，t_c=31.1 ℃，设备将成为厚重的高压容器。

p-v 图上的一点（临界点）、两线（上、下界线）、三区（未饱和水区、湿蒸汽区和过热蒸汽区）、五态（未饱和水、饱和水、湿蒸汽、干饱和蒸汽和过热蒸汽）反映了水和水蒸气的性质。

2. 水和蒸汽状态的确定

①未饱和水。由压力和温度（低于饱和温度 t_s）两个状态参数确定状态。（t_s-t）常称为未饱和度或过冷度。

②饱和水。由压力和温度之中任意一个参数就可以确定状态。

③湿蒸汽。由压力（或温度）和干度（蒸汽的质量分数，用 x 表示）共同确定状态。

④干饱和蒸汽。由压力或温度确定状态。

⑤过热蒸汽。由压力和温度（$t>t_s$）两个参数确定状态。（$t-t_s$）称为过热度。

1.7.2 水蒸气图表及应用

为了工程计算方便，将水蒸气热力学性质的数据列成表和绘成图。

1. 水蒸气表

水蒸气表分两种。

①饱和水与干饱和蒸汽表（见相关工具书）。把饱和水线与干饱和蒸汽线上的状态按照温度顺序和压力顺序分别列出饱和压力或饱和温度、v'、v''、h'、h''、s'、s'' 和汽化潜热 r 的数值。未列出的参数可以用相关的公式计算。湿蒸汽的参数用下列公式计算：

$$v_x = xv''+(1-x)v' = v'+x(v''-v') \tag{1.7-4}$$

$$h_x = xh''+(1-x)h' = h'+xr \tag{1.7-5}$$

$$s_x = xs''+(1-x)s' = s'+x(s''-s') \tag{1.7-6}$$

$$u_x = xu''+(1-x)u' = u'+x(u''-u') \tag{1.7-7}$$

②未饱和水与过热蒸汽表（见相关工具书）。根据压力和温度列出 v、h 和 s 的数值。表中粗黑线表示未饱和水与过热蒸汽的分界线，上方为未饱和水的数据，下方为过热蒸汽的数据。

工程计算不必求出 h、s 和 u 的绝对值。蒸汽表中的数值是选取水的三相点参数作为基准点，规定基准点 u=0 kJ/kg，s=0 kJ/（kg·K）。水的三相点参数为

$$p=0.000\ 611\ 2\ \text{MPa},T=273.16\ \text{K},v=0.001\ 000\ 22\ \text{m}^3/\text{kg}$$

因此

$$h=u+pv=0+0.000\ 611\ 2\times0.001\ 000\ 22\times10^6/10^3=0.000\ 614\approx0\ \text{kJ/kg}$$

2. 水蒸气焓熵图(h-s 图)

如图 1.7-3 所示,焓熵图表示出了定压线、定温线、定容线、定干度线、定焓线与定熵线,并且表示出干饱和蒸汽线(x=1)和饱和水线(x=0)与临界点 C。由焓的定义式,微分后可以得到定压线的斜率 $\left(\dfrac{\partial h}{\partial s}\right)_p = T$。定压线在湿蒸汽区的斜率为定值。定温线在湿蒸汽区与定压线重合,而在过热蒸汽区转向趋近于定焓线。定容线比定压线陡一些,如图中虚线所示,实用的焓熵图常用红线示出。

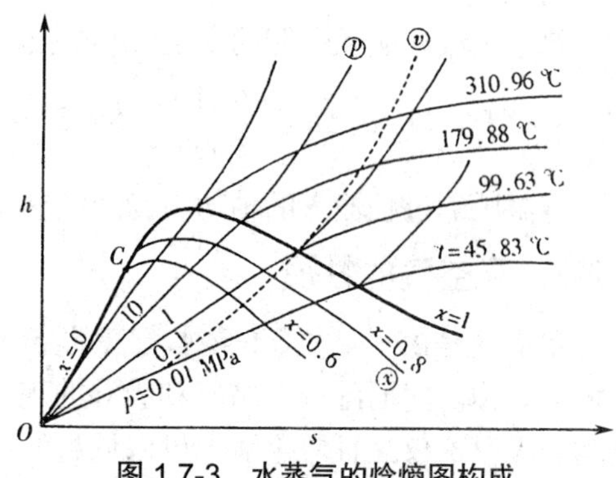

图 1.7-3 水蒸气的焓熵图构成

用焓熵图查取蒸汽的状态可以免除使用蒸汽表常常需要用内插法的不便,只是精度不及蒸汽表。然而,在焓熵图上分析计算很方便。

有了蒸汽图表,应用热力学第一定律和第二定律的基本方程式很容易分析计算蒸汽的基本过程。但是,需要注意过程有没有跨越上、下界线,即过程中有没有发生集态变化。例如湿蒸汽区和过热蒸汽区计算热量的方法不同。

由焓熵图(及 p-v 图或 T-s 图)可以看出,过热蒸汽定熵膨胀过程常常会跨越上界线,膨胀的终状态可能落在湿蒸汽区。同样,湿蒸汽定熵压缩时干度越来越大,压缩程度较大时便进入了过热蒸汽区。干度小的湿蒸汽定熵压缩时干度越来越小,最后可能成为饱和水或未饱和水。工程上有时会见到高压的饱和水或高温高压的未饱和水经过减压阀后成为湿蒸汽的过程。这种过程常称为降压扩容或闪蒸。实用的焓熵图上没有包括饱和水线附近的部分(为了放大常用到的湿蒸汽区和过热蒸汽区),降压扩容后的蒸汽干度可以由下式求得

$$h = (1-x)h' + xh''$$

式中等号左端为减压阀前高压饱和水或高压高温未饱和水的焓,右端为减压阀低压侧的湿饱和蒸汽的焓,式中的焓值可以在蒸汽表中查取。

【例 1.7-1】 水蒸气压力 p_1=1.0 MPa,密度 ρ_1=5 kg/m^3,若质量流量 q_m=5 kg/s,定温放热量 Φ=6 × 10^6 kJ/h,求终状态参数及功率。

解:(1)求蒸汽的质量体积以确定初状态在哪一区。

$$v_1 = \frac{1}{\rho_1} = \frac{1}{5} = 0.2\ \text{m}^3/\text{kg}$$

从饱和蒸汽表查得, p_1=1.0 MPa 时, v'' =0.194 40 m^3/kg。v_1>v'',初状态为过热蒸汽。查过热蒸汽表得 t_1=189.2 ℃,s_1=6.636 kJ/(kg·K),h_1=2 800.5 kJ/kg。

(2)由定温放热量求出过程中蒸汽熵的变化量 Δs,从而得终状态的熵 s_2,再由 s_2 及 t_2=t_1 确定终状态。

$$\Delta s = \frac{\Phi}{q_m T} = \frac{-6\times10^6}{3\,600\times5\times(273+189.2)} = -0.72\ \text{kJ/(kg}\cdot\text{K)}$$

$$s_2 = s_1 + \Delta s = 6.636 - 0.72 = 5.916\ \text{kJ/(kg}\cdot\text{K)}$$

在 h-s 图中由 t_1 定温线和 s_2 定熵线确定终状态为湿蒸汽,并得有关参数如下:

$p_2=p_s(t_2)=1.23\ \text{MPa}, x_2=0.860, h_2=2\ 509\ \text{kJ/kg}, v_2=0.137\ 3\ \text{m}^3/\text{kg}$

上述结果也可以用蒸汽表计算。由表中 p_2 时的 s_2'' 与 s_2' 和计算得到的 s_2 代入式(1.7-6)求出干度 x_2。

忽略气流动能和位能的变化,由稳定流动能量方程式可得轴功率

$$P_s = \Phi - q_m \Delta h = \frac{-6\times10^6}{3\ 600} - 5\times(2\ 509 - 2\ 800.5) = -209.5\ \text{kW}$$

定温压缩过程输入的轴功率为 209.5 kW。

1.7.3 湿空气的性质

湿空气是由干空气(不含水蒸气的空气)和少量水蒸气组成的气体混合物,可以视为理想气体混合物。然而湿空气结露和吸湿的现象都和其中水蒸气的状态和物态变化有关。湿空气结露与吸湿不仅是日常生活中可以见到的现象,也是工程中常常利用的现象。

湿空气中的水蒸气通常处于过热状态,它的温度与混合物温度 t 相同,压力为 p_v。根据分压力定律,得

$$p = p_a + p_v \tag{1.7-8}$$

式中:p 为混合物压力;p_a 为干空气的分压力;p_v 为水蒸气的分压力。混合物中的水蒸气可以用如下状态方程式描述:

$$p_v V = m_v R_{g,v} T \tag{1.7-9}$$

在混合物的体积和温度不变时,水蒸气的分压力随水蒸气的数量增加而增大。

湿空气中水蒸气的状态可以图示,如图 1.7-4 中的状态 1。如果维持湿空气温度 T 不变而使水蒸气含量增加,水蒸气的分压力随之增大,蒸汽的状态将从状态 1 沿定温线向左上方(p-v 图)或向左(T-s 图)移动,直至状态 s 而成为干饱和蒸汽。再增加蒸汽含量时,湿空气在此温度无法容纳更多的蒸汽而析出水滴。当其中的蒸汽为干饱和蒸汽状态的湿空气时称为饱和空气。其中的蒸汽为过热状态的湿空气,具有吸湿能力,称为未饱和空气。

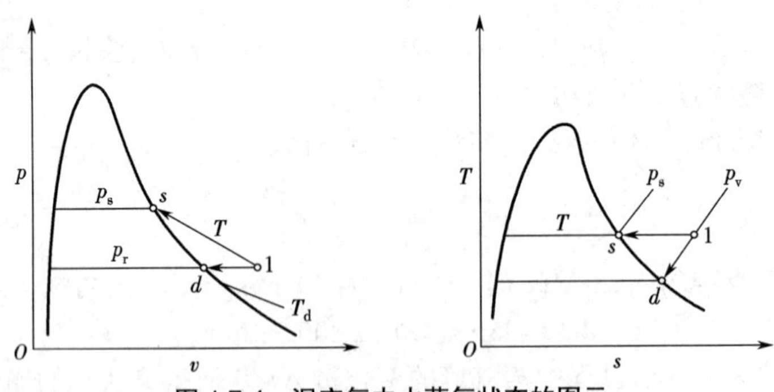

图 1.7-4 湿空气中水蒸气状态的图示

如果维持蒸汽分压力 p_v 不变而湿空气温度降低,水蒸气的状态将由状态 1 沿 p_v 定压线向左(p-v 图)或向左下方(T-s 图)移动,直至到达干饱和蒸汽状态 d。进一步冷却将使水蒸气发生集态改变,湿空气析出水滴。状态 d 的湿空气温度是对应于蒸汽分压力 p_v 的饱和温度,称为露点,用 t_d 表示。因此,露点是湿空气不析出水滴的最低温度。露点的水蒸气为干饱和蒸汽,露点的湿空气为饱和空气。结露使湿空气去湿。结露以后的水蒸气状态仍然在干饱和蒸

汽线上，它的温度（新的露点）低于状态 1 的露点；蒸汽的分压力低于状态 1 的 p_v 值。

由于湿空气中的水蒸气会有物态变化，湿空气除了用状态参数描述之外，还用如下一些参数反映湿空气特有的性质。

1. 绝对湿度

绝对湿度为单位体积湿空气所含的水蒸气质量，在数值上等于其中水蒸气的密度，用符号 ρ 表示，可以由式（1.7-9）求得。测出露点 t_d 可以确定蒸汽的分压力 p_v 值。

2. 相对湿度

相对湿度为湿空气实际含有的水蒸气质量（绝对湿度 ρ_v）和同温度的饱和空气所能容纳的最大水蒸气质量（绝对湿度 ρ_s）的比值，用符号 φ 表示，即

$$\varphi=\frac{\rho_v}{\rho_s}=\frac{p_v}{p_s} \tag{1.7-10}$$

相对湿度 φ 值的大小反映湿空气的水蒸气含量接近饱和的程度，反映空气潮湿或干燥的程度，也反映湿空气的吸湿能力。

相对湿度通常用干湿球温度计测量，测量出的数据通过专门图表确定。干球温度就是湿空气的实际温度 t。湿球温度用包着湿纱布的温度计测量，测出的是湿纱布与周围空气之间水分蒸发吸热与空气放热达到平衡时的温度。湿球温度用符号 t_w 表示。一般，$t>t_w>t_d$。湿空气越干燥，$(t-t_w)$差值越大。湿球温度计周围的空气近似定焓加湿。

3. 含湿量

含湿量为湿空气中的水蒸气质量 m_v 与干空气质量 m_a 的比值，用 d 表示，单位为 g/kg（a），其中 kg（a）表示每 kg 干空气。含湿量

$$d=1\,000\frac{m_v}{m_a}=1\,000\frac{p_vM_v}{p_aM_a}=622\frac{p_v}{p_a}=622\frac{p_v}{p-p_v}=622\frac{\varphi p_s}{p-\varphi p_s} \tag{1.7-11}$$

式中：水蒸气的摩尔质量 M_v=18.01 g/mol，空气的摩尔质量 M_a=28.97 g/mol。

当湿空气压力为大气压力而维持不变时，含湿量只与水蒸气分压力 p_v 有关。

4. 湿空气焓

湿空气焓用 h 表示，单位为 kJ/kg（a），即

$$h=\frac{H}{m_a}=h_a+dh_v \tag{1.7-12}$$

$$h=1.01t+0.001d(2\,501+1.85t)\ \text{kJ/kg(a)} \tag{1.7-12a}$$

式中：1.01 kJ/（kg · K）为干空气的平均定压质量热容（以 0 ℃的焓值为零）；2 501 kJ/kg 为 0 ℃干饱和水蒸气的焓值；1.85 kJ/（kg·K）为常温水蒸气的平均定压质量热容。

1.7.4 湿空气焓湿图

图 1.7-5 为 1 kg 干空气和少量水蒸气组成的湿空气焓湿图，湿空气压力为 0.1 MPa。图中绘出 h、d、t、t_w、φ 和质量体积 v 以及 p_v 的定值线。为使图面展开，采用 h 坐标与 d 坐标夹角为 135° 的坐标系。定焓线为直线（根据式（1.7-12a），当湿空气温度 t 一定时可得），与 d 坐标轴成 135° 交角。定含湿量线仍然与 d 坐标轴垂直。相对湿度 φ=100%的定值曲线把图面分成两部分，上部都是未饱和空气（φ<100%），其中的水蒸气为过热状态。下部为空白。利用下部的空白画出蒸汽分压力与含湿量的关系 p_v=f（d）曲线。由于 p_v 比（p−p_v）小得多，根据式（1.7-

11)，$p_v=f(d)$近似为直线。定温度线是斜率为正的直线。定湿球温度线是斜率为负的直线，常常用定焓线代替。

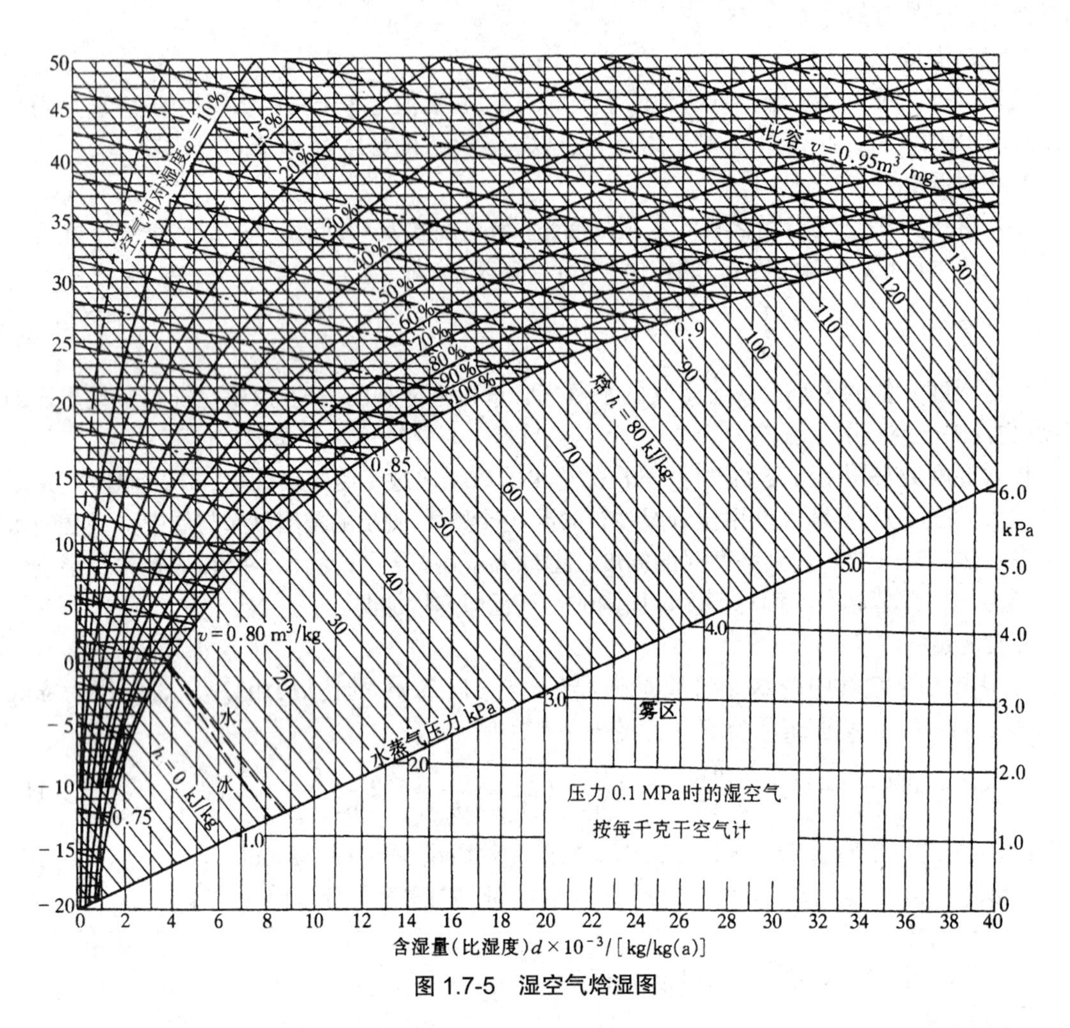

图 1.7-5　湿空气焓湿图

φ=100%曲线上是温度不同的饱和空气状态。曲线上每一点的干球温度 t、湿球温度 t_w 和露点温度数值相等。析出水滴后的湿空气状态仍然在 φ=100%曲线上，露点温度因含湿量有所减少而降低。φ=0%为干空气状态。

当测得干、湿球温度值后，例如 t=25 ℃，t_w=20 ℃，沿 20 ℃定温线与 φ=100%曲线相交后再沿定焓线与 25 ℃定温线相交，交点即为所求湿空气的状态：

φ=60%，h=57.2 kJ/kg(a)，d=12.7 g/kg(a)

如果湿空气温度为 30 ℃、相对湿度 φ=80%，由 30 ℃定温线与 φ=80%定值线交点确定湿空气的状态；由此状态沿定焓线与 φ=100%定值线交点得 t_w=27 ℃，沿定含湿量线交于 φ=100%定值线得 t_d=26 ℃。

当湿空气的压力 p 与 0.1 MPa 相差相当大时，需要另行绘制焓湿图。

1.7.5 湿空气的热力过程

湿空气流经热工设备时,热交换会引起湿空气焓值变化,也会引起含湿量变化。这两种变化能反映湿空气过程的特点。如果过程中湿空气焓变化 Δh,含湿量变化 Δd,那么,它们的比值正是焓湿图上过程线的斜率。这个比值称为热湿比,也称角系数,用符号 ε 表示,则

$$\varepsilon=\frac{h_2-h_1}{\frac{d_2-d_1}{1\,000}}=\frac{\Delta h}{0.001\Delta d} \tag{1.7-13}$$

热湿比的意义在于,热湿比 ε 值相同的各过程在焓湿图上的过程线相互平行,它们有共同特点。有些焓湿图上示出焓湿比线,以方便分析与计算。

根据工艺要求,工程上常见的湿空气过程可以由若干基本过程组合而成。常见的基本过程如下。

1. 加热或冷却过程

加热过程 $\Delta h>0$, $\Delta d=0$,因此 $\varepsilon=\infty$。湿空气加热后相对湿度降低。加热过程常常也用于干燥过程的预热阶段,以提高湿空气的干燥能力。

冷却过程 $\Delta h<0$,$\Delta d=0$,因此 $\varepsilon=-\infty$,相对湿度增大。

根据稳定流动能量方程式可以求得热交换量。

若冷却器壁面或局部壁面的温度低于露点,冷却过程中也会有一部分蒸汽凝结在壁面上。

2. 绝热加湿过程

绝热加湿过程可以视为定焓过程,于是, $\Delta h=0$, $\Delta d>0$, $\varepsilon=0$,相对湿度增大。这类过程常见于物料风干和空调设备喷水加湿。

3. 喷蒸汽加湿过程

以少量饱和蒸汽喷入湿空气中以调节相对湿度。这种过程可以近似当作定温度过程。过程中 $\Delta h>0$,$\Delta d>0$,$\varepsilon>0$。

4. 加热加湿过程

过程中 $\Delta h>0$, $\Delta d>0$, $\varepsilon>0$,相对湿度增大。加热加湿过程常见于空调采暖的湿度调节和冷却塔中空气因热水蒸发冷却而加湿的过程。

5. 冷却去湿过程

湿空气冷却到露点以后析出水分。过程中 $\Delta h<0$, $\Delta d<0$, $\varepsilon>0$。去湿后的湿空气为饱和状态。这种过程常见于夏季空调设备除湿和干燥后续的除湿。

6. 绝热混合过程

在空调和干燥设备中常采用回风与新风混合以达到节能目的及符合要求的混合状态。当质量流量为 q_{m1} 和 q_{m2} 的两股湿空气合流时,根据质量守恒和能量平衡可以得到如下关系:

$$\frac{q_{m1}}{q_{m2}}=\frac{d_3-d_2}{d_1-d_3}=\frac{h_3-h_2}{h_1-h_3} \tag{1.7-14}$$

上式表明,焓湿图上混合后湿空气的状态点 3 把混合前两股湿空气状态点 1 和 2 的连线 $\overline{12}$ 分成 $\overline{31}$ 和 $\overline{32}$ 两段:

$$\frac{\overline{31}}{\overline{32}}=\frac{q_{m2}}{q_{m1}}$$

【例 1.7-2】 湿空气压力为 0.1 MPa，温度为 0 ℃，相对湿度为 60%，经多变压缩（n=1.25）至 60 ℃。若湿空气按理想气体处理，试求压缩终了的湿空气相对湿度。

解：由已知条件可以求得湿空气初状态的含湿量为

$$d_1 = 0.622\frac{\varphi_1 p_{s1}}{p_1 - \varphi_1 p_{s1}}$$

查饱和蒸汽表得 t_1=0 ℃时，p_{s1}=0.000 611 2 MPa，于是

$$d_1 = 0.622\frac{0.6\times 0.000\,611\,2}{0.1 - 0.6\times 0.000\,611\,2} = 0.002\,29\ \text{kg/kg(a)}$$

压缩终了的压力为

$$p_2 = p_1\left(\frac{T_2}{T_1}\right)^{\frac{n}{n-1}} = 0.1\times\left(\frac{333}{273}\right)^{\frac{1.25}{0.25}} = 0.270\ \text{MPa}$$

终状态 t_2=60 ℃对应的蒸汽饱和压力 p_{s2}=0.019 933 MPa。此时若 φ_2=100%，则

$$d_2' = 0.622\frac{p_{s2}}{p_2 - p_{s2}} = 0.622\times\frac{0.019\,933}{0.270 - 0.019\,933} = 0.049\,58\ \text{kg/kg(a)}$$

$d'_2 > d_1$ 是不可能的，可见 φ_2<100%。由

$$d_2 = d_1 = 0.622\frac{\varphi_2 p_{s2}}{p_2 - \varphi_2 p_{s2}} = 0.002\,29\ \text{kg/kg(a)}$$

解得　　φ_2=5.3%

1.8 气体和蒸汽流动

气体和水蒸气在管道中流动时的热力过程既要遵循热力学规律，又要满足流动规律。

1.8.1 稳定流动的基本方程式

流体的热力状态由状态参数（p, v, T）确定，流动状态以流速（c）为标志。稳定流动指流体流经管道任何一固定点时的热力状态和流动状态都不随时间变化的流动过程。定熵一元稳定流动可以通过以下三个基本方程来描述。

1. 连续性方程

根据质量守恒原理，流过管道任一截面的流体质量流量应相同，即

$$q_m = \frac{Ac}{v} = \text{定值} \tag{1.8-1}$$

式中：A 为截面积，m^2。写成微分形式为

$$\frac{dA}{A} + \frac{dc}{c} - \frac{dv}{v} = 0 \tag{1.8-1a}$$

式（1.8-1）称为稳定流动的连续性方程。它的微分式表明流动中的流体热力状态、流动状态和管道尺寸三者变化率之间应有的数量关系。

2. 能量方程式

根据稳定流动能量方程式（1.3-5d），在 Δz=0、P_s=0、Φ=0 时，得

$$\frac{1}{2}\Delta c^2 = -\Delta h = h_1 - h_2 \tag{1.8-2}$$

写成微分形式为

$$c\mathrm{d}c = -v\mathrm{d}p \tag{1.8-2a}$$

能量方程式表明流体的动能变化与流体状态变化时的能量变化之间应有的关系。

3. 过程方程式

定熵过程方程式为

$$pv^{\kappa} = \text{定值} \tag{1.8-3}$$

$$\kappa\frac{\mathrm{d}v}{v} + \frac{\mathrm{d}p}{p} = 0 \tag{1.8-3a}$$

理想气体的定熵指数 $\kappa=\gamma=c_p/c_V$。水蒸气的 κ 值可以取经验数值如下：

过热蒸汽　　$\kappa=1.30$

干饱和蒸汽　　$\kappa=1.135$

湿蒸汽（$x>0.7$）　　$\kappa=1.035+0.1x$

1.8.2 喷管和扩压管

喷管是使流体加速流动的管件，扩压管是使流体减速流动的管件。什么条件能使流体做加速流动？什么条件下流体做减速流动？

根据能量方程式（1.8-2a）可得

$$\frac{\mathrm{d}c}{c} = -\frac{1}{\kappa Ma^2}\frac{\mathrm{d}p}{p} \tag{1.8-4}$$

再将连续性方程式（1.8-1a）、过程方程式（1.8-3a）与上式合并得

$$\frac{\mathrm{d}A}{A} = (Ma^2 - 1)\frac{\mathrm{d}c}{c} \tag{1.8-5}$$

式（1.8-4）和式（1.8-5）更直接地说明，流体加速流动和减速流动需要什么样的状态变化条件和管件截面变化（形状）条件。两式中的 Ma 称为马赫数，是流速 c 与当地音速 a 的比值：

$$Ma=c/a \tag{1.8-6}$$

在连续介质中的音速计算公式为

$$a = \sqrt{-v^2\left(\frac{\partial p}{\partial v}\right)_s} \tag{1.8-7}$$

音速与介质的性质和状态有关。在压缩性小的介质中音速大于在压缩性大的介质中的音速。介质状态不同，音速也不同。对应某一状态的音速称为当地音速。

对于理想气体有

$$a = \sqrt{\kappa pv} = \sqrt{\frac{\kappa R}{M}T} \tag{1.8-8}$$

例如，在 t=20 ℃的空气中音速 $a = \sqrt{1.4\times 287\times 293} = 343$ m/s；在万米高空 t=−50 ℃时，$a = \sqrt{1.4\times 287\times 223} = 229$ m/s。

根据马赫数可以将流动状态分为三类：

$Ma<1$，$c<a$，亚音速流动；

$Ma=1$，$c=a$，音速流动；

$Ma>1$，$c>a$，超音速流动。

亚音速流动与超音速流动有根本不同的特性。现根据式(1.8-4)和式(1.8-5)分析喷管和扩压管的流动如下。

1. 喷管和扩压管流动

如果要求气流膨胀($dp<0$)、加速($dc>0$),根据式(1.8-4)和式(1.8-5),喷管截面应符合如下变化:

当处于亚音速流动,$Ma<1$,$dA<0$ 时,截面收缩,渐缩喷管;

当处于超音速流动,$Ma>1$,$dA>0$ 时,截面扩张,渐扩喷管;

要求气流由亚音速流动连续加速到超音速流动时,截面先收缩后扩张,渐缩渐扩喷管(也称拉伐尔喷管),在最小截面上 $Ma=1$,$dA=0$。

显然,渐缩喷管不可能把气流连续加速到超过当地(出口)音速的流速,出口截面上的流速只能小于或等于出口截面气流状态的音速。

如果把式(1.8-4)和式(1.8-5)代入连续性方程(式 1.8-1a),可以看到亚音速流动与超音速流动的不同特征:

$Ma<1, \dfrac{dv}{v}<\dfrac{dc}{c}$,速度变化率大于体积变化率;

$Ma>1, \dfrac{dv}{v}>\dfrac{dc}{c}$,速度变化率小于体积变化率;

对于扩压管,要使气流减速($dc<0$)而压力升高($dp>0$),截面变化规律为:

$Ma>1, \dfrac{dA}{A}<0$,截面应收缩;

$Ma<1, \dfrac{dA}{A}>0$,截面应扩张。

喷管和扩压管的种类如表 1.8-1 所列。

表 1.8-1 喷管和扩压管的种类

流动状态 / 管道形状 / 管道种类	$Ma<1$	$Ma>1$	渐缩渐扩喷管 $Ma<1$ 转 $Ma>1$ 渐缩渐扩扩压管 $Ma>1$ 转 $Ma<1$
喷管($dc>0, dp<0$)	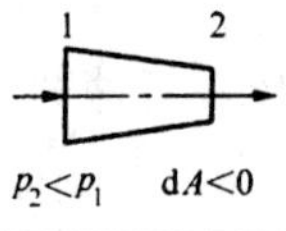 1 2 $p_2<p_1$ $dA<0$	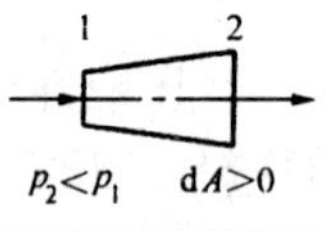 1 2 $p_2<p_1$ $dA>0$	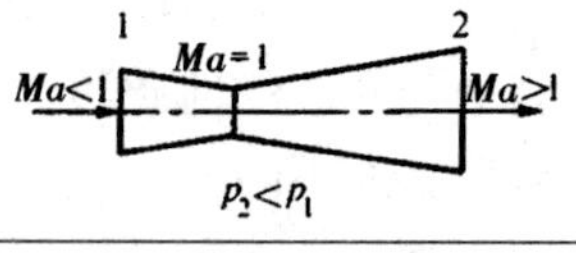 1 $Ma=1$ 2 $Ma<1$ $Ma>1$ $p_2<p_1$
扩压管($dc<0, dp>0$)	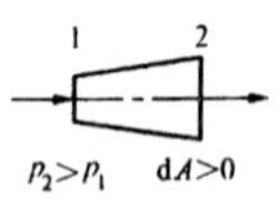 1 2 $p_2>p_1$ $dA>0$	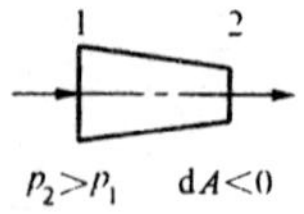 1 2 $p_2>p_1$ $dA<0$	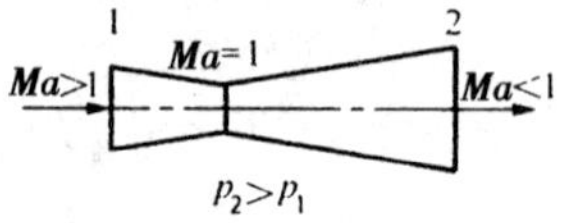 1 $Ma=1$ 2 $Ma>1$ $Ma<1$ $p_2>p_1$

2. 喷管流速和质量流量计算

根据能量方程式(式 1.8-2)可以得到喷管出口的流速计算式为

$$c_2=\sqrt{2(h_1-h_2)+c_1^2} \tag{1.8-9}$$

根据式(1.8-2a),当喷管入口流速为零或很小($c_1 \approx 0$)时,利用理想气体定熵过程方程式可得

$$c_2=\sqrt{\frac{2\kappa}{\kappa-1}\frac{R}{M}T_1\left[1-\left(\frac{p_2}{p_1}\right)^{\frac{\kappa}{\kappa-1}}\right]}=\sqrt{\frac{2\kappa}{\kappa-1}p_1v_1\left[1-\left(\frac{p_2}{p_1}\right)^{\frac{\kappa}{\kappa-1}}\right]}\tag{1.8-10}$$

喷管出口流速与气体种类、进口状态（p_1,v_1）和出口压力与进口压力的比值（p_2/p_1）有关。

式（1.8-10）中的压力比（p_2/p_1）可以表示气流在喷管中膨胀的程度。当已知气流种类和它在喷管进口的状态，气流在渐缩喷管中膨胀到什么程度才能使出口流速达到当地音速呢？由式（1.8-10）和式（1.8-8）使 $c_2=a$，并将达到当地音速时的状态用（p_c、v_c、T_c、h_c）表示，可得

$$\beta_c=\frac{p_c}{p_1}=\left(\frac{2}{\kappa+1}\right)^{\frac{\kappa}{\kappa-1}}\tag{1.8-11}$$

式中：p_c 为临界压力，β_c 为临界压力比。当渐缩喷管的（p_2/p_1）>（p_c/p_1）时，喷管出口气流仍然是亚音速流动。只有在（p_2/p_1）=（p_c/p_1）时，气流在渐缩喷管出口截面的流速才能达到当地音速。渐缩喷管的截面变化规律不符合由亚音速加速到超音的要求，即使在（p_2/p_1）<β_c 的工作条件下也只能把气流加速到音速，出口截面的压力只降低到 p_c。因此，临界压力比 β_c 表示气流在渐缩喷管的最大膨胀程度。

在（p_2/p_1）<β_c 的工作条件下必须用渐缩渐扩喷管才能使气流达到充分膨胀，加速到超音速。此时，在由缩转扩的最小截面 $Ma=1$，流速必定为当地音速，压力必定为临界压力 p_c。渐缩渐扩喷管的最小截面是一个特征部位，常称为喉部。临界压力比 β_c 是亚音速流动与超音速流动的分界标志，对于喷管选型和计算分析都很有意义。

由式（1.8-11）可见，临界压力比只与气体的性质有关：

单原子气体 $\kappa=1.67$，$\beta_c=0.487$；

双原子气体 $\kappa=1.40$，$\beta_c=0.528$；

多原子气体 $\kappa=1.30$，$\beta_c=0.546$；

对于水蒸气，β_c 与蒸汽状态有关：

过热蒸汽　　$\kappa=1.3$，$\beta_c=0.546$；

干饱和蒸汽　$\kappa=1.135$，$\beta_c=0.577$。

根据连续性方程可以计算喷管的质量流量。式（1.8-1）中应取同一截面的 A、v、c 值。渐缩喷管通常取出口截面计算质量流量。当（p_2/p_1）>β_c 时，为

$$q_m=\frac{A_2c_2}{v_2}=A_2\sqrt{\frac{2\kappa}{\kappa-1}\frac{p_1}{v_1}\left[\left(\frac{p_2}{p_1}\right)^{\frac{2}{\kappa}}-\left(\frac{p_2}{p_1}\right)^{\frac{\kappa+1}{\kappa}}\right]}\tag{1.8-12}$$

渐缩渐扩喷管通常取最小截面（喉部）计算：

$$q_m=\frac{A_{\min}c_c}{v_c}=A_{\min}\sqrt{\frac{2\kappa}{\kappa-1}\frac{p_1}{v_1}\left[\left(\frac{p_c}{p_1}\right)^{\frac{2}{\kappa}}-\left(\frac{p_c}{p_1}\right)^{\frac{\kappa+1}{\kappa}}\right]}=A_{\min}\sqrt{\frac{2\kappa}{\kappa+1}\left(\frac{2}{\kappa+1}\right)^{\frac{2}{\kappa-1}}\frac{p_1}{v_1}}\tag{1.8-13}$$

式（1.8-12）当（p_2/p_1）≤β_c 时，取 $p_2=p_c$，得到渐缩喷管的最大质量流量。式（1.8-13）得渐缩渐扩喷管最大质量流量，也适用于计算渐缩喷管最大质量流量。

以上的流速与质量流量计算式都是假定进口的气流流速 $c_1\approx0$ 得到的。如果喷管进口流速

比较高而不能忽略不计时,各式中的进口气流状态参数换用滞止参数。

当喷管进口流速 c_1 比较高时,可以认为气流已经经历一段定熵加速的过程。设想还原这一段定熵加速的过程,使气流减速到 $c=0$。气流定熵减速至流速为零的过程称为绝热滞止过程,气流流速达到零的那一流动状态称为滞止点,滞止点的气流状态参数(p_0、T_0、v_0、h_0)称为滞止参数。绝热滞止对气流的作用与绝热压缩相当,由喷管进口的状态参数可以还原到滞止参数如下:

$$h_0 = h_1 + \frac{1}{2}c_1^2 = \text{定值}\;;\; T_0 = T_1 + \frac{c_1^2}{2c_p}$$

$$p_0 = p_1\left(\frac{T_0}{T_1}\right)^{\frac{\kappa}{\kappa-1}}\;;\; v_0 = v_1\left(\frac{p_1}{p_0}\right)^{\frac{1}{\kappa}} \tag{1.8-14}$$

于是,可以得到一组用滞止参数代替进口状态参数的计算公式为

$$\left.\begin{aligned}
&c_2 = \sqrt{2(h_0 - h_2)} = \sqrt{\frac{2\kappa}{\kappa-1}p_0 v_0\left[1-\left(\frac{p_2}{p_0}\right)^{\frac{\kappa}{\kappa-1}}\right]}\\
&\beta_c = \frac{p_c}{p_0} = \left(\frac{2}{\kappa+1}\right)^{\frac{\kappa}{\kappa-1}}\\
&q_m = A_2\sqrt{\frac{2\kappa}{\kappa-1}\frac{p_0}{v_0}\left[\left(\frac{p_2}{p_0}\right)^{\frac{2}{\kappa}}-\left(\frac{p_2}{p_0}\right)^{\frac{\kappa+1}{\kappa}}\right]}\\
&q_m = A_{\min}\sqrt{\frac{2\kappa}{\kappa+1}\left(\frac{2}{\kappa+1}\right)^{\frac{2}{\kappa-1}}\frac{p_0}{v_0}}
\end{aligned}\right\} \tag{1.8-15}$$

在计算喷管流速与质量流量时,引入滞止参数可以避免考虑初速而使计算公式与分析变得复杂。此外,有些工程问题也必须考虑气流滞止带来的影响。例如置于气流中的温度计,它的读数反映滞止温度而不是气流的真实温度;当 $Ma=1$ 时的温度计读数可以比气流真实温度高约 20%,$Ma=0.2$ 时的差别不足 1%。

喷管的主要计算公式列于表 1.8-2。

表 1.8-2　喷管的主要计算公式

计算项目	公式	单位	适用范围
流速	$c_2 = \sqrt{2(h_0 - h_2)}$	m/s	任意工质,绝热流动,$c_1 > 0$
	$c_2 = \sqrt{2(h_1 - h_2)}$	m/s	任意工质,绝热流动,$c_1 = 0$
	$c_2 = \sqrt{2\frac{\kappa}{\kappa-1}p_0 v_0\left[1-\left(\frac{p_2}{p_0}\right)^{\frac{\kappa-1}{\kappa}}\right]}$	m/s	理想气体,定熵流动,$c_1 > 0$
	$c_2 = \sqrt{2\frac{\kappa}{\kappa-1}p_1 v_1\left[1-\left(\frac{p_2}{p_0}\right)^{\frac{\kappa-1}{\kappa}}\right]}$	m/s	理想气体,定熵流动,$c_1 = 0$

续表

计算项目	公式	单位	适用范围
临界压力比	$\beta_c = \dfrac{p_c}{p_0} = \left(\dfrac{2}{\kappa+1}\right)^{\frac{\kappa}{\kappa-1}}$		理想气体，定熵流动，$c_1 > 0$
	$\beta_c = \dfrac{p_c}{p_1} = \left(\dfrac{2}{\kappa+1}\right)^{\frac{\kappa}{\kappa-1}}$		理想气体，定熵流动，$c_1 = 0$
临界流速	$c_c = \sqrt{2(h_0 - h_c)}$	m/s	任意工质，绝热流动，$c_1 > 0$
	$c_c = \sqrt{2(h_1 - h_c)}$	m/s	任意工质，绝热流动，$c_1 = 0$
	$c_c = \sqrt{2\dfrac{\kappa}{\kappa-1}p_0 v_0} = \sqrt{2\dfrac{\kappa}{\kappa+1}\dfrac{R}{M}T_0}$	m/s	理想气体，定熵流动，$c_1 > 0$
	$c_c = \sqrt{2\dfrac{\kappa}{\kappa-1}p_1 v_1} = \sqrt{2\dfrac{\kappa}{\kappa+1}\dfrac{R}{M}T_1}$	m/s	理想气体，定熵流动，$c_1 = 0$
流量	$q_m = \dfrac{A_2 c_2}{v_2}$	kg/s	任意工质，稳定流动
	$q_m = A_2\sqrt{2\dfrac{\kappa}{\kappa-1}\dfrac{p_0}{v_0}\left[\left(\dfrac{p_2}{p_0}\right)^{\frac{2}{\kappa}} - \left(\dfrac{p_2}{p_0}\right)^{\frac{\kappa+1}{\kappa}}\right]}$	kg/s	理想气体，定熵流动，$c_1 > 0$
	$q_m = A_2\sqrt{2\dfrac{\kappa}{\kappa-1}\dfrac{p_1}{v_1}\left[\left(\dfrac{p_2}{p_1}\right)^{\frac{2}{\kappa}} - \left(\dfrac{p_2}{p_1}\right)^{\frac{\kappa+1}{\kappa}}\right]}$	kg/s	理想气体，定熵流动，$c_1 = 0$
最大流量	$q_{m,\max} = \dfrac{A_{\min} c_c}{v_c}$	kg/s	任意工质，稳定流动
	$q_{m,\max} = A_{\min}\sqrt{2\dfrac{\kappa}{\kappa+1}\left(\dfrac{2}{\kappa+1}\right)^{\frac{2}{\kappa-1}}\dfrac{p_0}{v_0}}$	kg/s	理想气体，定熵流动，$c_1 > 0$
	$q_{m,\max} = A_{\min}\sqrt{2\dfrac{\kappa}{\kappa+1}\left(\dfrac{2}{\kappa+1}\right)^{\frac{2}{\kappa-1}}\dfrac{p_1}{v_1}}$	kg/s	理想气体，定熵流动，$c_1 = 0$

计算用水蒸气作为工质的喷管时，在焓熵图上由初状态或滞止状态作定熵线确定临界状态和出口状态比较方便。

【例 1.8-1】 按照进口滞止压力 $p_0 = 1$ MPa、背压 p_b=0.1 MPa 和一定质量流量的空气设计的渐缩喷管和渐缩渐扩喷管，如果安装时将渐缩喷管出口侧切去一小段，喷管工作时的质量流量将比设计的质量流量(　　)；渐缩渐扩喷管出口侧切去一小段后工作时的质量流量(　　)。

(A)增大；不变　(B)不变；增大　(C)不变；不变　(D)增大；增大

解：渐缩喷管工作于压力比(p_b/p_0)小于临界压力比时，出口侧切去一小段后出口截面积略增大，出口截面上的压力和流速不变，质量流量比设计最大值增大。渐缩渐扩喷管的质量流量决定于喉部，不受出口侧的影响。答案为(A)。

讨论：喷管的质量流量大小受最小截面(渐缩喷管出口截面、渐缩渐扩喷管喉部)控制，随最小截面压力与滞止压力之比降低而增大，降低到临界压力比时，流量达到最大值。

1.8.3 绝热节流

节流指流体流经阀门、孔板等截面突然变小、局部阻力引起压力急剧降低的现象。节流时流体与外界没有热交换称为绝热节流。

节流是典型的不可逆过程，气流受到绝热节流熵值增大。根据稳定流动能量方程式分析，气流在节流前后的焓值相等。

理想气体在节流前后的温度值相等，体积由于压力降低而增大。

实际气体节流前后的焓值也相等，但是节流后的温度可能降低，可能升高，也可能和节流前相同。体积因压力降低而增大。

实际气体经绝热节流的温度变化可以用绝热节流系数 μ_J 表示，即

$$\mu_J=\left(\frac{\partial T}{\partial p}\right)_p \tag{1.8-16}$$

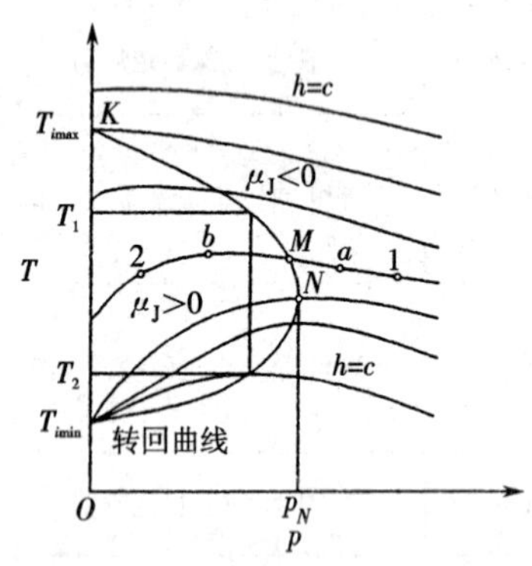

图 1.8-1 转回曲线与 *T-p* 图

绝热节流系数也称焦耳—汤姆孙系数。

$\mu_J>0$，节流后温度降低，称为节流冷效应；

$\mu_J<0$，节流后温度升高，称为节流热效应；

$\mu_J=0$，节流后温度不变，称为节流零效应。

通过实验可以测得如图 1.8-1 的转回曲线。转回曲线把 *T-p* 图分成热效应区（$\mu_J<0$）和冷效应区（$\mu_J>0$）。在气体由状态 1 节流到状态 2 的过程中，由于状态 1 位于热效应区，气体温度先升高，后随节流程度增大而穿越 *M* 点进入冷效应区才产生降温效应。只要节流使压力降到足够低，节流的总效果（$\Delta T=T_2-T_1$）总可以产生降温效果。因此，节流的总效果取决于气体的初状态在哪个效应区和节流的压力降低程度。

转回曲线上的 *M* 点（曲线与状态 1 的定焓线交点）是由热效应转到冷效应的转变点。转回曲线与纵坐标轴有上、下两个交点，上交点为最大转回温度，下交点为最小转回温度。气体从温度高于最大转回温度的状态和低于最小转回温度的状态节流都不会产生冷效应。空气、水蒸气等的最大转回温度都比较高，常温状态节流后都能产生冷效应。H_2 及 He 等一些气体的最大转回温度都比大气常温低，必须先将它们冷却到低于最大转回温度后，才能得到节流冷效应。

绝热节流常用于调节压力、调节流量、测量流量及测量湿蒸汽干度。但是，节流都要产生功的耗散效应。尽管如此，绝热节流制冷是获得低温的一种有效方法。

1.9 动力循环

热机是将热能转换为机械能的设备。为了最大可能地增进它们热变功的效果，理论工作的任务，首先根据热机工作的基本特征概括成为理想的可逆循环，进而根据卡诺循环来评价，找出影响它们热效率的主要因素。

比较同类型热机的各种循环或评价改进循环的措施常常是实际工作中更重要的理论任务。实际热机通常不是工作在恒温热源之间，工质吸热与放热的温度是变化的，一般可以采用等效卡诺循环代替热机的理论循环进行分析，比较方便简明。

等效卡诺循环的热效率表示为

$$\eta_t = 1 - \frac{\bar{T}_2}{\bar{T}_1}$$

式中：$\bar{T}_1$ 和 $\bar{T}_2$ 分别为热机理论循环中的吸热过程平均温度和放热过程平均温度。因而，比较不同的热机等效卡诺循环或评价改进措施，也就归结为比较它们的吸热平均温度和放热平均温度。

1.9.1 蒸汽动力循环

朗肯循环是基本的蒸汽动力循环。朗肯循环的蒸汽动力设备由锅炉、汽轮机、冷凝器和水泵等基本设备组成，如图 1.9-1 所示。锅炉把水加热、汽化并加热成为过热蒸汽，过热蒸汽进入汽轮机膨胀做功，做功后的低压蒸汽进入冷凝器中冷却凝结成为饱和水，凝结水由水泵升压送回锅炉，完成一个循环。根据上述工作过程，朗肯循环由定压吸热、定熵膨胀、定压放热和定熵压缩四个过程组成，如图 1.9-1 中示意图和 *T*-*s* 图所示。在朗肯循环中：

循环吸热量　$q_1=h_1-h_4$

循环放热量　$q_2=h_2-h'_2$（$h_3=h'_2$）

汽轮机输出功 $w_t=h_1-h_2$

水泵消耗功　$w_p=h_4-h'_2$

朗肯循环热效率为

$$\eta_t = \frac{w}{q_1} = \frac{(h_1-h_2)-(h_4-h'_2)}{h_1-h_4} = 1-\frac{h_2-h'_2}{h_1-h_4} \tag{1.9-1}$$

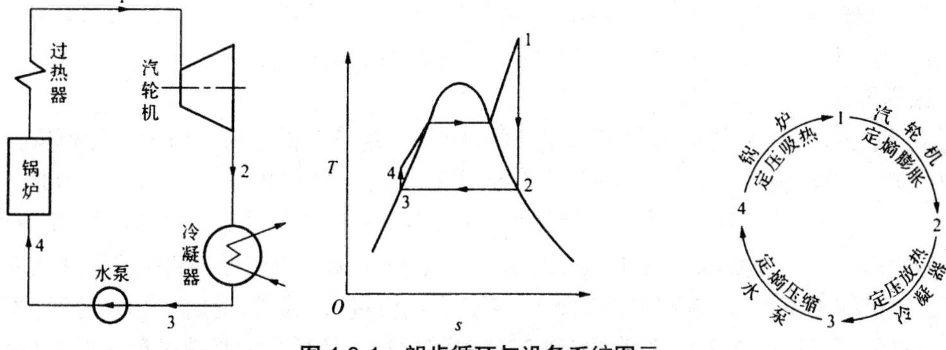

图 1.9-1　朗肯循环与设备系统图示

从朗肯循环的 *T*-*s* 图可以看出，如果以循环中的最高温度 T_1 和最低温度 T_2 做一个卡诺循环，相比之下，朗肯循环是很不完善的。

朗肯循环中的定压吸热过程由水加热、汽化和过热三段组成。由于蒸汽的性质，其中汽化段实现了定温吸热。但是，定温吸热的温度受临界点温度的限制，加上水加热段起点的温度很低，整个定压吸热过程的平均温度不高，尽管过热终点的温度 T_1 比较高。所幸整个定压放热过程实现了定温放热。

提高朗肯循环热效率的措施如下。

1. 提高蒸汽初参数(p_1,T_1)

提高锅炉定压吸热过程的压力 p_1 和出口过热蒸汽的温度 t_1 能够有效地提高循环吸热过程的平均温度 T_1。火力发电厂使用的是典型的蒸汽动力装置,一直在提高蒸汽初参数,但是蒸汽动力装置要求具有耐受高温高压的金属材料制备。

2. 降低蒸汽终参数(p_2,T_2)

蒸汽在冷凝器中的定压放热过程是定温放热的过程。降低放热温度是提高循环热效率的基本途径。现代蒸汽动力装置中冷凝器的放热温度已降低到接近于自然环境(空气,河水)的温度。

3. 采用回热

利用汽轮机中做过一部分功的蒸汽(抽气)来加热锅炉给水称为回热。图 1.9-2 所示为一级抽气和混合式给水加热器的设备原理图,抽气数量由加热器热平衡确定。回热的结果,进入锅炉的给水温度提高了。定压吸热过程起点的温度提高使吸热过程的平均温度提高。

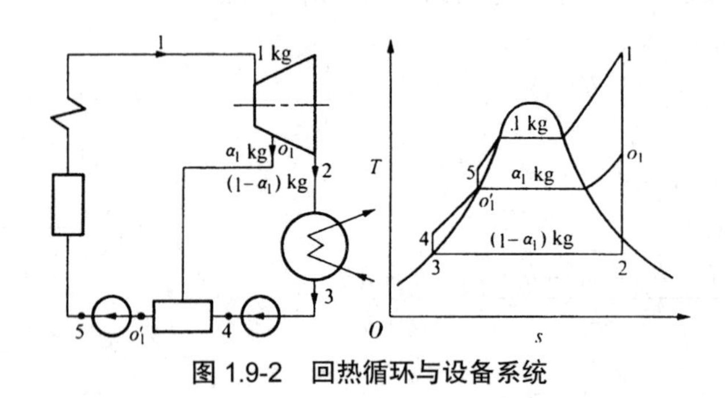

图 1.9-2　回热循环与设备系统

采用回热的朗肯循环称为回热循环。增加回热的级数可以进一步提高锅炉给水的温度。现代电站的回热级数可达 8~9 级,给水温度可以提高到 260 ℃左右。

4. 采用再热

随着蒸汽初压力 p_1 的提高,蒸汽膨胀终了的干度越来越低。为了汽轮机运行安全,要求蒸汽在汽轮机中膨胀终了的干度不低于 0.88,限制了初压力 p_1 的进一步提高。为此,使蒸汽在汽轮机中膨胀到某一中间压力时全部引出,进入锅炉的再热器再次加热,然后全部返回汽轮机继续膨胀做功。蒸汽膨胀过程中间再次加热称为再热,采用再热的朗肯循环称为再热循环,设备原理如图 1.9-3 所示。*T-s* 图中线段 1—5 表示蒸汽进入汽轮机的定熵膨胀过程,线段 5—6 为再热过程,线段 6—2 为再热后继续的定熵膨胀过程。循环中的吸热过程包括折线段 4—1 定压吸热过程和线段 5—6 定压吸热过程。可以看出,再热过程的平均吸热温度可以高于由水到过热蒸汽(折线段 4—1)的吸热平均温度。当再热吸热量占有显著的比例时,整个循环的吸热平均温度会有明显提高。选择合适的再热压力,再热既可以改善蒸汽膨胀终了状态(状态 2)的干度,还可以增进循环热效率。

再热循环也同时采用回热。再热循环一般为一次中间再热,由于再热蒸汽管道庞大而很少超过两次。

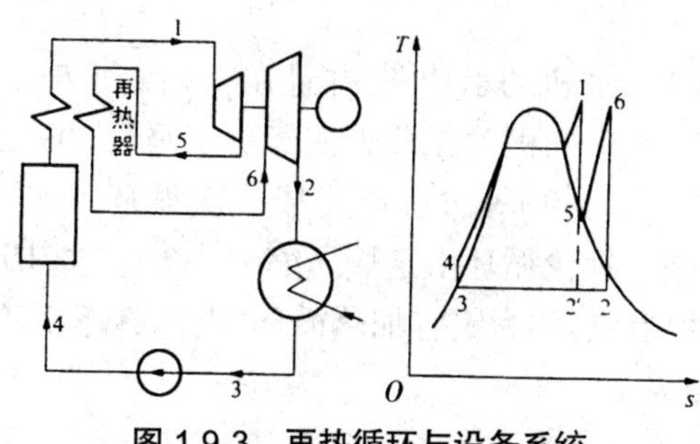

图 1.9-3　再热循环与设备系统

5. 热电联合生产循环（热电循环）

现代蒸汽动力循环的热效率一般不足 50%，定压放热量（通过冷凝器被冷却水带走）占吸热量的 50%以上。定压放热的温度不高（例如汽轮机排气压力为 4 kPa 时，饱和温度为 29 ℃），难以利用。热电联合生产循环如图 1.9-4 的 *T-s* 图所示，将汽轮机的排气压力由 p_2 提高到 p'_2，排气直接供给工业生产的工艺用热和建筑采暖与生活用热，热用户的凝结水返回锅炉。于是，在同一循环中既发电又供热，热能（燃料）得到最充分的利用。

排气压力高于大气压力的汽轮机常称为背压式汽轮机。从循环热效率来看，背压式汽轮机由于放热压力（温度）大幅度提高而使循环热效率降低很多。然而，使用背压式汽轮机的热电循环热能利用系数（所利用的能量与热源提供的能量之比）最高。

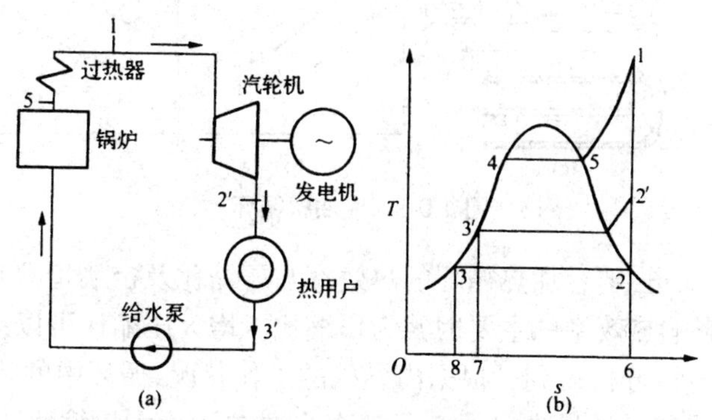

图 1.9-4　只有背压式汽轮机的热电循环与设备系统

背压式汽轮机的排气全部供热，它的发电能力受到热用户负荷的制约。一般，背压式用于稳定的热负荷。对于经常变动的热负荷，热电循环常采用可调节抽气汽轮机，用抽气供热。可调节抽气汽轮机的抽气数量随热负荷变化时一般不影响发电功率，并且还可以用不同压力的抽气分别供应工业用热和生活采暖用热。

可调节抽气汽轮机只有部分蒸汽供热，其余仍然要进冷凝器放热。这种热电循环的热能利用率不及使用背压式汽轮机的循环。

不论是工业用户还是采暖用户，都不应超过工艺要求过分提高供热压力和温度。从热力学观点看，过分提高供热温度和压力都会增加功的耗散，导致电站的燃料消耗量额外增大。

1.9.2 内燃机循环

图 1.9-5 为四冲程点燃式汽油机的示功图，并且在 p-v 图和 T-s 图上表示出它的理论循环。活塞在汽缸内往复移动两次（4 个冲程），工质依次经历了吸气（0—2）、压缩（1—2）、点火燃烧（2—3）和膨胀（3—4）及排气（4—0）等过程而完成一次循环。实际工作过程中的压缩与燃烧、燃烧与膨胀都有部分重叠。理论循环由定熵压缩（1—2）、定容吸热（2—3）、定熵膨胀（3—4）和定容放热（4—1）等过程组成，称为定容加热循环，也称奥托循环。在循环中：

循环吸热量　$q_1=c_V(T_3-T_2)$

循环放热量　$q_2=c_V(T_4-T_1)$

循环净功　$w=q_1-q_2$

由循环热效率定义和定熵过程参数之间的关系，可以得到定容加热循环热效率计算式为

$$\eta_t=\frac{w}{q_1}=1-\frac{q_2}{q_1}=1-\frac{1}{\dfrac{T_2}{T_1}}=1-\frac{1}{\left(\dfrac{v_1}{v_2}\right)^{\kappa-1}}=1-\frac{1}{\varepsilon^{\kappa-1}} \tag{1.9-2}$$

式中：$\varepsilon=v_1/v_2$ 称为压缩比。

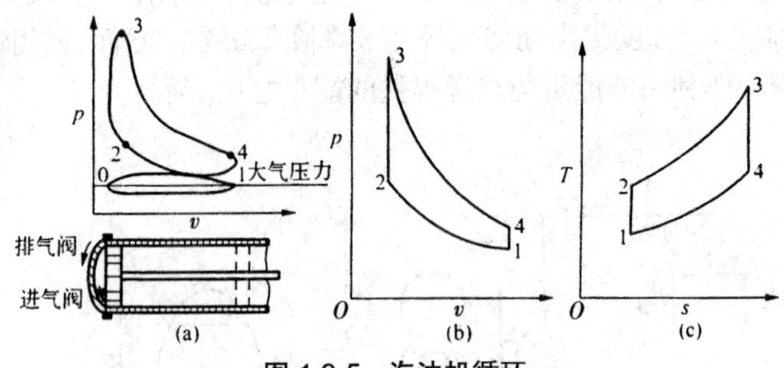

图 1.9-5　汽油机循环

由热效率式可以知道，定容加热循环的热效率与压缩比及定熵指数有关。定熵指数决定于工质种类。因此，影响热效率的主要因素为压缩比。增大压缩比可以提高定容加热循环的热效率。这由 T-s 图可以分析得到。根据内燃机的工作状况，循环中的状态 1、状态 3 和状态 4 不能随意改变。如果在循环最高温度 T_3 不变的条件之下增大压缩比，T-s 图中点 2 位置升高，定容加热过程线随之向上平移，定容放热过程的起始点 4 随之沿定容线下移。于是，加热平均温度因加热起点温度 T_2 升高而提高，放热平均温度因放热起点温度 T_4 下降而降低，热效率随压缩比增大而提高，和式（1.9-2）的分析结果一致。但是，循环净功随压缩比增大而减小。

压缩比太大会因压缩终了温度过高而引起爆燃，一般汽油机的压缩比允许值在 7~9。

1.10 制冷循环

制冷设备用于维持一个温度低于环境空气温度的低温环境，广泛用于生产、生活与科学研究工作。

根据热力学第二定律，使热量由低温物体转移到高温物体必须消耗外界的能量（功或热量），实施逆向循环。

1.10.1 空气压缩制冷循环

空气压缩制冷的原理是利用常温的高压空气绝热膨胀而获得低温空气。图 1.10-1 示出它的设备组成、工作原理和理论循环。空气自冷藏室进入压缩机升压，随后进入冷却器降温，冷却后进入膨胀机绝热膨胀至低温，进入冷藏室吸热以维持冷藏室低温。空气压缩制冷理论循环工作于冷源温度 T_1 和热源（环境介质）温度 T_3 之间，由定熵压缩（1—2）、定压放热（2—3）、定熵膨胀（3—4）和定压吸热（4—1）四过程组成。

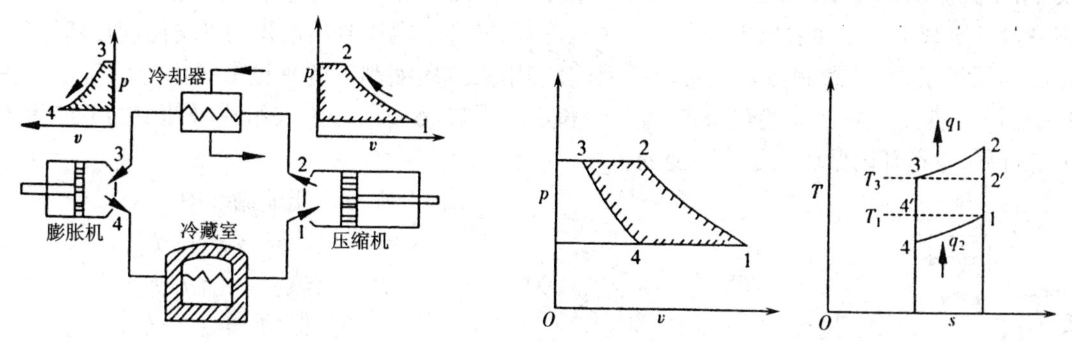

图 1.10-1 空气压缩制冷循环与设备

设空气为理想气体，热容为定值，则

循环制冷量 $q_2=h_1-h_4=c_p(T_1-T_4)$

循环放热量 $q_1=h_2-h_3=c_p(T_2-T_3)$

压缩机耗功 $w_c=h_2-h_1=c_p(T_2-T_1)$

膨胀机做功 $w_e=h_3-h_4=c_p(T_3-T_4)$

循环净耗功 $w_0=w_c-w_e=q_1-q_2$

由制冷系数的定义和定熵过程状态参数之间的关系，可以得到制冷系数

$$\varepsilon=\frac{q_2}{w_0}=\frac{q_2}{q_1-q_2}=\frac{T_1}{T_2-T_1}=\frac{1}{\pi^{\frac{\kappa-1}{\kappa}}-1} \tag{1.10-1}$$

式中，$\pi=(p_2/p_1)$称为增压比。空气压缩制冷循环的制冷系数只决定于增压比。

工作在同样的冷源（T_1）和热源（T_3）之间的逆向卡诺循环（1—2′—3—4′—1）制冷系数

$$\varepsilon_c=\frac{T_1}{T_3-T_1}$$

$T_2>T_3$，表示空气压缩制冷循环的制冷系数低于此逆向卡诺循环的制冷系数。T-s 图中可见，空气压缩制冷循环的放热平均温度高于逆向卡诺循环，吸热平均温度低于逆向卡诺循环的吸热温度。降低增压比可以提高制冷系数，而且循环更接近于逆向卡诺循环。但是，循环中单位质量工质的制冷量随增压比降低而减少。

空气压缩制冷的单位质量工质制冷量不大（c_p 值小），设备庞大，曾一度遭淘汰。近年来，由于应用回热可以降低增压比和采用叶轮式压缩机与膨胀机代替活塞式设备而重新获得应用。

1.10.2 蒸汽压缩式制冷循环

蒸汽压缩制冷设备采用低沸点的物质作为工质，它利用液化与汽化的集态改变时潜热值比较大的特性，并且原则上可以实现逆向卡诺循环。

简单蒸汽压缩制冷设备的组成和理论循环如图 1.10-2 所示。图中所示循环 1′—3—4—8—1′ 是一个逆向卡诺循环，它在工程上并未得到采用。工程上以它为基础做了如下改动：改压缩湿蒸汽（状态 1′）为压缩干饱和蒸汽（状态 1）或稍有过热的过热蒸汽，避免压缩机运行不安全，增大循环制冷量；采用绝热节流降温代替膨胀机中绝热膨胀降温以简化设备，但是循环制冷量有所减少。改动后出现一段过热蒸汽冷却，使整个定压放热过程的平均温度提高，另外膨胀功损失了，都导致制冷系数变小。因此，实用蒸汽压缩制冷的理论循环由定熵压缩（1—2）、定压放热（2—3—4）、绝热节流（4—5）和定压吸热（5—1）等过程组成。其中的节流为不可逆过程，导致理论循环也是不可逆的。

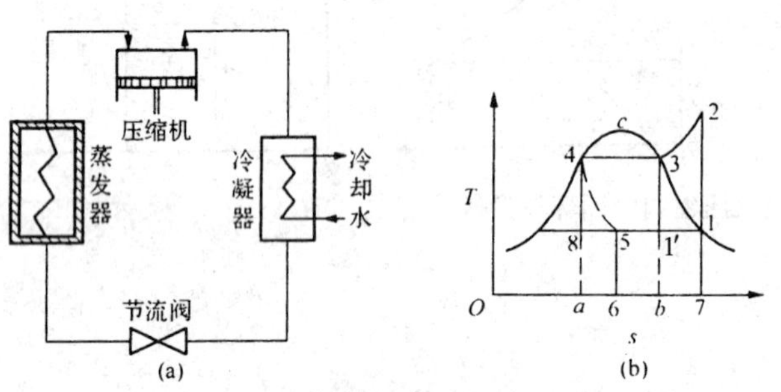

图 1.10-2 蒸汽压缩制冷循环与设备系统

在蒸汽压缩循环中：

循环制冷量 $q_0=h_1-h_5$

循环放热量 $q_1=h_2-h_4$

循环消耗功 $w_0=h_2-h_1$

于是，制冷系数

$$\varepsilon=\frac{q_0}{w_0}=\frac{h_1-h_5}{h_2-h_1} \qquad (1.10\text{-}2)$$

分析 *T-s* 图可见，影响制冷系数的主要因素为蒸发温度和冷凝温度。如果工质冷凝后继续冷却成为未饱和液，可以增大制冷量，使制冷系数有所增大。

工程上常使用压焓图（lg *p-h*）作分析与计算。图 1.10-3 示出制冷剂的压焓图的一般构成和计算图例。在压焓图中，水平的线段长度代表焓的差值大小。图例中，线段 5—1 的长度为循环制冷量，线段 2—4 的长度为循环放热量，而循环需要的功为线段 1—2 在 *h* 轴上的垂直投影的长度。于是，循环中的主要计算量都可以用 *h* 轴上的长度表示出来，计算与分析很方便。

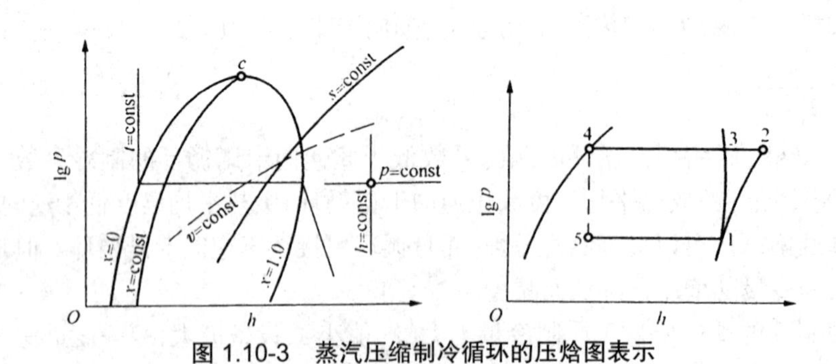

图 1.10-3 蒸汽压缩制冷循环的压焓图表示

1.10.3 吸收式制冷循环

吸收式制冷用两种性质不同的物质所组成的溶液作为工质，例如工业上常用的氨—水溶液和水—溴化锂溶液。溶液中沸点较高的一种物质作为吸收剂，沸点较低的一种物质作为制冷剂。氨—水溶液中，水（稀氨水溶液）是吸收剂，氨为制冷剂。水—溴化锂溶液中，溴化锂是吸收剂，水是制冷剂。利用吸收剂在温度不同时吸收制冷剂能力不同的原理实施制冷循环。

以氨吸收式制冷循环为例，设备组成如图 1.10-4 所示。制冷剂（氨）和吸收剂（水）有各自的循环回路。吸收剂回路的功能是替代压缩机，将来自蒸发器的氨蒸气升压后送入冷凝器。低压氨蒸气进入吸收器，在较低温度条件下被水吸收成为浓氨水溶液，吸收过程释放出的热量由冷却水带走。浓氨水溶液由溶液泵升压送入发生器，用外热源（如生产中的废气、废蒸汽）加热产生高温高压的氨蒸气，氨蒸气返回制冷剂的循环回路。同时，发生器中留下的稀氨水溶液经节流降压后返回吸收器，完成吸收剂回路的一次循环。

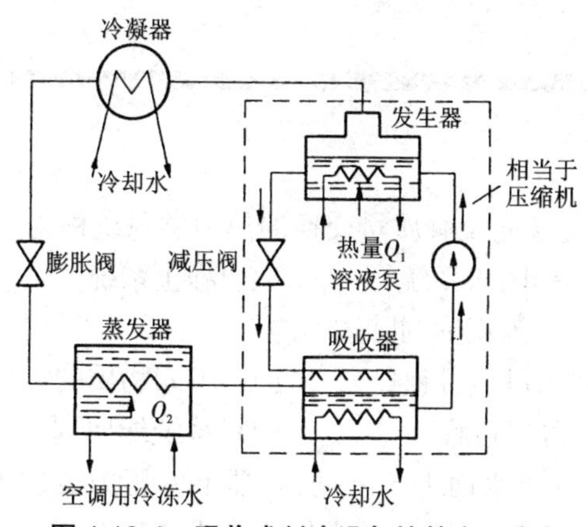

图 1.10-4　吸收式制冷设备的基本组成

吸收式制冷是以热能驱动的制冷循环。溶液泵消耗的功比蒸气压缩机小得多。外热源温度一般在 100~200 ℃。

1.10.4　热泵

热泵和制冷机的工作原理相同，都是实施逆向循环，只是用途和工作的温度范围不同。以供暖热泵为例，通过蒸发器吸收低温热源（如环境空气、水源、土壤）的热量，升温后通过冷凝器加热房间内的空气。热泵的供热系数 ε' 和制冷设备系数 ε 之间存在如下关系：

$$\varepsilon' = \varepsilon + 1 \tag{1.10-3}$$

与制冷的应用有些不同，热泵要被广泛应用与它的供热系数水平有更密切的关系。供热系数表示什么呢？例如热泵用于采暖时如果 $\varepsilon'=2$，它表示热泵的供热量中，从低温热源吸取的热量占 1 份，另 1 份是消耗的功转变的热量。从用户来看，用热泵比使用电热合算。但是，从当地的能源平衡来看却未必合算。假设送到用户的 1 kW · h 电能的供电效率（包括电厂发电效率和输电损失）为 30%，这时，发电厂要用掉总热值相当于 3.33 倍电能的煤。于是，热泵用电 1 kW · h 电能可以供 2 kW · h 的热量，却要消耗总热值 3.33 kW · h 的煤。这就不合算了，甚至还不及大型锅炉集中供热。因此，能源规划中热泵的应用需要根据热泵的性能水平和全国或地区供电效率水平来评估。

工业生产中也可以用热泵把生产排出的较低温度热量升温后再使用。

1.10.5 气体液化

林德—汉普森循环是最基本的气体液化循环,循环中利用焦耳—汤姆孙效应使气体通过节流降温而液化。以空气液化为例说明如下。压力约 2 MPa 的空气定温压缩到约 20 MPa,然后进入换热器中冷却,使温度降低到最大回转温度以下。再通过节流阀,空气由于节流冷效应而压力和温度都大幅度降低(例如降到 2 MPa 与相应的饱和温度)。节流后的湿蒸气进入分离器中使饱和液和饱和气分离。液态空气留在分离器中,而饱和蒸气引入换热器去冷却由压缩机来的高压空气,蒸气自身升温后与补充的新空气混合再进入压缩机。

有其他的一些气体液化循环,它们常常利用膨胀机内绝热膨胀和焦耳—汤姆孙节流效应两种方法共同降温。

仿真习题

1.1 基本概念

1-1 与外界只有能量交换而没有质量交换的热力学系统称为(　　)。

(A)孤立系统　　(B)闭口系统　　(C)静止系统　　(D)可压缩系统

1-2 下列陈述中,(　　)为正确的陈述。

(A)无约束的自由膨胀为可逆过程　　(B)不同物质的混合过程是不可逆的

(C)准静态过程也称为可逆过程　　(D)系统能回到初态的过程为可逆过程

1-3 一气体压力容器置于水面下 5 m 处,容器上的压力表位于水面下 5 m(折合水静压力 0.049 MPa),读数为 0.2 MPa。水面上的大气压力为 0.1 MPa。容器内工质状态参数中的压力 $p=$(　　)。

(A)0.249 MPa　　(B)0.349 MPa　　(C)0.398 MPa　　(D)0.29 MPa

1.2 单位制

1-4 根据国际单位制,质量熵的单位为(　　)。

(A)J/(kg·°C)　　(B)J/°C　　(C)J/(kg·K)　　(D)J/K

1.3 热力学第一定律

1-5 下列有关热力学第一定律的解读中,(　　)是不正确的。

(A)系统具有的热力学能属于热能,因此,工质系统可以只依靠本身的热力学能不断做功

(B)在孤立系统中,能量的总量保持不变

(C)第一类永动机是不可能实现的

(D)热机的热效率不可能大于 1

1-6 对于热力学第一定律基本表达式可以解读为(　　)。

(A)气体吸热时体积一定膨胀,热力学能有可能增加

(B)气体体积膨胀时一定要吸热,热力学能有可能增加

(C)气体膨胀对外界做功时热力学能必定减少

(D)气体吸热时有可能膨胀做功,热力学能也有可能增加

1-7 有一闭口系统沿过程 a 从状态 1 变化到状态 2,又从状态 2 沿另一过程 b 回到状态 1。如果已知系统在 1-a-2 过程中向外界吸热量 10 kJ,外界在 2-b-1 过程中对系统做压缩功 8 kJ 而系统向外界放热 9 kJ,那么,系统在 1-a-2 过程中对外界做功为(　　)。

（A）8 kJ　（B）11 kJ　（C）9 kJ　（D）6 kJ

1-8　下列陈述中只有（　　）是正确的。

（A）任何没有体积变化的过程必定没有对外界做功

（B）应该设法利用烟气离开锅炉时带走的热量

（C）工质的焓是代表用状态函数（$u+pv$）描述的那部分能量

（D）技术功代表通过轴输出的全部机械能

1-9　空气在活塞式压缩机中被压缩。压缩前空气参数为 $p_1=1\times10^5$ Pa，$v_1=0.8$ m^3/kg，压缩后空气参数为 $p_2=5\times10^5$ Pa，$v_2=0.332$ m^3/kg。若压缩机的压缩行程中 1 kg 空气的热力学能增加 146.5 kJ，同时向外界放出热量 50 kJ，试问空气所做的功为（　　）。

（A）96.5 kJ/kg　（B）−196.5 kJ/kg　（C）196.5 kJ/kg　（D）−96.5 kJ/kg

1-10　一绝热刚体容器用隔板分成两部分，左边充满高压理想气体，右边为真空。抽去隔板之后，容器内气体的温度将（　　）。

（A）升高　（B）降低　（C）与原左边相同　（D）无法确定

1-11　一股压力为 0.1 MPa、温度为 200 ℃的空气和另一股压力为 0.15 MPa、温度 100 ℃的空气混合，两股空气的质量流量相同。设空气可以视为理想气体，混合前后的气流流速变化和位能变化可以忽略，混合后的空气温度为（　　）。

（A）300 ℃　（B）200 ℃　（C）150 ℃　（D）100 ℃

1-12　一储气瓶从压缩空气总管充气，总管内压缩空气参数恒定为 500 kPa、25 ℃。设储气瓶在充气前为真空，充气过程在绝热条件下进行。当储气瓶内压力达到总管压力值时关闭入口阀门，此时储气瓶内的空气温度为（　　）。空气视为理想气体。已知 c_p=1.005 kJ/（kg·K），c_V=0.717 kJ/（kg·K）。

（A）417.2 K　（B）381.1 K　（C）398 K　（D）283 K

1-13　热力学第一定律基本表达式写成 $\delta q = c_V \mathrm{d}T + p\mathrm{d}v$ 的形式的适用条件为（　　）。

（A）闭口系统、可逆过程　（B）理想气体、稳定流动开口系统

（C）理想气体、闭口系统、可逆过程　（D）理想气体、闭口系统

1.4　气体的性质

1-14　气体模型的下列描述中，（　　）不符合理想气体模型。

（A）分子没有体积　（B）分子之间没有相互作用力

（C）分子为完全弹性体　（D）临界温度甚低于常温

1-15　理想气体状态方程式 $F(p,V,T)=0$ 的具体形式可以写成（　　）。

（A）$p_1v_1=p_2v_2$　（B）$pV=nRT$　（C）$\frac{p_1}{T_1}=\frac{p_2}{T_2}$　（D）$\frac{p_1V_1}{T_1}=\frac{p_2V_2}{T_2}$

1-16　一容积为 5 m^3 的压力容器充满 CO_2 气体，压力为 1.1 MPa，温度为 27 ℃。此容器内的 CO_2 质量和千摩尔数为（　　）。

（A）97.03 kg 和 2.205 kmol　（B）97 kg 和 0.206 kmol

（C）106.6 kg 和 2.422 kmol　（D）9.7 kg 和 0.220 5 kmol

1-17　某种理想气体的气体常数 $R_M = 0.277$ kJ/（kg·K），质量热容比 $\gamma = 1.384$，则定容质量热容 $c_V =$（　　）kJ/（kg·K）。

（A）0.116　（B）0.998　（C）0.393　（D）0.721

1-18　某理想气体吸热 4 349 kJ 而作定压变化。设定容比热为 0.741 kJ/(kg·K)，气体常数为 0.297 kJ/(kg·K)，可知该理想气体对外做功为(　　)。

(A)3 105 kJ　　(B)1 244 kJ　　(C)4 190 kJ　　(D)5 593 kJ

1-19　根据分子运动论，理想气体的比热容与温度无关，而且双原子气体的摩尔比热容 $C_{V,\mathrm{m}}$=(　　)J/(mol·K)。

(A)$\frac{3}{2}R$　　(B)$\frac{5}{2}R$　　(C)$\frac{7}{2}R$　　(D)$\frac{9}{2}R$

1-20　对于理想气体混合物，成分气体的分压力和分体积之间的关系式为(　　)。

(A)$pV_i = m_i \frac{R}{M_i}T$　　(B)$p_iV = n_iRT$　　(C)$p_iv_i = \frac{R}{M_i}T$　　(D)$p_iV = pV_i$

1-21　2 kg 氧气与 5 kg 某种未知理想气体混合。混合气体的体积为 4 m^3，压力为 3×10^5 Pa，温度为 283.69 K。该未知气体的气体常数为(　　)J/(kg·K)。氧气被视为理想气体。

(A)742.3　　(B)103.6　　(C)259.8　　(D)288.1

1-22　通用压缩因子图为(　　)。

(A)实际气体状态方程式的图解

(B)压缩因子 z 随压力 p 和温度 T 变化的实验测定结果的图示

(C)压缩因子 z 随压力与温度变化实验测定结果按照对比参数整理的图示

(D)根据对比态定律，取临界点压缩因子中间值 $z_c = 0.27$，用 T_r 作为参变量绘制的 z-p_r 图

1.5　理想气体的基本热力过程及气体压缩

1-23　空气在压气机中被压缩。压缩前的空气参数为 $p_1 = 1\times10^5$ Pa，$v_1 = 0.8$ m^3/kg；压缩后的空气参数为 $p_2 = 5\times10^5$ Pa，$v_2 = 0.332$ m^3/kg。若在压气机中空气的质量热力学能增加 146.5 kJ/kg，同时向外界放出热量 50 kJ/kg，则生产单位质量压缩空气的轴功为(　　)。

(A)282.5 kJ/kg　　(B)−196.5 kJ/kg　　(C)196.5 kJ/kg　　(D)−282.5 kJ/kg

1-24　工质系统进行了一个吸热、升温而压力下降的过程，该过程的多变指数为(　　)。

(A)$0<n<1$　　(B)$1<n<\kappa$　　(C)$n>\kappa$　　(D)$n=\kappa$

1-25　1 kg 空气自初态(p_1, v_1)经可逆膨胀到终态(p_2, v_2)，膨胀过程的多变指数 n=1.6，该过程中 q、w 和 Δu 的变化情况为(　　)。

(A)$q>0$, $w>0$, $\Delta u<0$　　(B)$q<0$, $w>0$, $\Delta u>0$

(C)$q>0$, $w<0$, $\Delta u>0$　　(D)$q<0$, $w>0$, $\Delta u<0$

1-26　在空气的加热过程中，加热量的一半转变为空气的体积膨胀功。该过程的多变指数 n =(　　)。

(A)1.8　　(B)1.6　　(C)1.3　　(D)0.6

1-27　1 kg 空气稳定流过控制体积，入口状态为 $p_1 = 0.1$ MPa，$v_1 = 0.897$ m^3/kg，$t_1 =$ 40 ℃；出口状态为 $p_2 = 0.565$ MPa，$v_2 = 0.224$ m^3/kg，$t_2 = 169$ ℃。在此过程中，多变指数 $n =$ (　　)；当空气的体积变化功 $w = -148$ kJ/kg 时，技术功 $w_t =$(　　)。

(A)1.25；−185 kJ/kg　　(B)1.25；−148 kJ/kg

(C)1.4；−185 kJ/kg　　(D)1.4；−148 kJ/kg

1-28　单级活塞式压气机加以冷却的效果为(　　)。

（A）降低压缩终了温度　　（B）省功

（C）提高产量　　（D）省功及降低压缩终了温度

1-29　活塞式压气机检修后若余隙增大（活塞行程不变）会造成（　　）的后果。

（A）容积效率降低而单位质量气体消耗的理论功减少

（B）容积效率不变而单位质量气体消耗的理论功减少

（C）容积效率降低而单位质量气体消耗的理论功不变

（D）容积效率不变而单位质量气体消耗的理论功不变

1-30　压气机采用三级压缩和级间冷却。p_1 是压气机第一级进口压力，p_4 是最后一级的出口压力，各级最佳升压比 π 为（　　）。

（A）$\pi = \frac{1}{3}(p_4 - p_1)$　（B）$\pi = \sqrt[3]{\frac{p_4}{p_1}}$　（C）$\pi = \sqrt[4]{\frac{p_4}{p_1}}$　（D）$\pi = \sqrt{\frac{p_4}{p_1}}$

1.6 热力学第二定律

1-31　1 kg 氮气从初状态（$p_1 = 1 \times 10^5$ Pa，$t_1 = 27$ ℃）变化到终状态（$p_2 = 10 \times 10^5$ Pa，$t_2 = 227$ ℃），此过程中氮（　　），它的熵变化量为（　　）。氮被视为理想气体，质量热容按定值处理。

（A）膨胀吸热；1.52 kJ/（kg·K）　（B）膨胀吸热；0.152 kJ/（kg·K）

（C）被压缩放热；-0.152 kJ/（kg·K）　（D）被压缩放热；-1.52 kJ/（kg·K）

1-32　在如下有关卡诺循环和卡诺定理的解读中，（　　）是正确的。

（A）一切不可逆循环的热效率都小于可逆循环的热效率

（B）一切可逆循环中以卡诺循环的热效率为最高

（C）提高循环热效率的基本途径在于提高高温热源温度、降低低温热源温度及尽可能减小不可逆因素

（D）同类型的可逆热机在相同的高温热源和低温热源之间工作的热效率相等

1-33　在高温热源 T_1 和低温热源 T_2 之间实施卡诺循环，若 $T_1 = mT_2$（m 为系数），循环中放给低温热源的热量是从高温热源吸热量的（　　）。

（A）m 倍　（B）（m-1）倍　（C）$\frac{m-1}{m}$　（D）$\frac{1}{m}$

1-34　设环境温度为 30 ℃，冷库温度为-20 ℃，逆向卡诺循环的制冷系数 ε 为（　　）。

（A）6.06　（B）5.06　（C）7.32　（D）6.58

1-35　有人声称设计了一种循环装置，从 $T_1 = 1\ 000$ K 热源吸热 1 000 kJ，向 $T_2 = 300$ K 热源放热 400 kJ，输出功 500 kJ。你认为此设计（　　）。

（A）违反了热力学第一定律

（B）违反了热力学第二定律

（C）既违反热力学第一定律，又违反热力学第二定律

（D）不违反热力学第一定律和第二定律

1-36　定量空气体积为 V_1，设经过可逆的定温加热（过程 a）或绝热向真空自由膨胀（过程 b），终体积都为 $V_2 = 10\ V_1$。对于过程 b 中 ΔS_b 的确定，（　　）正确。

（A）过程 b 中 $\delta Q = 0$，$\Delta S_b = 0$

(B)过程 b 不可逆，$\Delta S_b > \Delta S_a$

(C)虽然过程 b 不可逆，但是 $\Delta S_b = \Delta S_a > 0$

(D)过程 b 不输出功，$\Delta S_b > \Delta S_a$

1-37 用热泵为住宅供暖。当室外温度为-10 ℃，为使住宅内保持温度 20 ℃而每小时供热 1×10^5 kJ，该热泵所需的最小电功率为(　　)。

(A)27.78 kW　(B)2.84 kW　(C)28.44 kW　(D)3.16 kW

1-38 某制冷循环运行时，制冷剂从-73 ℃的冷源吸热 100 kJ，将 220 kJ 热量传给温度为 27 ℃的热源，此制冷循环为(　　)。

(A)可逆循环　(B)不可逆循环　(C)不能实现　(D)无法判断

1-39 下列一些关于熵的解读中，(　　)正确。

(A)只要系统是经历绝热的过程，系统熵必定不变

(B)系统熵减少的过程不可能发生

(C)孤立系统熵增大的过程必是不可逆过程

(D)对于不可逆循环，工质熵的变化 $\oint \mathrm{d}S > 0$

1-40 将 600 kg 20 ℃的水用电热器加热到 95 ℃。这一不可逆过程中的可用能损失为(　　)。设不考虑散热损失，环境温度为 20 ℃，水的质量热容为 4.18 kJ/(kg·K)。

(A)1.88×10^5 kJ　(B)0.5×10^5 kJ

(C)1.68×10^5 kJ　(D)571.6×10^5 kJ

1.7 水蒸气和湿空气

1-41 压力为 0.1 MPa 的水定压加热到 102 ℃，加热终了的状态位于(　　)。

(A)未饱和水区　(B)湿蒸汽区

(C)过热蒸汽区　(D)上界线上

1-42 湿蒸汽的状态由(　　)确定。

(A)压力和温度　(B)压力或温度

(C)压力和质量体积　(D)蒸汽干度

1-43 未饱和空气中的水蒸气处于(　　)状态。

(A)过热蒸汽　(B)湿蒸汽　(C)过冷蒸汽　(D)干饱和蒸汽

1-44 用干球温度计、湿球温度计和露点仪测得湿空气的 3 个温度为 14 ℃、18 ℃、29 ℃。其中干球温度 t =(　　)，湿球温度 t_w =(　　)。

(A)14 ℃；18 ℃　(B)18 ℃；14 ℃

(C)29 ℃；14 ℃　(D)29 ℃；18 ℃

1-45 湿空气压力 0.1 MPa，干球温度 30 ℃，湿球温度 21.5 ℃，相对湿度 $\varphi = 50\%$，其中水蒸气的状态参数为(　　)。对应于 30 ℃的水蒸气饱和压力为 0.004 245 1 MPa。

(A)0.1 MPa，30 ℃　(B)0.002 122 6 MPa，30 ℃

(C)0.002 122 6 MPa，21.5 ℃　(D)0.004 245 1 MPa，21.5 ℃

1-46 湿空气含湿量一定时，温度越高，吸湿能力(　　)。

(A)越弱　(B)越强

(C)不改变　(D)还要其他条件才能确定

1-47　湿空气在压力不变和干球温度不变的条件下,湿球温度越低,含湿量(　　)。

(A)不变　(B)越大　(C)越小　(D)不确定

1.8　气体和蒸汽流动

1-48　气体在喷管中定熵流动时的状态参数与流动参数变化为(　　)。

(A)$dp<0, dv>0, dT<0, dc>0$　(B)$dp>0, dv<0, dT<0, dc<0$

(C)$dp<0, dv<0, dT>0, dc>0$　(D)$dp>0, dv<0, dT>0, dc<0$

1-49　为使 $Ma=0.1$ 的气流加速,如果喷管出口压力高于临界压力,应选用(　　)。

(A)渐缩喷管　(B)渐缩渐扩喷管　(C)渐扩渐缩喷管　(D)直管

1-50　渐缩渐扩喷管按照压力比小于临界压力比设计。工作时如果喷管入口压力不变而背压力稍有升高,喷管流量(　　);背压下降时流量(　　)。

(A)减小;增大　(B)不变;增大　(C)减小;不变　(D)不变;不变

1-51　理想气体绝热节流,节流后的温度比节流前的温度(　　)。

(A)高　(B)低

(C)相同　(D)或高或低或相同,视节流前状态而定

1-52　理想气体绝热节流的状态参数变化为(　　)。

(A)$\Delta h=0, \Delta S>0$　(B)$dh=0, dS>0$

(C)$\Delta h=0, \Delta S=0$　(D)$\Delta h=0, \Delta S<0$

1.9　动力循环

1-53　从热力学的观点评价,朗肯循环很不完善的原因是(　　)。

(A)放热量大　(B)平均吸热温度不高

(C)蒸汽初温度不高　(D)蒸汽初压力不高

1-54　朗肯循环采用回热的效果在于(　　)。

(A)减少加热量　(B)减少进入凝汽器的蒸汽含水量

(C)提高吸热的平均温度　(D)降低放热平均温度

1-55　采用蒸汽再热循环的目的在于(　　)。

(A)降低绝热膨胀终点蒸汽干度,提高循环热效率

(B)提高循环的最高温度,提高循环热效率

(C)提高绝热膨胀终点蒸汽干度和提高吸热平均温度

(D)提高循环最高压力,提高循环热效率

1-56　从吸热平均温度和放热平均温度来分析,在四冲程点燃式汽油机的理论循环中,当循环的最高温度限定时,(　　)。

(A)提高压缩比可以提高吸热平均温度,增大循环功

(B)提高压缩比可以提高吸热平均温度,降低放热平均温度

(C)提高压缩比可以提高吸热平均温度,放热平均温度也提高

(D)压缩比降低则吸热平均温度降低,放热平均温度随之降低

1.10　制冷循环

1-57　在空气压缩制冷循环中,(　　)。

(A)增压比增大则制冷系数增大

(B)增压比增大则制冷系数减小

(C)单位工质制冷量越大,制冷系数也越大

(D)热源(环境介质)温度一定时制冷系数为定值

1-58 影响蒸汽压缩制冷循环制冷系数的主要因素为( )。

(A)压缩蒸汽的过热度 (B)冷凝液的过冷度

(C)蒸发温度和冷凝温度 (D)制冷剂循环量

1-59 在氨吸收制冷装置中,( )。

(A)水作为制冷剂,氨作为冷却剂

(B)水作为冷却剂,氨作为制冷剂

(C)水作为制冷剂,氨作为吸收剂

(D)水作为吸收剂,氨作为制冷剂

1-60 一热机带动热泵工作,热机与热泵的排热都用于加热某一建筑物采暖的循环水。热机效率为 30%,热泵供热系数 $\varepsilon'=5$。如果热机从低温热源吸热 10 000 kJ,循环水将得到的加热量为( )。

(A)7 000 kJ (B)15 000 kJ (C)22 000 kJ (D)18 000 kJ

习题答案

1-1(B) 1-2(B)

1-3(B)。压力表所处环境的压力为水面大气压力再加 5 m 水柱的静压。

1-4(C)

1-5(A)。选项(A)就是指第一类永动机。

1-6(D)。其余选项都限定某些过程。

1-7(C) 1-8(C) 1-9(B)

1-10(C)。以整个容器作为定质量系统考察,$\Delta U=0$。

1-11(C)。以混合器作为控制体积考察,$H_{出}=H_{入}$。

1-12(A)。参见例 1.3-5。

1-13(C) 1-14(D)

1-15(B)。其余为各种条件下两平衡状态之间的参数关系。

1-16(A)

1-17(D)。应用迈耶公式。

1-18(B)。由迈耶公式和定压吸热量求出($m\Delta T$),然后用热力学第一定律或者由($mR_g\Delta T$)计算。

1-19(B) 1-20(D)

1-21(A)。已知混合物的状态,由状态方程式计算出一个混合物的摩尔质量 M。由成分气体单独存在的状态方程式求出它们的分压力以及它们的摩尔分数。根据未知气体的质量分数、摩尔分数和混合物的摩尔质量求得未知气体的摩尔质量,气体常数可以计算出。

1-22(D) 1-23(D)

1-24(A)。在 p-v 图和 T-s 图上可判别。

1-25(D)。除用图解判别之外,也可以利用过程质量热容与定容质量热容的关系式。$n=$

1.6 时$\left(\dfrac{n-\kappa}{n-1}\right)$为正值,$q$ 和 Δu 应同为正值或负值。题给 $w>0$。

1-26(D)。由 $\dfrac{\Delta u}{q}=\dfrac{n-1}{n-\kappa}=0.5$ 可得。

1-27(A)。由空气的出口状态和入口状态可以计算 n 值,而 $w_t=nw$。

1-28(D)。产量由入口状态决定。

1-29(C)　1-30(B)

1-31(C)。考察 1 kg 氮构成的闭口系统。由初状态和终状态求得 $\Delta s<0$,即 $q<0$。根据第一定律基本表达式考察,当 $\Delta u>0$ 时,$w<0$。

1-32(C)。选项(A)和(B)都没有指明在相同的工作温度范围内的比较条件。对于选项(D),卡诺定理没有限定同类型。

1-33(D)　1-34(B)

1-35(A)。$(Q_2+W)<Q_1$。违反了热力学第一定律就谈不上是否违反热力学第二定律的问题。

1-36(C)。熵是状态的函数。过程 a,$T_2=T_1$;而过程 b,由 $\Delta U=0$ 得 $T_2=T_1$。两过程的初状态与终状态都相同,熵的变化量相同。

1-37(B)。根据卡诺定理,可以由相同工作温度的逆向卡诺循环确定需要的最小功率。

1-38(B)。用克劳修斯不等式判别。

1-39(C)。根据熵的定义式,可逆的绝热过程中系统熵不变;不可逆的绝热过程熵增大,例如绝热节流过程。同样,系统放热的过程中熵减少。同时,熵是状态函数,工质经历一循环回到原状态 $\oint \mathrm{d}S=0$。孤立系统与外界没有任何能量交换作用,其中发生的过程只能是自发过程。

1-40(C)。电加热是不可逆的,它的可用能损失反映在它的逆向过程中必定有一部分放热量转移到环境而失去做功能力。设以 600 kg 热水为高温热源,环境为低温热源,用一可逆热机在它们之间工作,热水由 95 ℃降低到原来温度的放热量(1.88×10^5 kJ)全部供给可逆热机。把 600 kg 水、可逆热机和环境的组合体视为孤立系统。600 kg 水放热而熵减少 ΔS_H,环境吸热而熵增大 ΔS_L,根据孤立系统熵增原理,表达式取等号时 ΔS_H 与 ΔS_L 数值相等而符号相反。$\Delta S_H=600\times4.18\ln\dfrac{293}{365}$,而由可逆热机转移到环境的热量为 $T_0\Delta S_L$。$T_0\Delta S_L$ 沦落于环境而不再具有转变为功的可能性。

1-41(C)

1-42(C)。湿蒸汽的压力和温度为单值对应关系。蒸汽干度还需要压力或温度配合。

1-43(A)。选项(D)属于饱和空气的情况。

1-44(D)。3 个温度数值不同表明所测为未饱和空气,露点温度为未饱和空气受冷却降温而成为饱和空气的温度。湿球温度为未饱和空气喷水加湿(加湿降温)而成为饱和空气的温度,未饱和空气的温度因提供水汽化热而降低。湿球温度的饱和空气中水蒸气分压力大于未加湿而冷却到饱和时的分压力(即露点温度的饱和空气中水蒸气分压力)。干球温度即未饱和空气的温度,喷入同温度水蒸气而加湿(加湿不降温)也可以成为饱和空气,水蒸气分压力因加湿而增大到最大值。饱和空气已不能以任何方式加湿与冷却，只能测出一个温度值；此时的干球温度既表示湿球温度，也表示露点温度。

1-45（B）

1-46（B）。根据相对湿度的定义式，若水蒸气的实际分压力一定（含湿量一定），而达到同温度饱和空气时的水蒸气分压力随温度升高而增大，相对湿度降低。

1-47（C）。湿球温度低表明未饱和空气因吸湿量大而温度降低多，未饱和空气的含湿量小。

1-48（A）。喷管做加速（$dc>0$）流动的力学条件为 $dp<0$，流动中气体绝热膨胀。

1-49（A）。喷管的型式（几何条件）、工作条件（压力比）和流动状态要适应。选项（C）和（D）不符合几何条件的要求。

1-50（D）。渐缩渐扩喷管的流量只决定于喉部，喉部的状态与流速不受背压变化的影响。

1-51（C）　1-52（A）

1-53（B）。完善程度指与同样工作温度范围的卡诺循环比较。

1-54（C）。吸热过程起始点的温度提高。

1-55（C）。采用蒸汽再热可以允许进一步提高循环的最高压力（以保证绝热膨胀终点的蒸汽干度不因压力提高而降低）以提高循环热效率。再热安排适当时，蒸汽再热本身也有效地提高吸热平均温度而提高循环热效率。

1-56（B）　1-57（B）　1-58（C）

1-59（D）。沸点较高的物质作为吸收剂。

1-60（C）

2

传热学

考试大纲

2.1 导热理论基础

导热基本概念,温度场,温度梯度,傅里叶定律,导热系数,导热微分方程,导热过程的单值性条件。

2.2 稳态导热

通过单平壁和复合平壁的导热,通过单圆筒壁和复合圆筒壁的导热,临界热绝缘直径,通过肋壁的导热,肋片效率,通过接触面的导热,二维稳态导热问题。

2.3 非稳态导热

非稳态导热过程的特点,对流换热边界条件下非稳态导热,诺模图,集总参数法,常热流通量边界条件下非稳态导热。

2.4 导热问题数值解

有限差分法原理,导热问题的数值计算,节点方程建立,节点方程式求解,非稳态导热问题的数值计算,显式差分格式及其稳定性,隐式差分格式。

2.5 对流换热分析

对流换热过程和影响对流换热的因素,对流换热过程微分方程式,对流换热微分方程组,流动边界层,热边界层,边界层换热微分方程组及其求解,边界层换热积分方程组及其求解,动量传递和热量传递的类比,物理相似的基本概念,相似原理,实验数据整理方法。

2.6 单相流体对流换热及准则方程式

管内受迫流动换热,外掠圆管流动换热,自然对流换热,自然对流与受迫对流并存的混合流动换热。

2.7 凝结与沸腾换热

凝结换热基本特性,膜状凝结换热及计算,影响膜状凝结换热的因素及增强换热的措施,沸腾换热,饱和沸腾过程曲线,大空间泡态沸腾换热及计算,泡态沸腾换热的增强。

2.8 热辐射的基本定律

辐射强度和辐射力,普朗克定律,斯蒂芬—波尔兹曼定律,兰贝特余弦定律,基尔霍夫定律。

2.9 辐射换热计算

黑表面间的辐射换热,角系数的确定方法,角系数及空间热阻,灰表面间的辐射换热,有效辐射,表面热

阻,遮热板,气体辐射的特点,气体吸收定律,气体的发射率和吸收率,气体与外壳间的辐射换热,太阳辐射。

2.10 传热和换热器

通过肋壁的传热,复合换热时的传热计算,传热的削弱和增强,平均温度差,效能-传热单元数,换热器计算。

复习指导

传热学是研究温差引起的热能传递规律的学科,即单位时间内传递的热量与物体中相应的温差之间的关系。复习传热学首先需要掌握基本概念、定义、理论和公式等,在理解例题后再做“仿真习题”,并总结解题方法和规律。按照考试大纲要求,本复习内容就基本概念、基本理论和公式进行简明扼要的阐述,目的是使考生掌握要点,在此基础上会求解仿真习题,并进一步运用所学知识解释传热学相关的实际问题。

热量传递的基本方式有三种:热传导、热对流和热辐射。热传导可分为稳态导热和非稳态导热,傅里叶定律是描述导热的基本定律,温度场、等温面(线)、温度梯度、热流向量是基本概念,考生应掌握。导热系数是物质的物性参数,反映了物质的导热能力,一般由实验测定,它不仅因物质的种类而异,且与物质的温度、湿度、压力、密度等因素有关。导热微分方程式用数学的形式表达了导热过程的共性,它是在傅里叶定律的基础上,结合热力学第一定律建立的。为描述某一特定的导热过程,还需进行附加的补充说明,即单值性条件。单值性条件包括几何条件、物理条件、时间条件和边界条件。一个具体的导热过程的数学描述包括导热微分方程式和单值性条件两部分。导温系数表征非稳态导热过程中物体内部各部分温度趋于均匀一致的能力。稳态导热过程引入热阻的概念可简化计算,不同几何形状的物体的热阻形式不同,要求考生掌握平板、圆筒壁和球壁的热阻形式。为减少管道散热损失,采用在管道外侧覆盖热绝缘层或隔热保温层的办法,但只有管道外径大于临界热绝缘直径时,覆盖绝缘层才会有效减少热损失。为强化传热,可采取加肋片的方法加大换热表面积,降低对流换热热阻。肋片导热可作为内热源的一维稳态导热问题处理,由此可得肋片导热过程的解析解,并可用肋片效率评价肋片散热的有效程度。导热过程在两个直接接触的固体之间进行时,会由于固体表面非理想平整而带来额外的导热热阻,即接触热阻,粗糙度是产生接触热阻的主要因素。以上部分的重点是掌握傅里叶定律、导热过程的数学描述、不同几何形状的热阻形式,要求考生能够写出具体导热问题的数学描述,会运用热阻概念进行基本几何形状物体的导热过程求解。非稳态导热分为瞬态导热过程和周期性过程,瞬态导热过程温度场的变化分为三个阶段:不规则情况阶段、正常情况阶段和新的稳态阶段。当 $Fo>0.2$ 时,瞬态温度场的变化进入正常情况阶段;当 $Bi<0.1$ 时,物体内各处温度趋于均匀一致,可采用集总参数法计算。考生需理解半无限大物体的含义,掌握 Fo 准则和 Bi 准则的表达式及物理意义,重点掌握采用集总参数法进行相关计算。对于复杂几何形状和非线性边界条件的导热问题,建立在有限差分和有限元方法基础上的数值解是有效方法。有限差分法是以有限差商代替微商,从而将微分方程转换为差分方程的方法。有限差分表达式有向前差分、向后差分和中心差分三种。瞬态导热问题有显式差分格式和隐式差分格式,显示差分格式有稳定性条件,而隐式差分格式无条件稳定。温度节点方程可采用有限差分法和热平衡法,考生应掌握运用热平衡法建立内节点和边界节点的温度方程式。

对流换热是热传导和热对流同时作用完成热量传递的过程,流动起因、流动状态、流体物性、有无相变,以及壁面状况均会影响此过程,牛顿冷却定律是描述对流换热过程的基本定律。对流换热方程组由连续性方程、动量方程和能量方程构成。黏性流体流过物体表面会形成有很大速度梯度的流动边界层;当流体和壁面间有温差时,也会产生温度梯度很大的温度边界层(热边界层),边界层概念的引入使得对流换热方程组的分析解求解成为可能。考生需要掌握边界层及热边界层的物理特征,会用数量级分析法简化对流换热微分方程组并将其无量纲化,重点掌握 Nu、Re、Gr、Pr 准则的表达式及其物理含义。实验结果可基于相似原理整理为准则关联式。流体在管内的流动分为进口段和充分发展段,充分发展段包括流动充分发展段和热充分发展段,流动充分发展段的流态可由雷诺数 Re 判断,常物性流体在热充分发展段的换热系数保持不变。常热流边界条件下,管内流动充分发展段流体与壁面温差沿管长保持不变;常壁温边界条件下,流体温度沿管长按对数曲线规律变化。非圆形管的定型尺寸采用当量直径,粗糙管还需考虑粗糙度的影响。

流体外掠单管会因流体压强变化发生绕流脱体,脱体点位置取决于雷诺数 Re。流体外掠管束时,相对管间距和管排数是对流换热过程的影响因素。自然对流换热分为无限空间自然对流换热和有限空间自然对流换热。对于无限空间自然对流,采用 $Gr \cdot Pr$ 判断流态,并根据边界条件、壁面形状及位置选择准则关联式;对于有限空间自然对流换热,应首先判断其换热机制,采用当量换热系数计算换热量;对于混合对流换热,采用 Gr/Re^2 区分纯受迫流动和纯自然对流的界限。对流换热部分的计算题,考生应先计算 Re 判别流态,选择关联式,计算得到 Nu,进而计算对流换热系数 h,再根据牛顿冷却定律计算得到对流换热量。

凝结换热分为膜状凝结和珠状凝结,珠状凝结的换热系数远高于膜状凝结的,一般工业设备主要为层流膜状凝结。可根据层流膜状凝结的理论分析膜状凝结换热时流体沿程流态及表面传热系数的变化。凝结临界雷诺数 Rec 可用于判断层流和紊流,凝结准则 Co 反映凝结换热的强弱。影响膜状凝结的因素包括管束及其排列方式、蒸气速度、不凝气体、含油等。沸腾分为大空间沸腾(池沸腾)和有限空间沸腾(管内沸腾)。饱和沸腾时,管壁温度与饱和温度之差称为沸腾温差,沸腾时的热流通量 q 与沸腾温差 Δt 的关系曲线称为沸腾曲线。随着 Δt 的变化,饱和沸腾有 4 个阶段:自然对流沸腾、泡态沸腾、过渡态沸腾和膜态沸腾,一般工业设备的沸腾换热都处于泡态沸腾下进行。对这部分,要求考生掌握每个沸腾阶段的基本特征,分析泡态沸腾机理,会运用两种类型的计算式进行相关计算,了解增强沸腾换热的主要措施。

热辐射是由于物体自身温度或热运动原因而激发的电磁波传播,辐射表面对外来投射辐射表现出吸收率、反射率、透射率,以及由自身温度表现出的发射率。对实际表面,以上性质既与辐射的方向有关,又与辐射的波长有关。工程上为简化计算提出了"漫""灰"模型,"漫"表面指辐射与反射性质及方向无关,"灰"表面指表面的单色吸收率不随波长变化而是一个常数。若某表面的辐射特性既与方向无关,也与波长无关,则为"漫—灰"表面。黑体是一个理想的吸收体和发射体,在同温度下具有最大的辐射力。黑体的辐射力随温度单调递增,黑体辐射各向同性。辐射力 E 和辐射强度 I 均表示物体表面的辐射本领,前者为单位表面积朝半球方向在单位时间内发射全波长的能量,后者是某方向上单位投影面积在单位时间、单位立体角内发射的全波长能量,二者的关系为 $E=\pi I$。热辐射的基本定律有普朗克定律、斯忒藩(斯蒂芬)—玻尔兹曼定律、兰贝特余弦定律和基尔霍夫定律。对此,要求考生掌握吸收比、反射比、透射比、黑体、白体、透明体、灰体、辐射强度、辐射力、发射率(黑度)、单色发射率等基本概念以及热辐射的基本定律,理解普朗克定律揭示的物理量之间的关系,并用其图示解释金属加热过程的颜色变化。

角系数是进行辐射换热计算时的重要参数,它是一个几何参数,其值取决于物体的几何形状、表面大小和相对位置,表示表面间能量投射的百分数。角系数具有互换性、完整性和分解性,可用代数法计算,或直接查用线图。组成辐射换热网络的热阻有两类:表面热阻和空间热阻。同一表面具有表面热阻(非黑体),不同表面之间有空间热阻。有效辐射是表面的自身辐射与反射辐射之和,辐射计测量到的辐射能均为有效辐射。多个表面组成的封闭腔,各表面间的辐射换热可根据表面特点画出网络图,建立节点方程组,联立求得各表面的有效辐射,进而计算表面的净辐射换热量。对绝热表面则该节点应为浮动点。在表面间加遮热板等于在表面之间增加了辐射热阻,可以减少表面间的辐射换热,可用网络法分析其隔热效果。气体对投入辐射只有吸收和透过,多原子气体,如 CO_2、H_2O 只辐射和吸收某些波长范围内的能量。气体的吸收和辐射是在整个气体容积内进行的。气体吸收定律(布格尔定律)表明单色辐射强度穿过气体层时按指数规律减弱。气体温度和外壳温度不同时,气体的发射率和吸收率不相等。对这部分,要求考生掌握角系数的定义、性质、空间热阻、表面热阻、有效辐射的基本概念,会运用网络图求解不同表面间的辐射换热及加遮热板后的隔热效果。

肋片效率和肋化系数是肋壁传热计算中的两个重要数值,计算时需明确以哪一侧面积为基准。壁面上同时有对流换热和辐射换热时,即为复合换热,可将辐射换热量按牛顿冷却公式折算出辐射换热系数。对流换热系数和辐射换热系数之和为复合换热系数,它与壁面温度密切相关。提高传热系数是增强传热的最佳措施,增大传热系数主要应增加换热系数小的一侧的换热。换热器是进行换热的设备,流体在换热器中的流动方式有顺流、逆流和其他流动方式,在相同的进出口温度下,逆流比顺流的对数平均温差大。工程上换热器一般尽可能采用逆流布置。换热器的传热计算有两种方法:对数平均温差法和效能—传热单元数法。前者的基本公式是 $Q = KA\Delta t_m$,后者则基于 $\varepsilon = f(NTU, \frac{C_{min}}{C_{max}}, \text{流动方式})$ 的函数关系,换热器效能 ε 是指实际传热量 Q 与最大可能传热量 Q_{max} 的比值,NTU 为无量纲数 KA/C_{min},换热器校核计算中一般采用 $\varepsilon - NTU$ 法。对这部分,要求考生掌握复合换热的相关计算,换热器不同流动形式下对数平均温差的计算。

复习内容

凡有温度差的地方,热量就会自发地从高温传向低温。无论在自然界或工艺过程中,几乎处处存在着温度差。因此,热量的传递问题与工农业生产、科学技术的发展和人类的生活密切相关。传热学就是一门研究热量传递规律的科学。热量的传递有三种基本方式:导热、对流与辐射。它们可以单独存在或同时存在。以下将分别讨论并予以综合。

2.1 导热理论基础

依靠分子、原子、自由电子等微观粒子的热运动进行的热量传递称为导热(或热传导)。单纯导热现象只可能发生在物质内部且其中无物质的宏观位移,或不同物体直接接触且无相对位移时。如无孔结构的固体(如金属板);两固体无间隙的直接接触(如两块平滑金属板的接触)。从微观角度看,导热机理因不同物质而异。在气体中,导热是气体分子不规则热运动时相互碰撞的结果;在金属导体中,导热主要是通过电子的相互作用和碰撞来进行的;在非导电的固体中,导热是通过晶格的振动来完成的;至于液体,情况复杂,目前比较认可的观点是主要依靠晶格的振动来实现。

2.1.1 导热基本概念

1. 温度场

温度场是指某一时刻空间所有各点的温度分布。它是时间和空间的函数,即

$$t = f(x,y,z,\tau) \tag{2.1-1}$$

该式表示物体温度在 x、y、z 三个方向和在时间 τ 上都会有变化的三维非稳态温度场。如果温度场不随时间而变化,则为稳态温度场,即

$$t = f(x,y,z) \tag{2.1-1a}$$

如果稳态温度场仅和某两个或一个空间坐标有关,则为二维或一维稳态温度场,其相应的表达式为

$$t = f(x,y) \tag{2.1-1b}$$

$$t = f(x) \tag{2.1-1c}$$

2. 等温面

等温面是指在某同一时刻温度场中,所有温度相同的点所构成的面。用同一平面与不同的等温面相交,则就在该平面上构成一簇曲线,即等温线。在某一时刻的等温面(或等温线)就显示了该时刻的温度场。

3. 温度梯度

从等温面上某点,沿着该点法线方向到另一个等温面,取此两等温面的温差 Δt 与其法线方向的距离 Δn 的比值的极限,即为温度梯度,用 grad t 表示,则

$$\text{grad}\ t = \lim_{\Delta n \to 0} \frac{\Delta t}{\Delta n}\boldsymbol{n} = \boldsymbol{n}\frac{\partial t}{\partial n} \tag{2.1-2}$$

温度梯度是一个矢量,方向朝着温度增加的方向。式中 $\boldsymbol{n}$ 表示法线方向上的单位向量。

温度梯度在直角坐标系中可表示为

$$\text{grad}\ t = \frac{\partial t}{\partial x}\boldsymbol{i} + \frac{\partial t}{\partial y}\boldsymbol{j} + \frac{\partial t}{\partial z}\boldsymbol{k} \tag{2.1-3}$$

2.1.2 傅里叶定律

傅里叶(J. Fourier)定律是傅里叶等人通过实验研究提出的导热基本定律,它表明单位时间内通过某给定面积的导热量 $\boldsymbol{\Phi}$,与温度梯度及垂直于该处导热方向的截面面积成正比,即

$$\boldsymbol{\Phi} = -A\lambda \text{grad}\ t\ (\text{W}) \tag{2.1-4}$$

式中:-grad t 为温度降度,它的数值与温度梯度相等而方向相反,即热量的传递总是指向温度降低的方向。

对于单位面积,上式为

$$\boldsymbol{q} = -\lambda \text{grad}\, t \ (\text{W/m}^2) \tag{2.1-5}$$

热流密度 $\boldsymbol{q}$ 也可以直角坐标系中的三个分量来表示，即

$$\boldsymbol{q} = q_x \boldsymbol{i} + q_y \boldsymbol{j} + q_z \boldsymbol{k} \tag{2.1-6}$$

显然，其中的三个分量相应为

$$\left.\begin{aligned} q_x &= -\lambda \frac{\partial t}{\partial x} \\ q_y &= -\lambda \frac{\partial t}{\partial y} \\ q_z &= -\lambda \frac{\partial t}{\partial z} \end{aligned}\right\} \tag{2.1-7}$$

2.1.3 导热系数

傅里叶定律表达式中的比例系数 λ 称为导热系数。用式表达为

$$\lambda = -\frac{\boldsymbol{q}}{\text{grad}\, t} \tag{2.1-8}$$

由该式可见，导热系数的数值就是物体中温度降度为 1 K/m 时，单位时间内通过单位面积的导热量，单位是 W/(m•K)。

导热系数是物质的一个重要热物性参数，其值表征物质导热能力的大小。通常，影响导热系数的主要因素是物质的种类和温度。

1. 气体的导热系数

气体的导热系数一般都比较小，其值为 0.006~0.6 W/(m•K)。气体的导热系数随温度的升高而增大。但与压力无关，除非压力很低或很高。对于混合气体，其值只能由实验测定。

2. 液体的导热系数

液体的导热系数值为 0.01~0.7W/(m•K)。对于非缔合液体(如苯等)或弱缔合液体，温度升高，导热系数下降；强缔合液体(如甘油等)，温度升高，导热系数增大。

3. 金属的导热系数

各种金属的导热系数值一般在 2.2~420 W/(m•K)范围内变化。对于大多数纯金属，其值随温度升高而减少；对于大部分合金，则随温度升高而增大。如果金属中含有杂质，则因破坏晶格的完整性而干扰了自由电子的运动，使导热系数减小。

4. 不导电固体的导热系数

建筑材料和隔热保温材料的导热系数为 0.025~3.0 W/(m•K)，其值随温度的升高而增大。通常把室温下导热系数的值小于 0.2 W/(m•K)的材料称为隔绝保温材料或热绝缘材料，如岩棉、膨胀珍珠岩等。温度对导热系数的影响，对于大多数工程材料在一定的温度范围内，可以认为导热系数是温度的线性函数，即

$$\lambda = \lambda_0 (1 + bt) \tag{2.1-9}$$

式中：λ_0 为 0 ℃时的导热系数；b 为由实验确定的常数。

湿度、压力、密度等因素也会影响导热系数。如，绝热材料常常是蜂窝状的多孔结构，细小孔隙中的空气起到良好的隔热作用。但当湿度大时，由于水分的渗入，会发生水分从高温区向

低温区迁移而传递热量的现象,致使导热系数显著增大。还要指明的是,有一些材料,如木材、石墨等,它们各向的结构不同,其各向的导热系数就有很大差别,称之为各向异性体。对于导热系数不受方向影响的材料,则为各向同性体。

2.1.4 导热微分方程

傅里叶定律的表达式确定了热流密度和温度梯度之间的关系,但若求热流密度的值,必须要有温度场的数学关系式。为此,可在导热的物体中任取一微元六面体,利用傅里叶定律和能量守恒与转换定律,建立起描述该微元体内温度场的通用关系式,即导热微分方程。对于各向同性体,在导热系数λ、比热容c和密度ρ均已知,且有内热源q_V的条件下,建立的导热微分方程式为

$$c\rho\frac{\partial t}{\partial \tau}=\frac{\partial}{\partial x}\left(\lambda\frac{\partial t}{\partial x}\right)+\frac{\partial}{\partial y}\left(\lambda\frac{\partial t}{\partial y}\right)+\frac{\partial}{\partial z}\left(\lambda\frac{\partial t}{\partial z}\right)+q_V \tag{2.1-10}$$

当物性参数λ、ρ和c为常数时,上式简化为

$$\frac{\partial t}{\partial \tau}=\frac{\lambda}{c\rho}\left(\frac{\partial^2 t}{\partial x^2}+\frac{\partial^2 t}{\partial y^2}+\frac{\partial^2 t}{\partial z^2}\right)+\frac{q_V}{c\rho} \tag{2.1-11}$$

或写成

$$\frac{\partial t}{\partial \tau}=a\nabla^2 t+\frac{q_V}{c\rho} \tag{2.1-12}$$

式中:$\nabla^2 t$为温度t的拉普拉斯运算符;$a=\frac{\lambda}{c\rho}$,称为导温系数(或热扩散率),m^2/s。导温系数表征物体加热或冷却时,物体内各部分温度趋于均匀一致的能力。

在某些特定条件下,上述导热微分方程式可简化,如:

常物性、无内热源 $\frac{\partial t}{\partial \tau}=a\nabla^2 t$

常物性时稳态温度场 $\nabla^2 t=\frac{-q_V}{\lambda}$

常物性又无内热源时稳态温度场 $\nabla^2 t=0$

我们也可通过坐标变换,将上述方程式转换成圆柱坐标系(r,φ,z)或球坐标系(r,φ,θ)下的导热微分方程式,使之用于求解柱状(圆柱、圆管)、球状(圆球)等轴对称物体时的导热问题更为方便。

2.1.5 导热过程的单值性条件

针对具体物体的导热问题,在建立起导热微分方程式的基础上,还必须附加求解这一具体对象的特解条件,称之为单值性条件。

单值性条件一般含有四项。

1. 几何条件

说明参与导热过程的物体的几何形状和大小,如,平壁或圆筒、厚度、直径等。

2. 物理条件

说明参与导热过程的物体的物理特征,如,该物体的物性参数值是否随温度发生变化;有无内热源,它的大小和分布情况等。

3. 时间条件

又称初始条件,说明过程进行在时间上的特点。对于非稳态导热,初始条件就是表明过程开始时刻物体内的温度分布,表示为

$$t|_{\tau=0}=f(x,y,z) \tag{2.1-13}$$

对于稳态导热,显然无须初始条件。

4. 边界条件

传热过程常与周围环境的相互作用有关,边界条件就是说明物体边界上的温度或换热情况。导热问题的边界条件可归纳为三类。

①第一类边界条件:已知物体边界面上的温度值。

$$\left.\begin{aligned}&\text{稳态导热}\quad t\big|_{s}=t_{w}=\text{常数(某给定值)}\\&\text{非稳态导热}\quad t\big|_{s}=f(\tau)\end{aligned}\right\} \tag{2.1-14}$$

②第二类边界条件:已知物体边界面上的热流密度值。由傅里叶定律可知,这就等于已知物体边界面上的温度梯度。

$$\left.\begin{aligned}&\text{稳态导热:}q\big|_{s}=q_{w}=\text{常数(给定的界面的热流密度值)}\\&\text{非稳态导热:}q\big|_{s}=-\lambda\left.\frac{\partial t}{\partial n}\right|_{s}=f(\tau)\end{aligned}\right\} \tag{2.1-15}$$

如果边界面是绝热的,则

$$q|_{s}=-\lambda\left.\frac{\partial t}{\partial n}\right|_{s}=0$$

③第三类边界条件:已知物体边界面与周围流体间的表面传热系数h(也称对流换热系数)及周围流体的温度t_f。

设物体边界面上的温度梯度为$\left.\frac{\partial t}{\partial n}\right|_{s}$,则由傅里叶定律可得

$$q=-\lambda\left.\frac{\partial t}{\partial n}\right|_{s}$$

物体的导热量将以对流换热方式传入周围流体中,由牛顿冷却公式可得

$$q=h(t|_{s}-t_{f})$$

根据能量守恒,由物体导出的热量应等于传入流体的热量,则得第三类边界条件的表达式

$$-\lambda\left.\frac{\partial t}{\partial n}\right|_{s}=h(t|_{s}-t_{f}) \tag{2.1-16}$$

式中:h和t_f可为常数(稳态时)或为时间的函数(非稳态时)。

2.2 稳态导热

物体温度不随时间而变化条件下的导热过程，称为稳态导热。设物体具有常物性，则有

$$\left.\begin{aligned}&\frac{\partial t}{\partial \tau}=0\\&\nabla^2 t+\frac{q_V}{\lambda}=0\end{aligned}\right\}\tag{2.2-1}$$

2.2.1 通过平壁的导热

1. 第一类边界条件

设单层平壁，且为无限大（即高度 $h >> $ 厚度 δ）。在无内热源、常物性条件下，此为一维稳态导热问题。若已知两个边界面上温度，即为第一类边界条件。数学描述如下

$$\left.\begin{aligned}&t\big|_{x=0}=t_{\mathrm{w}}\text{及}t\big|_{x=\delta}=t_{\mathrm{w}_2}\\&\frac{\mathrm{d}^2 t}{\mathrm{d}x^2}=0\end{aligned}\right\}\tag{2.2-2}$$

求解式（2.2-2）可得出平板内的温度为线性分布（设 $t_{\mathrm{w}_1}>t_{\mathrm{w}_2}$），即

$$t=t_{\mathrm{w}_1}-\frac{t_{\mathrm{w}_1}-t_{\mathrm{w}_2}}{\delta}x\,(^\circ\mathrm{C})\tag{2.2-3}$$

根据傅里叶定律，热流密度为

$$q=-\lambda\frac{\mathrm{d}t}{\mathrm{d}x}=\lambda\frac{t_{\mathrm{w}_1}-t_{\mathrm{w}_2}}{\delta}\quad(\mathrm{W/m^2})\tag{2.2-4}$$

上式可变形为

$$q=\frac{t_{\mathrm{w}_1}-t_{\mathrm{w}_2}}{\delta/\lambda}=\frac{\Delta t}{R_{\mathrm{t}}}\quad(\mathrm{W/m^2})\tag{2.2-5}$$

并与电学中的欧姆定律

$$I=\frac{U}{R}\tag{2.2-6}$$

对比，则可知式（2.2-5）中各项的物理意义。与电压 U 相对应的 Δt 称为温压，是导热发生的动力。分母 δ/λ 类似于电阻 R，称为热阻。在温差作用下，克服热阻才能发生导热热流密度为 q 的热量传递。

式（2.2-5）中，$R_{\mathrm{t}}=\delta/\lambda$ 为单位传递面积上的热阻，$\mathrm{m^2{\cdot}K/W}$。

对于整个表面积，则有总面积热阻 $R_{\mathrm{t_s}}$，其定义式为

$$R_{\mathrm{t_s}}=\frac{\Delta t}{\Phi}\,(\mathrm{K/W})\tag{2.2-7}$$

热阻概念为求解传热问题带来方便。如，对于多层平壁（设为 n 层），则可利用热阻定义式及套用电学中电路串联时串联电阻为各段电阻和的原理，求得导热量计算式为

$$q=\frac{t_{w_1}-t_{w_{(n+1)}}}{\sum_{i=1}^{n}R_{t,i}}=\frac{t_{w_1}-t_{w_{(n+1)}}}{\frac{\delta_1}{\lambda_1}+\frac{\delta_2}{\lambda_2}+\cdots+\frac{\delta_n}{\lambda_n}} \tag{2.2-8}$$

【例 2.2-1】 一房屋混凝土外墙厚度为 δ=200 mm，混凝土导热系数 λ=1.5 W/(m•℃)，冬季室外空气温度 t_{f2}= −10 ℃，与外墙之间表面传热系数 h_2=20 W/(m²•℃)，室内空气温度 t_{f1}= 25 ℃，与内墙之间表面传热系数 h_1=5 W/(m²•℃)。假设墙壁温度、室内外空气温度和表面传热系数均为常数，求单位面积墙壁散热损失及内、外墙壁面温度。

解：这是一维稳态导热问题，用傅里叶定律和总热阻为串联各热阻之和的关系来求解。

$$q=\frac{t_{f1}-t_{f2}}{\frac{1}{h_1}+\frac{\delta}{\lambda}+\frac{1}{h_2}}=\frac{25-(-10)}{\frac{1}{5}+\frac{0.2}{1.5}+\frac{1}{20}}=91.30\ \mathrm{W/m^2}$$

$$t_{w_1}=t_{f1}-q\frac{1}{h_1}=25-91.30\times\frac{1}{5}=6.74\ ℃$$

$$t_{w_2}=t_{f2}+q\frac{1}{h_2}=-10+91.30\times\frac{1}{20}=-5.43\ ℃$$

一维平壁稳态导热是导热问题中最基本的问题。通过本例，希望读者掌握傅里叶定律和热阻概念的运用，注意运用热流量相等的原理来求解各层壁面温度或热流密度或导热系数。

2. 第三类边界条件

厚度为 δ 的无限大平壁，无内热源，常物性，则可利用第三类边界条件的表达式(2.1-16)及傅里叶定律，或直接应用热阻串联的概念可得

$$q=\frac{t_{f_1}-t_{f_2}}{\frac{1}{h_1}+\frac{\delta}{\lambda}+\frac{1}{h_2}} \tag{2.2-9}$$

式中：t_{f_1}、t_{f_2} 分别为平壁两侧的流体温度，℃；h_1、h_2 分别为两侧流体的表面传热系数，W/(m²•K)。

下面讨论两种较为复杂的平壁导热情况。

(1)复合平壁

工程上存在沿宽度或厚度方向由不同材料组合而成的结构，称之为复合平壁，如空斗墙。当组成复合平壁的多种不同材料的导热系数相差不大时，仍可近似地按一维导热问题处理，利用热阻关系求解。

今以图 2.2-1(a)中由三种不同材料组成的复合平壁为例。其中 A、B、C 三种材料的导热系数分别为 λ_A，λ_B，λ_C，相应的热阻为 $R_{t_s,A}$、$R_{t_s,B}$、$R_{t_s,C}$，其热网络如图 2.2-1(b)所示。套用并、串联电阻的计算方法可得其总热阻为

$$R_{t_s,\Sigma}=2R_{t_s,A}+\frac{1}{\frac{1}{R_{t_s,B}}+\frac{1}{R_{t_s,C}}}$$

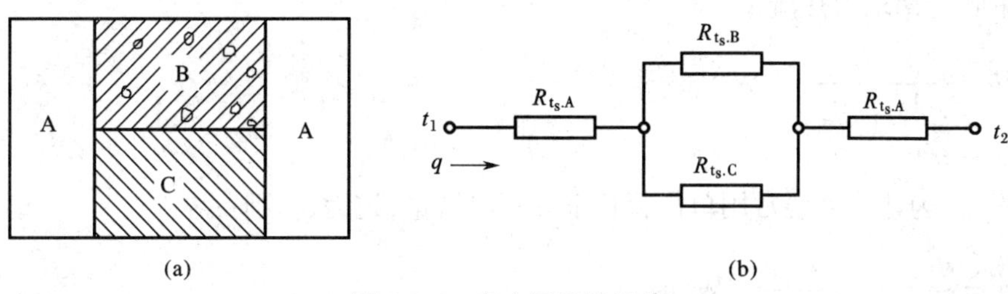

图 2.2-1 复合平壁的导热

(2)导热系数为温度函数

无内热源、厚度为δ的无限大平壁，两侧壁温分别为t_{w_1}、t_{w_2}，设其导热系数为温度的线性函数，即$\lambda=\lambda_0(1+bt)$。我们可在第一类边界条件下，运用导热微分方程式求解得到平壁内温度分布及热流密度为

$$t=\sqrt{\left(t_1+\frac{1}{b}\right)^2-\frac{2q\delta}{b\lambda_0}}-\frac{1}{b}$$

$$q=\frac{t_{w_1}-t_{w_2}}{\delta}\lambda_0\left[1+\frac{b}{2}\left(t_{w_1}+t_{w_2}\right)\right]=\frac{\lambda_m}{\delta}\left(t_{w_1}-t_{w_2}\right)$$

由此可见，此时平壁内温度分布为二次曲线。式中λ_m为平壁的平均导热系数。

2.2.2 通过圆筒壁的导热

工程应用的管道、轧机辊子等因其长度远大于厚度，其导热问题可归为一维圆筒壁导热。

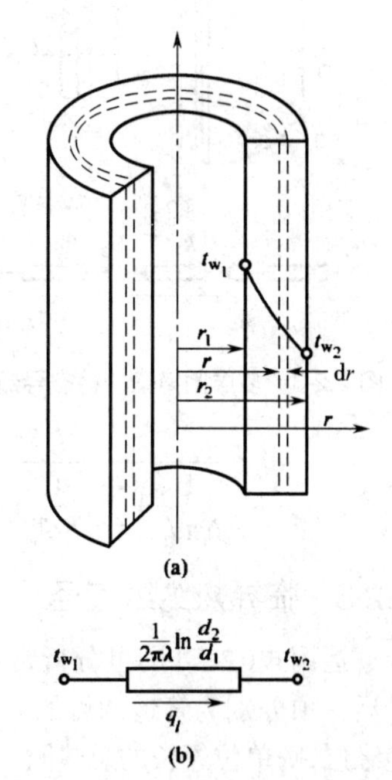

图 2.2-2 单层圆筒壁的稳态导热

1. 第一类边界条件

设圆筒的内、外半径分别为r_1、r_2，相应的内、外表面温度为t_{w_1}、t_{w_2}，常物性，无内热源，稳态导热，圆筒长度远大于壁厚(图 2.2-2)。对此类问题采用圆柱坐标系。因圆筒很长且筒壁相对较薄，可忽略轴向导热。由此物体内温度仅沿坐标r(即半径方向)变化，使问题转化为圆柱坐标下的一维稳态导热。通过对直角坐标系下的导热微分方程式的坐标变换，可得圆柱坐标系的一维稳态导热方程式为

$$\frac{d}{dr}(r\frac{dt}{dr})=0 \tag{2.2-10}$$

及第一类边界条件

$$\left.\begin{aligned}r=r_1,t=t_{w_1}\\r=r_2,t=t_{w_2}\end{aligned}\right\} \tag{2.2-11}$$

联立求解式(2.2-10)、(2.2-11)，可得圆筒壁中的温度分布为

$$t=t_{w_1}-(t_{w_1}-t_{w_2})\frac{\ln\dfrac{r}{r_1}}{\ln\dfrac{r_2}{r_1}} \tag{2.2-12}$$

进而由傅里叶定律求得热流量

$$\Phi = \frac{t_{w_1} - t_{w_2}}{\frac{1}{2\pi\lambda l}\ln\frac{d_2}{d_1}} \quad (W) \tag{2.2-13}$$

在工程上，为计算方便常用单位管长来计算热流量，记为 q_l，则

$$q_l = \frac{\Phi}{l} = \frac{t_{w_1} - t_{w_2}}{\frac{1}{2\pi\lambda}\ln\frac{d_2}{d_1}} \quad (W/m) \tag{2.2-14}$$

对于由金属和保温材料等构成的管道导热可视为多层圆壁的导热，如图 2.2-3 所示。设圆筒由 n 层不同材料组成，各层导热系数 $\lambda_1, \lambda_2, \cdots, \lambda_n$ 均为常数，相应半径分别为 $r_1, r_2, \cdots, r_n$，圆筒壁内、外表面温度分别为 t_{w_1}、$t_{w(n+1)}$，且 $t_{w_1} > t_{w(n+1)}$。则稳态情况下，通过单位长度圆筒壁的热流量 q_l 相同。按热阻串联关系，仿照式(2.2-14)可得

$$q_l = \frac{t_{w_1} - t_{w(n+1)}}{\sum_{i=1}^{n}\frac{1}{2\pi\lambda_i}\ln\frac{d_{i+1}}{d_i}} \tag{2.2-15}$$

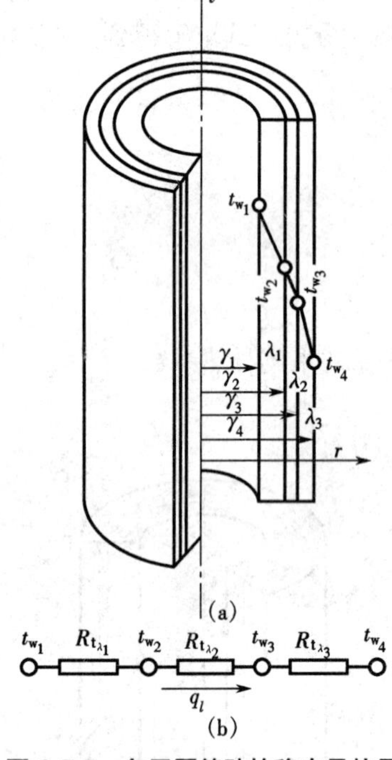

图 2.2-3　多层圆筒壁的稳态导热导

2. 第三类边界条件

参照无限大平壁第三类边界条件时的求解方法，可得单位长度圆筒壁上的热流

$$q_l = \frac{t_{f_1} - t_{f_2}}{\frac{1}{h_1\pi d_1} + \frac{1}{2\pi\lambda}\ln\frac{d_2}{d_1} + \frac{1}{h_2\pi d_2}} \tag{2.2-16}$$

对于 n 层的多层圆壁，则利用串联热阻关系可得

$$q_l = \frac{t_{f_1} - t_{f_2}}{\frac{1}{h_1\pi d_1} + \sum_{i=1}^{n}\frac{1}{2\pi\lambda_i}\ln\frac{d_{i+1}}{d_i} + \frac{1}{h_2\pi d_{n+1}}} \tag{2.2-17}$$

2.2.3　临界热绝缘直径

运用式(2.2-17)可分析常用热力管道的热绝缘状况。该式中分母为热阻，其中第一项和最后一项分别为管道两侧的对流换热热阻，中间各项为多层管道导热热阻。设管道有一层热绝缘层，则单位管长的总热阻

$$R_{t_l} = \frac{1}{h_1\pi d_1} + \frac{1}{2\pi\lambda_1}\ln\frac{d_2}{d_1} + \frac{1}{2\pi\lambda_{ins}}\ln\frac{d_x}{d_2} + \frac{1}{h_2\pi d_x}$$

式中：λ_1 为管道材料的导热系数；d_1、d_2 分别为管道的内、外径；d_x 为绝缘层外径；λ_{ins} 为绝热材料导热系数。

分析该式中各项热阻可知，在已选定管材和绝热材料的条件下，总热阻的大小仅和绝热层的外径 d_x 有关（h_1、h_2 常变化很小）。若绝热层厚度增加，则绝缘层导热热阻增大，但外侧对流换热热阻减少；绝热层厚度减小，则相反。可见，存在某一个 d_x 值，使其总热阻最小。为此可取

$$\frac{\mathrm{d}R_{t_l}}{\mathrm{d}d_x}=\frac{1}{\pi d_x}\left(\frac{1}{2\lambda_{\mathrm{ins}}}-\frac{1}{h_2 d_x}\right)=0$$

得

$$d_x=d_c=\frac{2\lambda_{\mathrm{ins}}}{h_2} \tag{2.2-18}$$

由图 2.2-4 可见，当绝热层外径 $d_x=d_c$ 时，总热阻最小，散热量最大。这一直径称为临界热绝缘直径 d_c，数值上等于 $2\lambda_{\mathrm{ins}}/h_2$。图 2.2-4（b）表明，在管道外径 d_2 小于临界热绝缘直径 d_c 的情况下，绝热层在 d_2 和 d_3 范围内增厚时，热损失 q_l 反而增大。只有当管道外径 d_2 大于 d_c 时，覆盖绝热层才有效。因此，实际应用中要注意管材的尺寸和选用合适的热绝缘材料，确定合理的绝热层厚度。

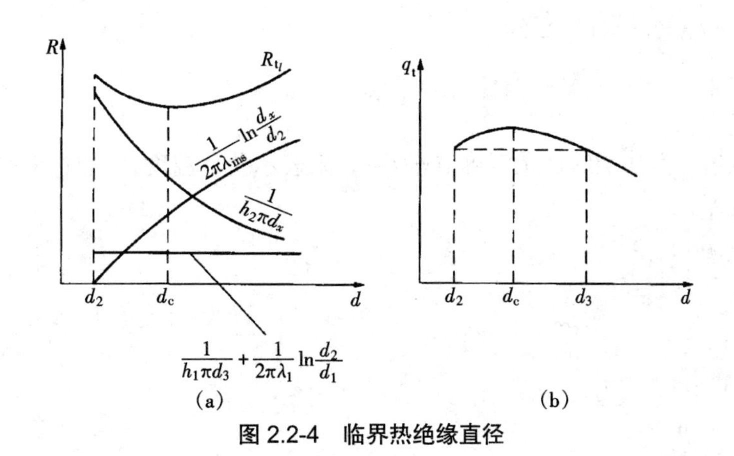

图 2.2-4 临界热绝缘直径

2.2.4 通过肋壁的导热

在材料表面加肋片是强化传热的常用措施，其传热问题可归属于通过肋壁的导热。肋片形状极多，在此以等截面直肋为例进行讨论。

1. 等截面直肋的导热

如图 2.2-5（a）所示，设肋高为 l，肋厚为 δ，肋宽为 L，截面积为 A，肋片周边长度为 U，肋片导热系数 λ 为常数。因 $l\gg\delta$，肋片又常为金属材料，其导热系数较大，故可认为肋片温度仅沿肋片高度 x 方向有明显变化，形成沿 x 方向的一维稳态温度场。由肋根导入的热量，一方面以导热方式继续沿肋高 x 方向传递，同时还通过对流换热从肋片表面向周围流体散热，故可认为这是具有负内热源的一维稳态导热。因肋片温度沿 x 方向是变化的，肋片表面的对流换热量也就随 x 而变，相应的负内热源强度也在变化。按图 2.2-5（b），任取微元段 $\mathrm{d}x$，对其建立具有负内热源的一维稳态导热微分方程式：

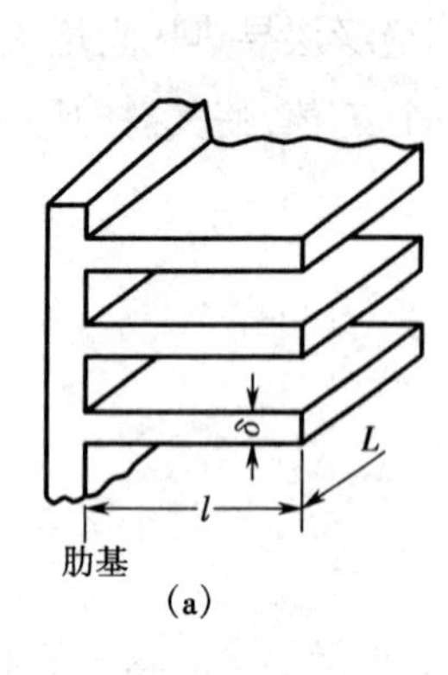

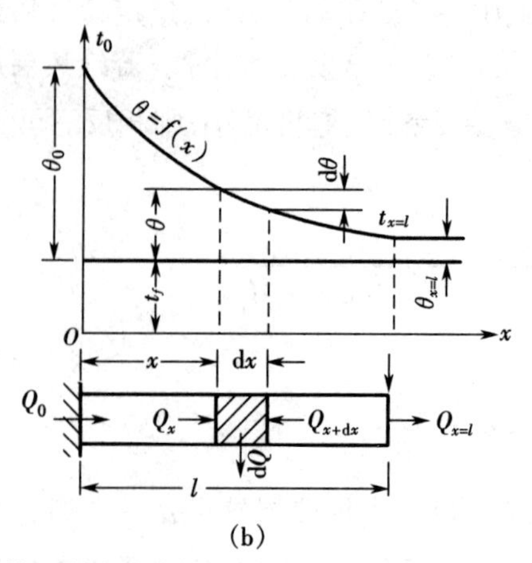

图 2.2-5 等截面直肋的导热

$$\frac{\mathrm{d}t^2}{\mathrm{d}x^2}=\frac{hU}{\lambda A}(t-t_{\mathrm{f}})=m^2(t-t_{\mathrm{f}}) \tag{2.2-19}$$

及边界条件：

$$\left.\begin{aligned}&x=0,t=t_0(\text{肋基温度, 已知})\\&x=l,\left.\frac{\mathrm{d}t}{\mathrm{d}x}\right|_{x=l}=0(\text{设肋基绝热})\end{aligned}\right\} \tag{2.2-20}$$

并以周围介质温度 t_{f} 为基准的过余温度 $\theta=(t-t_{\mathrm{f}})$ 来表示肋片温度，则通过求解上述微分方程式得出其温度分布：

$$\theta=\theta_0\frac{\mathrm{e}^{m(l-x)}+\mathrm{e}^{-m(l-x)}}{\mathrm{e}^{ml}+\mathrm{e}^{-ml}} \tag{2.2-21a}$$

或写作

$$\theta=\theta_0\frac{\mathrm{ch}\left[m(l-x)\right]}{\mathrm{ch}(ml)} \tag{2.2-21b}$$

式中：$m=\sqrt{\dfrac{hU}{\lambda A}}$，单位为 1/m；$\mathrm{ch}\left[m(l-x)\right]=\dfrac{\mathrm{e}^{m(l-x)}+\mathrm{e}^{-m(l-x)}}{2}$ 是一双曲线余弦函数，其值可从传热学教材中查得。可见，肋片温度是沿高度方向呈双曲线余弦函数关系逐渐降低的。

如将 $x=l$ 代入上式，则得肋端过余温度

$$\theta_l=\theta_0\frac{1}{\mathrm{ch}(ml)}$$

在确立边界条件时，因忽略肋端散热，故沿 x 方向的全部肋片表面散热量应等于由肋基导入肋片的热量，由此得肋片表面的散热量

$$\Phi=-\lambda A\left.\frac{\mathrm{d}\theta}{\mathrm{d}x}\right|_{x=0}=\sqrt{hU\lambda A}\theta_0\mathrm{th}(ml) \tag{2.2-22}$$

在运用上述结果时，还应注意到以下方面。

①为弥补假设肋端绝热而带来的误差，可以假想肋高 $(l+\delta/2)$ 代替实际肋高 l。

②在上述分析中,假定温度场为一维,这对于 $Bi = h\delta / \lambda < 0.05$ 的情形引起的结果误差将不超过 1%。当肋片短而且厚时,需按二维稳态导热问题处理。

③在其他一些场合,如,表面传热系数沿肋片表面严重不均匀,肋片表面有较强的辐射散热等,则应另法求解。

2. 肋片效率

加装肋片是为了强化传热,这就需要确定如何评价固体壁加装肋片后的传热效果。肋片效率就是用来衡量肋片散热有效程度的指标。它的定义是,在肋片表面平均温度 t_m 下,肋片的实际散热量 Φ 与假定整个肋片表面都处在肋基温度 t_0 时的理想散热量 Φ_0 的比值,即

$$\eta_f = \frac{\Phi}{\Phi_0} = \frac{hUl(t_m - t_f)}{hUl(t_0 - t_f)} = \frac{\theta_m}{\theta_0} \tag{2.2-23}$$

肋片效率 η_f 总小于 1。如 $t_m = t_0$,则 $\eta_f = 1$,这相当于肋片材料的导热系数为无穷大,实际上是不可能的。通过沿 x 方向积分求取平均温度 θ_m,再代入上式则得

$$\eta_f = \frac{\text{th}(ml)}{ml} \tag{2.2-24}$$

分析式(2.2-22)至(2.2-24),可得以下结论。

① m 值一定时,随着肋高的增加,散热量先迅速增大,之后增量越来越小,渐趋于一渐近值。与此同时。肋片效率先逐渐降低。当肋高增加到一定程度后,如继续增高反而使肋片效率急剧降低。

② ml 值大的肋片,其肋端的过余温度较小,这意味着肋片表面的平均温度较低,肋片效率也就较低。即 ml 值较小,肋片效率较高。因 m 值与 $\sqrt{\lambda A}$ 成反比,故肋片应尽可能地选用导热系数较大的材料,使 m 值降低,提高肋片效率。

③在 λ 和 h 都给定的条件下, m 值随 U/A 的降低而减小。因此在某些场合可采用变截面的肋片,以提高其效率。

2.2.5 通过接触面的导热

两个固体直接接触发生导热时,固体表面常常不是绝对平整的,造成表面间的非完全接触,从而使导热过程产生额外的热阻,即接触热阻。此时在相邻界面上出现温差 $(t_{2_A} - t_{2_B})$(如图 2.2-6)。按照热阻定义,由此可得界面上的接触热阻

$$R_c = \frac{t_{2_A} - t_{2_B}}{q} = \frac{\Delta t_c}{q} (\text{m}^2 \cdot \text{K/W}) \tag{2.2-25}$$

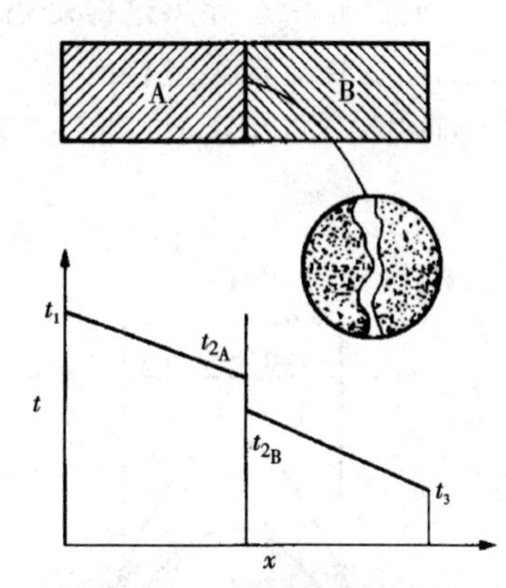

图 2.2-6 接触热阻示意图

整体来说,接触热阻除包含因固体接触面减小而引起的附加热阻外,还有因未接触的空隙形成的气体导热热阻和穿过界面间隙的辐射热阻。归根结底,这些热阻是由接触不良而引起的。所以,为减小接触热阻,可以采取改善接触面的粗糙度,提高接触面上的挤压压力,减小表面硬度(如加铜箔衬垫),接触面上涂以热涂油(如导热面涂油)等措施。

2.2.6 二维稳态导热问题

实际遇到的问题大都是二维或三维的导热问题，求解的方法有多种。在此将简述一种适用于计算两个等温表面之间的导热量的简便计算法，称为形状因子法。观察平壁、圆筒壁等导热量的计算式可见，两个等温面之间的导热量总可以表示成如下的相同形式，即

$$\Phi = S\lambda(t_1 - t_2) \tag{2.2-26}$$

其中 S 称为形状因子，m。对于一维圆筒壁稳态导热，形状因子

$$S = \frac{2\pi l}{\ln \frac{d_2}{d_1}}$$

理论分析表明，对于多种二维或三维问题中两等温表面间的导热量计算，仍可用式（2.2-26）。有关 S 的具体表达式可参阅文献[3]、[4]。

2.3 非稳态导热

在自然界和工程上很多导热过程是非稳态的，总起来可分为周期性和瞬态（即非周期性）两大类。它们的导热过程不同，其求解方法亦异。

2.3.1 非稳态导热的特点

1. 瞬态导热过程

瞬态导热过程是指物体在热源（或冷源）作用下，物体内部的温度场发生变化直至达到新的稳定状态的导热过程。在此过程中，温度分布的变化可分为三个阶段：第一阶段为不规则情况阶段，这是过程的起始，物体内多处温度随时间的变化率不同；第二阶段为正常情况阶段，此时物体内各处温度随时间的变化率具有一定的规律；第三阶段为建立新的稳定阶段，物体各处温度逐渐趋于稳态。

2. 周期性非稳态导热过程

周期性非稳态导热过程是指在外界周期性热源的作用下，物体内部的温度场及热流量也呈周期性变化。这类过程的特点是：① 物体内各处温度按一定振幅随时间周期性波动；②同一时刻物体内温度分布周期性波动；③ 温度在物体内的传播具有衰减和延迟特性。

2.3.2 对流换热边界条件下非稳态导热

本节主要讨论无限大平壁在对流换热边界条件（即第三类边界条件）下，加热和冷却时的瞬态导热问题的求解。

1. 分析解法

设厚度为 2δ 的无限大平壁，常物性，初始时平壁与两侧流体温度均为 t_0。若突然使流体温度降低为 t_f 并保持不变，使平壁处于冷却状态。设平壁两侧表面与流体间的表面传热系数均为 h。取平壁中心为坐标轴 x 原点，则平壁的温度分布应是以纵轴为中心左右对称的（见图 2.3-1）。这是一维瞬态导

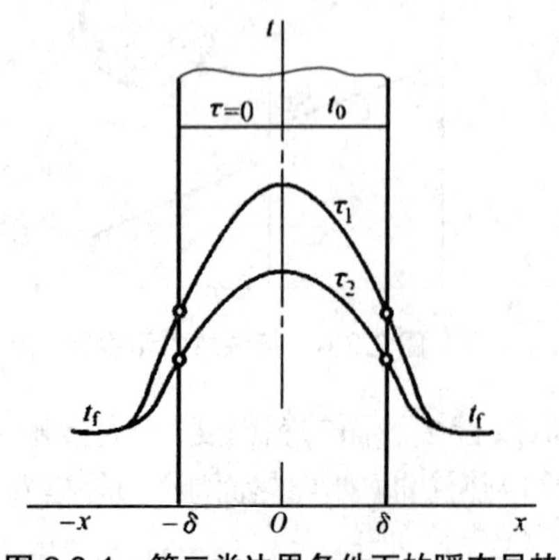

图 2.3-1 第三类边界条件下的瞬态导热

热问题，其导热微分方程式为

$$\frac{\partial t}{\partial \tau}=a\frac{\partial^2 t}{\partial x^2} \tag{2.3-1}$$

初始条件：

$$\tau=0,t=t_0 \tag{2.3-2a}$$

$$\left.\begin{aligned} &x=0,\left.\frac{\partial t}{\partial x}\right|_{x=0}=0 \\ &x=\delta,-\lambda\left.\frac{\partial t}{\partial x}\right|_{x=\delta}=h(t|_{x=\delta}-t_{\mathrm{f}}) \end{aligned}\right\} \tag{2.3-2b}$$

引入过余温度 $\theta(x,\tau)=t(x,\tau)-t_{\mathrm{f}}$ 通过求解可得温度分布为

$$\frac{\theta(x,\tau)}{\theta_0}=\sum_{n=1}^{\infty}\frac{2\sin\beta_n}{\beta_n+\sin\beta_n\cos\beta_n}\cos(\beta_n\frac{x}{\delta})\exp(-\beta_n^2\frac{a\tau}{\delta^2}) \tag{2.3-3}$$

式中，$\theta_0=t_0-t_{\mathrm{f}}$；$\frac{a\tau}{\delta^2}=Fo$ 为傅里叶准则；β 是超越方程 $\beta=Bi\cot\beta$ 的解，故温度分布式（2.3-3）可表示为以下的函数关系式：

$$\frac{\theta(x,\tau)}{\theta_0}=f(Fo,Bi,x/\delta) \tag{2.3-4}$$

已知温度分布后，就可求得经过 τ 小时每平方米平壁在冷却（或加热）中放出（或吸收）的热量

$$q_\tau=\rho c\int_{-\delta}^{+\delta}(\theta_0-\theta(x,\tau))\mathrm{d}x=2\rho c\delta\theta_0\left[1-\sum_{n=1}^{\infty}\frac{2\sin^2\beta_n}{\beta_n{}^2+\beta_n\sin\beta_n\cos\beta_n}\exp(-\beta_n^2 Fo)\right] \tag{2.3-5}$$

2. 图解法

这是基于分析解的线算图法。因直接用式（2.3-3）计算求解很是不便，工程上已用式（2.3-4）的形式，将式（2.3-3）的求解制成线算图（称之为诺谟图），如示意图 2.3-2、2.3-3 所示。其求解的步骤如下：

①由已知条件求得导温系数 a 及毕渥准则 Bi，并按所要求的时刻 τ 确定相应的傅里叶准则 Fo 的值。

②由 Fo 及 Bi 的值，从线图 $\frac{\theta_{\mathrm{m}}}{\theta_0}=f(Bi,Fo)$（即图 2.3-2）中查得比值 $\theta_{\mathrm{m}}/\theta_0$

③由已知条件计算 θ_0 值，从而求得 θ_{m} 值。

④由 Bi 值及 x/δ 的值（x 为给定的要求求解温度值的几何位置），通过查线图 $\theta/\theta_{\mathrm{m}}=f(Bi,\frac{x}{\delta})$ 得 $\theta/\theta_{\mathrm{m}}$（图 2.3-3）。

⑤因由（3）已求得 θ_{m} 值，故即可求得在某一指定时刻 τ 时，在某一指定位置 x 上的温度 $t(x,\tau)=\theta(x,\tau)+t_{\mathrm{f}}$

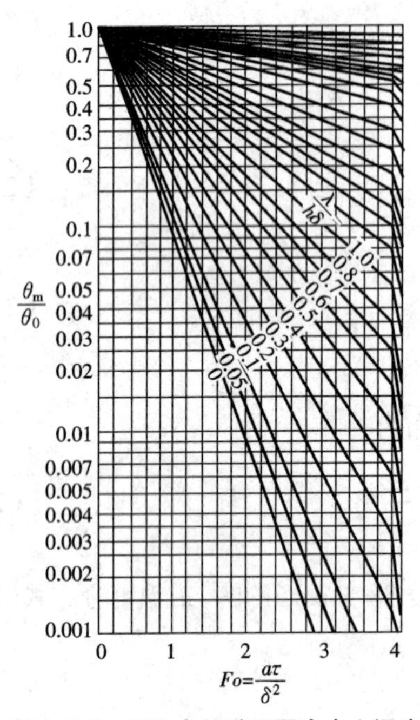

图 2.3-2　无限大平壁无因次中心温度 $\theta_m/\theta_0=f(Bi,Fo)$

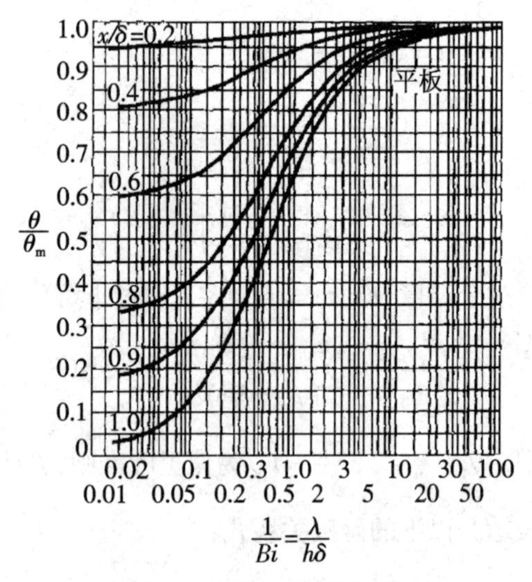

图 2.3-3　无限大平壁无因次温度 $\theta/\theta_m=f(Bi,x/\delta)$

3. *Fo* 准则和 *Bi* 准则的影响

(1)*Fo* 准则的影响

傅里叶准则 $Fo=\frac{a\tau}{\delta^2}$，是表征非稳态导热过程的无因次时间。由式(2.3-3)可见，式中的无穷级数将随 Fo 数的增大很快收敛。当 $Fo\geqslant0.2$ 时，温度的变化将呈现以下规律：

$$\ln\theta=-m\tau+K(Bi,x/\delta) \tag{2.3-6}$$

这表明，对于瞬态导热过程，在过程进行到 $Fo\geqslant0.2$ 的无因次时间起，物体中任何给定地点的过余温度的对数值将随时间按线性规律变化，这一阶段就是瞬态温度变化的正常情况阶段(见图 2.3-4)。式中，$m=\beta_1^2\frac{a}{\delta^2}$，称为冷却率(或加热率)；$K$ 为比例常数。图中，$\tau^*=0.2\frac{\delta^2}{a}$，即为对应于 $Fo=0.2$ 的时间。工程应用上，可利用这一规律测定材料的热物性参数值。

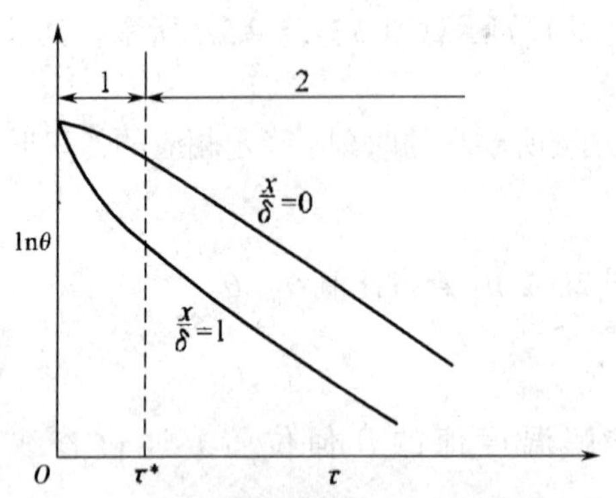

图 2.3-4　瞬态导热时过余温度对数值的变化

1—不规则情况阶段　2—正常情况阶段

(2)*Bi* 准则的影响

毕渥准则 $Bi=\frac{h\delta}{\lambda}$，是表征物体内部导热热阻 δ/λ 与物体表面对流换热热阻 $1/h$ 的比值。

显然，如果导热热阻小，则表示物体内部温度易趋向于均匀。这表示，Bi 数的大小直接影响到物体内的温度分布状况。利用式(2.3-2)，并以过余温度 θ 来表示，则有第三类边界条件：

$$-\lambda\frac{\partial\theta}{\partial x}\bigg|_{x=\pm\delta}=h\theta\big|_{x=\pm\delta}$$

或

$$-\frac{\partial\theta}{\partial x}\bigg|_{x=\pm\delta}=\frac{\theta|_{x=\pm\delta}}{\lambda/h}=\frac{\theta|_{x=\pm\delta}}{\delta/Bi}\tag{2.3-7}$$

由于 Bi 表示了内部导热热阻与表面传热热阻的比值，因此，当 $Bi\to\infty$ 时，意味着表面传热系数趋于无限大，亦即表面传热热阻趋于零，这时当无限大平壁放在流体中时，平壁表面的温度立即达到周围流体的温度，如图 2.3-5(a)所示；而当 $Bi\to 0$ 时，这意味着内部导热热阻趋于零，这时当无限大平壁放在流体中时，物体内各处的温度迅速达到均匀，如图 2.3-5(c)所示；而当 $0<Bi<\infty$ 时，平壁内的温度分布如图 2.3-5(b)所示。

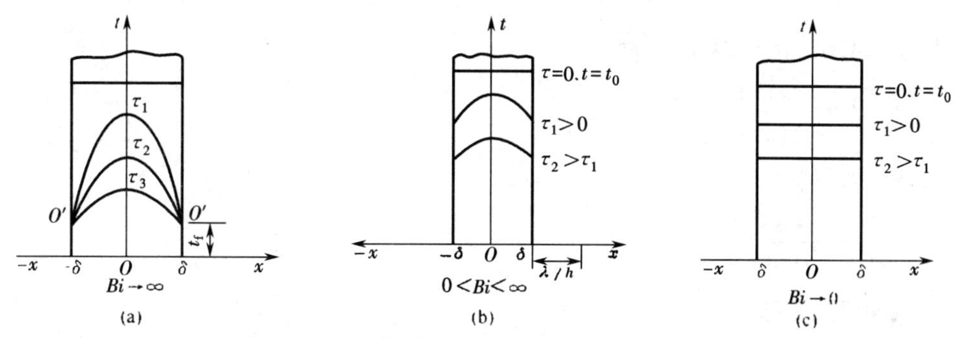

图 2.3-5　Bi 准则对无限大平壁温度分布的影响

4. 集总参数法

由于 Bi 准则的值越小，物体内部温度越趋于均匀，工程上就以 $Bi<0.1$ 作为 $Bi\to 0$ 的极限情形的判据。当 $Bi<0.1$ 时，可近似认为物体温度均匀一致，由此可简化问题求解。忽略物体的导热热阻，假设物体具有一个相同的整体温度，从而求解其瞬态导热问题的方法称为集总参数法。

设物体体积为 V，表面积为 A，初始温度为 $\theta_0=t_0-t_f$，其导热系数很大(或对流换热热阻很大)，则物体被冷却时有热平衡关系，即

$$-\rho cV\frac{d\theta}{d\tau}=hA\theta\tag{2.3-8}$$

用分离变量法积分求解，终得

$$\theta=\theta_0\exp(\frac{-hA}{\rho cV}\tau)$$

或

$$\theta=\theta_0\exp(-Bi\cdot Fo)\tag{2.3-9}$$

式中，以 V/A 作为准则中的定型尺寸。

理论计算表明,对平板、圆柱及球体,若满足条件

$$Bi=\frac{h(V/A)}{\lambda}<0.1M \tag{2.3-10}$$

则固体中多点温度的偏差值小于 5%,可认为温度均匀一致。式中 M 为与几何形状有关的常数,其值对于无限大平板、无限长圆柱体、球体分别为 1,1/2,1/3。

通过前述分析解法可以看到,对于无限长圆柱体和球体的瞬态导热问题,也可用类似方法求解。我们还可将线算图的方法推广到无限长直角柱体、有限长圆柱体等二维甚至于三维的瞬态导热问题。如,对于无限长直角柱体,可以看成是两块无限大平壁垂直相交而成,则其温度场就是这两块平壁温度场的乘积,从而可方便求得结果。

【例 2.3-1】 将初始温度为 80 ℃、直径为 20 mm 的紫铜棒突然横置于气温为 20 ℃,流速为 12 m/s 的风道中,5 min 后紫铜棒温度降到 34 ℃。试计算这时气体与紫铜棒间的表面传热系数。已知紫铜的密度 ρ=8 954 kg/m^3,比热容 c=383.1 J/(kg•K),导热系数 λ=386 W/(m•K)。

解: 由于棒材是紫铜,具有很好的导热性能,故可选用集总参数法求解,然后再校核是否满足条件。

对集总参数法的结果关系式为

$$\theta=\theta_0\exp(-\frac{hA}{\rho cV}\tau)$$

两边取对数得

$$\ln\frac{\theta}{\theta_0}=-\frac{hA}{\rho cV}\tau$$

则得表面传热系数

$$h=-\frac{\rho cV}{A\tau}\ln\frac{\theta}{\theta_0}$$

其中 $$\frac{V}{A}=\frac{\pi r^2 l}{2\pi rl}=\frac{r}{2}=0.005\text{m}$$

$$\ln\frac{\theta}{\theta_0}=\ln\frac{t-t_\text{f}}{t_0-t_\text{f}}=\ln\frac{34-20}{80-20}=-1.46$$

故 $$h=-\frac{8\,954\times383.1\times0.005}{5\times60}\times-1.46=83.47\,\text{W/m}^2\cdot\text{K}$$

再进行毕渥数 Bi 校核:$Bi=\frac{h(V/A)}{\lambda}=\frac{83.47\times0.005}{386}=0.001<0.01M=0.01/2$

这表明,用集总参数法求解合理。

【例 2.3-2】 两块侧面积、厚度和导热系数都相同的大平板,在同一炉内加热,加热的条件相同。如果平板 1 的导温系数大于平板 2,则两平板传热的 Bi 数及两平板达到炉膛温度的快慢为(　　)。

(A)Bi 数相同,同时达到　　　　(B)Bi_1 和 Bi_2 同时达到

(C)Bi 数相同,板 1 先达到　　　(D)$Bi_1>Bi_2$,板 2 先达到

解：Bi数的定义式为$Bi=\frac{h\delta}{\lambda}$，则按题意可得$Bi_1 = Bi_2$。

由导温系数$a=\frac{\lambda}{\rho c}$知，令$\lambda_1=\lambda_2$，$a_1>a_2$，故$c_1\rho_1<c_2\rho_2$，这表明，在温度都升高1 ℃时，板1所需的热量要比板2少。而现在加热条件又相同，故板1应先达到炉膛温度，所以答案为（C）。要注意区别导温系数与导热系数。它们虽然都是热物性参数，但二者物理概念不同。导热系数表征材料导热能力的大小，而导温系数是导热系数和热容量的综合，体现在非稳态导热中。非稳态导热时，热量传递的大小和导热系数的值有关，但反映在温度的变化上，还受到材料的蓄放热能力大小（即热容量）的影响。

2.3.3 常热流密度边界条件下非稳态导热

本节只讨论半无限大物体在常热流密度作用下的瞬态导热问题，如地下建筑物建成后的预热。

半无限大物体，是指以无限大的y-z平面为界面，在其正x方向上伸展至无穷远的物体，如大地。或对于有限厚度的物体，在所讨论的时间范围内，热作用影响厚度远小于物体本身厚度时，均可认为该物体为半无限大物体。对于半无限大的均质物体，在常热流密度作用下，可建立如下关系：

$$\frac{\partial\theta}{\partial\tau}=a\frac{\partial^2\theta}{\partial x^2} \tag{2.3-11}$$

及

$$\tau=0,\theta=0 \tag{2.3-12a}$$

$$x=0,q_{\mathrm{w}}=-\lambda\left.\frac{\partial\theta}{\partial x}\right|_{x=0}=\mathrm{const} \tag{2.3-12b}$$

式中：$\theta=t(x,\tau)-t_0$，t_0是半无限大物体的初始温度。

通过求解，可得其温度场的表达式为

$$\theta(x,\tau)=\frac{2q_{\mathrm{w}}}{\lambda}\sqrt{a\tau}\mathrm{ierfc}(\frac{x}{2\sqrt{a\tau}}) \tag{2.3-13}$$

式中：$\mathrm{ierfc}(\frac{x}{2\sqrt{a\tau}})=\mathrm{ierfc}(u)$，称为高斯误差补函数的一次积分。

还可求得热流密度为

$$q_{\mathrm{w}}=\frac{t_{\mathrm{w}}-t_0}{1.13\frac{\sqrt{a\tau}}{\lambda}} \tag{2.3-14}$$

上式可用于工程上，如地下建筑物的预热。根据预热要求的壁温t_{w}或室温，以及加热时间τ，由上式就可求得加热设备所需的热负荷。反之，也可由已有的加热设备性能，确定达到规定室温所需的预热时间。

2.4 导热问题数值解

许多实际导热问题比较复杂，分析解求解困难。数值解法虽具有一定的近似性，但往往是行之有效的方法。数值解法有多种，本节只讲述以应用最广的有限差分法为基础的数值解法。

2.4.1 有限差分法原理

有限差分法的基本原理：把物体分割为一定数量的网格单元，对有关变量以有限差商代替微商，从而使微分方程变换为差分方程，然后通过数值计算直接求取各网格单元节点的温度（见图 2.4-1）。

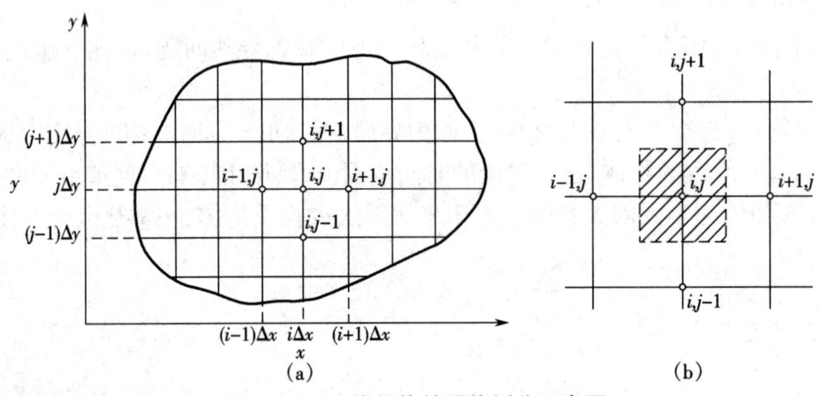

图 2.4-1 二维物体的网格划分示意图

由此，一阶导数可表示为

$$\frac{\partial t}{\partial x}=\lim_{\Delta x\to 0}\frac{\Delta t}{\Delta x}=\lim_{\Delta x\to 0}\frac{t_{i+1,j}-t_{i,j}}{\Delta x}$$

可以用有限差商近似表达，即

$$\frac{\partial t}{\partial x}\approx\frac{\Delta t}{\Delta x}=\frac{t_{i+1,j}-t_{i,j}}{\Delta x}$$

这实际上是将相邻节点间的温度分布看作是线性的，而每一个节点的温度就代表了以它为中心的邻近小区域的温度（即图中阴影部分）。用这种方法求得的温度场只是各节点的温度值，在空间是不连续的。虽然由于网格单元（或节点）的数目有限，使问题求解有一定的近似性，但只要网格单元数合适，仍可获得满意的结果。对于非稳态导热问题，除在空间上将物体分割成网格单元外，还需将时间分割成许多间隔 $\Delta\tau$。求解时就是从初始时刻 $\tau=0$ 起，依次求得 $\Delta\tau, 2\Delta\tau, \cdots$ 时刻物体中各节点的温度值。当然，由此求得的温度场在时间上也是不连续的。

2.4.2 节点离散方程的建立

数值计算的重要一环是要对节点建立起求解的方程组，这些表示节点上物理量关系的代数方程称为离散方程。

1. 内节点离散方程

内节点离散方程的建立有以下两种方法。

1）泰勒级数展开法

通过对节点温度进行泰勒级数展开，再经适当演算，则可使导数有三种不同格式的近似表达式。

（1）向前差分格式

向前差分格式，如节点(i,j)温度对 x 的一阶导数的向前差分表达式为

$$\left(\frac{\partial t}{\partial x}\right)_{i,j}=\frac{t_{i+1,j}-t_{i,j}}{\Delta x} \tag{2.4-1}$$

（2）向后差分格式

向后差分格式，如

$$\left(\frac{\partial t}{\partial x}\right)_{i,j}=\frac{t_{i,j}-t_{i-1,j}}{\Delta x} \tag{2.4-2}$$

（3）中心差分格式

中心差分格式分以下两种。

①对于一阶导数，如：

$$\left(\frac{\partial t}{\partial x}\right)_{i,j}=\frac{t_{i+1,j}-t_{i-1,j}}{2\Delta x} \tag{2.4-3}$$

②对于二阶导数，如：

$$\left(\frac{\partial^2 t}{\partial x^2}\right)_{i,j}=\frac{t_{i+1,j}-2t_{i,j}+t_{i-1,j}}{\Delta x^2} \tag{2.4-4}$$

这样，对于一个导热问题，可取其中任意内节点(i,j)，建立起节点方程。

今以二维无内热源的稳态导热问题为例，其导热微分方程为

$$\frac{\partial^2 t}{\partial x^2}+\frac{\partial^2 t}{\partial y^2}=0 \tag{2.4-5}$$

根据(2.4-5)式，可得内节点(i,j)的节点方程式为(可取 $\Delta x=\Delta y$)

$$t_{i+1,j}+t_{i-1,j}+t_{i,j+1}+t_{i,j-1}-4t_{i,j}=0 \tag{2.4-6}$$

选用不同的格式会使求解方法不同。这三种格式都会给结果带来误差。相对而言，以中心差分格式时误差最小。为提高精度，通常宜采用中心差分格式。但在求解非稳态导热问题时，温度对时间的一阶导数不应采用中心差分格式，因为这将导致数值解的不稳定。

2）热平衡法

根据能量守恒原理，对图 2.4-1(b)中节点(i,j)在稳态情况下，由虚线所围成的四周小区域流入节点 (i,j) 的热量总和应等于零，从而可以建立起对于节点 (i,j) 的能量平衡方程式。通过整理，可以得到和式(2.4-6)完全相同的结果。

如果导热系数是温度的函数，或内热源分布不均匀，或对于边界节点，则用热平衡法建立节点方程显得更为方便。

2. 边界节点离散方程

在第一类边界条件下，因边界节点温度已给定，无须建立边界节点的方程，其温度值会进入到与之相邻的内节点方程中。对于第二类及第三类边界条件，则须建立边界节点的节点方程，从而使整个节点方程组封闭，利于求解。在此，仍以二维无内热源的稳态导热问题为例，讨论在第三类边界条件下，对于如图 2.4-2 的平直边界节点 (i,j) 的节点方程式的建立。

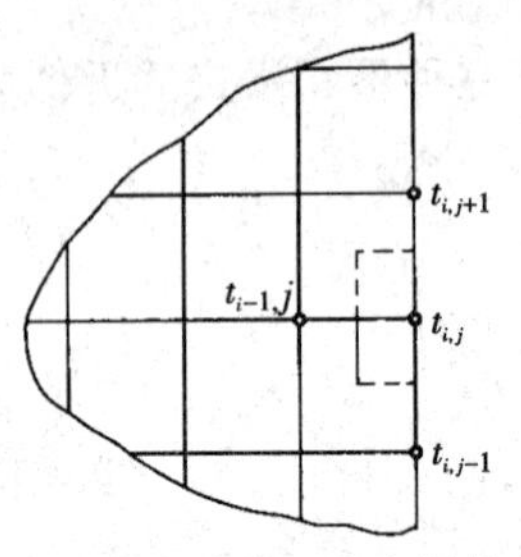

图 2.4-2　对流平直边界节点

对于平直边界节点 (i,j) 热平衡关系式应为

$$\lambda\frac{t_{i-1,j}-t_{i,j}}{\Delta x}\Delta y+\lambda\frac{t_{i,j+1}-t_{i,j}}{\Delta y}\cdot\frac{\Delta x}{2}+\lambda\frac{t_{i,j-1}-t_{i,j}}{\Delta y}\cdot\frac{\Delta x}{2}+h\left(t_{\mathrm{f}}-t_{i,j}\right)\Delta y=0$$

取 $\Delta x=\Delta y$，则得

$$\left(2t_{i-1,j}+t_{i,j}+t_{i,j-1}\right)-\left(4+2\frac{h\Delta x}{\lambda}\right)t_{i,j}+2\frac{h\Delta x}{\lambda}t_{\mathrm{f}}=0 \tag{2.4-7}$$

边界节点所处的几何形状或位置有多种，有些情形还比较复杂，应根据具体情况来合理划分边界和建立边界节点方程式。

2.4.3　稳态导热问题的数值计算

对于稳态导热问题的数值计算必须通过实际运算，才能了解和逐渐掌握，现仅归纳为六个步骤作为提示：①建立控制方程及定解条件；②区域离散化；③建立节点方程；④设立迭代初场；⑤求解代数方程组；⑥求解结果的分析和讨论。

2.4.4　非稳态导热问题的数值计算

非稳态导热问题的数值计算在原理上与稳态导热相同。不同之处在于其节点温度同时随位置和时间而变化，所以在建立方程组时，除在空间上将物体划分网格外，还要将时间划分为许多间隔 $\Delta\tau$。今以常物性、无内热源的一维非稳态导热为例来讨论。

1. 显式差分格式方程

对常物性、无内热源的一维非稳态导热，导热微分方程式（2.3-1）为

$$\frac{\partial t}{\partial\tau}=a\frac{\partial^2 t}{\partial x^2}$$

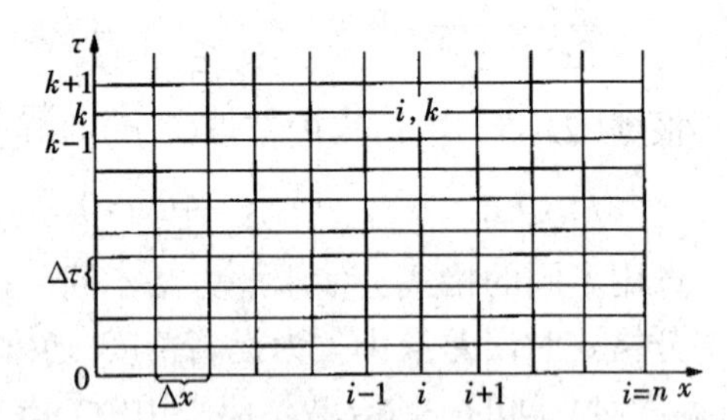

图 2.4-3　一维稳态导热问题中空间和时间的划分

其空间和时间的划分如图 2.4-3 所示。图中以 i 表示内节点位置，k 表示 $k\Delta\tau$ 时刻。今对温度对 x 的二阶导数，采用中心差分格式；温度对时间的一阶导数，采用向前差分格式，代入上式则有内节点 (i,k) 的节点方程式：

$$\frac{t_i^{k+1}-t_i^k}{\Delta\tau}=a\frac{t_{i-1}^k-2t_i^k+t_{i+1}^k}{\Delta x^2}$$

整理后可得

$$t_i^{k+1}=Fo\left(t_{i-1}^k+t_{i+1}^k\right)+\left(1-2Fo\right)t_i^k \tag{2.4-8}$$

式中 $Fo=\dfrac{a\Delta\tau}{\Delta x^2}$。这样，只要知道 $k\Delta\tau$ 时刻各节点温度，就可由此式求得 $(k+1)\Delta\tau$ 时刻各节点的温度。所以，可从已知的初始温度出发逐个算出 $\Delta\tau, 2\Delta\tau, \cdots$ 等各时刻物体中温度分布。

要注意，上式中 t_i^k 前系数必须为正值。否则，该式的解不收敛。所以

$$Fo \leqslant \frac{1}{2} \tag{2.4-9}$$

作为求解非稳态导热问题时，求解显式差分格式方程的稳定性条件，也即 Δx 和 $\Delta\tau$ 的数值选择必须受此限制。

2. 隐式差分格式方程

取温度对 x 的二阶导数为中心差分格式，而温度对时间的一阶导数为向后差分格式，则有内节点 (i,k) 的节点方程式为

$$\frac{t_i^k - t_i^{k-1}}{\Delta\tau} = a\frac{t_{i-1}^k - 2t_i^k + t_{i+1}^k}{\Delta x^2}$$

上式也可表达为

$$\frac{t_i^{k+1} - t_i^k}{\Delta\tau} = a\frac{t_{i-1}^{k+1} - 2t_i^{k+1} + t_{i+1}^{k+1}}{\Delta x^2}$$

整理后得

$$(1+2Fo)t_i^{k+1} = Fo\left(t_{i-1}^{k+1} + t_{i+1}^{k+1}\right) + t_i^k \tag{2.4-10}$$

由该式可见，不能根据 $k\Delta\tau$ 时刻的温度分布计算出 $(k+1)\Delta\tau$ 时刻的温度分布。只有在已知 $k\Delta\tau$ 时刻的各节点温度条件下，列出 $(k+1)\Delta\tau$ 时刻的各节点方程式，联立求解节点方程组才能求得 $(k+1)\Delta\tau$ 时刻各节点的温度。所以，这种差分方程称为隐式差分格式。由于它是通过联立求解方程组获得结果，所以计算不受约束，是无条件稳定的。Δx 和 $\Delta\tau$ 虽可任意选定，但不同的选取会影响结果的准确程度。

3. 边界节点方程式的建立

对于第一类边界条件，因边界节点温度已知，无须建立。第二或第三类边界条件时，可按热平衡关系来建立。边界节点方程式也有显式和隐式两种格式。今以第三类边界条件为例。

（1）显式差分格式

如图 2.4-4 所示，在第三类边界条件下，对边界节点 1，由热平衡法得出显式差分格式方程式为

$$h\left(t_f^k - t_1^k\right) - \lambda\frac{t_1^k - t_2^k}{\Delta x} = \rho c\frac{\Delta x}{2}\cdot\frac{t_1^{k+1} - t_1^k}{\Delta\tau}$$

整理得 t_i^{k+1} 的显式格式表达式为

$$t_1^{k+1} = 2Fo\left(t_2^k + Bit_f^k\right) + \left(1 - 2BiFo - 2Fo\right)t_1^k \tag{2.4-11}$$

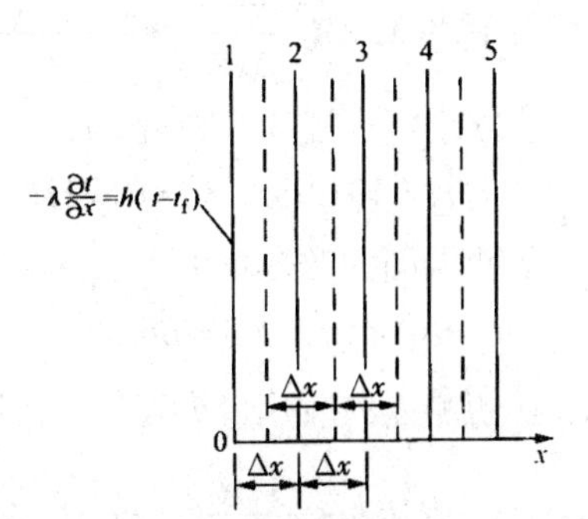

图 2.4-4　一维非稳态导热第三类边界条件下的边界节点

其稳定性条件为

$$Fo \leqslant \frac{1}{2Bi+2} \tag{2.4-12}$$

（2）隐式差分格式

仍按图 2.4-4，则有

$$-\lambda\frac{t_1^{k+1}-t_2^{k+1}}{\Delta x}+h\left(t_f^{k+1}-t_1^{k+1}\right)=\rho c\frac{\Delta x}{2}\cdot\frac{t_1^{k+1}-t_1^k}{\Delta\tau}$$

整理得 t_i^{k+1} 的隐式格式表达式为

$$\left(1+2BiFo+2Fo\right)t_1^{k+1}=2Fo\left(t_2^{k+1}+Bit_f^{k+1}\right)+t_1^k \tag{2.4-13}$$

该隐式差分格式的方程式是无条件稳定的。

非稳态导热问题的数值计算步骤与稳态导热时基本相同。要注意的是，在计算中首先要根据初始条件，计算第一个时间间隔 $\Delta\tau$ 时刻时的各节点温度，再依次计算后续的 $2\Delta\tau,3\Delta\tau,\cdots\cdots$ 各时刻的各节点温度，直至所要求的时刻止。此外，如用显式格式，则在选定 Δx 后，$\Delta\tau$ 的选择就受到限制，必须要用相应的稳定性条件校核。满足条件时再进行计算。

【**例 2.4-1**】 有一矩形直肋，b=3 mm，高 l=16 mm 垂直纸面方向为足够长 L。肋片导热系数 λ=40 W/（m•K），肋片表面传热系数 h=50 W/（m²•K）。求等间距节点 2，3，4，5 的温度及肋端面散热量与肋片表面散热量之比。设环境温度为 20 ℃，肋基温度为 200 ℃。

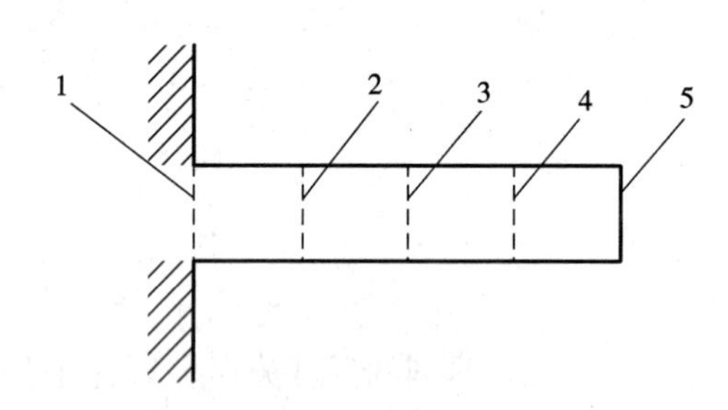

图 2.4-5　例 2.4-1 图

解：可将该问题视为一维稳态无内热源导热的数值求解问题，对各节点建立热平衡方程。设肋片横截面积为 A，节点间距为 Δx，两节点间每段换热面积为 F，则有如下热平衡方程：

对节点 2：$\lambda A\frac{t_1-t_2}{\Delta x}=\lambda A\frac{t_2-t_3}{\Delta x}+hF(t_2-t_f)$

对节点 3：$\lambda A\frac{t_2-t_3}{\Delta x}=\lambda A\frac{t_3-t_4}{\Delta x}+hF(t_3-t_f)$

对节点 4：$\lambda A\frac{t_3-t_4}{\Delta x}=\lambda A\frac{t_4-t_5}{\Delta x}+hF(t_4-t_f)$

对节点 5：$\lambda A\frac{t_4-t_5}{\Delta x}=h\frac{F(t_5-t_f)}{2}+hA(t_5-t_f)$

联立求解上述 4 个方程，则得

$$t_2=191.98\ ℃,t_3=186.138\ ℃,t_4=182.368\ ℃,t_5=180.498\ ℃$$

从肋端面的散热量为

$$\Phi_1=hA(t_5-t_f)=hbL(t_5-t_f)=24L$$

从肋侧面的散热量为

$$\Phi_2=h\frac{F\left(t_1-t_f\right)}{2}+hF\left(t_2-t_f\right)+hF\left(t_3-t_f\right)+hF\left(t_4-t_f\right)+h\frac{F\left(t_5-t_f\right)}{2}=268.286L$$

则两者之比为

$$\frac{\Phi_1}{\Phi_2}=0.089\,5$$

本例显示对于矩形直肋等较简单的问题,运用数值求解的方法也比较方便。本例结果也可由理论解来检验:

$$m=\sqrt{\frac{hU}{A\lambda}}=\sqrt{\frac{50\times(2b+2L)}{40bL}}\approx\sqrt{\frac{50\times 2L}{40bL}}=\sqrt{\frac{100}{40bL}}=\sqrt{\frac{100}{40\times 0.003}}=28.86\text{l/m}$$

散热量为

$$\Phi_t=\sqrt{hU\lambda A}\theta_0\text{th}(ml)=\sqrt{h2(b+l)\lambda bL}\theta_0\text{th}(ml)\approx L\theta_0\text{th}(ml)\sqrt{2h\lambda b}$$

$$=(200-20)\text{th}(28.86+0.016)\sqrt{2\times 50\times 40\times 0.003}=268.2L$$

可见,理论解的散热量与肋片(侧)表面散热量近乎相等,这是因为理论解是在认为肋端绝热情况下求得的。如再求理论解的肋端温度,则有

$$\theta_l=\theta_0\frac{1}{\text{ch}(ml)}=\frac{180}{\text{ch}0.46}=162.45\ ℃$$

$$t_1=\theta_l+t_f=162.45+20=182.45\ ℃$$

可见,理论解的肋端温度 t_1 要高于数值解所得的温度 t_5。因为肋端无散热,这就会使肋端的温度提高。

为了弥补假设肋端绝热所造成的误差,实用上推荐以假想肋高 $(l+\delta/2)$ 来代替实际的肋高 l,则有

$$\text{th}[m(l+\delta/2)]=\text{th}(28.86+0.017\,5)=0.466$$

$$\Phi=\sqrt{hU\lambda A}\theta_0\text{th}[m(l+\delta/2)]=290.2L$$

将此结果和数值解结果相比,其误差为 $\frac{(\Phi_1+\Phi_2)-\Phi}{\Phi_1+\Phi_2}=\frac{268.286+24-290.2}{268.286+24}=0.71\%$

可见误差极小,表明这种修正方法是合适的。

2.5 对流换热分析

对流换热是指流体因外部原因(强迫对流)或内部原因(自然对流)而流动并与物体表面接触时所发生的热量传递。

对流换热的基本计算公式是牛顿冷却公式

$$q=h(t_w-t_f)\ (\text{W/m}^2) \tag{2.5-1}$$

或

$$\Phi=h(t_w-t_f)\text{A}\quad(\text{W}) \tag{2.5-2}$$

式中 h 为比例系数,表征流体与物体表面之间之热量传递速率的大小,也称为表面传热系数,单位为 W/(m^2•K)。如用热阻概念,则:$1/h$ 为单位面积上的对流换热热阻,m^2•K/W;$1/h$ A 为总的对流换热热阻,K/W。在对流换热分析中,就是要进行理论求解和分析表面传热系数及流体温度场,同时还要阐述指导实验研究的相似理论。

2.5.1 影响对流换热的因素

1. 流体流动的起因

因流动起因不同,对流换热可分为强迫对流换热与自然对流换热两大类。

2. 流体的流动状态

对黏性流体,有层流及紊流(湍流)两种流态。在其他条件相同时,紊流换热强度要大于层流换热,两者换热情况绝然不同。

3. 流体有无相变

流体的相变有多种,如沸腾、凝结等。有相变时,流体相变热(潜热)的释放或吸收常起主要作用,其换热量大于无相变时的对流换热量。

4. 换热表面的几何因素

几何因素包含有换热表面的形状、大小、粗糙度、流体运动方向与换热表面的相对位置等。为考虑几何因素的影响,在计算中要引入一个对换热有显著影响的特征尺寸作为几何尺度,也称定型尺寸。

5. 流体的物理性质

流体的热物理性质参数,如密度 ρ、动力黏度 μ、定压比热 c_p、导热系数 λ 等对对流换热有很大影响。流体的物性参数与温度紧密相关,所以要根据对流换热的具体情况,选定某个温度作为确定流体的热物性的温度,这个特征温度称为定性温度。

归纳起来,表面传热系数是诸多因素的函数,即

$$h=f(u,t_{\mathrm{w}},t_{\mathrm{f}},\lambda,c_p,\rho,\mu,l,\cdots) \tag{2.5-3}$$

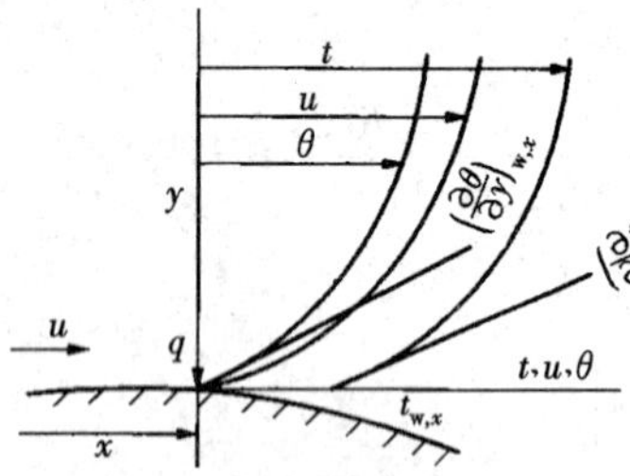

图 2.5-1 壁面附近速度、温度分布示意图

2.5.2 对流换热过程微分方程式

因对流换热量应等于通过贴壁的滞止流体的导热量(见图 2.5-1),故得对流换热过程微分方程式为

$$h_x=-\frac{\lambda}{\Delta t_x}\left(\frac{\partial t}{\partial y}\right)_{\mathrm{w},x} \tag{2.5-4}$$

或

$$h_x=-\frac{\lambda}{\Delta \theta_x}\left(\frac{\partial \theta}{\partial y}\right)_{\mathrm{w},x} \tag{2.5-5}$$

式中:过余温度 $\theta=(t-t_{\mathrm{w}})$;$\Delta\theta=(\theta_{\mathrm{w}}-\theta_{\mathrm{f}})_x$,$\theta_{\mathrm{w}}=0$,$\theta_{\mathrm{f}}=t_{\mathrm{f}}-t_{\mathrm{w}}$。

式(2.5-4)及(2.5-5)描述了表面传热系数与流体温度场的关系。可见,要求解表面传热系数必须先求解流体中温度场。为此需引入对流换热微分方程组。

2.5.3 对流换热微分方程组

在参与对流换热的流体中任选一边长分别为 dx、dy、dz 的微元体,进行流体连续流动的质量守恒、动量守恒和能量守恒分析。假设流体为不可压缩的牛顿型黏性流体,常物性,二维无内热源的对流换热,则可得对流换热微分方程组为

连续性方程

$$\frac{\partial u}{\partial x}+\frac{\partial v}{\partial y}=0 \tag{2.5-6}$$

动量微分方程（常称为纳维—斯托克斯方程，简称 N-S 方程）

$$\rho\left(\frac{\partial u}{\partial \tau}+u\frac{\partial u}{\partial x}+v\frac{\partial u}{\partial y}\right)=\rho X-\frac{\partial p}{\partial x}+\mu\left(\frac{\partial^2 u}{\partial x^2}+\frac{\partial^2 u}{\partial y^2}\right) \tag{2.5-7a}$$

$$\rho\left(\frac{\partial v}{\partial \tau}+u\frac{\partial v}{\partial x}+v\frac{\partial v}{\partial y}\right)=\rho Y-\frac{\partial p}{\partial y}+\mu\left(\frac{\partial^2 v}{\partial x^2}+\frac{\partial^2 v}{\partial y^2}\right) \tag{2.5-7b}$$

能量微分方程（设忽略流体动能及黏性耗散项）

$$\rho c_p\left(\frac{\partial t}{\partial \tau}+u\frac{\partial t}{\partial x}+v\frac{\partial t}{\partial y}\right)=\lambda\left(\frac{\partial^2 t}{\partial x^2}+\frac{\partial^2 t}{\partial y^2}\right) \tag{2.5-8}$$

如流体中有内热源，其强度为 $\Phi(x,y)$，则可在式（2.5-8）右端加上 $\Phi(x,y)$ 一项即可。

2.5.4 边界层

由于黏性的存在，在紧贴流体流过的物体表面上有一极薄的流体层，其中流体的速度和温度变化最显著，这个区域称为边界层。分析并利用边界层所具有的特征，有助于对流换热问题的求解。

1. 流动边界层

流动边界层是指从流体所接触的壁面上流体运动速度为零，到接近流体主流速度的这一流体层。设流动边界层厚度为 δ，可定义 δ 是流体速度 u 为主流速度 u_∞ 的 0.99 处，即 $\frac{u}{u_\infty}=0.99$（图 2.5-2）。

图 2.5-2 给出了平壁面上边界层的形成和充分发展过程。对于流动边界层，可以归纳出几个重要特性。

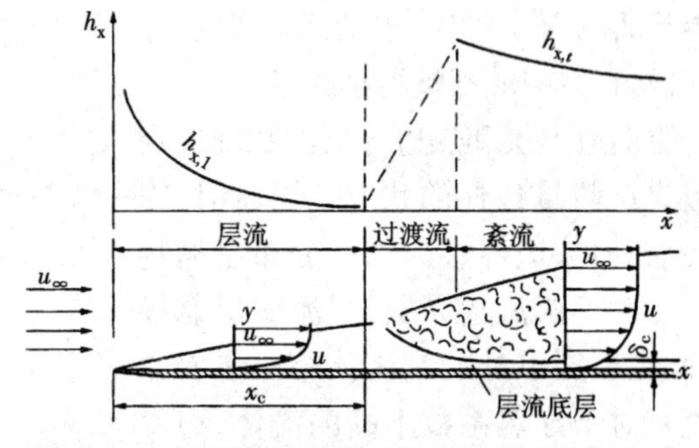

图 2.5-2 外掠平板时流动边界层的形成和发展

①边界层内流体在壁面法线方向的速度变化最为剧烈。

②边界层厚度 δ 与壁的尺寸 l 相比很小，是远小于 l 一个数量级的量。

③因边界层内流体流动状态不同而有层流边界层和紊流边界层，由层流边界层发展到旺盛的紊流边界层是逐渐过渡的，这一区域称为过渡区（或过渡流）。在紊流边界层内，紧贴壁面处仍为层流，故称层流底层。

④边界层内应考虑流体黏性的影响，层流时主流方向的惯性力可以忽略，边界层为紊流时，除层流底层外，在紊流核心区惯性力将起主导作用，可以忽略分子黏滞力。

流体的流动状态由 Re 数来判断，对于边界层的划分也是如此。如，由层流边界层开始向紊流边界层过渡的距离（称为临界距离，图 2.5-2 中 x_c），用临界雷诺数 $Re_c=\frac{u_\infty x_c}{\nu}$ 来确定。对于流体纵掠平板时，$Re\approx 5\times10^5$。层流边界层内速度分布为抛物线形，而紊流边界层内则为幂函数形。

流体沿不同的几何形状表面流动时，边界层的形成和发展具有相应特征。图 2.5-3 所示为流体在管内流动时，流动边界层的形成和发展状况。其特点是，管内的流动边界层沿管长方向逐渐增厚，并将会在管中心汇合，边界层厚度达到管的半径。此后，流动处于充分发展段，流动状态达到定型。对于管内流动，$Re<2\,300$ 为层流，$Re>10^4$ 为旺盛紊流，其间为过渡流。$Re=2\,300$ 为管流临界雷诺数，过余温度 $\theta|_{y=\delta_t}=(t-t_w)|_{y=\delta_t}=0.99(t_f-t_w)=0.99\theta_f$。可见，若 $Re>10^4$，则边界层在管中心汇合前已发展为紊流。

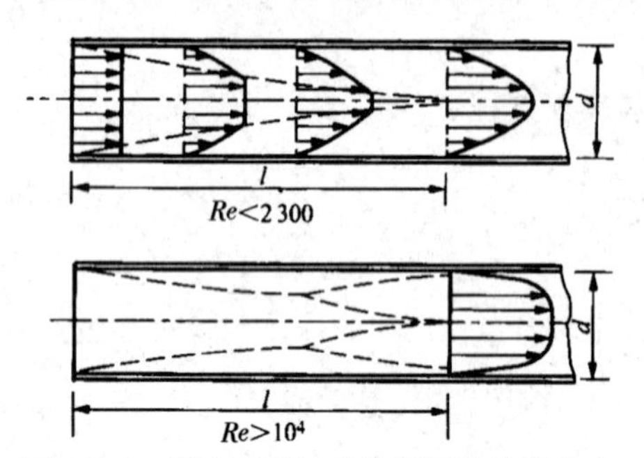

图 2.5-3　管内受迫流动边界层及速度分布

2. 热边界层

类似于流动边界层，当主流和壁面间有温度差时，由于温度在壁面法线方向的变化，将会形成热边界层。如图 2.5-4 所示，$y=0$，流体温度 $t=$ 壁温 t_w，过余温度 $\theta|_{y=0}=(t-t_w)|_{y=0}=0$；$y=\delta_t, t=0.99t_f$，过余温度 $\theta|_{y=\delta_t}=(t-t_w)|_{y=\delta_t}=0.99(t_f-t_w)=0.99\theta_f$。厚度 δ_t 这一区域称为热边界层（或温度边界层），δ_t 即为热边界层厚度。

这样可以认为只有在热边界层中有温度变化，而在热边界层以外可视为等温流动区。热边界层厚度不一定等于流动边界层厚度，虽然它们一般都是很小的量。

流动边界层和热边界层的状况决定了边界层热量传递的状况。层流时，因主要靠导热，边界层内温度分布呈抛物线形。对于紊流边界层，层流底层靠导热，而在底层以外的紊流核心区主要靠对流。对于导热系数不高的流体，边界层的温度梯度在底层区最大，在紊流核心区变化平缓（图 2.5-4）。

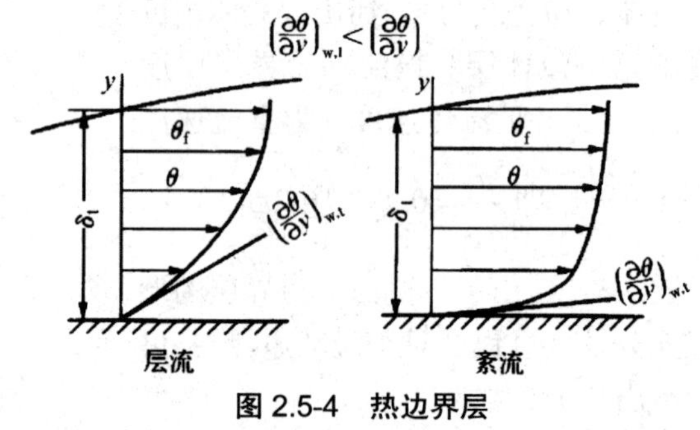

图 2.5-4　热边界层

2.5.5　边界层换热微分方程组及其求解

求解由式（2.5-6）至（2.5-8）的对流换热微分方程组甚为困难，但可利用边界层的特性，通过数量级分析使方程式简化，建立起边界层换热微分方程组。

对常物性、无内热源、二维、流体外掠平板稳定流动时，层流边界层的换热微分方程组经数量级比较简化后为

连续性微分方程　$$\frac{\partial u}{\partial x}+\frac{\partial v}{\partial y}=0 \tag{2.5-6}$$

动量微分方程　$$u\frac{\partial u}{\partial x}+v\frac{\partial u}{\partial y}=\upsilon\frac{\partial^2 u}{\partial y^2} \tag{2.5-9}$$

能量微分方程 $$u\frac{\partial t}{\partial x}+v\frac{\partial t}{\partial y}=a\frac{\partial^2 t}{\partial y^2} \tag{2.5-10}$$

在具体求解时，尚需在上述方程组中补充对流换热过程微分方程式（2.5-4），即

$$h_x\Delta t_x=-\lambda\left(\frac{\partial t}{\partial y}\right)_{\mathrm{w},x}$$

求解的基本方法是引入无量纲变量，使偏微分方程变换为常微分方程。先由动量微分方程和连续性微分方程求得边界层内速度场，再由能量微分方程求得边界层温度场，从而由对流换热过程微分方程获得局部的表面传热系数。由此可求解得到结果。

①速度场

$$\frac{u_x}{u_\infty}=f'(\eta) \tag{2.5-11}$$

如图 2.5-4 所示（同时标出了 v 的分布），进而获得速度边界层厚度为

$$\frac{\delta}{x}=5.0Re_x^{-\frac{1}{2}} \tag{2.5-12}$$

及局部摩擦系数

$$\frac{C_{\mathrm{f},x}}{2}=0.332Re_x^{-\frac{1}{2}} \tag{2.5-13}$$

对于长为 l 常壁温平板，则沿板长的平均摩擦系数

$$C_\mathrm{f}=\frac{1}{l}\int_0^l C_{\mathrm{f},x}\mathrm{d}x=1.328Re^{-\frac{1}{2}} \tag{2.5-14}$$

式中：$Re_x=\frac{u_\infty x}{\upsilon}$；$Re=\frac{u_\infty l}{\upsilon}$；$\eta=y\sqrt{\frac{u_\infty}{\upsilon x}}$ 为无因次离壁距离。

②温度场

$$\theta=p(\eta) \tag{2.5-15}$$

图 2.5-5 为不同 Pr 数下的温度场。在壁面处的温度梯度为

$$\left(\frac{\partial\theta}{\partial\eta}\right)_{\eta=0}=0.332Pr^{\frac{1}{3}} \tag{2.5-16}$$

进而求得常壁温平板局部表面传热系数为

$$h_x=0.332\frac{\lambda}{x}Re_x^{\frac{1}{2}}Pr^{\frac{1}{3}} \tag{2.5-17}$$

相应的准则关联式为

$$Nu_x=0.332Re_x^{\frac{1}{2}}Pr^{\frac{1}{3}} \tag{2.5-18}$$

对长为 l 的常壁温平板，其平均表面传热系数

$$h=0.664\frac{\lambda}{l}Re_x^{\frac{1}{2}}Pr^{\frac{1}{3}} \tag{2.5-19}$$

相应的准则关联式为

$$Nu = 0.664 Re_x^{\frac{1}{2}} Pr^{\frac{1}{3}} \tag{2.5-20}$$

式中：努谢尔特准则 $Nu = \dfrac{hl}{\lambda}$，$Nu_x = \dfrac{hx}{\lambda}$；普朗特准则 $Pr = \dfrac{\upsilon}{a}$；定性温度为 $t_m = \dfrac{(t_f + t_w)}{2}$；定型尺寸为板长。

③由图 2.5-5 及 2.5-6 可见，对于 $Pr = 1$ 的流体，平板表面无因次速度和无因次温度分布曲线完全一致，说明流动边界层和热边界层的厚度相等。对 $Pr \neq 1$ 的流体，分析解证得，比值 $\dfrac{\delta_t}{\delta}$ 仅是 Pr 的函数。

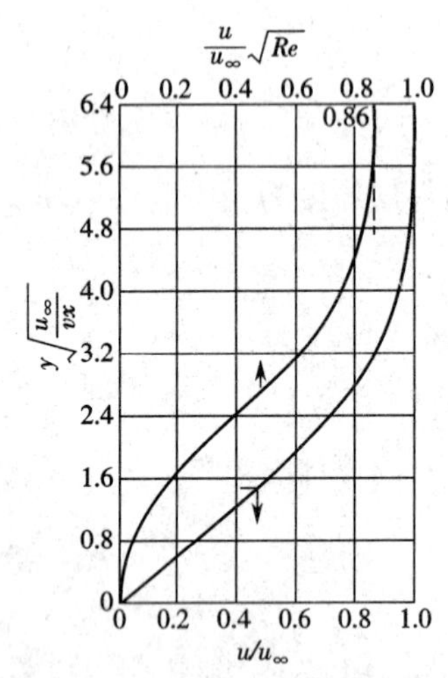

图 2.5-5　外掠平板层流边界层速度场

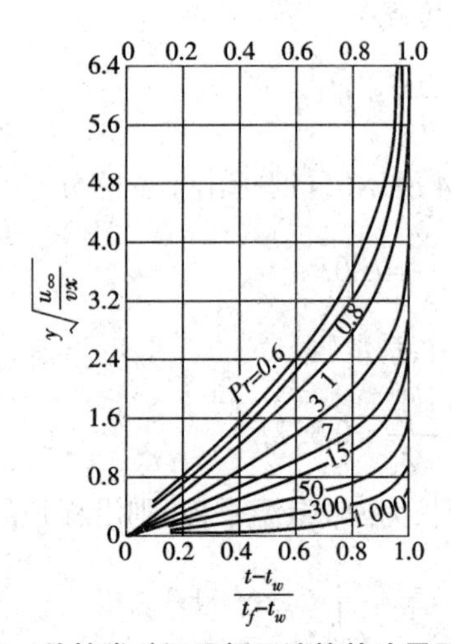

图 2.5-6　外掠常壁温平板层流换热边界层温度场

2.5.6　边界层换热积分方程组及其求解

对流换热问题也可通过边界层换热积分方程组来求解。针对包含固体边界及边界层外边界的微元宽度的控制容积，建立动量守恒和能量守恒方程，从而得到边界层换热积分方程组。该方程组的求解比边界层换热微分方程组较简单和易理解。由于在求解中对边界层中的速度分布及温度分布的函数形式是自行假设的，故求解结果受所设函数形式的影响而有一定的近似性。现仍以常物性、不可压流体二维稳态流动边界层为例进行讨论。

1. 边界层动量积分方程式及其解

边界层动量积分方程式为

$$\rho \frac{\mathrm{d}}{\mathrm{d}x}\int_0^{\delta} u(u_\infty - u)\mathrm{d}y = \mu\left(\frac{\mathrm{d}u}{\mathrm{d}y}\right)_{\mathrm{w}} \tag{2.5-21}$$

假设为掠过平板的层流，边界层中速度分布为多项式的形式，即

$$u = f(y) = a + by + cy^2 + dy^3$$

从而得平板层流边界层速度分布曲线为

$$\frac{u}{u_\infty} = \frac{3}{2}\left(\frac{y}{\delta}\right) - \frac{1}{2}\left(\frac{y}{\delta}\right)^3 \tag{2.5-22}$$

进而可得边界层厚度为

$$\frac{\delta}{x}=4.64Re^{-\frac{1}{2}} \tag{2.5-23}$$

局部摩擦系数为

$$\frac{C_{f,x}}{2}=0.323Re_x^{-\frac{1}{2}} \tag{2.5-24}$$

平均摩擦系数为

$$C_f=\frac{1}{l}\int_0^l C_{f,x}\mathrm{d}x=1.292Re^{-\frac{1}{2}} \tag{2.5-25}$$

2. 边界层能量积分方程式及其解

仍设为无内热源，且不考虑耗散热，则有边界层能量积分方程式为

$$\frac{\mathrm{d}}{\mathrm{d}x}\int_0^{-\delta}u(t_f-t)\mathrm{d}y=a\left(\frac{\mathrm{d}t}{\mathrm{d}y}\right)_w \tag{2.5-26}$$

对于常壁温、掠过平板的层流换热问题，假设其层流边界层内的温度分布为多项式形式，即 $t=a+by+cy^2+dy^3$，则得常壁温平板层流边界层内温度分布为

$$\frac{\theta}{\theta_f}=\frac{t-t_w}{t-t_f}=\frac{3}{2}\left(\frac{y}{\delta_t}\right)-\frac{1}{2}\left(\frac{y}{\delta_t}\right)^3 \tag{2.5-27}$$

进而可得

$$\xi=\frac{\delta_t}{\delta}=\frac{1}{1.025}Pr^{-\frac{1}{3}}\approx Pr^{-\frac{1}{3}} \tag{2.5-28}$$

式中 ξ 为两边界层厚度之比。若已知 δ，即可求得热边界层厚度 δ_t。上式表明，$Pr=1$ 时，两边界层厚度相等，此结论与边界层能量微分方程式的求解结果完全一致。要注意，式（2.5-28）只适用于 $Pr>1$ 的流体。对于气体，$Pr\approx 0.7$，可近似适用。

最终可得掠过平板时的局部表面传热系数 h_x 及相应的准则关联式为

$$h_x=0.332\frac{\lambda}{x}Re_x^{\frac{1}{2}}Pr^{\frac{1}{3}} \tag{2.5-29}$$

$$Nu_x=0.332Re_x^{\frac{1}{2}}Pr^{\frac{1}{3}} \tag{2.5-30}$$

对于长为 l 的常壁温平板，则有平均表面传热系数及准则关联式为

$$h=0.664\frac{\lambda}{l}Re^{\frac{1}{2}}Pr^{\frac{1}{3}} \tag{2.5-31}$$

$$Nu=0.664Re^{\frac{1}{2}}Pr^{\frac{1}{3}} \tag{2.5-32}$$

式中：定性温度为 $t_m=\frac{(t_f+t_w)}{2}$；定型尺寸为板长 l。

2.5.7 动量传递和热量传递的类比

紊流对流换热问题的求解非常困难，动量传递和热量传递的类比方法（或称比拟理论）是

一种求解紊流对流换热问题的简便近似方法。其基本思想是利用流动阻力的实验数据(或理论值)来获得相应的对流换热 Nu 数的准则关联式。

1. 紊流动量传递和热量传递

对于紊流,必须附加考虑其脉动部分的作用。因而,紊流的总黏滞应力 τ 应为层流黏滞应力 τ_l 与紊流黏滞应力 τ_t 之和,即

$$\begin{aligned}\tau &= \tau_l + \tau_t \\ &= \rho\upsilon\frac{du}{dy} + \rho\varepsilon_m\frac{du}{dy} \\ &= \rho(\upsilon+\varepsilon_m)\frac{du}{dy}\end{aligned} \tag{2.5-33}$$

以及紊流总热流密度 q 应为层流导热的热流密度 q_l 和紊流传递的热流密度 q_t 之和,即

$$\begin{aligned}q &= q_l + q_t \\ &= -\rho c_p a\frac{dt}{dy} + \left(-\rho c_p\varepsilon_h\frac{dt}{dy}\right) \\ &= -\rho c_p(a+\varepsilon_h)\frac{dt}{dy}\end{aligned} \tag{2.5-34}$$

式(2.5-33)和(2.5-34)为分析紊流传递过程的基本关系式。式中,ε_m 为紊流黏度(或紊流动量扩散率),单位为 m^2/s;ε_h 为紊流导温系数(或紊流热扩散率),单位为 m^2/s。ε_m、ε_h 分别与 υ、a 相对应,但不是物性参数。设 $\frac{\varepsilon_m}{\varepsilon_h}=Pr_t$,称为紊流普朗特数。由于紊流所附加的黏滞应力和热流密度均由脉动所致,故可假定 $\varepsilon_m=\varepsilon_h$,在一般的分析中可取 $Pr_t=1$。

2. 雷诺类比

对于掠过平板的层流流动,有

$$q_l = -\lambda\frac{dt}{dy} = -\rho c_p a\frac{dt}{dy}$$

$$\tau_l = \mu\frac{du}{dy} = \rho\upsilon\frac{du}{dy}$$

将两式相除,并设为 $Pr=1$ 的流体,则可得

$$\frac{q_l}{\tau_l} = -c_p\frac{dt}{du} \tag{2.5-35}$$

这显示了层流时,热量传递和动量传递的类比关系。

对于紊流,雷诺认为紊流中紊流扩散作用远大于分子扩散作用,即 $\upsilon \leqslant \varepsilon_m$ 及 $a \ll \varepsilon_h$。故将式(2.5-34)中的 q 与式(2.5-33)中的 τ 相除,并当 $Pr_t=\frac{\varepsilon_m}{\varepsilon_h}=1$ 时,得

$$\frac{q}{\tau} = -c_p\frac{dt}{du} \tag{2.5-36}$$

可见该式和式(2.5-35)形式一致,这说明当 $Pr=1$ 和 $Pr_t=1$ 时,紊流和层流的两传类比服

从同一类比方程。式(2.5-36)为紊流热量和动量传递的雷诺类比方程,也就是雷诺的一层结构紊流模型。

将式(2.5-36)进行适当演算,可得

$$St = \frac{C_f}{2} \tag{2.5-37a}$$

及

$$St_x = \frac{C_{f,x}}{2} \tag{2.5-37b}$$

式中:St 为斯坦顿准则,$St = \frac{Nu}{Re} \cdot Pr = \frac{h}{u\rho c_p}$;$C_f$ 为摩擦系数。

式(2.5-37)反映了紊流表面传热系数和摩擦系数间的关系,称雷诺类比律(或雷诺比拟)。可见,如已知摩擦系数,即可由该式求得表面传热系数。

式(2.5-37)仅适用于 $Pr = 1$,后经柯尔朋等人修正,得出柯尔朋类比律,如下式

$$St \cdot Pr^{\frac{2}{3}} = \frac{C_f}{2} \tag{2.5-38a}$$

及

$$St_x \cdot Pr^{\frac{2}{3}} = \frac{C_{f,x}}{2} \tag{2.5-38b}$$

该式适用于 $Pr = 0.550$ 的流体掠过平板时的层流和紊流换热,定性温度为边界层平均温度 $t_m = \frac{(t_f + t_w)}{2}$。

3. 外掠平板紊流换热

由试验和理论分析获得平板紊流的局部摩擦系数为

$$C_{f,x} = 0.059\,2 Re_x^{-\frac{1}{5}} 5 \times 10^5 \leqslant Re \leqslant 10^7 \tag{2.5-39}$$

则由柯尔朋类比律得外掠平板紊流局部传热相似准则关联式为

$$Nu_x = 0.029\,6 Re_x^{\frac{4}{5}} Pr^{\frac{1}{3}} \tag{2.5-40}$$

通过对边界层的层流段和紊流段沿长度积分求取平均值,则得常壁温外掠平板紊流平均换热的准则关联式为

$$Nu = (0.037 Re^{0.8} - 870) Pr^{\frac{1}{3}} \tag{2.5-41}$$

该式适用于 $0.6 \leqslant Pr \leqslant 60, 5 \times 10^5 < Re \leqslant 10^8$。定性温度为 $t_m = \frac{(t_f + t_w)}{2}$,定型尺寸为板长 l。

2.5.8 相似理论基础

通过实验来研究和求解对流换热问题是传热研究的一个重要途径,相似理论就为传热实验研究提供了一种科学有效的方法。

1. 物理相似

将几何相似的概念运用到物理相似时,对于两个(或多个)同类物理现象的相似,必须要

有几何相似。同时在空间对应点上,相应的物理量应成比例,即要有物理量的场相似。对于非稳态现象,还必须限定在对应瞬间。如两对流换热现象相似,则在几何相似的条件下,它们的温度场、速度场、黏度场等等都应分别相似,即在对应瞬间对应点上各该物理量成比例,如:

$$\tau'/\tau''=C_\tau;x'/x''=y'/y''=z'/z''=C_l;t'/t''=C_t;u'/u''=C_u;\lambda'/\lambda''=C_\lambda\cdots$$

2. 相似原理

相似原理包含相似的性质,相似准则间的关系和判别相似的条件三方面内容。

1)相似性质

前已提及,两物理现象相似意味着描述现象的各物理量的场的相似。从建立描述现象的微分方程式(如对流换热微分方程式)中,可以看到各物理量之间有着某种特定的制约关系。所以,在描述各物理量的场相似时,也必然会有某种制约关系。据此,可以导出相似现象的一个重要性质:彼此相似的现象,它们的同名相似准则必定相等。

以下为对于相似的稳态无相变的对流换热现象,运用对流换热微分方程式,在物理量场相似的条件下导出的一些常用相似准则。

(1)努谢尔特准则 $Nu=\dfrac{hl}{\lambda}$

努谢尔特准则可由对流换热过程微分方程式(2.5-4)导得。对两个相似的对流换热现象,有 $Nu'=Nu''$ 。可以证明,$Nu=\left(\partial\theta/\partial y\right)_{\rm w}$,即它表征为换热表面法向上的无量纲过余温度梯度。显然其值大小反映了对流换热的强弱。

(2)雷诺准则 $Re=\dfrac{ul}{\upsilon}$

雷诺准则可由动量微分方程式(2.5-7)导得,并有 $Re'=Re''$ 。由流体力学知,它反映了流体流动时惯性力与黏滞力的相对大小(两者之比)。常用 Re 数来表征流体的流动状态(如层流、紊流)。在准则关系式中,它反映流态对换热的影响。

(3)格拉晓夫准则 $Gr=\dfrac{\beta g\Delta tl^3}{\upsilon^2}$

格拉晓夫准则是由自然对流换热的动量微分方程式的浮升力项和黏滞力项相似倍数之比导出的。它的数值反映了浮升力与黏滞力的相对大小。在准则关系式中,它表示流体的自由流动运动状态对换热的影响。

(4)普朗特准则 $Pr=\upsilon/a$

普朗特准则又称物性准则,它的数值反映了流体的动量传递和热量传递能力的相对大小。不同种类的 Pr 数差别很大,而且还影响到相似准则间的函数关系。故常把 Pr 数分成三类:高 Pr 数流体,$Pr>10$(如各种油类);普通 Pr 数流体,Pr=0.7~10(如水、空气);低 Pr 数流体,Pr<0.7(如液态金属)。

2)相似准则间的关系

描述现象的微分方程式表达了各物理量之间的有机联系,则由这些量构成的相似准则间也会有某种函数关系。通过整理分析各类对流换热问题的微分方程组,可得出相应的准则关联式。

无相变受迫稳态对流换热,且自然对流不可忽略时,准则关联式为

$$Nu = f(Re, Pr, Gr) \tag{2.5-42}$$

无相变受迫稳态对流换热,若自然对流可忽略不计,则有

$$Nu = f(Re, Pr) \tag{2.5-43}$$

对于空气,Pr 数可按常数处理,则无相变受迫稳态对流换热有

$$Nu = f(Re) \tag{2.5-44}$$

自然对流换热时,准则关联式为

$$Nu = f(Gr, Pr) \tag{2.5-45}$$

上述关联式的具体形式可由实验确定。关联式中的左端 Nu 是一个待定的数,其实质是要确定其中所包含的表面传热系数,故常把 Nu 数称为待定准则。右端的 Re、Pr、Gr 数都为已知或可直接由实验获得,称之为已定准则或定型准则。

3)判别相似的条件

判别现象是否相似的条件:同类现象,单值性条件相似,同名的已定准则相等。只要满足这样的条件,则物理现象必定相似。

对于对流换热现象,单值性条件包括:①几何条件,如换热表面的形状和尺寸等;②物理条件,如流体的类别和物性等;③边界条件,如进出口温度,壁面温度等;④时间条件,各物理量是否随时间变化及如何变化。

从上述相似原理的内容可见,它解决了如何实验求解的三个问题。

①实验中测量哪些量?应测量各相似准则中包含的全部物理量,其中的物性由定性温度确定。

②如何整理实验结果?应整理成相似准则间的函数关系式。

③实验结果可以推广应用到哪些范围?可以应用于与其相似的现象,即同类、单值性条件相似、同名已定准则相等的物理现象,或者说,在仿照实际设备做模型实验时,必须使模型中的现象与原形的现象单值性条件相似,而且同名已定准则相等,由此所得结果才有可能反映实际现象的规律。

3. 实验数据的整理方法

相似原理在原则上表明了实验结果应整理成准则间的关联式,但具体的函数形式以及定性温度和定型尺寸如何确定尚需探讨。

实践表明,对流换热问题以幂函数形式表示准则间关联更为合适,如:

$$Nu = CRe^{n} \tag{2.5-46}$$

$$Nu = CRe^{n}Pr^{m} \tag{2.5-47}$$

式中 C、n、m 等常数和指数由实验数据确定。

幂函数的形式为实验数据的整理带来很大方便,因为取对数后,在双对数坐标图上,是一条直线,常数或指数值就很容易被确定。如式(2.5-46)取对数后就成为 $\lg Nu = \lg C + n\lg Re$。图 2.5-7 中,n 为图中直线的斜率,$\lg C$ 则是直线在纵轴上截距,故即求得 C、n 之值。对于含有三个待定常数的式(2.5-47),则可分两步来整理。先由同一 Re 数下不同种类流体(即 Pr 数不同)的实验数据,整理成类同图 2.5-7 的直线,求得 m 值。再以 $\lg(Nu/Pr^{m})$ 为纵坐标、$\lg Re$ 为横坐标,求得 C、n 值(图 2.5-8)。也可采用其他整理数据的方法,如最小二乘法。

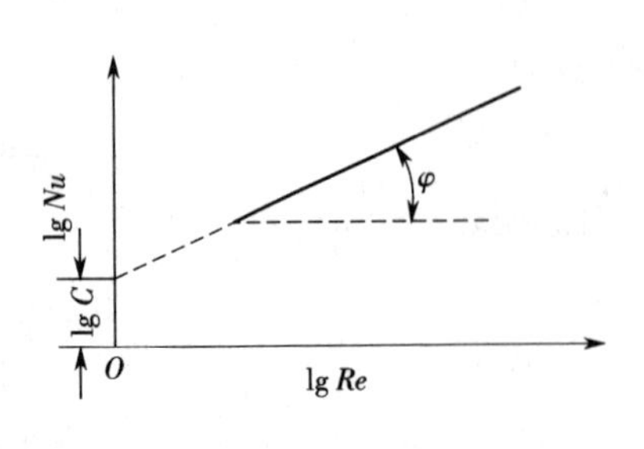

图 2.5-7　$Nu=CRe^n$ 关联式的图示

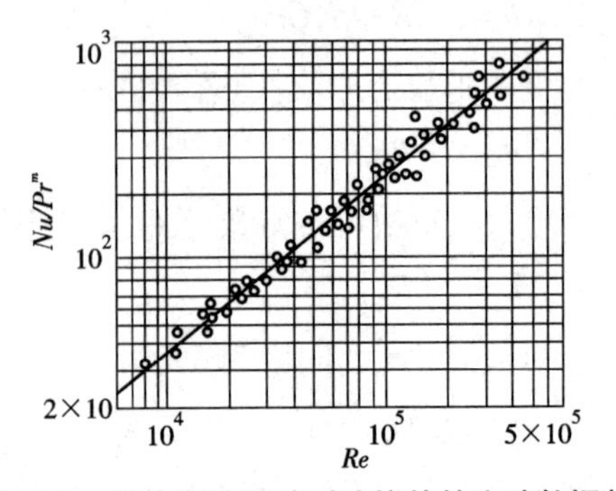

图 2.5-8　管内紊流强迫对流换热的实验数据整理

2.6　单相流体对流换热及准则关联式

本节将分别阐述单相流体的几种对流换热状况及其换热计算。

2.6.1　管内受迫流动换热

1. 进口段与充分发展段

进口段是指流体从进入的管口起到管断面上流速分布和流动状态达到定型为止这段距离。此后流态定型，流动达到了充分发展，称为流动充分发展段。流动充分发展段的流态由 Re 数来判断：管内流动 $Re<2\,300$，层流；$2\,300<Re<104$，过渡状态；$Re>10^4$ 旺盛紊流。

流动充分发展段的特征是：

$$\frac{\partial u}{\partial x}=0;\upsilon=0$$

在有换热时，还有热充分发展段，其特点是

$$\frac{\partial}{\partial x}\left(\frac{t_{\rm w}-t}{t_{\rm w}-t_{\rm f}}\right)=0$$

式中：t 为管内任意点处温度，它是(x,r)的函数；$t_{\rm f}$ 为管长 x 处断面的流体平均温度；$t_{\rm w}$ 为 x 处壁面温度。上式意味着在热充分发展段，无因次温度仅是 r 的函数，故将上式中无因次温度对 r 求导，并设 $r=R$(管壁)，则得

$$\frac{\partial}{\partial r}\left(\frac{t_{\rm w}-t}{t_{\rm w}-t_{\rm f}}\right)=\frac{-\left(\frac{\partial t}{\partial r}\right)_{r=R}}{t_{\rm w}-t_{\rm f}}=\text{const}$$

进而可得

$$\frac{-\left(\frac{\partial t}{\partial r}\right)_{r=R}}{t_{\rm w}-t_{\rm f}}=\frac{h}{\lambda}=\text{const}$$

该式表明，热充分发展段的又一个特征，即常物性流体在热充分发展段的表面传热系数保持不变(图 2.6-1(a)层流和(b)紊流)。

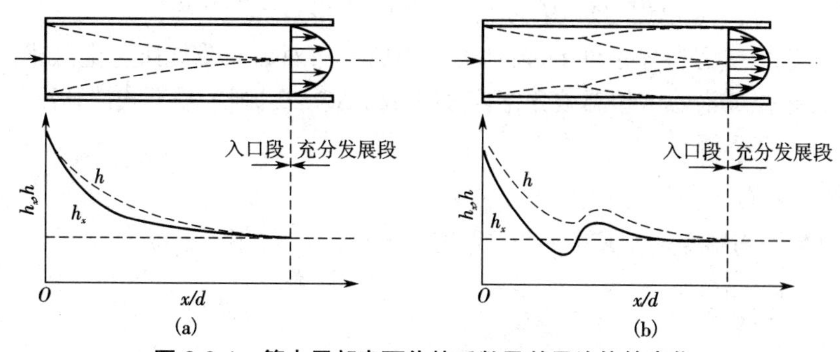

图 2.6-1 管内局部表面传热系数及其平均值的变化

流动进口段与热进口段的长度不一定相等。$Pr>1$，流动进口段长度小于热进口段；$Pr<1$，反之。分析表明，常物性流体层流热进口段长度，在常壁温条件下，$(L/d)_1 \approx 0.05 Re \cdot Pr$；在常热流条件下，$(L/d)_1 \approx 0.07 Re \cdot Pr$。

2. 管内流体平均速度及平均温度

1）截面平均速度 u_m

通过对微元截面上体积流量积分平均可得

$$u_m = V/f \tag{2.6-1}$$

2）截面平均温度 t_f

$$t_f = \frac{\int \rho_f c_p t u \mathrm{d}f}{\int \rho_f c_p u \mathrm{d}f} = \frac{2}{R^2 u_m}\int_0^R t u r \mathrm{d}r \tag{2.6-2}$$

可见，为了计算流体的截面平均温度，必须已知流体的截面温度分布 t 及速度分布 u。

流体截面平均温度 t_f 是随管长而变化的，其变化规律因边界条件不同而异。

（1）常热流边界条件

可证得

$$\mathrm{d}t_f / \mathrm{d}x = \text{const}$$

及在热充分发展段

$$\mathrm{d}t_w / \mathrm{d}x = \mathrm{d}t_f / \mathrm{d}x$$

这表明，在常热流条件下，在热充分发展段，壁温 t_w 也和流体截面平均温度一样呈线性变化，且都保持相同的变化率，如图 2.6-2（a）所示。这样，在常热流时或沿管长壁温与流体温差 $\Delta t = (t_w - t_f)$ 变化不大时（进口端 $\Delta t'$ /出口端 $\Delta t'' < 2$），可取进出口处截面平均温度的算术平均值作为流体沿全管长的温度平均值，即

$$t_f = (t_{f'} + t_{f''})/2 \tag{2.6-3}$$

（2）常壁温边界条件

可证得

$$\frac{\Delta t'}{\Delta t''} = \exp\left(-\frac{2h}{\rho c_p u_m R} l\right)$$

式中：进口处 $\Delta t' = (t_{w'} - t_{f'})$；出口处 $\Delta t'' = (t_w'' - t_f'')$；$h$ 为沿管长的平均值。

该式表明，在常壁温边界条件下，流体温度沿管长按对数曲线规律变化，如图 2.6-2（b）所示。这样，在常壁温或沿管全长温差变化较大时 $\Delta t' / \Delta t'' > 2$，则应按下式计算流体沿管长的平均温度，即

$$t_f = t_w \pm \Delta t_m \tag{2.6-4}$$

式中：Δt_m 为对数平均温度差。其中的"-"号用于 $t_w > t_f$；"+"号用于 $t_w < t_f$。

$$\Delta t_m = \frac{\Delta t' - \Delta t''}{\ln \dfrac{\Delta t'}{\Delta t''}} \tag{2.6-5}$$

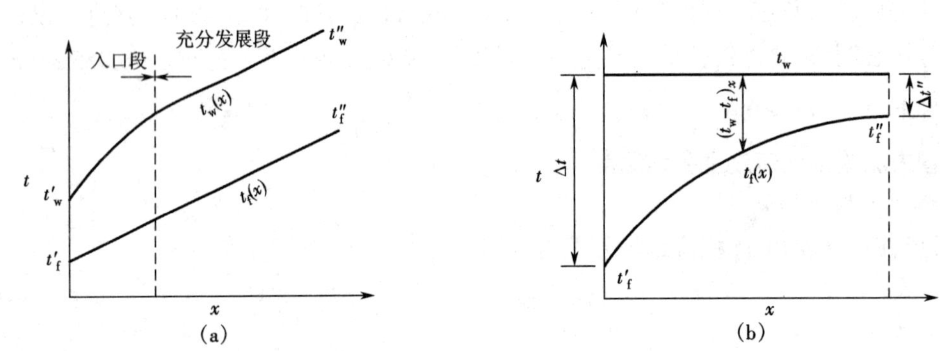

图 2.6-2　两种边界条件下管内对流换热时温度变化

3. 管内流动换热计算

1）紊流换热

管内受迫流动换热的准则关联式（2.5-43）可以用 $Nu = CRe^n Pr^m$ 的形式表达。

（1）对于光滑管内紊流换热

按迪图斯—贝尔特公式计算：

$$Nu_f = 0.023 Re_f^{0.8} Pr_f^n$$

$$L / d \geqslant 60, Re_f > 10^4, Pr_f = 0.7 \sim 160 \tag{2.6-6}$$

式中：流体被加热，n=0.4；被冷却，n=0.3。

此式对换热温差有限制。对于气体，限在 50 ℃以内；水，20~30 ℃；油类，10 ℃以内。定性温度为流体平均温度，定型尺寸为管内径。

（2）考虑不均匀物性的影响

西德—塔特公式以 $(\mu_f / \mu_w)^{0.14}$ 为修正项，则有

$$Nu_f = 0.027 Re_f^{0.8} Pr_f^{1/3} \left(\frac{\mu_f}{\mu_w} \right)^{0.14} \tag{2.6-7}$$

$$L / d \geqslant 60,\ Re_f > 10^4,\ Pr_f = 0.7 \sim 16\,700$$

在管内流动换热情况下，管中心和靠壁部分的流体温度不同，使得物性沿截面发生变化，尤其是黏度的差异会导致有温差时的速度场与等温流动时不同（图 2.6-3）。为此，应考虑物性

不均匀的影响。研究者推荐在式(2.6-7)中采用下列修正项：

液体 $(\mu_f/\mu_w)^n$，加热时，n=0.11；冷却时，n=0.25

气体 $(T_f/T_w)^n$，加热时，n=0.55；冷却时，n=0

(3)对于热进口段

对于热进口段努谢尔特建议用下式代替式(2.6-7)：

$$Nu_f = 0.036Re_f^{0.8}Pr_f^{1/3}\left(\frac{d}{L}\right)^{0.055} \qquad 60 < L/d < 400 \tag{2.6-8}$$

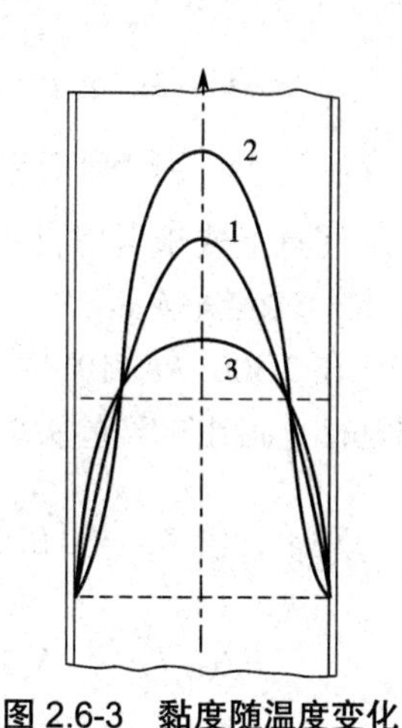

图 2.6-3 黏度随温度变化对速度场的影响

1—等温流 2—冷却液体或加热气体 3—加热液体或冷却气体

(4)对于非圆形管

非圆形管，如椭圆管、矩形截面管等，仍可用上述公式，只需将定型尺寸按下式取当量直径 d_e 即可

$$d_e = \frac{4A}{U} \tag{2.6-9}$$

式中：A 为流道截面积，m^2；U 为流体润湿周长，m。

(5)对螺旋管

可将上述公式乘以弯曲影响的修正因子 ε_R：

对于气体：$$\varepsilon_R = 1 + 1.77\frac{d}{R} \tag{2.6-10a}$$

对于液体：$$\varepsilon_R = 1 + 10.3\left(\frac{d}{R}\right)^3 \tag{2.6-10b}$$

式中：R 为螺旋管曲率半径，m；d 为管内径，m。

以上各式的主要差别是关联式中的系数 C 上。故以式(2.6-6)为例，分析各因素对表面传热系数的影响。将式(2.6-6)离散展开，则管内紊流时有

$$h = f\left(u^{0.8}, \lambda^{0.6}, c_p^{\ 0.4}, \rho^{0.8}, \mu^{-0.4}, d^{-0.2}\right)$$

可见，以流速 u 和密度 ρ 的影响为最大。而直径 d 的影响为 d 小则 h 大。

2)层流换热

管内层流换热时，常壁温条件，则可用西德—塔特公式：

$$Nu_f = 1.86Re_f^{0.33}Pr_f^{0.33}\left(\frac{d}{L}\right)^{1/3}\left(\frac{\mu_f}{\mu_w}\right)^{0.14} \tag{2.6-11}$$

$$0.48 < Pr < 16\,700;\ 0.004\,4 < \frac{\mu_f}{\mu_w} < 9.75$$

如管子较长，以致

$$\left[\left(Re \cdot Pr \cdot \frac{d}{L}\right)^{1/3}\left(\frac{\mu_f}{\mu_w}\right)^{0.14}\right] < 2$$

则可按式(2.6-12b)计算。

对于圆管内常物性流体热充分发展段的层流换热，则可用理论推导的结果，即

$$Nu_f = 4.36(q = \text{const}) \tag{2.6-12a}$$

$$Nu_f = 3.66(t_w = \text{const}) \tag{2.6-12b}$$

注意上式未考虑自由流动的影响。

3）过渡流换热

在 2 300<Re_f<10^4 内为管内过渡流，换热状况多变、不稳定，格尼林斯基在整理前人实验数据基础上得出的经验关联式为

对于气体 $$Nu_f = 0.0214\left(Re_f^{0.8} - 100\right)Pr_f^{0.4}\left[1 + \left(\frac{d}{l}\right)^{2/3}\right]\left(\frac{T_f}{T_w}\right)^{0.45}$$

$$0.6 < Pr_f < 1.5;\ 2\,300 < Re_f < 10^4;\ 0.5 < T_f / T_w < 1.5 \tag{2.6-13a}$$

对于液体 $$Nu_f = 0.012\left(Re_f^{0.87} - 280\right)Pr_f^{0.4}\left[1 + \left(\frac{d}{l}\right)^{2/3}\right]\left(\frac{Pr_f}{Pr_w}\right)^{0.11}$$

$$1.5 < Pr_f < 500;2\,300 < Re_f < 10^4;0.05 < Pr_f / Pr_w < 20 \tag{2.6-13b}$$

4）粗糙管的换热

上述各式均适用于光滑管，实用上常遇到粗糙管。在已知粗糙管壁的摩擦系数后，可用下式确定表面传热系数：

$$St \cdot Pr^{2/3} = f / 8 \tag{2.6-14}$$

式中：St 和 Pr 均用 t_f 作为定性温度。

摩擦系数 f，紊流时按下式计算：

$$f = \left[2\lg\left(\frac{R}{k_s}\right) + 1.74\right]^{-2} \tag{2.6-15}$$

式中：k_s 为粗糙点的平均高度，可查文献[4]；R 为管内半径。

层流时，则有

$$f = \frac{64}{Re} \tag{2.6-16}$$

2.6.2 外掠圆管流动换热

1. 外掠单管

流体横向流过单根圆管时，其流动边界层逐渐增厚，在到达圆管外周某处后会产生反向流动。边界层的这些变化是由沿程压力变化引起的。流体绕流圆管时，约在管的前半部，压力递降，即 dp/dx<0。而在后半部又回升，即 dp/dx>0，流速逐渐降低，至某位置时速度梯度变成零，即 $(\partial u / \partial y)_w = 0$，该位置称为分离点（或脱体点）。此后，近壁处流体呈现反向流动，并将导致在圆管尾部出现充满涡旋的尾流区，边界层流动遭到破坏（图 2.6-4）。分离点的具体位置与 Re 数有关，

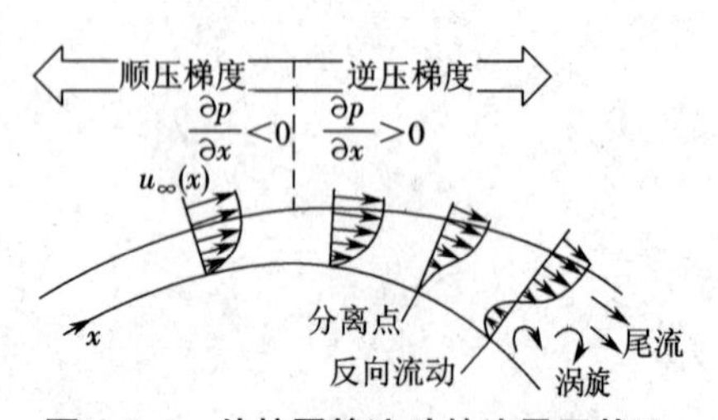

图 2.6-4　外掠圆管流动的边界层状况

当 $Re = u_{\infty} d / \upsilon \leqslant 2 \times 10^5$，分离点发生在 $\theta \approx 80°$ 处；$Re > 2 \times 10^5$，则 $\theta \approx 140°$。随着边界层流动状况的变化，换热状况必发生相应的变化。图 2.6-5 显示了在不同 Re 数时，局部 Nu 数的变化。其中，第一个 Nu_θ 最小值对应于边界层从层流向紊流的转折。Nu_θ 的第二次下降对应于紊流边界层内速度梯度从正值降到零的过程，而其最低点则是紊流边界层与壁脱离时。

工程上关注的是整个管表面的平均表面传热系数，推荐用以下计算式：

$$Nu = 0.3 + \frac{0.62 Re^{1/2} Pr^{1/3}}{\left[1 + (0.4 / Pr)^{2/3}\right]^{1/4}} \left[1 + \left(Re / 282\,000\right)^{5/8}\right]^{4/5} \tag{2.6-17}$$

该式适用于 $Re \cdot Pr > 0.2$，物性按 $t_m = \left(t_w + t_f\right)/2$ 确定。

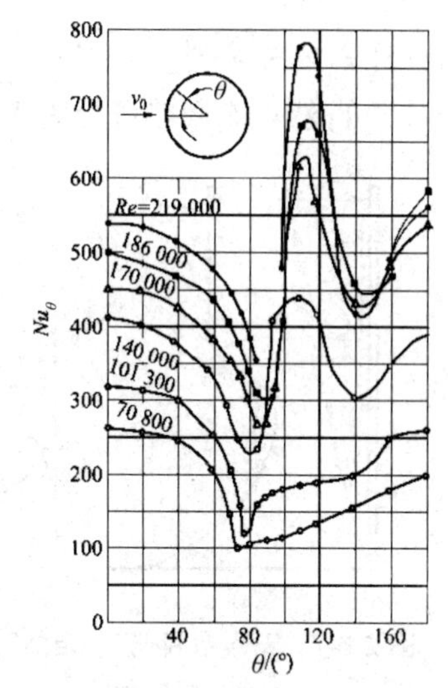

图 2.6-5　外掠圆管换热的局部 Nu 数

2. 外掠光滑管束

流体外掠管束时的换热和单管时有较大不同，受影响的因素除 Re、Pr 数外，还有管束的排列方式，如叉排、顺排（见图 2.6-6）等、管排数、管间距（横向间距 S_1、纵向间距 S_2）等。一般地说，叉排（图 2.6-6b）比顺排（图 2.6-6a）时换热要好。多排时换热要比单排时好，因后排管子上流体的流动将被由前几排管子引起的涡旋所干扰。

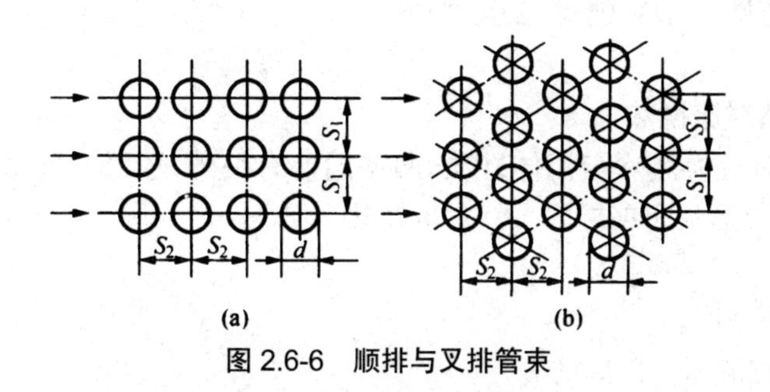

图 2.6-6　顺排与叉排管束

传热计算时，可先不考虑管排数的影响，求得结果后再作修正。因流体在流过若干排后，对传热的影响很小了。式（2.6-18）是适用于气体横掠 10 排以上管束时的准则关联式：

$$Nu = C Re^m \tag{2.6-18}$$

$$2\,000 < Re < 40\,000;\ Pr = 0.7;\ 排数 n \geqslant 10$$

式中，C、m 之值与 S_1/d、S_2/d、叉排或顺排有关，可查文献[4]。其定性温度为 $t_m = \left(t_w + t_f\right)/2$，$t_f$ 为管束进、出口处的流体平均温度。流速采用管束中最窄截面处流速。

排数小于 10 排时，可由式（2.6-18）结果再乘以小于 1 的修正系数 ε_n，即

$$h' = \varepsilon_n \cdot h \tag{2.6-19}$$

ε_n 值可查文献[4]。

2.6.3　自然对流换热

自然对流换热可分为无限空间和有限空间的自然对流换热两类。因受空间限制,使其流动和传热状况有很大差异。

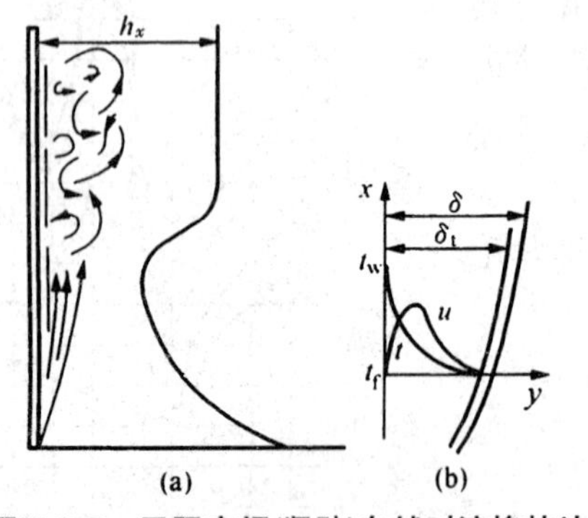

图 2.6-7　无限空间(竖壁)自然对流换热边界层状况

1. 无限空间自然对流换热

图 2.6-7 表示了无限空间自然对流时,边界层中速度、温度分布及沿高度边界层流态及表面传热系数 h_x 的变化。该图表明,在达到旺盛紊流后,h_x 达到稳定值,而与高度无关。一般认为,常壁温条件下,$Gr \cdot Pr > 10^9$ 时,为紊流。

自然对流换热的准则关联式为

$$Nu = C\left(Gr \cdot Pr\right)^n \tag{2.6-20}$$

式中:$Gr = g\beta\Delta t l^3 / \upsilon^2$;瑞利准则 $Ra = Gr \cdot Pr$;$\Delta t = \left(t_w - t_f\right)$;定性温度 $t_m = \left(t_w + t_f\right)/2$;$C$ 及 n 因壁的几何形状或位置及流态不同而异,可查相关教材。

上式不仅适用于常壁温条件,也适用于常热流。对于常热流,习惯上常以 $Gr^* = Gr \cdot Nu$ 来替代 Gr,而使式(2.6-20)呈现另一形式。

自然对流换热紊流时,具有表面传热系数与定型尺寸无关的特性,即所谓自模化现象。如垂直平壁,紊流时,指数 n=1/3,则式(2.6-20)展开后其中定型尺寸即可消去。这种现象为进行实验研究带来方便。

2. 有限空间自然对流换热

有限空间自然对流换热除与流体性质、两壁温差有关外,还受空间形状、尺寸、位置等影响,在此仅阐述扁平矩形封闭夹层内自然对流换热。

(1)垂直夹层

垂直夹层见以下情况。

①出现环流(图 2.6-8(b),常见)。

②夹层厚度 δ/高度 h)>0.3 时,无环流,可按无限空间自然对流换热计算(图 2.6-8(a))。

③如两壁温差和高度都很小,使 $Gr_\delta = g\beta\Delta t\delta^3 / \upsilon^2 < 2\,000$,则无流动,可按纯导热计算。

(2)水平夹层

此时的自然对流只发生在热面在下的情况,如图 2.6-8(c)。对气体,$Gr_\delta < 1\,700$ 时可按纯导热计算。$Gr_\delta > 1\,700$ 以后,出现蜂窝状分布的环流。在 $Gr_\delta = 50\,000$ 后,呈现无序的紊流。

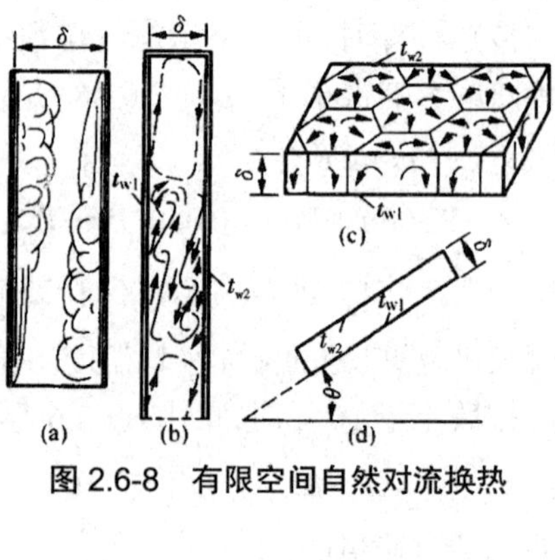

图 2.6-8　有限空间自然对流换热

(3)倾斜夹层

与水平夹层类同,如图 2.6-8(d),当 $Gr \cdot Pr > \left(1\,700 / \cos\theta\right)$ 时发生蜂窝状流动。

上述几种有限空间的情况，其换热计算式都可用下列基本形式来表示：

$$Nu_{\delta}=C\left(Gr_{\delta}\cdot Pr\right)^{m}\left(\frac{\delta}{H}\right)^{n} \tag{2.6-21}$$

式中：H 为垂直夹层时的高度，m；C、m、n 可查文献[4]。定性温度为 $t_{m}=(t_{w1}+t_{w2})/2$。

热流密度计算式为

$$q=h\left(t_{w1}-t_{w2}\right)=h\frac{\delta}{\lambda}\frac{\lambda}{\delta}\left(t_{w1}-t_{w2}\right)=Nu_{\delta}\frac{\lambda}{\delta}\left(t_{w1}-t_{w2}\right) \tag{2.6-22}$$

2.6.4 自然对流与受迫对流并存的混合对流换热

在受迫对流换热中，因流体各部分的温度差别会产生自然对流，从而形成两者并存的混合对流换热。图 2.6-9 分别表示了流体在横管和竖管中强迫流动被冷却时，自然对流的流动方向及其对强迫流动的速度场的干扰。

研究表明，可以 Gr/Re^{2} 作为判断自由流动影响程度的准则，它体现了浮升力与惯性力之相对大小。一般，$Gr/Re^{2}\geqslant 0.1$，则不能忽略自然对流的影响。如 $Gr/Re^{2}\geqslant 10$，则可按纯自然对流处理。具体换热计算，可查阅有关文献。

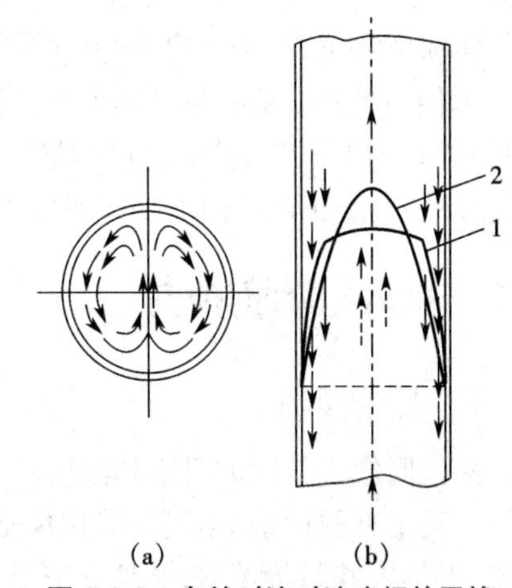

图 2.6-9 自然对流对速度场的干扰

1—等温强迫流动 2—流体被冷却时自然对流的影响

【例 2.6-1】 将温度为 371 ℃、尺寸为 $0.3\times0.3\,\text{m}^{2}$ 的铁板从热处理炉中取出，水平悬挂在空气中自然冷却，车间内温度为 28 ℃，求其散热量。设铁板表面的发射率为 0.8。

解：铁板的散热包含板表面与周围空气的自然对流换热和板表面与车间壁面等的辐射换热。由于铁板为水平悬挂，铁板的上下表面的自然对流换热状况不同，故应分别计算。

计算自然对流换热用的定性温度为膜层平均温度

$$t_{m}=\frac{(t_{w}+t_{f})}{2}=\frac{(371+28)}{2}=199.5\ ℃$$

由此查热物性数据得

$$\upsilon=34.85\times10^{-6}\,\text{m}^{2}/\text{s},\ \lambda=3.93\times10^{-2}\,\text{W/(m•K)},\ Pr=0.68$$

$$\beta=\frac{1}{T_{m}}=\frac{1}{273+199.5}=\frac{1}{472.5}\,1/\text{K}$$

$$Gr\cdot Pr=\frac{g\beta L^{3}(T_{w}-T_{f})}{\upsilon^{2}}Pr=\frac{9.8\times1/472.5\times0.3^{2}\times343}{(34.85\times10^{-6})^{2}}\times0.68=1.075\times10^{8}$$

对上表面，由式 $Nu_{1}=0.15(Gr\cdot Pr)^{1/3}$，$8\times10^{6}<(Gr\cdot Pr)<10^{11}$

求得：$h_{1}=\dfrac{\lambda}{l}0.15(Gr\cdot Pr)^{\frac{1}{3}}=\dfrac{0.039\,3}{0.3}0.15(1.075\times10^{8})^{\frac{1}{3}}=9.34\ \text{W/(m}^{2}\text{•K)}$

则上表面的散热量为 $\Phi_1 = h_1 A(t_w - t_f) = 9.34 \times 0.3^2 \times 343 = 288.83\ \text{W}$

对下表面，由式 $Nu_2 = 0.58(Gr \cdot Pr)^{1/5}, 10^5 < (Gr \cdot Pr) < 10^{11}$

求得：$h_2 = \dfrac{\lambda}{l} 0.58(Gr \cdot Pr)^{1/5} = \dfrac{0.039\,3}{0.3} 0.58(1.075 \times 10^8)^{1/5} = 3.07\ \text{W/(m}^2 \cdot \text{K)}$

则下表面的散热量为：$\Phi_2 = h_2 A(t_w - t_f) = 3.07 \times 0.3^2 \times 343 = 94.78\ \text{W}$

总的对流换热量为：$\Phi_c = \Phi_1 + \Phi_2 = 383.11\ \text{W}$

辐射散热属于空腔与内包表面间的辐射换热，故有

$$\Phi_r = 2A\varepsilon\sigma_b\left(T_w^4 - T_f^4\right) = 2 \times 0.3^2 \times 0.8 \times 5.67 \times 10^{-8} \times \left(644^4 - 301^4\right) = 1\,337.37\ \text{W}$$

则总散热量为：$\Phi = \Phi_c + \Phi_r = 1\,720.48\ \text{W}$

本例中自然对流换热和辐射换热同时存在，应分别计算。此外，还应注意到因铁板为水平悬挂，铁板的上下表面均有自然对流换热，但状况不同，需用不同的准则关联式。在计算自然对流换热时，要正确选用关联式所要求的定型温度。

2.7 凝结与沸腾换热

2.7.1 凝结换热

蒸汽同低于其压力下饱和温度的冷壁面接触时发生凝结，并伴随着潜热的释放，形成凝结换热。凝结有两种基本形态：①膜状凝结，特点是因凝液能很好地润湿壁面而在壁面上形成凝液膜，潜热由液膜传至壁；②珠状凝结，特点是润湿能力差，在壁面上只能形成分散的液珠，传热在蒸气与液珠表面及蒸气与裸露的冷壁间进行。显然，珠状比膜状凝结的传热性能好。目前实现并长期保持珠状凝结很困难，尚处于研究试用阶段。故本节只阐述膜状凝结换热，并限于纯蒸气在管外的凝结。

1. 膜状凝结换热及计算

1）层流膜状凝结换热

在一系列假设下，对竖壁层流凝液膜（$Re_c < 1800$）运用动量及能量微分方程式进行理论求解，可得垂直壁层流膜状凝结平均表面传热系数的努谢尔特理论计算式为

$$h = 0.943\left[\frac{\rho^2 g \lambda^3 \gamma}{\mu l\left(t_s - t_w\right)}\right]^{1/4} \quad (\text{W/(m}^2 \cdot \text{K)}) \tag{2.7-1}$$

由于实际的液膜有波动等因素，使换热增强，应将上述理论解中的系数增加 20%，即修改为 1.13。

对于水平圆管外壁的凝结，也可求得

$$h = 0.725\left[\frac{\rho^2 g \lambda^3 \gamma}{\mu d\left(t_s - t_w\right)}\right]^{1/4} \tag{2.7-2}$$

上两式中：定性温度 $t_m = (t_s + t_w)/2$；潜热 γ 由蒸气饱和温度 t_s 确定；对于定型尺寸，竖壁高 l，横管为外径 d。

实际应用中，常以准则关联式形式表示，即

垂直壁 $Co = 1.76Re_c^{-1/3}$　　（2.7-3）

水平管 $Co = 1.51Re_c^{-1/3}$　　（2.7-4）

式中，凝结准则 $Co = h \cdot \left(\lambda^3 \rho^2 g / \mu^2\right)^{-1/3}$　　（2.7-5）

凝液膜雷诺数

$$Re_c = \frac{d_e u_m}{\upsilon} = \frac{4hl\left(t_s - t_w\right)}{\mu \gamma} \tag{2.7-6}$$

水平管时，式（2.7-6）中 l 应改为 πd。

2）紊流膜状凝结换热

对水平管，一般均为层流状态。对垂直壁，上部为层流，随着液膜向下流动，Re 数增大，在 $Re_c > 1\,800$ 后将转变为紊流，则整个壁面的平均表面传热系数应按加权平均计算。下式为考虑到包括层流、紊流在内的整个壁面的相似准则关联式：

$$Co = \frac{Re_c}{8\,750 + 58Pr^{-0.5}\left(Re_c^{\ 0.75} - 253\right)} \tag{2.7-7}$$

3）水平管束管外凝结换热

应用上常有多根管组成的水平管管束，上一排管表面上的凝液会流到下一排管子上，使下一排管表面的凝液膜层加厚，传热效果降低。凝结换热计算时，以 nd 作为定型尺寸代入式（2.7-4）即可。为减少凝液膜的影响，还有不同于图 2.7-1 所示的管排列方式。

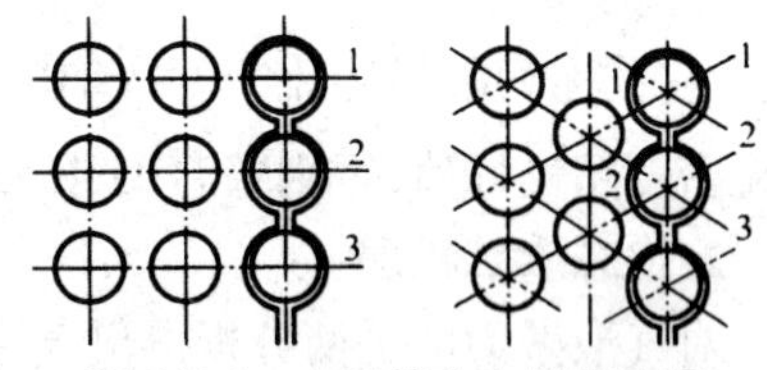

图 2.7-1　水平管束上的凝液膜

2. 影响膜状凝结换热的因素及增强换热的措施

1）影响因素

①蒸气速度。蒸气流速的大小及其和液膜流向是否一致都将对换热产生不同的影响。

②不凝气体。蒸气中如含微量不凝气体对凝结换热的影响就很大。蒸气流速增加会使这种影响减弱。

③表面粗糙度。Re_c 数低时，因粗糙使液膜增厚，传热性能降低。Re_c 数高时，则相反。

④蒸气含油。如含润滑油，因形成油垢使传热性能降低。

⑤过热蒸气。计算时可将式中的潜热值取为过热蒸气与饱和液的焓差。

2）增强凝结换热的措施

基本途径是减薄凝液膜厚度和加速排液，具体措施有：

①改变表面几何特征，如壁面上开槽、挂丝等；

②及时排除不凝性气体，如合理地设计管束的排列和加设抽气装置；

③加速排除凝液，如使用离心力等措施；

④改进表面性质，如加涂层，使之形成珠状凝结。

2.7.2　沸腾换热

物质受热，由液相变为气相的过程称为沸腾换热。沸腾分为大空间沸腾（或称池内沸腾）

和强制对流沸腾（主要是管内沸腾）。而这些又可分为过冷沸腾和饱和沸腾。本节仅阐述大空间的饱和沸腾换热。

1. 饱和沸腾过程

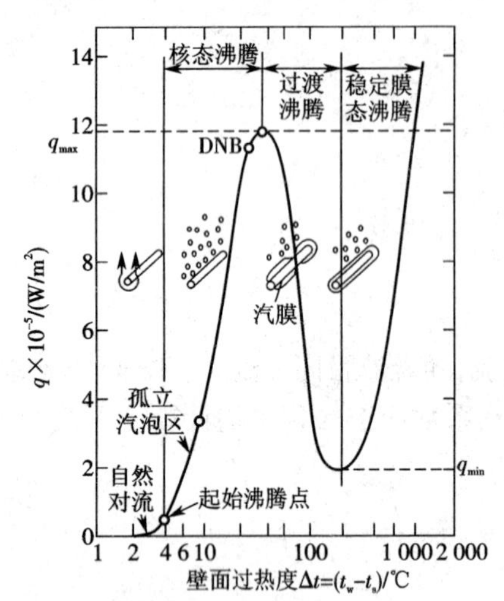

图 2.7-2 饱和水在水平加热面上沸腾的典型曲线(p=1.013×10^5 Pa)

热壁面沉浸在具有自由表面的液体中所发生的沸腾称为大空间沸腾。液体主体温度达到饱和温度 t_s、壁温 t_w 高于饱和温度时所发生的沸腾称为饱和沸腾。在饱和沸腾时，随着壁面过热度 $\Delta t=(t_w-t_s)$ 的增高，会出现如图 2.7-2 中所示的 4 个换热规律不同的区域：①过热度 Δt 小，无沸腾，为自然对流换热；②随着继续加热，Δt 逐渐升高，产生汽泡并逐渐增多，换热强烈，称为核态沸腾（或泡态沸腾）；③生成气泡过多，以致开始覆盖加热面形成气膜，传热恶化，但气膜不稳定、易开裂，称为过渡沸腾（或膜态沸腾），此阶段将持续到热流密度为最小时 q_{min} 止；④形成稳定的汽膜层，传热回升，为稳定膜态沸腾。要注意图中热流密度的峰值 q_{max}，它被称为临界热流密度（CHF），对于依靠控制热流密度来改变工况的加热设备，不能使热流密度超过峰值，否则壁温飞升，设备烧毁。

2. 泡态沸腾机理

对气泡做力的平衡分析得出气泡存在的条件是

$$p_v-p_l=\frac{2\sigma}{R} \tag{2.7-8}$$

这表明，如果气泡内部压力 p_v 与气泡外液体压力 p_l 之差大于表面张力 σ，则气泡能继续长大。由该式可见，如气泡半径 $R\to0$，则需要压差无穷大，这在实际上是不可能的。理论研究指出，在纯液体的分子团中，部分分子团有较多能量，这些高于平均值的能量称为活化能。在沸腾表面的凹缝等处形成气泡所需的活化能量最少，因此一些具有足够活化能的分子团，能以这些能量挤开周围的液体，在一些凹缝等处形成气泡核，并将在足够供热的条件下长大。孕育气泡核的这些点称为活化点或核化中心。

研究表明，气泡生成后能继续长大的动力条件是液体的过热度 (t_v-t_s)（t_v 为气泡内压力 p_v 下的饱和温度，t_s 为液体压力 p_l 下的饱和温度），即通过推导得壁面上气泡核生成时的最小半径为

$$R_{min}=\frac{2\sigma T_s}{\gamma\rho_v\Delta t} \tag{2.7-9}$$

式中：$\Delta t=(t_w-t_s)$ 称为沸腾温差。

该式说明了在一定的 p 和 Δt 条件下，初生的气泡核只有当它的半径大于该值时，才能继续长大。所以为使气泡形成和长大，必须要有活化点和足够的过热度。

3. 大空间泡态沸腾换热计算

影响泡态沸腾换热的因素有沸腾温差、压力、物性及壁面材料状况等,即

$$h = f\left(\Delta t, g\left(\rho_{1} - \rho_{v}\right), \gamma, \sigma, c_{p}, \lambda, \mu, C_{w,1}\right)$$

①罗森诺在关联大量泡态沸腾实验数据基础上,提出下式计算沸腾热流密度为

$$q = \mu_{1}\gamma\left[\frac{g\left(\rho_{1} - \rho_{v}\right)}{\sigma}\right]^{\frac{1}{2}}\left[\frac{c_{p,1}\left(t_{w} - t_{s}\right)}{C_{w,1} \cdot \gamma Pr_{1}^{\nu}}\right]^{3} \tag{2.7-10}$$

式中,对于水,$S = 1.0$;其他液体,$S = 1.7$。Pr_{1}^{ν}为饱和液的普朗特数。$C_{w,1}$为与液体及表面材料有关的系数,可查文献[4]。

②米海耶夫推荐的在 10^{5}~4×10^{6} Pa 压力下大空间饱和沸腾的计算式为

$$h = C_{1}\Delta t^{2.33} p^{0.5} \left(\mathrm{W/(m^{2} \cdot K)}\right) \tag{2.7-11a}$$

式中,$C_{1} = 0.122\,4\frac{\mathrm{W}}{\left(\mathrm{m \cdot N^{0.5} \cdot K^{3.33}}\right)}$

或 $$h = C_{2}q^{0.7} p^{0.15} \left(\mathrm{W/(m^{2} \cdot K)}\right) \tag{2.7-11b}$$

式中,$C_{2} = 0.533\,5\frac{\mathrm{W^{0.3}}}{\left(\mathrm{m^{0.3} \cdot N^{0.15} \cdot K}\right)}$

4. 泡态沸腾换热的增强

强化泡态沸腾换热的措施很多,目前主要措施是使沸腾表面形成众多的微小凹坑,为产生汽化核心创建结构上的条件。方法有两类:①用烧结、电离沉积等物理与化学的方法在换热表面造成一层多孔结构;②用机械加工方法使换热表面形成多孔结构。

2.8 热辐射的基本定律

2.8.1 基本概念

1. 热辐射的本质和特点

热辐射是指由于物体内部微观粒子的热运动而激发产生的电磁波传播。通常把波长 λ=0.1~100 μ 的电磁波称为热射线,因它们投射到物体上能产生热效应,它包含可见光线、部分紫外线和红外线。它在介质中的传播速度等于光速。

热辐射具有如下特点:①不需要通过直接接触或中间介质来传播,故在真空中也能传播;②辐射换热过程伴随着能量形式的两次转化,即发射物体的内能转化为电磁波能,吸收物体又将其转化为内能;③凡温度 $T > 0\mathrm{K}$ 的物体都会发射热射线。

2. 吸收、反射和透射

热射线投射到物体上时,服从可见光规律,即投射到物体上的全波长总能量 G,应为被吸收 G_{α}、反射 G_{ρ} 和透射 G_{τ} 之和:

$$G_{\alpha} + G_{\rho} + G_{\tau} = G \tag{2.8-1a}$$

或两端同除以 G,得

$$\alpha+\rho+\tau=1 \tag{2.8-1b}$$

式中 α、ρ、τ 分别为吸收比、反射比和透射比。对大部分非金属材料,为漫反射(反射能均匀分布在各方向)。

对某一波长的辐射而言,称单色辐射,也存在

$$\alpha_\lambda+\rho_\lambda+\tau_\lambda=1 \tag{2.8-2}$$

如果 $\alpha=1$,称为黑体;$\rho=1$,为白体;$\tau=1$,为透明体。这都是指全波长而言,与通常对可见光有不同反映的白色、黑色概念不同。

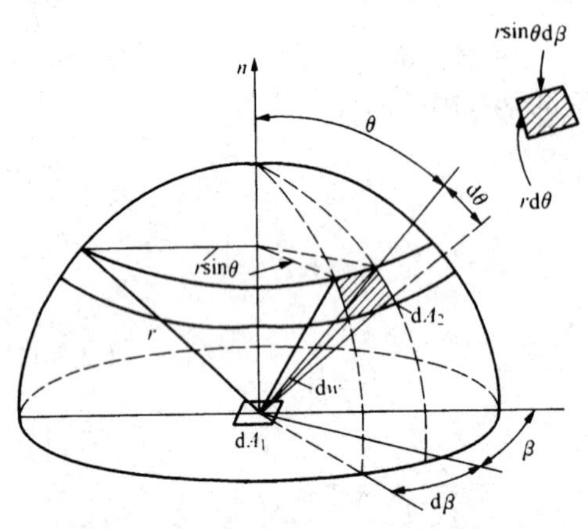

图 2.8-1 dA_1 上某点对 dA_2 所张的立体角

3. 辐射强度和辐射力

辐射强度是指对某给定方向,在垂直于该方向的单位投影面积上,在单位时间、单位立体角内所发射的全波长能量,符号为 L,单位为 W/(m²•sr),也称定向辐射强度(图 2.8-1)。若辐射强度仅指某波长 λ 下在波长间隔 $d\lambda$ 范围内所发射的能量,则称为单色辐射强度,以 L_λ 表示,单位为 W/(m²•μm•sr),故有

$$L=\int_0^\infty L_\lambda d\lambda$$

或

$$L_\lambda=\frac{dL}{d\lambda} \tag{2.8-3}$$

辐射力是指物体在单位时间内单位表面积向半球空间所发射的全波长能量,以 E 表示,单位为 W/m²。

由定义可得辐射力和辐射强度间的关系为

$$E=\int_{\Omega=2\pi} L\cos\theta d\Omega \tag{2.8-4}$$

辐射力和单色辐射强度之间的关系为

$$E=\int_{\Omega=2\pi}\int_0^\infty L_\lambda\cos\theta d\Omega d\lambda \tag{2.8-5}$$

若辐射力仅指某波长 λ 下波长间隔 $d\lambda$ 范围内所发射的能量,则为单色辐射力 E_λ,单位为 W/(m²•μm)(也称光谱辐射力)。单色辐射力和辐射力间的关系为

$$E=\int_0^\infty E_\lambda d\lambda \tag{2.8-6}$$

若辐射力仅指沿某方向单位面积在单位时间、单位立体角内所发射的能量,则为定向辐射力 E_θ,单位为 W/(m²•μm•sr)。显然,如果再仅指某波长而言,则有单色定向辐射力为 $E_{\lambda,\theta}$,其单位为 W/(m²•sr•μm),且存在

$$E=\int_{\Omega=2\pi}\int_0^\infty E_{\lambda,\theta} d\lambda d\Omega \tag{2.8-7}$$

由定义可知,定向辐射力与(定向)辐射强度间存在以下关系:

$$E_\theta=L_\theta\cos\theta \tag{2.8-8}$$

2.8.2 普朗克定律

普朗克定律揭示了黑体单色辐射力 $E_{b\lambda}$ 和波长 λ、绝对温度 T 间的关系为

$$E_{b\lambda}=\frac{c_1}{\lambda^5\left(\exp\frac{c_2}{\lambda T}-1\right)}\left(\frac{\mathrm{W}}{\mathrm{m^2\cdot\mu m}}\right) \tag{2.8-9}$$

式中：$c_1=3.743\times10^8\left(\frac{\mathrm{W\cdot\mu m^4}}{\mathrm{m^2}}\right)$；$c_2=1.439\times10^4\ (\mathrm{\mu m\cdot K})$。

由图 2.8-2 可见，黑体的单色辐射力随温度升高而增大。某曲线下的面积就是该温度下的辐射力。该图还显示随着温度升高，最大单色辐射力向短波方向移动。与此相应的波长 λ_{max} 与温度 T 之间的关系，可对上式求极值得到，从而有

$$\lambda_{max}T=2\,897.6\ (\mathrm{\mu m\cdot K}) \tag{2.8-10}$$

此即维恩定律。

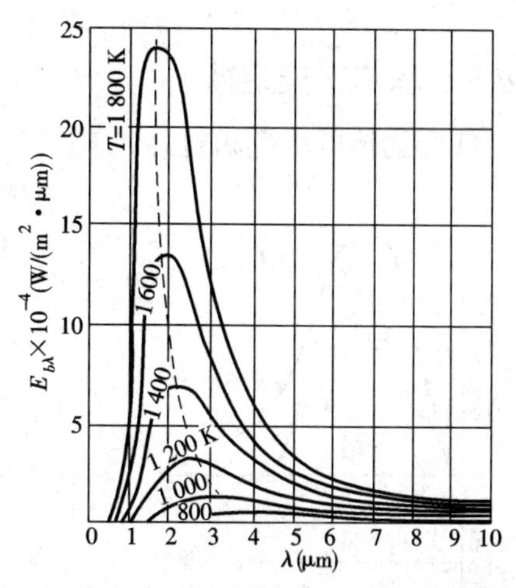

图 2.8-2 普朗克定律 $E_{b\lambda}=f(\lambda,T)$ 图示

2.8.3 斯忒藩(斯蒂芬)—玻尔兹曼定律

对某温度下黑体单色辐射力 $E_{b\lambda}$ 在全波长内积分，即得

该温度下黑体的辐射力 E_b 为

$$E_b=\sigma_b T^4\left(\frac{\mathrm{W}}{\mathrm{m^2}}\right) \tag{2.8-11}$$

此即斯忒藩（旧称斯蒂芬）—玻尔兹曼定律。式中 $\sigma_b=5.67\times10^{-8}\ \mathrm{W/(m^2\cdot K^4)}$ 为黑体的辐射常数。该式也常写为

$$E_b=C_b\left(\frac{T}{100}\right)^4\left(\frac{\mathrm{W}}{\mathrm{m^2}}\right) \tag{2.8-12}$$

式中 $C_b=5.67\left(\frac{\mathrm{W}}{\mathrm{m^2\cdot K^4}}\right)$，为黑体的辐射系数。

该定律表明了黑体的辐射力和绝对温度的四次方成正比，故常称为四次方定律。

2.8.4 兰贝特余弦定律

前述的普朗克定律表达了黑体辐射能量按波长分布的规律，兰贝特余弦定律则揭示能量按空间方向分布的规律。该定律可表述为漫辐射表面的辐射强度与方向无关，即

$$L_{\theta1}=L_{\theta2}=\cdots=L_n \tag{2.8-13a}$$

或

$$E_\theta=L_\theta\cos\theta=L_n\cos\theta=E_n\cos\theta \tag{2.8-13b}$$

这说明对于漫辐射表面，在与法线成 θ 角方向的定向辐射力按余弦规律变化，法向的定向辐射力最大。

对于漫辐射表面,还可证得

$$E = \pi L \tag{2.8-14}$$

即漫辐射表面的辐射力是任意方向辐射强度的π倍。

黑体服从兰贝特定律,但实际物体表面不是漫辐射表面,故以实际表面的定向辐射力与同温度条件下黑体定向辐射力之比,即定向发射率 ε_θ 来描述实际表面在半球空间各方向上辐射能力,则有

$$\varepsilon_\theta = \frac{E_\theta}{E_{b,\theta}} = \frac{L_\theta}{L_{b,\theta}} = f(\theta) \tag{2.8-15}$$

2.8.5 基尔霍夫定律

实际物体的单色辐射力 E_λ 随波长和温度的变化是不规则的(图 2.8-3),其辐射力也要比黑体小,故引入发射率的概念。实际物体的辐射力与同温度下黑体的辐射力之比,称为该物体的发射率(又称黑度),即

$$\varepsilon = \frac{E}{E_b} \tag{2.8-16}$$

同理有单色发射率 ε_λ,即

$$\varepsilon_\lambda = \frac{E_\lambda}{E_{b\lambda}} \tag{2.8-17}$$

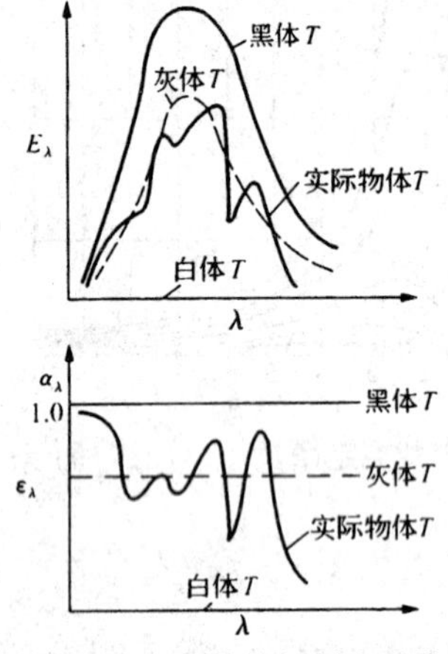

图 2.8-3 物体的辐射和吸收

如果物体的单色发射率不随波长而变化,即 $\varepsilon_\lambda \neq f(\lambda) = \varepsilon$,则称为灰体。可见,它也遵守斯忒藩—玻尔兹曼定律,即

$$E = \varepsilon E_b = \varepsilon C_b \left(\frac{T}{100}\right)^4 \tag{2.8-18}$$

灰体并不存在,但实际物体在红外波段内可近似地作为灰体,故可用上式。

基尔霍夫定律确定了物体自身的辐射能力和吸收辐射的能力之间的关系,如针对微元表面,辐射和吸收在处于热平衡的条件下,则可导得基尔霍夫定律的表达式为

$$\varepsilon_{\lambda,\theta,r} = \alpha_{\lambda,\theta,r} \tag{2.8-19}$$

该式表明,在热平衡条件下,物体的定向单色发射率等于它的定向单色吸收比。

对漫辐射表面,因辐射性质与方向无关,上式可表示为

$$\varepsilon_\lambda = \alpha_\lambda \tag{2.8-20}$$

如表面不仅是漫辐射而且是灰体,则辐射性质与方向、波长都无关,故对漫—灰表面的基尔霍夫定律表达式为

$$\varepsilon = \alpha \tag{2.8-21}$$

对于工程材料,只要参与辐射换热的物体间温差不过分悬殊,就可用上式。

2.9 辐射换热计算

2.9.1 角系数

1. 角系数的定义

物体表面间的辐射换热都要通过电磁波在空间的传播并到达表面上来进行的,则物体表面的尺寸、形状和相对位置都将影响到落在表面上的辐射能数量,从而影响辐射换热量。今设两个物体表面间辐射换热,则表面 1 发出的辐射能中落到表面 2 上的百分数被称为表面 1 对表面 2 的角系数,记为 $X_{1,2}$,即

$$X_{1,2}=\frac{\Phi_{1,2}}{\Phi_1} \tag{2.9-1}$$

同理,可得角系数 $X_{2,1}$。可以证得,角系数完全是一个几何量。

2. 角系数的性质

①互换性(或相对性)。任意两个表面间存在以下关系:

$$A_iX_{i,j}=A_jX_{j,i} \tag{2.9-2}$$

②完整性。由 n 个表面组成的封闭腔中,任意一个表面对其他表面存在以下关系:

$$\sum_{j=1}^{n}X_{i,j}=1,\ i=1,2,\cdots,n \tag{2.9-3}$$

③可加性(或分解性)。设两个表面 A_1、A_2,如把 A_2 表面分解为 A_{2a}、A_{2b},则有

$$A_1X_{1,2}=A_1X_{1,2a}+A_1X_{1,2b} \tag{2.9-4a}$$

即

$$X_{1,2}=X_{1,2a}+X_{1,2b} \tag{2.9-4b}$$

同样存在

$$A_2X_{2,1}=A_{2a}X_{2a,1}+A_{2b}X_{2b,1} \tag{2.9-5a}$$

或

$$X_{2,1}=X_{2a,1}\left(\frac{A_{2a}}{A_2}\right)+X_{2b,1}\left(\frac{A_{2b}}{A_2}\right) \tag{2.9-5b}$$

3. 角系数的确定方法

(1)直接积分法

根据角系数的定义,通过积分来求解任意一个表面对另一表面的角系数,可得如下的角系数的积分表达式(参阅图 2.9-1):

$$X_{1,2}=\frac{1}{A_1}\int_{A_1}\int_{A_2}\frac{\cos\theta_1\cos\theta_2\mathrm{d}A_2\mathrm{d}A_1}{\pi r^2} \tag{2.9-6}$$

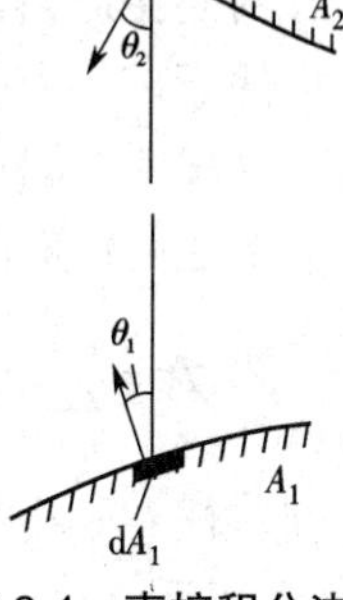

图 2.9-1 直接积分法图示

(2)代数分析法

利用角系数的上述性质,通过求解一组代数方程而求得角系数的值。今以图 2.9-2 所示由三个表面组成的系统为例。利用角系数的相对性和完整性,建立起一个六元一次的联立方程

组,从而求得 6 个角系数$X_{1,2}$、$X_{1,3}$、$X_{2,1}$、$X_{2,3}$、$X_{3,1}$及$X_{3,2}$,可得

$$X_{1,2}=\frac{A_1+A_2-A_3}{2A_1} \tag{2.9-7}$$

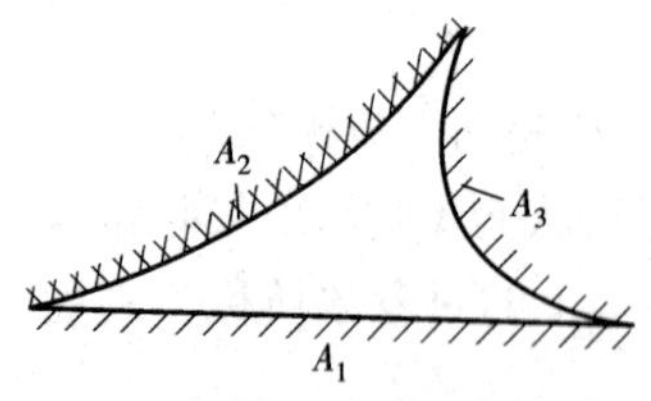

图 2.9-2　三个很长的非凹形表面组成的辐射系统

【例 2.9-1】某一封闭系统只有 1、2 两个表面,A_1=2 A_2,$X_{1,2}=0.25$,则$X_{2,1}$及$X_{2,2}$各为(　　)。

(A)$X_{2,1}=0.5$, $X_{2,2}=0.25$

(B)$X_{2,1}=0.25$, $X_{2,2}=0.5$

(C)$X_{2,1}=0.5$, $X_{2,2}=0.5$

(D)$X_{2,1}=0.26$, $X_{2,2}=0.75$

解:利用角系数的完整性,有$X_{1,1}+X_{1,2}=1$

利用角系数的互换性,有$A_1X_{1,2}=A_2X_{2,1}$

故答案为(C)。

2.9.2　黑表面间的辐射换热

1. 任意位置两(非凹)黑表面间的辐射换热

如图 2.9-1 所示的两黑表面,先求取两微元面积 dA_1 和 dA_2 之间的辐射换热量(即为互相落到对方表面上的辐射能量之差),再积分求解获得两黑表面间的辐射换热量为

$$\Phi_{1,2}=\left(E_{b1}-E_{b2}\right)X_{1,2}A_1=\left(E_{b1}-E_{b2}\right)X_{2,1}A_2 \tag{2.9-8}$$

将上式和欧姆定律相对照可得,$\frac{1}{\left(X_{1,2}A_1\right)}$ 或 $\frac{1}{\left(X_{2,1}A_2\right)}$ 为热阻,称为空间热阻(图 2.9-3)。显然,角系数越小或表面积越小,则空间热阻就越大,辐射换热量越小。

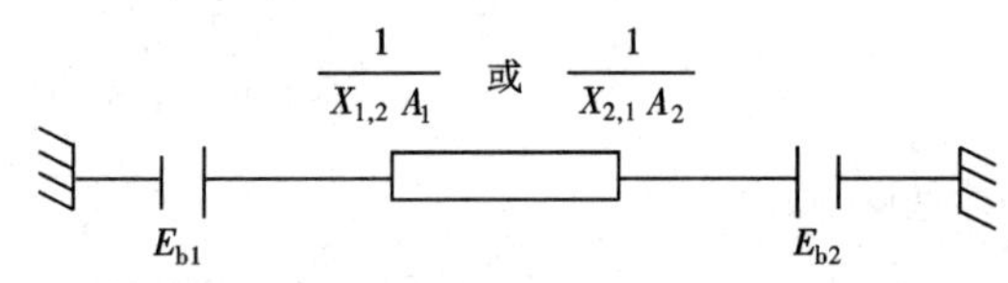

图 2.9-3　两黑表面间辐射换热时空间热阻

2. 封闭空腔诸黑表面间的辐射换热

为便于求解,对于多个表面间的辐射换热都采用空腔法。即设立假想面,使整个系统形成封闭。这样一个表面的净辐射换热量就是分别与其余各表面间的换热量之和。

如图 2.9-4 所示,要计算黑表面 1 与所有其他黑表面间的辐射换热,即可得

$$\Phi_1=\sum_{j=1}^{n}\Phi_{1,j}=\left(E_{b1}-E_{b2}\right)A_1X_{1,2}+\left(E_{b1}-E_{b3}\right)A_1X_{1,3}+\cdots\cdots+\left(E_{b1}-E_{bn}\right)A_1X_{1,n}$$

则对任意某个黑表面 i 有

$$\Phi_i=\sum_{j=1}^{n}\Phi_{i,j}=\sum_{j=1}^{n}\left(E_{bi}-E_{bj}\right)A_iX_{i,j} \tag{2.9-9}$$

对于多个表面系统,可以用网络法或数值法来计算其中每一个表面的净辐射换热量。网

络法就是建立与直流电路等效形式的辐射网络,用处理电路的规则来求解辐射换热的方法。如对于由三个黑表面组成的封闭空腔,则其相应的辐射网络如图 2.9-5 所示。据此可以很方便地写出求解算式。

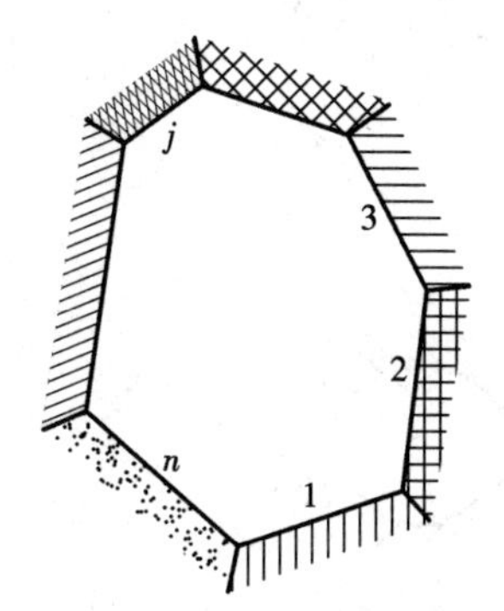

图 2.9-4 诸黑表面组成的封闭空腔

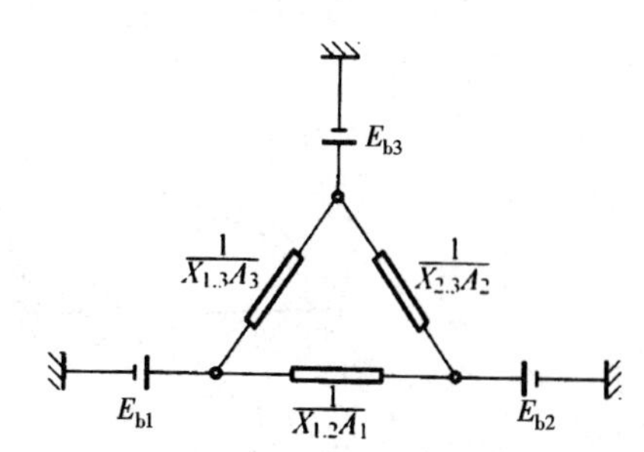

图 2.9-5 三个黑表面组成空腔的辐射网络

如黑表面 1 的净辐射换热量为

$$\Phi_1 = \Phi_{1,2} + \Phi_{1,3} = \frac{E_{b1} - E_{b2}}{\dfrac{1}{A_1 X_{1,2}}} + \frac{E_{b1} - E_{b3}}{\dfrac{1}{A_1 X_{1,3}}}$$

2.9.3 灰表面间的辐射换热

1. 有效辐射

灰表面的对外辐射中,除有其本身辐射外,还有对外界投射的反射辐射,两者之和称为有效辐射。如图 2.9-6 所示,灰表面 1 的有效辐射 J_1 为本身辐射 $\varepsilon_1 E_{b1}$ 和反射辐射 $\rho_1 G_1$ 之和,即

$$J_1 = \varepsilon_1 E_{b1} + \rho_1 G_1 = \varepsilon_1 E_{b1} + (1-\alpha_1) G_1 \quad \left(\frac{\mathrm{W}}{\mathrm{m}^2}\right) \tag{2.9-10}$$

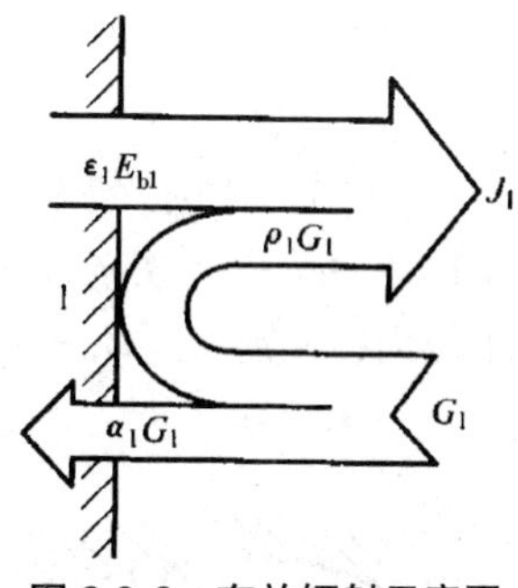

图 2.9-6 有效辐射示意图

式中:G_1 为外界对表面 1 的投射辐射。

灰表面每单位面积的辐射换热量,从表面外部观察,应是该表面的有效辐射与外来的投射辐射之差;从内部观察,则应是其本身辐射与吸收辐射之差,即

$$\frac{\Phi_1}{A_1} = J_1 - G_1 = \varepsilon_1 E_{b1} - \alpha_1 G_1 \quad \left(\frac{\mathrm{W}}{\mathrm{m}^2}\right) \tag{2.9-11}$$

由上两式消去 G_1,并设为漫—灰表面,即 $\alpha_1 = \varepsilon_1$,则得灰表面 1 的辐射换热量为

$$\Phi_1 = \frac{E_{b1} - J_1}{\dfrac{(1-\varepsilon_1)}{\varepsilon_1 A_1}} \quad (\mathrm{W}) \tag{2.9-12}$$

可见,上式中分母 $\dfrac{(1-\varepsilon_1)}{\varepsilon_1 A_1}$ 相当于热阻,称为表面(辐射)热阻。在网络图中就如图 2.9-7 所示。

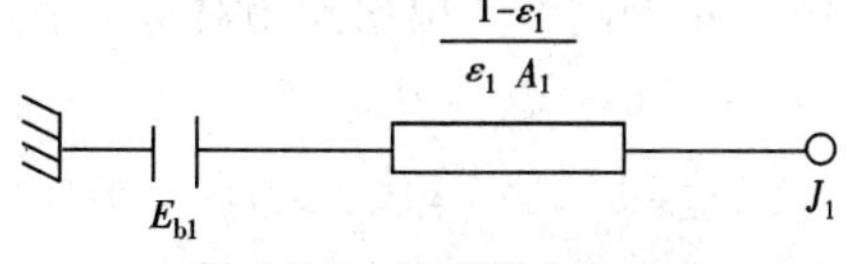

图 2.9-7 表面热阻图示

2. 组成封闭腔的两灰表面间的辐射换热

对于封闭空腔的两灰表面间的辐射换热，有图 2.9-8 中所示三种情况，可以图中所示的网络图来描绘，并由此即可写出其辐射换热的计算式为

$$\Phi_{1,2}=\frac{E_{b1}-E_{b2}}{\frac{1-\varepsilon_1}{\varepsilon_1 A_1}+\frac{1}{X_{1,2}A_1}+\frac{1-\varepsilon_2}{\varepsilon_2 A_2}}=\frac{(E_{b1}-E_{b2})A_1}{\frac{1-\varepsilon_1}{\varepsilon_1}+\frac{1}{X_{1,2}}+\frac{A_1}{A_2}\left(\frac{1-\varepsilon_2}{\varepsilon_2}\right)} \quad (\mathrm{W}) \tag{2.9-13}$$

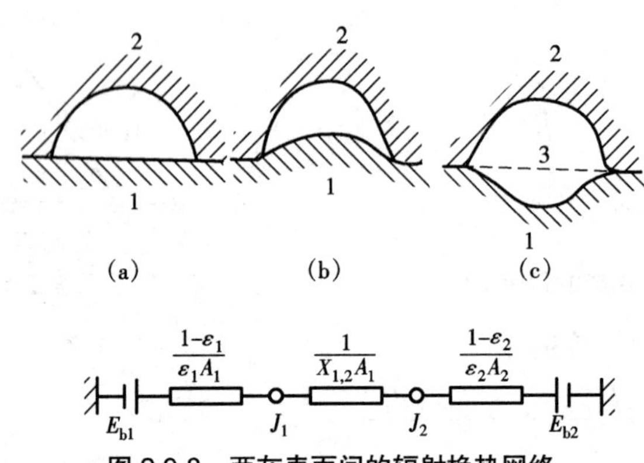

图 2.9-8　两灰表面间的辐射换热网络

下列是两种特例。

(1)无限大平行灰表面的辐射换热

因无限大，则 $A_1=A_2=A$，$X_{1,2}=X_{2,1}=1$，辐射换热量为

$$\Phi_{1,2}=\frac{A(E_{b1}-E_{b2})}{\frac{1}{\varepsilon_1}+\frac{1}{\varepsilon_2}-1} \tag{2.9-14}$$

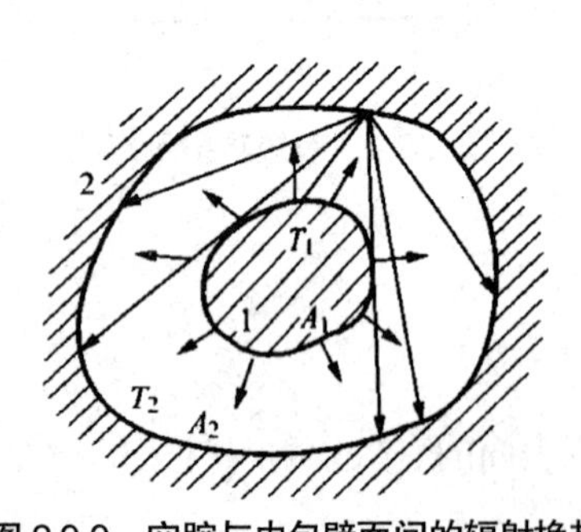

图 2.9-9　空腔与内包壁面间的辐射换热

(2)空腔与内包壁面间的辐射换热

由图 2.9-9 可见，$X_{1,2}=1$，故得

$$\Phi_{1,2}=\frac{A_1(E_{b1}-E_{b2})}{\frac{1}{\varepsilon_1}+\frac{A_1}{A_2}\left(\frac{1}{\varepsilon_2}-1\right)} \tag{2.9-15}$$

因 $A_2\gg A_1$，又如 ε_2 值较大，则上式化简为

$$\Phi_{1,2}=\varepsilon_1 A_1(E_{b1}-E_{b2}) \tag{2.9-16}$$

3. 封闭空腔中诸灰表面间的辐射换热

(1)网络法

封闭空腔中表面不超过 3 个时，用网络法求解很方便。今以 3 个灰表面为例，可构作如图 2.9-10 所示的网络。根据此图对每个节点运用电学中的基尔霍夫定律建立节点方程，则有

节点 1　$\Phi_1+\Phi_{2,1}+\Phi_{3,1}=0$

节点 2　$\Phi_2+\Phi_{1,2}+\Phi_{3,2}=0$

节点 3 $\Phi_3+\Phi_{1,3}+\Phi_{2,3}=0$

运用欧姆定律，将关系式代入上式中各量，得

$$\frac{E_{b1}-J_1}{\frac{1-\varepsilon_1}{\varepsilon_1 A_1}}+\frac{J_2-J_1}{\frac{1}{X_{1,2}A_1}}+\frac{J_3-J_1}{\frac{1}{X_{1,3}A_1}}=0$$

$$\frac{E_{b2}-J_2}{\frac{1-\varepsilon_2}{\varepsilon_2 A_2}}+\frac{J_1-J_2}{\frac{1}{X_{1,2}A_1}}+\frac{J_3-J_2}{\frac{1}{X_{2,3}A_2}}=0$$

$$\frac{E_{b3}-J_3}{\frac{1-\varepsilon_3}{\varepsilon_3 A_3}}+\frac{J_1-J_3}{\frac{1}{X_{1,3}A_1}}+\frac{J_2-J_3}{\frac{1}{X_{2,3}A_2}}=0$$

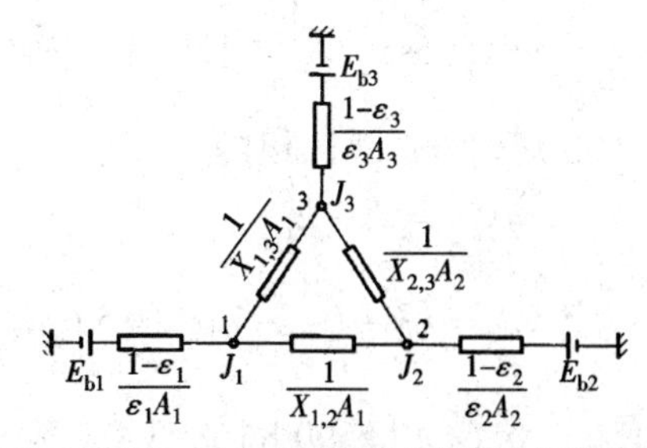

图 2.9-10 三个灰表面组成封闭空腔辐射换热网络

联合求解上述各式即可分别得各灰表面的有效辐射 J_i，然后可求得其辐射换热量 Φ_i 为

$$\Phi_i=\frac{E_{bi}-J_i}{\frac{1-\varepsilon_i}{\varepsilon_i A_i}}\quad i=1,2,3 \tag{2.9-17}$$

将表面热阻概念应用到实际工程中，即在有辐射换热的物体间加设遮热板。如在两块无限大平行平板间加一块遮热板，设它们的发射率相同，则因表面热阻增加 1 倍使辐射换热量减少一半。如果加设 n 块遮热板，则辐射换热量将减少到原来的 $\frac{1}{(n+1)}$。

(2)数值法

从有效辐射的定义出发，最终可写出参与辐射换热的封闭空腔内任一表面的有效辐射为

$$J_i=\varepsilon_i\sigma_b T_i^4+(1-\varepsilon_i)\sum_{j=1}^{n}J_j X_{i,j},\ i=1,2\cdots,n \tag{2.9-18}$$

对这组代数方程式利用迭代法等求解，即可求得辐射换热量。由于可在计算机上求解，故表面多使用数值法更为方便。

【例 2.9-2】 两块平行平板的表面发射率均为 0.6，其板间距远小于板的宽度和高度，且两表面温度分别为 $t_1=427$ ℃，$t_2=27$ ℃，试确定：

(1)板 1 的自身辐射；(2)对板 1 的投入辐射；(3)板 1 的反射辐射；(4)板 1 的有效辐射；(5)板 2 的有效辐射；(6)板 1、2 间的辐射换热量。

解：(1)板 1 的自身辐射为

$$E_1=\varepsilon E_{b1}=\varepsilon\sigma_b T_1^4=0.6\times5.67\times10^{-8}\times(427+273)^4=8\,168\ \text{W/m}^2$$

(2)按本题，对板 1 的投入辐射 G_1，即为板 2 的有效辐射 J_2。

先求两板间的辐射换热量 $q_{1,2}=\dfrac{E_{b1}-E_{b2}}{\dfrac{1}{\varepsilon_1}+\dfrac{1}{\varepsilon_2}+1}=\dfrac{5.67\times10^{-8}\times(700^4-300^4)}{\dfrac{1}{0.6}+\dfrac{1}{0.6}+1}=3\,036\ \text{W/m}^2$

则由式 $q_{1,2}=\dfrac{J_2-E_{b2}}{\dfrac{1-\varepsilon_2}{\varepsilon_2}}$ 可得

$$J_2 = E_{b2} + (\frac{1}{\varepsilon_2} - 1)q_{1,2} = 5.67 \times 10^{-8} \times 300^4 + (\frac{1}{0.6} - 1) \times 3\,036 = 2\,483\ \mathrm{W/m^2}$$

（3）板 1 的反射辐射为

$$\rho_1 G_1 = J_1 - E_1$$

而 $$J_1 = E_{b1} - (\frac{1}{\varepsilon_1} - 1)q_{1,2} = 5.67 \times 10^{-8} \times 700^4 - (\frac{1}{0.6} - 1) \times 3\,036 = 11\,590\ \mathrm{W/m^2}$$

故有 $$\rho_1 G_1 = 11\,590 - 8\,168 = 3\,422\ \mathrm{W/m^2}$$

（4）板 1 的有效辐射 $J_1 = 11\,590\ \mathrm{W/m^2}$

（5）板 2 的有效辐射 $J_2 = 2\,483\ \mathrm{W/m^2}$

（6）板 1、2 间的辐射换热量 $q_{1,2} = 3\,036\ \mathrm{W/m^2}$

2.9.4 气体辐射

在工程上常见的温度条件下，对空气、氮、氧等分子结构等对称的双原子气体，可认为是热辐射的透明体，忽略其辐射和吸收能力。但对二氧化碳等多原子及结构不对称的双原子气体（如一氧化碳）却有相当大的辐射力和吸收率，故在辐射换热中必须考虑。

1. 气体辐射的特点

气体辐射和固体辐射相比，具有以下特点。

①气体的辐射和吸收具有明显的选择性，它只在某些波长区内（称为光带）具有辐射和吸收能力，故对光带以外的波段，可认为它是透明体。

②气体的辐射和吸收在整个容积中进行，所以辐射与气体的形状和容积有关。

2. 气体吸收定律

气体吸收定律也称布格尔定律（或贝尔定律），表示为

$$L_{\lambda,s} = L - k_\lambda s_{\lambda,o} \tag{2.9-19}$$

式中：k_λ 为单位距离内辐射强度减弱的百分数，称为单色减弱系数，单位是 1/m，它与气体性质、压力、温度及射线波长有关，负号表明辐射强度随气体层厚度增加而减弱；$L_{\lambda,o}$ 为热射线起始点处的单色辐射强度；s 为热射线穿过气体层的行程距离。

该定律表明，单色辐射强度穿过气体层是按指数规律减弱的。

3. 气体的发射率和吸收比

（1）气体的单色发射率和单色吸收比

$$\varepsilon_\lambda = \alpha_\lambda = 1 - e^{k_\lambda ps} \tag{2.9-20}$$

式中：p 为气体分压力，Pa；k_λ 为 10^5 Pa 气压下单色减弱系数，1/（m•Pa），它与气体性质及其温度有关。

（2）气体的发射率

通过分析可以发现，气体的发射率主要随气体温度 T_g、平均射线行程与分压力的乘积 ps 而变化，同时也受气体所处的总压力的影响。实际上都用实验提供的线图数据来确定。

今以燃烧产生的烟气为例。烟气中主要吸收气体是 CO_2 和 H_2O，所以认为是这两者的混

合气，它的发射率可按下式计算：

$$\varepsilon_g = \varepsilon_{CO_2} + \varepsilon_{H_2O} - \Delta\varepsilon \tag{2.9-21}$$

式中，二氧化碳的发射率为

$$\varepsilon_{CO_2} = C_{CO_2} \cdot \varepsilon^*_{CO_2} \tag{2.9-22}$$

$$\varepsilon^*_{CO_2} = f\left(T_g, p_{CO_2} s\right) \tag{2.9-23}$$

其中：$\varepsilon^*_{CO_2}$ 为由式（2.9-22）构成的线图中确定的值；C_{CO_2} 为考虑混合气总压力对 CO_2 发射率影响的修正值。对于 CO_2，分压的单独影响可以忽略。水蒸气的发射率为

$$\varepsilon_{H_2O} = C_{H_2O} \cdot \varepsilon^*_{H_2O} \tag{2.9-24}$$

$$\varepsilon^*_{H_2O} = f\left(T_g, p_{H_2O} s\right) \tag{2.9-25}$$

其中：$\varepsilon^*_{H_2O}$ 为由式（2.9-24）构成的线图中确定的值；C_{H_2O} 为考虑混合气总压力和水蒸气分压力影响的修正值。式中的 $\Delta\varepsilon$ 是考虑到 CO_2 和 H_2O 的吸收光带因部分重叠使辐射能量减少的影响，可根据不同的温度，查线图 $\Delta\varepsilon = f\left(\frac{p_{H_2O}}{p_{CO_2} + p_{H_2O}}, \left(p_{CO_2} s + p_{H_2O} s\right)\right)$ 来确定。

在上述计算中，对于射线平均行程 s 可由下式确定：

$$s = C\frac{4V}{A} \quad (\mathrm{m}) \tag{2.9-26}$$

式中：V 为气体所占容积，单位为 m^3；A 为周围表面积，单位为 m^2；C 为修正系数，在 0.85~0.95 之间，可取 0.90。

（3）气体的吸收比

仍设为含 CO_2 和 H_2O 的烟气，则可按下式计算：

$$\alpha_g = \alpha_{CO_2} + \alpha_{H_2O} - \Delta\alpha \tag{2.9-27}$$

式中：

$$\alpha_{CO_2} = C_{CO_2} \cdot \varepsilon^*_{CO_2} \left(\frac{T_g}{T_w}\right)^{0.65} \tag{2.9-28}$$

$$\alpha_{H_2O} = C_{H_2O} \cdot \varepsilon^*_{H_2O} \left(\frac{T_g}{T_w}\right)^{0.45} \tag{2.9-29}$$

$$\Delta\alpha = \left(\Delta\varepsilon\right)_{T_w} \tag{2.9-30}$$

对于 $\varepsilon^*_{CO_2}$、$\varepsilon^*_{H_2O}$ 的值，应以气体外壳壁面温度 T_w 为横坐标，$p_{CO_2} s \cdot \left(\frac{T_w}{T_g}\right)$ 及 $p_{H_2O} s \cdot \left(\frac{T_w}{T_g}\right)$ 为新的曲线族参数查文献[5]中的相应线图。

4. 气体与外壳间的辐射换热

（1）外壳受热面为黑体

外壳每单位表面积的辐射换热量为

$$q=\varepsilon_g\sigma_b T_g^4-\alpha_g\sigma_b T_w^4 \quad \left(\frac{W}{m^2}\right) \tag{2.9-31}$$

式中：ε_g 为气体温度为 T_g 时的发射率；α_g 为温度为 T_g 的气体对温度为 T_w 的外壳辐射的吸收比。

（2）外壳受热面为非黑体

应按发射率为 ε_w 的灰体来考虑，此时的辐射换热是外壳经历多次反复的吸收和反射来进行的。当壁面发射率 ε_w 大时，可只考虑第一次吸收—反射过程，则辐射换热量为

$$\Phi=\varepsilon_w\varepsilon_g\sigma_b T_g^4 A-\varepsilon_w\alpha_g\sigma_b T_w^4 A=\varepsilon_w\sigma_b A\left(\varepsilon_g T_g^4-\alpha_g T_w^4\right) \quad (W) \tag{2.9-32}$$

为弥补上式所造成的误差，可以外壳有效辐射率 $\varepsilon'_w=\dfrac{(\varepsilon_w+1)}{2}$ 来替代 ε_w，则有

$$\Phi=\varepsilon'_w\sigma_b A\left(\varepsilon_g T_g^4-\alpha_g T_w^4\right) \tag{2.9-33}$$

2.9.5 太阳辐射

1. 有关的基本数据

（1）太阳直径

太阳直径为 1.395×10^6 km，是地球直径的 109 倍。

（2）太阳表面温度

太阳表面温度为 5 762 K。太阳的单色辐射力与温度为 5 762 K 的黑体相当。太阳辐射能量中紫外线部分（$\lambda<0.38$ μm）占 8.7%，可见光部分（$0.38\leqslant\lambda\leqslant0.76$ μm）占 43.0%，红外线部分（$\lambda>0.76$ μm）占 48.3%。

（3）太阳总辐射能

太阳向外的总辐射能量为 3.832×10^{26} W，而到达地球大气层外缘的能量为 17.48×10^{16} W，仅占总辐射能的 4.56×10^{-10}%。在日地平均距离处，到达地球大气层外缘并与太阳射线相垂直的单位表面上的太阳辐射能（即太阳常数）为 1 353 W/m²。由于受多种因素影响，实际到达地面的热流密度要比太阳常数小，如在大气透明度好的条件下，在中纬度地区，正午前后 4 小时内，到达地面的太阳能约为 1 000 W/m²。

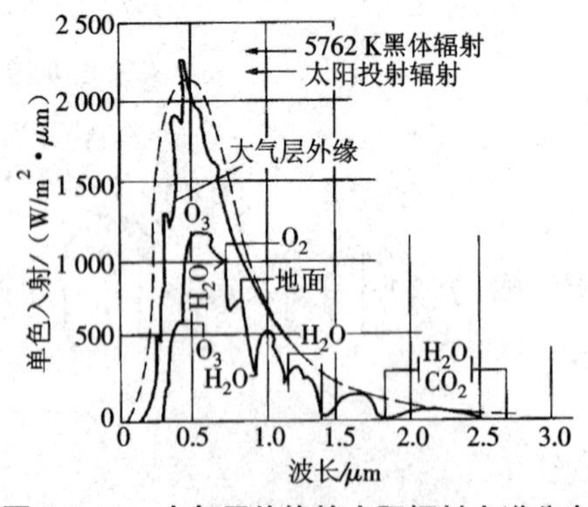

图 2.9-11　大气层外缘的太阳辐射光谱分布

2. 大气层的影响

（1）大气层的吸收

大气层中的 H_2O、CO_2、O_2、O_3 对太阳辐射的吸收有明显的选择性。如，水蒸气和二氧化碳主要吸收红外区域的能量（图 2.9-11）。

（2）大气层的散射

空气分子和尘埃微粒会对太阳辐射产生散射。

（3）大气层的反射

云层和较大尘粒，尤其是云层的作用使太阳辐射形成反射。

3. 太阳热辐射特性的利用

(1)选择性表面

针对太阳辐射能99%集中在0.2~3 μm范围内这一特点,在太阳能的热利用中,构筑一种吸热表面,使之对3 μm以下的太阳辐射的单色吸收比尽量大,而对大于3 μm的吸收比应尽量小,这种表面称为选择性(吸收)表面。

(2)温室效应

普通窗玻璃可以透过3 μm以下的射线,对3 μm以上的长波辐射基本上是不透过的,室内常温下物体的长波辐射就会被阻隔在室内,所以受太阳照射后,射线透过玻璃能使室内较快地升温,这就是一种“温室效应”。农业应用上的塑料大棚,就是使用了具有很好温室效应的塑料薄膜,保持大棚内温度。

(3)直射辐射和散射辐射应用

太阳辐射有直接来自太阳表面的直射辐射和经大气层、云层的反射和散射后改变了方向的散射辐射两部分。直接辐射约占总量的85%。太阳能热利用中的平板式集热器就是一个较好地利用散射辐射(也含直射辐射)的热设备,而聚焦式集热器是利用太阳的直射辐射。

归纳起来,太阳辐射是一种清洁、无污染、覆盖面大的可再生能源,虽然它有能量密度低、非连续性、受季节和气候的影响等不足,仍具有广阔的应用前景,赋予传热研究方面的课题也更为丰富。

2.10 传热与换热器

2.10.1 通过肋壁的传热

1. 肋片效率及肋壁总效率

通过肋壁的传热状况可以图2.10-1来表示。根据前述的肋片效率定义,由此图可得出肋片效率为

$$\eta_f=\frac{h_2A_2''(t_{w2,m}-t_{f2})}{h_2A_2''(t_{w2}-t_{f2})}=\frac{t_{w2,m}-t_{f2}}{t_{w2}-t_{f2}} \tag{2.10-1}$$

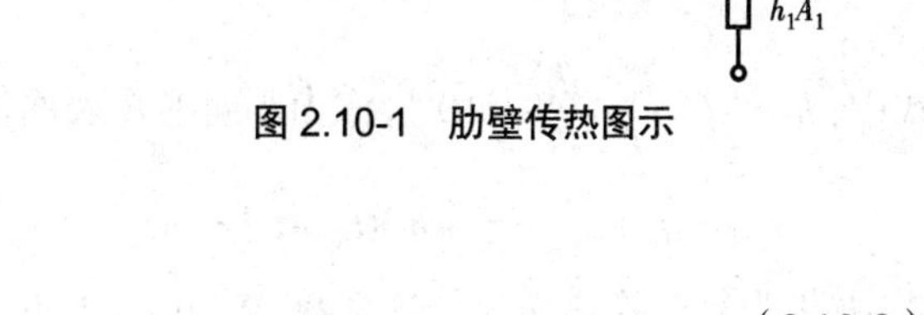

图2.10-1 肋壁传热图示

通过传热计算可得出肋壁的总效率η为

$$\eta=\frac{A_2'+A_2''\eta_f}{A_2} \tag{2.10-2}$$

式中:A_2为肋壁的表面积,它等于肋片表面积A_2''及肋与肋之间的壁表面积A_2之和;t_{w2}为肋基壁面温度;$t_{w2,m}$为肋片A_2''的平均温度;t_{f2}为肋壁侧流体温度。

2. 传热量及传热系数

通过肋壁的传热量为

$$\Phi=\frac{t_{f1}-t_{f2}}{\frac{1}{h_1A_1}+\frac{\delta}{\lambda A_1}+\frac{1}{h_2A_2\eta}}=\frac{t_{f1}-t_{f2}}{\frac{1}{h_1}+\frac{\delta}{\lambda}+\frac{A_1}{h_2A_2\eta}}A_1=K_1(t_{f1}-t_{f2})A_1\quad(\mathrm{W}) \tag{2.10-3}$$

式中，K_1 是以光管表面积 A_1 为基准的传热系数，即

$$K_1 = \frac{1}{\frac{1}{h_1}+\frac{\delta}{\lambda}+\frac{1}{h_2\beta\eta}} \quad (\mathrm{W/m^2 \cdot ℃})$$

式中 $\beta = A_2/A_1$，称为肋化系数，$\beta > 1$。同理，也可以写出以 A_2 为基准的传热系数 K_2。

3. 传热分析

肋片传热要分析解决好以下几个问题。

①加肋使传热增强，主要是因增加了传热面积（$\beta > 1$）。但是肋片的形成使表面平均传热温度降低，肋片效率 $\eta < 1$。所以加肋后应使 $\beta\eta > 1$，从而使肋壁侧的对流换热热阻 $1/h_2\beta\eta$ 尽量减小。

②应在表面传热系数小的一侧加肋，从而使两侧的对流换热热阻相当，获得较好的传热效果。

③加肋时，肋片的高度、间距、材料及制造工艺等都要进行综合的考虑。如肋高增加使 β 增加，但 η_f 降低；肋间距减少，虽可增加肋片数量，但如肋间距过小，影响流体流动，使肋间流体温度升高，降低传热温差。

④当任一表面有污垢时，在传热计算式中应加入污垢热阻。

2.10.2 复合换热

复合换热是指同时存在对流换热和辐射换热的传热过程。如辐射取暖器，依靠辐射供热的比例大，必须和对流换热同时考虑，则总的传热量应为两者之和。为求解方便，将辐射换热量的计算式表示成对流换热量计算式的形式，即辐射换热的热流密度为

$$\begin{aligned} q_r &= \varepsilon C_b\left[\left(\frac{T_w}{100}\right)^4 - \left(\frac{T_{am}}{100}\right)^4\right] \\ &= \left\{\varepsilon C_b\left[\left(\frac{T_w}{100}\right)^4 - \left(\frac{T_{am}}{100}\right)^4\right]/(t_w - t_f)\right\}(t_w - t_f) \\ &= h_r(t_w - t_f) \end{aligned} \quad (2.10\text{-}4)$$

式中：$h_r = \varepsilon C_b \dfrac{T_w^4 - T_{am}^4}{T_w - T_f} \times 10^{-8}$，称为辐射换热表面传热系数。则总的热流密度为

$$q = q_c + q_r = (h_c + h_r)(t_w - t_f) = h(t_w - t_f) \quad (2.10\text{-}5)$$

式中：h 为复合换热表面传热系数，$\mathrm{W/(m^2 \cdot K)}$；T_{am} 为周围环境物体温度，K；T_w 为辐射板表面温度，K；T_f 为周围流体温度，K。

上式只适用于 $t_w > t_f$ 和 $t_w > t_{am}$ 或 $t_w < t_f$ 和 $t_w < t_{am}$ 的情况。如 $t_{am} < t_w < t_f$ 或 $t_{am} > t_w > t_f$，则需用热平衡法另行推导计算式。

【例 2.10-1】 有一厚度为 5 mm 的金属平壁，导热系数为 130 W/m·K，左侧为 280 ℃ 的高温烟气，与平壁的换热系数为 80 $\mathrm{W/(m^2 \cdot K)}$；右侧为 50 ℃ 的水，与平壁的换热系数为 800 $\mathrm{W/(m^2 \cdot K)}$，求烟气对水的传热量及平壁两侧的温度。如果分别给平壁烟气及水侧加肋，尺寸如图所示，请重新计算上述各量。

解：（1）不加肋时

$$q=\frac{t_{f1}-t_{f2}}{\frac{1}{h_1}+\frac{\delta}{\lambda}+\frac{1}{h_2}}=\frac{280-50}{\frac{1}{80}+\frac{0.005}{130}+\frac{1}{800}}=16\ 680\ \mathrm{W/m^2}$$

由 $q=h_1(t_{f1}-t_{w1})=h_2(t_{w2}-t_{f2})$，求出平壁两侧的温度分别为

$$t_{w1}=t_{f1}-\frac{q}{h_1}=280-\frac{16\ 680}{80}=71.5\ ℃$$

$$t_{w2}=t_{f2}+\frac{q}{h_2}=50+\frac{16\ 680}{80}=70.75\ ℃$$

（2）给烟气侧加肋

肋效率为 $\eta_{f1}=\frac{\mathrm{th}(m_1 l)}{m_1 l}=0.98$

式中：$m_1 l=l\sqrt{\frac{h_1 U}{\lambda A}}\cong l\sqrt{\frac{h_1 2}{\lambda\delta_f}}=0.01\sqrt{\frac{2\times 80}{130\times 0.002}}=0.248$

肋片之间的平壁表面积为 $A_1'=0.002\times 1=0.002\ \mathrm{m^2}$

肋片表面积：$A''_1=(2\times 0.01+0.002)\times 1=0.022\ \mathrm{m^2}$

肋壁表面积：$A_1=A'_1+A''_1=0.024\ \mathrm{m^2}$

肋壁总效率：$\eta_1=\frac{A'_1+\eta_{f1}A''_1}{A_1}=\frac{0.002+0.022\times 0.98}{0.024}=0.982$

肋化系数：$\beta_1=\frac{A_1}{A}=\frac{0.024}{0.004}=6$

传热量：$q=\frac{t_{f1}-t_{f2}}{\frac{1}{h_1\beta_1\eta_1}+\frac{\delta}{\lambda}+\frac{1}{h_2}}=\frac{280-50}{\frac{1}{80\times 0.98\times 6}+\frac{0.005}{130}+\frac{1}{800}}=67\ 363\ \mathrm{W/m^2}$

可求得：$t_{w1}=t_{f1}-\frac{q}{h_1\beta_1\eta_1}=280-\frac{67\ 363}{80\times 0.98\times 6}=136.80\ ℃$

$$t_{w2}=t_{f2}+\frac{q}{h_2}=50+\frac{67\ 363}{800}=134.20\ ℃$$

（3）给水侧加肋

$$m_2 l=l\sqrt{\frac{h_2 2}{\lambda\delta_f}}=0.01\sqrt{\frac{2\times 800}{130\times 0.002}}=0.784$$

肋效率：$\eta_{f2}=\frac{\mathrm{th}(m_2 l)}{m_2 l}=0.84$

肋壁总效率：$\eta_2=\frac{A'_2+\eta_{f2}A''_2}{A_2}=\frac{0.002+0.022\times 0.84}{0.024}=0.85$

传热量：$q=\dfrac{t_{f1}-t_{f2}}{\dfrac{1}{h_1}+\dfrac{\delta}{\lambda}+\dfrac{1}{h_2\beta_2\eta_2}}=\dfrac{280-50}{\dfrac{1}{80}+\dfrac{0.005}{130}+\dfrac{1}{800\times0.85\times6}}=17\,992\ \mathrm{W/m^2}$

壁温：$t_{w1}=t_{f1}-\dfrac{q}{h_1}=280-\dfrac{17\,992}{80}=55.1\ ℃$

$$t_{w2}=t_{f2}+\frac{q}{h_2\beta_2\eta_2}=50+\frac{17\,992}{800\times0.85\times6}=54.4\ ℃$$

由本例可见，当给热阻大的一侧加肋时（本例中为烟气侧），不仅可降低该侧热阻，对降低总热阻也起到重要作用，在本例中使传热量增大了 3 倍，其副作用是提高了传热壁的温度（本例中使壁温上升了近一倍）。当给水侧加肋时，同样可以降低该侧热阻，但强化总的传热效果不大，本例中仅使传热量增加了 7.9%。其可取的一点是可以降低壁的温度，这在许多实际工程中是非常必要的。另外还应注意到，肋壁总效率必大于肋效率。

2.10.3 传热的增强与削弱

传热的增强与削弱的直接目标就是要增加或减少传热量。从对流传热量计算公式可见，可以有三条基本途径，但实际直接有效的措施都是从如何提高或减小传热系数去操作。

1. 增强传热的方法

提高传热系数就是要减小热阻。分析对流换热的传热系数计算式可知，在忽略材料的导热热阻（通常是金属材料）和不计入污垢热阻前提下，热阻大的一侧对传热影响大。所以，增强传热首先要设法增大热阻大的一侧的对流换热系数。归纳起来，有以下一些方法。

（1）扩展传热面

扩展换热系数小的一侧的传热表面积，如肋片管、板翅式传热面等。

（2）改变流动状况

可采取以下方法改变流动状况：①增加流速；②流道中加插入物，如金属丝，使之增加扰动、破坏流动边界层；③采用旋转流动装置，如在流道进口处装涡流发生器，产生涡旋流动来强化传热；④采用射流技术，以射流撞击传热表面，破坏边界层。

（3）改变流体物性

可采用以下方法改变流体物性：①气流中添加少量固体颗粒，如石墨、玻璃球等，以提高流体的容积比热或扰动边界层或增强热辐射等；②喷入液滴，如在空气冷却器入口喷入水雾，使之产生部分相变换热。

（4）改变表面状况

可采用以下方法改变表面状况：①增加粗糙度；②改变表面结构，如形成多孔表面，增强沸腾换热；③表面涂层，如用选择性涂层，加强辐射换热；④表面氧化，金属材料表面的氧化膜可强化表面散热。

（5）改变换热面形状和大小

如用椭圆管代替圆管，使当量直径减少，*Re* 数提高。

（6）改变能量传递方式

如采用对流辐射板。

（7）外力强化方法

上述各种方法是基本上都不需要借助外界动力来强化传热的，故属于被动技术。而必须靠外界动力促使传热增强的，则为主动技术。外力强化方法有：①用机械或电的方法产生换热表面振动；②外加静电场，使电介质的流体加强混合；③施加超声波，使流体本身产生脉冲或震荡。在论及强化传热时，必须注意到表面污垢对传热的影响。

2. 削弱传热的方法

（1）覆盖绝热材料

用导热系数 0.03~0.05 W/（m•K）甚至更低的材料来保温（或保冷）。目前一些新的材料和措施有：①泡沫热绝缘材料，如聚氨脂泡沫塑料，其表观导热系数可达 0.02~0.05 W/（m•K）；②超细粉末热绝缘材料，粒径 d<10 μm 量级的超细粉末，如氧化镁、石英砂等，表观导热系数可比空气低一个数量级，达 0.001 7 W/（m•K）；③真空热绝缘层，构筑多层真空屏蔽夹层的热绝缘体，可使表现导热系数达 1.6×10^{-4}~10^{-5} W/（m•K）。

（2）改变表面状况

①改变表面辐射特性。采用选择性涂层，如氧化铜、镍黑等。

②附加抑制对流的元件。如在夹层中加设蜂窝状结构的元件，抑制空气对流，减少传热。

增强或削弱传热时，几种方法也可同时采用。但是所有的措施都要付出代价，如材料、制造工艺等等都需要费用，所以要综合考虑。

2.10.4 平均温度差

换热器的传热量计算式为

$$\Phi = KA\Delta t_{\mathrm{m}}$$

由于在换热器中冷、热流体的沿程温度是变化的（图 2.10-2（a）顺流和（b）逆流），故在式中两者的温差应为对数平均温差 Δt_{m}。通过对微元段的温差进行积分求解而得 Δt_{m}，不论是逆流或顺流，其对数平均温差 Δt_{m} 均可表达为

$$\Delta t_{\mathrm{m}} = \frac{\Delta t' - \Delta t''}{\ln\dfrac{\Delta t'}{\Delta t''}} \tag{2.10-6}$$

式中：$\Delta t'$ 为较大温差端温差；$\Delta t''$ 为较小温差端温差。

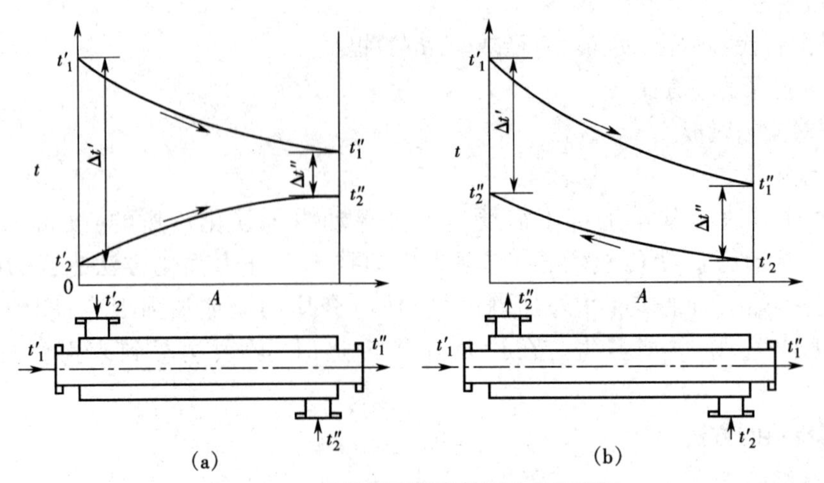

图 2.10-2　流体温度随传热面变化示意图

当 $\Delta t'/\Delta t''<2$ 时，可用算术平均温差代替对数平均温差，其误差小于 4%，即

$$\Delta t_{\mathrm{m}}=\frac{\Delta t'+\Delta t''}{2} \tag{2.10-7}$$

实际的换热器中有交叉流、混合流等多种流动方式，计算时应先按逆流计算对数平均温度差 $(\Delta t_{\mathrm{m}})_{\mathrm{c}}$，再乘以温差修正系数 $\varepsilon_{\Delta t}$。$\varepsilon_{\Delta t}$ 的值与两个辅助量 P 及 R 有关，可按流动方式，在相应的 $\varepsilon_{\Delta t}=f(P,R)$ 线图上查取（如图 2.10-3）。终得

$$\Delta t_{\mathrm{m}}=(\Delta t_{\mathrm{m}})_{\mathrm{c}}\varepsilon_{\Delta t} \tag{2.10-8}$$

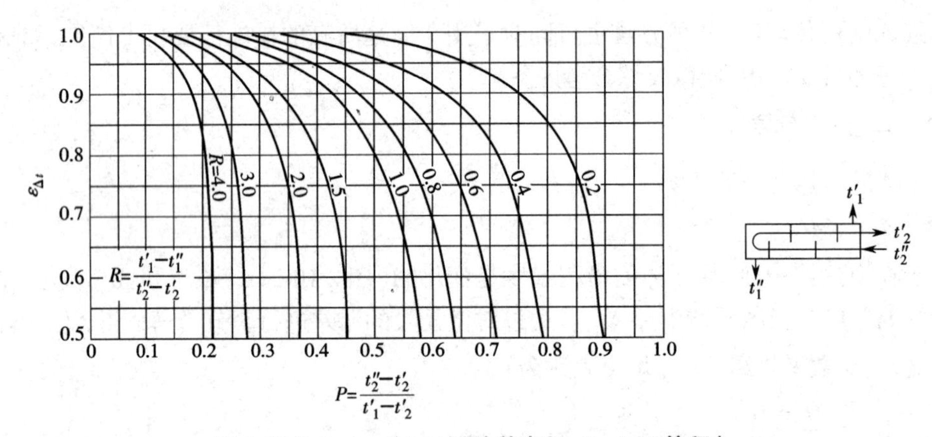

图 2.10-3　$\varepsilon_{\Delta t}=f(P,R)$ 图（单壳程，2，4，6 管程）

图中的 P、R 分别为

$$\left.\begin{aligned}P&=\frac{t''_2-t'_2}{t'_1-t'_2}=\frac{\text{冷流体的加热度}}{\text{两流体进口温差}}\\R&=\frac{t'_1-t''_1}{t_2''-t'_2}=\frac{\text{热流体的冷却度}}{\text{冷流体的加热度}}\end{aligned}\right\} \tag{2.10-9}$$

如以 P, R 无法查图时，可以 $P\cdot R$ 和 $1/R$ 分别代替 P、R 值查图。

2.10.5 换热器计算

换热器计算分设计计算和校核计算。换热器的计算方法有两种，对数平均温差法（LMTD法）和效能—传热单元数法（ε-NTU 法），可自行选用。

1. 平均温差法

该法的基本途径是通过先确定冷、热流体间平均温差，再来确定所需传热面积（即设计计算）或设定温度和求得平均温差后，来验证现有的换热器能否满足预定的换热要求（通常是校核流体出口温度和换热量，为校核计算）。今以设计计算为例（并限定为管壳式换热器），简述该法的计算步骤如下。

①选定换热器型式。

②由已知冷、热流体温度求得 $(\Delta t_{\mathrm{m}})_{\mathrm{c}}$，再查得修正系数 $\varepsilon_{\Delta t}$，则得 $\Delta t_{\mathrm{m}}=(\Delta t_{\mathrm{m}})_{\mathrm{c}}\varepsilon_{\Delta t}$。

③计算换热量。

④设定传热系数。

⑤选定管子尺寸，并初步布置结构。

⑥计算管侧流速、Re 数、表面传热系数等。

⑦设定壳侧结构，并计算壳侧流速、Re 数、表面传热系数等。

⑧计算传热系数及传热面积。传热系数值应略大于设定值，如不满足，应返回至④重设，如满足，则由⑤确定的面积已略大于所需的传热面积，即为所求之结果。

⑨进行阻力计算的校核。阻力应不大于已知的阻力限制，如不满足，可从结构、型式等方面重选，再进行计算，直至满足为止。

2. 效能—传热单元数法

1）效能 ε

换热器效能是指实际传热量与最大可能传热量之比，即

$$\varepsilon=\frac{\Phi}{\Phi_{\max}}=\frac{\max|\Delta t_1,\Delta t_2|}{t_1'-t_2'} \tag{2.10-10}$$

式中，分母为冷、热流体的进口温差，也就是对于小热容量 $(q_{\mathrm{m}}c_p)_{\min}$ 流体而言所可能发生的最大温差。分子为在两流体的实际温度变化中取大者，亦即是相应于小容量流体的温度变化。这样，换热器的传热量也可用下式表达：

$$\Phi=\varepsilon(q_{\mathrm{m}}c_p)_{\min}(t_1'-t_2') \tag{2.10-11}$$

2）传热单元数 NTU

传热单元数的定义是

$$NTU=\frac{KA}{(q_{\mathrm{m}}c_p)_{\min}}=\frac{KA}{C_{\min}} \tag{2.10-12}$$

NTU 是表示换热器传热量大小的一个无量纲量。

3）ε 与 NTU 间关系

ε 与 NTU 都是无量纲的数，它们之间存在如下的函数关系：

$$\varepsilon = f(NTU,\frac{C_{\min}}{C_{\max}}) \tag{2.10-13}$$

具体的关系式因换热器中冷、热流体的相对流动方式不同而异，可以通过理论求解得到。不同流动方式的 ε 和 $NTU,C_{\min}/C_{\max}$ 间关系已被制成线图，图 2.10-4 及图 2.10-5 分别为顺流、逆流时的线图，详细情况可查阅文献[4]、[5]。

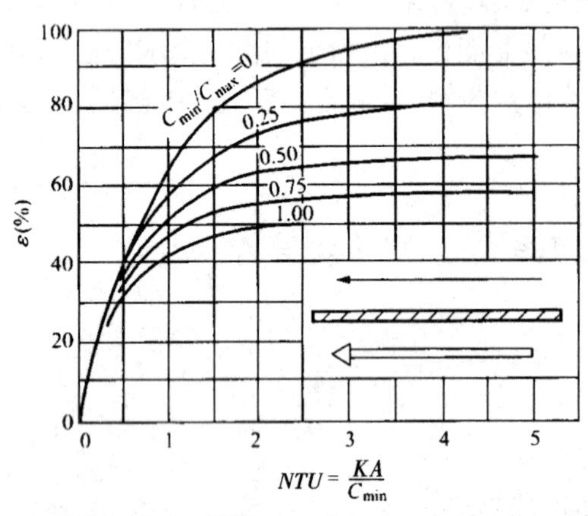

图 2.10-4　顺流 $\varepsilon = f(NTU,C_{\min}/C_{\max})$

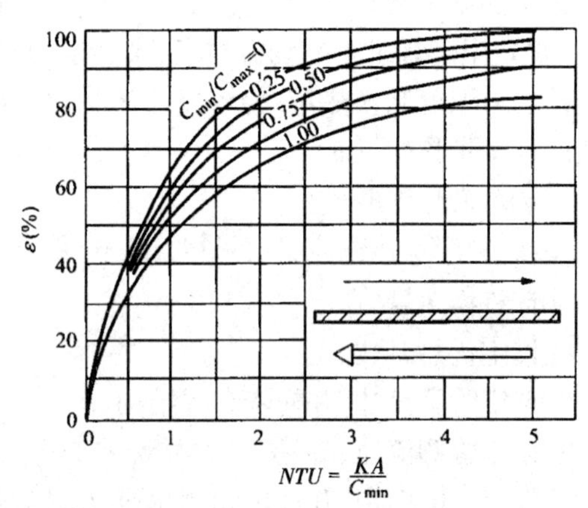

图 2.10-5　逆流 $\varepsilon = f(NTU,C_{\min}/C_{\max})$

对于一些特殊情况，如凝结或沸腾，因 $C_{\min}/C_{\max}=0$，则不论何种流动方式 ϵ 值均为

$$\varepsilon = 1 - e^{-NTU} \tag{2.10-14}$$

4）计算

（1）设计计算

设计计算是在已知冷、热流体的流量和温度条件下，求传热面积。计算基本步骤如下：由已知条件计算 ε、$C_{\min}/C_{\max}$；选定流动方式，查得相应的 NTU 值；设定传热系数 K，初得传热面积；选定传热元部件尺寸，进行结构布置；计算传热系数及计算传热面积，传热系数值应略大于假设值（如不满足，应重设）；还应作阻力计算，并应小于给定值。

（2）校核计算

校核计算通常是在已知传热面积和传热系数，冷、热流体的流量和入口温度条件下，验算所能达到的流体出口温度和换热量。计算步骤是：由已知条件计算 NTU；计算 $C_{\min}/C_{\max}$；由线图查 ε 值；计算换热量；计算出口温度。如必要，还应作阻力计算。

如比较两种计算方法，设计计算时宜采用对数平均温差法，因从修正系数 $\varepsilon_{\Delta t}$ 的大小，可比较所选用的流动方式与逆流的差距如何，有助于改进设计。对于校核计算，效能—传热单元数法的计算比较简便，可以考虑优先选用。

【例 2.10-2】 计划通过一个换热器，用温度为 20 ℃ 的水冷却温度为 200 ℃ 的油，水和油的流量分别为 3 000 kg/h 和 10 000 kg/h，比热分别为 4 186 J/kg·K 和 1 900 J/(kg·K)．设换热器的传热面积为 17 m²，传热系数为 300 W/(m²·K)。在下列条件下，计算水和油的出口温度：（1）顺流；（2）逆流。

解:本例已知两流体进口温度和流量,要求确定所能达到的出口温度,故这是一个校核性计算。

(1)顺流。先用平均温差法计算

设无热损失,则有

$$q_{m1}c_{p1}(t'_1-t''_1)=q_{m2}c_{p2}(t''_2-t'_2) \tag{1a}$$

代入数据整理,得

$$t''_2=322.6-1.513t'_1 \tag{1b}$$

无热损失时,油的放热量应等于传递给水的热量,即

$$q_{m1}c_{p1}(t'_1-t''_1)=KA\Delta t_m \tag{2a}$$

其中对数平均温差为

$$\Delta t_m=\frac{(t'_1-t'_2)-(t''_1-t''_2)}{\ln\dfrac{t'_1-t'_2}{t''_1-t''_2}}$$

代入数据整理,得

$$t''_1=200-0.995\times\frac{180-t''_1+t''_2}{\ln\dfrac{180}{t''_1-t''_2}} \tag{2b}$$

联立式(2a)及(2b),并通过计算可得

$$t''_1=134.3\ ℃\ ,\ t''_2=322.6-1.513t''_1=119.4\ ℃$$

再用传热单元数法求解

$$q_{m1}c_{p1}=\frac{10\ 000}{3\ 600}\times 1900=5\ 279\ \text{W}/℃$$

$$q_{m2}c_{p2}=\frac{3\ 000}{3\ 600}\times 4\ 186=3\ 488\ \text{W}/℃$$

$$R_c=\frac{C_{min}}{C_{max}}=\frac{3\ 488}{5\ 279}=0.66$$

$$NTU=\frac{KA}{C_{min}}=\frac{300\times 17}{3\ 488}=1.5$$

顺流时

$$\varepsilon=\frac{1-\exp[-NTU(1+\dfrac{C_{min}}{C_{max}})]}{1+\dfrac{C_{min}}{C_{max}}}=0.553$$

由式 $\varepsilon=\dfrac{t''_2-t'_2}{t'_1-t'_2}$,可得

$$t''_2=t'_2+\varepsilon(t'_1-t'_2)=20+0.553(200-20)=119.54\ ℃$$

由式(1a)可得 $t''_1=t'_1-\dfrac{q_{m2}c_{p2}}{q_{m1}c_{p1}}(t''_2-t'_2)=200-\dfrac{3\ 000\times 4\ 186}{10\ 000\times 1\ 900}\times(119.54-20)=134.2\ ℃$

可见两种方法所得结果相同。

(2)逆流。用传热单元数法求解 NTU 及 R_c 的值与顺流时相同,换热器效能

$$\varepsilon=\frac{1-\exp[-NTU(1-\frac{C_{\min}}{C_{\max}})]}{1-\frac{C_{\min}}{C_{\max}}\exp[-NTU(1-\frac{C_{\min}}{C_{\max}})]}=0.667$$

由此可得　$t''_2=t'_2+\varepsilon(t'_1-t'_2)=20+0.667(200-20)=140.06\ ℃$

由式(1a)可得　$t''_1=t'_1-\frac{q_{m2}c_{p2}}{q_{m1}c_{p1}}(t''_2-t'_2)=200-\frac{3\,000\times4\,186}{10\,000\times1\,900}\times(140.06-20)=120.65\ ℃$

若计算本例的对数平均温度差,则可得

顺流时　$\Delta t_{m,p}=66.3\ ℃$

逆流时　$\Delta t_{m,c}=79.4\ ℃$

可见,$\Delta t_{m,c}>\Delta t_{m,p}$。

仿真习题

2.1　导热理论基础

2-1　温度场的正确完整表达式应为(　　)。

(A)$t=f(x,y,z,\lambda)$　　(B)$t=f(x,y,z)$

(C)$t=f(\tau,\lambda)$　　(D)$t=f(x,y,z,\tau)$

2-2　在一般情况下,与固体材料的导热系数有关的因素是(　　)。

(A)温度、密度、湿度　　(B)温度、压力、密度

(C)压力、湿度、温度　　(D)温度、压力、体积

2-3　温度梯度的正确表示应是(　　)。

(A)$\frac{\partial t}{\partial n}$　　(B)$\boldsymbol{n}\frac{\partial t}{\partial \tau}$　　(C)$\frac{\partial t}{\partial \tau}$　　(D)$\boldsymbol{n}\frac{\partial t}{\partial n}$

2-4　设某单层平壁的导热系数为 $\lambda=\lambda_0(1+bt)$,则壁内温度分布线的形状为(　　)。

(A)双曲线　　(B)直线

(C)折线　　(D)由 b 值为正或负来确定曲线的形状

2-5　已知某平壁热流密度为 200　W/m^2,导热系数为 2　W/m·K,则其温度变化率为(　　)。

(A)100 m/K　　(B)-100 K/m　　(C)-100 m/K　　(D)100 K/m

2-6　第三类边界条件的表达式应为(　　)。

(A)$q|_s=q|_w=$常数　　(B)$q|_s=-\lambda\left.\frac{\partial t}{\partial n}\right|_s$

(C)$-\lambda\left.\frac{\partial t}{\partial n}\right|_s=h(t|_s-t_f)$　　(D)$t|_s=t_w=$常数及$q|_s=q_w=$常数

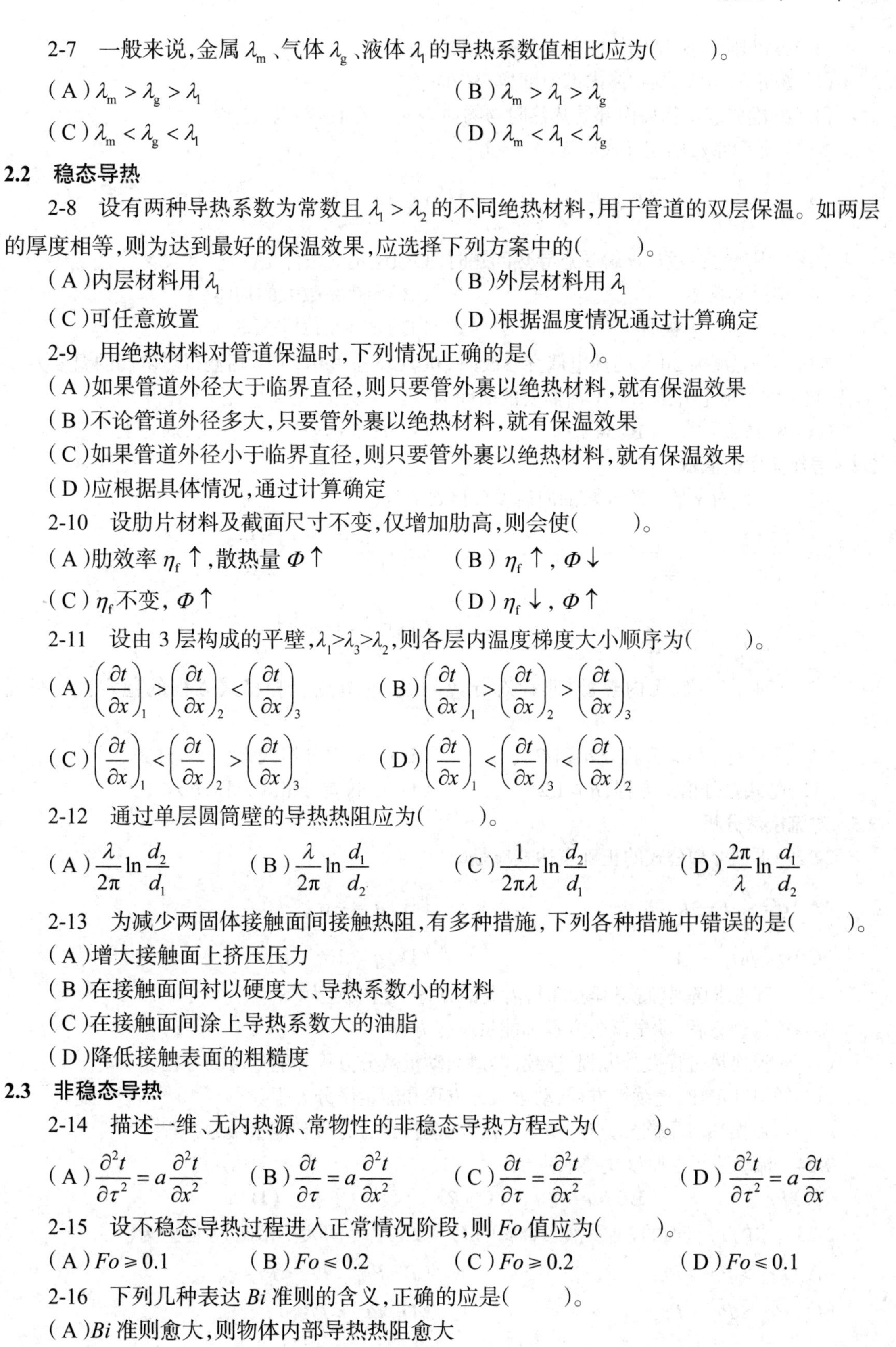

2-7 一般来说,金属 λ_m、气体 λ_g、液体 λ_l 的导热系数值相比应为( )。

(A) $\lambda_m > \lambda_g > \lambda_l$　　(B) $\lambda_m > \lambda_l > \lambda_g$

(C) $\lambda_m < \lambda_g < \lambda_l$　　(D) $\lambda_m < \lambda_l < \lambda_g$

2.2 稳态导热

2-8 设有两种导热系数为常数且 $\lambda_1 > \lambda_2$ 的不同绝热材料,用于管道的双层保温。如两层的厚度相等,则为达到最好的保温效果,应选择下列方案中的( )。

(A)内层材料用 λ_1　　(B)外层材料用 λ_1

(C)可任意放置　　(D)根据温度情况通过计算确定

2-9 用绝热材料对管道保温时,下列情况正确的是( )。

(A)如果管道外径大于临界直径,则只要管外裹以绝热材料,就有保温效果

(B)不论管道外径多大,只要管外裹以绝热材料,就有保温效果

(C)如果管道外径小于临界直径,则只要管外裹以绝热材料,就有保温效果

(D)应根据具体情况,通过计算确定

2-10 设肋片材料及截面尺寸不变,仅增加肋高,则会使( )。

(A)肋效率 $\eta_f\uparrow$,散热量 $\Phi\uparrow$　　(B) $\eta_f\uparrow$, $\Phi\downarrow$

(C) η_f不变, $\Phi\uparrow$　　(D) $\eta_f\downarrow$, $\Phi\uparrow$

2-11 设由 3 层构成的平壁,$\lambda_1>\lambda_3>\lambda_2$,则各层内温度梯度大小顺序为( )。

(A) $\left(\frac{\partial t}{\partial x}\right)_1 > \left(\frac{\partial t}{\partial x}\right)_2 < \left(\frac{\partial t}{\partial x}\right)_3$　　(B) $\left(\frac{\partial t}{\partial x}\right)_1 > \left(\frac{\partial t}{\partial x}\right)_2 > \left(\frac{\partial t}{\partial x}\right)_3$

(C) $\left(\frac{\partial t}{\partial x}\right)_1 < \left(\frac{\partial t}{\partial x}\right)_2 > \left(\frac{\partial t}{\partial x}\right)_3$　　(D) $\left(\frac{\partial t}{\partial x}\right)_1 < \left(\frac{\partial t}{\partial x}\right)_3 < \left(\frac{\partial t}{\partial x}\right)_2$

2-12 通过单层圆筒壁的导热热阻应为( )。

(A) $\frac{\lambda}{2\pi}\ln\frac{d_2}{d_1}$　　(B) $\frac{\lambda}{2\pi}\ln\frac{d_1}{d_2}$　　(C) $\frac{1}{2\pi\lambda}\ln\frac{d_2}{d_1}$　　(D) $\frac{2\pi}{\lambda}\ln\frac{d_1}{d_2}$

2-13 为减少两固体接触面间接触热阻,有多种措施,下列各种措施中错误的是( )。

(A)增大接触面上挤压压力

(B)在接触面间衬以硬度大、导热系数小的材料

(C)在接触面间涂上导热系数大的油脂

(D)降低接触表面的粗糙度

2.3 非稳态导热

2-14 描述一维、无内热源、常物性的非稳态导热方程式为( )。

(A) $\frac{\partial^2 t}{\partial \tau^2} = a\frac{\partial^2 t}{\partial x^2}$　　(B) $\frac{\partial t}{\partial \tau} = a\frac{\partial^2 t}{\partial x^2}$　　(C) $\frac{\partial t}{\partial \tau} = \frac{\partial^2 t}{\partial x^2}$　　(D) $\frac{\partial^2 t}{\partial \tau^2} = a\frac{\partial t}{\partial x}$

2-15 设不稳态导热过程进入正常情况阶段,则 Fo 值应为( )。

(A) $Fo \geqslant 0.1$　　(B) $Fo \leqslant 0.2$　　(C) $Fo \geqslant 0.2$　　(D) $Fo \leqslant 0.1$

2-16 下列几种表达 Bi 准则的含义,正确的应是( )。

(A) Bi 准则愈大,则物体内部导热热阻愈大

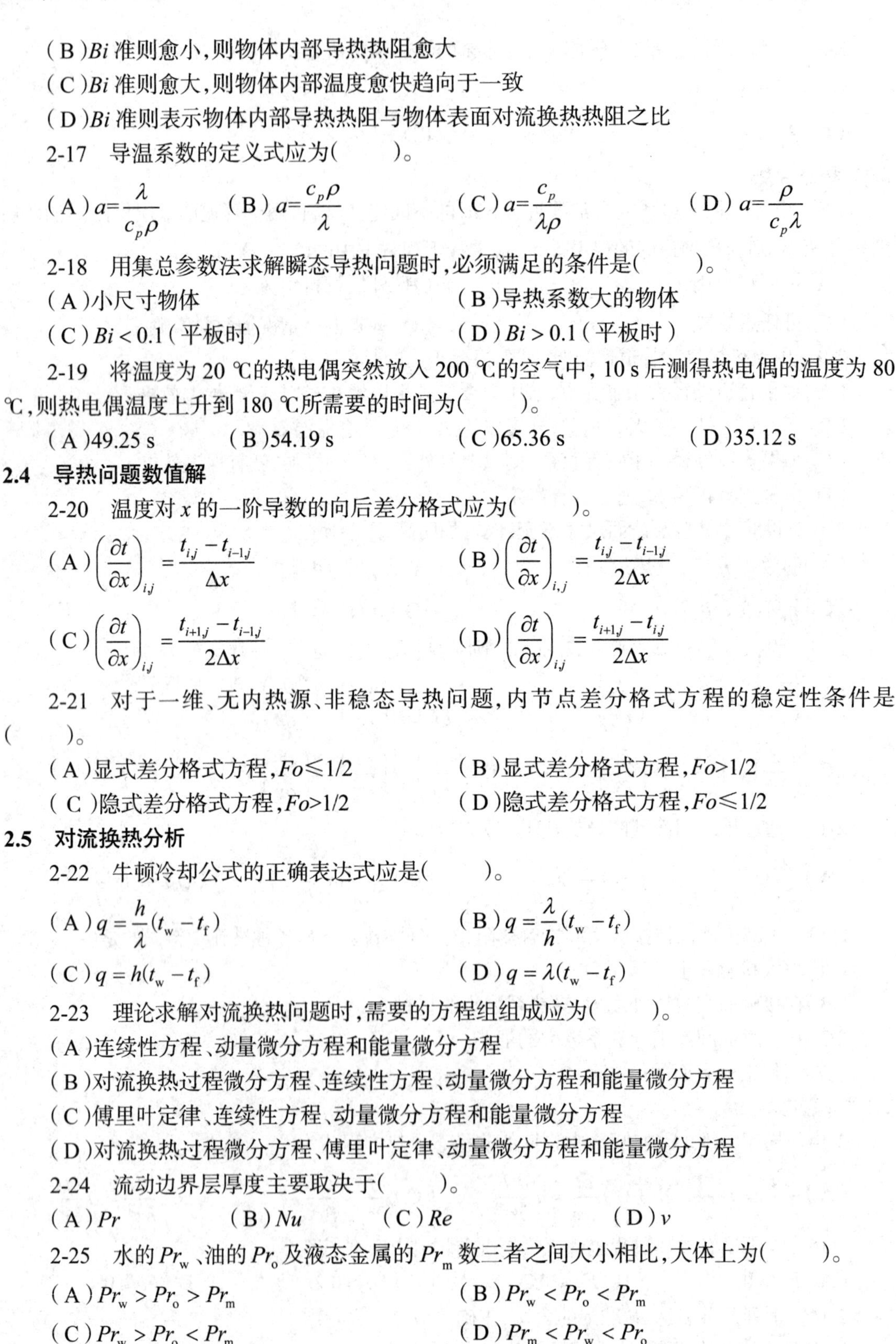

（B）Bi 准则愈小，则物体内部导热热阻愈大

（C）Bi 准则愈大，则物体内部温度愈快趋向于一致

（D）Bi 准则表示物体内部导热热阻与物体表面对流换热热阻之比

2-17　导温系数的定义式应为（　　）。

（A）$a=\dfrac{\lambda}{c_p\rho}$　（B）$a=\dfrac{c_p\rho}{\lambda}$　（C）$a=\dfrac{c_p}{\lambda\rho}$　（D）$a=\dfrac{\rho}{c_p\lambda}$

2-18　用集总参数法求解瞬态导热问题时，必须满足的条件是（　　）。

（A）小尺寸物体　（B）导热系数大的物体

（C）$Bi<0.1$（平板时）　（D）$Bi>0.1$（平板时）

2-19　将温度为 20 ℃的热电偶突然放入 200 ℃的空气中，10 s 后测得热电偶的温度为 80 ℃，则热电偶温度上升到 180 ℃所需要的时间为（　　）。

（A）49.25 s　（B）54.19 s　（C）65.36 s　（D）35.12 s

2.4　导热问题数值解

2-20　温度对 x 的一阶导数的向后差分格式应为（　　）。

（A）$\left(\dfrac{\partial t}{\partial x}\right)_{i,j}=\dfrac{t_{i,j}-t_{i-1,j}}{\Delta x}$　（B）$\left(\dfrac{\partial t}{\partial x}\right)_{i,j}=\dfrac{t_{i,j}-t_{i-1,j}}{2\Delta x}$

（C）$\left(\dfrac{\partial t}{\partial x}\right)_{i,j}=\dfrac{t_{i+1,j}-t_{i-1,j}}{2\Delta x}$　（D）$\left(\dfrac{\partial t}{\partial x}\right)_{i,j}=\dfrac{t_{i+1,j}-t_{i,j}}{2\Delta x}$

2-21　对于一维、无内热源、非稳态导热问题，内节点差分格式方程的稳定性条件是（　　）。

（A）显式差分格式方程，$Fo\leqslant1/2$　（B）显式差分格式方程，$Fo>1/2$

（C）隐式差分格式方程，$Fo>1/2$　（D）隐式差分格式方程，$Fo\leqslant1/2$

2.5　对流换热分析

2-22　牛顿冷却公式的正确表达式应是（　　）。

（A）$q=\dfrac{h}{\lambda}(t_{\mathrm{w}}-t_{\mathrm{f}})$　（B）$q=\dfrac{\lambda}{h}(t_{\mathrm{w}}-t_{\mathrm{f}})$

（C）$q=h(t_{\mathrm{w}}-t_{\mathrm{f}})$　（D）$q=\lambda(t_{\mathrm{w}}-t_{\mathrm{f}})$

2-23　理论求解对流换热问题时，需要的方程组组成应为（　　）。

（A）连续性方程、动量微分方程和能量微分方程

（B）对流换热过程微分方程、连续性方程、动量微分方程和能量微分方程

（C）傅里叶定律、连续性方程、动量微分方程和能量微分方程

（D）对流换热过程微分方程、傅里叶定律、动量微分方程和能量微分方程

2-24　流动边界层厚度主要取决于（　　）。

（A）Pr　（B）Nu　（C）Re　（D）v

2-25　水的 Pr_{w}、油的 Pr_{o} 及液态金属的 Pr_{m} 数三者之间大小相比，大体上为（　　）。

（A）$Pr_{\mathrm{w}}>Pr_{\mathrm{o}}>Pr_{\mathrm{m}}$　（B）$Pr_{\mathrm{w}}<Pr_{\mathrm{o}}<Pr_{\mathrm{m}}$

（C）$Pr_{\mathrm{w}}>Pr_{\mathrm{o}}<Pr_{\mathrm{m}}$　（D）$Pr_{\mathrm{m}}<Pr_{\mathrm{w}}<Pr_{\mathrm{o}}$

2-26 判别现象是否相似的条件是(　　)。

(A)同类现象,几何条件相似,同名已定准则相等

(B)同类现象,单值性条件相似,同名已定准则相等

(C)同类现象,边界条件相似,同名已定准则相等

(D)同类现象,物理条件相似,同名已定准则相等

2.6 单相流体对流换热及准则方程式

2-27 管内受迫流动充分发展段的特征是(　　)。

(A)$\frac{\partial u}{\partial r}=0, \upsilon=0$　　(B)$\frac{\partial u}{\partial x}=$常数, $\upsilon=0$

(C)$\frac{\partial u}{\partial x}=0, \upsilon=$常数　　(D)$\frac{\partial u}{\partial x}=0, \upsilon=0$

2-28 管内受迫紊流换热的关联式的基本形式为(　　)。

(A)$Nu=f(Re)$　(B)$Nu=f(Re, Pr)$　(C)$Nu=f(Pr,Gr)$　(D)$Nu=f(Re, Gr)$

2-29 管内层流流动换热条件下,流动进口段的平均表面传热系数比充分发展段(　　)。

(A)小　(B)大　(C)相同　(D)不确定

2-30 将一直径为 25 mm 的圆柱体电阻加热器用于加热温度为 27 ℃、流速为 10 m/s 的横向流过圆柱体的空气。已知电热功率为 2 500 W,加热器的效率为 80%。设空气的平均温度为 27 ℃,压力为 3×10^5 Pa,$\upsilon=8.57\times10^{-6}\,\text{m}^2/\text{s}$,$\lambda=3.34\times10^{-2}\,\text{W/(m}\cdot\text{K)}$,加热器表面的温度为 200 ℃,准则关联式为 $Nu=0.193Re^{0.618}$。试确定加热器应有的长度为(　　)。

(A)980 mm　(B)785 mm　(C)891 mm　(D)660 mm

2-31 螺旋形管内比直管管内流体的对流表面传热系数大是因为(　　)。

(A)流速提高　　(B)管长增加

(C)对边界层扰动加强　　(D)惯性力增大

2-32 计算流体对流换热时,采用的定性温度为(　　)。

(A)流体平均温度　　(B)壁面温度

(C)流体膜层平均温度　　(D)视对流换热的方式等具体情况而定

2-33 流体外掠圆管流动时,是否会出现绕流脱体现象?正确的答案应是(　　)。

(A)仅层流时　　(B)仅紊流时

(C)不会发生　　(D)Re 数不太小的层流及紊流均会出现

2-34 以 Gr/Re^2 判断自然对流影响程度时,应遵循的原则是(　　)。

(A)如 $Gr/Re^2\geqslant0.1$,则不能忽略自然对流影响

(B)如 $Gr/Re^2\leqslant10$,按纯自然对流影响

(C)如 $Gr/Re^2\geqslant0.1$,可忽略自然对流影响

(D)如 $Gr/Re^2\geqslant10$,不能忽略自然对流影响

2-35 下列对提高对流换热系数无效的手段是(　　)。

(A)提高流速　　(B)增大管径

(C)采用入口效应　　(D)采用导热系数大的流体

2.7 凝结与沸腾换热

2-36　沿竖壁膜状凝结换热时，凝结的表面传热系数从壁上部至壁下部将会(　　)。

(A)减小　　(B)增大

(C)先减小后增大　　(D)先增大后减小

2-37　影响管外膜状凝结换热最主要的因素是(　　)。

(A)蒸汽速度　　(B)不凝性气体含量

(C)表面粗糙度　　(D)蒸汽含油

2-38　将一个圆柱状加热元件竖直置于 20 ℃水中，加热后加热元件表面温度达到 60 ℃，则这种换热方式为(　　)。

(A)沸腾换热　　(B)自然对流换热

(C)强迫流动换热　　(D)沸腾和自然对流换热

2-39　工程应用中，对于大空间的沸腾，希望处于的状态是(　　)。

(A)膜态沸腾　　(B)过冷沸腾　　(C)核态沸腾　　(D)过渡沸腾

2-40　一般来说，水受迫对流换热 h_1、水沸腾换热 h_2、水自然对流换热 h_3、空气自然对流换热 h_4 的大小顺序是(　　)。

(A) $h_1 > h_2 > h_3 > h_4$　　(B) $h_2 > h_1 > h_4 > h_3$

(C) $h_1 > h_2 > h_4 > h_3$　　(D) $h_2 > h_1 > h_3 > h_4$

2.8 热辐射的基本定律

2-41 下列几种说法中，正确的是(　　)。

(A)热辐射只能在气体中传播　　(B)热辐射不能在固体中传播

(C)热辐射在真空中也能传播　　(D)热辐射只能在固体和液体中传播

2-42　黑体最大单色辐射力的波长 λ_{max} 与其温度 T 之间的关系是(　　)。

(A) T 愈高，λ_{max} 愈大　　(B) T 高，则 λ_{max} 变小

(C)两者乘积为一定值　　(D)两者之间无确定关系

2-43 黑体的辐射力与其温度之间存在的关系是(　　)。

(A)1/4 次方关系　　(B)四次方关系　　(C)1/2 次方关系　　(D)二次方关系

2-44　设某表面在同一温度下的发射率等于其吸收比，则该表面为(　　)。

(A)灰表面　　(B)漫辐射表面

(C)漫－灰表面　　(D)任意某种实际表面

2-45　设某物体的辐射力 E 为 2 200 W/m^2，发射率 ε 为 0.8，黑体的辐射常数 $\sigma_b = 5.67 \times 10^{-8}$ W/(m^2·K^4)，则与此同温度下黑体的辐射力及温度应为(　　)。

(A) 2 750 W/m^2，469 K

(B) 1 760 W/m^2，419 K

(C) 2 000 W/m^2，433 K

(D) 3 000 W/m^2，479 K

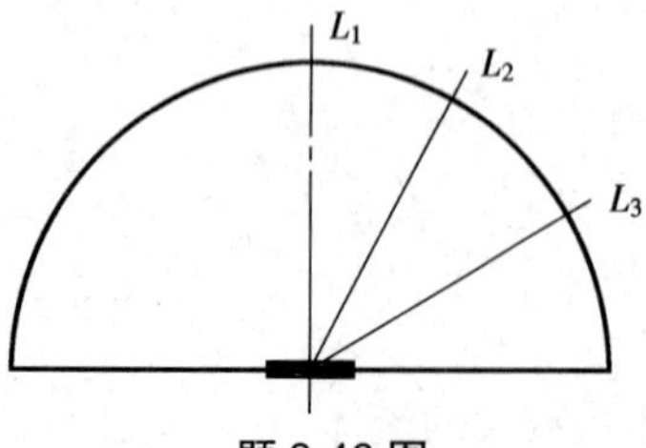

L_1 L_2 L_3

题 2-46 图

2-46　如图所示，黑体对一半圆物体表面辐射，则在法向 90°、60°、30° 三处相应的定向辐射强度 L_1、L_2、

L_3为(　　)。

(A) $L_1 > L_2 > L_3$　　(B) $L_1 < L_2 < L_3$

(C) $L_1 = L_2 = L_3$　　(D) $L_2 > L_1 > L_3$

2-47　设某个功率为 100 W 的钨丝灯泡，工作时钨丝的温度为 2 500 ℃，钨丝表面的发射率为 0.3，则钨丝的面积应为(　　)。

(A) $15.05\times10^{-5}\ m^2$　　(B) $5.56\times10^{-5}\ m^2$

(C) $9.94\times10^{-5}\ m^2$　　(D) $8.46\times10^{-5}\ m^2$

2-48　设外来投射在某物体表面上的辐射能为 5 000 W/m^2。该物体不能使射线透过，它的反射力为 500 W/m^2，则其吸收的辐射能 G_α、吸收比 α 及反射比 ρ 应为(　　)

(A) G_α=4 500 W/m^2，α=0.3，ρ=0.7

(B) G_α=4 000 W/m^2，α=0.7，ρ=0.3

(C) G_α=3 000 W/m^2，α=0.1，ρ=0.9

(D) G_α=4 500 W/m^2，α=0.9，ρ=0.1

2-49　北方深秋季节的清晨，树叶的上、下表面有可能出现的情况是(　　)。

(A)两表面均结霜　　(B)两表面均不结霜

(C)仅上表面结霜　　(D)仅下表面结霜

2.9　辐射换热计算

2-50　如图所示的表面之间角系数的正确表达式应为(　　)。

(A) $A_1X_{1,2} = A_2X_{2,1a} + A_2X_{2,1b}$

(B) $A_1X_{1,2} = A_{1a}X_{1,2} + A_{1b}X_{1,2}$

(C) $A_1X_{1,2} = A_{1a}X_{1a,2} + A_{1b}X_{1b,2}$

(D) $A_1X_{1,2} = A_2X_{2,1} - A_2X_{2,1a}$

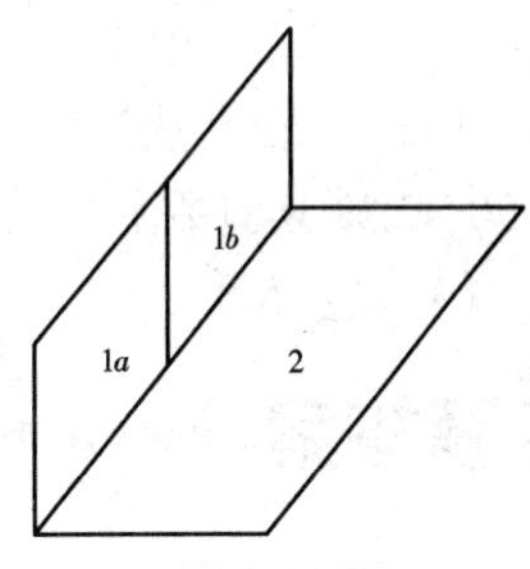

题 2-50 图

2-51　设两物体表面间进行辐射换热，则辐射换热量 $\Phi_{2,1}$ 应为(　　)。

(A) $\Phi_{2,1} = \dfrac{J_1 - J_2}{\dfrac{1}{X_{1,2}A_2}}$　　(B) $\Phi_{2,1} = \dfrac{J_2 + J_1}{\dfrac{1}{X_{1,2}A_1}}$　　(C) $\Phi_{2,1} = \dfrac{J_2 - J_1}{\dfrac{1}{X_{2,1}A_2}}$　　(D) $\Phi_{2,1} = \dfrac{J_2 - J_1}{\dfrac{1}{X_{1,2}A_2}}$

2-52　图示中 4 个三角形平面都是正三角形，则其中三角形平面 1 对三角形平面 2 的角系数 $X_{1,2}$ 应为(　　)。

(A)1/4　　(B)1/3　　(C)1/2　　(D)1/5

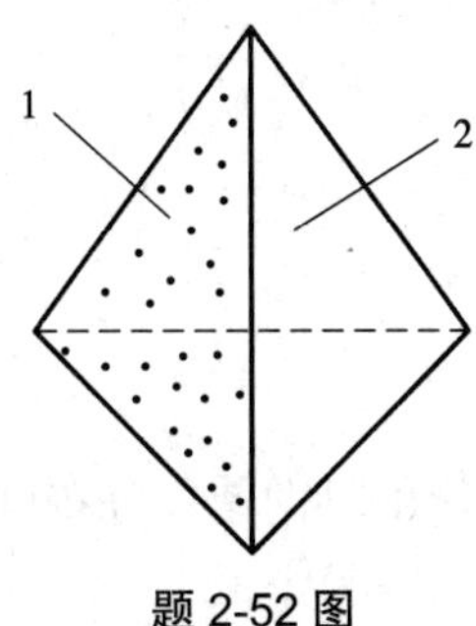

题 2-52 图

2-53　辐射表面的表面热阻大小和以下有关的因素是(　　)。

(A)温度、发射率　　(B)温度、表面积

(C)发射率、表面积　　(D)温度、发射率、表面积

2-54　设某表面的面积 $A_1 = 0.5\ m^2$，表面温度 $t_1 = 400$ ℃，$\varepsilon_1 = 0.8$，反射比 $\rho_1 = 0.3$，外界辐射到该表面上的能量为 400

W/m^2,则它与外界辐射换热量 Φ_1 为(　　)。

(A)3 000 W　　(B)4 412 W　　(C)−3 000 W　　(D)5 000 W

2-55　在两块发射率相同,温度分别为 T_1、T_2 的很大平板中,加入两块具有相同发射率的大遮热板,则平板间的辐射换热量将为原未加遮热板时的(　　)。

(A)1/2　　(B)1/3　　(C)1/4　　(D)1/9

2-56　下列气体中,具有吸收和辐射能力的是(　　)。

(A)氧　　(B)氮　　(C)烟气　　(D)空气

2.10　传热和换热器

2-57　对某台空气与水传热的换热器,为增强传热需加肋,则合理措施应是下列中的(　　)。

(A)在两侧加肋　　(B)在空气侧加肋

(C)在水侧加肋　　(D)可在任一侧加肋

2-58　设冷、热流体的进、出口温度不变,仅改变其流动方式,则它们的对数平均温差最大时应是(　　)。

(A)逆流　　(B)交叉流　　(C)顺流　　(D)先逆流后顺流

2-59　换热器传热单元数 NTU 的定义式应是(　　)。

(A)$NTU=\dfrac{h_1A}{C_{min}}$　　(B)$NTU=\dfrac{h_2A}{C_{min}}$　　(C)$NTU=\dfrac{KA}{C_{max}}$　　(D)$NTU=\dfrac{KA}{C_{min}}$

2-60　设冷、热流体以逆流方式换热,冷流体由 30 ℃加热到 60 ℃,热流体由 100 ℃冷却到 50 ℃,则其对数平均温差应为(　　)。

(A)39.15 ℃　　(B)28.85 ℃　　(C)30.83 ℃　　(D)35.42 ℃

习题答案

2-1(D)　2-2(A)　2-3(D)　2-4(D)　2-5(B)　2-6(C)

2-7(B)　2-8(B)

2-9(A)。当绝热层外径等于临界直径时,散热量最大。此后,若继续增大绝热层外径,则散热量开始减小。因此当管道外径大于临界直径时,加设保温层有效果。

2-10(D)。肋高增加,则肋片的散热量 $\Phi=\sqrt{hU\lambda A}\theta_0\text{th}(ml)$ 增大。而肋片的平均温度 t_m 降低,故肋片效率降低。

2-11(D)　2-12(C)　2-13(B)　2-14(B)　2-15(C)　2-16(D)

2-17(A)　2-18(C)　2-19(B)　2-20(A)　2-21(A)　2-22(C)

2-23(B)

2-24(C)。流体沿平壁层流流动时,流动边界层厚度为 $\dfrac{\delta}{x}=5.0Re_x^{-1/2}$

2-25(D)　2-26(B)

2-27(D)。因管内流动达到充分发展后,流体无径向流动,横截面上的轴向速度分布也不再变化。

2-28(B) 2-29(B)。因进口段流动尚未稳定,扰动大,边界层较薄。

2-30(C)。先由准则关联式 $Nu = 0.193Re^{0.618}$ 求得表面传热系数 h。再由热平衡式 $p\eta = h\pi dL(t_w - t_f)$,即可求得长度 L。

2-31(C) 2-32(D)

2-33(D)。绕流脱体现象是因流场中压力梯度变化引起速度梯度变化导致,故只要 Re 数不太小的层流,这种现象就会发生。

2-34(A) 2-35(B)

2-36(C)。因凝液膜从上至下逐渐增厚,但在液膜流动的 Re 数达到 1 800 以后,液膜由层流变为紊流。

2-37(B)。因微量不凝性气体存在就会使表面传热系数显著下降。

2-38(B)。这是一种静止加热方式,当加热表面温度未达到水的饱和温度时,只可能是自然对流换热。

2-39(C)。核态沸腾时,沸腾换热强烈,且壁温不会过高。

2-40(D) 2-41(C) 2-42(C) 2-43(B) 2-44(C) 2-45(A)

2-46(C) 2-47(C)

2-48(D)。由式 $\rho = \dfrac{G_\rho}{G}$,$\alpha = 1 - \rho$ 及 $G_\alpha = \alpha G$ 可求得。

2-49(C)。树叶上表面朝向太空,下表面朝向地面。太空温度低于零度,地表面温度在秋季时一般在零度以上。则相对于树叶的上表面比下表面会向太空辐射更多的能量,温度更低,在深秋清晨时会出现结霜。

2-50(C) 2-51(C) 2-52(B) 2-53(D)

2-54(B)。将式 $J_1 = E_1 + \rho_1 G_1 = \varepsilon_1 E_{b_1} + \rho_1 G_1$ 代入式 $\Phi_1 = \dfrac{E_{b_1} - J_1}{\dfrac{1-\varepsilon_1}{\varepsilon_1 A_1}}$ 中,即可求得。

2-55(B)。根据遮热板原理,如果加设 n 块遮热板,则辐射换热量将减少到原来的 $\dfrac{1}{(n+1)}$。

2-56(C) 2-57(B) 2-58(A) 2-59(D) 2-60(B)

3 工程流体力学及泵与风机

考试大纲

3.1 流体动力学

流体运动的研究方法，稳定流动与非稳定流动，理想流体的运动方程式，实际流体的运动方程式，伯努利方程式及其使用条件。

3.2 相似原理和模型实验方法

物理现象相似的概念，相似三定理，方程和因次分析法，流体力学模型研究方法，实验数据处理方法。

3.3 流动阻力和能量损失

层流与紊流现象，流动阻力分类，圆管中层流与紊流的速度分布，层流和紊流沿程阻力系数的计算，局部阻力产生的原因和计算方法，减少局部阻力的措施。

3.4 管道计算

简单管路的计算，串联管路的计算，并联管路的计算。

3.5 特定流动分析

势函数和流函数概念，简单流动分析，圆柱形测速管原理，旋转气流性质，紊流射流的一般特性，特殊射流。

3.6 气体射流

压力波传播和音速概念，可压缩流体一元稳定流动的基本方程，渐缩喷管与拉伐尔管的特点，实际喷管的性能。

3.7 泵与风机与网络系统的匹配

泵与风机的运行曲线，网络系统中泵与风机的工作点，离心式泵或风机的工况调节，离心式泵或风机的选择，气蚀，安装要求。

复习指导

首先，从三大守恒定律——质量守恒、能量守恒和动量守恒定律出发，分析流体的流动，推导流体动力学的基本方程——连续性方程、伯努利方程、动量方程、角动量方程和纳维—斯托克斯方程,并初步介绍它们的应用。此外,介绍量纲分析的概念和原理、流动相似性原理、相似准则、模型试验设计。在流动阻力和能量损失部分将重点介绍流动阻力、水头损失、流动的两种形态、均匀流动的基本方程、沿程水头损失、圆管中的层流运动和紊流运动、沿程阻力系数的变化规律及影响因素、局部水头损失。复习时还要掌握与有旋流动相关的几个概念和定理及不可压缩流体的二维无旋流动。掌握流函数、势函数的特点和存在条件,流函数、势函数和流速之间的相互关系和相互计算。不可压缩流体的二维势流有较完整的理论,特别时在求解物体绕流问题中有实际意义。流体被固体壁面包围,在管道或渠道中的流动称为内部流动,简称内流。不可压缩黏性流体的内部流动是工程中最广泛的一种流动. 与不可压缩理想流体的流动相比,不可压缩黏性流体的内部流动由于黏性的影响,使相对运动着的流层之间出现切向应力,形成阻力,要克服阻力,维持黏性流体的流动,就要消耗机械功,故不可压缩黏性流体流动时的机械能将逐渐减少;另一方面,对黏性流体,根据其流动时雷诺数的不同,将分为层流和湍流两种流动形态,这两种流动有着不同的流动规律和阻力特性。所以,出现流动阻力和形成层流、湍流两种形态,是不可压缩黏性流体的内部流动呈现的两大特点。复习时要掌握渐缩喷管与拉法尔喷管的特点及实际喷管的性能,掌握喷管中气体流速、流量的计算,会进行喷管外形的选择和尺寸计算,以及有摩阻时喷管出口参数的计算。能熟练进行喷管的设计和校核两类计算,明确滞止焓、临界截面和临界参数的概念及计算。复习时应掌握泵与风机的工作原理、性能参数及基本方程(欧拉方程),泵与风机的主要性能参数有:流量、扬程、全压、功率、转速及效率等。泵的主要参数还有气蚀余量。为了正确选择、使用泵与风机,必须了解泵或风机的参数之间的相互关系。凡是将泵或风机主要参数间的相互关系用曲线来表达,即称为泵或风机的性能曲线。所以,性能曲线是在一定的进口条件和转速时,泵或风机供给的扬程或全压、所需轴功率、具有的效率与流量之间的关系曲线。泵与风机性能曲线上每一个工作点都对应一个工况。但是,当泵或风机在管路系统中运行时,它究竟在哪一点工作,这不取决于泵或风机本身,而取决于与其工作的管路系统。因此为确定泵与风机的实际工作点,还需要研究管路性能曲线。 管路性能曲线就是流体在管路系统中通过的流量与所需要的能量之间的关系曲线。正确地使用泵与风机,力争提高泵与风机运行效率,与从设计制造角度提高泵与风机设备效率具有同样重要的价值。在实际中,正确地使用泵与风机包括两个方面,一是要正确地选型,二是要在运行中实施合理的调节与节能措施,实现泵与风机的安全经济运行。

复习内容

3.1 流体动力学基础

流体动力学研究的主要问题是流速和压强在空间的分布。流体动力学的基本问题是流速问题。

3.1.1 研究流体运动的两种方法

流体流动所占据的空间,称为流场。流体力学的研究就必须针对流场中的流动。

研究流体运动的方法有两种,即拉格朗日法和欧拉法。

1. 拉格朗日法

流场中的流体看作是由无数连续的质点所组成的质点系，把流体质点在某一时刻 t_0 的坐标（a、b、c）作为该质点的标志，则不同的（a、b、c）就表示流动空间的不同质点。

设（x、y、z）表示时间 t 时质点（a、b、c）的坐标，则全部质点随时间 t 的位置变动可表示为下列函数形式

$$\left.\begin{aligned} x &= x(a、b、c、t) \\ y &= y(a、b、c、t) \\ z &= z(a、b、c、t) \end{aligned}\right\} \tag{3.1-1}$$

式中，自变量（a、b、c、t）称为拉格朗日变量。这种通过描述每一质点达到了解流体运动的方法，称为拉格朗日法。拉格朗日法的基本特点是追踪流体质点的运动。

【例 3.1-1】 已知流体质点的运动，由拉格朗日变数表示为 $x= a\mathrm{e}^{kt}$，$y= b\mathrm{e}^{-kt}$，$z=c$，式中 k 是不为零的常数。试求流体质点的迹线、速度。

解：（1）由题给条件知，流体质点在 $z=c$ 的平面上运动，消去时间 t 后，得

$$xy=ab$$

上式表示流体质点的迹线是一双曲线族：对于某一给定的（a,b），则为一确定的双曲线。

（2）

$$u_x = \frac{\partial x}{\partial t} = ka\mathrm{e}^{kt}, u_y = \frac{\partial y}{\partial t} = -kb\mathrm{e}^{-kt}, u_z = \frac{\partial z}{\partial t} = 0$$

2. 欧拉法

大多工程问题中，仅关注流场的各固定点、固定断面或固定空间的流动。这时，可以利用“流速场”的概念来描述流体的运动。

“流速场”，表示流速在流场中的分布和随时间的变化。

设流速 u 在各坐标轴上的投影为 u_x、u_y、u_z，则可以分别表示为 x、y、z、t 四个变量的函数，即

$$\left.\begin{aligned} u_x &= u_x(x、y、z、t) \\ u_y &= u_y(x、y、z、t) \\ u_z &= u_z(x、y、z、t) \end{aligned}\right\} \tag{3.1-2}$$

式中，变量（x、y、z、t）称为欧拉变量。这种通过描述物理量在空间的分布来研究流体运动的方法称为欧拉法。

显然，拉格朗日法和欧拉法的研究对象不同，前者以一定质点为研究对象，而后者以固定空间为研究对象。本章以下对流动的描述均采用欧拉法。

3.1.2 稳定流动与非稳定流动

在用欧拉法观察流场中各固定点、固定断面或固定区间流动的全过程时，可以看到，流体通常从静止平衡状态、通过短时间的运动不平衡、达到新的运动平衡状态。根据流场中流速等物理量的空间分布是否与时间有关，流体流动可分为非稳定流动和稳定流动。

1. 非稳定流动

对于运动不平衡的流动，流场中的各点流速随着时间变化，各点的压强、黏性力和惯性力也随着速度的变化而变化。这种流速等物理量的空间分布与时间有关的流动称为非稳定流

动。非稳定流动的数学描述见式(3.1-2),反映了流速的空间分布和随时间的变化。

2. 稳定流动

运动平衡的流动,流场中各点流速不随时间变化,由流速决定的压强、黏性力和惯性力也不随时间变化,这种流动称为稳定流动。

在稳定流动中,欧拉变量不出现时间量 t,式(3.1-2)式可以简化为

$$\left.\begin{aligned} u_x &= u_x(x、y、z) \\ u_y &= u_y(x、y、z) \\ u_z &= u_z(x、y、z) \end{aligned}\right\} \tag{3.1-3}$$

显然,在描述稳定流动时,只需了解流速等物理量在空间的分布即可。

3.1.3 理想流体的运动方程式

流体流动的基本方程包括连续性微分方程和运动微分方程。其中,连续性方程是表征流体运动质量守恒规律的运动学方程,而运动方程是表征流场中任一质点的作用力动力平衡规律的动力学方程。如果流体的模型是无黏性的,则方程称为理想流体的运动微分方程;如果考虑流体的黏性,则称为黏性流体的运动微分方程,或称为纳维—斯托克斯方程。

3.1.4 实际流体的运动方程式

实际流体相对于"理想流体"而言,流体流动中需要考虑黏性力的作用。黏性流体在运动时,表面力不仅有法向应力,还有切向应力。

3.1.5 伯努利方程式及其使用条件

伯努利方程式是不可压缩流体一元稳定流动的能量方程,在解决流体力学问题上具有决定性的作用,它和连续性方程联立,可以解决一元流动的断面流速和压强的计算,其在应用上有很大的灵活性和适应性。

下面在导出伯努利方程式之前,首先,对涉及的一些流体力学的基本概念做简要回顾。

1. 理想不可压缩流体稳定元流能量方程

考虑外力作用下,从功能原理出发,取不可压缩无黏性流体稳定流动的力学模型,研究流体的流动规律。

在流场中选取元流,并在元流上沿流向取 1、2 两断面。以两断面间的元流段为对象,根据外力做功等于机械能增加的原理,可导出单位重量流体的能量方程,即

$$\frac{p_1}{\gamma} + Z_1 + \frac{u_1^2}{2g} = \frac{p_2}{\gamma} + Z_2 + \frac{u_2^2}{2g} \tag{3.1-4}$$

这就是理想不可压缩流体稳定元流能量方程,或称为伯努利方程。

对元流的任意断面,根据式(3.1-4),又可写成

$$\frac{p}{\gamma} + Z_1 + \frac{u^2}{2g} = \text{常数} \tag{3.1-5}$$

式中:Z 为断面对于选定基准面的高度,称为位置水头,表示单位重量的位置势能,称为单位位能;$\frac{p}{\gamma}$ 为断面压强作用使流体沿测压管所能上升的高度,称为压强水头,表示压力做功所能提

供给单位重量流体的能量,称为单位压能;$\frac{u^2}{2g}$为以断面流速 u 为初速的铅直上升射流所能达到的理论高度,称为流速水头,表示单位重量的动能,称为单位动能。

前两项相加,以 H_p 表示

$$H_p=\frac{p}{\gamma}+Z \tag{3.1-6}$$

表示断面测压管水面相对于基准面的高度,称为测压管水头,表明单位重量流体具有的势能,称为单位势能。

三项相加,以 H 表示

$$H=\frac{p}{\gamma}+Z+\frac{u^2}{2g} \tag{3.1-7}$$

称为总水头,表明单位重量流体具有的总能量,称为单位总能量。

能量方程式表明,理想不可压缩流体稳定元流中,各断面总水头相等,单位重量流体的总能量保持不变。

可见,一元流能量方程式,描述了一元流动中动能和势能、流速和压强相互转换的普遍规律;提出了理想流速和压强的计算公式。因此,它在水力学和流体力学中,具有非常重要的理论分析意义和极其广泛的实际计算作用。

2. 实际流体稳定元流能量方程式

实际流体的流动中,流体的黏性阻力做负功,使机械能量沿流向不断衰减。

对于理想流体稳定元流能量方程式(3.1-4),考虑黏性阻力的作用,进行一定的修正,即可得出实际流体稳定元流能量方程式

$$\frac{p_1}{\gamma}+Z_1+\frac{u_1^2}{2g}=\frac{p_2}{\gamma}+Z_2+\frac{u_2^2}{2g}+h'_{l1-2} \tag{3.1-8}$$

式中,h'_{l1-2} 表示元流 1、2 两断面间单位能量的衰减,称为水头损失。

3. 实际流体稳定总流能量方程式

为了从元流能量方程推导总流能量方程,必须了解压强在过流断面上的分布。

(1)过流断面的压强分布

过流断面上流速随流向发生变化,会产生离心惯性力,引起压强沿过流断面的变化。因此,我们根据流速是否随流向变化,把流动分为均匀流动和不均匀流动。不均匀流动又按流速随流向变化的缓急,分为渐变流动和急变流动。

如图 3.1-1 所示,均匀流的过流断面是平面,质点流速的大小和方向均不变,相应的流线是相互平行的直线。由于均匀流中不存在惯性力,沿过流断面只考虑压力和重力的平衡,因此,其过流断面上的压强分布服从于水静力学规律,即

$$Z+\frac{p}{\gamma}=c \tag{3.1-9}$$

式中:c 为常数。

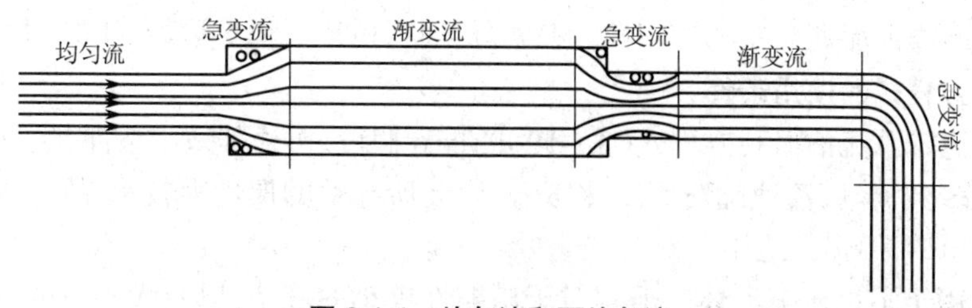

图 3.1-1 均匀流和不均匀流

渐变流的流线近乎平行直线,流速沿流向变化所形成的离心惯性力相对较小,可忽略不计。因此,渐变流可近似地按均匀流处理。

流体在弯管中的流动,流线呈显著的弯曲,是典型的流速方向变化的急变流问题。如图 3.1-2 所示,在这种过流断面上,和流体静压强分布相比,沿离心力方向压强增加,测压管水头增加($h'' > h > h'$),流速减小。

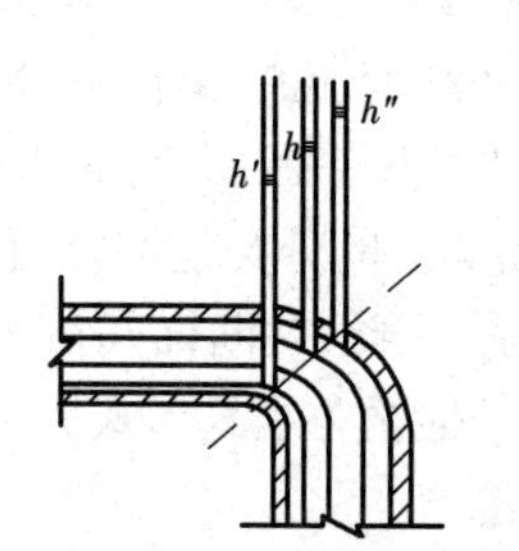

图 3.1-2 弯曲段断面的压强分布

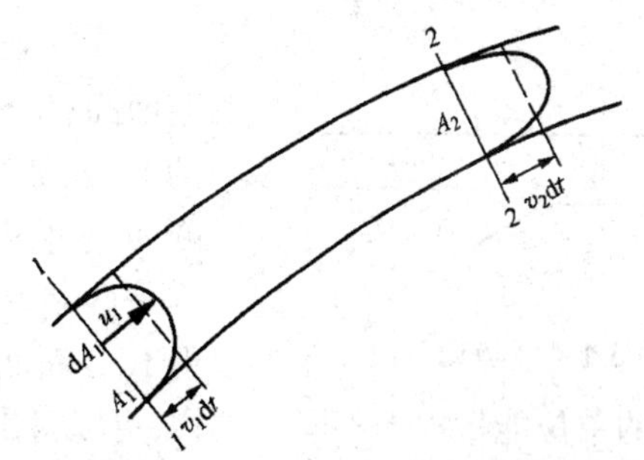

图 3.1-3 总流能量方程的推证

(2)稳定总流能量方程式

能量方程式由元流推广到总流,可以得出对平均流速和压强计算极为重要的总流能量方程式。

如图 3.1-3 所示,在总流中选取两个渐变断面 1-1 和 2-2。总流可以看成是无数元流之和,因此,总流的能量方程就是元流能量方程(3.1-8)在两断面范围内的积分。

整理可以得出单位质量流体的能量方程式,即

$$Z_1+\frac{p_1}{\gamma}+\frac{\alpha_1 v_1^2}{2g}=\frac{p_2}{\gamma}+\frac{\alpha_2 v_2^2}{2g}+h_{l1-2} \tag{3.1-10}$$

式中:Z_1、Z_2 分别为选定的 1、2 渐变流断面上任一点相对于选定基准面的高度;p_1、p_2 分别为相应断面同一选定点的压强,可同时用相对压强或同时用绝对压强;v_1、v_2 分别为相应断面的平均流速;α_1、α_2 分别为相应断面的动能修正系数;h_{l1-2} 为 1、2 两断面间的平均单位水头损失。

上式即为稳定总流能量方程式或稳定总流伯努利方程式。该式表明,单位时间内流入上游断面的能量,等于流出下游断面的能量和两断面间流段所损失的能量之和。

水头损失 h_{l1-2} 一般分为沿程水头损失和局部水头损失,前者是指沿管长均匀发生的均匀流损失,后者是指由于局部障碍(如管道弯头、各种接头、闸阀、水表等)引起的急变流损失。

动能修正系数 α 的定义式为 $\alpha=\frac{\int u^3 \mathrm{d}A}{v^3 A}$,其中 u 为断面实际流速,v 为断面平均流速。α

值取决于过流断面上流速分布的均匀性。在实际工程计算中，通常取 $\alpha=1.0$。

4. 伯努利方程式的使用条件

下面结合稳定总流伯努利方程式（3.1-10）的推导假设，讨论其适用条件。

①对于大多数流动，流速随时间变化缓慢，由此所导致的惯性力较小，故方程虽是在稳定流动前提下导出的，但仍然适用。

②方程宜用于不可压缩流体。但它对于压缩性极小的液体，以及大多数的气体流动也可应用。只有压强变化较大，流速很高的情形下，才需要考虑流体的可压缩性。

③对于某些问题，如无法将断面选在渐变流段，则只要断面流速不大，离心惯性力不显著，或者断面流速项在能量方程中所占比例很小，也可以将断面划在急变流处，近似地求流速或压强。

④方程是在两断面间没有能量输入或输出的情况下导出的。如果有能量的输入或输出，则可以将输入的单位能量项加在方程式（3.1-10）的左边，或将输出的能量项加在方程式（3.1-10）的右边，以维持能量收支的平衡。

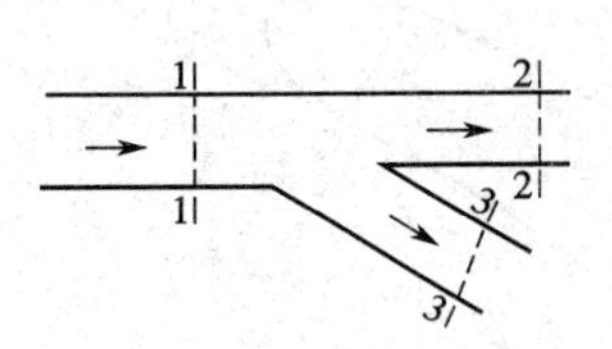

图 3.1-4　流动分流

⑤如果两断面之间有分流或合流，如图 3.1-4 所示，1、2 断面间有分流，虽然分流点是非渐变流断面，而离分流点稍远的 1、2 或 3 断面都是均匀流或渐变流断面，可以近似认为各断面通过流体的单位能量在断面上的分布是均匀的。能量方程是两断面间单位能量的关系，因此，两断面间虽分出流量，但 1、2 断面间和 1、3 断面间的能量方程式形式完全相同，只是相应的单位能量损失不同。同样，可以得出合流时的能量方程。

通常，涉及流体动力学的实际工程问题包括三种类型，即求流速、求压强、求流速和压强。其中，最主要的问题是求流速，在流速已知的基础上可以求出压强。其他问题，如流量问题、水头问题、动量问题等都是和流速、压强相关联的。

求流速的一般步骤是：分析流动、划分断面、选择基面、列方程求解。

5. 水头线

利用能量方程，能够确定一元流某些断面的流速和压强，为表征其全线的问题，需要引入总水头线和测压管水头线。

水头线是总流沿程能量变化的几何图示。如图 3.1-5 所示，在一元流的流速水头已确定的基础上，以距基准面的铅直距离分别表示相应断面的总水头和测压管水头，即为总水头线和测压管水头线。

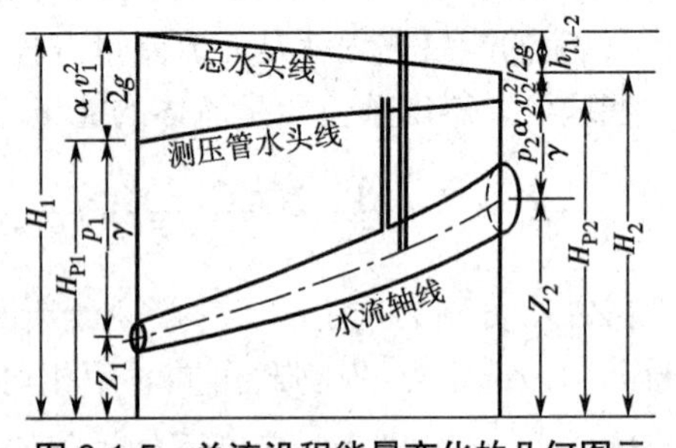

图 3.1-5　总流沿程能量变化的几何图示

位置水头、压强水头和流速水头之和，称为总水头。沿流线每一个断面的总水头，是上游断面总水头，减去两断面间的水头损失。从断面的总水头减去同一断面的流速水头，即得到该断面的测压管水头。将各断面的总水头和测压管水头连成线，即为总水头线和测压管水头线。

虽然总流能量方程式（3.1-10）是在不可压缩的流动模型基础上导出的，但在流速不太高、压强变化不大的情形下，同样可以适用于气体。通常，能量方程应用于气体时，将方程式（3.1-10）的各项乘以容重，转变为压强的因次，即

$$p_1' + \gamma Z_1 + \frac{\rho v_1^2}{2} = p_2' + \gamma Z_2 + \frac{\rho v_2^2}{2} + p_{l1-2} \tag{3.1-11}$$

其中，$p_{l1-2} = \gamma h_{l1-2}$ 为两断面间的压强损失，两断面压强写为 p_1'、p_2' 表示它们是绝对压强。

对于气体流动，在高差较大、气体密度和空气密度不等的情况下，必须考虑大气压强因高度不同的差异。

为了反映气流沿流程的能量变化，类似于总水头线和测压管水头线，引入总压线和势压线。气流的总压线和势压线通常可在选定零压线的基础上，对应于气流各断面进行绘制。

【例 3.1-2】 为测量通风机吸入空气的体积流量，在通风机入口装一个圆弧形集流器，并在集流器上连接一个 U 形管液柱式测压计，如图所示. 测得当地大气压 p_a=750 mmHg，气温 t=30 ℃，集流管直径 D=400 mm，U 形管测压计内的封液为水，h= 150 mmH$_2$O，若不计损失，试计算通风机吸入的空气流量 Q。

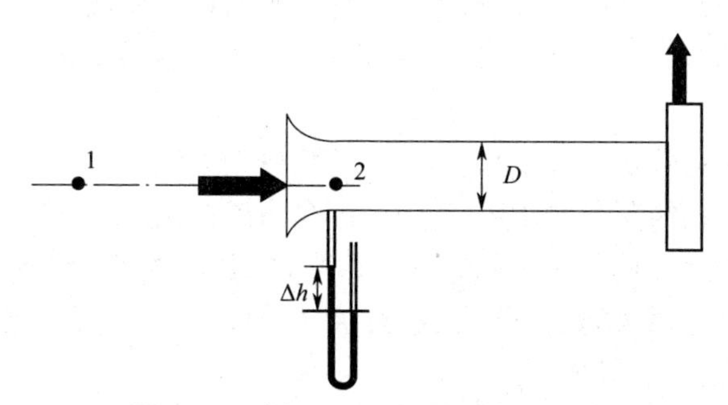

图 3.1-6 例 3.1-2 图 圆弧形集流器

解：如例 3.1-2 图所示，选取集流器外线上的点 1 和集流器内中心处的同一根流线上的点 2，列伯努利方程

$$\frac{v_1^2}{2} + gz_1 + \frac{p_1}{\rho} = \frac{v_2^2}{2} + gz_2 + \frac{p_2}{\rho}$$

集流器外的压强为大气压，所以 p_1=p_a，同时，由于 A_1>>A_2，从不可压缩流体的连续性方程可知，v_1<<v_2，v_1 可以忽略，取 v_1=0，又 z_1=z_2，所以

$$\frac{p_a}{\rho} = \frac{v_2^2}{2} + \frac{p_2}{\rho}$$

即

$$v_2 = \sqrt{2\left(\frac{p_a - p_z}{\rho}\right)}$$

根据 U 形管液柱式测压计内的液位差，得 $p_a - p_z = \rho_{水} g\Delta h$，同时查表可知 30 ℃时，$\rho_{水}$= 995.24 kg/m^3，空气密度 ρ=1.15 kg/m^3，所以

$$v_2 = \sqrt{2\left(\frac{\rho_{水} g\Delta h}{\rho}\right)} = \sqrt{2\frac{995.24\times9.81\times0.15}{1.15}} = 50.47 \text{ m/s}$$

通风机吸入的空气流量

$$Q=\frac{\pi}{4}D^2v_2=\frac{\pi}{4}\times0.4^2\times50.47=6.34\ \mathrm{m^3/s}$$

本题计算得到的空气流速小于 70 m/s，所以本题将空气作为不可压缩流体处理是合理的。

3.2 相似原理和模型实验

相似原理是科学地设计实验、整理实验成果、运用实验成果、发展实验技术的理论依据，而模型实验是在相似原理指导下的实验性模拟研究。

3.2.1 物理现象相似的概念

两个物理现象相似是指两个同一类的物理现象，在对应的时间和空间点上，各物理量的大小成比例，且向量物理量的方向相同。

要保证两个流动现象的相似，即两个流动问题的力学相似，必须是两个流动现象的几何相似、运动相似、动力相似，以及两个流动的边界条件和起始条件相似。

几何相似是指流动空间相似，即形成此空间任意相应两线段夹角相同，任意相应线段长度保持一定的比例。

运动相似是指两流动的相应流线几何相似，即相应点的流速大小成比例，方向相同。

动力相似是指两流动的同名力作用，相应的同名力成比例。

同名力是指同一物理性质的力，例如重力、黏性力、压力、惯性力、弹性力。同名力作用，是指如果在原型流动中作用着黏性力、压力、重力、惯性力、弹性力，则模型流动中也同样地作用着黏性力、压力、重力、惯性力、弹性力。

相应力成比例，是指原型流动和模型流动的同名力成比例。

可见，运动相似通常是模型实验的目的，动力相似是运动相似的保证，而几何相似是力学相似的前提。

3.2.2 相似准数

对于两个相似流动现象，根据动力相似的定义，可以导出一系列相似准数，包括欧拉数、弗诺得数、雷诺数等。

3.2.3 相似三定理

1. 相似第一定理

相似第一定理阐明：两个相似现象的同名相似准数必定相等，即相同名称的相似准数分别相等。

2. 相似第二定理

相似第二定理阐明：相似准则数之间相互存在着函数关系。

在分析不可压缩流体流动的动力相似时，决定流动平衡的四种力（包括黏滞力、压力、重力和惯性力）并不都是独立的，根据力多边形相似法则，其中必有一个力是被动的，只要其中的三个力分别相似，则第四个力必然相似。所以，在决定动力相似的三个准则数 Eu、Fr、Re 中，必然有一个是被动的，相互之间存在着依赖关系，如

$$Eu=f(Fr、Re) \tag{3.2-1}$$

在大多数流动问题中，通常欧拉数 *Eu* 是被动的准则数。因此，将对流动起决定作用的准则数称为决定性相似准数或称为定型相似准数；被动的准则数称为被决定的相似准数或非定型相似准数。相似准则数之间的函数关系称为准则方程。

3. 相似第三定理

相似第三定理阐明：两个现象相似的充分必要条件是同名相似准数相等和单值性条件相似。这里，单值性条件是指把某一现象从无数个同类现象中区分开来的条件，包括几何相似、边界条件和初始条件相似，以及由单值性条件所导得的相似准数相等。

显然，相似三定理反映了流动现象相似的必要条件、相似准数之间的相互关系及充要条件，对于模型实验研究及实验安排、实验数据整理、实验结果应用均具有指导意义。

3.2.4 因次分析法

相似理论是在描述物理现象客观规律的物理方程式已知的情况下，探求两现象相似的条件；而因次分析法只要在决定某物理现象的诸因素已知的条件下，根据因次和谐性就可以推导出描述该现象的物理方程。根据因次分析法推导出的物理方程，通过实验来确定其具体形式。

因次分析法是以方程式的因次和谐性（指完整的物理方程式中各项的因次应相同）为基础的。通过对现象中物理量的因次以及因次之间相互联系的各种性质的分析，研究现象相似性。

因次是指物理量的性质和类别，又称为量纲，与物理量的单位有所不同。例如，长度和质量的因次分别用[L]、[M]表达。物理量的单位除表示物理量的性质外，还包含着物理量的大小。例如，同为长度因次，单位包括米、厘米等。因此，因次分析法又称为量纲分析法。

在因次分析法中，通常用到基本因次和导出因次。其中，基本因次是指某一类物理现象中，不存在任何联系的性质不同的因次；导出因次是指那些可以由基本因次导出的因次。

因次分析法包括两种，即 π 定理和瑞利法。其中，π 定理是一种具有普遍性的方法，而瑞利法适用于比较简单的问题。

1. π 定理（又称巴金汉法）

对于某一流动问题，设影响该流动的物理量有 n 个，即 $x_1, x_2, \cdots, x_n$；而在这些物理量中涉及的基本因次有 m 个，于是就可以把这些物理量排列成 n-m 个独立的无因次参数 $\pi_1, \pi_2, \cdots, \pi_{n-m}$。它们的函数关系分别为

$$f_1(x_1, x_2, \cdots, x_n) = 0 \tag{3.2-2}$$

$$f_2 = (\pi_1, \pi_2, \cdots, \pi_{n-m}) = 0 \tag{3.2-3}$$

然后，在变量 $x_1, x_2, \cdots, x_n$ 中，选择 m 个因次独立的物理量作为重复变量，连同其他的 x_i 量中的一个变量组合每个 π_i。

设 m=3，x_1, x_2, x_3 为重复变量，于是有

$$\left.\begin{aligned} \pi_1 &= x_1^{\alpha_1} x_2^{\beta_1} x_3^{\gamma_1} x_4 \\ \pi_2 &= x_1^{\alpha_2} x_2^{\beta_2} x_3^{\gamma_2} x_5 \\ &\cdots\cdots \\ \pi_{n-m} &= x_1^{\alpha_{n-m}} x_2^{\beta_{n-m}} x_3^{\gamma_{n-m}} x_n \end{aligned}\right\} \tag{3.2-4}$$

其中，$\alpha_i,\beta_i,\gamma_i$ 可以根据各方程的因次和谐性来确定。但式(3.2-3)的具体形式还需要结合实验来确定。

对于有压管流中的压强损失，运用 π 定理，可以得到

$$Eu=\Delta pl/(\rho v^2)=f(l/d,K/d,Re) \quad (3.2\text{-}5)$$

式中，函数的具体形式由实验确定。

实验得知，压差 Δp 与管长 l 成正比，因此，结合实验，得到了大家熟知的管流沿程损失公式。即

$$\Delta p=\lambda(K/d,Re)l/d\bullet\rho v^2/2 \quad (3.2\text{-}6)$$

2. 瑞利法

假设，物理量 y 是物理量 $x_1,x_2,\cdots,x_m$ 的一个函数，即

$$y=f(x_1,x_2,\cdots,x_m) \quad (3.2\text{-}7)$$

则 y 的因次等于物理量 $x_1,x_2,\cdots,x_m$ 的幂乘积，即

$$[y]=[x_1]^{c_1}[x_2]^{c_2}\cdots\cdots[x_m]^{c_m}$$

可以推出

$$y=c_0x_1^{c_1}x_2^{c_2}\cdots\cdots x_m^{c_m} \quad (3.2\text{-}8)$$

式中，c_0 为无因次比例常数。

根据方程的因次和谐性，结合实验可以确定方程式中的系数值，方程的具体形式即可确定。

需要指出，因次分析法的有效使用依赖于对所研究现象的透彻和全面的了解，在应用因次分析法时，正确选定所有影响因素是一个至关重要的问题。另外，使用瑞利法，当影响流动的参数个数比较多时，有较多的待定指数，要确定它们，需要较大的实验量。这正是因次分析法的局限性。

显然，因次分析法不仅可导出相似准则数和结合实验得到准则方程，同样可用于实验方案的确定、模型的设计和实验数据的整理等。

3.2.5 流体力学模型研究

模型实验是根据相似原理，在和原型相似的小尺度模型上进行的实验，其实验结果可用来预测原型将会发生的流动现象。

根据相似原理，要保持模型和原型的流动相似，在几何相似的前提下，所有的相似准则数应相同，这种情形下的相似称为完全相似。

实际上，研究流动问题时，由于模型几何尺寸和流动介质等不一定与原型值相同等诸多因素的存在，很难保证所有的准则数都分别相等。因此，在模型设计时，应根据对流动起决定性作用的力，仅考虑模型和原型的该力相应的准则数相等。这种只保持主要相似准则数相等的相似称为局部(或部分)相似。对局部相似的模型实验结果原则上应进行修正。

为使模型实验合理可行，在进行模型实验前需要解决下面两个问题：

(1)选择模型律

在模型设计时，确定对流动起决定性作用的力，选择相应的模型律，即只选择这种外力的

动力相似条件。

例如：对于有压管流，影响流速分布的主要因素是黏滞力，应采用雷诺模型律，按雷诺准数设计模型；而在大多明渠流动中，重力起主要作用，一般采用弗劳德模型律，即按弗劳德准数设计模型。

（2）设计模型

在安排模型实验前进行模型设计，通常先根据实验条件定出长度比尺，以选定的比尺缩小原型，得出模型的几何尺寸；根据对流动受力情况的分析，保持对流动起主要作用的力相似，选择模型律；最后按选用的模型律，确定流速比尺及模型的流量。

3.2.6 实验数据处理

如前所述，相似理论三定理对于模型实验的数据处理具有指导性的意义。相似理论三定理阐明，两个相似现象同名相似准数相等，单值性条件相似，相似准则数之间相互存在着函数关系。因此，在分析模型实验数据时，应该探究的是相似准则数的变化规律以及相似准则数之间相互存在的函数关系，从而获得相应的准则方程。

例如，对于不可压缩流体流动的模型实验，通过实验数据处理，最终应该得出描述动力相似的三个准则数 Eu、Fr、Re 相互之间关系的准则方程，反映原型的流动现象及规律。

【例 3.2-1】 以流体质点直线运动为例导出相似准则。

解：流体质点直线运动，对应的速度方程为

$$v=\frac{\mathrm{d}l}{\mathrm{d}t} \tag{a}$$

与其相似的流动中，流体质点的速度方程为

$$v'=\frac{\mathrm{d}l'}{\mathrm{d}t'} \tag{b}$$

由于两流动现象相似，有

$$v'=C_v v\,,\ l'=C_l l\,,\ t'=C_t t \tag{c}$$

将式（c）代入式（b），整理后得

$$\frac{C_v C_t}{C_l}v=\frac{\mathrm{d}l}{\mathrm{d}t} \tag{d}$$

要使描述两现象得方程一致，式（a）和式（d）相比，则有

$$\frac{C_v C_t}{C_l}=1 \tag{e}$$

式（e）说明各相似倍数不是任意选取的，而是受上式约束的，将式（e）变换得

$$\frac{vt}{l}=\frac{vt'}{l'},\qquad \text{即 } St=St' \tag{f}$$

可以看出，对于流体质点直线运动，若流动相似，原型和模型流动的 St 数必相等，St 是描述非定常（不稳定）流动的相似准则。

3.3 流动阻力和能量损失

流体在流动过程中,因流动阻力引起能量损失。而流动阻力与流体的黏滞性、惯性以及固体壁面对流体的阻滞作用、扰动作用有关。因此,研究能量损失的规律,必须分析各种阻力的特性,研究壁面特征的影响,以及产生各种阻力的机理。

3.3.1 层流和紊流现象

1. 流态

流体的运动有两种结构不同的流动状态,即层流与紊流。流动呈现什么流态,取决于扰动的惯性作用和黏性的稳定作用的相对强弱。

2. 流态的判别准则

如前 3.2.2 中所述,无因次参数 Re 反映了惯性力和黏性力的对比关系,因此可以用来判别流态,即

$$Re = \frac{vl}{\upsilon} \tag{3.3-1}$$

通常,采用临界雷诺数作为判别流态的准则。对于管内流动,临界雷诺数 $Re_c = 2\,000$,即

$$\text{层流} \qquad Re = \frac{vd}{\upsilon} < 2\,000 \tag{3.3-2}$$

$$\text{紊流} \qquad Re = \frac{vd}{\upsilon} > 2\,000 \tag{3.3-3}$$

需要指出的是,对于边壁形状不同的流动,具有不同的临界雷诺数值。

3. 管内紊流现象分析

如图 3.3-1 所示,当管内流体的流速较高,雷诺数较大时,流体的主体流动呈现为紊流。但在邻近管壁的极小区域内,由于固体壁面的阻滞作用,仍存在着很薄的一层流体保持为层流运动。该流层称为层流底层,对应管中心部分称为紊流核心。在紊流核心与层流底层之间还存在一个由层流到紊流的过渡层。

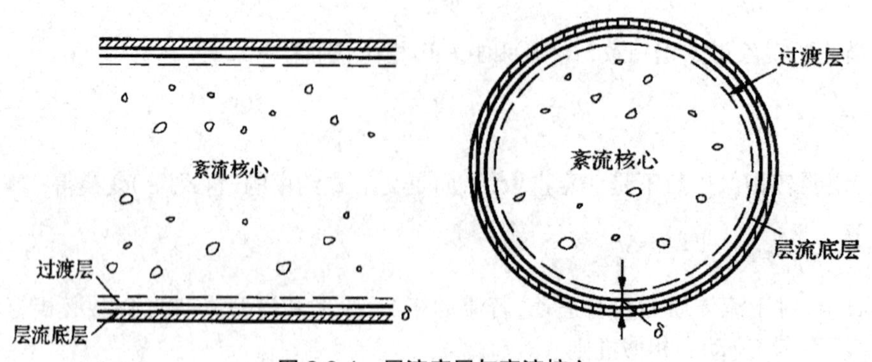

图 3.3-1 层流底层与紊流核心

层流底层的厚度 δ 随着雷诺数 Re 的增加而减小,它的存在对管壁粗糙的扰动作用和导热性能有很重要的影响。

【例 3.3-1】 管道直径 d=100 mm，输送水的流量为 10 kg/s，如水温为 5 ℃，试确定管内水流的状态。如用这管道输送同样质量流量的石油，已知石油密度 ρ=850 kg/m^3、运动黏度 υ =1.14 cm^2/s，试确定石油流动的流态。

解：（1）$v=\dfrac{Q}{A}=\dfrac{4\times10}{\pi\times0.1^2\times1\,000}$ m/ s = 1.27 m/ s

$$\upsilon=1.519\times10^{-6}\,\text{m}^2/\text{s}\quad(t=5\ ℃)$$

$$Re=\frac{vd}{\upsilon}=\frac{1.27\times0.1}{1.519\times10^{-6}}=83\,608>2\,000\text{，为湍流}$$

（2）$v=\dfrac{Q}{A}=\dfrac{4\times10}{\pi\times0.1^2\times850}$ m/s=1.50 m/s

$$\upsilon=1.14\,\text{cm}^2/\text{s}$$

$$Re=\frac{vd}{\upsilon}=\frac{150\times10}{1.14}=1\,316<2\,000\text{，为层流}$$

3.3.2 圆管中层流和紊流的速度分布

流体流动的能量损失与流动状态密切相关，而速度分布是描述流体流动规律的最基本物理量。因此，下面以工程中最常见的圆管为例，讨论其层流和紊流的速度分布特征。

1. 圆管中层流的速度分布

作用在流体上的力是使流体运动状态发生变化的原因。因此，有必要先了解反映沿程水头损失和管壁切应力之间关系的均匀流动方程。

1）均匀流动方程式

在长直的圆管中，流体流动为均匀流，取一流段作力的分析。在沿流向上，所取流段受的作用力包括重力分量、端面压力、管壁切应力。在均匀流中，流体质点作等速运动，加速度为零，因此，所受各力的合力为零，考虑到各力的作用方向，结合前面所述的能量方程（3.1-10），可以导出均匀流动方程（3.3-4），详细推导可参阅相关文献。

$$\tau_0=\gamma\frac{r_0}{2}\frac{h_{\mathrm{f}}}{l}\tag{3.3-4}$$

式中：τ_0 为管壁切应力；r_0 为圆管半径；$\dfrac{h_{\mathrm{f}}}{l}$ 为单位长度的沿程损失，称为水力坡度，以 J 表示。

于是，式（3.3-4）可改写为

$$\tau_0=\gamma\frac{r_0}{2}J\tag{3.3-5}$$

显然，均匀流动方程反映了沿程水头损失和管壁切应力之间的关系。

如果，取半径为 r 的同轴圆柱形流体讨论，可类似得出

$$\frac{\tau}{\tau_0}=\frac{r}{r_0}\tag{3.3-6}$$

上式表明，圆管均匀流中，切应力与半径成正比，轴线上为零，在管壁上达最大值。

2)速度分布

流体在圆管中流动,其流动状态为层流时,可以证明,各流层间的切应力大小满足牛顿内摩擦定律,即

$$\tau=-\mu\frac{\mathrm{d}u}{\mathrm{d}r} \tag{3.3-7}$$

上式与均匀流动方程式(3.3-5)联立,考虑到均匀流中J值不随r变化,并代入边界条件,$r=r_0$时,$u=0$,整理得

$$u=\frac{\gamma}{4}\frac{J}{\mu}(r_0^2-r^2) \tag{3.3-8}$$

上式反映了圆管中层流的断面流速分布规律。

显然,断面流速分布是以管中心线为轴的旋转抛物面,如图3.3-2所示。

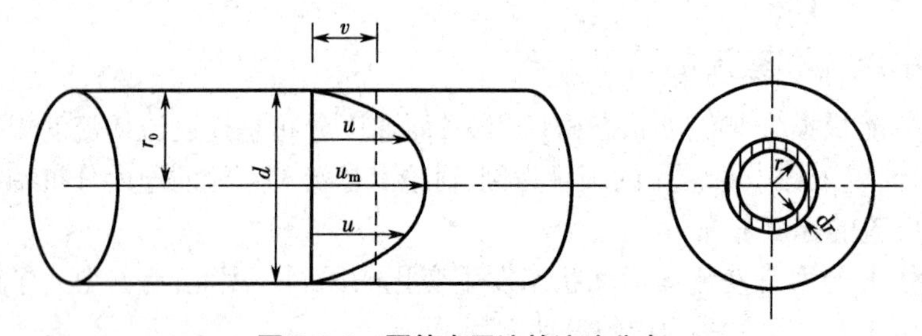

图 3.3-2　圆管中层流的流速分布

在管轴上,达到最大流速,即

$$u_{\max}=\frac{\gamma J}{4\mu}r_0^2=\frac{\gamma J}{16\mu}d^2 \tag{3.3-9}$$

将式(3.3-8)代入断面平均流速的定义式可得

$$v=\frac{\gamma J}{8\mu}r_0^2=\frac{\gamma J}{32\mu}d^2 \tag{3.3-10}$$

可见,圆管中层流时,断面平均流速等于管轴最大流速的一半,即

$$v=\frac{1}{2}u_{\max} \tag{3.3-11}$$

工程问题中,管内层流运动仅存在于某些小管径、小流量的管路或黏性较大的管路中,大多数流动属于紊流。但层流运动规律是研究紊流运动的基础。

2. 圆管中紊流的速度分布

与层流相比较,圆管中紊流流层间的渗混,使断面流速分布较为均匀。

下面简要分析紊流运动的流动特征和速度分布规律。

1)紊流运动的特征

紊流运动是极不规则的流动,流动空间点上的速度、压强等物理量随时间变化作无规则的随机变动,这种现象称为紊流的脉动现象。

统计平均法是处理具有脉动随机性现象的基本手段,它包括时均法和体均法等。在处理

具有脉动随机性的紊流流动时,时均法较为常用,这是因为它相对比较容易测量。

下面结合图 3.3-3,以速度分量 u_x 的时间平均,说明时均法的定义,类似可以得到其他物理量的时均值。

对于某紊流流动,在某一空间固定点上,测得速度随时间的变化曲线,如图 3.3-3 所示。

①瞬时流速 u_x:指某一空间点的实际流速,在紊流流态下随时间脉动。

②时均流速 $\overline{u_x}$:指某一空间点的瞬时流速在时段 T 内的时间平均值,即

$$\overline{u_x}=\frac{1}{T}\int_0^T u_x \mathrm{d}t \tag{3.3-12}$$

③脉动值:指瞬时值与平均值之差。

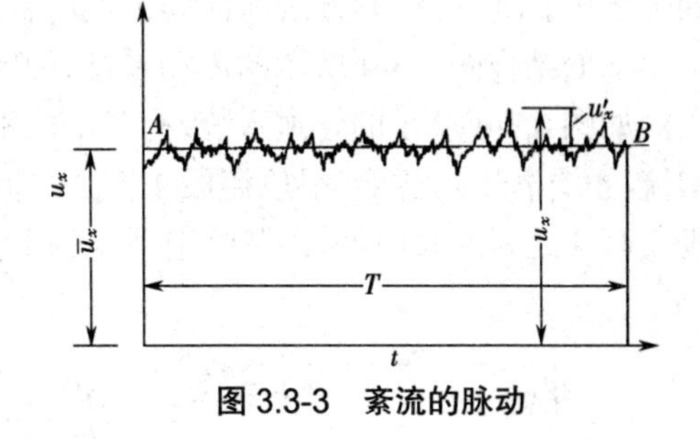

图 3.3-3　紊流的脉动

脉动流速为

$$u'_x=u_x-\overline{u_x} \tag{3.3-13}$$

2)紊流的速度分布

(1)紊流切应力

它包括黏性切应力和惯性切应力。

黏性切应力与层流相同,其原因是紊流的各流层间时均流速不同而产生相对运动。

黏性切应力可由牛顿内摩擦定律计算,即

$$\overline{\tau_1}=\mu\frac{\mathrm{d}\overline{u_x}}{\mathrm{d}y} \tag{3.3-14}$$

式中,速度、黏性切应力均采用时均值。

惯性切应力则是由紊流脉动引起的动量交换产生的。分析表明,惯性切应力和黏性切应力的方向一致。

黏性切应力可由下式表示

$$\overline{\tau_2}=-\rho\overline{u'_x u'_y} \tag{3.3-15}$$

上式就是流速横向脉动产生的惯性切应力,是由雷诺于 1895 年提出的,故又称为雷诺应力。

(2)普朗特混合长度理论

实际上,由于脉动量测量的困难,通过测量紊流的脉动值,由定义式(3.3-15)来计算惯性切应力是不可能的。

根据普朗特的混合长度理论,可以从理论上证明断面上流速分布呈对数型。详细推导可参阅有关专业书籍。即

$$u=\frac{1}{\beta}\sqrt{\frac{\tau_0}{\rho}}\ln y+c \tag{3.3-16}$$

式中:y 为离圆管壁的距离;β 为卡门通用常数,可由实验确定;c 为积分常数。

管内流动的流速分布图可参阅本书图 3.3-6。由图可见,紊流和层流时圆管内流速分布规

律的差异,是由于紊流时流体质点相互渗混使流速分布趋于平均化造成的。

3.3.3 流动阻力分类和能量损失计算

在能量损失的计算中,由于引起能量损失的阻力与固体壁面对流体的阻滞作用、扰动作用有关,因此,通常根据流体接触的固体边壁沿程是否变化,把能量损失分为两类,即沿程损失和局部损失,相应的计算方法和损失机理均有所不同。

下面结合图 3.3-4 所示的流动系统,说明流动阻力分类和能量损失计算。

如图 3.3-4 所示的管道系统,有若干段不同直径的长直管道,如管段 1、2、3、4 等,主要为均匀流;也有若干边界变化处,流段 1 至 2 之间的突然扩大处、流段 2 至 3 之间的突然缩小处、流段 3 至 4 之间的阀门处,以及管道系统的上游进口与下游的出口处,主要为急变流。

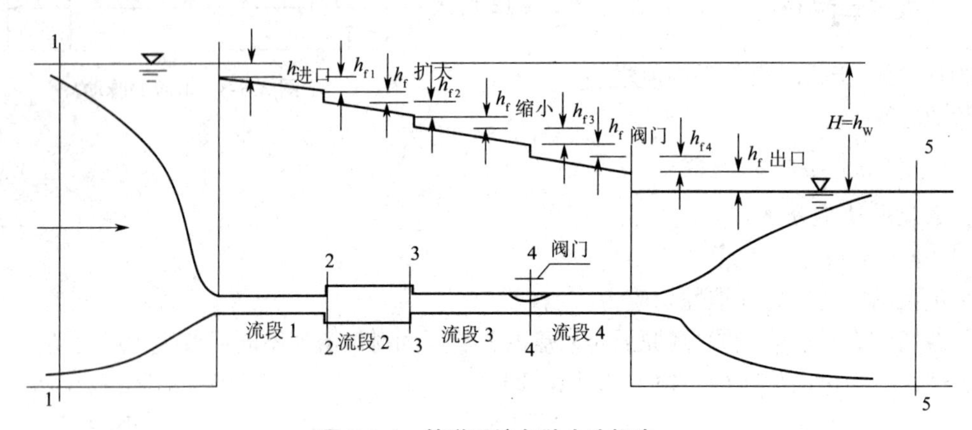

图 3.3-4 管道系统各种水头损失

1. 流动阻力分类

(1)沿程阻力

在边壁沿程不变的管段上,流动阻力沿程也基本不变,这类阻力称为沿程阻力。克服沿程阻力引起的能量损失称为沿程损失。

(2)局部阻力

在边界急剧变化的区域,阻力主要集中在该区域内及其附近,这种集中分布的阻力称为局部阻力。克服局部阻力的能量损失称为局部损失。

例如,管道进口、变径管和阀门等处,由于旋涡的产生及流速方向、大小的变化,引起局部阻力的产生。

整个管路的能量损失等于各管段的沿程损失 h_f 和各局部损失 h_j 的总和,即

$$h_w = \sum h_f + \sum h_j \tag{3.3-17}$$

2. 能量损失计算

能量损失通常有两种表示方法,对于液体,通常用单位重量流体的能量损失(或称水头损失);对于气体,通常用单位体积流体的能量损失。

能量损失的计算公式用水头损失表达时,为

$$h_f = \lambda \frac{l}{d} \frac{v^2}{2g} \tag{3.3-18}$$

$$h_j = \zeta \frac{v^2}{2g} \tag{3.3-19}$$

用压强损失表达时，则为

$$p_f = \lambda \frac{l}{d} \frac{\rho v^2}{2} \tag{3.3-20}$$

$$p_j = \zeta \frac{\rho v^2}{2} \tag{3.3-21}$$

式中：l为管长；d为管径；v为断面平均流速；g为重力加速度；λ为沿程阻力系数；ζ为局部阻力系数。

显然，应用上述计算能量损失时，其核心问题是各种流动条件下沿程阻力系数λ和局部阻力系数ζ的计算，除少数简单情况外，主要是用经验或半经验的方法进行计算。

【例 3.3-2】 输油管的直径 d=0.1 m，长 l=6 000 m，出口端比入口端高 h=12 m，输送油的流量 G=8 000 kg/h，油的密度 ρ=860 kg/m³，入口端的油压 p_1=4.9 × 10⁵ Pa，沿程阻力系数 λ=0.03，求出口端的油压 p_0。

解：油的平均流速

$$v = \frac{G}{3\,600 \times \frac{\pi}{4} d^2 \rho} = \frac{8\,000}{3\,600 \times \frac{\pi}{4} \times 0.1^2 \times 860} = 0.329 \text{ m/s}$$

流动阻力损失

$$h_w = \lambda \cdot \frac{l}{d} \cdot \frac{v^2}{2g} = 0.03 \times \frac{6\,000}{0.1} \times \frac{0.329^2}{2 \times 9.8} = 9.94 \text{ m}$$

在入口、出口截面附近建立总流的伯努利方程

$$z_1 + \frac{p_1}{\rho g} + \frac{v_1^2}{2g} = z_2 + \frac{p_2}{\rho g} + \frac{v_2^2}{2g} + h_w$$

因为 z_1=0，z_2=12 m，p_1=4.9 × 10⁵ Pa，v_1=v_2=0.329 m/s，代入上式得

$$0 + \frac{4.9 \times 10^5}{860 \times 9.8} + \frac{0.329^2}{2 \times 9.8} = 12 + \frac{p_2}{860 \times 9.8} + \frac{0.329^2}{2 \times 9.8} + 9.94$$

解得

$$p_0 = p_2 = 305\,090 \text{ Pa}$$

3.3.4 层流和紊流沿程阻力系数的计算

1. 层流沿程阻力系数的计算

圆管层流沿程阻力系数的计算式为

$$\lambda = \frac{64}{Re} \tag{3.3-22}$$

可见，圆管层流的沿程阻力系数仅与雷诺数有关，且成反比。

1）*尼古拉兹实验测定*

影响沿程阻力系数的因素包括雷诺数和相对粗糙度，即

$$\lambda = f\left(Re, \frac{K}{d}\right) \tag{3.3-23}$$

尼古拉兹实验结果，根据沿程阻力系数的变化特征，可归纳为五个阻力区：

（1）第一区，层流区

当 Re<2 000 时，流态属于层流，λ 仅随 Re 变化，且随 Re 的增大而减小。

$$\lambda = \frac{64}{Re} \tag{3.3-22}$$

（2）第二区，临界区

当 Re=2 000~4 000 时，流态属于由层流向紊流的过渡过程。

λ 随 Re 的增大而增大，而与相对粗糙度无关。

$$\lambda = f_2(Re) \tag{3.3-24}$$

（3）第三区，紊流光滑区

当 Re>4 000 后，在曲线Ⅲ范围内，λ 仅与 Re 有关，且随 Re 的增大而减小，而与相对粗糙度无关。

$$\lambda = f_3(Re) \tag{3.3-25}$$

（4）第四区，紊流过渡区

在这个区域内，λ 与 Re 和相对粗糙度均有关。

$$\lambda = f_4(Re, K/d) \tag{3.3-26}$$

（5）第五区，紊流粗糙区

在这个区域内，λ 仅与相对粗糙度有关，而与 Re 无关。

$$\lambda = f_5(K/d) \tag{3.3-27}$$

当 λ 与 Re 无关时，对于确定的管道，沿程损失仅与流速的平方成正比，因此，第五区又称为阻力平方区。

可见，紊流可分为三个阻力区，即光滑区、过渡区和粗糙区。

需要注意，流体力学中所述的光滑区和粗糙区，不完全决定于管壁粗糙度 K，还取决于和 Re 有关的层流底层的厚度 δ。如图 3.3-5 所示，在光滑区，$K \leqslant \delta$，粗糙度对紊流核心的流动几乎没有影响；在过渡区，层流底层变薄，K 与 δ 相当，粗糙开始影响紊流核心区的流动，加大了核心区内的紊流脉动的强度；在粗糙区，层流底层更薄，$K \geqslant \delta$，粗糙的扰动作用成为紊流核心中惯性阻力的主要原因，相比较 Re 的影响就可以忽略了。

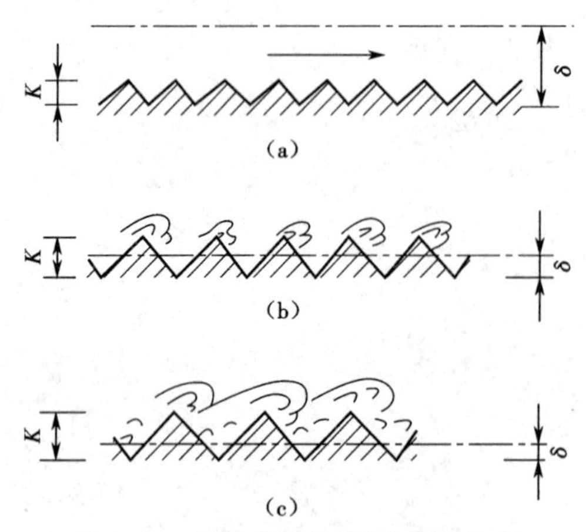

图 3.3-5　层流底层与管壁粗糙的作用

（a）光滑区　（b）过渡区　（c）粗糙区

尼古拉兹实验比较完整地反映了沿程阻力系数的变化规律，为推导紊流的半经验公式提供了可靠的依据。

2)工业管道紊流沿程阻力系数的计算公式

工业管道的实际粗糙与人工管道的均匀粗糙有很大的不同,通常引人当量糙粒高度的概念来讨论工业管道的问题。所谓当量糙粒高度,就是指和工业管道粗糙区 λ 值相等的同直径尼古拉兹粗糙管的糙粒高度。有了当量糙粒高度,就可以应用人工管道均匀粗糙的实验结果和 λ 值的计算公式。常用工业管道的 K 值,可在有关专业书籍中查到。

(1)尼古拉兹光滑区公式

$$\frac{1}{\sqrt{\lambda}} = 2\lg\frac{Re\sqrt{\lambda}}{2.51} \tag{3.3-28}$$

(2)尼古拉兹粗糙区公式

$$\frac{1}{\sqrt{\lambda}} = 2\lg\frac{3.7d}{K} \tag{3.3-29}$$

上面的两个公式,是在断面流速分布的对数公式的基础上,结合尼古拉兹实验曲线得到的,属于半经验公式。

(3)光滑区的布拉修斯公式

$$\lambda = \frac{0.316\,4}{Re^{0.25}} \tag{3.3-30}$$

该式是在综合试验资料的基础上得到的指数形式的公式,属于经验公式,形式较为简单,因此被广泛应用,但仅适用于 $Re>4\,000$ 的场合。

(4)粗糙区的希弗林松公式

$$\lambda = 0.11\left(\frac{K}{d}\right)^{0.25} \tag{3.3-31}$$

同上式类似,也呈指数形式,计算方便,工程上也常采用。

(5)过渡区的柯列勃洛克公式

$$\frac{1}{\sqrt{\lambda}} = -2\lg\left(\frac{K}{3.7d} + \frac{2.51}{Re\sqrt{\lambda}}\right) \tag{3.3-32}$$

该式是柯列勃洛克根据大量的工业管道试验资料整理提出的。式中, K 为工业管道的当量粗糙高度。该公式的基本特征是,当 Re 值很小时,柯氏公式类似尼古拉兹光滑区公式。当 Re 值很大时,公式类似尼古拉兹粗糙公式。因此,柯氏公式又称紊流的综合公式,可以适用于整个紊流的三个阻力区。

需要指出,在采用紊流沿程阻力系数分区计算公式时,需要建立判别实际流动所处的紊流阻力区的标准。我国汪兴华教授以柯氏公式与尼古拉兹分区公式的误差不大于2%为界,提出根据雷诺数 Re 和相对粗粒度 K/d 判别三个紊流阻力区的标准:

紊流光滑区 $$2\,000 < Re \leqslant 0.32\left(\frac{d}{K}\right)^{1.28} \tag{3.3-33}$$

紊流过渡区 $$0.32\left(\frac{d}{K}\right)^{1.28} < Re \leqslant 1\,000\left(\frac{d}{K}\right) \tag{3.3-34}$$

紊流粗糙区 $$Re>1\,000\left(\frac{d}{K}\right) \tag{3.3-35}$$

柯氏公式广泛应用于工业管道的设计计算,因此上述判别标准很具有实用性。

为了简化计算,莫迪以柯氏公式为基础绘制出反映 Re 、K/d 和 λ 对应关系的莫迪图。另外,也有一些简化的计算公式,如莫迪公式和阿里特苏里公式,均可在有关的专业书籍中查到。

2. 非圆管的沿程损失

工程上常用到非圆管的情况,引入水力半径的概念,把非圆管折合成圆管,就可以利用按圆管制定的公式和图表来进行沿程损失的计算。

1)水力半径 R

在紊流中,由于沿程损失主要集中在邻近管壁的流层内。因此,流体所接触的壁面大小,是影响能量损失的主要外因条件。因此,在过流断面中,影响沿程损失的主要因素除了过流断面积 A 外,还有过流断面上流体和固体壁面接触的周界,即湿周 χ。

为此,将过流断面面积 A 和湿周 χ 之比定义为水力半径 R,即

$$R=\frac{A}{\chi} \tag{3.3-36}$$

显然,水力半径 R 基本上能反映过流断面大小、形状对沿程损失综合影响。

根据式(3.3-37),可以计算各种断面形状管道的水力半径。

例如:直径为 d 的圆管断面的水力半径为

$$R=\frac{A}{\chi}=\frac{\frac{1}{4}\pi d^2}{\pi d}=\frac{1}{4}d \tag{3.3-37}$$

边长为 a 和 b 的矩形断面水力半径为

$$R=\frac{A}{\chi}=\frac{ab}{2(a+b)} \tag{3.3-38}$$

2)当量直径 d_e

令非圆管的水力半径 R 和圆管的水力半径 $1/4d$ 相等,可以得出当量直径 d_e 的计算公式,即

$$d_e=4R$$

当量直径为水力半径的 4 倍。

矩形管的当量直径为

$$d_e=\frac{2ab}{a+b}$$

只要用 d_e 代替 d,则圆管的计算公式可以用来计算非圆管问题。

需要指出,当量直径原理并不适用于所有的情况,尤其是当非圆形截面的形状和圆形的偏差较大或流态为层流时,应用当量直径产生较大误差。

【例 3.3-3】 有一种梯形断面渠道,已知底宽 b=10 m,均匀流水深 h=3 m,边坡系数 m=1,土渠的粗糙系数 n=0.020,通过的流量 Q=39 m^3/s。试求 1 km 渠道长度上的沿程损失 h_f。

解: $h_f=\dfrac{lv^2}{C^2R}$

过流断面面积

$$A = bh + mh^2 = (10\times3 + 1\times3)^2\ \text{m}^2 = 39\ \text{m}^2$$

湿周 $\chi = b + 2h\sqrt{1+m^2} = (10 + 2\times3\sqrt{1+1^2})\text{m} = 18.49\ \text{m}$

水力半径 $R = \dfrac{A}{\chi} = \dfrac{39}{18.49}\text{m} = 2.11\ \text{m}$

$$C = \frac{1}{n}R^{\frac{1}{6}} = \frac{1}{0.02}\times2.11^{\frac{1}{6}}\ \text{m}^{0.5}/\text{s} = 56.63\ \text{m}^{0.5}/\text{s}$$

$$v = \frac{Q}{A} = \frac{39}{39}\ \text{m/s} = 1\ \text{m/s}$$

$$h_f = \frac{1\,000\times1^2}{56.63^2\times2.11}\ \text{mH}_2\text{O} = 0.15\text{mH}_2\text{O}$$

3.3.5 局部阻力产生的原因和计算方法

1. 局部阻力产生的原因

局部阻碍的流动可以归纳为如图 3.3-6 所示的几种典型形式。

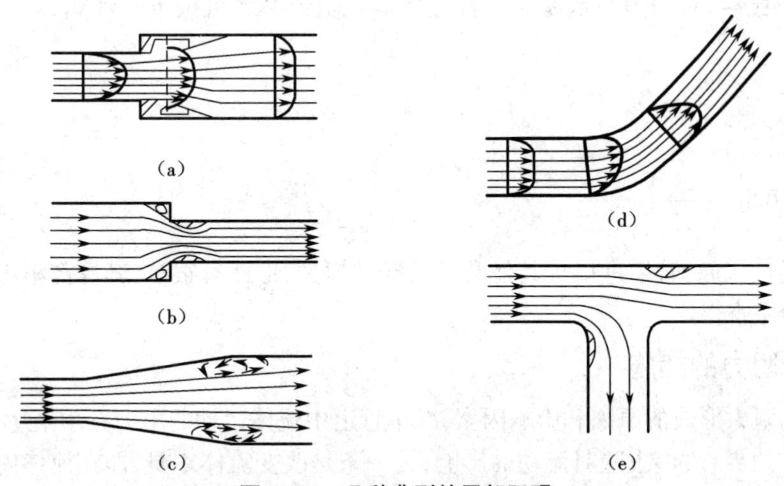

图 3.3-6 几种典型的局部阻碍

(a)突扩管 (b)突缩管 (c)渐扩管 (d)圆弯管 (e)圆角分流三通

如果流体以层流经过局部阻碍，而且受干扰后流动仍能保持层流，局部损失同沿程损失相同，均是由各流层的黏性切应力引起的。但只有当 $Re < 2\,000$ 时，才能保持局部阻碍处受边壁干扰的流动为层流，这样小的 Re 在供暖通风管道中并不常见。

根据边壁的变化缓急，局部阻碍可分为突变和渐变两类：图 3.3-6 中的(a)、(c)、(e)属于突变类型，而(b)、(d)属于渐变类型。

2. 局部阻力的计算方法

局部损失的种类多，边壁变化复杂，再加上紊流本身的复杂性，大多数局部损失的计算，还不能直接从理论上解决，需要借助实验得到经验公式或系数。

和沿程损失相似，局部损失通常也用流速水头的倍数来表示，即

$$h_m = \zeta \frac{v^2}{2g} \tag{3.3-19}$$

显然,求局部损失的关键在于求 ζ。局部损失和沿程损失一样,不同的流态遵循不同的规律。

3. 层流局部阻力系数的计算

(1)突然扩大管

$$h_m = \frac{(v_1 - v_2)^2}{2g} = \zeta_1 \frac{v_1^2}{2g} = \zeta_2 \frac{v_2^2}{2g} \tag{3.3-39}$$

式中:$\zeta_1 = \left(1 - \frac{A_1}{A_2}\right)^2$、$\zeta_2 = \left(\frac{A_1}{A_2} - 1\right)^2$ 分别为对应不同流速时的局部阻力系数。

当液体从管道流入断面很大的容器中或气体注入大气时,$\frac{A_1}{A_2} \approx 0, \zeta_1 = 1$。这种突然扩大的特殊情况,称为出口阻力系数。

(2)突然缩小管

收缩面积比 $\frac{A_2}{A_1}$ 对阻力系数有决定性的影响。阻力系数可按下式计算,对应的流速水头为 $\frac{v^2}{2g}$。

$$\zeta = 0.5\left(1 - \frac{A_2}{A_1}\right) \tag{3.3-40}$$

另外,弯管、三通、管道进口等其他常见的局部损失,形式有很多,其局部阻力系数均可在有关专业手册中查得。

3.3.6 减少阻力的措施

根据流动阻力形成的原因和影响因素,减小管道中流体运动的阻力有两条途径:一条是改进流体外部的边界,改善边壁对流动的影响;另一条是改变流体本身,即在流体内部投加极少量的添加剂,使其影响流体运动的内部结构来实现减阻。本节主要阐明改善边壁的减阻措施。

(1)降低粗糙区或过渡区内的紊流沿程阻力

常采用减小管壁的粗糙、用柔性边壁代替刚性边壁。

(2)减小紊流局部阻力

防止或推迟流体与边壁的分离,避免旋涡区的产生或减小旋涡区的大小和强度。例如:采用平顺的管道进口、扩散角较小的渐扩管、台阶式的突扩管、断面较大的弯管等;在弯管内部布置一组导流叶片,尽量减小三通的支管与合流管之间的夹角,或将支管与合流管连接处的折角改缓;注意配件之间的合理连接等。

3.4 管路计算

本节主要讨论流体在管路中的流动规律,包括简单管路、串联管路和并联管路的计算。

3.4.1 简单管路的计算

这里所述的简单管路,是指具有相同管径 d,相同流量 Q 的管段,如图 3.4-1 所示。

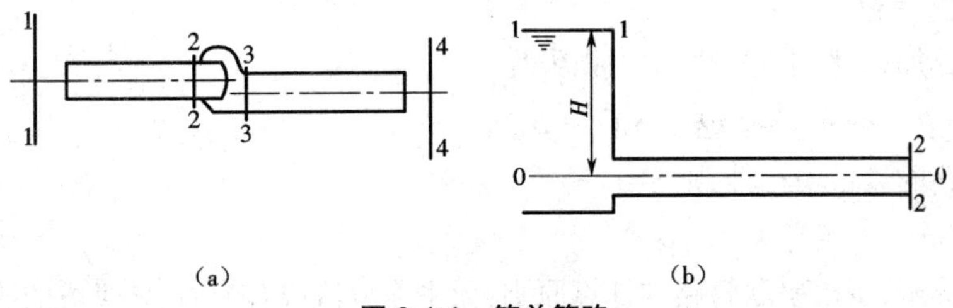

图 3.4-1 简单管路

对于图 3.4-1(b)所示的管路,忽略自由液面速度,且出流流至大气。以 0-0 为基准线,列出断面 1-1、2-2 的能量方程式,即

$$H=\lambda\frac{l}{d}\frac{v^2}{2g}+\sum\zeta\frac{v^2}{2g}+\frac{v^2}{2g}=\left(\lambda\frac{l}{d}+\sum\zeta+1\right)\frac{v^2}{2g} \tag{3.4-1}$$

管道出口局部阻力系数 ζ_0,可以根据式(3.3-41)计算,$\zeta_0=1$。可将 1 作为 ζ_0 包括到 $\sum\zeta$ 中,并用 $v^2=\left(\frac{4Q}{\pi d^2}\right)^2$ 代入,令 $S_H=\frac{8\left(\lambda\frac{l}{d}+\sum\zeta\right)}{\pi^2 d^4 g}$,则上式可改写为

$$H=S_H Q^2 \tag{3.4-2}$$

上式对于图 3.4-1(a)所示风机带动的气体管路仍适用。

用于气体时,一般用压强来表示,即

$$p=\gamma H=\gamma S_H Q^2$$

令 $S_p=\gamma S_H$,则

$$p=S_p Q^2 \tag{3.4-3}$$

上式常用于不可压缩气体管路的计算,而式(3.4-2)则常用于液体管路的计算。

对于已给定的管路,当流动处在阻力平方区时,S_p 或 S_H 是一个常数,能够综合地反映管路上的沿程阻力和局部阻力情况。因此,S_p 或 S_H 被称为管路阻抗。

式(3.4-2)、(3.4-3)表明,对于简单管路,总阻力损失与体积流量二次方成正比。这一规律在管路计算中广泛应用。

3.4.2 串联管路的计算

串联管路是指由简单管路首尾相接组合而成的管路,如图 3.4-2 所示。

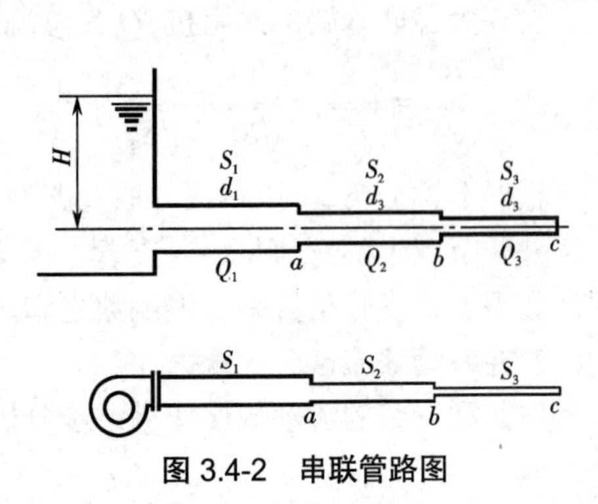

图 3.4-2 串联管路图

管段相接之点称为节点,如图中 a 点、b 点。根据质量守恒原理,对于每一个节点,流入的质

量流量与流出的质量流量相等；当ρ为常数时，流入的体积流量等于流出的体积流量；取流入流量为正，流出流量为负，则可以写出$\sum Q=0$。

于是，对于串联管路（无中途分流或合流），有

$$Q_1=Q_2=Q_3 \tag{3.4-4}$$

根据阻力叠加原理，串联管路阻力损失为

$$h_{l1-3}=h_1+h_2+h_3=S_1Q_1^2+S_2Q_2^2+S_3Q_3^2 \tag{3.4-5}$$

因各段管路的流量均相等，则

$$S=S_1+S_2+S_3 \tag{3.4-6}$$

根据上述分析，得出串联管路的计算原则：无中途分流或合流时，各管段的流量相等，阻力叠加，总管路的阻抗等于各管段的阻抗相加。

3.4.3 并联管路的计算

流体从管路某一节点分出两根以上的管段，这些管段同时又汇集到另一节点上，在这两个节点之间的各管段称为并联管路，如图 3.4-3 所示。

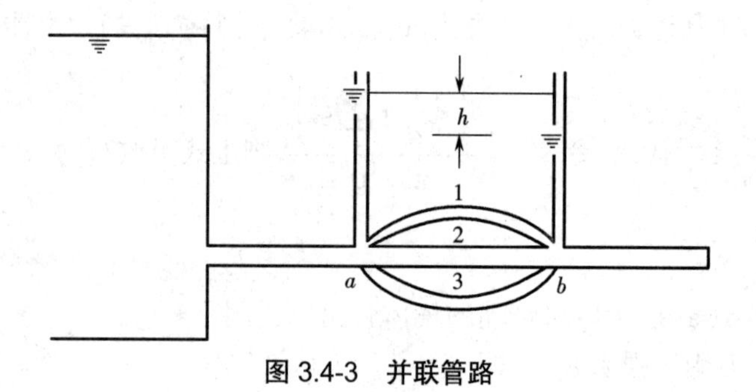

图 3.4-3　并联管路

1. 并联管路的计算原则

同串联管路一样，遵循质量守恒原理，ρ为常数时，节点a点上流量为

$$Q=Q_1+Q_2+Q_3 \tag{3.4-7}$$

并联节点a、b间的阻力损失，从能量平衡观点来看，各支路的压头差均等于a、b两节点间的压头差。于是

$$h_{l1}=h_{l2}=h_{l3}=h_{la-b} \tag{3.4-8}$$

设S为并联管路的总阻抗，Q为总流量，则容易导出

$$\frac{1}{\sqrt{S}}=\frac{1}{\sqrt{S_1}}+\frac{1}{\sqrt{S_2}}+\frac{1}{\sqrt{S_3}} \tag{3.4-9}$$

根据上述分析，可以得出并联管路的计算原则：

并联节点上的总流量为各支管中流量之和；并联各支管上的阻力损失相等；总的阻抗平方根倒数等于各支管阻抗平方根倒数之和。

2. 并联管路流量分配规律

对并联管路的流动规律作进一步分析，根据式（3.4-7）、（3.4-8）和（3.4-9），可得

$$Q=\frac{\sqrt{h_{la-b}}}{\sqrt{S}},Q_1=\frac{\sqrt{h_{l1}}}{\sqrt{S_1}},Q_2=\frac{\sqrt{h_{l2}}}{\sqrt{S_2}},Q_3=\frac{\sqrt{h_{l3}}}{\sqrt{S_3}}$$

上式可改写为

$$\frac{Q_1}{Q_2}=\sqrt{\frac{S_2}{S_1}};\frac{Q_2}{Q_3}=\sqrt{\frac{S_3}{S_2}};\frac{Q_3}{Q_1}=\sqrt{\frac{S_1}{S_3}}$$

$$Q_1:Q_2:Q_3=\frac{1}{\sqrt{S_1}}:\frac{1}{\sqrt{S_2}}:\frac{1}{\sqrt{S_3}}$$

可见，在并联管路设计计算中，必须进行“阻力平衡”，在满足用户需要的流量下，设计合适的管路尺寸及局部构件，使各支管上阻力损失相等。上面的两个式子也正是并联管路的流量分配规律。

【例 3.4-1】 如图所示，泵通过图示串联管路将 20 ℃的水从液面恒定的大水箱中送到距水箱液面垂直高度 H=10 m 的收缩喷嘴出口。串联管路粗细两种不同管径的管道由一个开启 50%的阀门连接。细管长 l_1=50 m，直径 d_1=0.03 m，且有钟形入口一个（ζ_{11}=0.05），正规法兰直角弯头 3 个（ζ_{12}=0.31 × 3=0.93），正规法兰反向弯头 10 个（ζ_{13}=0.3 × 10=3），θ=10° 的圆截面渐扩管 1 个（ζ_{14}=0.05）。粗管长 l_2=30 m，直径 d_2=0.04 m，且有开启 50%的闸阀 1 个（ζ_{21}=2.06），正规法兰直角弯头 1 个（ζ_{22}=0.31），收缩比 d/d_2=0.6 的收缩出口 1 个（ζ_{23}=4）。整个管路采用不锈钢管，绝对粗糙度 ε=0.015 mm，流量 Q=0.003 m^3/s，效率 η=0.8，试求泵功率。

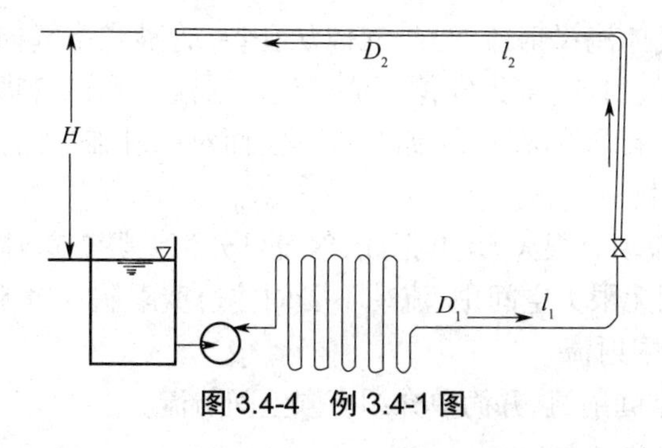

图 3.4-4 例 3.4-1 图

解：20 ℃水，ρ=998 kg/m^3，υ =1.0 × 10^{-6} m^2/s，根据所给数据得

$$v_1=\frac{4Q}{\pi d_1^2}=\frac{4\times0.003}{\pi\times(0.003)^2}=4.24\text{ m/s}$$

$$v_2=\frac{4Q}{\pi d_2^2}=\frac{4\times0.003}{\pi\times(0.004)^2}=2.39\text{ m/s}$$

$$Re_1=\frac{v_1d_1}{\upsilon}=\frac{4.24\times0.03}{1\times10^{-6}}=1.27\times10^5$$

$$Re_2=\frac{v_2d_2}{\upsilon}=\frac{2.39\times0.04}{1\times10^{-6}}=9.56\times10^4$$

$$\varepsilon/d_1=0.015/30=0.000\,5,\varepsilon/d_2=0.015/40=0.000\,375$$

查穆迪图得

$$\lambda_1 = 0.0205 \text{ , } \lambda_2 = 0.0196$$

$$\sum \zeta_{1n} = 0.05 + 0.93 + 3.0 + 0.05 = 4.03$$

$$\sum \zeta_{2n} = 2.06 + 0.31 + 4 = 6.37$$

$$h_{w1} = \left(\sum \zeta_{1n} + \lambda_1 \frac{l_1}{d_1} \right) \frac{v_1^2}{2g} = \left(4.03 + 0.0205 \frac{50}{0.03} \right) \left(\frac{4.24^2}{2 \times 9.81} \right) = 35\text{mH}_2\text{O}$$

$$h_{w2} = \left(\sum \zeta_{2n} + \lambda_2 \frac{l_2}{d_2} \right) \frac{v_2^2}{2g} = \left(6.37 + 0.0196 \frac{30}{0.04} \right) \left(\frac{2.39^2}{2 \times 9.81} \right) = 6.13\text{mH}_2\text{O}$$

在水箱液面和收缩出口处选择 1,2 两点,建立这两点间的伯努利方程

$$z_1 + \frac{p_1}{\rho g} + \frac{v_1^2}{2g} = z_2 + \frac{p_2}{\rho g} + \frac{v_2^2}{2g} + h_{w1} + h_{w2} - h_p$$

$$h_p = 51.42\text{mH}_2\text{O}$$

泵所需功率为

$$P = \frac{\rho g h_p Q}{\eta} = \frac{998 \times 9.81 \times 51.42 \times 0.003}{0.8} = 1888 \text{ W} \approx 1.9 \text{ kW}$$

3.5 气体射流

气体射流,又称为气体淹没射流,是指气体从孔口、管嘴或条缝向外喷射所形成的流动。在采暖通风工程中应用的射流,多为气体紊流射流。射流与孔口管嘴出流的研究对象不同。孔口管嘴出流仅讨论出口断面的流速和流量的问题,而对于射流,讨论的问题主要包括出流后的流速场、温度场和浓度场。

出流空间对射流的流动有很大影响,据此,射流可分为无限空间射流和有限空间射流。无限空间射流是指,出流到无限大空间中,流动不受固体边壁限制的射流,又称自由射流;反之,为有限空间射流,又称受限射流。

下面主要论述无限空间射流,并简单介绍有限空间射流。

3.5.1 紊流射流的结构及特征

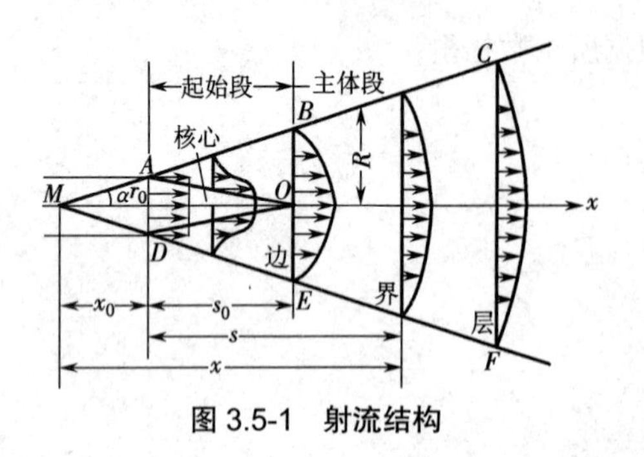

图 3.5-1 射流结构

现以无限空间中圆断面紊流射流为例。设气流从半径为 R 的圆断面 AD 喷嘴喷出,认为出口断面速度均匀分布,且流动为紊流。取射流轴线为 x 轴,经众多试验和观测,得出这种射流的流动特性及结构图形,如图 3.5-1 所示。

当喷嘴出口流速较大时,气流的流动呈紊流状态。紊流的横向脉动造成射流与周围介质之间发生质量、动量交换,使射流的质量流量、射流的横断面积沿 x 方向不断增加,形成了向周围扩散的锥体状流动场,如图 3.5-1 中的锥体 $CAMDF$。

1. 过渡断面、起始段及主体段

如图 3.5-1 所示，在喷嘴出口断面 AD 上，速度分布均匀且为 u_0 值。气流沿 x 方向流动，射流不断带入周围介质，射流边界不断扩张，而射流的主体速度逐渐降低。射流流场中，保持气流速度仍为喷嘴出口流速 u_0 的区域，图中锥体 AOD 部分，称为射流核心；其余区域称为边界层，其气流速度均小于 u_0。到断面 BOE，射流边界层扩展到射流中心线，射流核心区域消失，该断面称为过渡断面或转折断面。

以过渡断面分界，出口断面至过渡断面称为射流起始段。过渡断面以后称为射流主体段。显然，起始段射流轴心上速度都为 u_0，而主体段轴心速度沿 x 方向不断下降，主体段中完全为射流边界层所占据。

2. 几何特征和紊流系数 a

根据实验结果及半经验理论，射流外边界可以认为是一条直线，其上速度为零。因此，参照图 3.5-1，射流的几何特征可以表述为，按一定的扩散角 α 向前作扩散运动。

紊流系数 a，是表示射流流动结构的特征系数。其定义可由下式给出：

$$\tan\alpha = \frac{R}{x} = K = 3.4a \qquad (3.5\text{-}1)$$

式中：α 为扩散角；K 为实验系数，对圆断面射流 $K = 3.4a$；a 为紊流系数。

显然，当紊流系数 a 值确定，即可确定射流边界层的外边界线。紊流系数 a 通常由实验测得，与出口断面上紊流强度（即脉动速度的均方根值与平均速度值之比）有关。

对圆断面射流，根据射流的几何特征，即可求出射流半径沿射程的变化规律。

3. 运动特征和动力特征

研究表明，无论主体段内或起始段内，原来各截面上不同的速度分布曲线，经过变换，均可成为同一条无因次速度分布线。因此，射流各截面上速度分布具有相似性，这就是射流的运动特征。

实验证明，射流流场中任意点上的静压强均等于周围气体的压强。根据动量方程，各横截面上轴向动量相等，即动量守恒，这就是射流的动力学特征。

根据上述紊流射流的特征，便可进一步研究圆断面射流的速度 v、流量 Q、沿射程 s 的变化规律，并确定射流参数。

关于射流参数的具体计算公式均可查阅相关书籍。

另外，如果气体从相当长的狭长缝隙中外射运动时所形成的射流，这种射流只能在垂直条缝长度的平面上扩散运动，可视为平面运动，称为平面射流。

平面射流的几何、运动、动力特征完全与圆断面射流相似，所以各运动规律的推导基本与圆断面类似。

平面射流因其运动的扩散被限定在垂直于条缝长度的平面上，和圆断面射流相比，流量沿程的增加、流速沿程的衰减都相对较慢。

3.5.2 温差或浓差射流

在采暖通风中采用的冷风降温、热风采暖，或降低有害气体及灰尘浓度，这时射流本身的温度或浓度与周围气体的温度、浓度有差异，这就是所谓的温差、浓差射流。显然，对于温差或浓差射流，需要考虑温度场、浓度场的分布规律，以及由温差、浓差引起的射流弯曲的轴心轨迹。

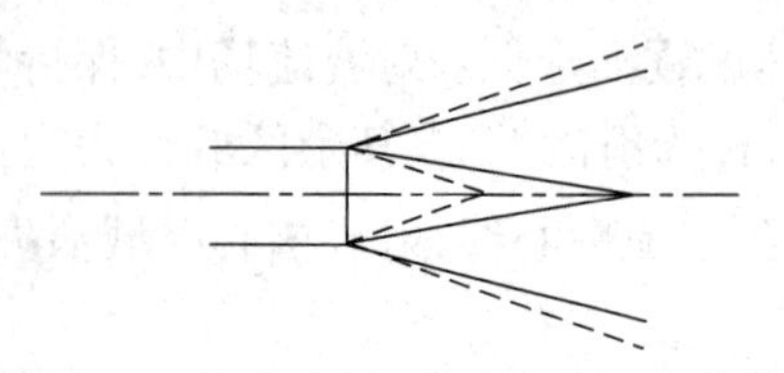

图 3.5-2　温度边界层与速度边界层对比

1. 射流温度差、浓度差的分布规律

在射流的形成过程中，质点的横向动量交换、旋涡的出现，使之质量交换、热量交换，产生温度边界层和速度边界层，如图 3.5-2 所示。其中，实线为速度边界层，虚线为温度边界层的内外界线。相比较，温度边界层比速度边界层发展快且厚，这是由于热量扩散比动量扩散较快的缘故。

在实际应用中，有关速度分布的分析及结果均与上一节相同。浓度扩散与温度扩散相似，可以认为，温度场与浓度场的分布规律内外边界相同。

类似射流的动力特征，根据热力学知识，在等压情况下，以周围气体焓值作为起算点，射流各横截面上的相对焓值不变。这一特点称为热力特征。

根据上述射流的热力特征，可以对圆断面温差射流运动进行分析，得出有关参数的计算公式。浓度扩散与温度扩散相似，可以认为浓差射流规律与温差射流相同，因此，温差射流公式完全适用于浓差射流。具体公式可查阅相关书籍。

2. 射流弯曲

对于温差射流或浓差射流，由于射流内流体的密度与周围密度不同，所受的重力与浮力不相平衡，使整个射流将发生向下或向上弯曲，这种现象即为射流弯曲现象。

对于整个射流来说，仍然可以看作对称于轴心线，因此，只要确定轴心线的弯曲轨迹，便可得出整个弯曲的射流。

如图 3.5-3 所示，从直径为 d_0 的喷嘴中喷出一热射流，射流轴线与水平线成 α 角。可以采用近似的处理方法，取轴心线上的单位体积流体作为研究对象，只考虑受重力与浮力作用，应用牛顿定律即可导出轴心线的弯曲轨迹公式。详细推证可参考文献。

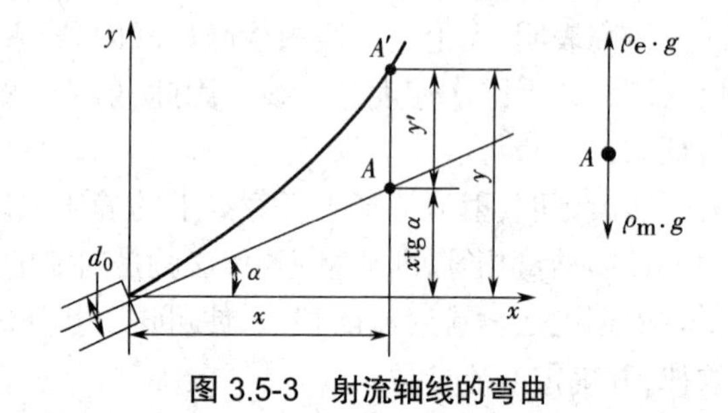

图 3.5-3　射流轴线的弯曲

【例 3.5-1】 高出地面 5 m 处设一孔口 $d_0 = 0.1$ m，以 2 m/s 速度向房间水平送风。送风温度 $t_0 = -10$ ℃，室内温度 $t_e = 27$ ℃。试求距出口 3 m 处的 v_2，t_2 及弯曲轴心坐标。湍流系数 $a = 0.08$.

解：$$v_2 = \frac{0.23}{\frac{as}{d_0} + 0.147} v_0 = \frac{0.23}{\frac{0.08 \times 3}{0.1} + 0.147} \times 2 = 0.09 \times 2 = 0.18 \text{ m/s}$$

由 $\dfrac{t_2 - t_e}{t_0 - t_e} = \dfrac{0.23}{\frac{as}{d_0} + 0.147}$，可得

$$t_2 = t_e + \frac{0.23}{\frac{as}{d_0}+0.147}(t_0 - t_e) = 27 + \frac{0.23}{\frac{0.08\times 3}{0.1}+0.147}\times(-10-27) = 23.57\ ℃$$

从而有

$$y' = \frac{g\Delta t_0}{v_0^2 t_e}\left(0.51\frac{a}{d_0}s^3 + 0.35s^2\right)$$
$$= \frac{9.8\times(-10-27)}{2^2\times(273+27)}\times\left(0.51\times\frac{0.08}{0.1}\times 3^3 + 0.35\times 3^2\right) = -4.28\ \text{m}$$

3.5.3 旋转射流

在工程燃烧技术和旋流送风中,还经常遇到一种与前述一般射流不同的特殊射流,即旋转射流。

气流通过具有旋流作用的喷嘴外射运动,旋转使射流获得向四周扩散的离心力,因而气流本身一面旋转,一面向周围介质中扩散前进,形成与前述一般射流不同的特殊射流,称为旋转射流。

喷嘴的旋流作用主要通过两种方式实现,一种是采用切向导入管,另一种是在喷嘴内安装导向叶片,气流沿叶片流动被迫产生旋转。

旋转射流的基本特征在于旋转。旋转射流和一般射流相比较,扩散角大得多,射程短得多。旋转射流有极强的紊动性,极大地促进了射流与周围介质的动量交换、热量交换和混合物浓度交换。正是这种特性,被广泛用于工程燃烧技术及旋流送风中。

旋转射流中,气流的旋转作用所产生的离心力,使射流的压强分布不同于一般射流,射流中会出现一个低压区,这个低压中心将吸入射流前方的介质使之回流,形成一个包含在射流内部的回流区,如图 3.5-4 所示。在燃烧过程中,这个回流区具有很重要的作用,它能够促使大量高温烟气回流到火矩根部,保证燃料顺利而稳定地着火。可见,旋转射流是一种轴对称射流,但比一般轴对称流复杂得多。

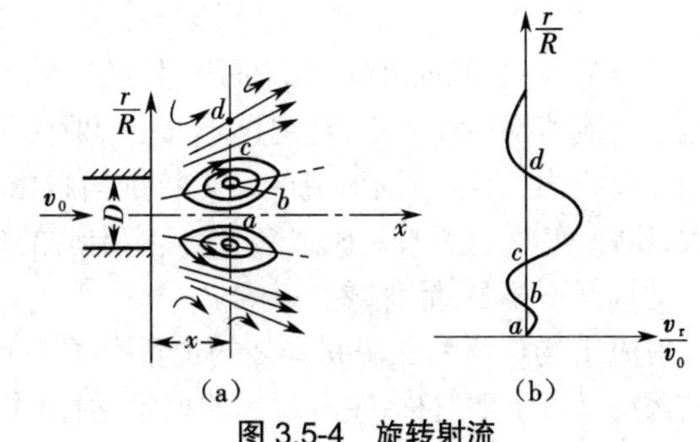

图 3.5-4 旋转射流

(a)流动示意图 (b)径向速度分布示意图

目前,通过理论分析还不能完善地求出旋转射流的速度场。仅能根据一些典型试验,描述它的运动特征和动力特征。

如图 3.5-4 所示,在旋转射流轴心处,存在一个回流区;在回流区边界和射流边界之间称为主流区。图 3.5-4(b)给出了旋转射流径向速度沿横断面分布的示意图。可见,径向速度分布很复杂,其数值大小和方向沿径向均在变化。

3.5.4 有限空间射流

实际工程中,向具有一定空间的室内送风的通风射流,房间限制了射流的扩散运动,这时的射流就是有限空间射流。

对于有限空间射流,气流扩散受固体边壁的限制,其流动规律与自由射流有所不同。研究有限空间射流运动规律的有限空间射流理论还不完全成熟,都是根据实验结果整理成近似公式或无因次曲线,供设计使用。现仅以房间内的通风为例,对末端封闭的有限空间射流的结构特点作一简述。

如图 3.5-5 所示,由于房间边壁限制了射流边界层的发展扩散,射流半径及流量不是单调增加,而是增大到一定程度后逐渐减小,末端封闭,其边界线呈橄榄形。

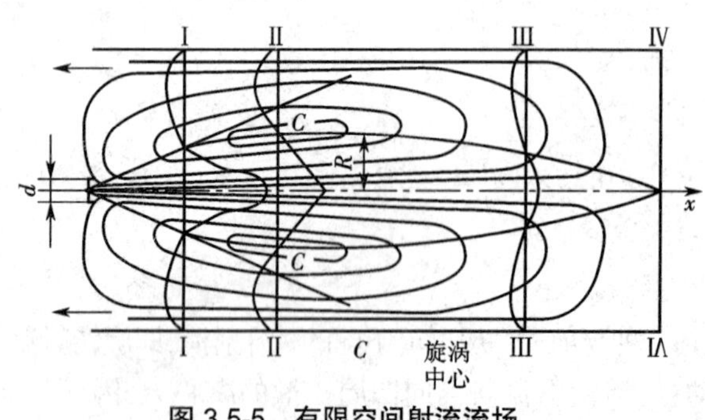

图 3.5-5　有限空间射流流场

图 3.5-5 中,断面Ⅰ-Ⅰ、Ⅱ-Ⅱ、Ⅲ-Ⅲ、Ⅳ-Ⅳ上的曲线,分别表示各横截面上速度分布情况。橄榄形边界内部为射流主体的速度分布线,外部是回流的速度分布线。

这种射流的重要特征是,在橄榄形边界外部与固体边壁之间,形成了与射流方向相反的回流区,流线呈闭合状。这些闭合流线环绕的中心 C,就是射流与回流共同形成的旋涡中心。

射流沿流程可以分为三个段,即自由扩展段、有限扩展段和收缩段。

①自由扩展段:指射流出口至断面Ⅰ-Ⅰ的区域。这个区域内,固体边壁尚未妨碍射流边界层的扩展,各运动参数遵循自由射流规律,可以采用自由射流公式计算。断面Ⅰ-Ⅰ称为第一临界断面。

②有限扩展段:指断面Ⅰ-Ⅰ至断面Ⅱ-Ⅱ的区域。这个区域内,射流边界层的扩展受到固体边壁的影响,射流半径和流量增加的速率逐渐减慢。断面Ⅱ-Ⅱ称为第二临界断面。该断面即包含旋涡中心的断面,射流流线开始越过边界层产生回流,射流各运动参数发生根本性转折。

③收缩段:从断面Ⅱ-Ⅱ至断面Ⅳ-Ⅳ的区域。从断面Ⅱ-Ⅱ以后,射流主体流量、回流流量、回流平均流速都逐渐减小,直到Ⅳ-Ⅳ断面,射流主体流量减至为零。

需要指出,有限空间射流的动力特征与自由射流不同,射流内部的压强是变化的,随射程增大,压强增大,直至端头压强最大,且稳定后的数值略高于周围大气压强,因此射流中各横截面上动量互不相等,沿程减少。

射流结构与喷嘴在房间安装的位置有关。例如,喷嘴安置在房间高度、宽度的中央处,射流结构将呈现上下对称、左右对称的现象,射流主体呈橄榄状,四周为回流区。

实际工程中,向房间内送风时,通常将喷嘴靠近顶棚安置。如果喷嘴的安置高度 h 与房高 H 之间的相互关系为 $h \geqslant 0.7H$ 时,由于靠近顶棚流速增大静压减小,而射流下部静压大,上下压差致使射流紧贴顶棚,而回流区全部集中在射流主体下部与地面间,这种射流称为贴附射流。分析贴附射流时,可以看成是完整射流的一半,其规律与完整射流相同。

在空气调节房间送风上,一般采用有限空间射流。通常有两点要求,即工作操作区处在射流的回流区,并限定风速值。为此,需要确定两个重要的参数,即回流平均速度和射程长度。其中,射程长度是指从喷嘴出口截面至收缩段终Ⅳ-Ⅳ截面的距离。目前,回流平均速度和射程长度的计算均采用半经验公式。

另外,还应注意射流末端涡流区,实验证明,在房间长度大于射程长度时,在射流封闭末端通常会产生涡流区;涡流区的出现是通风空调工程所不希望的,可采用双侧射流等措施避免涡流区的出现。

【例 3.5-2】 $R_0 = 0.5\ \text{m}$ 的圆断面射流出口断面为 $20\ \text{m}$,试求距轴心距离 $y = 1\ \text{m}$ 处的射流速度与出口速度之比。($a = 0.08$)

解:由于 $s_n = 0.672\dfrac{r_0}{a} < 20\ \text{m}$,所以在主体段

$$\frac{R}{R_0} = 3.4\left(\frac{as}{R_0} + 0.294\right)R = 5.94\ \text{m}$$

$$\frac{v}{v_m} = \left[1 - \left(\frac{y}{R}\right)^{1.5}\right]^2 = 0.867$$

$$\frac{v}{v_0} = \frac{v}{v_m} \times \frac{v_m}{v_0} = 0.867 \times \frac{0.48}{\dfrac{as}{d_0} + 0.147} = 0.239$$

3.6 特定流动分析

对于实际流体大雷诺数的某些流动,考虑到黏性作用,将流场划分为紧靠边界面的黏性起作用的区域即附面层,和黏性不起主导作用的附面层以外的区域。

研究流体在附面层内的流动规律,形成黏性流体的附面层理论;而研究流体在附面层以外区域的流动规律,则形成无黏性的势流理论。

现主要以平面势流为主,简述介绍无黏性的势流理论及其应用。

3.6.1 有旋流动

流体微团的旋转角速度不完全为零的流动,称为有旋流动。当讨论的流动问题中,流体微团的旋转角速度不完全为零时,其流动空间既是速度场,又是涡量场。涡量场中的涡线、涡管、涡通量等概念分别与流速场中的流线、流管、流量等概念相对应,而涡线方程和涡管的涡通量方程则分别与流线方程和元流连续性方程相对应。

根据有旋流动的定义,流体微团的旋转角速度是表征有旋流动的一个重要参数。因而,对有旋流动涡量场的讨论,是从流体微团的旋转角速度出发而进行的。详细分析可查阅相关专业书籍。

另外,斯托克斯定理和汤姆孙定理是关于旋涡守恒的两个重要定理,对于分析工程流动问题具有重要的意义。

例如:分析通风车间的通风,一切采用吸风装置所形成的气流,其工作区的空气从原有静止状态过度到运动状态,流动就是无旋的,则可以按无旋流动处理;相反,利用风管通过送风口向通风地区送风所形成的气流,其通风地区的空气流动起始于风道内的有旋流动,只能维持有旋,而不能按无旋处理。

自然界和工程中的流动现象大多数属于有旋流动,例如大气中的龙卷风、管道中的流体运

动、绕流物体表面的边界层及其尾部后面的流动。

3.6.2 无旋流动与势函数

在讨论多元流动问题中，为了简化分析，提出了无旋流动的模型。对于无旋流动，势函数是表征其流动特征的重要参数之一。

1. 无旋流动

流动场中各点旋转角速度等于零的运动，称为无旋流动。

根据上述定义及流体微团旋转角速度公式（3.6-1），则有

$$\left.\begin{aligned}\omega_x &= \frac{1}{2}\left(\frac{\partial u_z}{\partial y} - \frac{\partial u_y}{\partial z}\right)\\ \omega_y &= \frac{1}{2}\left(\frac{\partial u_x}{\partial z} - \frac{\partial u_z}{\partial x}\right)\\ \omega_z &= \frac{1}{2}\left(\frac{\partial u_y}{\partial x} - \frac{\partial u_x}{\partial y}\right)\end{aligned}\right\} \tag{3.6-1}$$

$$\left.\begin{aligned}\frac{\partial u_z}{\partial y} &= \frac{\partial u_y}{\partial z}\\ \frac{\partial u_x}{\partial z} &= \frac{\partial u_z}{\partial x}\\ \frac{\partial u_y}{\partial x} &= \frac{\partial u_x}{\partial y}\end{aligned}\right\} \tag{3.6-2}$$

上式即为无旋流动的前提条件。

2. 势函数与有势流动

根据全微分理论，上述等式是某空间位置函数 $\varphi(x、y、z)$ 存在的必要和充分的条件，而且该函数与速度分量存在如下关系：

$$\mathrm{d}\varphi(x、y、z) = u_x\mathrm{d}x + u_y\mathrm{d}y + u_z\mathrm{d}z \tag{3.6-3}$$

展开函数 $\varphi(x、y、z)$ 的全微分，有

$$\mathrm{d}\varphi = \frac{\partial\varphi}{\partial x}\mathrm{d}x + \frac{\partial\varphi}{\partial y}\mathrm{d}y + \frac{\partial\varphi}{\partial z}\mathrm{d}z \tag{3.6-4}$$

比较上面两式，可以得出

$$\left.\begin{aligned}u_x &= \frac{\partial\varphi}{\partial x}\\ u_y &= \frac{\partial\varphi}{\partial y}\\ u_z &= \frac{\partial\varphi}{\partial z}\end{aligned}\right\} \tag{3.6-5}$$

上述函数 $\varphi(x、y、z)$，就是速度势函数，简称势函数。可见，速度势函数是表征无旋流动的一个重要参数，可以描述 x、y、z 不同方向的速度。存在着速度势函数的流动，称为有势流动，简称势流。

显然,无旋与有势互为充分必要条件,即速度势函数存在的前提是流场内部不存在旋转角速度,而无旋流动必然是有势流动。

把速度势函数代入不可压缩流体的连续性方程,可得

$$\frac{\partial^2 \varphi}{\partial x^2}+\frac{\partial^2 \varphi}{\partial y^2}+\frac{\partial^2 \varphi}{\partial z^2}=0 \tag{3.6-6}$$

上述方程称为拉普拉斯方程。满足拉普拉斯方程的函数称为调和函数。

因此,不可压缩流体势流的速度势函数,是坐标 x、y、z 的调和函数,而拉普拉斯方程本身,就是不可压缩流体无旋流动的连续性方程。

实际流动问题中,即使流场内的旋转角速度不为零,流动处于有旋状态,但当它的流速分布接近于无旋时,为简化分析,可以有条件有范围地按无旋处理。

【例 3.6-1】 已知一个平面(不可压缩定常流)的速度势函数为 $\phi=x^2-y^2$,求在点(2.0,1.5)处速度的大小。

解: $u=\dfrac{\partial \varphi}{\partial x}=2x=4\ \text{m/s}$

$v=\dfrac{\partial \varphi}{\partial y}=-2y=-3\ \text{m/s}$

$V=\sqrt{u^2+v^2}=5\ \text{m/s}$

3.6.3　平面流动与流函数

平面流动,即二元流动,是指流场中某一方向的流速为零,而另两个方向的流速与上述坐标无关。

对于平面流动,例如,z 轴的流速为零的情形,分析如下:

流线微分方程为

$$\frac{\mathrm{d}x}{u_x}=\frac{\mathrm{d}y}{u_y}\quad 或\quad u_x\mathrm{d}y-u_y\mathrm{d}x=0 \tag{3.6-7}$$

连续性方程,可以简化为

$$\frac{\partial u_x}{\partial x}+\frac{\partial u_y}{\partial y}=0 \tag{3.6-8}$$

根据全微分理论,上式关系是某函数 $\psi(x、y)$ 存在的必要和充分条件,且

$$\mathrm{d}\psi=u_x\mathrm{d}y-u_y\mathrm{d}x=0 \tag{3.6-9}$$

这里,函数 $\psi(x,y)$ 称为流函数。

展开函数 $\psi(x,y)$ 的全微分,有

$$\mathrm{d}\psi=\frac{\partial \psi}{\partial x}\mathrm{d}x+\frac{\partial \psi}{\partial y}\mathrm{d}y \tag{3.6-10}$$

比较上面两式,可以得出

$$\left.\begin{aligned} u_x &= \frac{\partial \psi}{\partial y} \\ u_y &= -\frac{\partial \psi}{\partial x} \end{aligned}\right\} \tag{3.6-11}$$

显然,利用流函数 $\psi(x,y)$,可以描述 x 、y 方向的流速。

存在流线是流函数存在的前提条件。对于一切平面流动,其流场内都存在流线,所以,流函数存在于一切平面流动中。但是,如前所述,势函数只存在于无旋流动中。因此,对于平面流动问题,流函数更具普遍的性质,它是研究平面流动的一个重要工具。

对于平面无旋流动,既存在流函数,也存在势函数。

3.6.4 几种简单流动分析

利用前面讨论的平面势流理论,可以对比较简单的平面无旋流动进行分析。

1. 均匀直线流动

在均匀直线流动中,流速为常数。

设流速在 x 、y 方向的分速分别为

$$u_x = a, u_y = b$$

其中,a、b 均为常数。

流场中不存在旋转角速度,属于平面无旋流动。

根据势函数和流函数的定义式,可得

$$\varphi = ax + by, \quad \psi = ay - bx \tag{3.6-12}$$

当流动平行于 x 轴时,$u_y = 0$,则

$$\varphi = ax, \quad \psi = ay$$

在极坐标下,代入 $x = r\cos\theta$, $y = r\sin\theta$,上式可改写为

$$\begin{cases} \varphi = ar\cos\theta \\ \psi = ar\sin\theta \end{cases} \tag{3.6-13}$$

2. 源流和汇流

若流体从通过 O 点垂直于平面的直线,沿极半径 r 均匀地四散流出,这种流动称为源流。相反,当流体从四方向某汇合点集中,这种流动称为汇流。

无论是源流还是汇流,流场中均不存在旋转角速度,均属于无旋流动。

类似均匀直线流动的分析,可以得到源流势函数和流函数在极坐标系下的表达式

$$\varphi = \frac{Q}{2\pi r}\ln r, \quad \psi = \frac{Q}{2\pi}\theta \tag{3.6-14}$$

式中,Q 为垂直单位长度所流出的流量,称为源流强度。

如上所述,汇流与源流的流场相比较,只是流体的流动方向相反。汇流的势函数和流函数,是源流相应函数的负值。

类似源流的分析,对汇流,其相应的流量 Q,称为汇流强度。

3. 环流

环流的流场中各流体质点均绕某点 O 作圆周运动。

环流的流线为同心圆簇，而等势线则为自圆心 O 发出的射线簇。

环流是圆周流动，流场中除了原点外，各流体质点均无旋转角速度，因此，环流属于无旋流动。

类似源流的分析，可得出环流的流函数和势函数如下：

$$\begin{cases}\varphi = \dfrac{\Gamma}{2\pi}\theta \\ \psi = -\dfrac{\Gamma}{2\pi}\ln r\end{cases} \tag{3.6-15}$$

其中，Γ为速度环量。

3.6.5 势流叠加与圆柱形测速管原理

在数学上容易证明，势流具有可叠加的性质。

设有两势流 φ_1 和 φ_2，两势函数之和形成新的势函数，代表新的流动。而复合流动的势函数等于原流动势函数之和，即

$$\left.\begin{aligned}\varphi = \varphi_1 + \varphi_2 \\ \psi = \psi_1 + \psi_2\end{aligned}\right\} \tag{3.6-16}$$

以上的结论可以推广到两个以上的流动。

势流在数学上的可叠加性是一个非常有意义的性质。根据势流的可叠加性，可以将某些简单的有势流动，叠加为复杂的但实际上有意义的有势流动。

下面简单分析几种由简单势流叠加而成的有实际意义的复杂流动，并讨论圆柱形测速管原理。

1. 均匀直线流中的源流

将源流和水平均匀直线流相加，坐标原点选在源点，则流函数为

$$\psi = v_0 r\sin\theta + \frac{Q}{2\pi}\theta \tag{3.6-17}$$

2. 匀速直线流中的等强源汇流

在匀速直线流中，沿 x 轴叠加一对强度相等的源和汇，形成的势流场，可用来描述如图3.6-1 所示的绕朗金椭圆的流动。显然，这样叠加后的势流场将上述“半无限物体”变成了“全物体”。

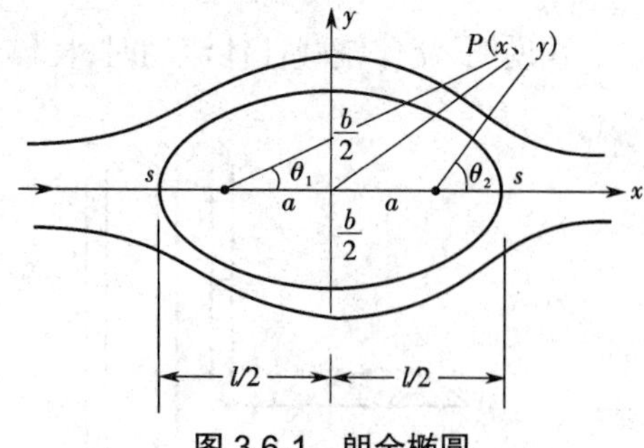

图 3.6-1 朗金椭圆

3. 偶极流

将上述等强度的源流和汇流分别放在 x 轴的左、右两侧，并互相接近，使 a 趋近于零，但保持源点、汇点之间的距离和强度 Q 的乘积为定值 $M = 2aQ$。这种流动称为偶极流，M 称为偶极矩。

根据偶极流的定义和势流的可叠加性，可得偶极流的流函数为

$$\psi = -\frac{M \sin\theta}{2\pi r} \tag{3.6-18}$$

4. 绕圆柱体的流动和圆柱形测速管的原理

将上述偶极流与匀速直线流叠加,形成绕圆柱体的流动。

偶极流与匀速直线流的流函数叠加,有

$$\psi = v_0 r \sin\theta - \frac{M \sin\theta}{2\pi r}$$

如果把零流线换为物体轮廓线,并设物体轮廓线上 $r=R$,则

$$v_0 R \sin\theta - \frac{M \sin\theta}{2\pi R} = 0$$

$$M = 2\pi v_0 R^2$$

将上式代入 ψ式中,得出绕圆柱体流动的流函数

$$\psi = v_0 \left(r - \frac{R^2}{r} \right) \sin\theta \tag{3.6-19}$$

则得绕圆柱体流动的速度分量

$$u_r = \frac{\partial \psi}{r \partial \theta} = v_0 \left(1 - \frac{R^2}{r^2} \right) \cos\theta$$

$$u_\theta = -\frac{\partial \psi}{\partial r} = -v_0 \left(1 + \frac{R^2}{r^2} \right) \sin\theta$$

在轮廓线上, $\psi = 0$,即

$$v_0 \left(r - \frac{R^2}{r} \right) \sin\theta = 0$$

$$r = R$$

可得出,轮廓线上的流速分量为

$$\left. \begin{aligned} u_r &= 0 \\ u_\theta &= -2 v_0 \sin\theta \end{aligned} \right\} \tag{3.6-20}$$

上式说明,流体绕圆柱体流动时,柱体表面上的最大速度 u_θ 为匀速直线流速 v_0 的 2 倍,而当 $\theta = \frac{\pi}{6}$ 时,物体上流速等于均匀直线流速。这正是常用来测定液体流速的装置即圆柱形测速管的工作原理。

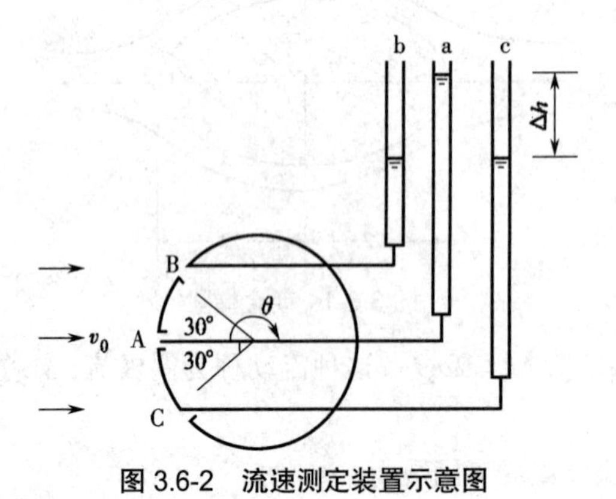

图 3.6-2　流速测定装置示意图

【例 3.6-2】 图 3.6-2 为一种测定流速的装置,圆柱体上开三个相距为 30° 的压力孔 A、B、C,分别和测压管 a、b、c 相连通。将柱体置放于水流中,使 A 孔正对水流,其方法是旋转柱体使测压管 b 、c 中水面同在一水平面为止。当 a 管水面高于 b、c 管水面

$\Delta h = 3$ cm时,求流速 v_0。

解:根据柱体表面流速分布公式,有

$$v_s = -2v_0 \sin\theta$$

当 $\theta = 30°$ 时

$$v_B = v_C = 2v_0 \times \frac{1}{2} = v_0$$

$$v_A = 0$$

A、B 两点能量方程为

$$\frac{p_A}{\gamma} = \frac{p_B}{\gamma} + \frac{v_B^2}{2g} = \frac{p_B}{\gamma} + \frac{v_0^2}{2g}$$

$$\frac{v_0^2}{2g} = \frac{p_A - p_B}{\gamma}$$

$$v_0 = \sqrt{2g\frac{p_A - p_B}{\gamma}}$$

已知 $\frac{p_A - p_B}{\gamma} = 0.03$ m,所以

$$v_0 = \sqrt{19.6 \times 0.03} = 0.767 \text{ m/s}$$

3.7 一元气体动力学基础

气体具有显著的压缩性和热胀性,研究气体流动现象,必须考虑气体密度随压强和温度的变化,也就是必须考虑气体的可压缩性。气体动力学就是研究可压缩流体的运动规律及其应用的科学。本节主要阐述气体一元流动的基本概念、流动特性和简单喷管的性能。

气体压缩性对流动性能的影响,是由气流速度接近音速的程度来决定的。为了讨论气体的压缩性,首先要了解压力波传播、音速和马赫(Mach)数的概念。

3.7.1 压力波传播、音速和马赫数

1. 压力波传播

流体中某处受到外力作用,使其压力发生变化,称为压力扰动。在流体介质中,这种压力扰动以波的形式向四周传播。在气体介质中,压力波的传播,实质上就是在气体中交替发生膨胀和压缩的过程。

2. 音速

(1)音速的概念

音速是指压力波在介质中的传播速度,以符号 c 表示。气体动力学中的音速概念,不仅限于人耳收听范围,实质上是指气体中压强、密度状态变化在介质中传播的速度。可见,传播速度的快慢即音速的大小,与流体内在性质——压缩性(或弹性)和密度有关,即 $c = f(p, \rho)$。

图 3.7-1 所示为微弱扰动波的传播过程。等断面直管中充满静止的可压缩气体,活塞在力的作用下,有一微小速度向右移动,产生一个微小扰动的平面波。定义扰动与未扰动的分界面

为波峰，则波峰传播速度就是声音的传播速度，即音速。波峰所到之处，流体压强、密度均发生变化。

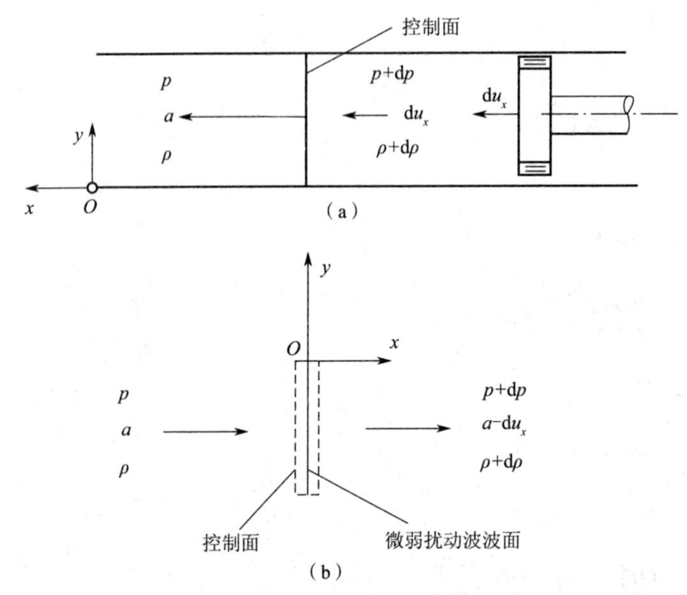

图 3.7-1　微弱扰动波的传播过程

2）音速的计算公式

如图 3.7-1 所示，将坐标固定在波峰上，取虚线所示区域为控制体，波峰处于控制体中。当波峰两侧的控制面无限接近时，控制体体积趋近于零。

音波传播速度很快，在传播过程中与外界来不及进行热量交换，且忽略切应力作用，无能量损失，因此，整个传播过程可作为等熵过程处理。

设管道截面积为 A，对控制体写出连续性方程和动量方程，可得出音速的计算公式为

$$c=\sqrt{\frac{\mathrm{d}p}{\mathrm{d}\rho}} \tag{3.7-1}$$

该式即为音速方程的微分形式，对气体、液体都适用。

结合气体等熵过程方程式 p/ρ^k =常数，和理想气体状态方程 $p/\rho=RT$，则

$$c=\sqrt{\frac{\mathrm{d}p}{\mathrm{d}\rho}}=\sqrt{k\frac{p}{\rho}}=\sqrt{kRT} \tag{3.7-2}$$

显然，气体中的音速和压强、温度、密度等参数一样，是代表气体状态的一个重要参数，反映不同介质的压缩性。说明密度随压强的变化程度，因此，音速大小可以作为流体压缩性大小的标志，不仅反映不同介质的压缩性，而且也反映同一种介质在不同温度状态下的压缩性。

3. 马赫数 M

如前所述，音速大小在一定程度上能够反映气体的可压缩性大小。气流速度越大，音速越小，则压缩现象越显著。马赫将影响压缩效果的气流速度 v 与音速 c 两个参数联系起来，取指定点当地速度与该点当地音速的比值为马赫数 M。

$$M = \frac{v}{c} \tag{3.7-3}$$

根据M的大小,可以将气体流动分为超音速流动、亚音速流动和音速流动。

①如果$M > 1$, $v > c$,即气流本身速度大于音速,则气流中参数的变化不能向上游传播,这就是超音速流动。

②如果$M < 1$, $v < c$,气流本身速度小于音速,则气流中参数的变化能够向各个方向传播,这就是亚音速流动。

③如果$M = 1$, $v = c$,气流本身速度与音速相等,则扰动波与扰动源同时到达流场中的某一位置,气流中参数变化的传播速度不会超过气流流动的运动速度,扰动波只能布满扰动源的半个空间,这就是音速流动。

显然,M数是气体动力学中一个重要无因次数,同雷诺数一样,是确定气体流动状态的准数。

根据上述音速方程式(3.7-2)和M数的定义,马赫数与音速一样也是一个当地值,反映气体状态的参数,不过它反映的是动态气流,因而比反映静态气体可压缩性大小的音速概念更有实用价值。

需要指出,上述进行气体动力学计算时,压强、温度只能用绝对压强及开尔文温度。另外,$M = 0$时,流体处于静止状态,不存在压缩问题。当M较小时,在一定的误差范围内,气流可按不可压缩处理。

许多技术领域中的气流问题大都可简化为一元流动问题,然后可采用一元流动方法求得一些简化而实用的结果。

3.7.2 可压缩流体一元稳定流动的基本方程

可压缩流体一元稳定流动是气体动力学中最初步的基本知识,它只讨论气体流动参数(如速度、压强、密度、温度等)在过流断面上的平均值的变化规律,而不涉及气流流场的空间变化情况。理想气体一元稳定流动的基本方程,包括连续性方程、运动方程、热力学过程方程、气体状态方程、气动方程和能量方程。

1. 连续性方程

根据质量守恒定律,一元稳定流动的连续性方程为

$$pvA = 常量 \tag{3.7-4}$$

其微分形式为

$$\frac{\mathrm{d}v}{v} + \frac{\mathrm{d}\rho}{\rho} + \frac{\mathrm{d}A}{A} = 0 \tag{3.7-5}$$

上式反映了流速变化和管流断面变化的相互关系。

2. 运动方程

应用理想流体不可压缩理想流体元流能量方程式运动微分方程,不计质量力,对一元稳定流动分析,可以得出

$$\frac{\mathrm{d}p}{\mathrm{d}\rho} + v\mathrm{d}v = 0$$

或 $$\frac{\mathrm{d}p}{\mathrm{d}\rho}+\mathrm{d}\left(\frac{v^2}{2}\right)=0 \tag{3.7-6}$$

上式称为欧拉运动微分方程，又称为微分形式的伯努利方程，反映了气体一元稳定流动的 p、ρ、v 三者之间的关系。

3. 热力学过程方程和气体状态方程

气体的热力过程可以分为定容过程、等温过程、绝热过程等，其参数变化分别服从相应的过程方程式。

理想气体的状态方程为

$$p/\rho=RT \tag{3.7-7}$$

4. 气动方程

气动方程包括音速方程（3.7-2）和马赫数 M 定义式（3.7-3）。

当 $M=1$ 时，气体流速等于当地音速，这时称为临界状态，相应的参数称为临界参数 p_{cr}、T_{cr}、ρ_{cr}。

5. 能量方程

结合热力过程方程和气体状态方程，即可对运动方程进行积分，得到相应流动过程中反映过流断面之间能量关系的能量方程。

（1）一元气体定容流动的分析

考虑到定容过程 ρ 为常数，对欧拉运动微分方程（3.7-6）积分，并整理得

$$\frac{p}{\rho}+\frac{v^2}{2}=常数$$

或 $$\frac{p}{\gamma}+\frac{v^2}{2g}=常数 \tag{3.7-8}$$

上式就是前面导出的不可压缩理想流体元流能量方程式（3.1-5）忽略质量力的形式。

（2）气体一元绝热流动的分析

当气体流动在无能量损失且与外界又无热量交换的情况下，将等熵过程方程式 $p/\rho^k=$常数代入欧拉运动微分方程积分，并整理得

$$\frac{1}{k-1}\frac{p}{\rho}+\frac{p}{\rho}+\frac{v^2}{2}=常数 \tag{3.7-9}$$

式中，k 为定压比热容与定容比热容之比。

与式（3.7-8）比较，上式左边多出第一项。从热力学可知，这一项正是绝热过程中，单位质量气体所具有的内能 u。

用焓 i 来表示，$i=u+\dfrac{p}{\rho}$，则上式可改写为

$$i+\frac{v^2}{2}=常数 \tag{3.7-10}$$

上式称为绝热流动的全能方程式。表明气体等熵流动即理想气体绝热流动，沿流动任意

断面上,单位质量气体所具有的内能、压能、动能之和为常数。

应用上述方程,即可比较全面地分析可压缩流体的一元稳定流动。

3.7.3 渐缩喷管与拉伐尔管的特点

喷管是使气流增速的管道。在工程实际中,渐缩喷管与拉伐尔管的应用极其广泛,其基本形状如图 3.7-2 所示。

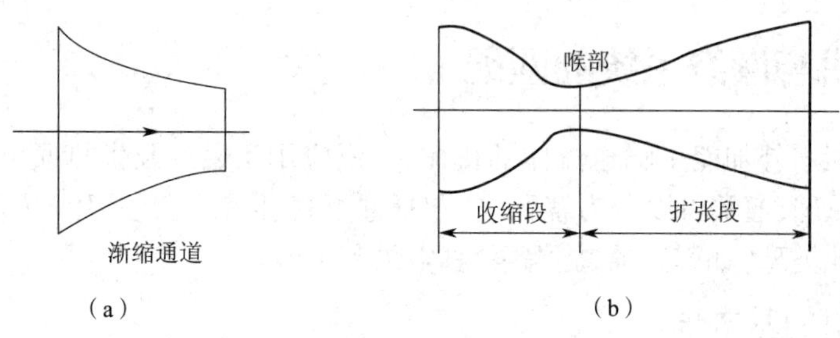

图 3.7-2 渐缩喷管、拉伐尔喷管

(a)渐缩喷管 (b)拉伐尔喷管

气体在实际喷管中的流动是一种可压缩黏性流体的三元非稳定流动。根据其流动特点,可以将其简化为一元稳定流动。

下面应用上述一元气流稳定流动的基本方程,分析气体在渐缩喷管与拉伐尔管的特点。

气流在喷管中流动,因其流速较高、行程较短,与外界来不及进行热量交换,且忽略切应力作用,无能量损失,因此,整个流动过程可作为等熵过程处理。

将连续性微分方程式(3.7-5)与运动微分方程(3.7-6)联立,并代入音速公式(3.7-2)和 M 的定义式(3.7-3),整理可得

$$\frac{dA}{A}=(M^2-1)\frac{dv}{v}$$

上式反映了断面 A 与气流速度 v 之间的关系,是可压缩流体连续性微分方程的另一种形式。

分析上式可以得出如下结论:

①当 $M<1$ 时,气流属于亚音速流动,$M^2-1<0$,dv 与 dA 正负号相反,说明气流速度随断面的增大而减慢,随断面的减小而加快。这与不可压缩流体运动规律相同,如图 3.7-3(a)所示。

②当 $M>1$ 时,气流属于超音速流动,$M^2-1>0$,dv 与 dA 正负号相同,说明气流速度随断面的增大而加快,随断面的减小而减慢,如图 3.7-3(b)所示。

③在图 3.7-2(a)所示的渐缩喷管中,对于初始断面为亚声速的一般收缩形气流,在出口断面处,不可能得到超音速流动,最多是在收缩管出口断面上达到音速。

④在图 3.7-2(b)所示的拉伐尔喷管中,可使亚声速气流流经收缩管,并在最小断面处达

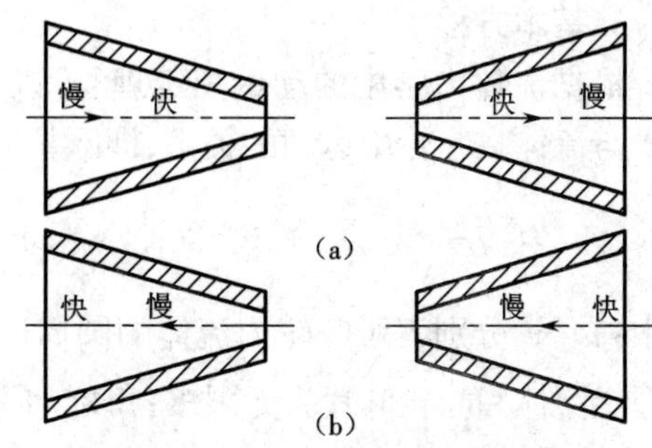

图 3.7-3 气流速度与断面关系

到声速,然后再进入扩张管,满足气流的进一步膨胀增速,便可获得超声速气流。

通过分析沿拉伐尔喷管长度方向上断面 A、速度 v、压力 p 之间的变化特性,可以得出,在最小断面处, $M=1$ 即气流速度与当地声速相等,这时气体处于临界状态,相应的过渡断面称为临界断面。

需强调指出的是,对于渐缩喷管,出口截面流速不可能超过当地声速,只能小于或等于当地声速,这是渐缩喷管的工作范围。

3.8 泵或风机与网络系统的匹配

泵与风机是利用外加能量输送流体的机械,广泛应用于燃气及供热通风等工程中。根据泵与风机的工作原理,通常可以分为容积式(包括往复式、回转式)、叶片式(包括离心式、温流式、贯流式)和其他类型(如引射器、旋涡泵、真空泵等)。

3.8.1 泵与风机的基本理论

1. 工作原理

以离心式风机为例,当叶轮随轴旋转时,叶片间的气体随叶轮旋转而获得离心力,并从叶片出口处甩出。被甩出的气体流入机壳,导致机壳内的气体压强增高,最后被导向出口排出。气体被甩出后,叶轮中心部分的压强降低。外界气体就能从风机的吸入口通过叶轮前盘中央的孔口吸入,源源不断地输送气体。离心式泵的工作原理与此相同。

2. 性能参数

主要包括:泵的扬程 H(或风机的全风压 p)、流量(体积流量 Q 或重量流量 G)、功率 N、效率 η、转速 n。

泵的扬程 H,是指单位重量流量 G 的流体通过泵所获得的能量,单位是 m。

风机的全风压 p,是指单位体积流量 Q 的气体通过风机所获得的能量,单位是 Pa。

泵或风机的效率 η,表示输入的轴功率 N 被流体利用的程度,用 η 来表示。

$$\eta=\frac{N_e}{N}=\frac{\gamma QH}{N}=\frac{Q\,p}{N} \tag{3.8-1}$$

式中:N_e 表示有效功率,即单位时间内通过泵或风机的流体所获得的总能量,N 为轴功率。泵或风机的效率 η,通常由实验确定。

除了上述基本参数,还有比转速,对水泵来说,还有反映其气蚀性能的气蚀余量、气蚀比转速,对于风机还有无因次参数等。

3. 基本方程

根据流体力学中的动量矩定理,可以得到“理想叶轮”假设条件下,单位重量流体的能量增量与流体在叶轮中运动的关系,即欧拉方程:

$$H_{T\infty}=\frac{1}{g}\left(u_{2T\infty}\cdot v_{u_{2T\infty}}-u_{1T\infty}\cdot v_{u1T\infty}\right) \tag{3.8-2}$$

式中:u、v_u 分别表示叶轮内流体的圆周运动速度和绝对运动速度的切向分速;角标“T ∞”表示理想流体和叶轮叶片为无限多;角标“1”表示叶轮进口,而角标“2”表示叶轮出口。

由欧拉方程可见,流体所获得的理论扬程 $H_{T\infty}$,仅与流体在叶片进、出口处的运动速度有关,而与被输送流体的种类无关。

在实际叶轮中,叶片数是有限的。为此引入涡流修正系数 k,表示无限多叶片的欧拉方程式表达的 $H_{T\infty}$ 与有限多叶片实际叶轮的欧拉方程式得出的 H_T 之间的关系,即

$$H_T = kH_{T\infty} \tag{3.8-3}$$

将(3.8-2)代入上式,并将式右边流体运动量中的下角标"T"取消,可得理论扬程方程式:

$$H_T = \frac{1}{g}\left(u_2 v_{u2} - u_1 v_{u1}\right) \tag{3.8-4}$$

考虑到流体的预旋现象,即流体进入叶轮之前由于旋转着的叶轮的作用,开始由轴向流动渐渐转变成螺旋流动,导致叶轮进口的速度三角形发生变化,实际叶轮的理论扬程有所降低,通常引入预旋系数加以修正。但这种预旋会使叶轮的效率有所提高,还能够改善水泵的气蚀性能。

4. 叶型及其对性能的影响

根据理论扬程式(3.8-4),当流体径向流入叶轮时,进口切向分速 v_{u1} 为 0,理论扬程达到最大值。这时,理论扬程方程式就简化为

$$H_T = \frac{1}{g} u_2 v_{u2} \tag{3.8-5}$$

上式可以进一步改写为理论扬程 H_T 与出口安装角 β_2 之间的关系,即

$$H_T = \frac{1}{g}\left(u_2^2 - u_2 v_{r2} \mathrm{ctg}\beta_2\right) \tag{3.8-6}$$

式中,v_r 表示叶轮内流体绝对运动速度的径向分速。

上式表明,对于叶轮直径固定不变的某一设备,在相同的转速下,叶片出口安装角 β_2 的大小对理论扬程 H_T 有直接的影响。

根据叶片出口安装角 β_2 的不同,叶型可以分为下述三种不同类型:

①当 $\beta_2 = 90°$时,$\mathrm{ctg}\beta_2 = 0$,叶片出口按径向装设,这种叶型被称为径向叶型;

②当 $\beta_2 < 90°$时,$\mathrm{ctg}\beta_2 > 0$,叶片出口方向与叶轮旋转方向相反,这种叶型被称为后向叶型;

③当 $\beta_2 > 90°$时,$\mathrm{ctg}\beta_2 < 0$,叶片出口方向与叶轮旋转方向相同,这种叶型被称为前向叶型。

上述三种叶型相比较可知,其他条件相同时,具有前向叶型的叶轮所获得的扬程最大,径向叶型叶轮次之,而后向叶型叶轮的扬程最小。

通常,离心泵均采用后向叶轮,主要是考虑到减小能量损失,提高效率;在大型风机中,考虑到增加效率或降低噪声,也几乎均都采用后向叶轮;而在中小型风机中,效率不是主要考虑的因素,考虑到相同的压头下,轮径和外形可以做得较小,有采用前向叶轮的情况。

【例 3.8-1】 离心水泵叶轮进口宽度 $b_1 = 3.2$ cm,出口宽度 $b_2 = 1.7$ cm,叶轮叶片进口直径 $D_1 = 17$ cm,叶轮出口直径 $D_2 = 38$ cm,叶片进口安装角 $\beta_{1g} = 18°$,叶片出口安装角 $\beta_{2g} = 22.5°$。

若液体径向流入叶轮,泵转速 $n = 1\,450$ r/min,液体在流道中的流动与叶片弯曲方向一致。试绘制叶轮进、出口速度三角形,并求叶轮中通过的流量 q_{VT}(不计叶片厚度)。

解:叶轮叶片进、出口的圆周速度为

$$u_1 = \frac{\pi D_1 n}{60} = \frac{\pi \times 0.17 \times 1\,450}{60} = 12.9\ \text{m/s}$$

$$u_2 = \frac{\pi D_2 n}{60} = \frac{\pi \times 0.38 \times 1\,450}{60} = 28.9\ \text{m/s}$$

根据进口圆周速度 u_1 及液体在叶片进口的流入角 β_1(因为流入角 β_1 等于叶片进口安装角,为 18°),作叶片进口速度三角形。取比例尺为 1 cm 长度相当于 3.75 m/s 的速度,作进口速度三角形,如图 3.8-1(a)所示。由进口速度三角形得

$$v_1 = v_{1m} = u_1 \tan \beta_{1g} = 12.9 \times 0.324\,9 = 4.19\ \text{m/s}$$

$$q_{VT} = \pi D_1 b_1 v_{1m} = \pi \times 0.17 \times 0.032 \times 4.19 = 0.072\ \text{m/s}$$

出口速度三角形中的轴面速度 v_{2m} 为

$$v_{2m} = \frac{q_{VT}}{\pi D_2 b_2} = \frac{0.072}{\pi \times 0.38 \times 0.017} = 3.55\ \text{m/s}$$

根据 v_{2m}、β_{2g} 及 u_2 绘制叶片出口速度三角形,如图 3.8-1(b)所示。

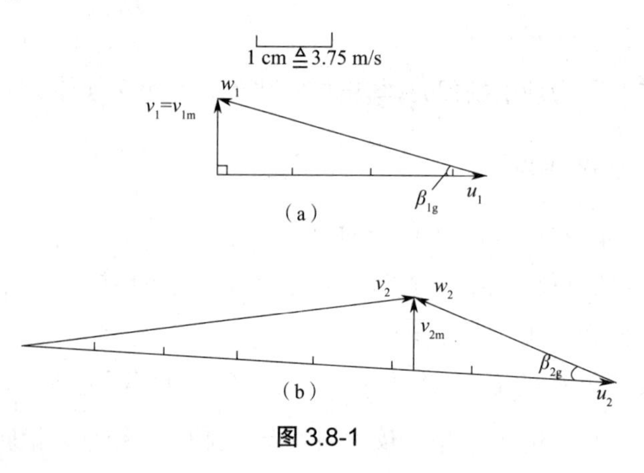

图 3.8-1

3.8.2 泵与风机的性能曲线

泵与风机的性能曲线,是指在一定转速下,泵与风机的流量与扬程、流量与功率、流量与效率等三条关系曲线。

1. 理论性能曲线

从欧拉方程出发,可以讨论理想条件下流量与扬程、流量与功率的关系。

对于大小一定的泵或风机,在一定的转速下,由式(3.8-6)可以得出

$$H_T = A - B\text{ctg}\,\beta_2 \cdot Q_T \tag{3.8-7}$$

式中,A,B 均为常数。

对于理想流体,理论上的有效功率就是轴功率,即

$$N = N_e = \gamma Q_T H_T \tag{3.8-8}$$

式中，当输送的流体种类一定时，γ也是常数。

对于三种不同叶型的泵和风机，理论上的流量-扬程、流量-功率曲线分别如图 3.8-2、图 3.8-3 所示。从这些曲线变化规律可知，如采用的风机属于前向叶型，风机在运行中增加流量时，原动机超载的可能性要比径向叶型风机的大得多，而后向叶型风机几乎不会发生原动机超载的现象。

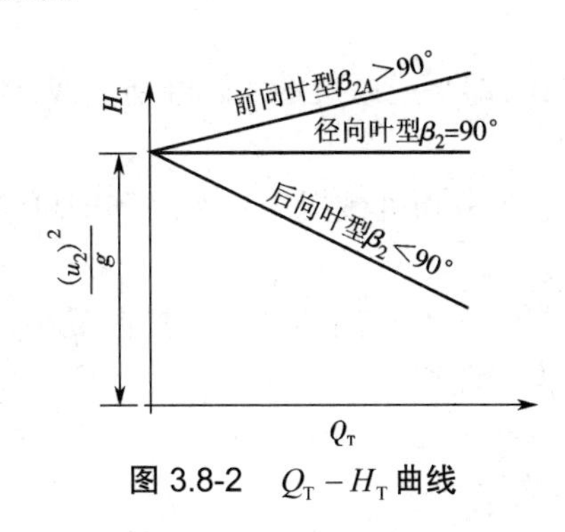

图 3.8-2　Q_T-H_T 曲线

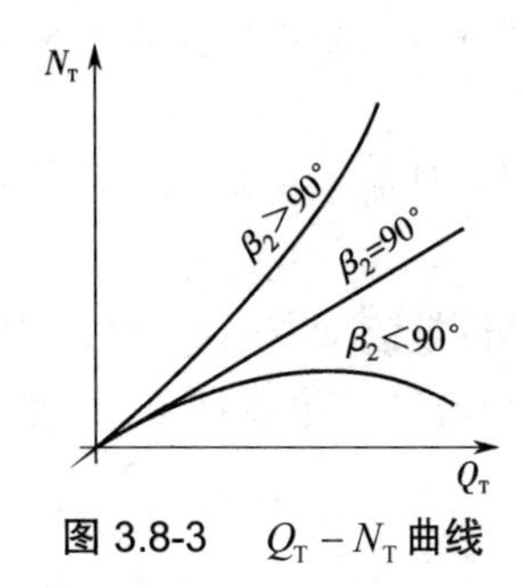

图 3.8-3　Q_T-N_T 曲线

2. 实际性能曲线

包含多项损失的泵和风机的实际性能曲线，均是由各制造工厂在性能实验台上采用实验方法直接得出的。但是，从理论上研究叶轮流道内的损失，对于找出减少损失的途径、提高效率具有重要的意义。

泵与风机的机内损失按其产生原因通常分为三类，即水力损失、容积损失和机械损失。

流体流经泵或风机时，必然产生水力损失。这种损失除同样包括局部阻力损失和沿程阻力损失外，还有当设备的实际运行工况偏离设计工况时，叶轮流道内的流线偏离叶片的型线，从而发生撞击，由此引起的能量损失，称为撞击损失。各种水力损失与流量的关系如图 3.8-4 所示，Q_d表示设计流量。

如图 3.8-5 所示，从轴功率 N 中，扣除机内各项损失以后，即为实际得到的有效功率 N_e。

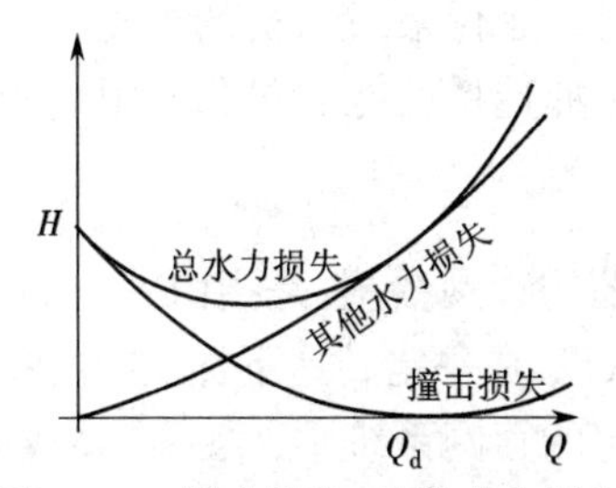

图 3.8-4　撞击损失，其他水力损失和总水力损失与流量的关系

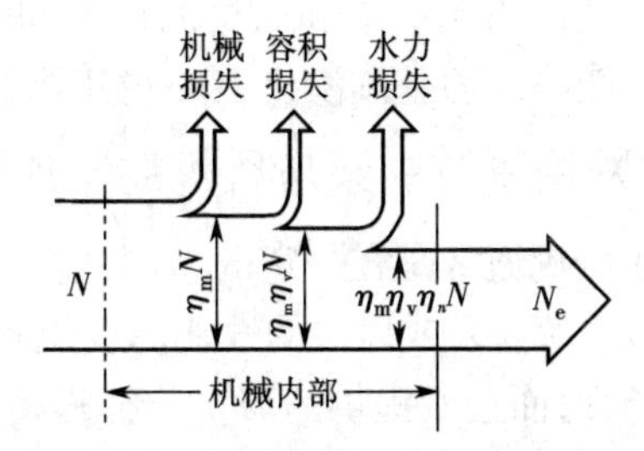

图 3.8-5　轴功率和机内损失的关系

根据泵或风机的效率定义，可以得出

$$\eta=\frac{N_e}{N}=\frac{\gamma QH}{\gamma Q_T H_T}\eta_m=\eta_v\eta_n\eta_m \tag{3.8-9}$$

在泵与风机理论性能曲线的基础上，进一步研究各工作参数之间的实际关系，可得出泵与风机的实际性能曲线。以后向叶片的叶轮为例，性能曲线如图 3.8-6 所示，分析如下：

①曲线 I：按无限多叶片的欧拉方程绘制的流量与扬程的关系曲线。

②曲线Ⅱ：按有限多叶片的理论流量和扬程的关系式绘制。

③曲线Ⅲ：从曲线Ⅱ中扣除水力损失，可得到曲线Ⅲ。其中，直影线部分代表撞击损失，而倾斜影线部分代表除撞击损失以外的其他水力损失。

④曲线Ⅳ：从曲线Ⅲ中扣除容积损失，可得到曲线Ⅳ，即泵或风机的实际性能曲线，流量与扬程曲线。

⑤曲线Ⅴ：是流量—功率曲线。根据轴功率是理论功率和机械损失功率之和即可绘出曲线Ⅴ。

⑥曲线Ⅵ：是流量—效率曲线，表明泵或风机的流量与效率之间的关系。根据泵和风机的流量—扬程和流量—功率曲线，由效率的定义式，即可得出曲线Ⅵ。

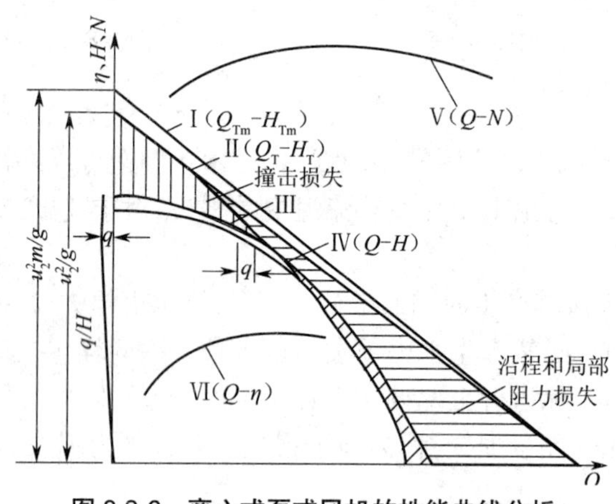

图 3.8-6　离心式泵或风机的性能曲线分析

$Q-H$，$Q-N$，$Q-\eta$ 三条曲线是反映泵或风机优劣性能的基本性能曲线。其中，$Q-H$ 最为重要。

由制造厂得出的泵和风机的性能曲线是正确地选用和运行泵或风机的根据。在实用中，以上述性能曲线为基础演化出一些其他类型的性能曲线，如选择性能曲线和通用性能曲线等。

3.8.3　网络系统中泵与风机的工作点

泵或风机通常是在一定的管网系统中工作，这里所谓的管网系统，是指由一定的管路所组成的管路系统。泵或风机的性能曲线说明，某一台泵或风机，在一定转速下，能够提供一系列的流量和扬程，而且所提供的流量与扬程密切相关。在一定的管网系统中，某一台泵或风机所提供的流量和扬程是一个确定的值，对应性能曲线的某一点，也就是泵或风机的工作点。显然，网络系统中泵或风机的工作点是由两方面共同决定的，即管路特性曲线和泵或风机的性能曲线。

1. 管路特性曲线

一般情况下，流体在管网系统的管路中流动时所消耗的能量，用于补偿压差、高差和阻力（包括流体流出时的动压头）。因此，流体在管路系统中的流动特性可以表示为

$$H=\frac{p_2-p_1}{\gamma}+H_z+h_l=H_1+SQ^2 \tag{3.8-10}$$

其中，$\frac{p_2-p_1}{\gamma}+H_z=H_1$，表示管路系统两端的压差和高差，如图 3.8-7 所示。对于一定的管网系统，H_1 通常是一个不变的常量；h_l 表示用来克服流体在管路中的流动阻力及由管道排出时的动压头，根据流体力学原理，二者均与流量的二次方成正比，即 $h_l=SQ^2$，S 为阻抗，与管路系统的沿程阻力、局部阻力以及几何形状有关。

上式表明，实际的管网系统中，为了达到输送流体的要求，需要消耗一定的能量，而且消耗的能头 H 与流量 Q 呈抛物线的关系。反映上述流量 Q 与压头 H 关系的曲线，即为管路特性曲线，如图 3.8-7。

2. 泵与风机的工作点

管路特性曲线表明了实际工程条件对能量的需求，而这部分能量需要泵或风机来提供。管路性能曲线与泵或风机的性能曲线的交点就是泵或风机的工作点。

如图 3.8-7 所示，管路性能曲线为 CE，选用的某一台泵或风机的性能曲线为 AB，两曲线相交于 D 点。可见，所选定的泵或风机在 D 点工作时，向该管网系统所提供的流量和扬程分别为 Q_D、H_D。D 点就是泵或风机的工作点。这时，泵或风机的效率、轴功率 N 均可以查到，或通过计算得到。

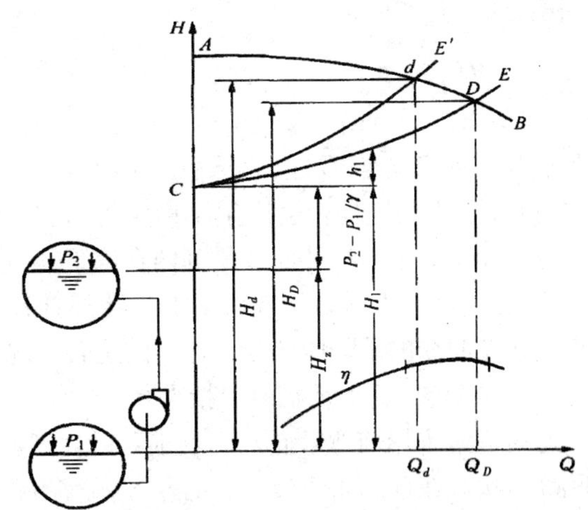

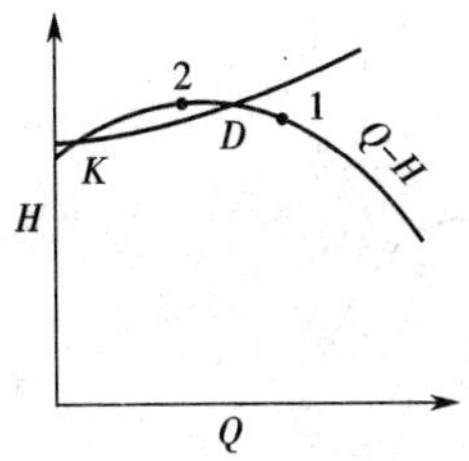

图 3.8-7 管路系统的性能曲线与泵或风机的工作点

3. 运行工况的稳定性

有些低比转数泵或风机的性能曲线呈驼峰形，如图 3.8-8 所示。在这种情形下，泵或风机的性能曲线与管道性能曲线可能会有两个交点，即 K 和 D。其中，D 点为稳定工作点，K 点为不稳定工作点。

图 3.8-8 性能曲线呈驼峰形的运行工况

实际工程中，在管网系统中运行的泵或风机，受到机器振动和电压波动而引起转速变化的干扰，其工况（指流量、扬程等）会偏离原来的工作点。

下面结合图 3.8-8，分析泵或风机运行工况的稳定性。

（1）不稳定工作点

如果泵或风机在 K 点运行，因扰动会偏离原工况。当 K 点向流量增大的方向偏离时，机器所提供的扬程大于管网所需的消耗能头，引起管路中流速加大、流量增加，则工作点沿机器性能曲线继续向流量增大的方向移动；当 K 点向流量减小方向偏离时，机器所提供的扬程小于管网所需的消耗能头，引起管路中流速降低、流量减小，则工作点会继续向流量减小的方向移动。可见,工况点在 K 处的平衡是暂时的,故称 K 点为不稳定工作点。

(2)稳定工作点

类似上述不稳定工作点的分析原理,如果泵或风机在 D 点运行,因扰动偏离原工况,在比 D 点流量大的“1”点处运行时,因机器所提供的扬程小于管网所需的消耗能头,工作点“1”会向 D 点移动;反之,如在比 D 点流量小的“2”点运行,因机器所提供的扬程大于管网所需的消耗能头,“2”点同样会向 D 点移动。可见,工况点在 D 处的平衡是稳定的,称为稳定工作点。

(3)稳定工况的判据

根据上述分析,很容易得出工况稳定与否的判据。

在泵或风机的性能曲线和管路特性曲线上,如果某交点处对应两条不同曲线的斜率满足下列关系式,即

$$\frac{\mathrm{d}H_{管}}{\mathrm{d}Q} > \frac{\mathrm{d}H_{风}}{\mathrm{d}Q} \tag{3.8-11}$$

则此点为稳定工况点,反之,为不稳定工况点。

可见,泵或风机是否会产生不稳定运行,是由泵或风机的性能曲线和管路特性共同影响的。泵或风机驼峰形性能曲线是其内在因素,陡峭的管路性能曲线是其外在因素。

实际工程中,大多数泵或风机的特性都具有平缓下降的曲线,当少数曲线有驼峰时,则工作点应选在曲线的下降段,因此,通常的运转工况是稳定的。

(4)不稳定工况和风机的喘振现象

通风机常采用前弯叶轮。高压前弯叶轮离心风机和轴流风机的性能曲线,在小流量区呈现驼峰形状。在性能曲线最高点的左方,随着流量的减少而全风压降低的斜坡部分,若是风机的工作点恰在这部分时,运行状态是不稳定的。

如图 3.8-9 所示,具有马鞍形性能曲线的风机,在大容量或带有容器的管路中工作,在小流量不稳工况区运行时,会在风机和管路中产生流量和风压的强烈脉动,并引起风机和管路的激烈振动,这种现象称为喘振或飞动。

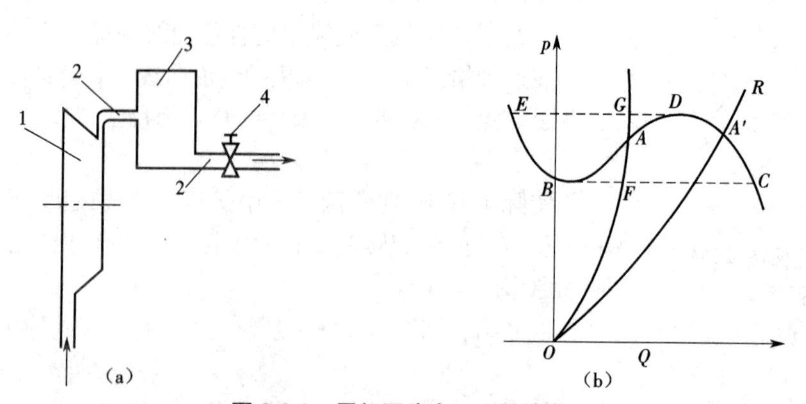

图 3.8-9 风机不稳定工况及喘振

(a)通风机及其管路 (b)喘振产生的情况

1—风机 2—连接管 3—容器 4—阀门

喘振发生的原因可以总结为,大容量的管路(含有容器或管道粗大很长)、陡峭的管路阻力特性、马鞍形的风机性能曲线、风机在小流量不稳定工况区工作。

风机的喘振能给系统的正常运行带来极大的危害,应尽量避免。针对上述喘振发生的原因,可以采取某些措施预防和消除喘振,如改善风机性能、尽量消除马鞍形的性能曲线,调节管路系统流量、尽量使风机不在小流量不稳定工况区工作等。

4. 联合运行工况分析

当采用单台泵或风机的流量或扬程不能满足要求时,为了增加系统中的流量和压头,将两台或多台泵或风机在一个共同的管路系统中联合运行。另外,联合运行还能使系统运行比使用单台设备时更加经济合理、机动灵活。

讨论泵或风机联合运行的性能,需要确定管网系统中泵或风机联合运行的工况点、每台泵或风机的工作点、单台泵或风机在系统中单独运行时的工作点。

在两台或多台泵或风机联合运行系统中,管路特性曲线表明了实际工程条件对能量的需求,而这部分能量需要泵或风机的联合运行来提供。管路性能曲线与泵或风机联合运行的总性能曲线的交点就是泵或风机联合运行的工作点。泵或风机联合运行工况点的确定方法与前面分析单台泵或风机相同。

泵或风机联合运行的方式有并联运行和串联运行。下面以两台泵或风机的联合运行为例,分析联合运行的特点。

1)并联运行

图 3.8-10、3.8-11 分别为两台相同性能或不同性能泵的并联。其中,Ⅰ、Ⅱ表示两台泵的性能曲线,Ⅲ表示管路特性曲线。

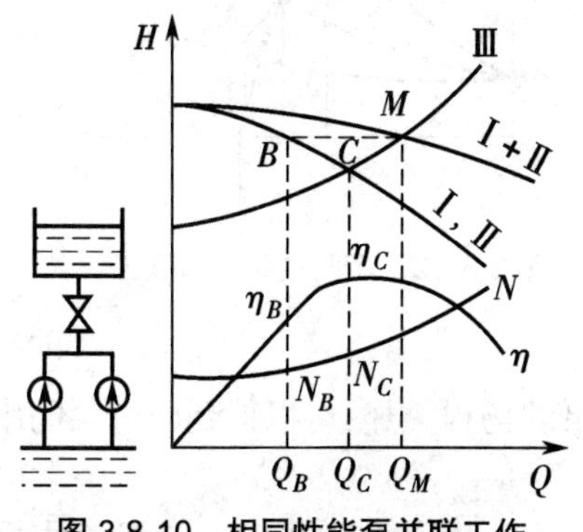

图 3.8-10　相同性能泵并联工作

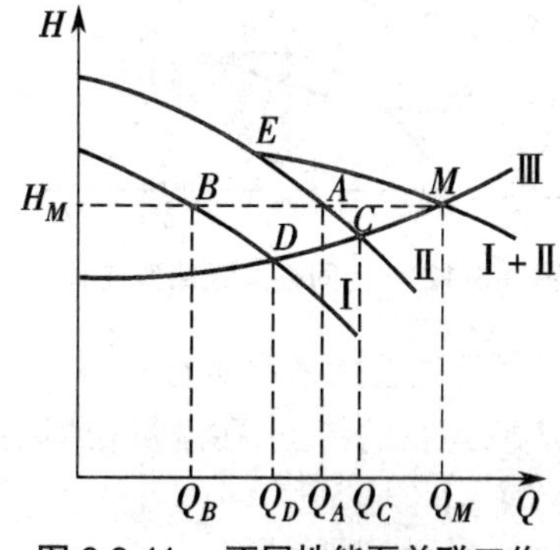

图 3.8-11　不同性能泵并联工作

(1)相同性能泵的并联运行

根据并联运行的特点,在扬程相同条件下将两台泵的流量叠加,可以得到两台泵的并联运行性能曲线Ⅰ+Ⅱ。

管路特性曲线Ⅲ与两台泵的并联运行性能曲线Ⅰ+Ⅱ相交于 M 点,即为系统工作点,对应的流量为 Q_M、扬程为 H_M。

并联运行时,两台泵在相同扬程条件下工作,均为 H_M。因此,与 M 点齐平的 B 点就是并联后每一台泵的工况点,而 C 点则是每一台泵在系统中单独运行时的工作点。

可见,两台相同性能泵并联运行时,扬程相同;并联后的流量比单独一台泵的流量大,但是却没有达到一台流量的两倍;管路特性曲线越平缓,并联后的流量就越接近单台泵运行时流量的两倍。

(2)不同性能泵的并联运行

M点是并联运行的工作点，B、A点分别是泵Ⅰ和泵Ⅱ在系统中并联运行时的工况点，而D、C点则分别是泵Ⅰ和泵Ⅱ在系统中单独运行时工作点。

从图3.8-11可知，如果管路特性曲线变陡，系统工作点从M点移动到E点，泵Ⅰ将不起作用。因此，E点称为总性能曲线的临界点。可见，扬程低的泵Ⅰ，对增加流量的效果不好；陡的管路特性曲线，不适合并联运行。

2)串联运行

实际工程中，经常遇到原有管路系统扩建加长或阻力管件增加的情形，这时如果采用一台高压泵或风机的价格太贵，采用串联运行的工作方式是一种较好的选择。

图3.8-12、3.8-13分别为两台相同性能或不同性能泵的串联。其中，Ⅰ、Ⅱ表示两台泵的性能曲线，Ⅲ表示管路特性曲线。

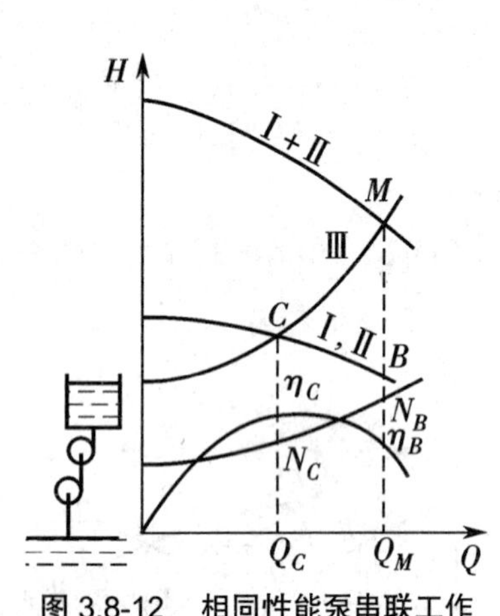

图3.8-12 相同性能泵串联工作

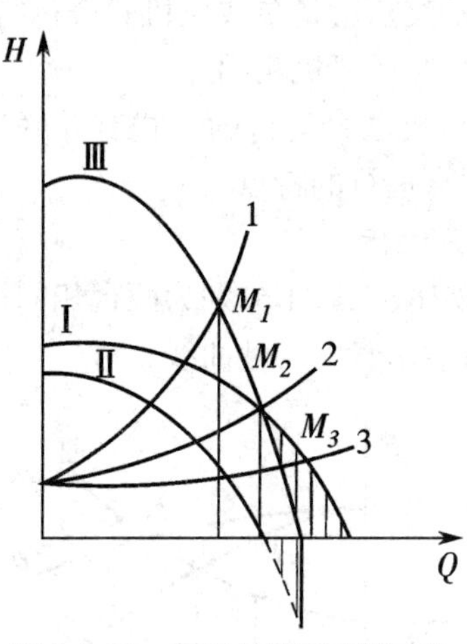

图3.8-13 不同性能泵串联工作

(1)相同性能泵的串联运行

根据串联运行的特点，在流量相同条件下将两台泵的扬程叠加，可以得到两台泵的串联运行性能曲线Ⅰ+Ⅱ。

M点是串联运行的工作点，B是泵Ⅰ和泵Ⅱ在系统中串联运行时的工况点，而C点则是泵Ⅰ和泵Ⅱ在系统中单独运行时的工作点。

可见，两台相同性能的泵串联运行时，流量相同；串联后的总扬程是每台泵串联运行时的扬程之和，但小于每台泵单独工作时的扬程之和；串联的总流量比单台泵单独运行时有所增加；管路特性曲线越陡，串联后的扬程就越接近单台泵运行时扬程的两倍。

(2)不同性能泵的串联运行

图3.8-13中，曲线1、2、3分别表示三条坡度不同的管路特性曲线，分别决定着三个不同的工作点M_1、M_2、M_3。其中，由管路特性曲线2与泵Ⅰ性能曲线和串联运行性能曲线Ⅲ交在一个点M_2上，M_2称为串联运行的极限工作点。

显然，M_2点实际上是泵Ⅰ的工作点，泵Ⅱ对串联后的流量和扬程都不起作用；平坦的管路特性曲线3使工作点M_3处的流量和扬程都比泵Ⅰ单独运行时还要低，这时的泵Ⅱ成了串联系统中的一个消耗能量的阻力件。因此，平坦的管路特性曲线对串联是不适合的。

(3)并联和串联运行的比较

在实际管网系统中,有时会出现采用串联或并联两种不同工作方式均能满足工程要求的情形,但两种不同工作方式在经济性方面却有所不同。

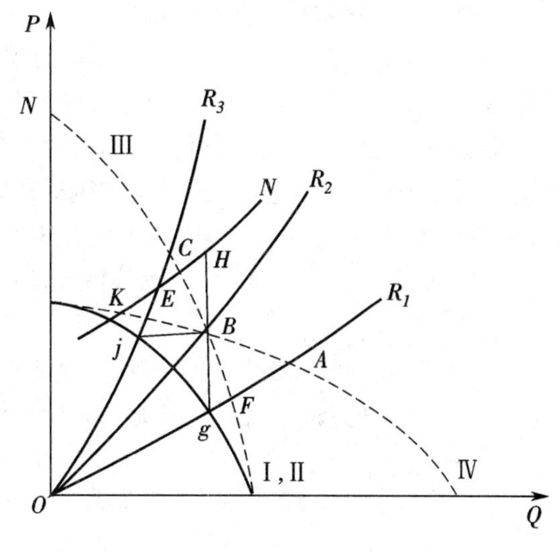

图 3.8-14 联合运行方式的比较

图 3.8-14 是两台性能相同的泵并联、串联时的比较。其中,Ⅰ、Ⅱ表示两台泵的性能曲线,Ⅲ、Ⅳ分别表示两台泵串联运行和并联运行时的性能曲线,N是单台泵的功率曲线,R_1、R_2、R_3是管路阻力特性曲线。

当管路阻力特性曲线为R_2时,工作点B正好在串联、并联总性能曲线的交点。不论哪种方式都使系统的风压提高、流量增加,而且效果相同。并联运行时每台泵的工况点是j,而串联运行时每台泵的工况点是g。显然,相比较,采用并联方式所耗的功率较少,比较合理。

类似上述分析,综合考虑联合运行的流量、扬程及功率变化,若管路阻力降低,管路阻力特性曲线为R_1时,采用并联运行方式比较合理;若管路阻力升高,管路阻力特性曲线为R_3时,则采用串联运行方式合理。

综上所述,泵或风机联合运行时,应根据每台机器的性能曲线、叠加后的总性能曲线、管路阻力特性曲线,进行运行工况分析,然后决定采用合理的联合运行方式。

对平坦的管路阻力特性曲线,选用并联运行方式合理;对陡峭的管路阻力特性曲线,选用串联方式运行合理。应尽量选用两台性能相同或接近的泵或风机联合运行。

3.8.4 离心式泵与风机的工况调节

在实际工程中,泵或风机都要经常进行流量调节,即所谓的工况调节。

泵或风机的工况调节就是改变工作点。因此,泵或风机的工况调节有两条途径:其一是改变管路性能曲线;其二是改变机器性能曲线。

下面以离心式泵或风机为例,讨论其工况调节常采用的具体措施。

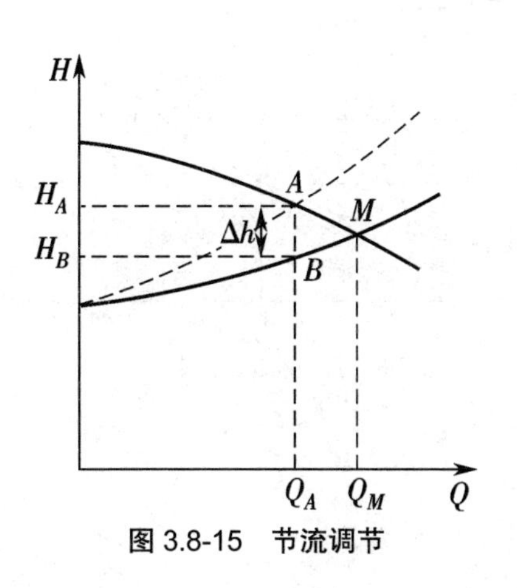

图 3.8-15 节流调节

1. 改变管路性能曲线的调节

在中、小型泵或风机的流量调节中,经常通过调节管路阀门开度(节流),从而改变管路的阻抗系数S,以改变管路性能曲线,达到调节系统流量的目的。这种方法称为节流调节,如图 3.8-15。

显然,调节管路阀门开度的节流调节法是以增加能量损失为代价,是一种不经济的流量调节方法。但因其简单可靠、投资少,在中、小型泵及风机的流量调节中应用甚广。需要注意,对于水泵,考虑到气蚀性能,调节阀通常装在压出端水管上。

2. 改变泵与风机性能曲线的调节

为节约能耗，很多工程系统都对其相关的流体输送系统提出了变流量的需求，各种变流量的泵或风机及变风量系统（VAV）和变水量系统（VWV）等相继问世。

在管路性能曲线不变的条件下，通过调节泵或风机的性能曲线，同样可以达到流量调节的目的。通常采用的方法包括：改变泵或风机转速、更换叶轮、改变进口导流阀的叶片角度、改变叶片宽度和角度、改变联合运行台数等。下面以变速调节为例，讨论这种通过改变泵或风机性能曲线的调节方法的特点。

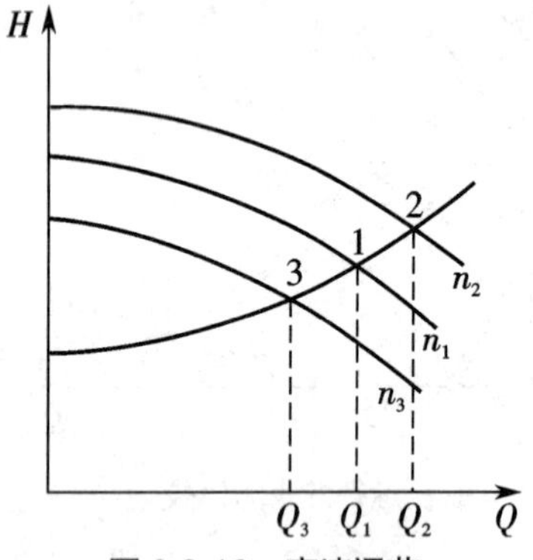

图 3.8-16　变速调节

变速调节是在管路特性曲线不变的情况下，通过改变泵的转速来改变泵或风机的性能曲线，从而达到改变泵或风机的工作点的目的，使泵或风机的流量发生变化。

根据相似理论，对同一台泵或风机，其转速改变时，性能曲线随之有规律地改变，工作点随之变动，如图 3.8-16 所示。

显然，这种改变转速的调节方式没有能量损失，最为经济，故得到广泛应用。

改变泵或风机的转速可以通过改变带动泵或风机的原动机的转速来实现，具体方法包括：采用直流电机、调速电机、汽轮机、电动机带液力联轴器等驱动装置。

【例 3.8-2】 某水泵在转速为 $n_1 = 1\,450$ r/min 时的性能曲线和管路性能曲线如图 3.8-17 所示，若把流量调节为 $q_v = 8$ m³/h，比较采用节流调节和变速调节各自所消耗的功率。假定泵原来效率为 65%，节流调节后效率为 63%。

解：由图查得原工作点 A 的参数为 $q_v = 11$ m³/h，$H = 28$ m，则原来泵轴功率为

$$P = \frac{\rho g q_v H}{1\,000\eta} = \frac{1\,000\times9.8\times11\times28}{1\,000\times3\,600\times0.65} = 1.29\ \text{kW}$$

节流调节后，工作点为 A_1，对应参数为 $q_{v1} = 8$ m³/h，$H_1 = 40$ m，泵轴功率为

$$P = \frac{\rho g q_v H}{1\,000\eta} = \frac{1\,000\times9.8\times8\times40}{1\,000\times3\,600\times0.63} = 1.38\ \text{kW}$$

变速调节后，工作点为 A_2，对应参数为 $q_{v2} = 8$ m³/h，$H_2 = 19$ m，泵轴功率为

$$P = \frac{\rho g q_v H}{1\,000\eta} = \frac{1\,000\times9.8\times8\times19}{1\,000\times3\,600\times0.65} = 0.64\ \text{kW}$$

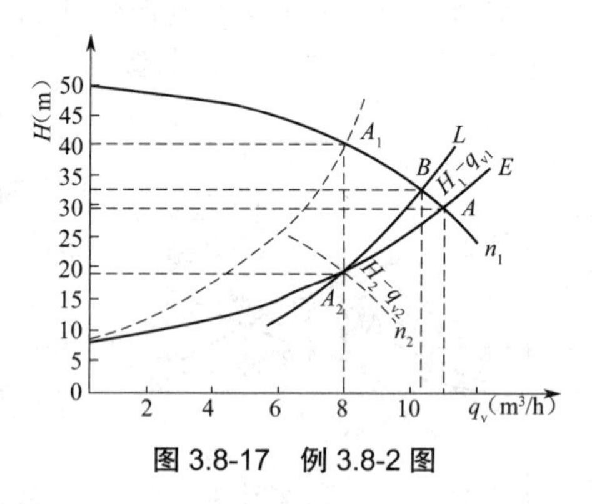

图 3.8-17　例 3.8-2 图

其中变速调节后近似认为水泵效率不变，仍为 65%。

可见，变速调节要比节流调节经济，耗功低得多。

3.8.5　离心式泵与风机的选择

离心式泵或风机选择的具体方法和步骤如下：

①选定类型。

②确定流量及压头。

③确定型号大小和转数。

④选电动机及传动配件或风机转向及出口位置。

3.8.6 气蚀与安装要求

气蚀是水泵运行中特有的现象，会影响水泵的正常运行和使用寿命。为此，对水泵的安装、运行等提出了一定的要求。

1. 气蚀现象

离心式水泵在管网中工作时，其泵入口处的压强最低。如图3.8-18所示，如果泵内压强最低处K点的压强p_K，低至该处液体温度下的汽化压强p_v，即$p_K \leqslant p_v$，液体就开始发生汽化，形成气泡；这些气泡随液流进入泵内高压区时，又会随着蒸汽的重新凝结而体积突然收缩，出现空穴；空穴周围的高压水迅速冲向空穴中心，发生猛烈的冲击。这样，在泵内的局部地区会产生高频率、高冲击力的水击，会使叶轮表面成为蜂窝状或海绵状，这种水击对泵轮造成的损坏称为机械剥蚀。同时，由于叶轮入口附近的压强较低，原来溶解于液体中的某些活泼气体，如水中的氧，会逸出而成为气泡；在凝结热的助长下，活泼气体会对金属表面产生化学腐蚀。上述现象称为水泵的气蚀现象。

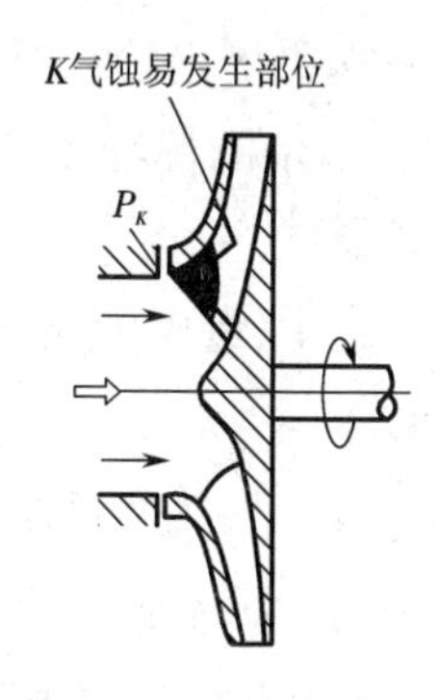

图 3.8-18 泵内易发生气蚀的部位

研究表明，当气蚀发生时，一方面，因为大量气泡堵塞流道会使泵不能正常运行，泵的性能曲线急剧下降，出现所谓断裂工况；另一方面，会产生噪音及振动，而且损坏泵轮，缩短使用寿命。因此，在泵的制造、安装运行中，应尽量避免气蚀的发生。

水泵内之所以发生气蚀，是因为泵内某处的压强太低。产生“气蚀”的具体原因可归为以下几种：

①泵的安装位置高出吸液面的高差太大，即泵的几何安装高度H_g过高；

②泵安装地点的大气压较低，例如安装在高海拔地区；

③泵所输送的液体温度过高等。

2. 泵的吸入口真空高度 H_s

保证泵吸入口的压强（真空度）在合理的范围，是控制泵运行时不发生气蚀的关键。

泵的吸入口真空高度H_s，是指泵的吸入口处所具有的真空度，用水头表示，单位为“m”。

$$H_s = \frac{p_a - p_s}{\gamma} \tag{3.8-12}$$

式中：p_a/γ为大气压的水头；p_s/γ为泵吸入口的压强水头。

根据图3.8-19，列出吸液池面0-0和泵入口断面S-S之间的能量方程，很容易得出计算泵吸入口压强的公式，即

$$H_s = \frac{p_a - p_s}{\gamma} = H_g + \frac{v_s^2}{2g} + \sum h_s \tag{3.8-13}$$

式中：$\frac{v_s^2}{2g}$为泵的入口处速度水头；$\sum h_s$为吸入管段阻力。

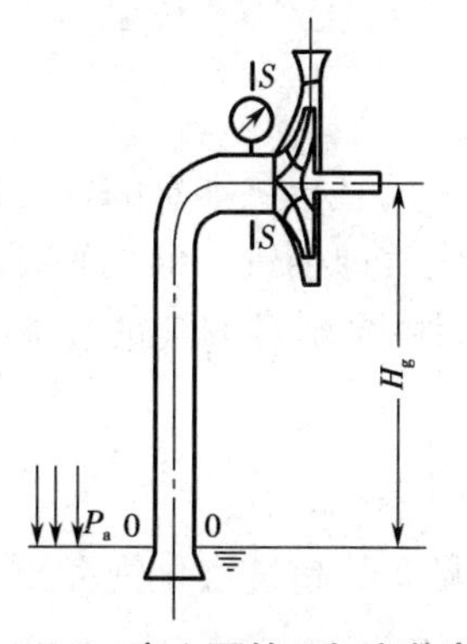

图 3.8-19 离心泵的几何安装高度

如果泵的吸入口真空高度 H_s 增加到某值时，泵内会开始发生气蚀。开始气蚀时对应的吸入口真空高度，称为极限吸入口真空度 $H_{s,max}$。

通常，极限吸入口真空度 $H_{s,max}$ 的具体数值是由制造厂用试验方法确定的。为避免发生气蚀，制造厂在 $H_{s,max}$ 值的基础上规定了一个“允许”吸入口真空度 $[H_s]$，即

$$H_s \leqslant [H_s] = H_{s,max} - 0.3\ \text{m} \tag{3.8-14}$$

需要指出，泵的样本上规定的 $[H_s]$ 值，是由制造厂在 1 个标准大气压（101.325 kPa）和 20 ℃清水的标准条件下通过试验得出的。工程应用中，当泵的使用条件与上述条件不符合时，应对样本上规定的 $[H_s]$ 值进行相应的修正。

通常，考虑大气压不同和水温不同，使用状态下泵的“允许”吸入口真空度 $[H_s']$ 可按下式计算：

$$[H_s'] = [H_s] - (10.33 - h_A) + (0.24 - h_V) \tag{3.8-15}$$

式中：h_A 为当地大气压强水头，m；h_V 为水温相对应的汽化压强水头，m。

3. 几何安装高度 H_g

根据图 3.8-19 和公式（3.8-13）分析可见，泵的作用可以使吸液池面与泵吸入口之间具有一定的压强水头差，能够推动液体以一定速度（泵吸入口处速度水头 $\frac{v_s^2}{2g}$）流动，并克服吸入管道阻力 $\sum h_s$，吸升 H_g 高度。H_g 又称泵的几何安装高度。

通常，泵是在某一定流量下运行，泵吸入口处速度水头 $\frac{v_s^2}{2g}$ 和吸入管道阻力 $\sum h_s$ 均为定值。显然，泵的吸入口真空度 H_s 随泵的几何安装高度 H_g 的增加而增加。

为避免发生气蚀，确保泵的正常运行，对泵的几何安装高度 H_g 提出了一定的限制。已知泵的允许吸入口真空度 $[H_s]$ 时，利用公式（3.8-13）可以计算出“允许”的水泵安装高度 $[H_g]$。

泵的实际安装高度 H_g、允许安装高度 $[H_g]$ 和允许吸入口真空高度 $[H_s]$ 之间的关系式为

$$H_g < [H_g] \leqslant [H_s] - \left(\frac{v_s^2}{2g}\right) + \sum h_s \tag{3.8-16}$$

可以得出，$[H_g] < 10.33$ m（大气压强水头）。这就是说：无论扬程多高的离心泵也不能将水从 10 m 以下的井中吸上来。

4. 气蚀余量

泵在实际运行中是否发生气蚀，不仅与泵的吸入装置情况有关，而且与泵本身的气蚀性能有关。为深入讨论泵的气蚀性能，引进一个表示泵气蚀性能的参数：气蚀余量。由泵的吸入装置情况决定的气蚀余量称为有效气蚀余量 Δh_e 或实际气蚀余量，而由泵本身的气蚀性能决定的气蚀余量称为必需气蚀余量 Δh_r。

（1）有效气蚀余量 Δh_e

有效气蚀余量 Δh_e，是指在泵的吸入口 S 处，单位重量液体所具有的超过汽化饱和压的富余能量。显然，有效气蚀余量 Δh_e 由泵的吸入装置情况决定，与泵本身无关。

（2）必需气蚀余量 Δh_r

必需气蚀余量 Δh_r，是指从泵的吸入口 S 点到叶轮入口后边压强最低处 K 点的能量损失，也就是泵本身为避免气蚀发生必需的气蚀余量。因此，必需气蚀余量 Δh_r 是由泵本身的情况决定的。

（3）允许气蚀余量 Δh

根据上述有效气蚀余量 Δh_e 和必需气蚀余量 Δh_r 的定义和分析，Δh_e 和 Δh_r 随泵流量 Q 变化的关系曲线如图 3.8-20。

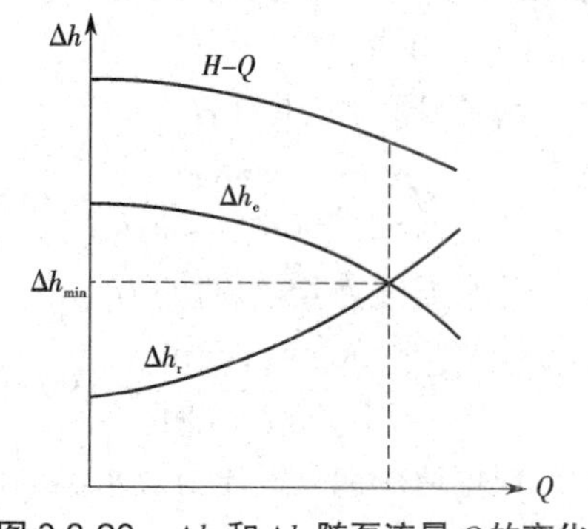

图 3.8-20　Δh_e 和 Δh_r 随泵流量 Q 的变化

如果 $\Delta h_e = \Delta h_r$，正好是泵内汽化的临界点，意味着泵吸入口所具有的气蚀余量，恰好当液体流到叶片后压强最低处 K 点全部耗光，相应的临界值称为临界气蚀余量，用 Δh_{min} 表示。

在工程实践中，为确保安全运行，规定了一个允许气蚀余量，以[Δh]表示

$$[\Delta h] = \Delta h_{min} + 0.3 \tag{3.8-17}$$

5. $[H_s]$、[Δh]和[H_g]之间的关系

显然，泵的允许吸上真空高度 $[H_s]$、允许气蚀余量[Δh]和允许几何安装高度[H_g]，都可以从不同角度表征水泵的气蚀性能。因此，它们之间是相互关联的，并能相互换算。

很容易导出反映上述几个参数之间换算的关系式为

$$H_s = \frac{p_a}{\gamma} - \frac{p_v}{\gamma} + \frac{v_s^2}{2g} - \Delta h \tag{3.8-18}$$

$$H_g = \frac{p_e}{\gamma} - \frac{p_v}{\gamma} - \Delta h - h_w \tag{3.8-19}$$

允许气蚀余量[Δh] 和允许吸入口真空度 $[H_s]$ 以下简称为气蚀余量和泵的吸入口真空高度，均是表征泵气蚀性能的参数，在泵的样本中可以查到。$[H_s]$ 和 $[\Delta h]$，随泵流量的不同而变化。当流量增加时，$[\Delta h]$ 急剧上升，$[H_s]$ 急剧下降。因此，确定泵的允许几何安装高度[H_g]时，必须以泵在运行中可能出现的最大流量为准。

需要指出，泵的吸入口真空高度和气蚀余量只能表示某台泵的气蚀性能，而不能比较不同泵的气蚀性能，因为各台泵的流量和转速都不同。

6. 安装和运行要求

气蚀会影响水泵的正常运行和使用寿命，必须设法避免。下面主要从水泵的安装和运行的角度，讨论提高泵抗气蚀性能的措施。

对给定的水泵，防止泵发生气蚀的途径，包括增加有效气蚀余量、降低必需气蚀余量、提高泵的运行水平。

对于通风机的安装，还应特别注意，通风机和风管系统的合理连接，使空气在进出风机时

尽可能均匀一致，避免有方向或速度的突然变化。否则，会使风机性能急剧下降。有时，因空间限制，通常安装风机时有可能不得不采用不太合理的连接方式，在这种情况下，设计人员必须预先考虑风机性能的变化。

【例 3.8-3】 在高原大气压力为 90 636 Pa 的地方，用泵输送水温为 45 ℃的热水。吸入管路阻力损失 $h_w = 0.8$ m，等直径吸入管路内热水流速 $v = 4$ m/s。若泵的允许吸上真空高度$[H_s] = 7.5$ m，则泵允许几何安装高度为多少？（水温为 45 ℃时，密度 ρ=990.2 kg/m³，饱和蒸汽压力 $p_v = 9.581\,1 \times 10^3$ Pa）

解：高原大气压力 H_{amb} 为

$$H_{amb} = \frac{90\,636}{990.2 \times 9.81} = 9.33\ \text{m}$$

热水温度为 45 ℃时的 H_v 为

$$H_v = \frac{9.5811 \times 10^3}{990.2 \times 9.81} = 0.99\ \text{m}$$

根据使用地大气压力及水温的修正，得

$$[H_s'] = [H_s] + (H_{amb} - 10.33) + (0.24 - H_v) = 7.5 + 9.33 - 10.33 + 0.24 - 0.99 = 5.75\ \text{m}$$

泵允许几何安装高度为

$$[H_g] = [H_s'] - \frac{v_s^2}{2g} - h_w = 5.75 - \frac{4^2}{2 \times 9.81} - 0.8 = 4.13\ \text{m}$$

仿真习题

3.1 流体动力学基础

3-1 理想流体是指(　　)。

(A)平衡流体　　(B)运动流体

(C)忽略密度变化的流体　　(D)忽略黏性的流体

3-2 在工程流体力学中，描述流体运动的方法一般采用(　　)。

(A)欧拉法　　(B)拉格朗日法　　(C)瑞利法　　(D)雷诺法

3-3 稳定流动是指(　　)。

(A)流动随时间按一定规律变化　　(B)各空间点上的运动要素不随时间变化

(C)各过流断面的速度分布相同　　(D)不确定

3-4 已知流速场 $u_x = x$，$u_y = -y (y \geq 0)$，则该流动的流线方程、迹线方程分别为(　　)。

(A) $xy = C$ 和 $x^2 + y^2 = C$　　(B) $xy = C$ 和 $x^2 - y^2 = C$

(C) $xy = C$ 和 $xy = C$　　(D) $xy = C$ 和 $\frac{x}{y} = C$

3-5 在稳定流动中，流线与迹线在几何上(　　)。

(A)相交　　(B)正交　　(C)平行　　(D)重合

3-6 已知不可压缩流体的流速场为 $u_x = f(y,z)$，$u_y = f(x)$，$u_z = 0$，则该流动为(　　)。

(A)一元流　　(B)二元流　　(C)三元流　　(D)均匀流

3-7 均匀流过流断面上各点的(　　)等于常数。

(A) p (B) $z+\dfrac{p}{\rho g}$ (C) $\dfrac{p}{\rho g}+\dfrac{u^2}{2g}$ (D) $z+\dfrac{p}{\rho g}+\dfrac{u^2}{2g}$

3-8 如图所示的等径长直管流中,M-M为过流断面,N-N为水平面,则有(　　)。

(A) $p_1=p_2$ (B) $p_3=p_4$

(C) $z_1+\dfrac{p_1}{\rho g}=z_2+\dfrac{p_2}{\rho g}$ (D) $z_3+\dfrac{p_3}{\rho g}=z_4+\dfrac{p_4}{\rho g}$

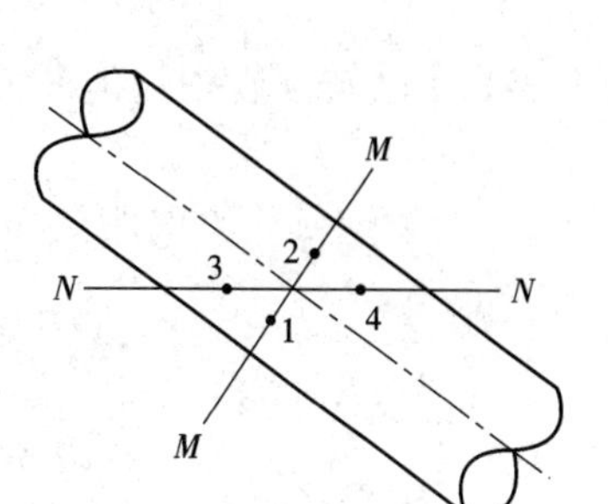

题 3-8 图

3-9 如图所示,流体在弯管中的流动,流线呈显著的弯曲,在这种过流断面上,和流体静压强分布相比,沿离心力方向压强增加,(　　)。

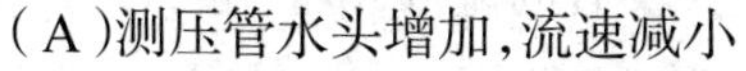
(A)测压管水头增加,流速减小
(B)测压管水头减少,流速增大
(C)测压管水头增加,流速增大
(D)测压管水头减少,流速减小

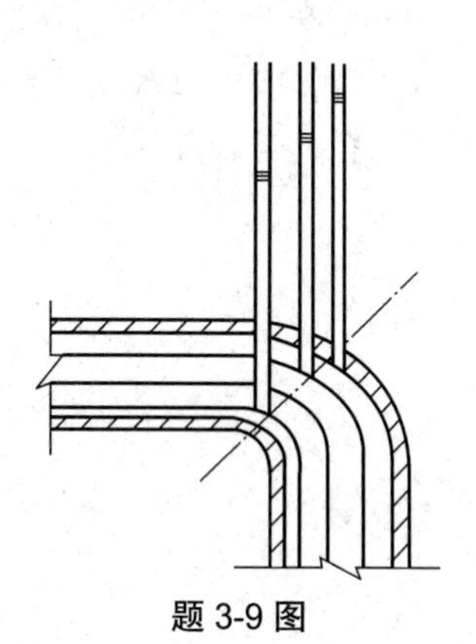
题 3-9 图

3-10 流速水头的表达式为(　　)。

(A) $\dfrac{v^2}{2}$ (B) $\dfrac{\rho v^2}{2}$ (C) $\dfrac{v^2}{2\rho}$ (D) $\dfrac{v^2}{2g}$

3-11 如图所示的铅直输水管道,在相距 $l=20$ m 的上下两测压计读数分别 196.2 kPa 和 588.6 kPa,则流动方向及水头损失为(　　)。

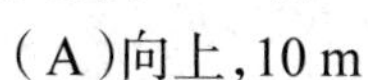
(A)向上,10 m (B)向下,10 m
(C)向上,20 m (D)向下,20 m

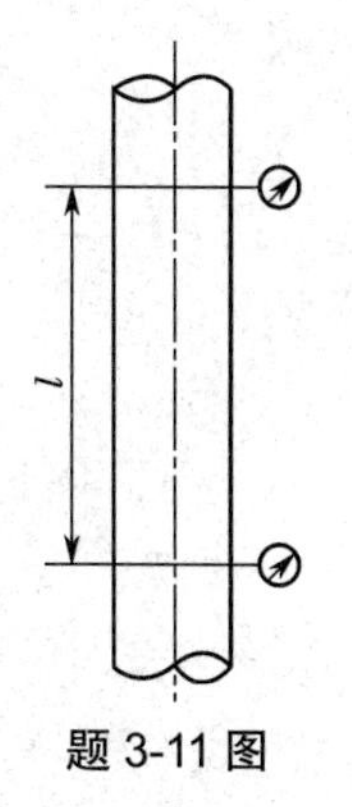

题 3-11 图

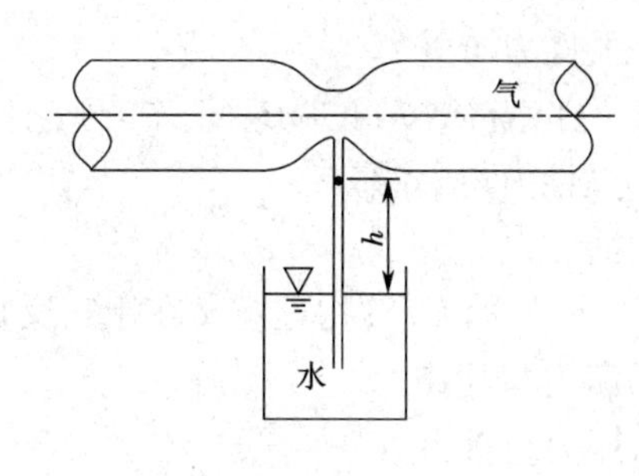

题 3-12 图

3-12 如图所示,输气管在喉道处用一玻璃管与盛水容器相连,已知玻璃管内水的上升高度为 h,则输气管喉道断面的相对压强为(　　)。

(A) $\rho_{水}gh$ (B) $\rho_{气}gh$

(C) $-\rho_{水}gh$ (D) $-\rho_{气}gh$

3-13　毕托管是一种测量(　　)的仪器。

(A)点流速　　(B)断面平均流速

(C)压强　　(D)流量

3-14　已知圆管中过流断面上的流速分布为 $u=u_{\max}\left[1-\left(\frac{r}{r_0}\right)^2\right]$。式中，$u_{\max}$ 为管轴处的流速，r_0 为管壁到管轴的距离，r 为某点到管轴的距离，则该圆管断面平均流速与断面上最大速度之比 $\frac{v}{u_{\max}}$ =(　　)。

(A)1/2　　(B)2/3　　(C)3/4　　(D)4/5

3-15　如图所示，已知三通管来流流量 $q_{V1}=140$ L/s，两出流支管的管径分别为 $d_2=150$ mm 和 $d_3=200$ mm，若两支管的断面平均流速相等，则两支管的流量分别为(　　)。

(A) $q_{V2}=40$ L/s，$q_{V3}=100$ L/s　　(B) $q_{V2}=50.3$ L/s，$q_{V3}=89.7$ L/s

(C) $q_{V2}=60$ L/s，$q_{V3}=80$ L/s　　(D) $q_{V2}=q_{V3}=70$ L/s

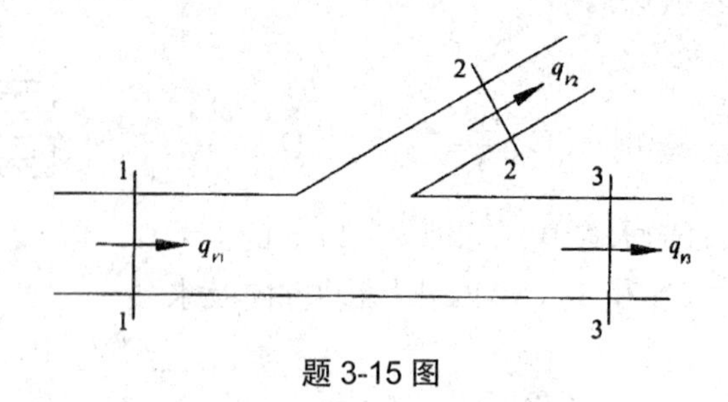

题 3-15 图

3.2　相似原理和模型实验

3-16　雷诺数 Re 的物理意义在于它反映了(　　)的比值。

(A)惯性力与黏滞力　　(B)重力与黏滞力

(C)惯性力与重力　　(D)重力与压力

3-17　弗诺得数 Fr 的物理意义在于它反映了(　　)的比值。

(A)惯性力与黏滞力　　(B)重力与黏滞力

(C)惯性力与重力　　(D)重力与压力

3-18　欧拉数 Eu 的物理意义在于它反映了(　　)的比值。

(A)压力与黏滞力　　(B)压力与惯性力

(C)压力与重力　　(D)重力与惯性力

3-19　在工程流体力学或水力学中，常取的基本量纲为(　　)。

(A)质量量纲 M、长度量纲 L、时间量纲 T

(B)长度量纲 L、时间量纲 T、流速量纲 V

(C)长度量纲 L、时间量纲 T、流量量纲 Q

(D)质量量纲 M、长度量纲 L、密度量纲 ρ

3-20　由密度 ρ、流速 v、长度 l 和表面张力 σ 组成的无量纲量是(　　)。

(A) $\frac{\rho v^2 l}{\sigma}$　(B) $\frac{\rho vl}{\sigma}$　(C) $\frac{\rho v\sigma}{l}$　(D) $\frac{\rho v^2\sigma}{l}$

3-21 瑞利法的基本思想是假定各物理量之间呈(　　)的乘积组合。

(A)对数形式　(B)指数形式　(C)积分形式　(D)微分形式

3-22 根据π定理,对于某一流动现象,若影响该流动的物理量有n个,而在这些物理量中涉及到的基本因次有m个,则可将其组成(　　)个无量纲量的函数关系。

(A) $n+m$　(B) $n+m+1$　(C) $n+m-1$　(D) $n-m$

3-23 变直径管流,细断面直径为d_1,粗断面直径为$d_2=2d_1$,粗细面雷诺数的关系是(　　)。

(A) $Re_1=0.5Re_2$　(B) $Re_1=Re_2$　(C) $Re_1=1.5Re_2$　(D) $Re_1=2Re_2$

3-24 已知明渠水流模型实验的长度比尺$\lambda_l=4$,若原型和模型采用同一流体,则其流量比尺λ_{qV}=(　　)。

(A)4　(B)8　(C)16　(D)32

3-25 已知压力输水管模型实验的长度比尺$\lambda_l=8$,若原型和模型采用同一流体,则其流量比尺λ_{qV}=(　　)。

(A)2　(B)4　(C)8　(D)16

3-26 已知压力输水管模型实验的长度比尺$\lambda_l=8$,若原型和模型采用同一流体,则其压强比λ_p=(　　)。

(A)1/8　(B)1/16　(C)1/32　(D)1/64

3.3 流动阻力和能量损失

3-27 紊流的运动要素在时间和空间上都具有(　　)。

(A)均匀性　(B)非均匀性　(C)脉动性　(D)稳定性

3-28 从本质上讲,紊流应属于(　　)。

(A)稳定流动　(B)非稳定流动　(C)均匀流　(D)渐变流

3-29 边界层是指壁面附近(　　)的薄层。

(A)流速很大　(B)流速梯度很大　(C)黏性影响很小　(D)绕流阻力很小

3-30 圆管层流,实测管轴线上流速为4 m/s,则断面平均流速为(　　)。

(A)4 m/s　(B)3.2 m/s　(C)2 m/s　(D)1 m/s

3-31 圆管紊流的断面流速为_____分布。

(A)线性　(B)旋转抛物面　(C)双曲面　(D)对数曲面

3-32 层流与紊流的动能修正系数之比$\frac{\alpha_{层流}}{\alpha_{紊流}}$(　　)。

(A)<1　(B)=1　(C)>1　(D)≈ 1

3-33 圆管层流区的沿程阻力系数λ(　　)。

(A)与雷诺数Re有关　(B)与管壁相对粗糙度K/d有关

(C)与Re及K/d有关　(D)与Re及管长l有关

3-34 圆管紊流过渡区的沿程阻力系数λ(　　)。

(A)与雷诺数 Re 有关　　(B)与管壁相对粗糙度 K/d 有关

(C)与 Re 及 K/d 有关　　(D)与 Re 及管长 l 有关

3-35　当流动处于(　　)时,其沿程水头损失 $h_f \propto v^{1.75}$。

(A)层流区　　(B)紊流光滑区　　(C)紊流过渡区　　(D)紊流粗糙区

3-36　已知输油管直径 d =250 mm,长度 l =8 000 m,油的密度 ρ =850 kg/m^3,运动黏度 υ = 0.2 cm^2/s,通过流量 q_V =0.5 L/s,则过流断面上的最大流速 u_{max} =(　　)cm/s。

(A)0.61　　(B)1.02　　(C)2.04　　(D)4.08

3-37　如图所示,半圆形明渠半径 r_0 =4 m,则水力半径 R 为(　　)。

(A)4 m　　(B)3 m

(C)2 m　　(D)1 m

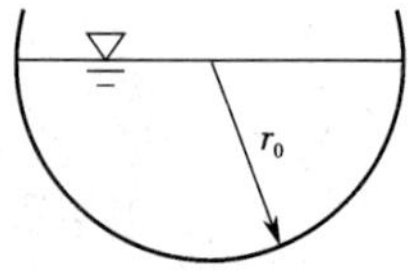

题 3-37 图

3-38　如图所示的等径直管内,水由下向上流动,相距 l 的两断面内,测压管水头差为 h,则两断面之间的沿程水头损失 h_f 为(　　)。

(A)h　　(B)$h-l$　　(C)$h+l$　　(D)l

3-39　水流过一简单管路,已知该管路的阻抗 s_H 为一常数,则该流动处于(　　)。

(A)层流区　　(B)紊流光滑区

(C)紊流过渡区　　(D)紊流粗糙区

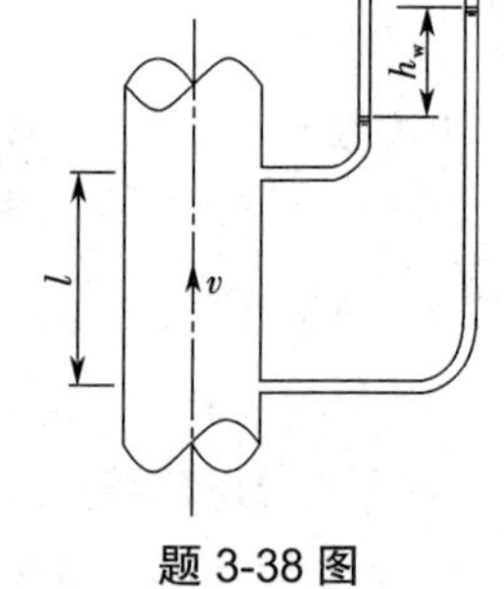

题 3-38 图

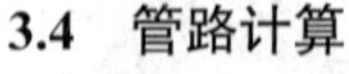

3.4　管路计算

3-40　如图所示的并联管路,已知,各支路的水头损失分别为 h_{f1}、h_{f2}、h_{f3},管径分别为 d_1、d_2、d_3,且 $d_1 > d_2 > d_3$,则有(　　)。

(A)$h_{fAB} = h_{f1} = h_{f2} = h_{f3}$　　(B)$h_{f1} > h_{f2} > h_{f3}$

(C)$h_{f1} < h_{f2} < h_{f3}$　　(D)$h_{fAB} = h_{f1} + h_{f2} + h_{f3}$

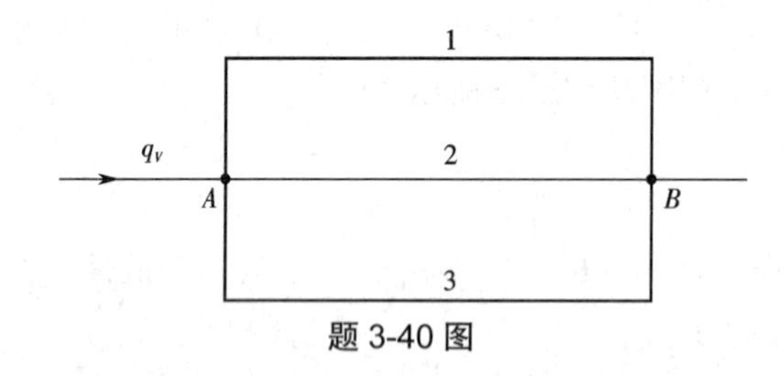

题 3-40 图

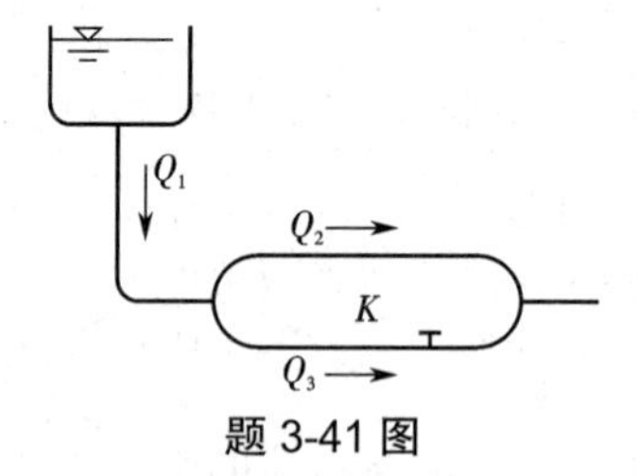

题 3-41 图

3-41　如图所示的并联管道,阀门 K 全开时,各段流量为 Q_1、Q_2、Q_3,如果关小阀门,其他条件不变,则流量的变化为(　　)。

(A)Q_1、Q_2、Q_3 都减小

(B)Q_1 减小,Q_2 不变,Q_3 减小

(C)Q_1 减小,Q_2 增加,Q_3 减小

(D)Q_1 不变,Q_2 增加,Q_3 减小

3.5 气体射流

3-42 在夏季向体育馆内一侧通过圆形送风口水平送入冷风，则冷风射流在体育馆内应(　　)。

(A)向上弯曲　　(B)向下弯曲

(C)水平左侧弯曲　　(D)水平右侧弯曲

3-43 旋转射流和一般射流相比较，(　　)。

(A)扩散角大，射程短　　(B)扩散角大，射程长

(C)扩散角小，射程短　　(D)扩散角小，射程长

3-44 实验测得轴对称射流的 v_0 =50 m/s，在某断面处 v_m =5 m/s，则在该断面上气体流量是初始流量的(　　)倍。

(A)20.12　　(B)21.12　　(C)22.12　　(D)23.12

3-45 某体育馆的圆柱形送风口，直径为 600 mm，风口距比赛区 60 m，圆形喷口紊流系数 a =0.08，要求比赛区的风速(质量平均风速)不大于 0.3 m/s，出风口的风量不能超过(　　)。

(A)3.03 m^3/s　　(B)4.55 m^3/s　　(C)6.06 m^3/s　　(D)6.82 m^3/s

3.6 特定流动分析

3-46 无旋流动是指(　　)的流动。

(A)流线是直线　　(B)迹线是直线

(C)流体微团不绕自身旋转　　(D)运动要素沿程不变

3-47 平面势流的等流函数线与等势线(　　)。

(A)正交　　(B)斜交　　(C)平行　　(D)重合

3-48 流速场的流函数 $\psi = 3x^2y - y^3$，它是否为无旋流？若不是，则旋转角速度(　　)。

(A)是无旋流　　(B)有旋流，$\omega_z = 6y$

(C)有旋流，$\omega_z = 6y$　　(D)有旋流，$\omega_z = -6y$

3-49 已知平无旋流动的速度势 $\psi = xy$，则流函数为(　　)。

(A) $\psi = -xy$　　(B) $\psi = y^2 - x^2$　　(C) $\psi = x^2 - y^2$　　(D) $\psi = \frac{1}{2}\left(y^2 - x^2\right)$

3.7 一元气体动力学基础

3-50 有一气流在拉伐尔管中流动，在喷管出口处得到超音速气流。若进一步降低背压 p_b(喷管出口外的介质压力)，则喷管的理想流量将(　　)。

(A)增大　　(B)减少　　(C)保持不变　　(D)不确定

3-51 某喷气发动机，在尾喷管出口处，燃气流的温度为 873 K，燃气流的速度为 560 m/s，燃气的等熵指数 k =1.33，气体常数 R =287.4 J/(kg·K)，则出口燃气流的声速及马赫数分别为(　　)。

(A)577.7 m/s，0.97　　(B)577.7 m/s，1.03

(C)492.7 m/s，0.94　　(D)592.7 m/s，1.06

3-52 喷管中空气流的速度为 500 m/s，温度为 300 K，密度为 2 kg/m^3，空气的等熵指数 k =1.4，气体常数 R =287.1 J/(kg·K)，若要进一步加速气流，则喷管面积需要(　　)。

(A)增大　　(B)减小　　(C)保持不变　　(D)不确定

3.8 泵与风机与网络系统的匹配

3-53 离心式水泵启动前，一般需向泵体和吸水管内充水，其目的是为了(　　)。

(A)增加离心力　　(B)增加重力

(C)提高叶轮转速　　(D)降低输入功率

3-54 离心式水泵的吸水管内的(　　)小于零。

(A)绝对压强　　(B)相对压强　　(C)真空压强　　(D)流速

3-55 如图所示，离心式水泵的吸水管和压水管管径均为 d，水泵进口的真空表读数为 p_v，压力表读数为 p，且两表高程差为 Δz，则该水泵的扬程 H 为(　　)。

(A) $\Delta z+\dfrac{p}{\rho g}-\dfrac{p_v}{\rho g}$　　(B) $\Delta z-\dfrac{p}{\rho g}+\dfrac{p_v}{\rho g}$

(C) $\Delta z+\dfrac{p}{\rho g}+\dfrac{p_v}{\rho g}$　　(D) $\Delta z-\dfrac{p}{\rho g}-\dfrac{p_v}{\rho g}$

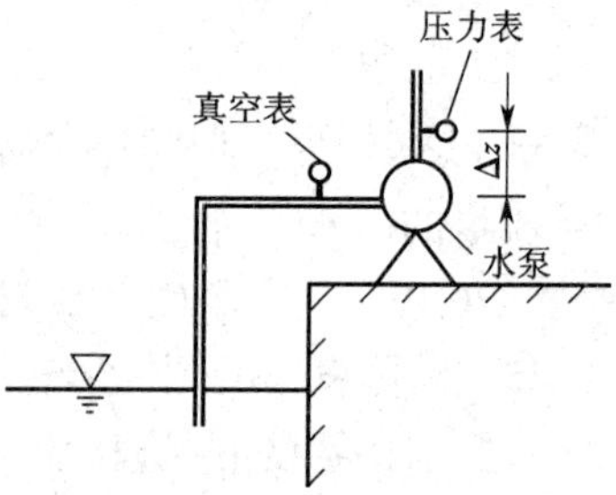

题 3-55 图

3-56 水泵运行时，下列可能采取的调节方法中，其中(　　)不利于防止气蚀发生。

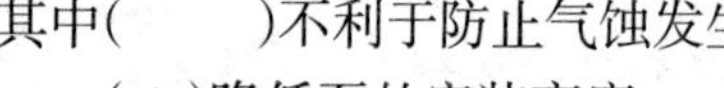

(A)降低泵的安装高度

(B)吸入口装诱导轮

(C)吸入管道中加装阀门

(D)增大叶轮入口直径

3-57 如图所示，某风机的性能曲线为 I，可能在管路 1、2、3 中工作，则(　　)。

(A)风机在管路 1、2 工作时均会发生喘振

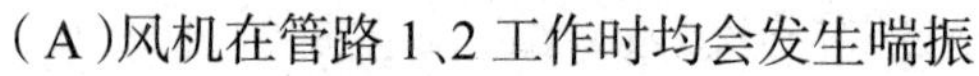

(B)风机在管路 2、3 工作时均会发生喘振

(C)风机在管路 1、3 工作时均会发生喘振

(D)风机仅在管路 1 工作时会发生喘振

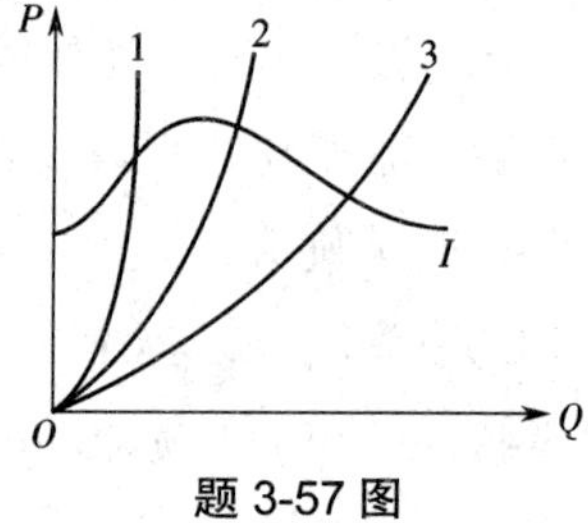

题 3-57 图

3-58 两台风机单独工作时的流量分别为 q_1 和 q_2，其他条件不变，若两机并联运行，则总流 Q 为(　　)。

(A) $Q<q_1+q_2$　　(B) $Q=q_1+q_2$

(C) $Q>q_1+q_2$　　(D) $Q<q_1$ 和 q_2 中的最大者

3-59 已知水泵轴线标高 130 m，吸水面标高 126 m，上水池液面标高 170 m，入管段阻力 0.81 m，压出管段阻力 1.9lm，则泵所需的扬程为(　　)。

(A)40 m　　(B)44 m

(C)45.91 m　　(D)46.72 m

3-60 如图所示，水泵抽水系统的吸水管路 d_1 =250 mm，l_1 =20 m，$h_{吸}$ =3 m；压水管路 d_2 = 200 mm，l_2 =260 m，$h_{压}$ =17 m；沿程阻力系数 λ 均为 0.03，局部阻力系数 $\zeta_{进口}$ =3，$\zeta_{弯头}$ =0.2，$\zeta_{阀门}$ =0.5，水泵扬程 H =23.45 m，

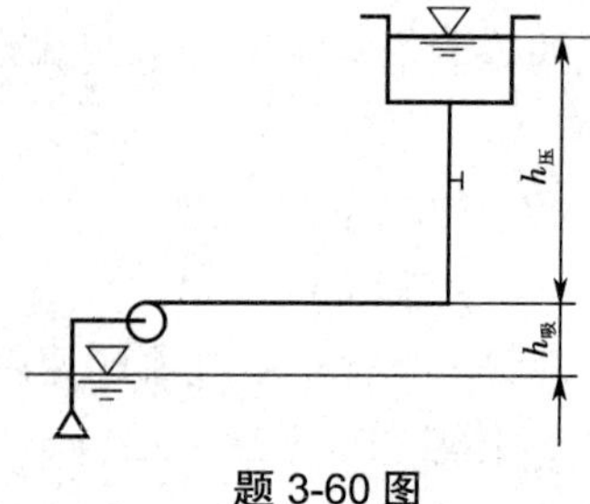

题 3-60 图

则管路中的流量 Q 为(　　)。

(A)4.75 L/s　　(B)9.50 L/s

(C)40 L/s　　(D)95 L/s

习题答案

3-1(D)　3-2(A)　3-3(B)

3-4(C)。根据流线的定义,其数学表达式如下

$$\frac{dx}{u_x}=\frac{dy}{u_y}=\frac{dz}{u_z}$$

已知,$u_x=x$,$u_y=-y$,则

$$\frac{dx}{x}=\frac{dy}{-y}$$

上式积分,得该流动的流线方程为

$$xy=c$$

根据迹线的微分方程

$$\frac{dx}{u_x}=\frac{dy}{u_y}=\frac{dz}{u_z}=dt$$

式中,t 是自变量,x,y,z 是 t 的因变量。

已知,$u_x=x$,$u_y=-y$,则

$$\frac{dx}{x}=\frac{dy}{-y}=dt$$

上式积分,则

$$\begin{cases}x=C_1e^t\\y=C_2e^{-t}\end{cases}$$

消去时间变量 t,得该流动的迹线方程为

$$xy=C$$

上述结果说明,在稳定流动中,流线和迹线重合。

3-5(D)　3-6(C)　3-7(B)

3-8(C)。根据均匀流过流断面的概念及过流断面上的压强分布服从于水静力学的规律,即

$$Z+\frac{p}{\gamma}=c$$

3-9(A)　3-10(D)

3-11(C)。以测压计所对应的过流断面为基准面,假设流体向上流动,列出上下两测压计所对应过流断面间的伯努利方程,即

$$z_1+\frac{p_1}{\gamma}+\frac{\alpha_1 v_1^2}{2g}=z_2+\frac{p_2}{\gamma}+\frac{\alpha_2 v_2^2}{2g}+h_{l1-2}$$

将已知条件，即

$$z_1 = 0, p_1 = 588.6 \text{ kPa}, \alpha_1 = \alpha_2 = 1, v_1 = v_2$$

$$z_2 = l = 20 \text{ m}, p_2 = 196.2 \text{ kPa}$$

代入，可得

$$h_{l1-2} = -20 \text{ m}$$

水头损失为-20 m，说明流体的流动方向与假设相反，应向下流动。

3-12（C）　3-13（A）

3-14（A）。根据圆管断面平均流速的定义，则

$$v = \frac{Q}{A} = \frac{\int_A u \mathrm{d}A}{A}$$

将圆管中过流断面上的流速分布式 $u = u_{\max}\left[1-\left(\frac{r}{r_0}\right)^2\right]$ 代入上式，则 $v = \frac{1}{2}u_{\max}$

3-15（B）　3-16（A）　3-17（C）　3-18（B）　3-19（A）

3-20（A）。密度 ρ、流速 v、长度 l 和表面张力 σ 的量纲分别为

$$[\rho] = \text{ML}^{-3}$$

$$[v] = \text{LT}^{-1}$$

$$[l] = \text{L}$$

$$[\sigma] = \text{MT}^{-2}$$

将上述物理量的量纲代入其不同组合中，例如

$$\left[\frac{\rho v^2 l}{\sigma}\right] = 1$$

3-21（B）　3-22（D）　3-23（D）

3-24（D）。采用弗诺得模型律，根据原型和模型的弗诺得准数相等，即可确定答案应为（D）。

3-25（C）。采用雷诺模型律，根据原型和模型的雷诺准数相等，即可确定答案应为（C）。

3-26（D）。采用雷诺模型律，根据原型和模型的雷诺准数相等，另外，欧拉准数相等，即可确定答案应为（D）。

3-27（C）　3-28（B）　3-29（B）

3-30（C）。圆管层流的断面流速呈旋转抛物面分布，断面平均流速为管轴线上流速的1/2倍。

3-31（D）

3-32（C）。根据动能修正系数的定义，即

$$\alpha = \frac{1}{A}\int_A \left(\frac{u}{v}\right)^3 \mathrm{d}A$$

则断面流速分布越均匀，动能修正系数越趋近于1。

圆管层流的断面流速呈旋转抛物面分布，圆管紊流的断面流速为对数曲面分布，相比较，圆管紊流的断面流速分布比层流均匀。

3-33（A） 3-34（C）

3-35（A）。当管内流动处于层流区时，沿程阻力系数为

$$\lambda=\frac{64}{Re}$$

根据雷诺数及水头损失的计算式

$$Re=\frac{vd}{\upsilon}$$

$$h_{\mathrm{f}}=\lambda\frac{l}{d}\frac{v^2}{2g}$$

3-36（C）。过流断面的平均流速 v 为

$$v=\frac{q_V}{A}=\frac{q_V}{\pi d^2/4}=\frac{4q_V}{\pi d^2}=\frac{4\times0.5\times10^{-3}}{\pi\times0.25^2}=0.010\,2=1.02\ \mathrm{cm/s}$$

管内流动的雷诺数为

$$Re=\frac{vd}{\upsilon}=\frac{0.010\,2\times0.25}{0.2\times10^{-4}}=127$$

管内流动的临界雷诺数为 2 000，可以确定该流动处于层流区。

圆管层流过流断面的速度分布呈旋转抛物面，过流断面的最大流速为平均流速的 2 倍，即

$$u_{\max}=2v=2.04\ \mathrm{cm/s}$$

3-37（C） 3-38（A）

3-39（D）。根据简单管路阻抗的概念及数学表达式，即

$$S_{\mathrm{H}}=\frac{8\left(\lambda\frac{l}{d}+\sum\zeta\right)}{\pi^2d^4g}$$

当流动处于紊流粗糙区时，沿程阻力系数与雷诺数无关，可以认为管路的阻抗 s_{H} 为一常数。

3-40（A） 3-41（C）

3-42（B）。对于温差射流，由于射流内流体的密度与周围密度不同，所受的重力与浮力不相平衡，使整个射流将发生向下或向上弯曲。

在夏季向体育馆内一侧通过圆形送风口水平送入冷风，射流所受的重力大于浮力，使整个射流将发生向下弯曲。

3-43（A）

3-44（B）。根据圆断面射流主体段的轴心速度公式和流量公式，即

$$\frac{v_m}{v_0}=\frac{0.48}{\frac{as}{d_0}+0.147}$$

$$\frac{Q}{Q_0}=4.4\left(\frac{as}{d_0}+0.147\right)$$

将 v_0 =50 m/s, v_m =5 m/s 代入,可得

$$\frac{Q}{Q_0}=21.12$$

3-45(A)。根据圆断面射流主体段的质量平均风速公式,即

$$\frac{v_2}{v_0}=\frac{0.23}{\frac{as}{d_0}+0.147}$$

将已知条件 d_0 =600 mm, s =60 m, a =0.08, v_2 =0.3 m/s,代入上式,则可求出出风口的最大风速 $v_{o\max}$ 的值。

出风口的风量为

$$Q_0=\frac{\pi d_0^2}{4}v_{0\max}=3.03\ \text{m}^3/\text{s}$$

3-46(C)　3-47(A)

3-48(A)。根据旋转角速度的定义式

$$\omega_z=\frac{1}{2}\left(\frac{\partial u_y}{\partial x}-\frac{\partial u_x}{\partial y}\right)$$

其中

$$u_x=\frac{\partial\psi}{\partial y}=3x^2-3y^2$$

$$u_y=-\frac{\partial\psi}{\partial x}=-6xy$$

则

$$\frac{\partial u_y}{\partial x}=-6x$$

$$\frac{\partial u_x}{\partial y}=-6x$$

$$\omega_z=\frac{1}{2}\left(\frac{\partial u_y}{\partial x}-\frac{\partial u_x}{\partial y}\right)=0$$

说明该流动属于无旋流。

3-49(D)。根据速度势函数和速度分量的关系式,有

$$u_x=\frac{\partial\varphi}{\partial x}=y$$

$$u_y=\frac{\partial\varphi}{\partial y}=x$$

根据流函数 ψ 的定义式,有

$$\mathrm{d}\psi=u_x\mathrm{d}y-u_y\mathrm{d}x=y\mathrm{d}y-x\mathrm{d}x=\frac{1}{2}\mathrm{d}\left(y^2-x^2\right)$$

上式积分,则

$$\psi = \frac{1}{2}\left(y^2 - x^2\right)$$

3-50(C)。对于拉伐尔喷管,当初态一定及喷管渐缩段尺寸一定时,其出口截面的压力可以降低至临界压力以下,但最小截面(喉部)前的流动情况将不因有扩张段而改变,并且气流于最小截面处达到临界状态。

3-51(A)。音速方程和马赫数 M 的定义式分别为

$$c = \sqrt{\frac{dp}{d\rho}} = \sqrt{k\frac{p}{\rho}} = \sqrt{kRT}$$

$$M = \frac{v}{c}$$

将已知条件 T=873K, v =560 m/s, k =1.33, R =287.4 J/(kg·K)代入上面两式,可以得到出口燃气流的声速和马赫数分别为

$$c = \sqrt{kRT} = \sqrt{1.33 \times 287.4 \times 873} = 577.7 \text{ m/s}$$

$$M = \frac{v}{c} = \frac{560}{577.7} = 0.97$$

3-52(A)。将已知条件 T=300 K, v =500 m/s, k =1.4, R =287.1 J/(kg·K)代入音速方程和马赫数 M 的定义式,可以计算喷管中空气流的声速和马赫数分别为

$$c = \sqrt{kRT} = \sqrt{1.4 \times 287.1 \times 300} = 347.3 \text{ m/s}$$

$$M = \frac{v}{c} = \frac{500}{347.3} > 1$$

根据反映断面 A 与气流速度 v 之间关系的可压缩流体连续性微分方程的表达式

$$\frac{dA}{A} = (M^2 - 1)\frac{dv}{v}$$

若要进一步加速气流,则喷管面积需要增大。

3-53(A)　3-54(B)　3-55(C)　3-56(C)　3-57(D)　3-58(A)

3-59(D)。列出吸水面和上水池液面间的伯努利方程,则

$$z_1 + \frac{p_1}{\gamma} + \frac{\alpha_1 v_1^2}{2g} + H = z_2 + \frac{p_2}{\gamma} + \frac{\alpha_2 v_2^2}{2g} + h_{l吸入管} + h_{l压出管}$$

其中

$$z_1 = 126 \text{ m}, p_1 = p_2, v_1 = v_2 = 0, z_2 = 170 \text{ m}, h_{l吸入管} = 0.81 \text{ m}, h_{l压出管} = 1.91 \text{ m}$$

则泵所需的扬程为

$$H = 170 - 130 + 0.81 + 1.91 = 46.72 \text{ m}$$

3-60(C)。以吸水池面为基准面,列吸水面和上水池液面间的伯努利方程,则

$$z_1 + \frac{p_1}{\gamma} + \frac{\alpha_1 v_1^2}{2g} + H = z_2 + \frac{p_2}{\gamma} + \frac{\alpha_2 v_2^2}{2g} + h_{l吸入管} + h_{l压出管}$$

$$h_{l吸入管} = \left(\lambda_1 \frac{l_1}{d_1} + \sum \zeta\right) \frac{v_1^2}{2g}$$

$$h_{l压出管} = \left(\lambda_2 \frac{l_2}{d_2} + \sum \zeta\right) \frac{v_2^2}{2g}$$

吸入管中的流量与压出管中的流量相等,即

$$\frac{1}{4}\pi d^2 v_1 = \frac{1}{4}\pi d^2 v_2$$

将已知条件代入上述计算公式,并联立,可得管路中的流量为

$$Q = 40\ \text{L/s}$$

4 自动控制

考试大纲

4.1 自动控制与自动控制系统的一般概念

"控制工程"基本含义,信息的传递,反馈及反馈控制,开环及闭环控制系统构成,控制系统的分类及基本要求。

4.2 控制系统数学模型

控制系统各环节的特性,控制系统微分方程的拟定与求解,拉普拉斯变换与反变换,传递函数及其方块图。

4.3 线性系统的分析与设计

基本调节规律及实现方法,控制系统一阶瞬态响应,二阶瞬态响应,频率特性基本概念,频率特性表示方法,调节器的特性对调节质量的影响,二阶系统的设计方法。

4.4 控制系统的稳定性与对象的调节性能

稳定性基本概念,稳定性与特征方程根的关系,代数稳定判据,对象的调节性能指标。

4.5 控制系统的误差分析

误差及稳态误差,系统类型及误差度,静态误差系数。

4.6 控制系统的综合与校正

校正的概念,串联校正装置的形式及其特性,继电器调节系统(非线性系统)及校正,位式恒速调节系统,带校正装置的双位调节系统,带校正装置的位式恒速调节系统。

复习指导

1. 自动控制与自动控制系统的一般概念

①掌握下列基本概念:自动控制,自动控制系统,被控对象,被控变量,给定值,传感器,控制器,执行器,操作量,干扰。

②掌握反馈及反馈控制原理,能分析自动控制系统中各环节之间的信号传递;能分清向前通道和反馈通道。

③掌握开、闭环控制系统的特点及各自的优缺点。

④了解控制系统的分类,熟悉控制系统最基本的要求。

2. 控制系统数学模型

①掌握单容对象、双容对象和多容对象的特点及传递函数。

②了解常用测量变送器的动态特性。

③掌握比例、比例积分、比例微分、比例积分微分调节器(控制器)的微分方程、传递函数、特性参数和过渡响应。

④了解执行器中执行机构的动态特性;掌握调节机构中调节阀的快开特性、直线特性、等百分比特性和抛物线特性等流量特性。

⑤掌握列写控制系统微分方程的方法和步骤。

⑥掌握下列简单函数的拉氏变换:单位阶跃函数,单位斜坡函数,指数函数,正弦函数(余弦函数)。

⑦熟悉以下拉氏变换性质中的原理和定理:叠加原理,微分定理,积分定理,初值定理,终值定理,位移定理。

⑧熟练掌握传递函数的定义,掌握传递函数的标准定义形式、典型环节形式、零极点形式及其相互转换。

⑨掌握下列典型环节的传递函数及特点:比例环节,惯性环节,微分环节,积分环节,振荡环节,延时环节(滞后环节)。

⑩熟悉方块图的构成、性质;熟练掌握串联、并联、反馈及化简;掌握方块图的等效变换。

3. 线性系统的分析与设计

①掌握双位控制规律及其调节特性。

②熟练掌握比例控制、比例积分控制、比例微分控制、比例积分微分控制规律的作用特点,调整参数和应用范围。

③熟练掌握一阶系统瞬态响应及调节时间的计算,掌握一阶系统的时间常数的意义。

④熟练掌握二阶欠阻尼系统的瞬态响应,掌握阻尼系数和无阻尼自然振荡频率以及放大系数的求解。

⑤掌握频率特性基本概念及通过传递函数求解系统的频率特性。

⑥熟悉频率特性的极坐标图、对数频率特性图和对数幅相特性图;掌握对数频率特性图的坐标分度及特点。

⑦掌握常用的比例、积分、微分及其组合 PID 调节器的比例带、积分时间常数和微分时间常数对控制过程的影响。

⑧掌握控制系统的动态特性指标,熟练掌握二阶系统的动态特性指标的计算公式和求解。

4. 控制系统的稳定性与对象的调节性能

①了解稳定性基本概念。

②熟练掌握系统稳定性与特征方程根的关系,掌握稳定的充分必要条件。

③熟练掌握劳斯表构造及稳定判据,熟悉劳斯表中第一列元素符号的意义。

5. 控制系统的误差分析

①了解稳态误差及求解。

②掌握系统积分环节数与系统类型的关系,掌握位置误差系数、速度误差系数、加速度误

差系数的定义。

③掌握单位阶跃输入、单位斜坡输入、单位抛物线输入下 0 型系统、Ⅰ型系统和Ⅱ型系统的稳态误差的计算。

6. 控制系统的综合与校正

①了解控制系统校正的意义及其方法。

②掌握串联校正主要的三种形式,超前校正、滞后校正和滞后超前校正的形式、特性以及适用的条件。

复习内容

4.1 自动控制与自动控制系统的一般概念

4.1.1 控制工程的基本含义

1. 控制工程

控制工程是指将控制论应用于工程实践中的一门科学。它的应用提高了生产率,改善了劳动强度,提高了产品质量和精度。

2. 自动控制系统

自动控制是指在没有人直接参与的情况下,使被控对象的工作状态或某些物理量准确地按照预期规律变化。自动控制系统是指能够对被控对象的工作状态或某些物理量进行自动控制的整个系统,一般由被控对象和控制装置组成。其中被控对象是指要求实现自动控制的机器、设备或生产过程。控制装置是指对被控对象起控制作用的设备的总体。

3. 自动控制系统中常用的术语

①被控对象。简称对象,指自动控制系统中要进行控制的设备或生产过程的一部分或全部。例如空调房间、燃气工业炉、锅炉等。

②被控变量。被控对象中要求实现自动控制的物理量。例如温度、湿度、压力等。

③给定值。又称设定值,即通过控制作用,使被控变量达到要求的数值。

④传感器。它是将被测(控)量(包括物理量、化学量、生物量等)按一定规律转换成便于处理和传输的另一种物理量的元件。例如热电阻、热电偶等。

⑤控制器。它是将被控变量的实测值信号与给定值信号相比较,检测偏差并对偏差进行运算,按照预定的规律发出控制指令的部件,一般具有给定、比较、指示、运算和操作功能,又称调节器。

⑥执行器。它是将来自控制器的控制信号转变为操作量的部件,由执行机构和调节机构组成。例如,电动调节阀是由电动执行机构(电动机、减速器)和调节阀组成。

⑦操作量。它是指为使被控变量受到干扰后,再恢复到新稳定值而需要通过调节机构向对象输入(或从对象中输出)的物料量或能量。

⑧干扰。引起被控量发生变化的外部原因。例如,外界环境温度的变化引起工业炉炉温的变化,这里环境温度的变化就是干扰。

4.1.2 信息的传递

一般采用框图来表示控制系统的组成,从而更清楚地表示各组成部分(或称环节)之间的相互影响和信号联系。例如,图 4.1-1 恒温箱温度自动控制装置可抽象为方框图表示的图 4.1-2 自动控制系统职能方块图。图中方框表示系统的一个环节,带箭头的线条表示各环节之间的联系和信号的传递方向,在线上用字母表示作用信号。

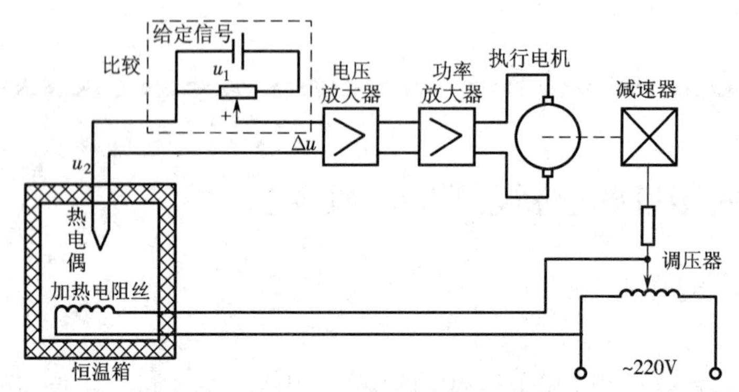

图 4.1-1 恒温箱温度自动控制装置

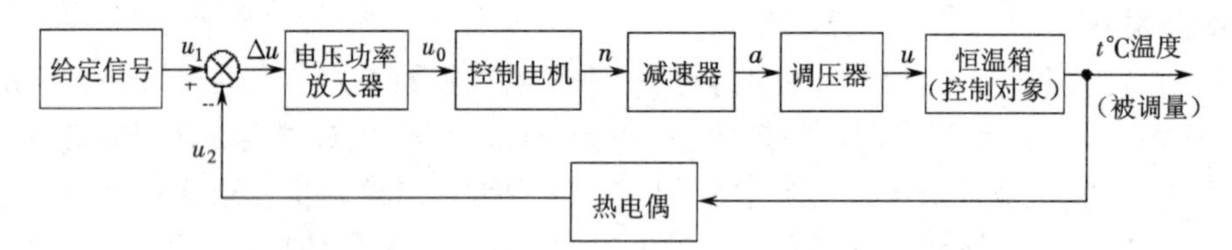

图 4.1-2 恒温箱温度自动控制系统职能方块图

4.1.3 反馈及反馈控制

典型的反馈控制系统如图 4.1-2 所示,图中热电偶测量恒温箱的温度,并馈送到输入端与给定温度进行比较,这种将系统的输出量馈送到输入端,并与输入进行比较的过程即为反馈。反馈信号的符号与被比较信号相反时称为负反馈,相同时称为正反馈。从给定信号经电压功率放大器、控制电机……到被控变量的通道称为向前通道,从被控变量经热电偶到比较点的通道称为反馈通道。给定信号与测量反馈信号的差称为偏差。反馈控制是将系统的输出与输入进行比较,并力图保持两者之间既定关系的一种控制,是根据偏差进行控制的一种方法。

4.1.4 开环及闭环控制系统构成

1. 开环控制系统

输出量对系统的控制作用不产生影响的系统,从结构上看输出量与输入量之间不存在反馈通道。特点是结构简单易实现,价格便宜、容易维修。主要缺点是精度低,容易受环境变化的干扰(例如电源波动、温度变化等)影响,没有自动补偿各种扰动及自身特性参数变化对系统输出量影响的能力,适用于控制精度要求不高的场合。

2. 闭环控制系统

又称反馈控制系统。输出量直接或间接地返回到输入端。参与系统控制,即输出量与输入量之间存在反馈通道的系统。图 4.1-2 为闭环控制系统结构。判断一个系统是否是闭环控制系统应掌握三个要素:取得偏差、改造偏差、按偏差进行反馈调节。

①取得偏差。输入信号与反馈信号比较得到偏差信号,由反馈元件和比较元件共同完成,反馈信号是被控量的函数。

②改造偏差。由控制器完成,将偏差信号改造成具有合适控制规律和足够功率的控制量并作用于受控对象。

③按偏差进行反馈调节。当受控对象受到各种扰动引起被控量变化时,测出偏差量,按偏差进行控制和调节。

闭环控制系统的特点是可以按偏差自动调节,抗干扰性能好,控制精度高,动态性能好等。缺点是结构比较复杂、调整不好容易引起振荡,使系统不稳定,对维修人员要求高。

4.1.5 控制系统的分类及基本要求

1. 自动控制系统的分类

按研究的视角不同,自动控制系统可以有多种分类方法。例如根据信号处理技术的不同,控制系统可以分为采用模拟技术处理信号的模拟控制系统和采用数字技术处理信号的数字控制系统。随着微处理机技术的成熟,数字控制系统应用越来越广泛,形成了所谓的计算机控制系统。微处理机在控制系统中的作用是采集信号、产生(选择)控制规律以及产生控制指令等。

给定量(输入量)是恒定的控制系统叫作恒值调节系统,如稳压电源、恒温控制箱等。这类系统的重点在于克服扰动对被调量的影响。被调量随着给定量的变化而变化的控制系统称为随动系统,如火炮自动瞄准敌机的系统、机床随动系统等,这类系统要求输出量能够准确、快速地复现给定量。

所有变量的变化都是连续进行的系统称为连续控制系统。系统中存在离散变量的系统则称为离散控制系统。计算机控制系统属于离散控制系统,也称作数字控制系统。

可用线性微分方程描述的系统称为线性控制系统。不能用线性微分方程描述,存在着非线性部件的系统则称作非线性系统。

2. 对控制系统的基本要求

自动控制系统用于不同的目的,要求也往往不一样,一般可归结为稳定、准确、快速。

①稳定性。稳定性是指动态过程的振荡倾向和系统能够恢复平衡状态的能力。输出量偏离平衡状态后应该随着时间收敛并且最后回到初始的平衡状态。稳定性是系统工作的首要条件。

②快速性。这是在系统稳定的前提下提出的。快速性是指当系统输出量与给定的输入量之间产生偏差时,消除这种偏差过程的快速程度。

③准确性。这是指在调整过程结束后输出量与给定的输入量之间的偏差,或称为静态精度。准确性是衡量系统工作性能的重要指标。

由于受控对象的具体情况不同,各种系统对稳、准、快的要求各有侧重,例如,随动系统对快速性要求较高,而调速系统对稳定性提出较严格的要求。

同一系统稳、准、快有时是相互制约的。快速性好,可能会有强烈振荡;改善稳定性,控制过程又可能过于迟缓,精度也可能变差。应根据具体问题具体分析,并有所侧重。

【例 4.1-1】 试分析下列水位控制系统图(a)中,哪些是输入、输出,以及控制信号是怎样传递的。

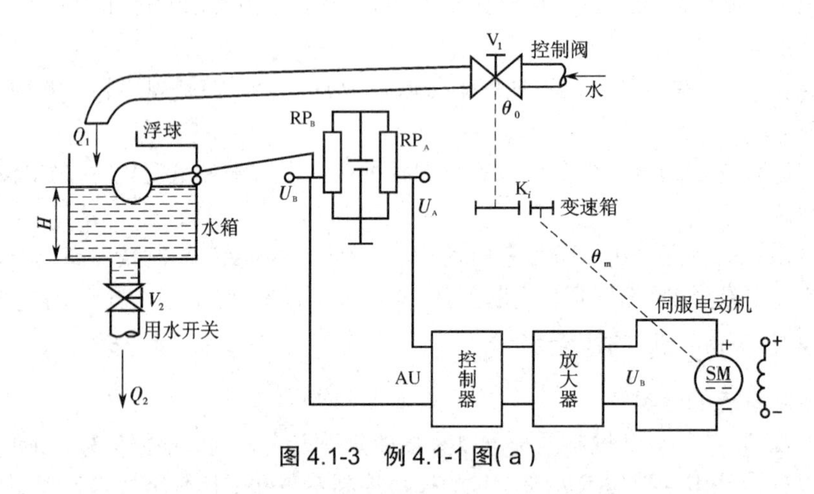

图 4.1-3 例 4.1-1 图(a)

解:由图可见,系统的控制对象是水箱。被控制量(或输出量)是水箱水位的高度 H。使水位 H 发生改变的外界因素是用水量 Q_2(扰动量),使水位能够保持恒定的因素是给水量 Q_1。控制 Q_1 的是由电动机驱动的阀门 V_1、电机、变速箱、控制阀组成执行元件。电压 U_A 由电位器 RP_A 给定(给定元件或输入)。U_B 由电位器 RP_B 给出,U_B 的大小取决于浮球的位置,而浮球的位置取决于水位 H。浮球、杠杆、电位器 RP_B 构成水位的检测和反馈环节。U_B 与 U_A 极性相反,构成负反馈,其比较后的差值经控制器运算后进行功率放大推动电机运转。上述信号传递过程可由下面框图(b)表述。

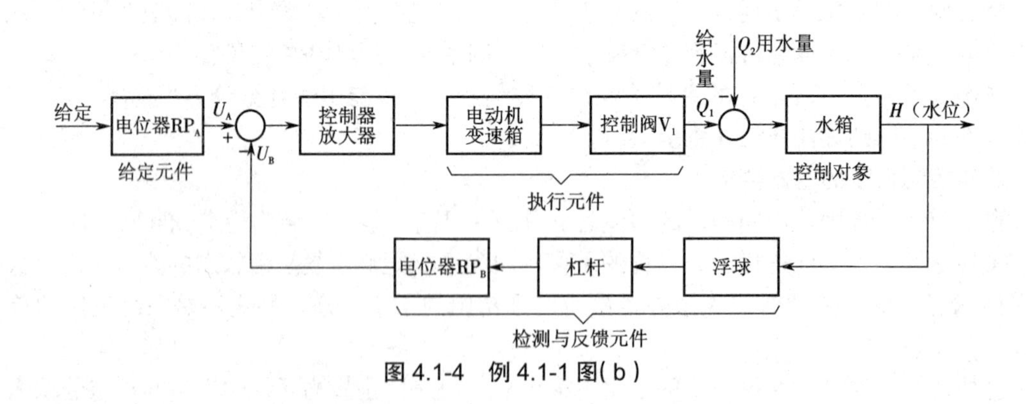

图 4.1-4 例 4.1-1 图(b)

4.2 控制系统数学模型

控制系统的数学模型是描述系统内部各物理量(或变量)之间关系的数学表达式。在静态条件下得到的数学模型称为静态模型,而各变量在动态过程中的关系用微分方程描述,称为动态模型。系统的数学模型可以用分析法和实验法建立。分析法是从元件或系统所依据的物理或化学规律出发,建立数学模型并经实验验证。实验法是对系统加入一定形式的输入信号,用求取系统输出响应的方法建立数学模型。

忽略一些次要的物理、化学因素后，得到的简化数学模型往往是一些线性微分方程式。具有线性微分方程式的系统称线性系统，当微分方程式的系数是常数时，相应的系统称线性定常（或线性时不变）系统。当微分方程式的系数是时间的函数时，相应的系统称线性时变系统。如果控制系统含有分布参数，那么描述系统的微分方程应是偏微分方程。如果系统中存在非线性元件，则需用非线性微分方程来描述，这种系统称非线性系统。

4.2.1 控制系统各环节的特性

自动控制系统的动态性能指标主要取决于系统及其组成环节的特性。环节特性就是指组成系统的各环节的输入和输出的关系。实际系统的组成环节有机械式、电气式、液压式、气动式等多种物理环节，其输入和输出量的性质也各不相同。在自动控制系统中统称输入、输出量为信号。

实际控制系统中所出现的信号，当通过某一环节传递时其大小和状态都要发生变化，但其输出与输入有一定的函数关系。不同性质的物理环节，尽管他们输入、输出信号的性质不同，但当它们受到同一类型的输入信号（如阶跃信号）作用时，它们的输出信号也以共性的形态表示出来。在控制理论中并不探讨环节的内部情况，而是把环节用一个方框来表示，在方框中记入描述环节的输出和输入关系的特性公式——传递函数，抛开具体的物理形态，从控制理论角度研究其动态性能。

1. 被控对象的特性

基本的控制系统如图 4.2-1 所示。图中 $G_C(s)$ 是控制器的传递函数，$G_v(s)$ 是执行机构的传递函数，$G_m(s)$ 是测量变送器的传递函数，$G_p(s)$ 是被控对象的传递函数。图 4.2-1 中，控制器、执行机构、测量变送器都属于自动控制仪表，它们都是围绕被控对象工作的。也就是说，一个控制系统是围绕被控对象而组成的，被控对象是控制系统的主体。因此，对被控对象的动态特性进行深入了解是自动控制系统的一个重要任务。

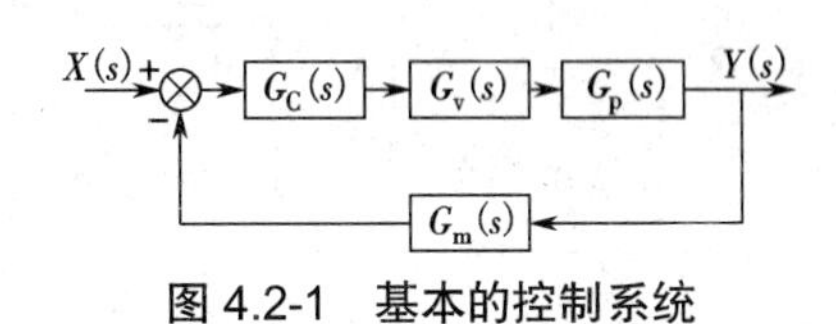

图 4.2-1 基本的控制系统

对被控对象动态特性的了解，一种方法是通过分析被控对象的工作机理，建立被控对象的数学模型。但由于现实世界的复杂性，完全从机理上揭示其内在规律，获得精确的数学模型，还有较大的困难。而工程上常用的方法是采用实验法来获得被控对象的数学模型。这种方法通过测量被控对象的阶跃响应曲线（称为飞升曲线），近似确定被控对象的数学模型，并以此研究被控对象的动态特性。

不同领域的被控对象具有不同的动态特性，热工领域的大多数被控对象都具有较大的惯性和时间延迟，一般不具有振荡特性，其飞升曲线是单调变化的。按照被控对象所含存贮元件的多少，被控对象可分为单容对象、双容对象和多容对象。按照被控变量受扰动后的变化规律，被控对象可分为有自平衡能力的对象和无自平衡能力的对象。

1）单容对象

单容对象是指只含有一个存贮元件的被控对象。

（1）有自平衡能力的单容对象

图 4.2-2 所示，如果被控对象在扰动作用下偏离了原来的平衡状态，在没有外部干预的情

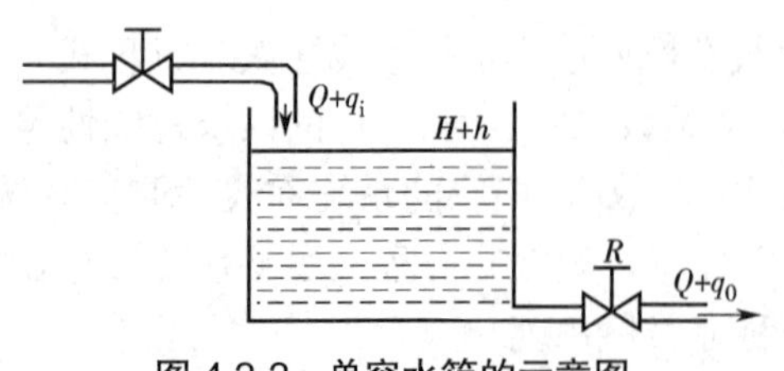

图 4.2-2　单容水箱的示意图

况下（指没有自动控制或人工控制参与），被控变量依靠被控对象内部的自平衡机理，能自发达到新的平衡状态，我们称这类对象是有自平衡能力的被控对象。

具有自平衡能力的单容对象的传递函数为

$$G_p(s)=\frac{K}{Ts+1}$$

这是个一阶惯性环节。描述这类对象的参数是时间常数 T 和放大系数 K。

可以推导水箱的传递函数为

$$G_p(s)=\frac{H(s)}{Q(s)}=\frac{K}{Ts+1}$$

式中：$T=RC$，C 为水箱的横截面积，R 为输出管道阀门的阻力，T 称为水箱的时间常数；K 称为水箱的放大系数。

（2）无自平衡能力的单容对象

图 4.2-3 也是单容水箱，但水箱的出口安装了一台水泵，水箱的流出量就与水位无关，而是保持不变，即流出量的变化量 $q_0=0$。在静态下，流入水箱的流量与水泵的排水量相同，都为 Q，水箱的水位 H 保持不变。在流入量有一个增量 q_i 时，静态平衡被破坏，但流出量并不变化，水箱的水位变化规律为

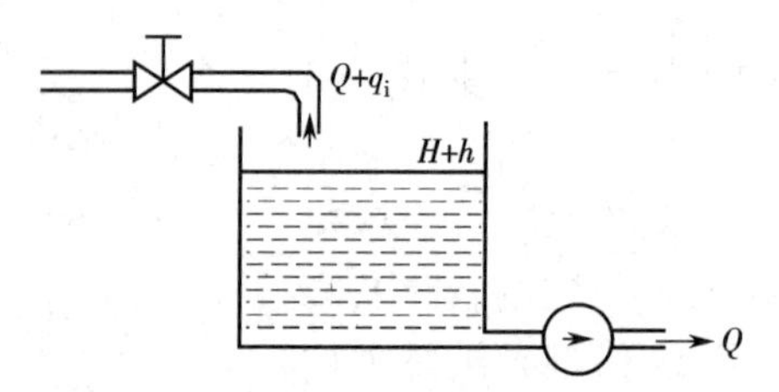

图 4.2-3　无自平衡能力的单容水箱

$$\frac{dh}{dt}=\frac{1}{C}q_i$$

式中：C 为水箱的横截面积。对上式两端求拉普拉斯变换，可得到水箱的传递函数为

$$G(s)=\frac{H(s)}{Q_i(s)}=\frac{1}{Cs}$$

这是一个积分环节。它的单位阶跃响应应为

$$H(s)=G(s)\frac{1}{s}=\frac{1}{C}\frac{1}{s^2}$$

$$h(s)=\frac{1}{C}t$$

图 4.2-4（a）是无自平衡能力的单容水箱的水位变化的曲线。为了比较，我们把具有惯性环节特性的有自平衡能力的单容水箱在单位阶跃输入下的水位响应曲线也画出来，如图（b）所示。很明显，具有惯性环节特性的单容水箱，在输入作用下，水位经过一个动态过程后。可以更新达到一个新的稳定状态。而无自平衡能力的水箱在受到同样的扰动之后，水位则无限地上升，永远不会达到一个新的稳定状态。

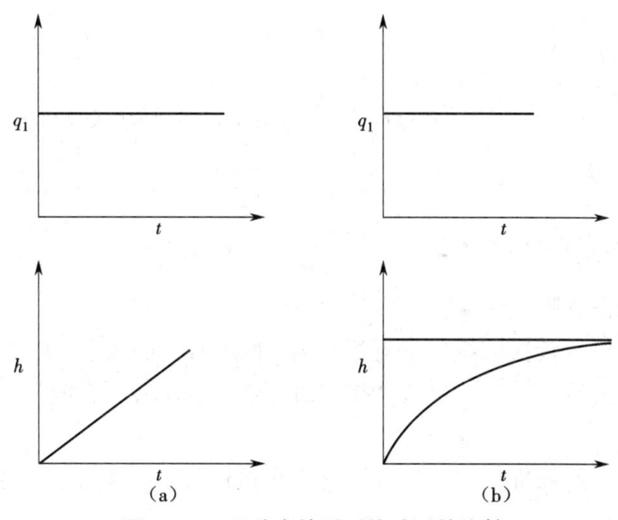

图 4.2-4 两种水箱受到扰动后的比较

2)双容对象

双容对象是指含有两个存贮元件的被控对象。有自平衡能力的双容对象,若两个存贮元件之间无负载效应,则可以认为是两个单容对象的串联,其传递函数为

$$G_{\mathrm{p}}(s)=\frac{K}{(T_1s+1)(T_2s+1)}$$

式中:T_1,T_2 是被控对象两个部分的时间常数;K 为被控对象的放大系数。

若两个存贮元件之间有关联,则传递函数为

$$G_{\mathrm{p}}(s)=\frac{K}{(T_1s+1)(T_2s+1)+T_3s}$$

式中:T_3 是表示存贮元件关联关系的时间常数。

2. 测量变送器的特性

将温度、压力、流量、液位等参数转换为统一的标准信号的装置称为变送单元或变送器。变送器一般由测量传感元件和信号变换、调理、放大部分组成。下面以铂电阻温度变送器为例,分析其动态特性。

1)温度测量元件的动态特性

以绕线式铂电阻为例,在金属保护套管内部装有绕有铂丝的骨架,套管与骨架之间填充保护和导热材料。在阶跃温度(升温)作用下,热电阻温度的变化表现如下:在阶跃加入之前环境温度和热电阻温度一致。当环境温度突然发生变化,相当于加入阶跃干扰,空气向热电阻传热,热电阻按其传入的热量的多少改变自身的温度。在干扰加入的瞬间,热电阻与空气的温度差最大,此刻热电阻应以最大升温速度升温。随着热电阻温度的增高,传热温差逐渐减小,升温速度就慢下来。经过一段时间的热交换两者温度相同,达到热平衡状态,温度重新稳定下来。

根据热平衡原理,热电阻自周围吸收的热量与空气介质传入的热量相等,套管与填充材料的热阻较空气与套管的热阻比较很小时,将套管、填充材料和铂丝作一个元件处理,则热量平

衡方程式为

$$C\frac{\mathrm{d}\theta_z}{\mathrm{d}t}=\alpha F(\theta_a-\theta_z) \tag{4.2-1}$$

式中：C 为热电阻热容；θ_z 为热电阻温度；θ_a 为介质温度；F 为热电阻表面积。

$$T_z\frac{\mathrm{d}\theta_z}{\mathrm{d}t}+\theta_z=\theta_a \tag{4.2-2}$$

式中 $T_z=\dfrac{C}{\alpha F}$ 为热电阻的时间常数。

2）变换电路的动态特性

一般需要将被测信号转换成统一的标准信号，如 0~10 V（DC）、4~20 mA（DC）等。由于采用电子线路进行变换，时间常数和滞后相比较而言都非常小，可看成是一比例环节，即

$$B_z=K_b\theta_z \tag{4.2-3}$$

式中：B_z 为变送器输出的标准信号；θ_z 为传感器测量信号；K_b 为变送器放大系数（静态特性参数）。

将式（4.2-3）代入到式（4.2-2）得到温度变送器的动态方程：

$$T_z\frac{\mathrm{d}B_z}{\mathrm{d}t}+B_z=K\theta_a \tag{4.2-4}$$

其传递函数为

$$G(s)=\frac{K}{T_z s+1} \tag{4.2-5}$$

3. 调节器（控制器）的特性

控制器将系统的被控变量与给定值进行比较，根据偏差，按照某种特定的控制规律控制被控对象，使被控变量趋于给定值。控制器输出信号的过程叫控制作用。控制器的输出信号与输入信号（偏差）的关系称控制器的控制规律，它反映控制器的特性。常用的控制规律一般可分为断续控制规律和连续控制规律。前者，其输出与输入之间的关系是不连续的，例如继电器特性的控制器输出，就属于断续控制规律；而连续控制规律，其输出与输入之间的关系是连续的，可以分为比例、比例积分、比例微分和比例积分微分等控制规律。通常比例、积分、微分分别用 P、I、D 表示。表 4.2-1 示出线性控制器的特性，。

表 4.2-1　控制器的微分方程、过渡响应、传递函数和特性参数

控制器	微分方程式	过渡响应	传递函数	特性参数
P	$P=K_c e$	P；P；$K_c e$；t	K_c	K_c：放大系数
PI	$P=K_c\left(e+\frac{1}{T_1}\int e\mathrm{d}t\right)$	PI；P；t	$K_c\left(1+\frac{1}{T_1 s}\right)$	T_1：积分时间

续表

控制器	微分方程式	过渡响应	传递函数	特性参数
PD	$P=K_c\left(e+T_D\frac{de}{dt}\right)$		$K_c(1+T_Ds)$	T_D：微分时间
PID	$P=K_c\left(e+\frac{1}{T_I}\int edt+T_D\frac{de}{dt}\right)$		$K_c\left(1+\frac{1}{T_Is}+T_Ds\right)$	K_c,T_I,T_D

1)比例(P)控制器的特性。

图 4.2-5 示出比例控制器特性，可以看出其输出与输入成比例关系，无时间延迟。比例控制器特性数学表达式为

$$P=K_ce \tag{4.2-6}$$

从式中可知，对应一定的偏差，必然有一定的 P 值。因此，比例控制系统的静差是不可避免的，它随偏差大小的变化而变化。比例控制器的特性参数为放大系数 K_c。

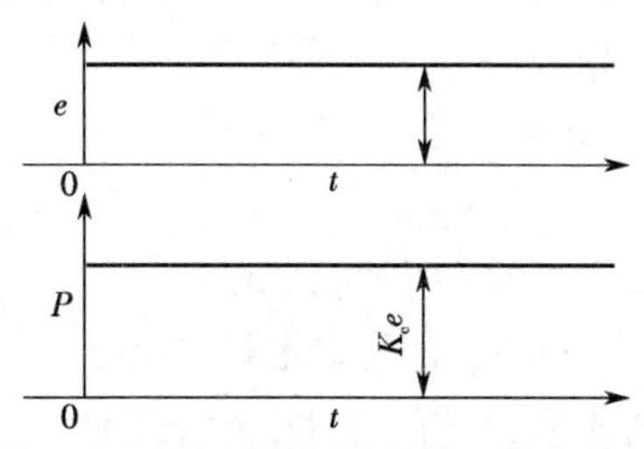

图 4.2-5　比例控制器的输入输出关系

2)比例积分(PI)控制器的特性

(1)积分控制器特性

积分控制器的输出 P 是指它的输入 e 对时间上的积分值，故积分控制器又称 I 控制器，积分控制器的数学表达式为

$$P=K_I\int_0^t edt=\frac{1}{T_I}\int_0^t edt \tag{4.2-7}$$

式中：K_I 为积分调节器的放大系数，1/s；$T_I=1/K_I$ 为积分时间，s。

当 e 为一阶跃变化时，积分控制器的输出如图 4.2-6 所示，图中 $K_{I-1}>K_{I-2}$。积分控制规律不单独使用。

(2)比例积分控制器的特性

比例积分控制器简称 PI 控制器，其特性的数学表达式为

$$P=K_c\left(e+\frac{1}{T_I}\int_0^t edt\right) \tag{4.2-8}$$

输入偏差 e 作一阶跃变化时，比例积分控制器的动态特性可用图 4.2-7 表示，输出量为两部分之和，从偏差作用的瞬间开始，就产生一个比例作用，使控制器产生一输出 ΔP_p。此后，随时间的增长，在比例作用的基础上，按照积分控制规律等速上升。

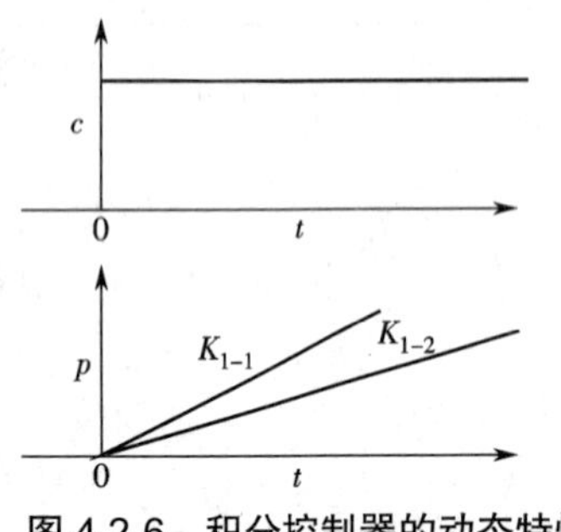

图 4.2-6 积分控制器的动态特性

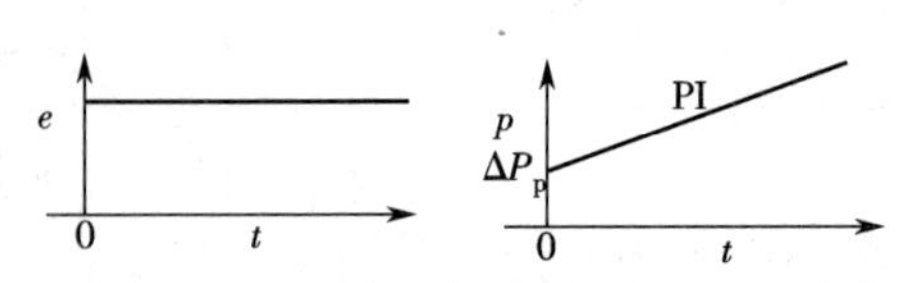

图 4.2-7 比例积分控制器的动态特性

3）比例微分（PD）控制器的特性

为了提高控制系统的过渡过程的动态性能指标，可采用比例微分控制器。这种被控器的输出 ΔP 不仅与偏差 e 的大小有关，还与偏差的变化速度有关。比例微分控制器简称 PD 控制器，理想的 PD 控制器特性的数学表达式为

$$P = K_c\left(e + T_D\frac{\mathrm{d}e}{\mathrm{d}t}\right) \tag{4.2-9}$$

式中：T_D 为微分时间，min。

当 e 为一阶跃变化时，理想的比例微分控制器的动态特性如图 4.2-8（a）所示。理论上在 t=0 时刻微分项的输出为∞，微分作用太强，对系统不利，甚至使仪表损坏。因而实际使用的比例微分控制器的特性如图 4.2-8（b）所示，在输入作阶跃变化的瞬间，控制器的输出为一个有限值，而后微分作用逐渐下降，最后仅保留比例作用。

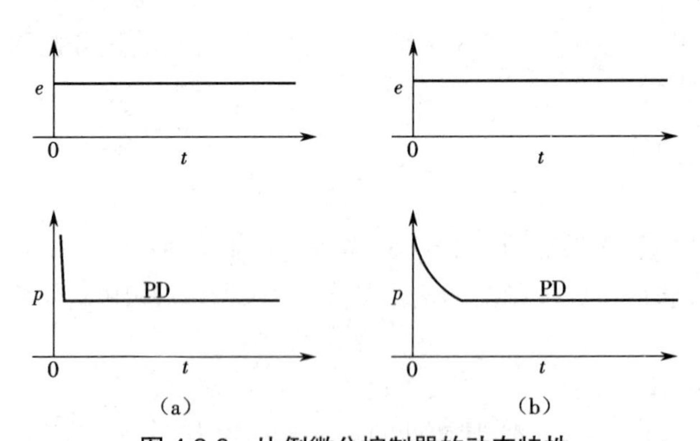

图 4.2-8 比例微分控制器的动态特性

4）比例积分微分（PID）控制器的特性

比例积分微分控制器是具有比例、积分和微分三种调节作用的控制器，有时称为三作用控制器，简称 PID 控制器，其数学表达式为

$$P = K_c \left(e + \frac{1}{T_I}\int_0^t e\mathrm{d}t + T_D \frac{\mathrm{d}e}{\mathrm{d}t} \right) \tag{4.2-10}$$

这种控制器的特性可由图 4.2-9(a)理想的、(b)实际的表示出来。三种调节作用互相配合,既可消除静差,又可提高系统的动态品质指标。

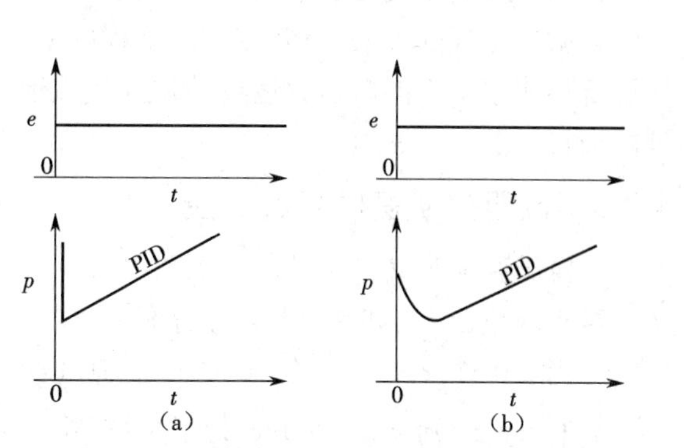

图 4.2-9 比例积分微分控制器的动态特性

4. 执行器的特性

执行器的作用是接受控制器的输出信号,直接调节生产过程中的有关介质的输送量,从而使温度、压力、流量等被控参数得以控制。执行器由执行机构和调节机构两部分组成。执行机构是执行器的推动部分,按照控制信号产生相应的力或力矩。调节机构最常见的就是控制阀,又称调节阀。执行器有电动执行器、气动执行器等。电动执行器应用较为普遍。下面讨论带电动阀门定位器的电动执行器的特性。

电动阀门定位器接受控制器来的 0~10 V(DC)的控制信号,使阀门开度产生变化。阀的行程增量 Δl 与控制器输出增量 ΔP 成比例关系,即

$$\Delta l = k\Delta P$$

而 Δl 与调节量的增量 Δq(阀门流量的增量)的关系就是阀门的流量特性。阀门流量特性有直线流量特性、等百分比流量特性和抛物线流量特性等。假定阀门流量特性是直线特性,即

$$\Delta q = a\Delta l = K_3\Delta P$$

式中:K_3 为执行器的放大系数,$K_3=ak$,是反映执行器静态特性的;执行器的传递函数为 $G(s)=K_3$。

4.2.2 控制系统微分方程的拟定与求解

控制系统的数学模型主要是指描述控制系统及其各组成部分的动态关系,常用的数学模型有微分方程、状态空间表达式、传递函数、频率特性等。其中微分方程是描述控制系统动态特性的最基本的数学模型。建立控制系统微分方程(又称动态方程)的基本步骤主要如下。

①明确要解决问题的目的和要求,确定系统的输入变量和输出变量。

②全面、深入、细致地分析系统的工作原理、系统内部各变量间的关系,抓住能代表系统运动规律的主要特征,舍去一些次要因素,对问题进行适当的简化,必要时还必须进行一些合理的假设。

③如果把整个控制系统作为一个整体,组成控制系统的各元器件及装置则可以称为子系统。从输入端开始,依照各子系统所遵循的物理(或化学)定律,写出子系统的数学表达式。

④消去中间变量,得到描述输入、输出变量关系的微分方程式。

⑤写出微分方程的规范形式,即所有与输出变量有关的项应在方程左边,所有与输入变量有关的项应在方程右边,所有变量均按降阶排列。

系统微分方程的一般形式是

$$a_n \frac{\mathrm{d}^n y}{\mathrm{d}t^n} + a_{n-1}\frac{\mathrm{d}^{n-1} y}{\mathrm{d}t^{n-1}} + \cdots + a_1 \frac{\mathrm{d}y}{\mathrm{d}t} + a_0 y = b_m \frac{\mathrm{d}^m x}{\mathrm{d}t^m} + b_{m-1}\frac{\mathrm{d}^{m-1} x}{\mathrm{d}t^{m-1}} + \cdots + b_1 \frac{\mathrm{d}x}{\mathrm{d}t} + b_0 x$$

式中:y 为输出变量;x 为输入变量;$a_n,a_{n-1},\cdots,a_0$ 和 $b_m,b_{m-1},\cdots,b_1,b_0$ 为方程的系数。一般情况下遇到的问题属于线性定常系统,因此这些系数均为常数。

解微分方程的方法很多,在控制工程中常采用拉普拉斯变换求解线性常微分方程,其优点是可将经典数学中的微积分运算转化为代数运算,又能单独表明初始条件的影响,并有变换表可供查找。

4.2.3 拉普拉斯变换与反变换

1. 拉氏变换定义

对于函数 $x(t)$,如果满足以下条件:

①当 $t<0$ 时,$x(t)=0$;当 $t>0$ 时,$x(t)$在每个有限区间上是分段连续的。

② $\int_0^{\infty} x(t)\mathrm{e}^{-\sigma t}\mathrm{d}t<\infty$,其中 σ 为正实数,即 $x(t)$为指数级的。

则可定义 $x(t)$的拉氏变换 $X(s)$为

$$X(s)=L[x(t)]=\int_0^{\infty} x(t)\mathrm{e}^{-st}\mathrm{d}t$$

式中:s 为复变数,$s=\sigma+\mathrm{j}\omega$;$x(t)$为原函数;$X(s)$为象函数。

2. 简单函数的拉氏变换

(1)单位阶跃函数 $1(t)$

$$1(t)=\begin{cases}0,t<0\\1,t\geqslant 0\end{cases}$$

$$L[1(t)]=\int_0^{\infty}1(t)\mathrm{e}^{-st}\mathrm{d}t=-\frac{1}{s}e^{-st}\bigg|_0^{\infty}=\frac{1}{s}$$

(2)单位斜坡函数 $t\cdot 1(t)$

$$t\cdot 1(t)=\begin{cases}0,t<0\\t,t\geqslant 0\end{cases}$$

$$L[t\cdot 1(t)]=\int_0^{\infty}t\mathrm{e}^{-st}\mathrm{d}t=-\frac{t}{s}\mathrm{e}^{-st}\bigg|_0^{\infty}+\int_0^{\infty}\frac{1}{s}\mathrm{e}^{-st}\mathrm{d}t=\frac{1}{s^2}$$

(3)指数函数 $\mathrm{e}^{at}1(t)$

$$L[\mathrm{e}^{at}\cdot 1(t)]=\int_0^{\infty}\mathrm{e}^{at}\cdot\mathrm{e}^{-st}\mathrm{d}t=-\frac{1}{s-a}\mathrm{e}^{-(s-a)t}\bigg|_0^{\infty}=\frac{1}{s-a}$$

(4)正弦函数 $\sin\omega t\cdot 1(t)$、余弦函数 $\cos\omega t\cdot 1(t)$

$$L[\sin\omega t\cdot 1(t)]=L\left[\frac{\mathrm{e}^{\mathrm{j}\omega t}-\mathrm{e}^{-\mathrm{j}\omega t}}{2\mathrm{j}}\cdot 1(t)\right]=\frac{1}{2\mathrm{j}}\left(\frac{1}{s-\mathrm{j}\omega}+\frac{1}{s+\mathrm{j}\omega}\right)=\frac{\omega}{s^2+\omega^2}$$

$$L[\cos\omega t\cdot 1(t)]=L\left[\frac{\mathrm{e}^{\mathrm{j}\omega t}-\mathrm{e}^{-\mathrm{j}\omega t}}{2}\cdot 1(t)\right]=\frac{1}{2}\left(\frac{1}{s-\mathrm{j}\omega}+\frac{1}{s+\mathrm{j}\omega}\right)=\frac{s}{s^2+\omega^2}$$

3. 拉氏变换性质

(1)满足叠加原理

设 $L[x_1(t)]=X_1(s)$,$L[x_2(t)]=X_2(s)$,则

$$L[ax_1(t)+bx_2(t)]=aX_1(s)+bX_2(s)$$

（2）微分定理

$$L\left[\frac{\mathrm{d}x(t)}{\mathrm{d}t}\right]=sX(s)-x(0^+)$$

由此得到两个重要推论：

① $L\left[\frac{\mathrm{d}^n}{\mathrm{d}t^n}x(t)\right]=s^nX(s)-s^{n-1}x(0^+)-s^{n-2}x(0^+)\cdots x^{(n-1)}(0^+)$

②在零初始条件下，有 $L\left[\frac{\mathrm{d}^n}{\mathrm{d}t^n}x(t)\right]=s^nX(s)$

据此可将微分方程变换为代数方程。

（3）积分定理

$$L\left[\int x(t)\mathrm{d}t\right]=\frac{1}{s}X(s)+\frac{1}{s}x^{-1}(0^+)$$

式中，$x^{-1}(0^+)$为函数 $x(t)$积分在 t=0 时的值。

由此得到两个重要推论：

① $L\left[\cdots\int x(t)(\mathrm{d}t)^n\right]=\frac{1}{s^n}X(s)-\frac{1}{s^n}x^{-1}(0^+)+\frac{1}{s^{n-1}}x^{-2}(0^+)+\cdots+\frac{1}{s}x^{-n}(0^+)$

②在零初始条件下，有 $L\left[\cdots\int x(t)(\mathrm{d}t)^n\right]=\frac{1}{s^n}X(s)$

（4）初值定理

$$\lim_{t\to 0^+}x(t)=\lim_{s\to\infty}sX(s)$$

（5）终值定理

$$\lim_{t\to\infty}x(t)=\lim_{s\to 0}sX(s)$$

利用该性质，可在复频域（s 域）中得到系统在时间域中的稳态值，利用该性质求系统稳态误差。运用终值定理的前提是函数有终值存在，终值不确定则不能用终值定理。

（6）位移定理

$$L\left[\mathrm{e}^{-at}x(t)\right]=X(s+a)$$

$$L\left[x(t-a)\cdot 1(t-a)\right]=\mathrm{e}^{as}X(s)$$

4. 拉氏反变换公式

$$x(t)=L^{-1}\left[X(s)\right]=\frac{1}{2\pi\mathrm{j}}\int_{\sigma-\mathrm{j}\infty}^{\sigma+\mathrm{j}\infty}X(s)\mathrm{e}^{st}\mathrm{d}s$$

拉氏反变换可将复平面的问题转回到实平面，但由上述定义通过复变函数积分求拉氏反变换的方法通常较繁，一般将问题变换成简单的有理分式形式，并看成典型函数的象函数叠加的形式，根据拉氏变换反查表（见表 4.2-2），即可写出相应的原函数。

表 4.2-2　常用函数拉普拉斯变换表

	$f(t)$	$F(s)$
1	$\delta(t)$	1
2	$1(t)$	s

续表

	$f(t)$	$F(s)$
3	t	$\frac{1}{s^2}$
4	e^{-at}	$\frac{1}{s+a}$
5	te^{-at}	$\frac{1}{(s+a)^2}$
6	$\sin \omega t$	$\frac{\omega}{s^2+\omega^2}$
7	$\cos \omega t$	$\frac{s}{s^2+\omega^2}$
8	$t^n (n=1,2,3,\cdots)$	$\frac{n!}{s^{n+1}}$
9	$t^n e^{-at} (n=1,2,3,\cdots)$	$\frac{n!}{(s+a)^{n+1}}$
10	$\frac{1}{b-a}(e^{-at}-e^{-bt})$	$\frac{1}{(s+a)(s+b)}$
11	$\frac{1}{b-a}(be^{-bt}-ae^{-at})$	$\frac{s}{(s+a)(s+b)}$
12	$\frac{1}{ab}\left(1+\frac{1}{a-b}(be^{-at}-ae^{-bt})\right)$	$\frac{1}{s(s+a)(s+b)}$
13	$e^{-at}\sin \omega t$	$\frac{\omega}{(s-a)^2+\omega^2}$
14	$e^{-at}\cos \omega t$	$\frac{s+a}{(s+a)^2+\omega^2}$
15	$\frac{1}{a^2}(at-1+e^{-at})$	$\frac{1}{s^2(s+a)}$
16	$\frac{\omega_n}{\sqrt{1-\zeta^2}}e^{-\zeta\omega_n t}\sin \omega_n\sqrt{1-\zeta^2}t$	$\frac{\omega_n^2}{s^2+2\zeta\omega_n s+\omega_n^2}$
17	$\frac{-1}{\sqrt{1-\zeta^2}}e^{-\zeta\omega_n}t\sin(\omega_n\sqrt{1-\zeta^2}t-\beta)$ $\beta=\mathrm{tg}^{-1}\frac{\sqrt{1-\zeta^2}}{\zeta}$	$\frac{s}{s^2+2\zeta\omega_n s+\omega_n^2}$
18	$1-\frac{1}{\sqrt{1-\zeta^2}}e^{-\zeta\omega_n}t\sin(\omega_n\sqrt{1-\zeta^2}t+\beta)$ $\beta=\mathrm{tg}^{-1}\frac{\sqrt{1-\zeta^2}}{\zeta}$	$\frac{\omega_n^2}{s(s^2+2\zeta\omega_n s+\omega_n^2)}$

4.2.4 传递函数及其方块图

1. 传递函数

传递函数是在拉氏变换的基础上,以系统本身的参数描述线性定常系统输入量与输出量的关系式。它表达了系统内在的固有特性,而与输入量或驱动函数无关,有无量纲视系统的输入、输出量而定,它包含着联系输入量与输出量所需要的量纲。它通常不能表明系统的物理特性和物理结构,许多物理性质不同的系统,有着相同的传递函数。

在零初始条件下,线性定常系统输出的拉氏变换 $Y(s)$ 与输入的拉氏变换 $X(s)$ 之比,称为系统的传递函数 $G(s)$,即

$$G(s)=\frac{Y(s)}{X(s)}$$

设线性定常系统的微分方程为

$$a_n\frac{\mathrm{d}^n y}{\mathrm{d}t^n}+a_{n-1}\frac{\mathrm{d}^{n-1}y}{\mathrm{d}t^{n-1}}+\cdots+a_1\frac{\mathrm{d}y}{\mathrm{d}t}+a_0y=b_m\frac{\mathrm{d}^m x}{\mathrm{d}t^m}+b_{m-1}\frac{\mathrm{d}^{m-1}x}{\mathrm{d}t^{m-1}}+\cdots+b_1\frac{\mathrm{d}x}{\mathrm{d}t}+b_0x$$

则零初始条件下,系统的传统函数为

$$G(s)=\frac{Y(s)}{X(s)}=\frac{b_ms^m+b_{m-1}s^{m-1}+\cdots+b_1s+b_0}{a_ns^n+a_{n-1}s^{n-1}+\cdots+a_1s+a_0}$$

在控制系统的微分方程中,输入变量、输出变量都是时间 t 的函数。所以微分方程是对系统特性时间域的描述方法。传递函数是以复变量 s 为自变量的,有

$$s=\sigma+\mathrm{j}\omega$$

式中:σ 和 ω 是实数;ω 称为角频率。所以复变量 s 又称为复频率,传递函数是复变函数。

输入信号 $X(s)$ 是经过 $G(s)$ 传递到输出端 $Y(s)$ 的,所以称 $G(s)$ 为传递函数。传递函数实现了时间域到复频域的转换,把复杂的微分方程问题转化为较简单的关于 s 的代数问题。传递函数的概念只适用于线性定常系统,两个变量间具有线性关系且在零初始条件下才能求其传递函数,对于非零初始条件,传递函数并不能完全描述系统的特性。其规范表示方法一般有 3 种。

①标准定义形式

$$G(s)=\frac{b_ms^m+b_{m-1}s^{m-1}+\cdots+b_1s+b_0}{a_ns^n+a_{n-1}s^{n-1}+\cdots+a_1s+a_0}$$

②典型环节形式

$$G(s)=\frac{K(\tau_1s+1)(\tau_2s+1)\cdots(\tau_ms+1)}{(T_1s+1)(T_2s+1)\cdots(T_ns+1)}$$

式中:K 称为放大系数或增益;T 和 τ 称为时间常数。

③零极点形式

$$G(s)=\frac{K(s+z_1)(s+z_2)\cdots(s+z_m)}{(s+p_1)(s+p_2)\cdots(s+p_n)}=\frac{K\prod_{j=1}^{m}(s+z_j)}{\prod_{i=1}^{n}(s+p_i)}$$

式中:$-z_j$ 是分子多项式等于零所组成的方程的根,称为系统或传递函数的零点;$-p_i$ 是分母多项式等于零时所组成的方程(称为系统或传递函数的特征方程)的根,称为系统或传递函数的极点,零极点对系统的性能有很大影响;K 称为放大系数。求取传递函数的方法有两种:一种是解析法,即通过建立系统的微分方程,按定义求取传递函数;另一种方法是实验法,即通过被研究对象对输入信号的输出响应,求取其传递函数。

2. 典型环节传递函数

自动控制系统是由不同功能的元器件构成的,具有相同动态特性或者说具有相同传递函数的所有不同物理结构、不同工作原理的元器件,都可认为是同一个环节。经典控制理论中,

常见的典型环节有以下 6 种。

(1)比例环节

输出变量 $y(t)$与输入变量 $x(t)$之间满足下列关系：

$$y(t)=Kx(t)$$

传递函数为

$$G(s)=\frac{Y(s)}{X(s)}=K$$

式中 K 为常数,称为放大系数或增益。

杠杆、齿轮变速器、电子放大器等在一定条件下都可以看做是比例环节。如果给比例环节输入一个阶跃信号,它的输出同样也是一个阶跃信号,将输入信号放大了 K 倍。

(2)惯性环节

输入变量 $x(t)$与输出变量 $y(t)$之间满足下列关系：

$$T\frac{\mathrm{d}y}{\mathrm{d}t}+y=Kx$$

传递函数为

$$G(s)=\frac{K}{Ts+1}$$

式中:T 称为惯性环节的时间常数;K 称为惯性环节的放大系数。

惯性环节是具有代表性的一类环节。许多实际的被控对象或控制元件,如液位系统、热力系统、热电偶等,都可以表示成或近似表示成惯性环节。

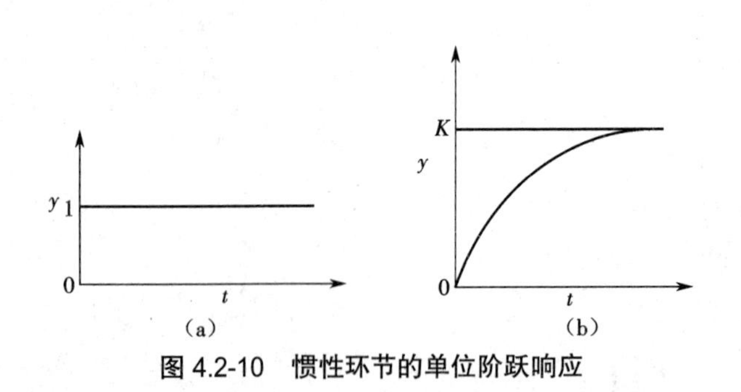

图 4.2-10　惯性环节的单位阶跃响应

当惯性环节的输入为单位阶跃函数时,如图 4.2-10(a),其输出 $y(t)$ 如图 4.2-10(b)所示。从图 4.2-10 中可以看出,惯性环节的输出 $y(t)$一开始并不与输入 $x(t)$同步按比例变化,直到过渡过程结束,$y(t)$才能与 $x(t)$保持比例,这就是惯性的反映。惯性环节的时间常数就是惯性大小的量度。凡具有惯性环节特性的实际系统,都具有一个存储元件或称容量元件,进行物质或能量的存贮,如电容、热容等。由于系统的阻力,流入或流出存储元件的物质或能量不可能为无穷大,存储量的变化必须经过一段时间才能完成,这就是惯性存在的原因。

(3)微分环节

理想的微分环节,输入变量 $x(t)$与输出变量 $y(t)$之间满足下面的关系。

$$y(t)=T_{\mathrm{d}}\frac{\mathrm{d}x}{\mathrm{d}t}$$

传递函数为

$$G(s)=T_{\mathrm{d}}s$$

式中 T_{d} 称为微分时间常数。

微分环节反映了输入 $x(t)$ 的变化趋势。它具有“超前”感知输入量变化的作用。实际的微分环节是带有惯性环节的微分环节，其传递函数为

$$G(s)=\frac{T_2 s}{T_1 s+1}$$

式中 T_1, T_2 为时间常数。

（4）积分环节

输出变量 $y(t)$ 是输入变量 $x(t)$ 的积分，即

$$y=K\int x\mathrm{d}t$$

传递函数为

$$G(s)=K\frac{1}{s}$$

式中 K 为放大系数。

（5）振荡环节

输出变量 $y(t)$ 与输入变量 $x(t)$ 的关系由下列二阶微分方程描述。

$$\frac{\mathrm{d}^2 y}{\mathrm{d}t^2}+2\zeta\omega_n\frac{\mathrm{d}y}{\mathrm{d}t}+\omega_n^2 y=\omega_n^2 x \tag{4.2-11}$$

按传递函数的定义可以求出式 4.2-11 所表示的系统的传递函数为

$$G(s)=\frac{\omega_n^2}{s^2+2\zeta\omega_n s+\omega_n^2} \tag{4.2-12}$$

上两式中：ω_n 称为振荡环节的无阻尼自然振荡频率；ζ 称为阻尼系数或阻尼比。

振荡环节在阻尼比 ζ 的值处于 $0<\zeta<1$ 区间时，对单位阶跃输入函数的输出曲线如 4.2-11 所示，是一条振幅衰减的振荡过程曲线。

图 4.2-11　振荡环节的单位阶跃响应

（6）延时环节（滞后环节）

输出变量 $y(t)$ 与输入变量 $x(t)$ 之间的关系为

$$y(t)=x(t-\tau)$$

传递函数为

$$G(s)=\mathrm{e}^{-\tau s}$$

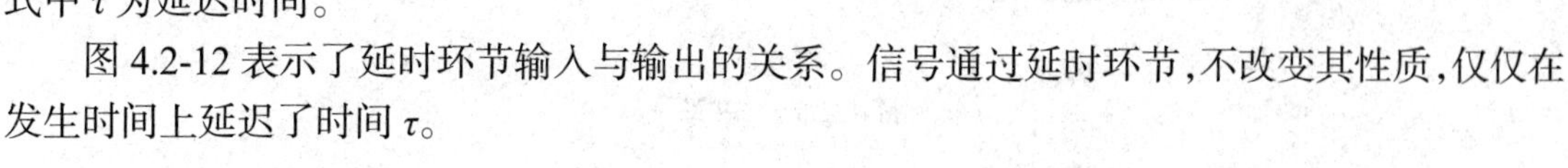

式中 τ 为延迟时间。

图 4.2-12 表示了延时环节输入与输出的关系。信号通过延时环节，不改变其性质，仅仅在发生时间上延迟了时间 τ。

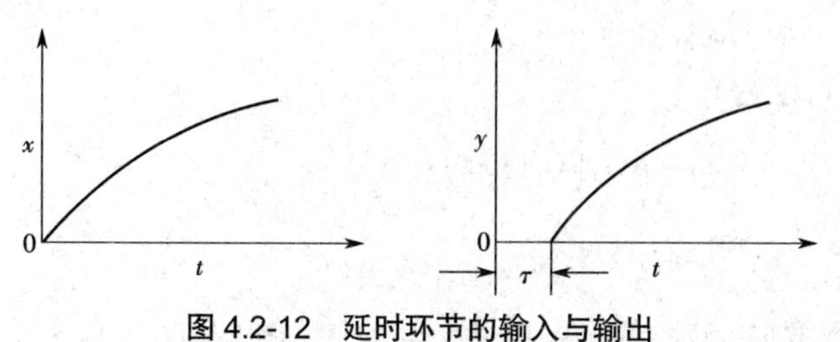

图 4.2-12　延时环节的输入与输出

3. 控制系统的结构图——方块图

方块图是自动控制系统中信号传递情况的图形表示。

（1）方块图的四个要素（见图 4.2-13）

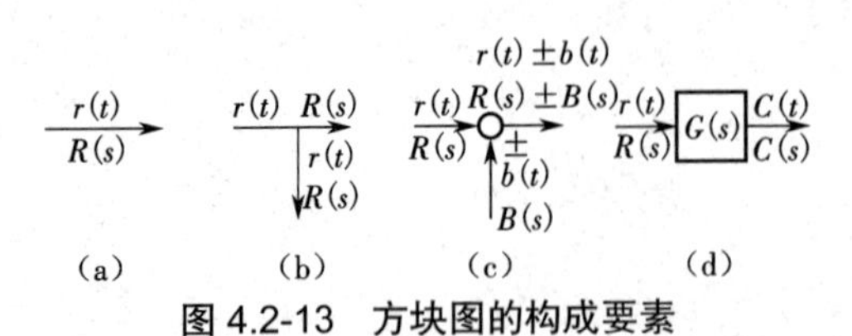

图 4.2-13 方块图的构成要素

①信号线。箭头表示信号传递方向，在线上写出信号的时间函数或它的拉氏变换。见图 4.2-13（a）。

②引出点（分支点）。表示把一个信号分两路取出。因为仅表示取出信号，而不取出能量，所以信号量并不减少，见图 4.2-13（b）。

③综合点（相加点）。表示两个信号的代数相加（减），见图 4.2-13（c）。

④环节。环节接受信号，并把这信号变换成其他信号。在方块中写上环节的传递函数。见图 4.2-13（d）。

（2）方块图的性质

①串联。图 4.2-14 表示两个环节 $G_1(s)$和 $G_2(s)$的串联：

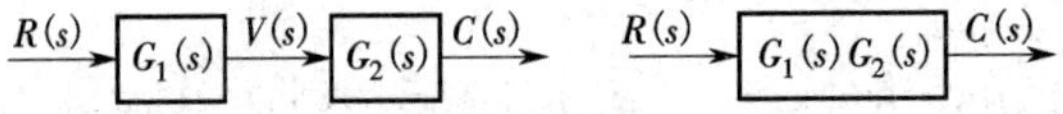

$R(s)$ → $G_1(s)$ → $V(s)$ → $G_2(s)$ → $C(s)$　　　$R(s)$ → $G_1(s)G_2(s)$ → $C(s)$

（a）　　　　　　（b）

图 4.2-14 串联

$$C(s)=V(s)G_2(s)=R(s)G_1(s)G_2(s)$$

$$G(s)=\frac{C(s)}{R(s)}=G_1(s)G_2(s)$$

所以，串联连接的等效传递函数等于各传递函数的乘积（见图 4.2-14）。

②并联。图 4.2-15 表示两个环节的并联：

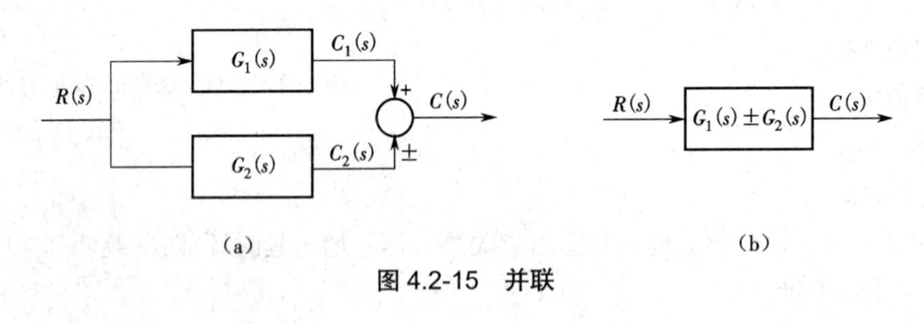

图 4.2-15 并联

$$C_1(s)=R(s)G_1(s)$$

$$C_2(s)=R(s)G_2(s)$$

$$C(s)=C_1(s)\pm C_2(s)=R(s)\left[G_1(s)\pm G_2(s)\right]$$

记

$$G(s)=\frac{C(s)}{R(s)}=G_1(s)\pm G_2(s)$$

所以，并联连接的等效传递函数，等于各传递函数的代数和（见图 4.2-15）。

③反馈连接。图 4.2-16 表示了反馈连接，图中“+”、“-”分别表示正反馈和负反馈：

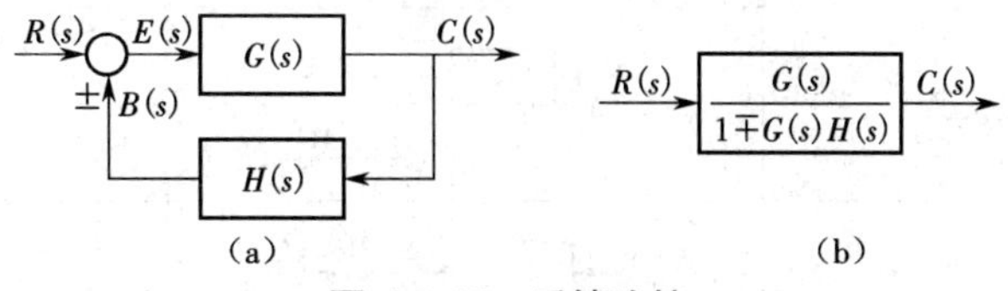

图 4.2-16 反馈连接

$$C(s)=G(s)E(s)$$
$$E(s)=R(s)\pm B(s)$$
$$B(s)=H(s)C(s)$$

将上述式子合并，消去中间变量，得到

$$C(s)=\frac{R(s)G(s)}{1\mp G(s)H(s)}$$

记 $$\Phi(s)=\frac{C(s)}{R(s)}=\frac{G(s)}{1\mp G(s)H(s)}$$

$\Phi(s)$称为闭环传递函数，见图 4.2-16（b）。图 4.2-16（a）中从 $R(s)\rightarrow G(s)\rightarrow C(s)$这条通道称为前向通道；从 $C(s)\rightarrow H(s)\rightarrow R(s)$这条通道称为反馈通道，$G(s)H(s)$称为开环传递函数。当反馈控制系统的 $H(s)=1$ 时，称为单位反馈控制系统。

4. 方块图的等效变换

方决图等效变换的法则见表 4.2-3。

表 4.2-3 方块图等效变换法则

法　　则	原方块图	等效方块图
（1）串联	R, G_1, G_2, C	R, G_1G_2, C
（2）并联	R, G_1, G_2, $\pm$, C	R, $G_1\pm G_2$, C
（3）反馈连接	R, G, $\pm$, H, C	R, $\frac{G}{1\mp GH}$, C
（4）引出点的交换	A, A, A, A	A, A, A, A
（5）综合点的交换	A, $A\pm B$, $A\pm B\pm C$, $\pm B$, $\pm C$	A, $A\pm C$, $A\pm C\pm B$, $\pm C$, $\pm B$
（6）引出点与综合点的交换	A, $\pm B$, $A\pm B$, $A\pm B$	A, $B\pm$, $A\pm B$, $\pm B$, $A\pm B$

续表

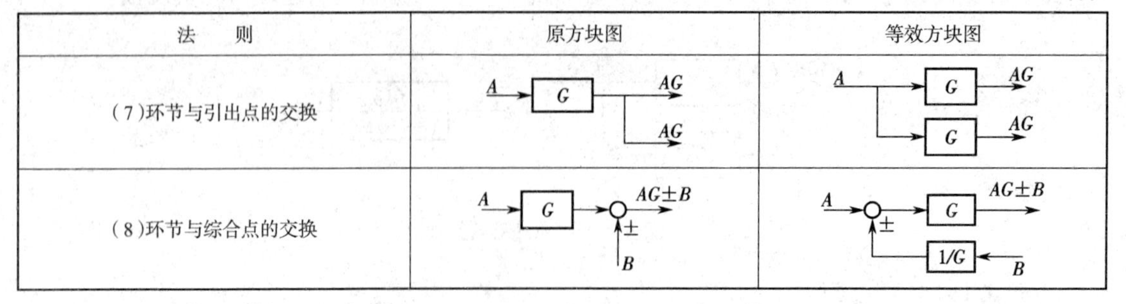

法　　则	原方块图	等效方块图
(7)环节与引出点的交换		
(8)环节与综合点的交换		

【例 4.2-1】 化解下列方块图,并确定其传递函数。

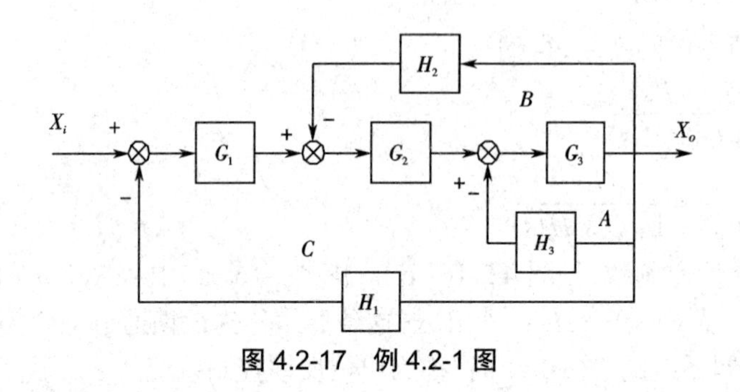

图 4.2-17　例 4.2-1 图

解:第一步:消去回路 A

$$G_A=\frac{G_3}{1+G_3H_3}$$

第二步:消去回路 B

$$G_B=\frac{G_AG_2}{1+G_AG_2H_2}$$

第三步:消去回路 C

$$G=G_C=\frac{G_1G_B}{1+G_1G_BH_1}=\frac{G_1G_2G_3}{1+G_3H_3+G_2G_3H_2+G_1G_2G_3H_1}$$

4.3　线性系统的分析与设计

4.3.1　基本调节规律及实现方法

在自动控制系统中,被控对象受到种种干扰作用后,被控变量将偏离所要求的设定值;调节器接受偏差信号,按一定的控制规律输出相应的控制信号,去操纵执行器产生相应的动作,以消除干扰对被控变量的影响,使被控变量回到设定值上来。调节器的控制规律,就是调节器接受了偏差信号(即输入信号)以后,它的输出信号(即控制信号)的变化规律。调节器的输入是由比较机构送来的偏差信号 e,它是设定值信号 R 与测量变送器反馈过来的测量值 f 之差。在分析自动化系统时,偏差采用 $e=R-f$,输出就是送往执行器的信号 p。目前常用的最基本的控制规律有位式控制、比例控制、积分控制、微分控制及其组合。

1. 双位控制及其调节器

1）双位控制规律

双位控制规律是当测量值大于设定值时，调节器的输出量为最小（或最大）。而当测量值小于设定值时，调节器的输出量为最大（或最小），即调节器只有两个输出值（最大、最小），如图 4.3-1。双位控制规律可以用下述数学式表示：

$$p=\begin{cases}p_{\max} e>0 & (\text{或} e<0)\\ p_{\min} e<0 & (\text{或} e>0)\end{cases}$$

双位控制只有两个输出值，相应执行器的调节机构也只有全开和全关两个极限位置。图 4.3-2 是采用双位控制的水箱液位控制系统，它利用电极式液位计来控制水箱的液位，箱内装有一根电极作为测量液位的装置，电极的一端与继电器 J 的线圈相接，另一端在液位设定值的位置，导电的流体流经装有电磁阀的管道进入水箱，从下部出水口流出。当液位低于设定值 l_0 时，流体未接触电极，继电器 J 断路，此时电磁阀全开，流体流入水箱使液位上升；当液位上升至设定值时，流体与电极接触，继电器接通，使电磁阀全关，流体不再进入水箱。随着箱内流体的不断排出，上述控制过程反复循环，液位被维持在设定值上下很小一个范围内波动。由于执行器的动作非常频繁，这样会使系统中的运动部件（例如继电器、电磁阀等）因频繁动作而损坏。

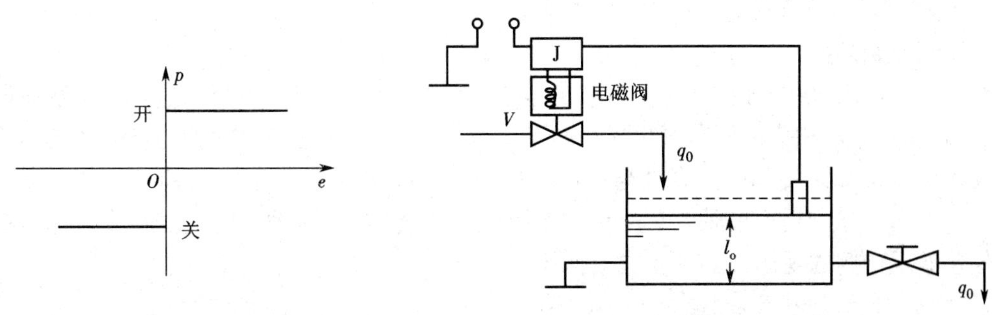

图 4.3-1 理想的双位调节特性

图 4.3-2 水箱液位双位调节示例

双位控制规律是最简单的控制形式。它的作用是不连续的，调节机构只有开和关两个位置，对象中的物料量或能量总是处于不平衡状态，被控变量始终不能真正稳定在设定值上，而是在设定值附近上下波动，因此实际的双位调节器都有一个中间区。

2）实际的双位控制规律

实际的双位控制规律如图 4.3-3 所示。当被控变量在中间区内时，调节器输出状态不变化，调节机构不动作。当偏差上升高于设定值的某一数值后或当偏差下降至低于设定值的某一数值后，调节器输出状态才变化。这样可大幅降低调节机构开关的频繁程度，以防止执行机构的损坏。

实际双位调节器的中间区称为呆滞区，是指不致引起调节器输出状态改变的被控变量设定值的偏差区间。如果被控变量对设定值的偏差不超出呆滞区，调节器输出状态将保持不变。

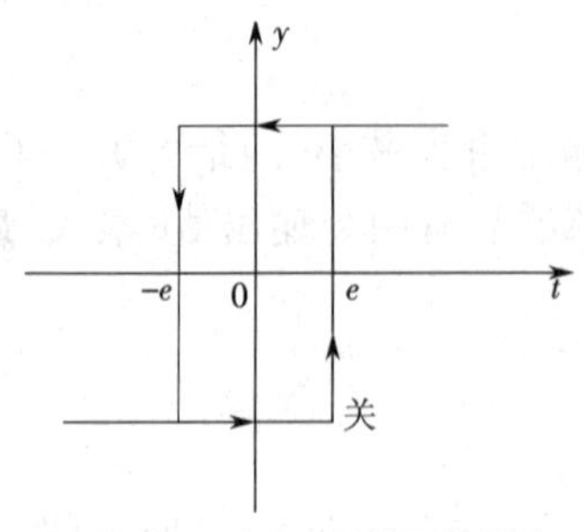

图 4.3-3　实际双位调节特性

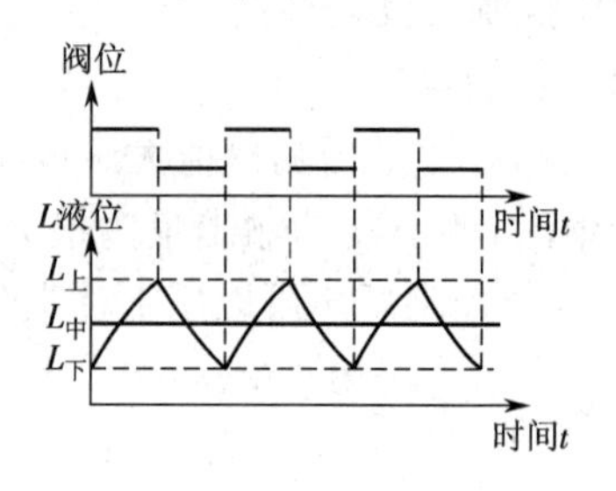

图 4.3-4　具有呆滞区的双位调节过程

实际的双位调节过程如图 4.3-4 所示。当被控变量液位 L 低于下限位 $L_{下}$时，电磁阀打开，流体流入水箱，由于流入量大于流出量，液位上升。当液位升至上限值 $L_{上}$时，电磁阀关闭，流体停止流入。由于此时流体仍然在流出，液位将下降，直到液位下降至下限位 $L_{下}$时，电磁阀又开启，流体流入，液位又开始上升。图 4.3-4 上面的曲线表示调节机构阀位随时间的变化，下面的曲线是被控变量（液位）随时间变化的曲线，是一个等幅振荡过程。

双位控制过程中一般采用振荡周期与振幅作为品质指标，在图 4.3-4 中振幅为 $L_{上}$~$L_{下}$。如果工艺生产允许被控变量在较宽的范围内波动，呆滞区可以放宽，增大振荡周期，减少运动部件的动作次数，减少磨损和冲击，降低维修工作量。除了双位控制外，还有三位（即具有两个中间区）或更多位的，这一类统称为位式控制。

2. 比例控制规律

在双位控制系统中，被控变量不可避免地会产生持续的等幅振荡过程，这是由于双位调节器只有两个输出值，相应的调节阀也只有两个位置，这对要求被控变量比较稳定的系统是不能满足要求的。而如果使阀门的开度与被控变量的偏差成比例的话，就有可能获得与对象负荷相适应的调节参数，从而使被控变量趋于稳定，达到平衡状态，这种阀门开度的改变量与被控变量偏差值成比例的规律，称为比例控制规律。

1）比例控制的规律及其特点

调节器的输出信号变化量与输入的偏差信号成比例，则称为比例控制，一般用字母 P 表示。比例控制规律的数学表示式为

$$\Delta p = K_{\mathrm{P}} e \tag{4.3-1}$$

式中：Δp 为调节器的输出变化量；e 为调节器的输入偏差信号；K_{P} 为比例调节器的放大倍数。

比例控制的传递函数为

$$G(s) = K_{\mathrm{P}} \tag{4.3-2}$$

比例控制规律的传递函数为比例调节器的放大倍数 K_{P}，它决定了比例作用的强弱，所以比例调节器实际上可以看成一个放大倍数可调的放大器，其特性如图 4.3-5 所示。当 K_{P} 大于 1 时，比例作用为放大。而当 K_{P} 小于 1 时，比例作用为缩小。对应于一定的放大倍数 K_{P}，比例调节器的输入偏差大，输出变化量也大；输入偏差小，相应的输出变化也小。

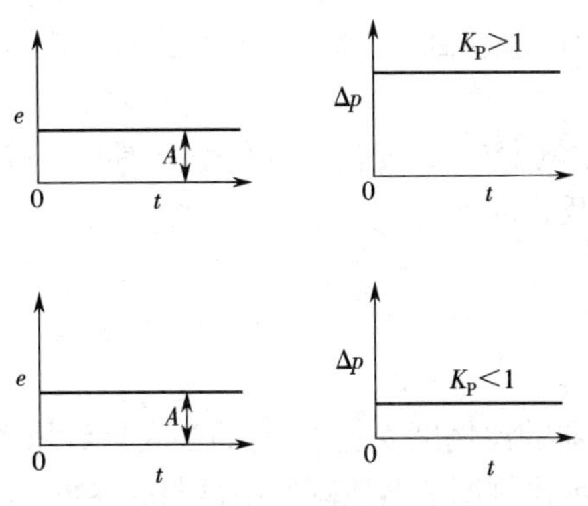

图 4.3-5 阶跃输入作用于比例调节器特性

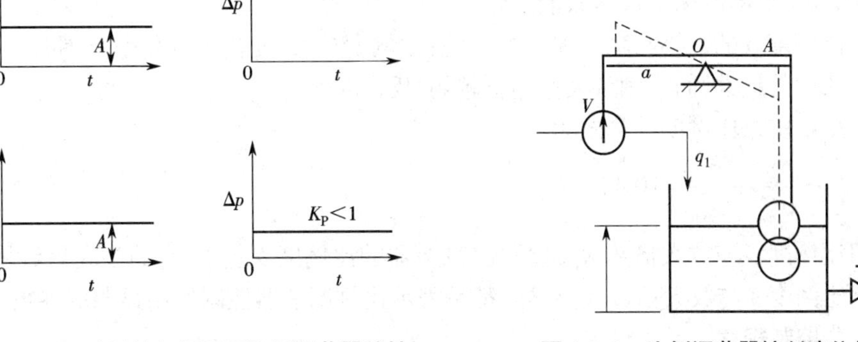

图 4.3-6 比例调节器控制液位的示意图

仍以水位调节为例，图 4.3-6 是液位比例控制系统，被控变量是水箱的液位。O 为杠杆的支点，杠杆的一端固定着浮球，另一端和调节阀的阀杆连接。浮球随着液位的升高而升高，随液位的下降而一起下降，浮球通过有支点的杠杆带动阀芯开大或关小。当浮球升高时，阀杆下降，阀门关小，输入流量减少；当浮球下降时，阀杆上升，阀门开大，流量增加。浮球随液位变化与进水阀门开度的变化是同步的，比例作用无滞后。另外，液位一旦变化，虽然比例控制系统能达到稳定，但回不到原来的设定值。从图 4.3-6 看到，进水阀的开度受浮球的控制。浮球要下降，只有在液位下降时才有可能。因此在这种情况下，液位要比原来低一些为代价，才能换得阀门开大（见图中虚线位置）。也就是说，液位新的平衡位置相对于原来设定位置有一差值（即水箱实线与虚线液位之差），此差值称为余差，所以比例控制为有差控制。

比例控制的优点是反应快，有偏差信号输入时，输出立刻和它成比例地变化，偏差越大，输出的控制作用越强。

2）比例度（带）

工业用调节器习惯上采用比例度 δ（也称比例带）表示，而不用放大倍数 K_p 来表示比例控制作用的强弱。

所谓比例度是指调节器输入的变化与相应输出变化的百分数。用式子表示为

$$\delta=\left(\frac{e}{z_{\max}-z_{\min}}\Big/\frac{\Delta p}{p_{\max}-p_{\min}}\right)\times 100\%$$

或
$$\delta=\frac{e}{\Delta p}\bullet\frac{p_{\max}-p_{\min}}{z_{\max}-z_{\min}}\times 100\%$$

式中：e 为输入变化量；Δp 为输出变化量；$z_{\max}-z_{\min}$ 为测量值的输入范围；$p_{\max}-p_{\min}$ 为调节器输出的范围。

由上式可以看出，比例度是使调节器的输出变化满刻度时（即调节阀从全关到全开或相反），相应的仪表指针变化占仪表测量范围的百分数，即输入偏差对应于指示刻度的百分数。

例如，一个电动比例温度调节器，温度刻度范围是 50~100 ℃，电动调节器输出是 0~10 mA，当指示指针从 70 ℃上升到 80 ℃时，调节器的输出电流从 3 mA 变化到 8 mA，其比例度为

$$\delta=\left(\frac{80-70}{100-50}\Big/\frac{8-3}{10-0}\right)\times 100\%=40\%$$

当温度变化为全量程的40%时，温度的偏差 e 和调节器的输出变化 Δp 是成比例的。但当温度变化超过全量程的40%时（在上例中，即温度变化超过20 ℃时），调节器的输出就不能再跟着变化了，因为调节器的输出最多只能变化100%。

调节器的比例度 δ 的大小与输入输出的关系：比例度越大，使输出变化全范围时所需的输入偏差变化区间也就越大，而比例放大作用就越弱，反之亦然。

由于 $\Delta P=K_p e$，所以比例度计算式为

$$\delta=\frac{1}{K_p}\cdot\frac{p_{max}-p_{min}}{z_{max}-z_{min}}\times 100\%$$

此式说明比例度 δ 与放大倍数 K_p 成反比，调节器的比例度 δ 越小，它的放大倍数越大，反之亦然。因此比例度 δ 与放大倍数 K_p 一样，都是表示比例调节器控制作用强弱的参数。

3. 比例积分控制规律

在实际生产中，对于工艺条件要求较高，不允许余差存在的情况下，比例调节器将不能满足要求。为了克服余差就必须引入积分控制作用，构成比例积分控制规律。

1）积分控制规律及其特点

调节器的输出变化量 Δp 与输入偏差 e 的积分成比例关系，称为积分控制规律，一般用字母I表示。

积分控制规律的数学表示式为

$$\Delta p=K_I\int e\mathrm{d}t \tag{4.3-3}$$

或

$$\frac{\mathrm{d}\Delta p}{\mathrm{d}t}=K_I e \tag{4.3-4}$$

式中：K_I 为积分比例系数。

积分控制规律的传递函数式为

$$G(s)=\frac{1}{T_I s} \tag{4.3-5}$$

由上式可以看出，积分控制作用输出信号的大小不仅取决于偏差的大小，还与偏差作用时间的长短有关。

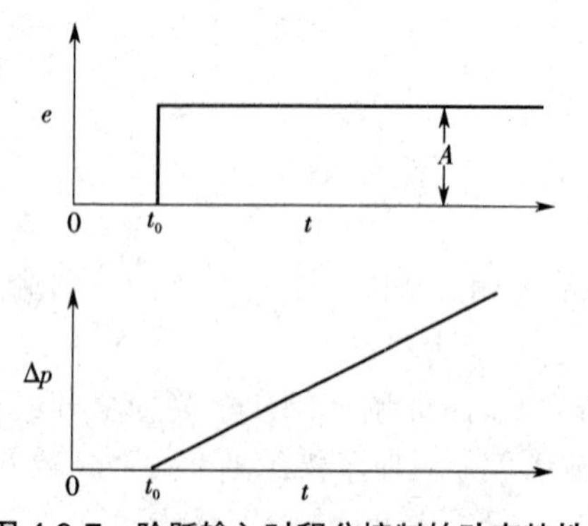

图4.3-7 阶跃输入时积分控制的动态特性

当偏差信号为阶跃输入时，积分调节器的输出变化曲线如图4.3-7所示，是斜率为 K_p 的直线，只要偏差存在，积分调节器的输出将随着时间延长而不断增大。由式（4.3-4）可以看出，积分调节器输出的变化速度与偏差成正比。因此，积分控制规律的特点是，只要偏差存在，调节器输/出就会变化，调节机构就要动作，直至偏差消除（即 e=0），输出信号才不再变化，调节机构才停止动作，系统才可能稳定下来。积分控制作用在最后达到稳定时，偏差必等于零。这是它的一个显著特点，也是它的一个主要优点。

积分控制的积分比例系数 K_I 大小表示积分作用的强弱，如 K_I 越大，表示积分作用越强。

积分控制规律能够消除余差,但它的输出变化不能较快地跟随偏差的变化而变化,因而出现迟缓的控制,并总是落后于偏差的变化。

2)比例积分控制规律

因为单纯的积分控制作用过程缓慢,并带来一定程度的振荡,所以积分控制很少单独使用,一般都和比例作用组合在一起,构成比例积分控制规律,用 PI 表示,其数学表达式为

$$\Delta p=\frac{1}{\delta}e+K_{\mathrm{I}}\int e\mathrm{d}t \tag{4.3-6}$$

或

$$\Delta p=\frac{1}{\delta}\left(e+\frac{1}{T_{\mathrm{I}}}\int e\mathrm{d}t\right) \tag{4.3-7}$$

比例积分控制规律的传递函数式为

$$G(s)=\frac{1}{\delta}\left(1+\frac{1}{T_{\mathrm{I}}s}\right) \tag{4.3-8}$$

式中 $T_{\mathrm{I}}=K_{\mathrm{I}}/\delta$ 称为积分时间常数。表示 PI 控制作用的参数有两个:比例度 δ 和积分时间常数 T_{I}。比例度不仅影响比例部分,也影响积分部分,使总的输出既具有控制及时的特点,又具有克服余差的性能。当输入偏差作阶跃变化时,比例积分控制的动态特性如图 4.3-8 所示。

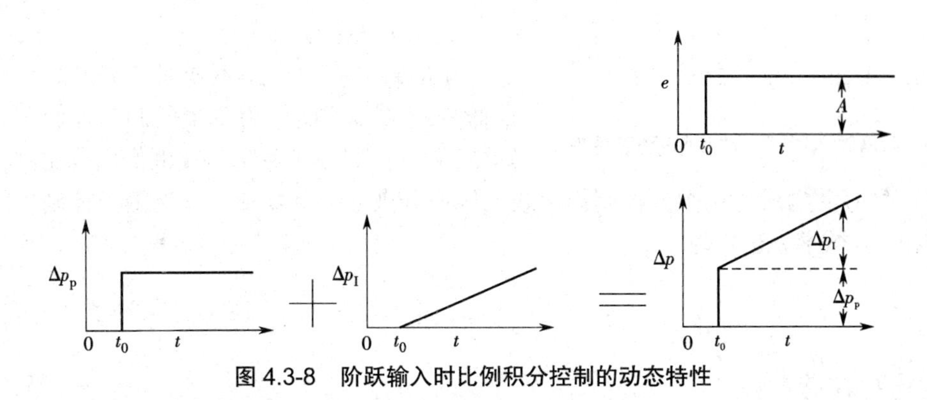

图 4.3-8 阶跃输入时比例积分控制的动态特性

从上图可以看出,比例积分控制的输出是比例和积分两部分之和。输出一开始的阶跃变化是比例作用的结果,然后随时间逐渐上升,这是积分作用的结果。比例作用是及时的、快速的,而积分作用是缓慢的、渐近的,因而比例积分控制具有控制及时又克服余差的性能。

4. 比例微分控制规律

微分控制作用主要用来克服被控变量的容量滞后。在生产实际中,有经验的工人总是既根据偏差的大小来改变阀门的开度大小(比例作用),同时又关注偏差变化速度大小。当看到偏差变化速度很大,就会估计到即将出现很大偏差,因而过量地打开(或关闭)调节阀,以克服这个预计的偏差。这种根据偏差变化速度提前采取的行动,具有"超前"作用,因而能有效地改善容量滞后较大的控制对象的控制性能。

1)微分控制规律及其特点

调节器输出的变化与偏差变化速度成正比例关系,称作微分控制规律,一般用字母 D 表示,其数学表达式为

$$\Delta p = K_D \frac{de}{dt} \tag{4.3-9}$$

式中：Δp 为调节器输出的变化；K_P 为微分比例系数；de/dt 为偏差信号变化的速度。

微分控制规律的传递函数式为

$$G(s) = T_D s \tag{4.3-10}$$

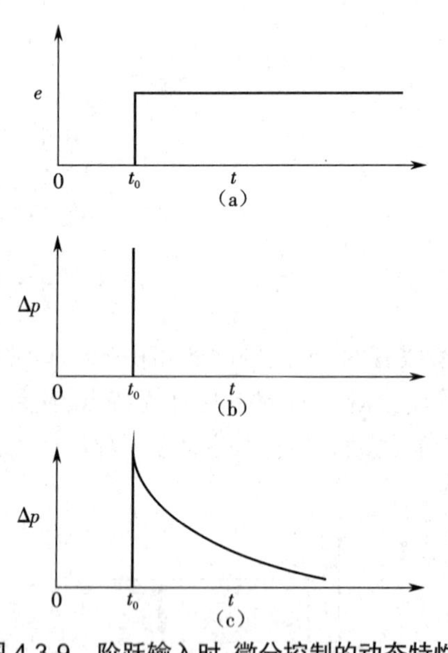

图 4.3-9　阶跃输入时，微分控制的动态特性

由式(4.3-9)可知，偏差变化的速度越快，则调节器的输出变化也越大。对于固定不变的偏差，不管这个偏差有多大，微分作用的输出总是零，这是微分作用的特点。

如果调节器的输入是图 4.3-9(a)所示的一阶阶跃信号，按式(4.3-9)，在输入变化的瞬间，微分调节器的输出趋于无穷大，然后由于输入量不再变化，输出立即降到零。但这种如图 4.3-9(b)所示的理想微分控制作用在实际中是不可能的。实际的微分控制如图 4.3-9(c)所示，是近似的微分作用，在阶跃输入发生时，输出 Δp 突然上升到一个较大的有限数值，然后呈指数衰减到零。

2)比例微分控制规律

在偏差存在但大小不变时，微分作用为零，因此微分调节器不能作为单独的调节器使用。在实际中，微分控制作用总是与比例作用或比例积分控制作用同时使用，构成比例微分控制规律或比例积分微分控制规律。比例微分控制规律用字母 PD 表示，其数学表达式为

$$\Delta p = K_p e + K_D \frac{de}{dt} \tag{4.3-11}$$

或

$$\Delta p = \frac{1}{\delta}\left(e + T_D \frac{de}{dt}\right) \tag{4.3-12}$$

式中 $T_D=\delta K_D$ 称为微分时间常数。

比例微分控制规律的传递函数式为

$$G(s) = \frac{1}{\delta}(1 + T_D s) \tag{4.3-13}$$

从上式可以看出，比例微分控制是在比例作用基础上再增加微分作用。改变比例度 δ 和微分时间常数 T_D，可分别改变比例作用和微分作用的强弱。实际的比例微分调节器比例度 δ 固定为 100%。当输入量是幅值为 A 的阶跃信号时，其输出变化如图 4.3-10 所示。

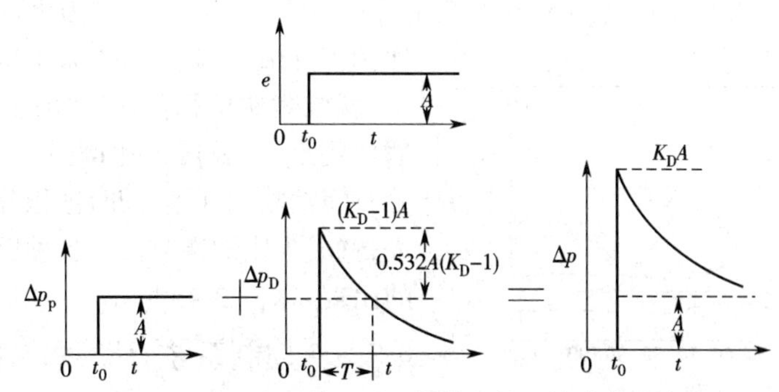

图 4.3-10 阶跃输入时比例微分控制的动态特性

Δp 等于比例输出 Δp_P 与近似微分输出 Δp_D 之和，可用下式表示

$$\Delta p = \Delta p_P + \Delta p_D = A + A(K_D - 1)e^{\frac{K_D}{T_D}t} \tag{4.3-14}$$

式中：Δp 为实际微分调节器的输出变化；A 为阶跃输入的信号；K_D 为微分放大倍数；T_D 为微分时间常数。

调节器的微分时间常数 T_D 可以表征微分作用的强弱。当 T_D 大时，微分输出部分衰减得慢，说明微分作用强。反之 T_D 小，则表示微分作用弱。

5. 比例积分微分控制规律

比例微分控制过程是存在余差的，为了消除余差，生产上常引入积分作用，构成比例积分微分控制规律，简称为三作用控制规律，用 PID 表示。其数学表达式为

$$\Delta p = \frac{1}{\delta}\left(e + \frac{1}{T_1}\int e\mathrm{d}t + T_D\frac{\mathrm{d}e}{\mathrm{d}t}\right) \tag{4.3-15}$$

比例微分积分控制规律的传递函数式为

$$G(s) = \frac{1}{\delta}\left(1 + \frac{1}{T_1 s} + T_D s\right) \tag{4.3-16}$$

由式（4.3-15）可见，PID 控制作用就是比例、积分、微分三种控制作用的综合。

对于阶跃输入，PID 控制的输出如图 4.3-11 所示，开始时，微分作用的输出最大，使总的输出大幅度变化，产生一个强烈的“超前”控制作用，这种控制作用可看成是“预调”，然后微分作用逐渐消失，而积分输出不断增加，这种控制作用可看成是“细调”，一直到静差完全消失，积分作用才有可能停止。比例作用是自始至终与偏差相对应的，一直存在。

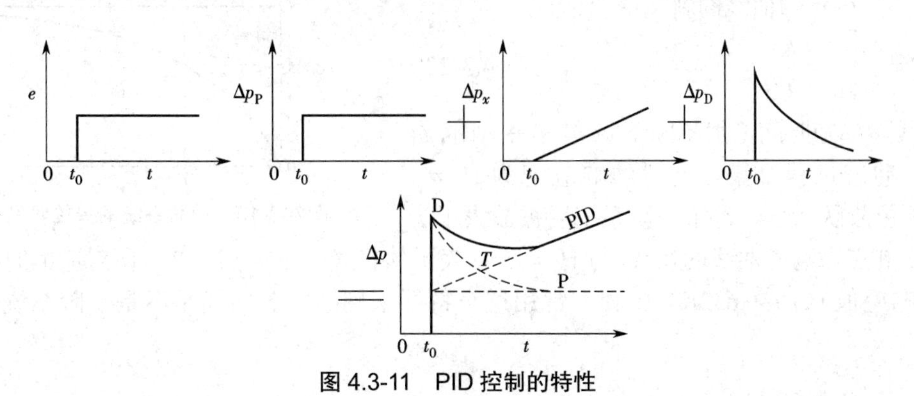

图 4.3-11 PID 控制的特性

PID 调节器中，比例度 δ，积分时间常数 T_I 和微分时间常数 T_D 均为可调整的参数。对于比例积分微分调节器，如果把微分时间常数调到零，就成为比例积分调节器；如果把积分时间常数放到最大，就成为比例微分调节器；如果把微分时间常数调到零，同时把积分时间常数放到最大，就成为比例调节器。各种控制作用过渡过程的比较如图 4.3-12 所示.

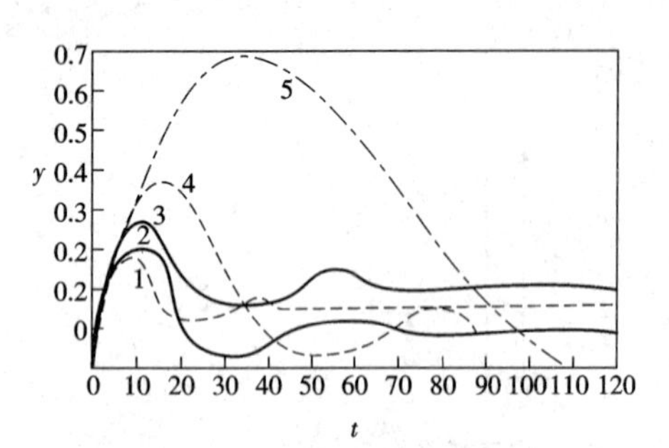

图 4.3-12　各种控制规律比较

1—比例微分作用　2—比例积分微分作用
3—比例作用　4—比例积分作用　5—积分作用

4.3.2　控制系统一阶瞬态响应

控制系统中可用一阶微分方程描述的系统，称为一阶系统。典型的一阶系统微分方程式为

$$T\frac{\mathrm{d}y}{\mathrm{d}t}+y=Kx \tag{4.3-17}$$

系统的传递函数为

$$G(s)=\frac{Y(s)}{X(s)}=\frac{K}{Ts+1} \tag{4.3-18}$$

式中：T 为系统的时间常数；K 为系统的放大系数；$y(t)$为系统的输出变量；$x(t)$为系统的输入变量。

一阶系统的单位阶跃响应为

$$Y(s)=G(s)X(s)=\frac{K}{Ts+1}\cdot\frac{1}{s} \tag{4.3-19}$$

将式(4.3-19)展开为部分分式：

$$Y(s)=K\left(\frac{1}{s}-\frac{1}{s+\frac{1}{T}}\right) \tag{4.3-20}$$

对式(4.3-20)两边进行拉普拉斯反变换，得到

$$y(t)=K(1-\mathrm{e}^{-\frac{t}{T}}) \tag{4.3-21}$$

式(4.3-21)即一阶系统的单位阶跃响应。图 4.3-13 给出了响应 $y(t)$的变化曲线。这是一条指数曲线。在 t=0 时，曲线的斜率最大，为

$$\left.\frac{\mathrm{d}y}{\mathrm{d}t}\right|_{t=0}=\frac{K}{T} \tag{4.3-22}$$

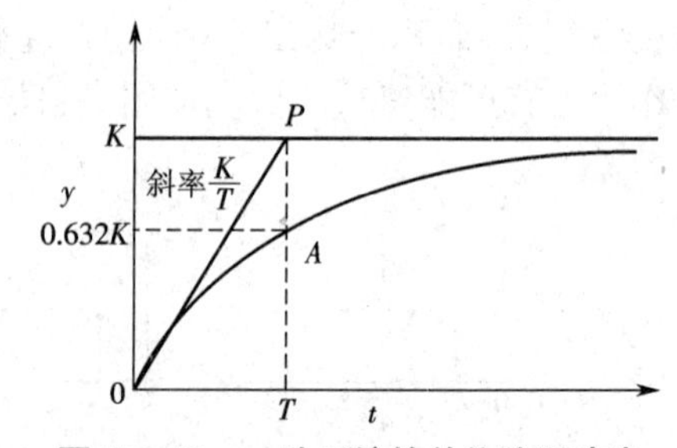

图 4.3-13　一阶系统的单位阶跃响应

曲线斜率随时间增加不断下降，当 $t\to\infty$ 时，斜率为零，动态过程结束。这时的响应记为 $y(\infty)=K$，即单位阶跃信号经过了一阶系统后被放大了 K 倍。过 t=0 点做响应曲线的切线，与 $y(\infty)=K$ 表示的直线交于 P 点。P 点所对应的时间 $t=T$，而此时响应值 $y(t)=0.632K$。工程上常用这个特征来判断实验曲线是不是一阶系统的响应曲线。

从理论上分析,只有在 $t\to\infty$ 时,一阶系统的单位阶跃响应动态过程才能结束。在实际工程中,当输出响应进入到一定的误差范围后,就可以认为动态过程已经结束。通常用调节时间 t_s 来描述动态过程的长短,作为一阶系统的动态性能指标。工业上常取的误差范围为 2%或 5%,若取 2%的误差范围,则

$$t_s = 4T$$

若取 5%的误差范围,则

$$t_s = 3T$$

一阶系统的时间常数是决定系统动态特性的参数, T 的大小表明了一阶系统惯性的大小。T 越大,t_s 也越大,系统响应变化很慢。T 越小,系统惯性小,t_s 也越小,输出响应变化就快。

4.3.3 二阶系统的瞬态响应

用二阶微分方程描述的系统称为二阶系统,标准形式的二阶系统的微分方程是

$$T^2\frac{\mathrm{d}^2y}{\mathrm{d}t^2}+2\zeta T\frac{\mathrm{d}y}{\mathrm{d}t}+y=Kx \tag{4.3-23}$$

或

$$\frac{\mathrm{d}^2y}{\mathrm{d}t^2}+2\zeta\omega_n\frac{\mathrm{d}y}{\mathrm{d}t}+\omega_n^2y=K\omega_n^2x \tag{4.3-24}$$

式中: T 称为系统的时间常数; ζ 称为系统的阻尼系数或阻尼比; ω_n 称为系统的无阻尼自然振荡频率或自然频率;K 为放大系数。

标准形式二阶系统的闭环传递函数为

$$G(s)=\frac{Y(s)}{X(s)}=\frac{K\omega_n^2}{s^2+2\zeta\omega_n s+\omega_n^2} \tag{4.3-25}$$

二阶系统的特征方程为

$$s^2+2\zeta\omega_n^2s+\omega_n^2=0 \tag{4.3-26}$$

特征方程的两个根为

$$s_{1,2}=-\zeta\omega_n\pm\omega_n\sqrt{\zeta^2-1} \tag{4.3-27}$$

这也是二阶系统的闭环极点。从式(4.3-26)可以看出,二阶系统的参数 ζ、ω_n 是变化的,ζ 取值不同,特征方程的根可能是复数,也可能是实数,系统的响应形式也会有区别。

在单位阶跃函数输入下,二阶系统的输出为

$$Y(s)=\frac{K\omega_n^2}{s^2+2\zeta\omega_n s+\omega_n^2}\cdot\frac{1}{s} \tag{4.3-28}$$

下面分几种不同情况讨论二阶系统的单位阶跃响应。

1. 无阻尼状态(ζ=0)

当阻尼比 ζ=0 时,二阶系统处于无阻尼状态或情况。此时特征方程的根是共轭虚数根

$$s_{1,2}=\pm\mathrm{j}\omega_n$$

系统的单位阶跃响应为

$$Y(s)=\frac{K\omega_n^2}{s(s^2+\omega_n^2)} \tag{4.3-29}$$

响应的时域表达式为

$$y(t)=K(1-\cos\omega_{\mathrm{n}}t) \tag{4.3-30}$$

这是等幅的正弦振荡，说明在无阻尼状态下系统不可能跟踪单位阶跃输入的变化。

2. 欠阻尼状态($0<\zeta<1$)

当阻尼系数 $0<\zeta<1$ 时，二阶系统的单位阶跃响应是欠阻尼情况或状态。此时特征方程的根是共轭复数根

$$s_{1,2}=-\zeta\omega_{\mathrm{n}}\pm \mathrm{j}\omega_{\mathrm{n}}\sqrt{1-\zeta^2} \tag{4.3-31}$$

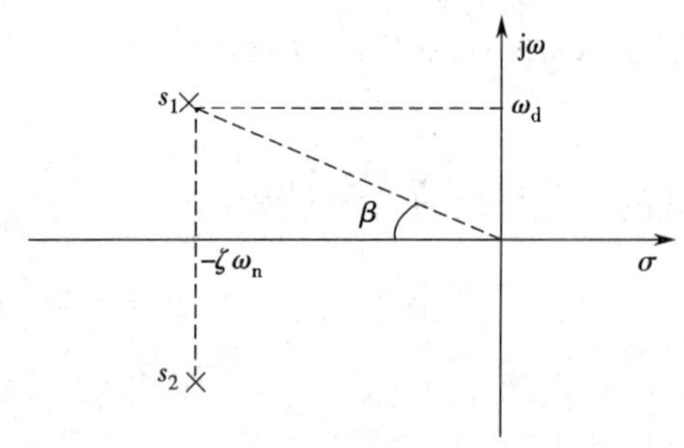

图 4.3-14　二阶欠阻尼闭环极点分布

闭环极点在 S 平面上的分布如图 4.3-14 所示。特征方程的根具有相同的实部 $-\zeta\omega_{\mathrm{n}}$，虚部为 $\pm\mathrm{j}\omega_{\mathrm{n}}\sqrt{1-\zeta^2}$，定义

$$\omega_{\mathrm{d}}=\omega_{\mathrm{n}}\sqrt{1-\zeta^2} \tag{4.3-32}$$

ω_{d} 称为阻尼频率。

在图 4.3-14 中，设闭环极点与 S 平面原点的连线和实轴的夹角为 β，则有

$$\beta=\arccos\zeta \tag{4.3-33}$$

或

$$\beta=\arctan\frac{\sqrt{1-\zeta^2}}{\zeta} \tag{4.3-34}$$

系统的单位阶跃响应为

$$Y(s)=\frac{K\omega_{\mathrm{n}}^2}{s^2+2\zeta\omega_{\mathrm{n}}s+\omega_{\mathrm{n}}^2}\cdot\frac{1}{s} \tag{4.3-35}$$

把式(4.3-35)展开求拉普拉斯反变换，得到

$$y(t)=K\left[1-\frac{1}{\sqrt{1-\zeta^2}}\mathrm{e}^{-\zeta\omega_{\mathrm{n}}t}\sin(\omega_{\mathrm{d}}t+\beta)\right] \tag{4.3-36}$$

式(4.3-36)表明，这是振幅按指数规律衰减的正弦振荡过程，振幅为 $\dfrac{\mathrm{e}^{-\zeta\omega_{\mathrm{n}}t}}{\sqrt{1-\zeta^2}}$，若 $\zeta\omega_{\mathrm{n}}$ 越大，振幅衰减得就越快。图 4.3-15 是 $y(t)$ 在欠阻尼情况下的响应曲线，从图 4.3-14 闭环极点分布上，可以看出闭环极点离虚轴越远，振幅衰减得越快。ω_{d} 是正弦振荡的频率。图 4.3-15 表明，闭环极点离实轴越远，振荡频率就越高。欠阻尼响应随 ζ 变化的曲线见图 4.3-16。

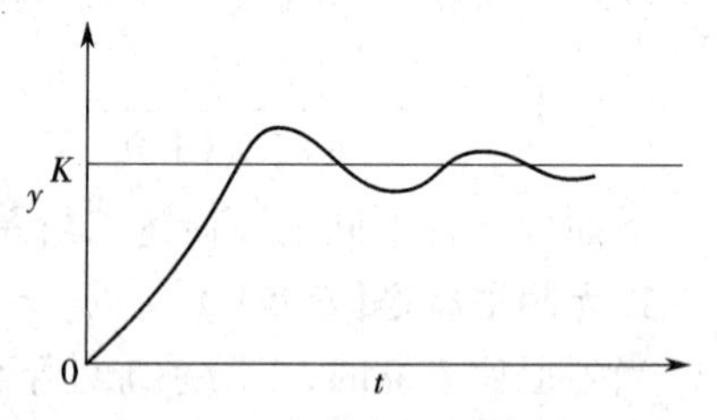

图 4.3-15　二阶系统欠阻尼情况下的单位阶跃响应

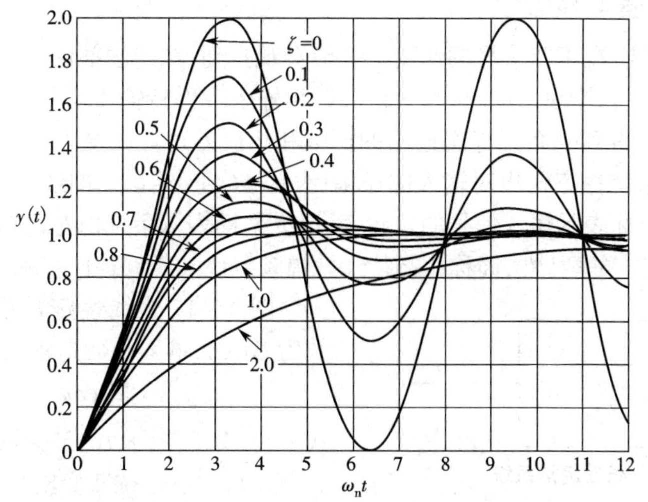

图 4.3-16　二阶系统的单位阶跃响应

3. 临界阻尼状态(ζ=1)

当阻尼比 ζ=1 时,二阶系统处于临界阻尼状态或情况,此时系统的特征根为

$$s_{1,2}=-\omega_{\mathrm{n}}$$

即二阶系统具有相等的负实数闭环极点,表示特征方程具有重根。

临界阻尼状态下的单位阶跃响应为

$$Y(s)=\frac{K\omega_{\mathrm{n}}^2}{s^2+2\zeta\omega_{\mathrm{n}}s+\omega_{\mathrm{n}}^2}\bullet\frac{1}{s}=\frac{K\omega_{\mathrm{n}}^2}{s(s+\omega_{\mathrm{n}})^2}=\frac{1}{s}-\frac{\omega_{\mathrm{n}}}{(s+\omega_{\mathrm{n}})^2}-\frac{1}{s+\omega_{\mathrm{n}}} \tag{4.3-37}$$

对上式进行拉普拉斯反变换得

$$y(t)=K\left[1-(1+\omega_{\mathrm{n}}t)\mathrm{e}^{-\omega_{\mathrm{n}}t}\right] \tag{4.3-38}$$

其响应曲线见图 4.3-16,在临界阻尼状态下,系统的响应开始失去振荡特性,成为单调变化的曲线。

4. 过阻尼状态(ζ>1)

当阻尼比大于 1 时,二阶系统处于过阻尼状态或情况,特征方程的根是两个不相等实数

$$s_{1,2}=-\zeta\omega_{\mathrm{n}}\pm\omega_{\mathrm{n}}\sqrt{\zeta^2-1}$$

过阻尼状态下系统的单位阶跃响应为

$$Y(s)=\frac{K\omega_{\mathrm{n}}^2}{s^2+2\zeta\omega_{\mathrm{n}}s+\omega_{\mathrm{n}}^2}\bullet\frac{1}{s} \tag{4.3-39}$$

$$y(t)=K\left\{1+\frac{1}{2\sqrt{\zeta^2-1}}\left[\frac{1}{\zeta+\sqrt{\zeta^2-1}}\mathrm{e}^{-\left(\zeta+\sqrt{\zeta^2-1}\right)\omega_{\mathrm{n}}t}-\frac{1}{\zeta-\sqrt{\zeta^2-1}}\mathrm{e}^{-\left(\zeta-\sqrt{\zeta^2-1}\right)\omega_{\mathrm{n}}t}\right]\right\} \tag{4.3-40}$$

图 4.3-16 给出了二阶系统的单位阶跃响应曲线。阻尼比 ζ 越大,响应振荡越弱。反之,阻尼比越小,响应的振荡越强烈。图 4.3-16 中的横坐标采用 $\omega_{\mathrm{n}}t$,主要是为了使纵坐标的输出 $y(t)$ 仅为阻尼比的函数。

4.3.4 频率特性基本概念

一个稳定的系统,在正弦信号的作用下一般会观察到,系统的部件以及受控对象最终会以输入信号的频率作正弦振荡,其振幅与相位不同于输入。保持输入信号的振幅不变,逐渐改变输入信号的频率,可得到一系列稳态输出的振幅和相位差角。以横坐标表示输入信号的角频率,以纵坐标表示系统稳态输出对输入的振幅比 $A(=A_o/A_r)$绘出的曲线称为振幅频率特性,简称幅频特性;以横坐标表示输入信号的角频率,以纵坐标表示系统稳态输出对输入的相位差角绘出的曲线称为相位频率特性,简称相频特性。幅频特性与相频特性统称为频率特性。

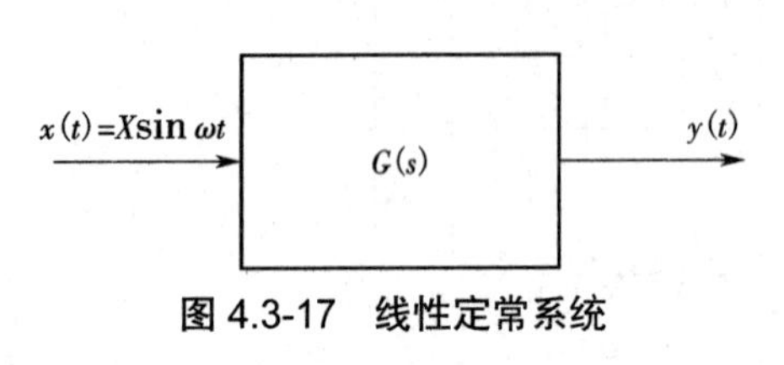

图 4.3-17 线性定常系统

图 4.3-17 为线性定常系统,系统的传递函数为 $G(s)$,输入函数是正弦函数

$$x(t)=X\sin\omega t$$

式中:X 为正弦函数的最大振幅;ω 为角频率。

$x(t)$的拉普拉斯变换为

$$X(s)=\frac{\omega X}{s^2+\omega^2}$$

线性定常系统在正弦信号输入下的稳态输出,仍是同频率的正弦量,但振幅和相位与输入信号不同,其稳态响应是由系统的特性决定的。稳态输出与输入的振幅 比为

$$\frac{Y}{X}=|G(\mathrm{j}\omega)| \tag{4.3-41}$$

稳态输出与输入的相位差为

$$\phi=\angle G(\mathrm{j}\omega) \tag{4.3-42}$$

若已知 $G(\mathrm{j}\omega)$的模$|G(\mathrm{j}\omega)|$和相位角 ϕ,则可以根据输入信号确定系统的稳态输出。函数 $G(\mathrm{j}\omega)$建立了线性定常系统正弦稳态输出与正弦输入之间的关系,表明了系统本身的特性。因为 $G(\mathrm{j}\omega)$是频率的函数,称为频率特性。式(4.3-41)表示了输出与输入的振幅比,称为幅频特性,式(4.3-42)表示系统输出与输入的相位差,称为相频特性。由于 $G(\mathrm{j}\omega)$是复变函数,还可表示为

$$G(\mathrm{j}\omega)=U(\omega)+\mathrm{j}V(\omega) \tag{4.3-43}$$

式中:$U(\omega)$是 $G(\mathrm{j}\omega)$的实部,称为实频特性;$V(\omega)$是 $G(\mathrm{j}\omega)$的虚部,称为虚频特性。

$$|G(\mathrm{j}\omega)|=\sqrt{U^2(\omega)+V^2(\omega)} \tag{4.3-44}$$

$$\phi(\omega)=\arctan\frac{V(\omega)}{U(\omega)} \tag{4.3-45}$$

系统的频率特性 $G(\mathrm{j}\omega)$既可以用幅频特性和相频特性表示,也可以用实频特性和虚频特性表示。频率特性是线性定常系统的一种特性,通过传递函数可得到系统的频率特性函数为

$$G(\mathrm{j}\omega)=G(s)\big|_{s=\mathrm{j}\omega} \tag{4.3-46}$$

式(4.3-46)表明,频率特性函数是一种特殊的传递函数,即 s 只在虚轴上取值。频率特性包含了线性定常系统稳定性、动态特性的信息,反映了系统本身固有的特性。

利用系统的频率特性,在频域中对控制系统进行分析和设计的方法称为频率法。频率法是一种图解方法,能够避免求解微分方程的复杂过程,而且对难以写出微分方程的复杂对象,可以用实验法求得频率特性。

4.3.5 频率特性表示方法

工程上最常用的频率特性表示方法有极坐标图、对数频率特性图和对数幅相特性图三种。

1. 极坐标图

极坐标图是根据复数的矢量表示方法来表示频率特性。频率特性函数 $G(\mathrm{j}\omega)$可表示为

$$G(\mathrm{j}\omega)=|G(\mathrm{j}\omega)|\mathrm{e}^{\mathrm{j}\phi(\omega)}$$

只要知道了某一频率下的 $G(\mathrm{j}\omega)$的模和幅角，就可以在极坐标系上确定一个矢量。矢量的末端点随 ω 变动就可以得到一条矢端曲线，这就是频率特性曲线。工程上的极坐标图常和直角坐标系共同画在一个平面上，横坐标是频率特性的实部，纵坐标是频率特性的虚部，形成了直角坐标复平面。极坐标图的优点是利用实频特性、虚频特性作频率特性图比较方便，利用复数的矢量表示求幅频特性和相频特性比较简单。极坐标图又称为奈魁斯特（Nyquist）图或幅相特性图，如图 4.3-18。

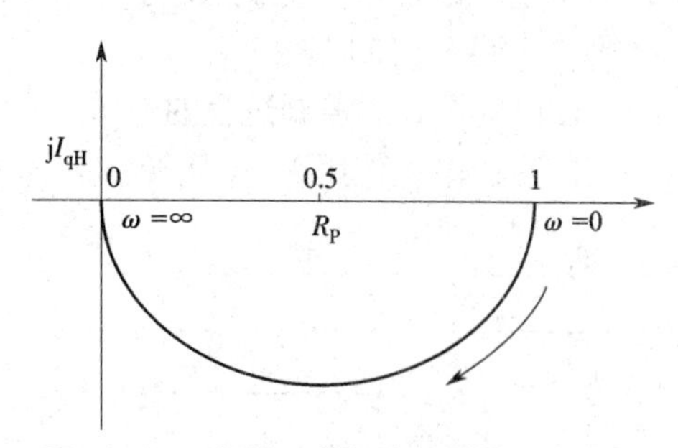

图 4.3-18 惯性环节频率特性的极坐标图

2. 对数频率特性图

在控制系统的结构图中常遇到一些环节的串联和反馈，在求总的传递函数时，总会遇到传递函数的相乘运算，频率特性的计算同样会遇到相乘的问题，计算十分复杂。若对频率特性取对数后再运算，则可以变乘法为加法，使计算变得容易进行。基于这种思想，可以把幅频特性和相频特性按对数坐标来表示，称为对数频率特性。要完整地表示频率特性，需要两个坐标平面，一个表示幅频特性；另一个表示相频特性。

表示幅频特性的坐标平面称为对数幅频特性图。横坐标是频率，对频率取常用对数并按对数值进行坐标分度，但在横坐标上并不标出频率的对数值，而是直接标出频率值，这样比较直观。在横坐标上，每一个分度单位，频率相差 10 倍，称这个分度单位的长度为 10 倍频程。对数幅频特性图的纵坐标 $L(\omega)$为

$$L(\omega)=20\lg|G(\mathrm{j}\omega)| \tag{4.3-47}$$

式中 $L(\omega)$称为增益，其单位为分贝（dB），纵坐标是按分贝均匀分度的。

对数相频特性图的横坐标与对数幅频特性相同，纵坐标直接按相位角 $\phi(\omega)$的值分度，不取对数，因为相位角的运算本身就是加法运算。

应用对数频率特性图除了运算简便外，还有一个突出的优点，即在低频段可以“展宽”频率特性，便于了解频率特性的细节特点，而在高频段可以“压缩”频率特性，因为高频段的频率特性曲线都比较简单，近似于直线。对数频率特性图又称为伯德（Bode）图，如图 4.3-19。

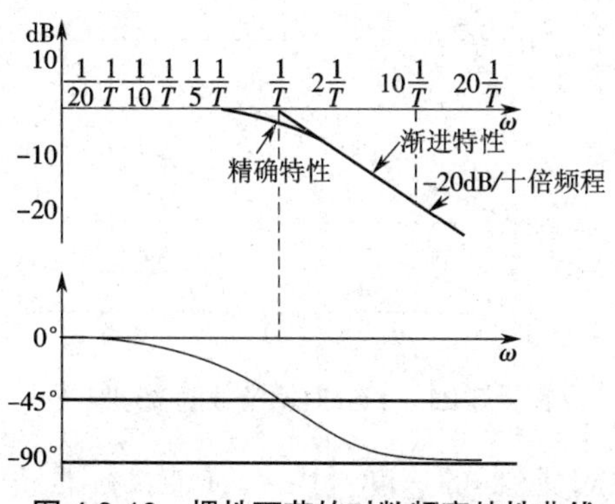

图 4.3-19 惯性环节的对数频率特性曲线

3. 对数幅相图

对数坐标图需要两个坐标平面表示频率特性，有时不太方便。对数幅相图则把两个坐标平面合为一个坐标平面。其横坐标为相频特性的相位角的

值,纵坐标为对数幅频特性 $L(\omega)$的值,频率 ω 作为一个参变量在图中标出。对数幅相图又称尼克尔斯(Nichols)图。

4.3.6 调节器的特性对调节质量的影响

在自动控制系统中,当调节对象、传感器和执行器确定后,调节品质主要取决于调节器参数的整定。最常用的比例、积分、微分及其组合即 PID 调节器的参数是指比例带 δ、积分时间常数 T_I 和微分时间常数 T_D。

1. 比例带 δ 对控制过程的影响

在阶跃输入作用下,比例控制系统的过渡过程有如图 4.3-20 所示的各种形式。图中曲线 1 是衰减振荡过程,这是由于比例带(或比例放大系数 K_c)调整得合适,并使衰减比 n(或衰减系数 ζ)控制在合适的范围内,如 n 在 4~10(ζ 在 0.216~0.343)之间,可获得一个合理的调节。图中曲线 2 是等幅振荡,这是由于比例带选得过窄,比例控制器过于灵敏,当系统放大系数 K 近似无限大时,衰减系数 ζ 近似于零,因而衰减比 n 等于 1,形成等幅振荡过程,这是比例控制所不允许的。曲线 3 是单调过程,这是由于比例带过宽,控制器不够灵敏,因而被控变量变化缓慢,存在着较大的静差,当比例带为无限大时,即无控制作用,按对象自平衡性形成对象响应曲线。对于像温度对象,一般时间常数比较大,比例带应窄一些;而对于像压力这样时间常数较小的对象,应采取较宽的比例带。

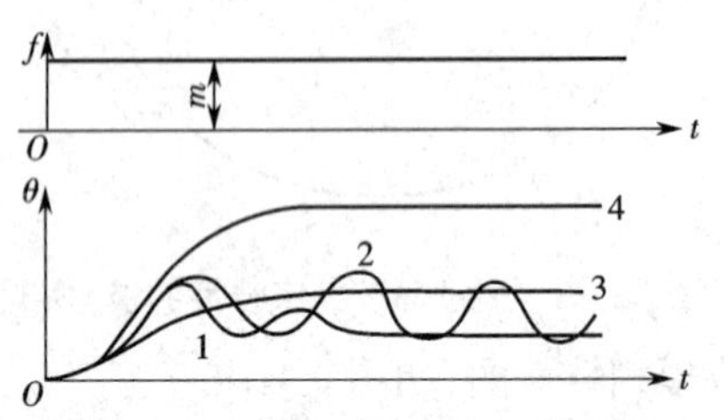

图 4.3-20　比例控制系统的过渡过程

2. 积分时间常数对调节过程的影响

从比例积分调节特性　　$\Delta P = K_c\left(e+\dfrac{1}{T}\int e\mathrm{d}t\right)$

可知积分作用为　　$\Delta P_I = \dfrac{K_c}{T_I}\int e\mathrm{d}t$

积分作用与积分时间常数 T_I 成反比关系,即积分时间常数愈大,积分作用愈弱,当积分时间常数 $T_I\to\infty$ 时,积分作用就等于零;反之,当积分时间常数很短时,积分作用就非常显著。

当偏差 e 为阶跃时,$\Delta P_I = \dfrac{K_c e}{T_I}t$,当 $t=T_I$ 时,$\Delta P_I = K_c e$。由此可知,对于比例积分调节器,当积分输出增长到与比例输出相等时,所需要的时间就等于积分时间常数,见图 4.3-21 所示,积分时间常数 T_I 的大小,决定了积分输出增长(或减少)的速度。

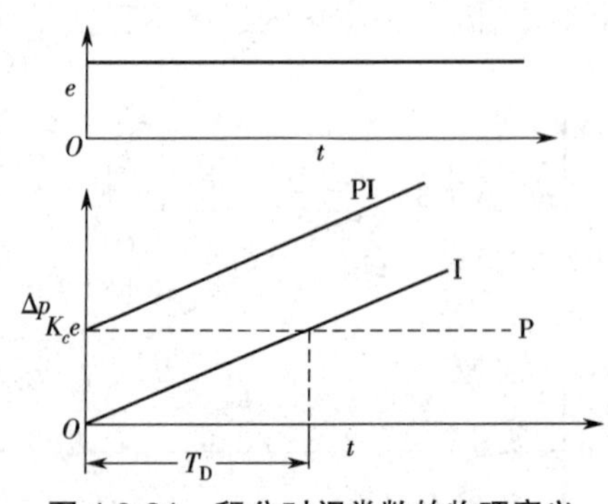

图 4.3-21　积分时间常数的物理意义

在比例积分控制中,当比例带 δ 一定时,随着积分时间常数 T_I 的大小不同,其控制过程如图 4.3-22 所示。积分时间常数 T_I 调整得合适,可得到图中曲线 1 所示的衰减比近似在 4~10 之间的衰减振荡过程,是一个正确的调节。曲线 2 是等幅振荡过程,是因为积分时间常数过小,积分作用过强,也就是积分输出增长(或减少)的速度过快,容易使执行器经常处于全开或全关的位置，因而引起被调参数处于等幅振荡过程，这种控制过程是比例积分控制所不允许的。曲线 3 为积分时间常数无限大，即无积分作用，则只保留比例控制，故静差比较大。

3. 微分时间常数对控制过程的影响

在应用比例微分控制时，若控制器受到阶跃输入，理论上将会输出一个无限大的响应，此时 $\Delta p_D = K_c \cdot T_D \dfrac{de}{at}$，式中 T_D 将无定义。如用具有固定斜率的斜波函数作为控制器的输入，则控制器的输出由两部分组成，比例作用输出是一斜线，而微分作用输出则是一个恒定阶跃量。

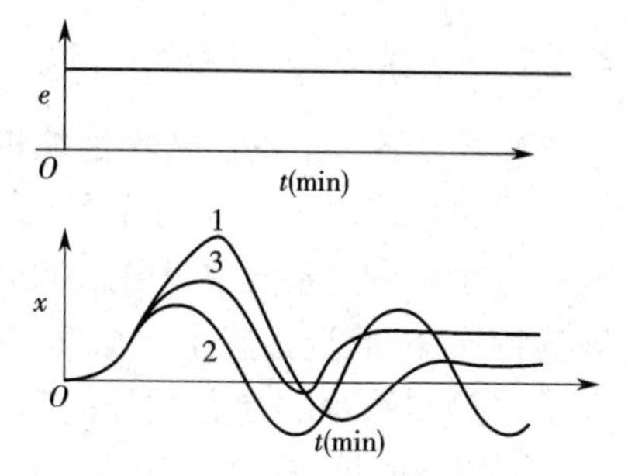

图 4.3-22　当比例带一定时，不同积分时间常数下的调节过程

输入量　$e=at$（a 为常数）

输出量　$\Delta p = K_c\left(e + T_D \dfrac{de}{dt}\right) = K_c\left(at + T_D \cdot a\right)$

将比例项的输出等于微分项时所需的时间定义为微分时间常数 T_D，图 4.3-23 表示微分时间常数的物理意义。从图中可以看出，在比例放大系数 K_c 一定情况下，T_D 时间越长，说明微分作用越强，而 T_D 越短，则微分作用越弱。

微分调节是构成比例积分微分控制作用的一部分，由于加入微分作用，可使系统更稳定的工作，因而允许比例带调整得窄一些，从而可使偏差减小到允许的范围内。

图 4.3-24 中示出不同控制规律的控制过程曲线，可以看出以下规律。

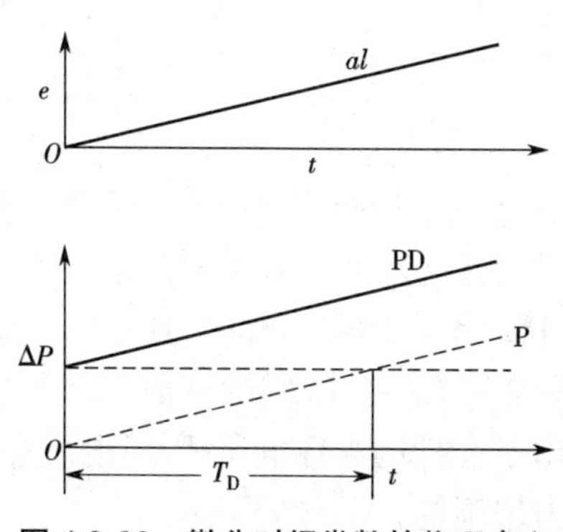

图 4.3-23　微分时间常数的物理意义

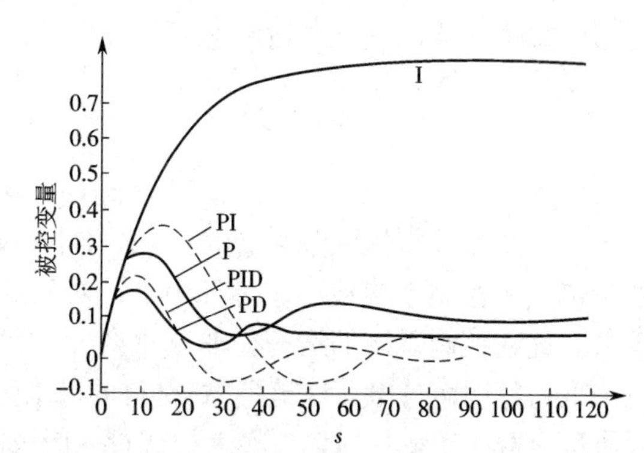

图 4.3-24　在阶跃作用下，各种调节过程的比较

①PI 控制动态指标如最大偏差和超调量都较大，但静态偏差即静差较小，这是由于积分作用倾向于使系统不稳定，但积分作用有减少或消除静差的作用。

②PD 控制动态指标较好，这是由于微分作用增加了系统的稳定性，因而可使比例带减小，调节时间缩短。因为无积分作用，静差仍然存在，但由于比例带的缩小，静差可以减小，从图中可见只是纯比例调节时的一半左右。

③PID 控制过程从图中可见，动态最大偏差比 PD 稍大，但由于有积分作用，静差接近零。然而积分作用的引入使振荡周期增长，加长了调节时间。

④曲线 I 是对象的响应曲线（$T_I = \infty$，$\delta = \infty$，$T_D=0$）。

综上分析比较可以得出：比例控制输出响应快，合适的比例带有利于系统稳定。微分作用可减少超调量和缩短过渡过程时间,允许使用较窄的比例带。积分作用能消除静差,但使超调量和过渡过程时间增大。因此,只有将比例、积分、微分三种作用结合起来,根据对象特性,正确选用控制规律,并恰当地选择控制器参数,才能获得好的控制效果。

4.3.7 二阶系统的设计方法

1. 控制系统的动态特性性能指标

控制系统动态特性的优劣,是通过动态特性性能指标来评价的。控制系统动态特性的性能指标通常是按系统单位阶跃响应的某些特征量来定义的。多数控制系统的动态过程都具有振荡特性,因此选择欠阻尼振荡过程为典型代表,来定义动态特性的性能指标,并用这些指标来描述控制系统的动态过程品质。这些指标主要有:上升时间、峰值时间、最大超调量、衰减率、调节时间、振荡频率与周期、振荡次数等。

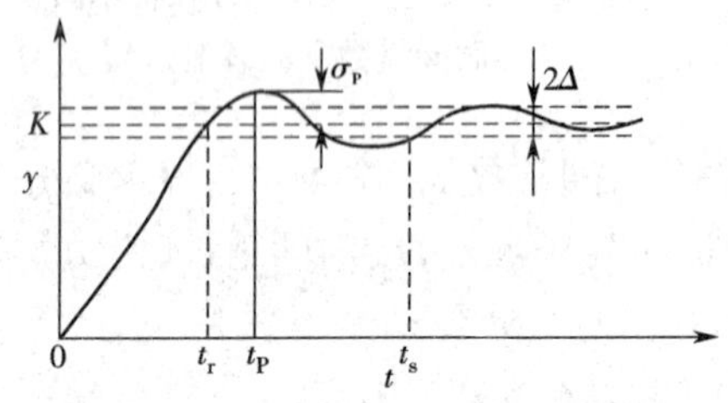

图 4.3-25 二阶系统欠阻尼振荡过程

通常选用单位阶跃响应来定义动态性能指标,这是因为阶跃信号变化具有代表意义。若系统的单位阶跃响应品质良好,对其他信号的响应一般也较好。常用的控制系统的动态特性性能指标及其基本定义参见图 4.3-25。一个典型的欠阻尼振荡过程如下。

①上升时间 t_r。是指从动态过程开始到输出第一次达到阶跃响应的稳态值所需的时间,反映了系统响应的快速性或灵敏程度。

②峰值时间 t_p。是指瞬态响应达到第一个峰值的时间。

③最大超调量 σ_p。最大超调量定义为

$$\sigma_p = \frac{y(t_p) - y(\infty)}{y(\infty)} \times 100\% \tag{4.3-48}$$

式中:$y(t_p)$是指系统阶跃响应的第一个峰值;$y(\infty)$是指系统单位阶跃响应的稳态值。最大超调量表示系统振荡特性的强弱,阻尼系数较小的系统,振荡较强,因而最大超调量也大。最大超调量也表示控制系统在动态过程中被控对象的输出瞬时上冲的最大程度,这是输出量变化的极值。这在控制系统的运行中非常重要,因为系统中某些有一定限制的参数在动态过程中可能会因为超调而越出允许范围,如材料的极限强度、电子元件的击穿电压、瞬时电流等,超过极限值将会造成设备的损坏。最大超调量一般也简称为超调量。

④衰减率和衰减比。衰减率的定义为

$$\psi = \frac{A_1 - A_2}{A_1} \times 100\% \tag{4.3-49}$$

式(4.3-49)中:A_1,A_2 是瞬态响应曲线上同方向相邻两个波峰值高出稳态值的部分。衰减比的定义是

$$n = \frac{A_1}{A_2} \tag{4.3-50}$$

衰减率和衰减比与超调量一样,反映了系统振荡的强弱,或者说反映了系统的阻尼特性。在工业生产过程控制中,常常把系统设计成具有 75%的衰减率,此时的衰减比为 4:1。

⑤调节时间 t_s,也称为调整时间或过渡过程时间。其定义为从动态过程开始到系统响应

进入规定的误差带内并不再超出的时间，即

$$\left|y(t_s)-y(\infty)\right|=\Delta \tag{4.3-51}$$

式中：Δ 指规定的允许误差范围。工业上常取误差 Δ 的相对值为 5%或 2%。

此外，延迟时间、振荡次数、振荡周期等也是动态性能指标。

2. 二阶系统的动态特性性能指标

①上升时间 t_r。根据上升时间的定义，从式（4.3-36）可得

$$1-\frac{1}{\sqrt{1-\zeta^2}}e^{-\zeta\omega_n t}\sin(\omega_d t_r+\beta)=1$$

可得 $\sin(\omega_d t_r+\beta)=0$

所以 $\omega_d t_r+\beta=\pi$

$$t_r=\frac{\pi-\beta}{\omega_d} \tag{4.3-52}$$

②峰值时间 t_p。对式（4.3-36）求导

$$\frac{dy(t)}{dt}=0$$

可得 $$t_p=\frac{\pi}{\omega_d} \tag{4.3-53}$$

③最大超调量 σ_p。按最大超调量的定义，推导可得到

$$\sigma_p=e^{-\frac{\pi\zeta}{\sqrt{1-\zeta^2}}}\times 100\% \tag{4.3-54}$$

④衰减率 Ψ。根据公式推导可得

$$\Psi=\left(1-e^{-\frac{2\pi\zeta}{\sqrt{1-\zeta^2}}}\right)\times 100\% \tag{4.3-55}$$

⑤衰减比 n。经过计算可得

$$n=e^{\frac{2\pi\zeta}{\sqrt{1-\zeta^2}}} \tag{4.3-56}$$

⑥调节时间。一般近似表达式按 2%和 5%误差计算。

按 2%误差为 $$t_s=\frac{4}{\zeta\omega_n} \tag{4.3-57}$$

按 5%误差为 $$t_s=\frac{3}{\zeta\omega_n} \tag{4.3-58}$$

从二阶系统的性能指标可以看出，提高 ω_n，可以提高系统响应的快速性；减小 t_r 和 t_s，而增大 ζ，可以减弱系统的振荡性能，降低最大超调量。

3. 二阶系统的设计方法

研究二阶系统时，对于具有典型环节形式或可以变换成二阶系统标准形式的问题，可以采用上面介绍的二阶系统的动态性能指标的公式和结论，求出 t_r，t_p，σ_p，ψ 及 t_s。反过来，也可根据动态性能指标的要求，确定和调整二阶系统的某些参数，满足生产要求。

【例 4.3-1】 控制系统的结构图如图 4.3-26 所示，求 K=1.62，T=0.5 s 时，系统的单位阶跃

响应表达式及动态性能指标 t_r, t_p, σ_p, ψ 及 t_s。

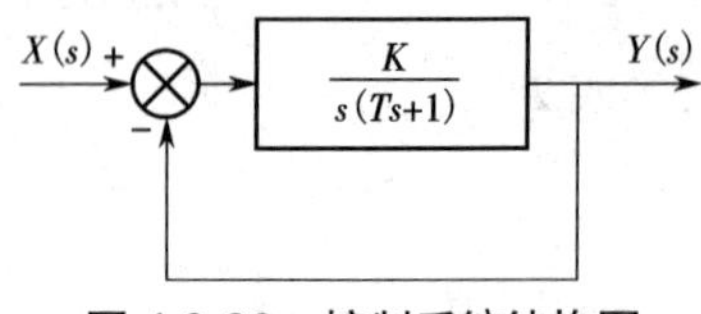

图 4.3-26 控制系统结构图

解:系统的闭环传递函数为

$$\frac{Y(s)}{X(s)}=\frac{K}{Ts^2+s+K}=\frac{\omega_n^2}{s^2+2\zeta\omega_n s+\omega_n^2}$$

$$\omega_n=\sqrt{\frac{K}{T}}=1.8$$

$$\zeta=\frac{1}{2\sqrt{KT}}=0.556$$

系统的单位阶跃响应为

$$y(t)=1-\frac{1}{\sqrt{1-\zeta^2}}e^{-\zeta\omega_n t}\sin(\omega_d t+\beta)=1-1.2e^{-t}\sin(1.5t+55.9°)$$

$$t_r=\frac{\pi-\beta}{\omega_d}=1.44\text{ s}$$

$$t_P=\frac{\pi}{\omega_d}=2.1\text{ s}$$

$$\sigma_P=e^{-\frac{\pi\zeta}{\sqrt{1-\zeta^2}}}\times 100\%=11.9\%$$

$$\Psi=\left(1-e^{-\frac{2\pi\zeta}{\sqrt{1-\zeta^2}}}\right)\times 100\%=98.5\%$$

t_s=4s(2%误差)

t_s=3s(5%误差)

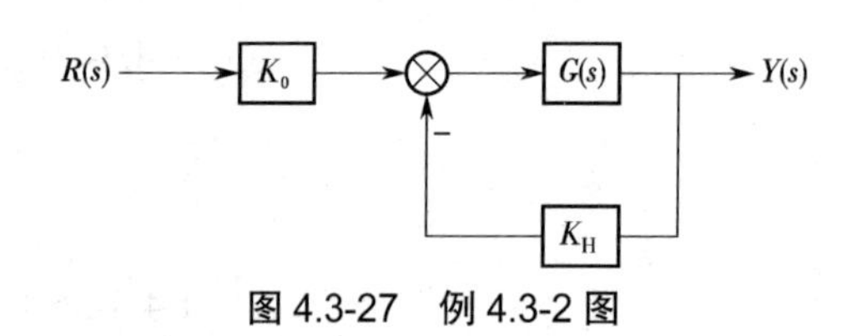

图 4.3-27 例 4.3-2 图

【例 4.3-2】 已知图示中 $G(s)$为一阶环节,其传递函数为 $G(s)=\frac{10}{0.2s+1}$,若采用负反馈的方法,加入 K_0、K_H 等环节,将调节时间 t_s 减小为原来的 0.1 倍. 并且保证总的放大系数不变,试选择 K_0、K_H 的值。

解:由一阶环节的传递函数知,其时间常数 $T=0.2$,放大系数 $K=10$。引入负反馈等环节后,系统的闭环传递函数为

$$\Phi(s)=K_0\times\frac{G(s)}{1+K_H G(s)}$$

代入 $G(s)$的值,整理得到

$$\Phi(s)=\frac{\frac{10K_0}{1+10K_H}}{\frac{0.2K}{1+10K_H}}$$

根据题意保持原放大系数不变:

$$\frac{10K_0}{1+10K_H}=10$$

根据题意,系统时间常数缩小 10 倍:

$$\frac{0.2K}{1+10K_{\mathrm{H}}}=0.2\times0.1$$

解得 $K_0=10, K_{\mathrm{H}}=0.9$

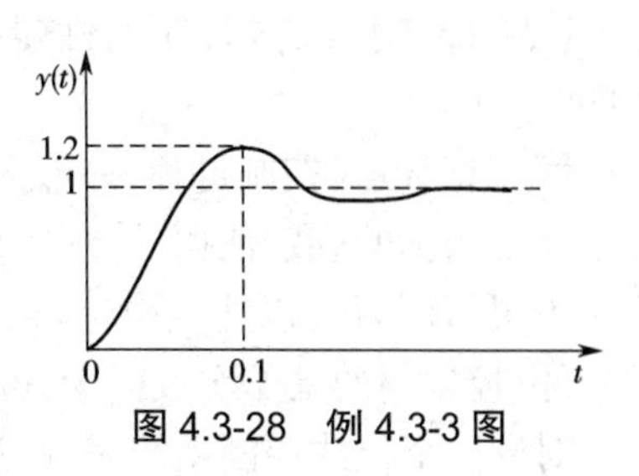

图 4.3-28 例 4.3-3 图

【例 4.3-3】 设某二阶系统的单位阶跃响应曲线如图所示。如果该系统为单位负反馈控制系统,试确定其开环传递函数。

解:由图可知,该系统为欠阻尼系统,可以从图上直接得出 $\sigma_{\mathrm{p}}=20\%$ 和 $t_{\mathrm{p}}=0.1$ s。由

$$\sigma_{\mathrm{p}}=\mathrm{e}^{-\frac{\pi\zeta}{\sqrt{1-\zeta^2}}}\times100\%=0.2\ ,\ t_{\mathrm{P}}=\frac{\pi}{\omega_{\mathrm{n}}\sqrt{1-\zeta^2}}=0.1\ \mathrm{s}$$

可以得到

$$\zeta=\sqrt{\frac{(\ln2)^2}{\pi^2+(\ln2)^2}}=0.456\ ,\ \omega_{\mathrm{n}}=\frac{\pi}{t_{\mathrm{p}}\sqrt{1-\zeta^2}}=35.3$$

又由于单位负反馈系统开环传递函数与闭环传递函数的关系为

$$G=\frac{G_0}{1+G_0}$$

则

$$G_0=\frac{G}{1-G}$$

$$G_0=\frac{\dfrac{\omega_{\mathrm{n}}^2}{s^2+2\zeta\omega_{\mathrm{n}}s+\omega_{\mathrm{n}}^2}}{1-\dfrac{\omega_{\mathrm{n}}^2}{s^2+2\zeta\omega_{\mathrm{n}}s+\omega_{\mathrm{n}}^2}}=\frac{\omega_{\mathrm{n}}^2}{s^2+2\zeta\omega_{\mathrm{n}}s}$$

代入 ζ、ω 数值,得到系统的开环传递函数为

$$G_0=\frac{1\,246.1}{s(s+32.2)}=\frac{38.7}{s(0.031s+1)}$$

【例 4.3-4】 某环节的传递函数为 $G(s)=\dfrac{K}{Ts+1}$。测取其频率响应时,当 $\omega=1(\mathrm{rad/s})$,幅频 $M(1)=12\sqrt{2}$,相频 $\theta(1)=-\dfrac{\pi}{4}$。求此环节传递函数 K 和 T 各为多少?

解:求取环节的频率特性

$$G(\mathrm{j}\omega)=\frac{K}{T\mathrm{j}\omega+1}$$

由已知条件

$$M(\omega)=|G(\mathrm{j}\omega)|=\left.\frac{K}{\sqrt{T^2\omega^2+1}}\right|_{\omega=1}=12\sqrt{2}\ ,$$

$$\theta(\omega)=-\tan^{-1}T\omega\big|_{\omega=1}=-\frac{\pi}{4}$$

得到 $T=1, K=24$

【例 4.3-5】 位式控制的性能指标有哪些？如何确定这些指标？影响这些指标的因素有哪些？

解：对于位式控制过程，一般采用被控量波动的振幅与振荡周期（或频率）作为品质指标。对于品质指标的确定依据的原则：如果生产工艺允许被控变量在一个较宽的范围内波动，控制器的不灵敏区就可以适当设计得大一些，这样振荡的振幅加大，周期就较长，可使系统中的控制元件、控制阀的动作次数减少，可动部件磨损小，减少维修工作量，有利于生产。

对同一个位式控制系统来说，过渡过程的振幅与周期是相关的。若要求振幅小，则周期必然短；若要求周期长，则振幅必然大。因此，在设计时应合理地选择不灵敏区，使振幅在允许的偏差范围内，尽可能地使周期延长。

位式控制精度与不灵敏区和被控对象的滞后特性有关。它随着不灵敏区和滞后时间的增大而降低；如果为了提高控制精度而过分地减小不灵敏区，则会使继电器动作太频繁，缩短使用寿命，甚至可能使继电器无法工作，因此应当合理选择和调整不灵敏区。

对被控对象来说，其滞后时间越长，则位式控制的动作周期越大，被控量的最高值与最低值相差也较大，控制精度差。位式控制的特点是结构简单，成本较低，易于实现，因此应用很普遍。常见的双位控制器有带电触点的压力表、带电触点的水银温度计、双金属片温度计、动圈式双位指示控制仪等。

【例 4.3-6】 一个比例控制器，量程为 100~200 ℃，输出范围为 0.02~0.1 MPa，比例度为 40%，当指示针从 140 ℃变化到 160 ℃时，相应的输出变化是多少？

解：根据比例度的定义

$$\delta = \frac{e}{\Delta p} \cdot \frac{p_{\max} - p_{\min}}{z_{\max} - z_{\min}} \times 100\%$$

所以控制器相应输出变化值为

$$\Delta p = \frac{e}{\delta} \cdot \frac{p_{\max} - p_{\min}}{z_{\max} - z_{\min}} \times 100\% = \frac{160-140}{40\%} \cdot \frac{0.1-0.02}{200-100} \times 100\% = 0.04\ \mathrm{MPa}$$

4.4 控制系统的稳定性与对象的调节性能

4.4.1 稳定性基本概念

稳定性是控制系统最重要的特性之一，它表示控制系统承受各种扰动，保持其预定工作状态的能力。不稳定的系统是无用的系统，只有稳定的系统才有可能获得实际应用。

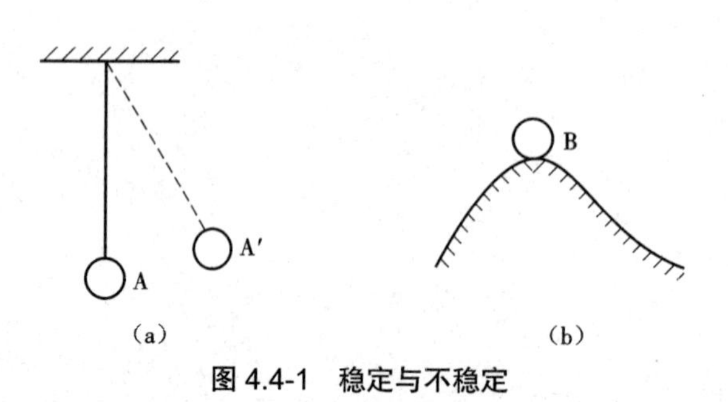

图 4.4-1 稳定与不稳定

图 4.4-1（a）是一个稳定的单摆的例子。在静止状态下，小球处于 A 位置。若用外力使小球偏离 A 而到达 A′，就产生了位置偏差。考察外力去除后小球的运动，我们会发现，小球从初始偏差位置 A′，经过若干次摆动后，最终回到 A 点，恢复到静止状态。图 4.4-1（b）是处于山顶的一个不稳定的足球。足球在静止状态下处于 B 位置，如果用外力使足球偏离 B 位置，足球不可能再自动回

到B位置。对于单摆,A是小球的稳定位置,而对于足球来说,B则是不稳定的位置。

处于某平衡工作点的控制系统在扰动作用下会偏离其平衡状态,产生初始偏差。稳定性是指扰动消失后,控制系统由初始偏差回复到原平衡状态的性能。若能恢复到原平衡状态,则系统是稳定的,若偏离平衡状态的偏差越来越大,系统就是不稳定的。

4.4.2 稳定性与特征方程根的关系

稳定性表明了控制系统在所受扰动消失后,自由运动的性质。

在控制工程中,只有李雅普诺夫稳定性定义下的渐近稳定的系统才能工作,不是渐近稳定的系统都视为不稳定系统,所以以下讨论的控制系统的稳定性都是指渐近稳定的系统。线性定常系统的稳定性是系统的固有特性,与输入变量无关,其状态方程为

$$\dot{x} = Ax \tag{4.4-1}$$

式中A为$n \times n$方阵。设系统原来的平衡状态为$X_e=0$,在扰动产生了初始状态x_0以后,系统的状态$x(t)$将从x_0开始按下列规律转移:

$$x(t) = e^{At} x_0 \tag{4.4-2}$$

如果对于任意初始状态x_0,由它引起的系统的运动$x(t)$满足

$$\lim_{t \to \infty} x(t) = \lim_{t \to \infty} e^{At} x_0 = 0 \tag{4.4-3}$$

那么,线性定常系统就是稳定的(李雅普诺夫定义下的渐近稳定)。

线性定常系统稳定的充分必要条件是其系数矩阵$\boldsymbol{A}$的特征值全都具有负实部。$n \times n$矩阵的特征值就是方程

$$|sI - \boldsymbol{A}| = 0 \tag{4.4-4}$$

的根,这个方程称为矩阵$\boldsymbol{A}$的特征方程。

如果描述控制系统特性的是输入、输出微分方程,则对应的齐次方程的解可表示为

$$y(t) = \sum_{i=1}^{q} A_i e^{-\zeta_i t} + \sum_{k=1}^{r} B_k e^{-\zeta_k \omega_k t} \sin(\omega_k t + \beta_k) \tag{4.4-5}$$

而系统的传递函数则具有以下形式

$$G(s) = \frac{Y(s)}{X(s)} = \frac{b_m s^m + \cdots + b_1 s + b_0}{\prod_{i=1}^{q}(s + p_i) \prod_{k=1}^{r}(s^2 + 2\zeta_k \omega_k s + \omega_k^2)} \tag{4.4-6}$$

若方程的解在时间趋于无穷大时也趋于零,即

$$\lim_{t \to \infty} \left[\sum_{i=1}^{q} A_i e^{-p_i t} + \sum_{k=1}^{r} B_k e^{-\zeta_k \omega_k t} \sin(\omega_k t + \beta_k) \right] = 0 \tag{4.4-7}$$

则说明系统在扰动消除后具有恢复到原平衡状态的能力。而满足式(4.4-7)的条件则是(4.4-6)式表示的系统的传递函数的闭环极点或特征方程的根具有负实部。如果特征方程的根等于零的根,则对应的项就会出现常数或等幅振荡,若特征方程的根有正实部的根,则对应的项随时间增大将越来越大。

所以,线性定常系统稳定的充分必要条件还可以表述为:系统闭环特征方程的所有根都具有负实部。如果按照闭环极点在S平面上的分布来讨论稳定性,则线性定常系统稳定的充分必要条件是系统的闭环极点都位于S平面的左半边。

4.4.3 代数稳定判据

按照线性定常系统稳定的充分必要条件判断系统是否稳定,必须求解特征方程。对于阶数较高的系统,求解特征方程并不容易。劳斯判据则不必直接求解特征方程,而是根据特征方程的系数,进行简单代数运算即可判断系统是否稳定,而且还可以知道系统位于 S 平面右半边的闭环极点(即不稳定根)的数量。

设线性定常系统的特征方程为

$$a_n s^n + a_{n-1} s^{n-1} + \cdots + a_i s^i + a_1 s + a_0 = 0 \tag{4.4-8}$$

式中:$a_n, a_{n-1}, \cdots, a_0$ 是方程的系数,均为实常数。

若特征方程缺项(有等于零的系数)或系数间不同号(有为负值的系数),特征方程的根就不可能都具有负实部,系统必然不稳定。所以线性定常系统稳定的必要条件是特征方程的所有系数 $a_i>0$。但是满足必要条件的系统并不一定稳定,劳斯判据则可以用来进一步判断系统是否稳定。在应用劳斯判据时,必须计算劳斯表,表 4.4-1 给出了劳斯表的计算方法。劳斯表中的前两行是根据系统特征方程的系数隔项排列,从第三行开始,表中的各元素则必须根据上两行元素的值计算求出。

表 4.4-1　劳斯表

s^n	a_n	a_{n-2}	a_{n-4}	a_{n-6}	…
s^{n-1}	a_{n-1}	a_{n-3}	a_{n-5}	a_{n-7}	…
s^{n-2}	b_1	b_2	b_3	…	
s^{n-3}	c_1	c_2	c_3	…	
⋮					
s^1					
s^0					

$$b_1 = \frac{a_{n-1}a_{n-2} - a_n a_{n-3}}{a_{n-1}}$$

$$b_2 = \frac{a_{n-1}a_{n-4} - a_n a_{n-5}}{a_{n-1}}$$

…

$$c_1 = \frac{b_1 a_{n-3} - a_{n-1} b_2}{b_1}$$

$$c_2 = \frac{b_1 a_{n-5} - a_{n-1} b_3}{b_1}$$

…

劳斯判据的内容为:当式(4.4-8)表示的系统的特征方程中 $a_i>0$,且劳斯判据第一列(表 4.4-1)的所有元素都大于零时,该线性定常系统是稳定的。这是用劳斯判据表示的线性定常系统稳定的充分必要条件。若劳斯表中第一列元素的符号正负交替,则系统不稳定。正负号变换的次数就是位于 S 平面右半边的闭环极点的个数。

4.4.4 对象的调节性能指标

控制系统动态特性的优劣，是通过动态特性性能指标来评价的，常用的控制系统的动态特性性能指标主要有：①上升时间 t_r；②峰值时间 t_p；③最大超调量 σ_p；④衰减率和衰减比；⑤调节时间 t_s。此外，延迟时间、振荡次数、振荡周期等也是动态性能指标。有关内容已在 4.3.7 中结合二阶系统的动态特性进行了详细论述，请参看有关内容。

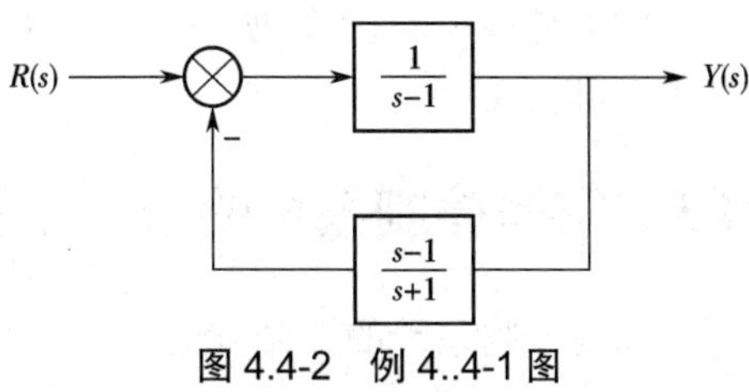

图 4.4-2　例 4..4-1 图

【例 4.4-1】 设系统结构图如图所示。试确定闭环系统的稳定性。

解：闭环系统的传递函数为

$$\phi(s)=\frac{G(s)}{1+G(s)H(s)}=\frac{\dfrac{1}{s-1}}{1+\left(\dfrac{1}{s-1}\right)\times\left(\dfrac{s-1}{s+1}\right)}=\frac{s+1}{(s-1)(s+2)}$$

可见，系统闭环有一个极点在 S 右半平面，系统是不稳定的。

【例 4..4-2】 已知控制系统的特征方程式如下。试用劳斯稳定判据判定其稳定性，如不稳定请指出其具有正实部的根的个数。

（1）$s^4+3s^3+3s^2+2s+1=0$

（2）$2s^4+10s^3+3s^2+5s+2=0$

（3）$s^4+3s^3+s^2+3s+1=0$

解：（1）列出劳斯表

s^4	1	3	1
s^3	3	2	
s^2	7/3	1	
s^1	5/7		
s^0	1		

第一列所有元素均具有正号，且特征方程中各项系数均大于 0，满足系统稳定的充分必要条件，因此系统是稳定的。

（2）列出劳斯表

s^4	2	3	2
s^3	10	5	
s^2	2	2	
s^1	−5		
s^0	2		

第一列所有元素不全大于 0，因此系统不稳定。表中第一列符号变化两次，故有两个根具有正实部。

（3）列出劳斯表

s^4	1	1	1
s^3	3	3	

s^2　ε　1

s^1　$3-3/\varepsilon$

s^0　1

因 ε 是很小的正数，所以 $3-3/\varepsilon<0$，劳斯表第一列符号变化两次，系统不稳定，有两个根具有正实部。

4.5 掌握控制系统的误差分析

描述控制系统的微分方程为

$$a_n\frac{\mathrm{d}^n y}{\mathrm{d}t^n}+a_{n-1}\frac{\mathrm{d}^{n-1}y}{\mathrm{d}t^{n-1}}+\cdots+a_1\frac{\mathrm{d}y}{\mathrm{d}t}+a_0y=b_m\frac{\mathrm{d}^m x}{\mathrm{d}t^m}+b_{m-1}\frac{\mathrm{d}^{m-1}x}{\mathrm{d}t^{m-1}}+\cdots+b_1\frac{\mathrm{d}x}{\mathrm{d}t}+b_0x \tag{4.5-1}$$

式（4.5-1）是高阶微分方程，方程的解可以表示为

$$y(t)=\left[\sum_{i=1}^{q}A_i\mathrm{e}^{-p_it}+\sum_{k=1}^{r}B_k\mathrm{e}^{-\zeta_k\omega_kt}\sin(\omega_kt+\beta_k)\right]+y'(t) \tag{4.5-2}$$

式中，前两项是方程的通解，而 $y'(t)$ 是方程的特解。随时间的增大，方程的通解逐渐减小，方程的解 $y(t)$ 越来越接近特解 $y'(t)$。当 $t\to\infty$ 时，方程的通解趋于零

$$y(\infty)=y'(\infty)$$

这时系统进入稳定状态。特解 $y'(t)$ 是由输入量确定的，反映了控制的目标和要求。系统进入稳态后，能否达到预期的控制目的，能否满足必要的控制精度，需要对系统的稳态特性进行分析。稳态特性的性能指标就是稳态误差。

4.5.1 误差及稳态误差

控制系统的误差可以表示为

$$e(t)=y_\mathrm{r}(t)-y(t) \tag{4.5-3}$$

式中：$y_\mathrm{r}(t)$ 是被控制变量的期望值；$y(t)$ 是被控变量的实际值，即控制系统的输出。

稳定的控制系统，在输入变量的作用下，动态过程结束后，进入稳定状态的误差，称为稳态误差 e_ss。在控制工程中，常用控制系统的偏差信号来表示误差。对图 4.5-1（a）所示的单位反馈系统，误差与偏差的含义是相同的，即

$$e(t)=r(t)-y(t) \tag{4.5-4}$$

式中 $r(t)$ 为系统的给定值，也就是输出 $y(t)$ 的期望值。单位反馈系统的稳态误差为

$$e_\mathrm{ss}=\lim_{t\to\infty}\left[r(t)-y(t)\right] \tag{4.5-5}$$

对图 4.5-1（b）所示的非单位反馈系统，因为反馈变量 $f(t)$ 并不与输出变量 $y(t)$ 完全相同，所以给定值与反馈变量之差，即偏差并不是式（4.5-1）意义上的误差。但如果反馈环节 $H(s)$ 不含有积分环节，在 $t\to\infty$ 时，由于暂态项的消失，反馈量 $f(\infty)$ 与输出量 $y(\infty)$ 之间就只差一个比例系数，则认为反馈量可以代表输出量，于是，定义非单位反馈系统的误差为

$$e(t)=r(t)-f(t) \tag{4.5-6}$$

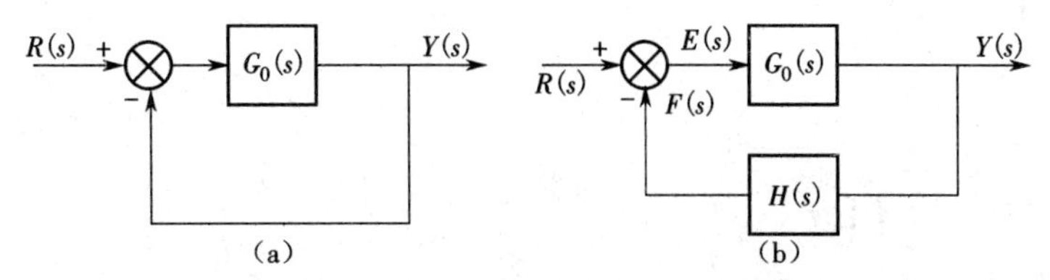

图 4.5-1 单位反馈和非单位反馈

式中：$r(t)$是非单位反馈系统的给定值；$f(t)$是反馈信号。根据图 4.5-1(b)非单位反馈系统各环节间信号的关系，可得到

$$E(s)=\frac{1}{1+G_0(s)H(s)}R(s) \tag{4.5-7}$$

如果把单位反馈系统看成是一般反馈系统的特殊情况，则式(4.5-7)就被定义为控制系统误差的拉普拉斯变换表达式。根据拉普拉斯变换的终值定理得

$$e_{\mathrm{ss}}=\lim_{t\to\infty}e(t)=\lim_{s\to 0}sE(s)$$

即

$$e_{\mathrm{ss}}=\lim_{s\to 0}\frac{s}{1+G_0(s)H(s)}R(s) \tag{4.5-8}$$

式(4.5-8)表明，控制系统的稳态误差不仅取决于系统本身的特性，还与输入函数有关。同一个系统在输入信号不同时，可能有不同的稳态误差，即控制系统对不同的输入信号，控制精度是不同的。

4.5.2 系统类型及误差度、静态误差系数

被控参数在其稳态值附近定义一个误差带(度)，用于表示其与稳态值的接近程度。例如常用 ±5%稳态值或 ±2%稳态值表示。在分析控制系统的稳态误差时，考虑到积分环节对稳态误差的影响，根据系统开环传递函数所含的积分环节数来对系统进行分类。

式(4.5-7)中的开环传递函数可以表示为

$$G_0(s)H(s)=\frac{K\prod_{j=1}^{m}(T_js+1)}{S^N\prod_{i=1}^{n-N}(T_is+1)} \tag{4.5-9}$$

式中：K 表示系统的开环放大系数；N 表示开环传递函数所包含的积分环节数。若 N=0，即控制系统开环传递函数不含积分环节，称为 0 型系统；若 N= Ⅰ，称为 Ⅰ 型系统；N= Ⅱ，称为 Ⅱ 型系统。

1. 单位阶跃函数输入下的稳态误差

单位阶跃函数输入下系统的稳态误差为

$$e_{\mathrm{ss}}=\lim_{s\to 0}\frac{s}{1+G_0(s)H(s)}\frac{1}{s}=\lim_{s\to 0}\frac{1}{1+G_0(s)H(s)} \tag{4.5-10}$$

如果定义

$$K_{\mathrm{p}}=\lim_{s\to 0}G_0(s)H(s) \tag{4.5-11}$$

式中 K_{p} 称为位置误差系数。则单位阶跃输入下系统的稳态误差为

$$e_{ss}=\frac{1}{1+K_p} \tag{4.5-12}$$

对于 0 型系统：

$$G_0(s)H(s)=\frac{K\prod_{j=1}^{m}(T_js+1)}{\prod_{i=1}^{n}(T_is+1)} \tag{4.5-13}$$

$$K_p=\lim_{s\to 0}G_0(s)H(s)=K \tag{4.5-14}$$

稳态误差 e_{ss} 为

$$e_{ss}=\frac{1}{1+K} \tag{4.5-15}$$

式(4.5-15)说明 0 型系统在单位阶跃输入下是有稳态误差的，所以称 0 型系统对单位阶跃输入是有差系统。通过增大开环放大系数 K 可以使稳态误差减小，但不能消除，因为系统本身的特性决定了稳态误差不可能完全消除。

对于Ⅰ型或Ⅱ型系统，系统的开环传递函数为

Ⅰ型系统：

$$G_0(s)H(s)=\frac{K\prod_{j=1}^{m}(T_js+1)}{s\prod_{i=1}^{n-1}(T_is+1)} \tag{4.5-16}$$

Ⅱ型系统：

$$G_0(s)H(s)=\frac{k\prod_{j=1}^{m}(T_js+1)}{s^2\prod_{i=1}^{n-2}(T_is+1)} \tag{4.5-17}$$

系统的位置误差系数为

$$K_p=\lim_{s\to 0}G_0(s)H(s)=\infty \tag{4.5-18}$$

系统的稳态误差为

$$e_{ss}=\frac{1}{1+K_p}=0 \tag{4.5-19}$$

式(4.5-18)说明，若要求系统对阶跃输入的稳态误差为零，系统必须含有积分环节，说明积分环节具有消除稳态误差的作用。

2. 单位斜坡函数输入的稳态误差

单位斜坡函数输入下控制系统的稳态误差为

$$e_{ss}=\lim_{s\to 0}\frac{s}{1+G_0(s)H(s)}\frac{1}{s^2}=\lim_{s\to 0}\frac{1}{s[1+G_0(s)H(s)]}=\lim_{s\to 0}\frac{1}{sG_0(s)H(s)} \tag{4.5-20}$$

定义 $$K_v=\lim_{s\to 0}sG_0(s)H(s) \tag{4.5-21}$$

则系统的稳态误差为 $$e_{ss}=\frac{1}{K_v} \tag{4.5-22}$$

式中 K_v 称为速度误差系数。

①对于 0 型系统：

$$K_v = \lim_{s \to 0} G_0(s)H(s) = \lim_{s \to \infty} \frac{K\prod_{j=1}^{m}(T_j s+1)}{\prod_{i=1}^{n}(T_i s+1)} \bullet s = 0$$

稳态误差为

$$e_{ss} = \frac{1}{K_v} = \infty \tag{4.5-23}$$

②对于 I 型系统：

$$K_v = \lim_{s \to \infty} \frac{K\prod_{j=1}^{m}(T_j s+1)}{s\prod_{i=1}^{n}(T_i s+1)} \bullet s = K \tag{4.5-24}$$

稳态误差为

$$e_{ss} = \frac{1}{K_v} = \frac{1}{K} \tag{4.5-25}$$

式中 K 为系统的开环放大系数。

③对于Ⅱ型系统：

$$K_v = \lim_{s \to \infty} \frac{K\prod_{j=1}^{m}(T_j s+1)}{s^2\prod_{i=1}^{n-2}(T_i s+1)} \bullet s = \infty \tag{4.5-26}$$

稳态误差为

$$e_{ss} = \frac{1}{K_v} \tag{4.5-27}$$

在单位斜坡函数输入下，0 型系统的稳态误差为无穷大。这说明 0 型系统不能跟踪斜坡函数。I 型系统虽然可以跟踪单位斜坡输入函数,但存在稳态误差,即 I 型系统对斜坡输入是有差的。若要在单位斜坡函数作用下达到无稳态误差的控制精度,系统开环传递函数必须含有两个以上的积分环节。

3. 单位抛物线函数输入下的稳态误差

单位抛物线输入函数作用下系统的稳态误差为

$$e_{ss} = \lim_{s \to 0} \frac{s}{1+G_0(s)H(s)} \frac{1}{s^3} = \lim_{s \to 0} \frac{1}{s^2 G_0(s)H(s)} \tag{4.5-28}$$

定义 $$K_a = \lim_{s \to 0} s^2 G_0(s)H(s) \tag{4.5-29}$$

则有 $$e_{ss} = \frac{1}{K_a} \tag{4.5-30}$$

式中 K_a 称为加速度误差函数。

①对 0 型系统：K_a=0

$$e_{ss}=\frac{1}{K_a}=\infty \tag{4.5-31}$$

②对Ⅰ型系统：K_a=0

$$e_{ss}=\frac{1}{K_a}=\infty \tag{4.5-32}$$

③对Ⅱ型系统：$K_a=K$

$$e_{ss}=\frac{1}{K} \tag{4.5-33}$$

式中 K 为系统的开环放大系数。

在抛物线函数输入下，0 型、Ⅰ型系统都不能使用，Ⅱ型系统则有误差。若要消除稳态误差，必须选择Ⅲ型以上的系统。但系统中积分环节太多，动态特性就会变坏，甚至使系统变得不稳定。工程上很少应用Ⅱ型以上的系统。

【例 4.5-1】 已知单位反馈控制系统的闭环传递函数如下。试求其稳态位置、速度和加速度误差系数。

（1）$G(s)=\dfrac{50(s+2)}{s^3+2s^2+51s+100}$

（2）$G(s)=\dfrac{2(s+2)(s+1)}{s^4+3s^3+2s^2+6s+4}$

解：（1）由劳斯稳定判据可知，系统是稳定的。它的开环传递函数为

$$G_0(s)=\frac{G(s)}{1-G(s)}=\frac{50(s+2)}{s(s+1)(s+1)}=\frac{100(0.5s+1)}{s(s+1)(s+1)}$$

该系统为Ⅰ型系统，$K=100$，因此有

$$K_p=\lim_{s\to 0}G_0(s)=\lim_{s\to 0}\frac{K}{s}=\infty$$

$$K_v=\lim_{s\to 0}sG_0(s)=\lim_{s\to 0}K=100$$

$$K_a=\lim_{s\to 0}s^2G_0(s)=\lim_{s\to 0}sK=0$$

（2）系统特征方程为 $s^4+3s^3+2s^2+6s+4=0$，构造劳斯表

$$\begin{array}{llll} s^4 & 1 & 2 & 4 \\ s^3 & 3 & 6 & \\ s^2 & \varepsilon & 4 & \\ s^1 & 6-12/\varepsilon<0 & & \\ s^0 & 4 & & \end{array}$$

劳斯表中第一列元素不全大于 0，且有两次符号变化，表明系统有两个右半 S 平面的极点，系统是不稳定的，因此不能定义稳态误差系数。

4.6 控制系统的综合与校正

4.6.1 校正的概念

控制系统的性能指标,主要反映在对控制系统的稳定性,控制过程的快速性和控制精度方面的要求。组成控制系统的被控对象、变送器、执行器等装置的性能往往不可变动。如果只由这些设备组成控制系统,系统的性能就很难满足预先给定的性能指标,并且也无法调整。解决这个问题的办法就是在系统中引入附加装置(或环节),通过配置附加装置(或环节)来有效地改善整个控制系统的性能。这一附加装置(或环节)称为校正装置(或校正环节),而这一配置过程称为控制系统的校正。

图 4.6-1 是系统的结构示意图,图中的 $G(s)$是被控制对象的传递函数,代表了系统的不可调控部分, $G_c(s)$是校正环节。由于校正环节 $G_c(s)$与 $G(s)$串联在系统的前向通道上,称这种连接方法为串联校正。

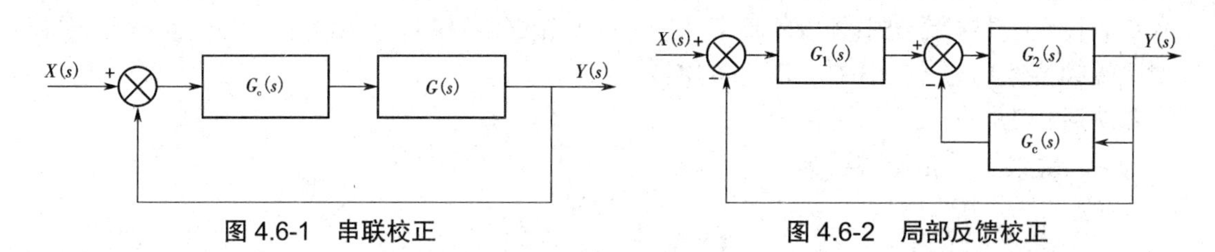

图 4.6-1 串联校正

图 4.6-2 局部反馈校正

有时,把校正装置连接成系统内部的局部反馈回路,也可以起到校正作用。如图 4.6-2 所示, $G_1(s)$和 $G_2(s)$是系统的固有部分,通过引入一局部反馈,把校正装置配置在反馈通道中,改变系统局部动态特性从而使系统的整体性能获得改善。由于校正装置 $G_c(s)$是在局部反馈回路中,所以称为局部反馈校正或并联校正。

系统校正可以采用时域分析法、根轨迹法或频率分析法,当所设计的控制系统的性能指标是以频域指标形式给出时,一般采用频率法校正。

频率法校正的过程是:根据给定的性能指标,找出相对应的开环频率特性,称之为预期频率特性,然后与系统的不可变部分的频率特性相比较,根据二者的差别,确定校正装置的频率特性和参数,使加入校正装置后系统的频率特性与预期的频率特性一致。

4.6.2 串联校正装置的形式及其特性

在控制工程中,串联校正应用比较广泛。串联校正装置主要有三种形式,即超前校正、滞后校正和滞后超前校正。串联校正装置有气动式、液压式、机械式、电子式等多种结构形式。其中,以电阻、电容和集成运算放大器构成的无源或有源校正装置应用最为普遍。

1. 超前校正

超前校正装置的传递函数为

$$G_c(s)=\frac{\alpha Ts+1}{Ts+1},\alpha>1 \tag{4.6-1}$$

图(4.6-3)是超前校正装置的对数频率特性。校正装置可以产生超前相角。α是超前校正装置的可调参数,表示了超前校正的强度。超前校正装置最大的超前角为

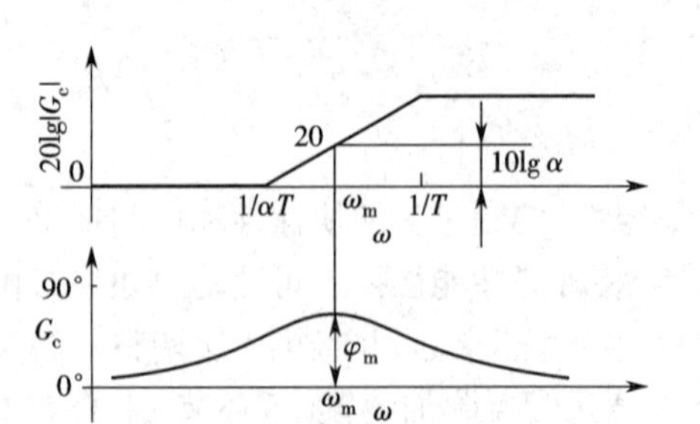

图 4.6-3 超前校正装置的对数频率特性

$$\phi_{\max}=\arcsin\frac{\alpha-1}{\alpha+1} \tag{4.6-2}$$

产生相位超前角最大值的频率为 ω_{m}。

$$\omega_{\mathrm{m}}=\frac{1}{\sqrt{\alpha T}} \tag{4.6-3}$$

$$L(\omega_{\mathrm{m}})=10\lg\alpha \tag{4.6-4}$$

若控制系统不可变部分的频率特性在截止频率附近有相角滞后,利用校正装置产生的超前角,可以补偿相角滞后,从而提高系统的相位稳定裕量,改善系统的动态特性。

串联超前校正的一般步骤为:①根据稳态误差要求的指标.确定开环放大系数 K;②在已知 K 后,计算未校正部分的相位裕量;③根据动态性能指标要求,确定需要的超前相角;④确定系统的 ω_{m};⑤确定超前网络的参数 α,T。

串联校正主要对系统中频段的频率特性进行校正,使系统具有 30°~60° 的相位裕量,中频段对数幅频特性具有-20 dB/10 倍频程的斜率。

2. 滞后校正

滞后校正装置的传递函数为

$$G_{\mathrm{c}}(s)=\frac{\beta Ts+1}{Ts+1},\beta<1 \tag{4.6-5}$$

图 4.6-4 是滞后校正装置的对数频率特性。参数 β 表示滞后校正强度,滞后校正装置产生相位滞后,最大的相位滞后角 ϕ_{m} 发生在转折频率 $\frac{1}{T}$ 和 $\frac{1}{\beta T}$ 的几何中点频率处。滞后校正装置基本上是一个低通滤波器,对于低频信号没有影响,而在高频段造成衰减。滞后网络在高频段对数幅频特性的衰减值为

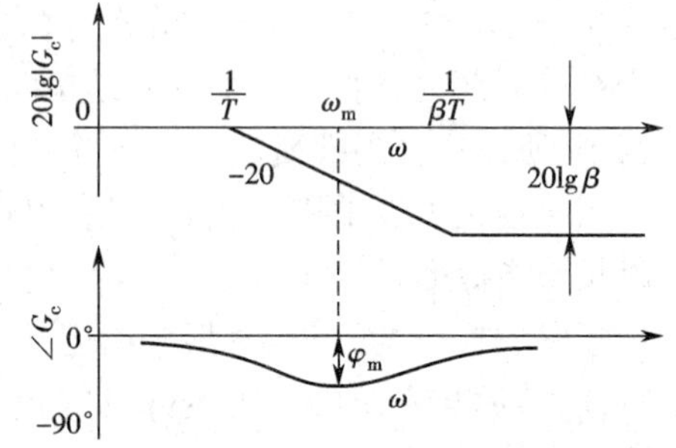

图 4.6-4 滞后校正装置的对数频率特性

$$L_{\mathrm{b}}=20\lg b \tag{4.6-6}$$

滞后校正正是利用这一特性,而不是利用其相位的滞后特性。

为了避免滞后校正装置的滞后角在校正后发生在截止频率附近,降低稳定裕量,所以在选择滞后校正装置时,应使其转折频率 $\frac{1}{\beta T}$ 远小于 ω_{c}';滞后校正装置在中频段、高频段,由于其高频衰减作用,使开环增益下降,因而截止频率左移,增加了系统的相位裕量,改善了系统的动态特性。在低频段,滞后校正装置则不影响开环增益,因而不影响系统的稳态特性。由于系统的截止频率减低,系统的响应速度将变慢。

如果把滞后校正装置配置在低频段,系统的相频特性变化很小,即系统的动态特性变化不大,但开环增益却因此可以提高,使稳态性能得到改善。在控制系统动态特性较好,需要改变

其稳态性能时,采用滞后校正,可以提高稳态精度,而对动态特性不产生大的影响。这是滞后校正装置的主要用途之一。

3. 滞后-超前校正

滞后校正主要用来改善系统的稳态性能,超前校正主要用来提高系统的稳定裕量,改善动态性能。如果把二者结合起来,就能同时改善系统的稳态性能和动态性能,这种校正方式称为滞后-超前校正。图 4.6-5 是滞后-超前校正装置的对数频率特性。

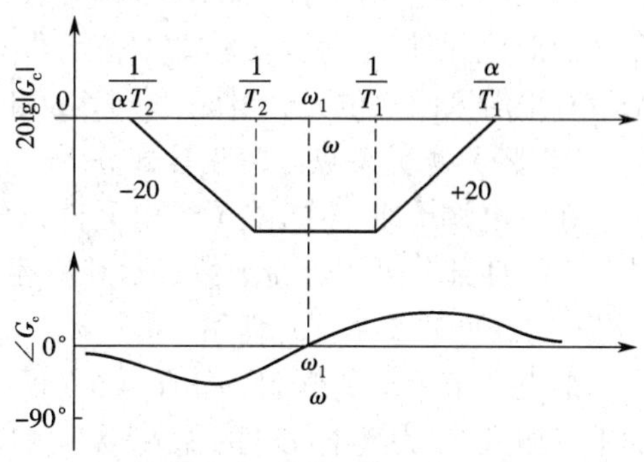

图 4.6-5 滞后-超前校正装置的对数频率特性

滞后-超前校正装置的传递函数为

$$G_c(s)=\frac{(T_2s+1)(\alpha T_1s+1)}{(\beta T_2s+1)(T_1s+1)} \quad (4.6\text{-}7)$$

式中:$\beta \geqslant \alpha > 1; T_2 > \alpha T_1$。

4.6.3 继电器调节系统(非线性系统)及校正

严格地讲,所有实际物理系统都是非线性的,总是存在诸如死区、饱和、间隙等非线性环节。实际工程中所说的线性系统只是在一定的工作范围内,非线性的影响很小,当成线性问题处理。但也有一些问题,非线性特征较为明显,只能采用非线性的方法解决。非线性系统的数学表达采用非线性微分方程,非线性微分方程种类繁杂,至今尚没有统一的求解方法,只能根据对象的特点相应地选用不同的方法。

①线性化近似方法。这是常用的方法,前提是:非线性因素对系统影响很小,可以忽略;系统的变量只发生微小变化,此时用变量的增量方程式。

②逐段线性近似法。将非线性系统近似为几个线性区域,每个区域用相应的线性微分方程描述,将各段的解合并在一起即可得到系统的全解。

③描述函数法。这是频率法的推广,可认为是非线性系统的频率法,适用于具有低通滤波特性的各种阶次的非线性系统。

④相平面法。这是非线性系统的图解法,由于平面在几何上是二维的,因此只适用于最高为二阶的系统。

⑤计算机仿真。计算机模拟可以满意地解决相当多实际工程中的非线性系统问题。

1. 继电器系统及特点

典型的非线性主要有机械传动系统中的间隙、运算放大器饱和、死区(又称呆滞区)以及具有继电特性的元件如各种开关装置、继电器、接触器等。具有继电特性的系统在自动调节系统中占有重要的地位,如室温自动调节系统中采用三位比例积分调节装置。许多继电系统调节过程中会出现自振荡。如果自振荡是正常工作情况,被调量的振幅受到调节精度要求的限制。由于继电系统的线性部分总是具有低通滤波特性,所以提高自振荡的频率,可减小被调量的振幅。为了限制自振荡的振幅,还可利用校正装置。

1)继电系统的组成

常见的继电系统由继电元件和除继电元件以外的线性部分组成。

(1)继电元件的特性

常见的继电元件特性如图 4.6-6 所示。图 4.6-6(a)为理想的双位元件;图 4.6-6(b)为有呆滞区的双位元件,也称为实际的双位元件;图 4.6-6(c)为带有上下限给定值的三位元件,由两个没有呆滞区的双位元件组成;图 4.6-6(d)是由两个有呆滞区的双位元件组成的三位元件。

(2)除继电元件以外的线性部分

在继电调节系统中,除了继电元件以外的各个线性元件的总和构成继电调节系统的线性部分。线性部分可用传递函数表示其特性。

(3)继电调节系统的框图

继电调节系统的框图。如图 4.6-7 所示。图中 θ_g 为继电系统的给定输入; θ_f 为继电系统的干扰输入;θ_ε 为继电元件的输入;y 为继电元件的输出;θ_2 为继电系统的输出。

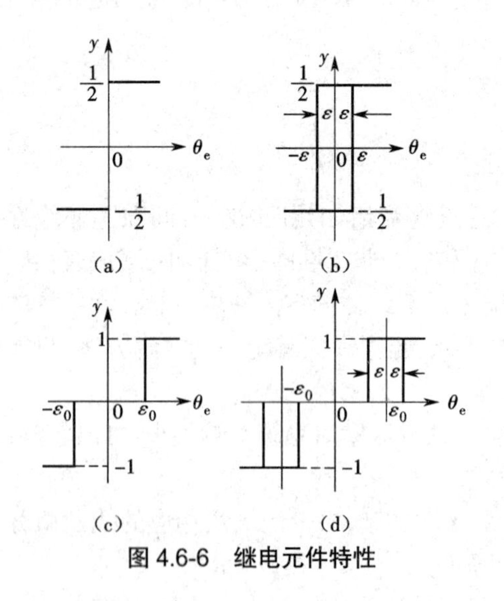

图 4.6-6　继电元件特性

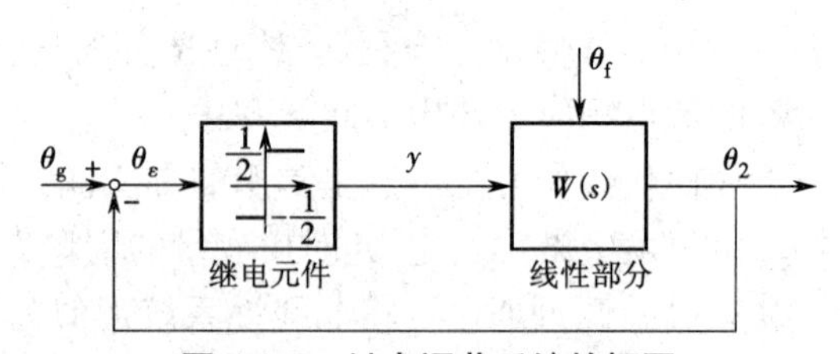

图 4.6-7　继电调节系统的框图

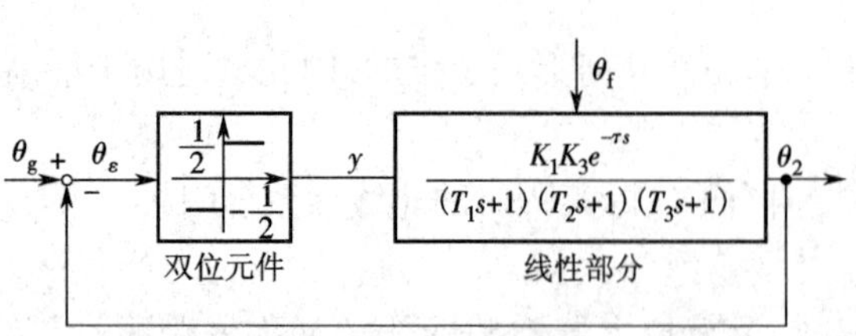

图 4.6-8　蒸汽加热室温双位调节系统

2)继电系统的自振荡

继电系统处于自振荡时,周期性的矩形波作用在系统线性部分的输入端上面,其输出和其他所有变量都是周期性函数。图 4.6-8 为蒸汽加热室温双位调节系统,对线性部分进行等效变换后可得到如图 4.6-9 所示的简化框图。图中: τ_1, T_1, K_1 分别为恒温室的纯滞后时间、时间常数和放大系数; T_2 为感温元件的时间常数; τ_3, T_3, K_3 分别为执行器和蒸汽加热器的纯滞后时间、时间常数和放大系数; θ_q 为蒸汽加热器的输出; θ_1 为恒温室的输出,室温的真实值; θ_2 为感温元件的输出,室温的测量值;τ 为调节系统线性部分的总纯滞后时间。其他同图 4.6-7。

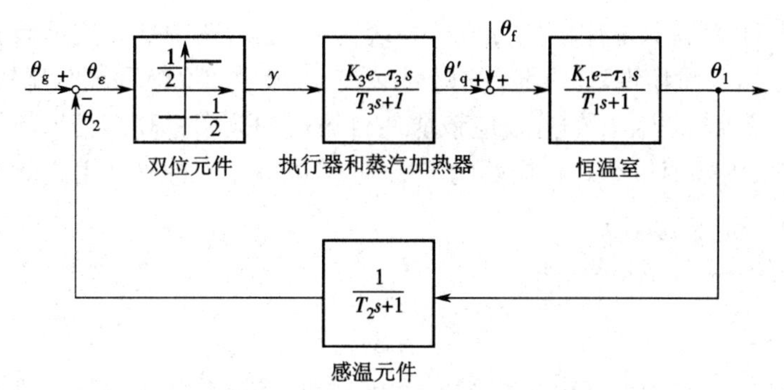

图 4.6-9 室温双位调节系统的简化框图

2. 位式恒速调节系统

在室温自动调节系统中，过去曾广泛采用过位式恒速调节系统，但其调节精度低，容易产生振荡。图 4.6-10 为室温位式恒速调节系统，热电阻 W_R 反映室温的变化，通过位式调节器和通断仪控制电动机转动，带动调节阀阀芯上下移动，改变进入加热器的水量，使室温保持不变。所谓位式恒速，是指电动机转动的方向与室温偏差的符号有关，而平均速度则是恒定的。如室温设定为 20 ℃，若室温高于 20 ℃，偏差为正，电机反转，阀芯向下移动，进入加热器的热水减少，室温向降低的方向变化。

恒速调节比位式调节效果好，因为执行器控制参量的增加或减少的过程是逐步、连续变化的。如配合得好，调节过程不会产生如双位调节那样的等幅振荡，产生的是衰减振荡或非周期的过程。

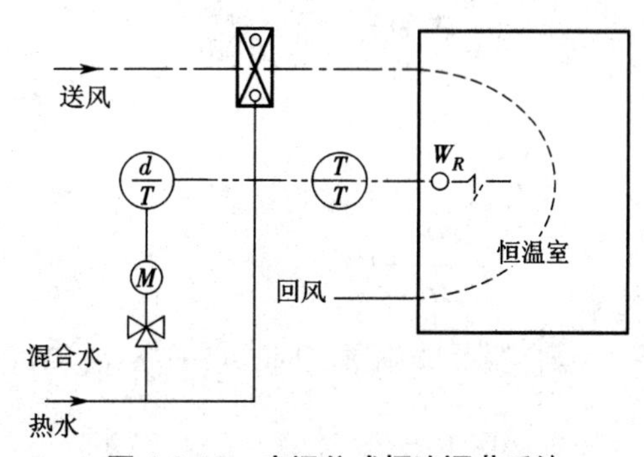

图 4.6-10 室温位式恒速调节系统

产生稳定的自振荡是双位调节系统的特点，对于位式恒速调节系统，如果设计中系统各环节参数没有选好或使用中没有整定好，也可能产生自振荡，使被控参数超出工艺允许的波动范围，而且自振荡使机械传动部分连续磨损，缩短寿命。因此，对于位式恒速调节系统，要研究产生自振荡的条件，避免产生自振荡。影响位式恒速调节系统调节品质的因素有以下三点。

①与调节器上、下限之间的区域有关。当上、下限之间的区域越宽，系统的静态误差越大，但室温不易超出这个区域，因而易于稳定。当上、下限间的区域较窄，静差减小，但系统不稳定。

②与执行机构全程时间有关。执行机构的全行程时间越小，其调节的补偿速度就越大，抗干扰能力就强，过渡过程的时间可缩短。但当补偿速度过快时，恒速调节系统可能产生像双位调节那样的不停的振荡，即电动阀在全开和全关间频繁切换，这在恒速调节中是不允许的。

③对象的动态特性也是影响调节品质的重要因素。实践证明，当对象特征比、传送系数以及敏感元件时间常数大时，易使系统产生振荡，动态偏差也会增大。

3. 带校正装置的双位调节系统

为了克服双位调节和恒速调节固有的缺点，在实际工作中可以采用加校正装置的双位调节系统。以图 4.6-11 室温双位比例微分调节系统为例说明，图中加热反馈装置相当于在继电元件上增加了一个由一阶惯性环节组成的局部反馈，与未增加反馈环节时比较，振荡周期明显减小。反馈环节的参量 k_4 与 T_4 的选取应该能使自振荡的频率提高多倍。当线性部分输出量的振荡频率很高时，则幅值较小。自振荡的半周期 T'' 可以相当精确地由式（4.6-8）求得

$$T''=T_4\ln\frac{\dfrac{k_4}{2}+\varepsilon}{\dfrac{k_4}{2}-\varepsilon}=T_4\ln\frac{1+\zeta_4}{1-\zeta_4} \tag{4.6-8}$$

式中，$\zeta_4=\dfrac{2\varepsilon}{k_4}$。减小 ζ_4 与 T_4，均可使 T'' 减小，提高自振荡频率提高，减小室温波动范围。

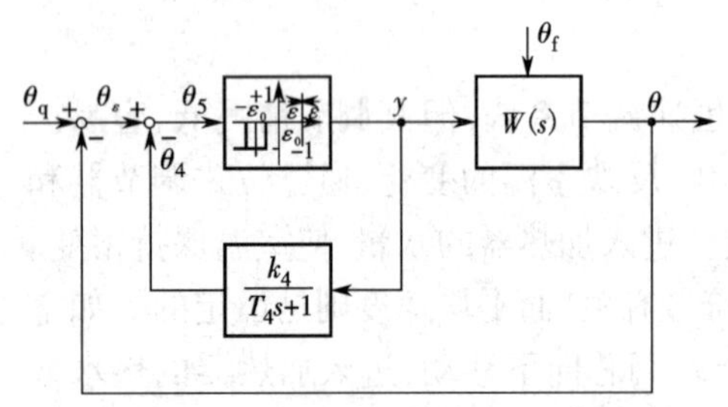

图 4.6-11　室温双位比例微分调节系统

对于图 4.6-11 所示的自振荡回路，θ_ε 表示回路的输入量，y 表示输出量，θ_4 表示继电元件输入端的反馈信号，θ_5 表示继电输入量。自振荡回路的工作状态可用下列方程组来描述：

$$y=F(\theta_5)$$

$$\theta_5=\theta_\varepsilon-\theta_4$$

$$T_4\frac{\mathrm{d}\theta_4}{\mathrm{d}t}+\theta_4=k_4y$$

用平均值的形式来表示

$$\bar{y}=\frac{1}{T_\mathrm{n}}\int_0^{T_\mathrm{n}}F(\theta_\varepsilon-\theta_4)\mathrm{d}t$$

$$\bar{\theta}_5=\theta_\varepsilon-\bar{\theta}_4$$

$$T_4\frac{\mathrm{d}\bar{\theta}_4}{\mathrm{d}t}+\bar{\theta}_4=k_4\bar{y}$$

当自振荡频率增高时，$\bar{\theta}_5=\theta_\varepsilon-\bar{\theta}_4$ 趋近于零，因此在极限情况下，可得平均值的方程组为

$$0=\theta_\varepsilon-\bar{\theta}_4$$

$$T_4\frac{\mathrm{d}\bar{\theta}_4}{\mathrm{d}t}+\bar{\theta}_4=k_4\bar{y}$$

或
$$\bar{y}=\frac{1}{k_4}\left(T_4\frac{\mathrm{d}\theta_\varepsilon}{\mathrm{d}t}+\theta_\varepsilon\right)$$

当 $\zeta_4\to 0$（$\varepsilon\to 0$）时，自振荡回路的传递函数趋近于理想的比例微分环节的传递函数

$$\frac{\bar{y}(s)}{\theta_\varepsilon(s)}=\frac{1}{K_4}(T_4s+1)=K_\mathrm{c}(T_\mathrm{D}s+1) \tag{4.6-9}$$

式中：$K_\mathrm{c}=\dfrac{1}{K_4}$ 是调节器的放大系数；T_D=T_4 是微分时间。

上式表明，当 $\theta_\varepsilon(s)=\dfrac{\Delta\theta_\varepsilon}{s}$ 时，在稳定情况下，可得

$$\bar{y}(\infty)=\lim_{s\to 0} s\,\bar{y}(s)=\frac{\Delta\theta_\varepsilon}{k_4}=K_c\Delta\theta_\varepsilon$$

或 $$\Delta\theta_\varepsilon=K_4\,\bar{y}$$

对应于一定的干扰，相应就有一定的静差 $\Delta\theta_\varepsilon$，如果增大了反馈校正装置中的反馈电流增大，相当于 K_4 增大，静差也随之增大。

4. 带校正装置的位式恒速调节系统

以图 4.6-12 为例说明带校正装置的位式恒速调节系统，该系统原是由一个三位元继电环节和恒速执行机构（电动机）组成的位式恒速调节系统。如果在三位元继电环节上增加一个由一阶惯性环节组成的局部反馈，就可以实现比例微分调节规律。推导可以证明，由于三位元件具有不灵敏区，所以当 $\theta_\varepsilon=0$ 时，回路中不会产生自振荡。只有当 $|\theta_\varepsilon|>\varepsilon_0+\varepsilon$ 时，回路中才会产生自振荡。

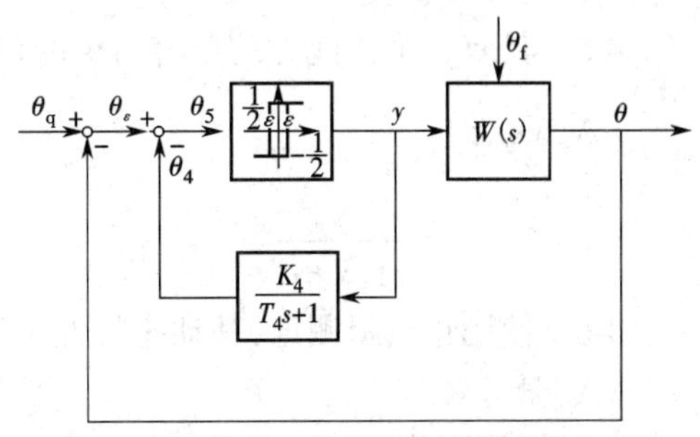

图 4.6-12　带校正装置的位式恒速调节系统

三位元件加上非周期反馈环节，在缓慢变化的输入量 $\theta_\varepsilon(t)$ 作用下，其特性变成了有不灵敏区的线性特性，如图 4.6-13 所示。如果令 $\varepsilon=\varepsilon_0$，在极限情况下的特性是没有不灵敏区的，放大系数等于 $K_c=\dfrac{1}{K_4}$。自激振荡回路的传递函数在 $\varepsilon\to 0$ 的极限情况下，趋近于理想的比例微分回路的传递函数

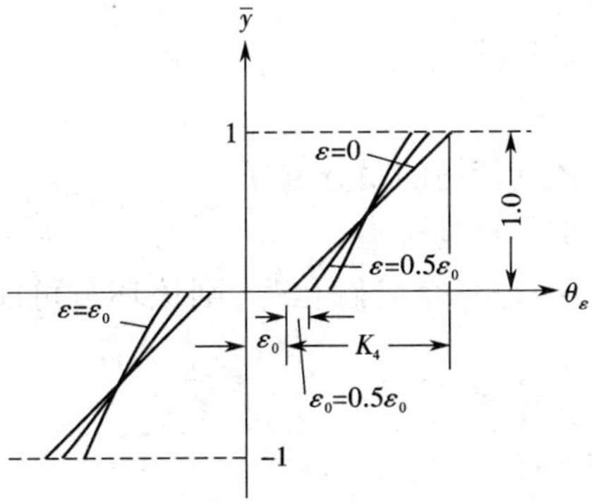

图 4.6-13　三位元继电环节加局部反馈的特性

$$W(s)=\frac{\bar{y}(s)}{\theta_\varepsilon(s)}=\frac{1}{K_4}(T_4s+1)=K_c(T_Ds+1) \tag{4.6-10}$$

仿真习题

4.1　自动控制与自动控制系统的一般概念

4-1　能够实现自动控制任务，由（　　）等组成的系统称为自动控制系统。

（A）输入和输出量　　（B）被控量和给定

（C）输入和扰动量　　（D）控制器和被控对象

4-2　闭环控制系统的输出（　　）。

（A）参与系统的反馈调节　　（B）不参与系统的反馈调节

（C）有检测通道　　（D）与输入无反馈通路

4-3　对自动控制系统基本性能的要求是（　　）。

（A）稳定性、准确性和快速性　　（B）稳定性、准确性和易用性

（C）稳定性、准确性和无振荡　　（D）单调性、准确性和快速性

4.2 控制系统数字模型

4-4 被控对象在扰动作用下偏离了原来的平衡状态,在没有外部干预的情况下(指没有自动控制或人工控制参与),被控变量能自行达到新的平衡状态,称这类对象是(　　)的被控对象。

(A)多容对象　　(B)单多容对象

(C)有自平衡能力　　(D)无自平衡能力

4-5 具有自平衡能力的单容对象的传递函数为(　　)。

(A) $G_p(s)=\frac{K}{s}$　　(B) $G_p(s)=\frac{K}{Ts+1}$

(C) $G_p(s)=\frac{K}{s(Ts+1)}$　　(D) $G_p(s)=Ts+1$

4-6 使用铂电阻测温,其动态特性可简单描述为(　　)。

(A)微分环节　　(B)积分环节

(C)惯性环节　　(D)振荡环节

4-7 系统采用下列(　　)时,系统的静差是不可避免的。

(A)P 控制器　　(B)PI 控制器

(C)PID 控制器　　(D)其他形式

4-8 传递函数与(　　)无关。

(A)系统本身的动态特性　　(B)描述其特性的微分方程

(C)系统的输入　　(D)全部零点与极点

4-9 给某一环节输入一个阶跃信号,若它的输出也是一个阶跃信号,则该环节可能是(　　)。

(A)比例环节　　(B)微分环节

(C)积分环节　　(D)惯性环节

4-10 在一定条件下,杠杆、齿轮变速器、运算放大器等可以看作是(　　)。

(A)比例环节　　(B)微分环节

(C)积分环节　　(D)惯性环节

4-11 惯性环节的传递函数为 $G(s)=\frac{K}{Ts+1}$,表示环节惯性大小的参数是(　　)。

(A) K　　(B) T

(C) $T\times s$　　(D) K 与 $T\times s$

4-12 某一负反馈控制系统,前向通道的传递函数为 $G(s)$,反馈通道为 $H(s)$,则系统的传递函数为(　　)。

(A) $\phi(s)=\frac{G(s)}{1+G(s)H(s)}$　　(B) $\phi(s)=\frac{G(s)}{1-G(s)H(s)}$

(C) $\phi(s)=G(s)H(s)$　　(D) $\phi(s)=\frac{G(s)}{H(s)}$

4-13 某一负反馈控制系统,前向通道的传递函数为 $G(s)$,反馈通道为 $H(s)$,则系统的开环传递函数为(　　)。

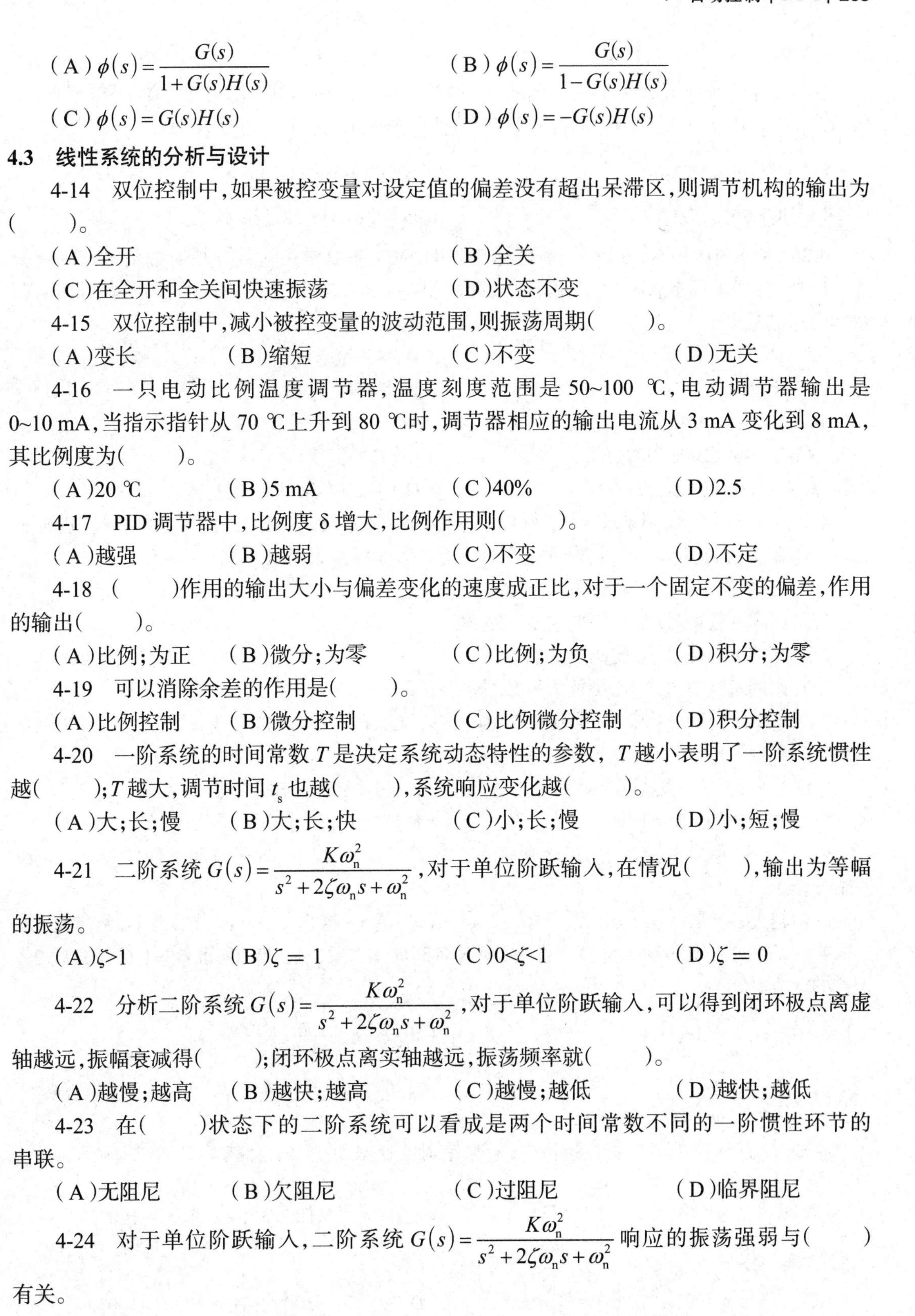

(A) $\phi(s)=\dfrac{G(s)}{1+G(s)H(s)}$　　(B) $\phi(s)=\dfrac{G(s)}{1-G(s)H(s)}$

(C) $\phi(s)=G(s)H(s)$　　(D) $\phi(s)=-G(s)H(s)$

4.3 线性系统的分析与设计

4-14 双位控制中,如果被控变量对设定值的偏差没有超出呆滞区,则调节机构的输出为(　　)。

(A)全开　　(B)全关

(C)在全开和全关间快速振荡　　(D)状态不变

4-15 双位控制中,减小被控变量的波动范围,则振荡周期(　　)。

(A)变长　　(B)缩短　　(C)不变　　(D)无关

4-16 一只电动比例温度调节器,温度刻度范围是 50~100 ℃,电动调节器输出是 0~10 mA,当指示指针从 70 ℃上升到 80 ℃时,调节器相应的输出电流从 3 mA 变化到 8 mA,其比例度为(　　)。

(A)20 ℃　　(B)5 mA　　(C)40%　　(D)2.5

4-17 PID 调节器中,比例度 δ 增大,比例作用则(　　)。

(A)越强　　(B)越弱　　(C)不变　　(D)不定

4-18 (　　)作用的输出大小与偏差变化的速度成正比,对于一个固定不变的偏差,作用的输出(　　)。

(A)比例;为正　　(B)微分;为零　　(C)比例;为负　　(D)积分;为零

4-19 可以消除余差的作用是(　　)。

(A)比例控制　　(B)微分控制　　(C)比例微分控制　　(D)积分控制

4-20 一阶系统的时间常数 T 是决定系统动态特性的参数, T 越小表明了一阶系统惯性越(　　);T 越大,调节时间 t_s 也越(　　),系统响应变化越(　　)。

(A)大;长;慢　　(B)大;长;快　　(C)小;长;慢　　(D)小;短;慢

4-21 二阶系统 $G(s)=\dfrac{K\omega_n^2}{s^2+2\zeta\omega_n s+\omega_n^2}$,对于单位阶跃输入,在情况(　　),输出为等幅的振荡。

(A)$\zeta>1$　　(B)$\zeta=1$　　(C)$0<\zeta<1$　　(D)$\zeta=0$

4-22 分析二阶系统 $G(s)=\dfrac{K\omega_n^2}{s^2+2\zeta\omega_n s+\omega_n^2}$,对于单位阶跃输入,可以得到闭环极点离虚轴越远,振幅衰减得(　　);闭环极点离实轴越远,振荡频率就(　　)。

(A)越慢;越高　　(B)越快;越高　　(C)越慢;越低　　(D)越快;越低

4-23 在(　　)状态下的二阶系统可以看成是两个时间常数不同的一阶惯性环节的串联。

(A)无阻尼　　(B)欠阻尼　　(C)过阻尼　　(D)临界阻尼

4-24 对于单位阶跃输入,二阶系统 $G(s)=\dfrac{K\omega_n^2}{s^2+2\zeta\omega_n s+\omega_n^2}$ 响应的振荡强弱与(　　)有关。

(A)K　　(B)ζ　　(C)ω_n　　(D)$K\omega_n^2$

4-25　频率特性是线性定常系统的一种特性。通过传递函数可以得到系统的频率特性函数：$G(j\omega)=G(s)\big|_{s=j\omega}$，其中幅频持性和相频特性分别表示为(　　)、(　　)。

(A)$G(j\omega);\angle G(j\omega)$　　(B)$G(j\omega);|\angle G(j\omega)|$

(C)$|G(j\omega)|;\angle G(j\omega)$　　(D)$|G(j\omega)|;|\angle G(j\omega)|$

4-26　在对数幅频特性图中，横坐标是频率，对频率取常用对数并按对数值进行坐标分度。这样，在横坐标上，每一个分度单位，频率相差1 0倍。称分度单位的长度为十倍频程。在横坐标上标出(　　)。

(A)对数频率值　　(B)频率值

(C)分贝值　　(D)频率分贝值

4-27　I型系统对数幅频特性曲线最低频段为(　　)。

(A)－40(dB/dec)的直线　　(B)水平直线

(C)－20(dB/dec)的直线　　(D)－60(dB/dec)的直线

4-28　对于比例控制系统，为了得到一个好的控制品质，应根据不同对象的特性，正确整定好比例带。当调整比例带时，发现过渡过程近似等幅振荡，说明(　　)。

(A)比例带选得过大，比例放大系数过大

(B)比例带选得过小，比例放大系数过大

(C)比例带选得过小，比例放大系数过小

(D)比例带选得过大，比例放大系数过小

4-29　在比例积分控制中，当比例带δ一定时，随着积分时间常数T_I的大小不同，其控制过程近似等幅振荡过程，说明积分时间常数(　　)。

(A)过大；积分作用过强　　(B)过小；积分作用过强

(C)过大；积分作用太弱　　(D)过小；积分作用太弱

4-30　在比例微分控制中，在比例放大系数K_c一定情况下，微分时间常数T_D(　　)，说明微分作用(　　)。

(A)越大；越强　　(B)越大；越弱　　(C)越小；越强　　(D)为零；无穷大

4-31　二阶系统的动态特性指标中，上升时间$t_r=$(　　)、峰值时间$t_p=$(　　)、按2%误差的调节时间为(　　)。

(A)$\dfrac{\pi}{\omega_d};\dfrac{\pi-\beta}{\omega_d};\dfrac{4}{\zeta\omega_n}$　　(B)$\dfrac{4}{\zeta\omega_n};\dfrac{\pi-\beta}{\omega_d};\dfrac{\pi}{\omega_d}$

(C)$\dfrac{\pi-\beta}{\omega_d};\dfrac{\pi}{\omega_d};\dfrac{4}{\zeta\omega_n}$　　(D)$\dfrac{\pi-\beta}{\omega_d};\dfrac{4}{\zeta\omega_n};\dfrac{\pi}{\omega_d}$

4-32　二阶系统的动态特性指标中，最大超调量$\sigma_p=$(　　)、衰减率$\Psi=$(　　)。

(A)$e^{-\frac{2\pi\zeta}{\sqrt{1-\zeta^2}}}\times100\%;\left(1-e^{-\frac{2\pi\zeta}{\sqrt{1-\zeta^2}}}\right)\times100\%$　　(B)$e^{-\frac{\pi\zeta}{\sqrt{1-\zeta^2}}}\times100\%;\left(1-e^{-\frac{2\pi\zeta}{\sqrt{1-\zeta^2}}}\right)\times100\%$

(C)$e^{-\frac{\pi\zeta}{\sqrt{1-\zeta^2}}}\times100\%;\left(1-e^{-\frac{\pi\zeta}{\sqrt{1-\zeta^2}}}\right)\times100\%$　　(D)$e^{-\frac{2\pi\zeta}{\sqrt{1-\zeta^2}}}\times100\%;\left(1-e^{-\frac{\pi\zeta}{\sqrt{1-\zeta^2}}}\right)\times100\%$

4-33 二阶系统过阻尼系统的时域性能指标有(　　)。

(A)峰值时间　(B)最大超调量　(C)上升时间　(D)衰减比

4-34 对典型二阶系统,下列说法不正确的有(　　)。

(A)系统临界阻尼状态的响应速度比过阻尼状态的响应速度快

(B)系统欠阻尼状态的响应速度比临界阻尼状态的响应速度快

(C)临界阻尼状态和过阻尼状态的超调量不为零

(D)系统的超调量仅与阻尼系数有关

4.4 控制系统的稳定性与对象的调节性能

4-35 线性系统稳定的充分必要条件是其特征方程的根位于 S 平面(　　),或特征根的实部(　　)。

(A)不含虚轴的 S 平面右半部分;为正　(B)不含虚轴的 S 平面右半部分;为负

(C)不含虚轴的 S 平面左半部分;为正　(D)不含虚轴的 S 平面左半部分;为负

4-36 线性定常系统的特征方程为: $s^4+5s^3+8s^2+16s+20=0$,则系统是(　　)。

(A)稳定的　(B)不稳定的　(C)临界稳定的　(D)不能确定

4-37 单位负反馈系统的开环传递函数为 $\dfrac{K}{s(0.1s+1)(0.25s+1)}$,若要求系统的特征根全部位于 $s=-1$ 之左侧,则增益 K 取值范围是(　　)。

(A)$0<K<14$　(B)$K>14$　(C)$0.675<K<4.8$　(D)$K>4.8$

4.5 控制系统的误差分析

4-38 线性定常系统的稳定性与系统本身的特性有关,与输入函数(　　);系统的稳态误差与系统本身的特性(　　),与输入函数(　　)。

(A)有关;有关;有关　(B)无关;有关;无关

(C)无关;有关;有关　(D)有关;有关;无关

4-39 0 型系统对单位阶跃输入是(　　),减小开环放大系数 K,使(　　)。

(A)有差系统;稳态误差减小　(B)有差系统;稳态误差增大

(C)有差系统;稳态误差不变　(D)无差系统;稳态误差为零

4-40 在单位斜坡函数输入下,0 型系统的稳态误差为(　　),0 型系统(　　)跟踪斜坡输入。

(A)有差系统;可以　(B)无穷大;不能

(C)有差系统;不能　(D)为零;可以

4-41 在单位斜坡函数输入下,Ⅰ型系统的稳态误差为(　　),(　　)跟踪斜坡函数输入。

(A)有差系统;可以　(B)无穷大;不能

(C)有差系统;不能　(D)为零;可以

4-42 在抛物线函数输入下,若要消除稳态误差,必须选择(　　)及以上的系统。

(A)0 型　(B)Ⅰ型　(C)Ⅱ型　(D)Ⅲ型

4-43 对于Ⅰ型系统,误差系数 K_p、K_v、K_a 分别为(　　)、(　　)、(　　)。

(A)K;0;0　(B)∞;K;0　(C)∞;∞;K　(D)∞;∞;∞

4.6 控制系统的综合与校正

4-44 采用串联超前校正和串联迟后校正分别是利用各自的(　　)。

(A)正的相移和高频衰减特性　　(B)相位超前特性和低频衰减特性

(C)相位超前特性和高频衰减特性　　(D)相位滞后特性和相位超前特性

4-45 超前校正会使系统的截止频率(　　),响应速度(　　),抗干扰能力(　　)。

(A)增大;加快;增强　　(B)增大;加快;减弱

(C)减小;加快;增强　　(D)减小;减慢;减弱

4-46 局部反馈校正具有独特的功能,可归纳为(　　)。

(A)提高系统对参数变化的敏感性　　(B)削弱被包围环节不希望有的特性

(C)减小受控对象的时间常数　　(D)增大受控对象的时间常数

4-47 许多继电特性系统调节过程中会出现自振荡,通常(　　)自振荡的频率,则被调量的振幅(　　)。

(A)减小;降低　　(B)减小;增大

(C)减小;不改变　　(D)提高;增大

4-48 对于双位调节特性,当被控对象的时间常数 T(　　),延迟 τ(　　),则被调参数的波动范围越大。

(A)越大;越大　　(B)越小;越大

(C)越大;越小　　(D)越小;越小

4-49 执行元件为电磁阀的控制属于(　　)。

(A)比例控制　　(B)位式控制

(C)积分控制　　(D)微分控制

4-50 采用双位调节器时,调节器的输出量不是100%,就是(　　)。

(A)0%　　(B)50%　　(C)75%　　(D)25%

4-51 调节器整定参数比例度合适时,被调参数的变化曲线为(　　)。

(A)发散振荡　　(B)衰减振荡　　(C)等幅振荡　　(D)非周期衰减

4-52 一台比例作用的电动温度调节器,量程是100~200 ℃,调节器输出是4~20 mA,当指示值变化25 ℃,调节器比例度为50%时,相应调节器输出变化为(　　)。

(A)16 mA　　(B)2 mA　　(C)4 mA　　(D)8 mA

4-53 串联校正中属于相位迟后—超前校正的是(　　)调节器。

(A)P　　(B)PD　　(C)PI　　(D)PID

4-54 在程序控制系统中,给定值的变化是(　　)。

(A)固定的　　(B)未知的　　(C)时间函数　　(D)随机的

4-55 制冷空调系统中的控制大多采用(　　)控制。

(A)定值　　(B)程序　　(C)随动　　(D)其他方式

习题答案

4-1(D)。提示:自动控制系统的定义。

4-2(A)。提示:闭环控制特点。

4-3(A)。提示:控制系统的基本要求。

4-4(C)。提示:有自平衡能力被控对象的定义。

4-5(B)　4-6(C)

4-7(A)。提示:有无积分项。

4-8(C)

4-9(A)。提示:典型环节及其传递函数。

4-10(A)

4-11(B)。提示:一阶惯性环节及特性参数。

4-12(A)。提示:反馈环节的传递函数计算。

4-13(C)。提示:开环传递函数的定义。

4-14(D)

4-15(B)。提示:双位控制的特点。

4-16(C)。提示:比例度的定义与计算。

4-17(B)。提示:K 与 δ 的关系。

4-18(B)。提示:PID 调节器中 P、I、D 各项的性质特点。

4-19(D)。提示:PID 调节器中 P、I、D 各项的性质特点。

4-20(C)。提示:一阶惯性环节及特性参数。

4-21(D)。提示:二阶系统及特性参数。

4-22(B)。提示:欠阻尼二阶系统特点。

4-23(C)。提示:过阻尼二阶系统的特点。

4-24(B)。提示:欠阻尼二阶系统及特性参数的范围。

4-25(C)。提示:线性定常系统的频率特性的定义。

4-26(B)。提示:对数幅频特性图的定义。

4-27(C)。提示:结合典型环节的对数幅频特性。

4-28(B)。提示:PID 调节器中比例控制的性质特点与参数整定。

4-29(B)。提示:PID 调节器中积分项的性质特点与参数整定。

4-30(A)。提示:PID 调节器中微分项的性质特点与参数整定。

4-31(C)。提示:欠阻尼二阶系统的动态特性指标。

4-32(B)。提示:欠阻尼二阶系统的动态特性指标。

4-33(C)　4-34(C)

4-35(D)。提示:稳定与特征根的关系。

4-36(B)。提示:构造劳斯表判断。

4-37(C)。提示:求出闭环开环传递函数,得到特征方程,以 $s = s_1-1$ 代入原特征方程,得到关于关于 s_1 的方程,构造劳斯表,应用劳斯判断求出系统稳定时 K 取值范围。

4-38(C)

4-39(B)。提示:单位阶跃输入对 0 型系统稳态误差的影响。

4-40(B)。提示:单位斜坡输入对 0 型系统稳态误差的影响。

4-41(A)。提示:单位斜坡输入对 Ⅰ 型系统稳态误差的影响。

4-42(D)

4-43(B)。提示:误差系数 K_{p}、K_v、K_a 的定义。

4-44(C)。提示:迟后校正特点与性质。

4-45(B)。提示:超前校正特点与性质。

4-46(B)。提示:局部反馈校正特点与性质。

4-47(B)　4-48(B)

4-49(B)。提示:电磁阀是继电特性的元件。

4-50(A)。提示:双位调节的特点。

4-51(B)　4-52(D)　4-53(D)

4-54(C)。提示:程序控制的定义。

4-55(A)

5 热工测试技术

考试大纲

5.1 测量技术的基本知识

测量,精度,误差,直接测量,间接测量,等精度测量,不等精度测量,测量范围,测量精度,稳定性,静态特性,动态特性,传感器,传输通道,变换器。

5.2 温度的测量

热力学温标,国际实用温标,摄氏温标,华氏温标,热电材料,热电效应,热电回路性质及理论,热电偶结构的使用方法,热电阻测温原理及性质,常用材料、常用组件的使用方法,单色辐射温度计,全色辐射温度计,比色辐射温度计,电动温度变送器,气动温度变送器,测温布置技术。

5.3 湿度的测量

基本原理,干湿球温度计,干湿球电学测量和信号传送传感,光电式露点仪,露点湿度计,氯化锂电阻湿度计,氯化锂露点湿度计,陶瓷电阻电容湿度计,毛发丝膜湿度计,测湿布置技术。

5.4 压力的测量

液柱式压力计,活塞式压力计,弹簧管式压力计,膜式压力计,波纹管式压力计,压电式压力计,电阻应变传感器,电容传感器,电感传感器,霍尔应变传感器,压力仪表的选用和安装。

5.5 流速的测量

流速测量原理,机械风速仪的测量及结构,热线风速仪的测量原理及结构, L 形动压管,圆柱形三孔测速仪,三管型测速仪,流速测量布置技术。

5.6 流量的测量

节流法测流量原理,测量范围,节流装置类型及其使用方法,容积法测流量,其他流量计,流量测量布置技术。

5.7 液位的测量

直读式测液位,压力法测液位,浮力法测液位,电容法测液位,超声波法测液位,液位测量布置及误差消除方法。

5.8 热流量的测量

热流计的分类及使用,热流计的布置及使用。

5.9 误差与数据处理

误差函数的分布规律,直接测量的平均值、方差、标准误差、有效数字和测量结果表达,间接测量最优值、标准误差、误差传播理论、微小误差原则、误差分配,组合测量原理,最小二乘法原理,组合测量的误差,经验公式法,相关系数,回归分析,显著性检验及分析,过失误差处理, 系统误差处理方法及消除方法,误差的合成定律。

复习指导

对测量技术的基本知识这部分,应掌握测量的意义及测量的基本关系式,误差产生的原因及分类。了解直接测量、间接测量、等精度测量、不等精度测量的物理意义和影响因素。掌握测量范围在测量中的意义,测量精度的分类与区别。做到会判断测量参数的稳定性。

温度的测量是测试技术中重要的测量参数之一。要了解热力学温标、国际实用温标、摄氏温标、华氏温标各自的物理意义、区别及相互的单位换算。掌握热电效应测温原理,热电回路性质中温差电势、接触电势、热电回路总电势的分析方法及热电偶的 3 个基本定律,在测量中如何正确合理使用热电偶的基本定律。采用热电阻测温所采用的材料应满足的条件,利用铂电阻、铜电阻、镍电阻、半导体热敏电阻等,在不同温域内的特性方程及测量方法。对于单色辐射温度计、全色辐射温度计、比色辐射温度计,要掌握它们各自是利用哪些物理参数比较来测量温度的,物理概念及其表达式。在测温布置中合理选择测温点,尽量减少测温误差,应从哪几方面考虑及使用中应注意的问题。

湿度的测量也是暖通空调行业关注的测量参数。需要掌握干湿球温度计测量仪表的组成及在经验公式下的测量数学表达。光电式露点仪、露点湿度计、氯化锂电阻湿度计、氯化锂露点湿度计、陶瓷电阻电容湿度计、毛发丝膜湿度计各自的测量原理及使用中各自应注意的问题。测湿布置技术中为了提高测量精度应怎样合理布置测点及测量方法。

了解压力的测量及主要设备和原理,如液柱式压力计、活塞式压力计、弹簧管式压力计、膜式压力计、波纹管式压力计、压电式压力计各自的测量原理、特点及各自的特性方程。电阻应变传感器、电容传感器、电感传感器、霍尔应变传感器它们各自的使用特点、原理,使用中应注意的问题及各自的特性方程。掌握压力仪表的选用和安装,应了解仪表量程及精度选择,仪表类型的选择,测量点的位置选择及减少测量误差的方法。

对流速的测量需了解流速测量常用方法与基本测量原理。掌握采用不同流速测量仪表时应注意的问题,测点布置应注意的要求。

对流量的测量应了解节流变压降流量计测量的基本原理,常用节流元件的类型、各自的特点及流量方程的正确使用。采用容积法测流量与节流法测流量的主要区别,误差特性及减少误差的方法。掌握涡轮流量计的工作原理,电磁流量计、超声波流量计它们各自的特点、基本工作原理及区别,流量计算公式。流量测量布置的基本要求及减少误差的方法。

对液位的测量需掌握压力式液位计的测量原理,测量过程中哪些物理量发生变化时,会对测量产生影响。超声波法测液位,声波传播速度与哪些参数有关,测量过程中应采取哪些措施。电容法测液位,工作原理和影响因素及计算公式。液位测量的布置特点及误差消除方法。

对热流量的测量需掌握热流计类型与分类,各种热流计的特点及工作原理。热流计的布置及使用的基本要求,使用中应注意的问题。

对于误差与数据处理，需掌握直接测量的平均值、方差、标准误差概念和表达式，测量结果表达形式，误差传递理论概念和最小二乘法在误差处理中的作用与表达等。

复习内容

本章阐述了暖通空调及热能动力机械工程领域主要参数的测量方法、测量仪器的工作原理、仪表安装及测点的布置技术、测量误差分析等内容。全章共分 9 节，第 1 节主要介绍测试技术的基础知识，从第 2 节开始，分别叙述暖通与空调及动力机械工程领域主要参数，如温度、湿度、压力、流速、流量、液位、热流量等测试方法、所用仪表原理及安装与测点的布置技术、测量误差分析与处理方法。

5.1 测量技术的基本知识

5.1.1 测量

测量是人们借助专门工具，通过试验和对试验数据的分析与计算，找到被测量的量值。测量是人类认识事物本质所不可缺少的手段。

1. 测量的定义

测量是以同性质的标准量与被测量比较，找出被测量相对标准量的倍数（标准量应该是国家、国际上公认，而且性能稳定的），即

$$x = LU \tag{5.1-1}$$

式中：x 为被测量；U 为标准量；L 为比值。

上式称为测量的基本方程式。式中数值化后的比值 L 称为被测量的测量数值（示值或测量值）。然而由于测量方法不够完善，测量工具不够精确，测量者的主观性及周围环境的影响，取数值化后的位数有限等，都会引起测量的误差，所以被测量的测量值 L 只能近似地等于被测量的真值 x，即上式变为

$$x \approx LU \tag{5.1-2}$$

由于测量中存在着测量误差，测量者的任务就是要尽量减小误差，因此应合理选择测量方法。而测量方法、测量单位、测量工具就是测量过程的三要素。

2. 测量分类

（1）按测量结果的获取方式来分

按测量结果的获取，测量可分为直接测量和间接测量。

①直接测量。使被测量直接与测量单位进行比较，或者用预先标定好的测量仪器进行测量，从而得到被测量的数值。

②间接测量。通过直接测量与被测量有某种确定函数关系的其他各变量，再按函数关系进行计算，从而得到被测量的数值。

（2）按被测量与测量单位的比较方式来分

按被测量与测量单位的比较方式，测量可分为偏差式测量、微差式测量与零差式测量。

①偏差式测量。测量工具因受被测量的作用，其工作参数产生与初始状态的偏离，由偏离量得到被测量值。

②微差式测量。采用准确已知的量与被测量相同类的恒定量，去平衡被测量的大部分，然后用偏差法测量余下的差值，测量结果是已知值与偏差法测得值的代数和。

③零差式测量。用作比较的量是准确已知并连续可调的，测量过程中使它随时等于被测量，也就是说，使已知量和被测量的差值为零，这时偏差测量仅起检验作用，因此，被测量就是已知的比较量。

（3）按测量仪表是否与被测对象相接触来分

按测量仪表是否与被测对象相接触，测量可分为接触测量和非接触测量。

①接触测量。测量仪表必须与被测介质接触才能测出被测量。

②非接触测量。与接触测量相反，不必与被测对象直接接触就可以测得被测量的结果。

（4）组合测量

测量中使各个未知量以不同的组合形式出现。根据直接测量或间接测量所获得的数据，通过各种条件建立联立方程组，以求得未知参量的数值称为组合测量。

（5）按被测量过程中的状态来分

按被测量过程中的状态测量又分为静态测量和动态测量，以此作为测量和获得结果的方式。

①静态测量。被测量在测量过程中不随时间变化，或其变化速度相对测量速率十分缓慢的这类量的测量。

②动态测量。在测量过程中，被测量随时间有明显变化的这类量的测量。

5.1.2 测量精度与误差

1. 测量精度

测量精度是指测量仪表的测量结果与被测量的真值相一致的程度。精度可分为精密度、正确度和准确度三个方面的内容。

①精密度。对同一被测量进行多次测量，测量值重复一致的程度，称为精密度。精密度反映了测量值中随机误差的大小，随机误差越小，测量值分布越密集，则测量精密度愈高。

②正确度。对同一被测量进行多次测量，测量值偏离被测量真值的程度，称为正确度。正确度反映了测量结果中系统误差的大小，系统误差愈小，测量的正确度愈高。

③准确度。精密度与正确度综合称为准确度，它反映了测量结果中系统误差和随机误 差的综合数值，即测量结果与真值的一致程度。准确度又称为精确度。

对同一被测量的多次测量，精密度高的准确度不一定高，正确度高的准确度也不一定高，只有精密度和准确度都高时，准确度才会高。图 5.1-1 说明了这种情况，图中：μ代表被测量的真值；$\bar{x}$ 代表多次测量的平均值；黑点代表各次测量值；x_k 为应删除的坏值；t 为测量顺序。图 5.1-l（a）说明精密度高，图 5.1-l（b）说明正确度高；图 5.1-l（c）说明准确度高。

2. 误差

测量仪表的测量值偏离真值的程度，它与测量误差的大小相对应。随着科学技术水平及人对客观事物认识能力的提高，误差可以被控制得愈来愈小，但不可能使误差降低为零。所以，测量误差与测量精度客观上表示了测量系统对于测量结果的精确性与可靠性。可根据测量误差性质不同，对误差采取不同方法来处理，一般将测量误差分为系统误差、随机误差、疏忽误差（粗大误差）三类。

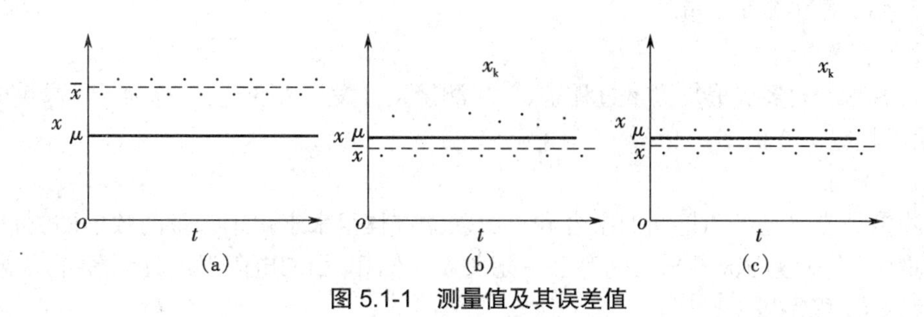

图 5.1-1 测量值及其误差值

①系统误差。这是指在同一条件下多次测量同一个量时,误差的绝对值和符号保持恒 定不变,或在条件改变时,按某一确定的规律变化的误差。测量系统和测量条件不变时,增加重复测量次数并不能减少系统误差。系统误差一般是由于测量仪表本身的原因,或仪表使用不当,以及测量环境条件发生较大改变等原因引起的。系统误差的大小直接关系到测量结果的正确度,所以对系统误差的发现及消除,在测量工作中具有十分重要的意义。

②随机误差。在相同条件下多次测量同一被测量时,误差的绝对值和符号不可预知地变化着,这种误差称为随机误差。随机误差时正时负,没有确定的规律,也不可能预知,但它是具有抵偿性的误差,例如,对同一个被测量进行多次重复测量时,每次测量不可能完全相等,每一个测量值或多或少地与被测量的真值之间存在一定的差别。这类误差的产生是由于测量过程中偶然原因引起的,故有时也称这种随机误差为偶然误差。

③疏忽误差(粗大误差)。这是明显歪曲测量结果的误差,有时亦称过失误差。出现疏忽误差往往是由于测量和计算时,测量者粗心失误,发生读错、记错、算错、测量系统突发故障等。应尽量避免出现这类错误,存在这类误差的测量值应当剔除。可根据统计检验方法来判断是否存在粗大误差,以决定是否剔除坏值。应注意不能无根据地轻易剔除测量值。

5.1.3 常用测量方法

(1)直接测量

所测量的值,将直接由测量仪表测定和读取。例如:用直尺测量长度,用压力表测量容器内介质压力,用玻璃温度计测量介质温度等。

(2)间接测量

间接测量时,必须通过测定相关量,利用函数关系式的计算来确定被测量的值。例如要测量某容器内介质的密度 ρ,可先测量出该容器内介质所占的容积 V,再测量出该介质的质量 m,则介质密度

$$\rho=\frac{m}{V} \tag{5.1-3}$$

式中:ρ 为容器内介质的密度,kg/m^3;m 为容器内介质的质量,kg;V 为容器内介质所占的容积,m^3。

(3)等精度测量

在不改变测量条件下对同一被测量的多次测量过程称作等精度测量。如在测量条件不变,测量方法不变,周围环境及观测者都不变情况下,对同一被测量或同组被测量进行多次测量,其中每一次测量都具有相同的有效及可靠性,而每次测量结果的准确度是相等的,这样的

测量结果又称作等准确度测量。

(4)不等精度测量

在同一被测量的多次重复测量过程中,如果测量条件发生了变化,则称为不等精度测量或不等准确度测量。

(5)组合测量

组合测量是要通过未知量间的组合和求解联立方程组来求得未知量的数值的测量方法。在组合测量中,未知量与被测量之间存在一定关系。例如,用铂电阻温度计测量介质温度时,电阻值和温度的关系为

$$R_t = R_0(1 + at + bt^2) \tag{5.1-4}$$

式中:R_t 为 t ℃时的铂电阻值,Ω;R_0 为 0 ℃时的铂电阻值,Ω;a、b 为铂电阻的温度常数,Ω/℃。

为确定铂电阻的温度系数,首先需要测得在不同温度下的电阻值,然后根据式(5.1-4)建立联立方程求解,得到 a、b 的值。

5.1.4 测量范围与测量精度

(1)测量范围

测量系统中的仪表所能测量的最大输入量与最小输入量之间的区间,叫测量范围。也可称测量仪表的量程。

(2)测量精度

测量仪表的精度表示了仪表的准确程度,即估计测量值 的误差大小。数值上它是以测量误差相对值表示的,包括绝对误差、相对误差和基本误差等。

①绝对误差。仪表的指示值(示值或测量值)L 与被测量的真值 x 之间的代数差称为指示值的绝对误差 Δ,即 $\Delta=L-x$,它有与测量值相同的单位。

②相对误差。示值的绝对误差与被测量的真值之比,称为示值的相对误差 δ,常用百分数表示,即

$$\delta = \frac{\Delta}{x} \times 100\% = \frac{L - x}{x} \times 100\% \tag{5.1-5}$$

③基本误差。仪表读数允许的最大绝对误差折合为仪表量程的百分数,即

$$\delta_y = \pm \frac{\Delta_j}{A_a - A_b} \times 100\% \tag{5.1-6}$$

式中:δ_y 为基本误差;Δ_j 为允许的最大绝对误差;A_a、A_b 为仪表刻度上限和下限值。

【例 5.1-1】 有一温度计的测温刻度从−50 ℃ ~150 ℃,而允许的最大绝对误差为 ±2 ℃,则基本误差为多少?

解: $\delta_y = \pm \frac{2}{150 - (-50)} \times 100\% = \pm 1\%$

【例 5.1-2】 有一块精度为 2.5 级、测量范围为 0~100 kPa 的压力表,则它的刻度标尺最小应分多少格?

解:由精度的定义可知,该仪表的最大绝对误差为

$$\Delta_{max} = 2.5\% \times (100 - 0) = 2.5 \text{ kPa}$$

因仪表的刻度标尺的分格值不应小于其允许误差所对应的绝对误差值，故其刻度标尺最小可分为(100−0)/2.5=40格。

测量仪表采用基本误差(允许误差)来表示仪器准确度的级别，例如基本误差为 ±1.5% 的仪器为“1.5级”。通常工程用仪器为0.5~4级；实验室用仪表为0.2~0.5级；标准仪器在0.2级以上。仪表的准确度级别一般都标在其标尺板上。

5.1.5 稳定性

测量值的稳定性可以由两个指标来表示：一个是稳定度；二是各环境影响系数。

仪表在稳定测量状态下，对某一标准量进行测量，间隔一定时间后，再对同一标准量进行测量所得二次测量的示值差，反映了该仪表的稳定度。它是由仪表中元件或环节的性能参数的随机性变化、周期性变化和随时间漂移等因素造成的。一般稳定度以示值差与时间间隔的数值一起表示。例如某毫伏表在开始时为某示值，当8小时后同样状态下测量示值增大了1.3 mV，则可以认定该仪表的稳定度为 δ_w=1.3 mV/8小时。示值差愈小，说明稳定度愈高。

由于测量环境的温度、大气压力、振动以及电源电压与频率等仪表的外部状态及工作条件变化对示值的影响，统称为环境影响，用各种环境影响系数来表示。例如周围环境温度变化引起仪表的示值变化，可用温度系数 β_θ(示值变化值/温度变化值)来表示(如某毫伏表，当温度变化10 ℃引起示值变化0.1 mV时，可写成 β_θ=0.1 mV/10 ℃。而电源电压变化引起仪表的示值变化，可用电源电压系数 β_u(示值变化值/电压变化值)来表示。

5.1.6 静态特性与动态特性

稳定状态下，仪表的输出(如显示值)与输入量之间的函数关系，称为仪表的静态特性。仪表的静态特性包括有准确度、回差、重复性、灵敏度和线性度等五项主要性能指标。

(1)准确度

它是表征仪表指示值接近被测量真值程度的质量标准。

(2)回差(变差)

输入量上升和下降时，同一输入量相应的两输出量，平均值之间的最大差值与量程之比的百分数称为仪表的回差，它通常是由于仪表运动系统的摩擦、间隙、弹性元件的弹性滞后等原因造成的。

(3)重复性

在同一工作条件下，多次按同一方向输入信号作全程变化时，对应同一输入信号值，仪表输出值的一致程度称为重复性。

(4)灵敏度

仪表稳定后，输出增量与输入增量之比，称为仪表的灵敏度，即仪表“输入—输出”特性的斜 率。若仪表具有线性特性，则量程各处的灵敏度为常数。

【例 5.1-3】 某测量范围是0~100 MPa的压力表，其满量程时指针转角为270度，它的灵敏度是多少？

解： $S=\dfrac{\Delta\theta}{\Delta p}=\dfrac{270-0}{100-0}=2.7\text{度/MPa}$

(5)线性度

线性度用来说明输出量与输入量的实际关系曲线偏离理想直线特性的程度。

动态特性是表示仪表对于随时间变化的输入量的变化能力。动态特性好的仪表,其输出量随时间变化的曲线与被测量随同一时间变化的曲线一致或者相近。仪表在动态下输出最和它在同一瞬间相应的输入量之间的差值,称为仪表的动态误差。而仪表的动态误差愈小,则其动态特性愈好。

5.1.7 传感器

传感器是测量系统与被测参数直接发生联系的部件。它的作用是感受被测量的大小后,输出一个相应的原始信号,以提供后续环节的变换,比较运算与显示被测量。而传感器能否准确、快速地传出信号,决定了测量系统的质量。因此对传感器应具备以下要求。

①输入与输出之间有较稳定准确的单值函数关系,还应具有准确重复性。

②非被测量的量影响要小,对要测量的被测量以外的量,不输出或输出信号很小,以致可以忽略不计。

③本身消耗能量小,即应尽量少地消耗被测量的能量,并应对被测量的状态没干扰或干扰很小。

5.1.8 传输通道

仪表与输入和输出信号的联系,要经过传输通道,传输可以用导线、管道、光导纤维、无线通讯等形式。要求应有一定的选择及布置,否则会造成信号损失、信号失真或引入干扰变形,以至无法测量。另外对一些特殊的仪表,外接导线要注意阻抗匹配的要求。

5.1.9 变换器(变送器)

对某些测量来说测量点与采集点距离较远,必须将传感器的输出进行远距离的传送。而传送过程必须经过变换器,对信号进行放大与线性化,并变换成标准统一信号来传送。对变换器来说,在放大与传送信号时,本身尽量减少对输入信号的消耗与损失,最终可以减少误差。

5.2 温度的测量

5.2.1 温度测量的定义

1. 温度

温度是表示物体冷热程度的物理量,也是物体分子运动平均动能大小的标志。物体的许多物理现象和化学性质都与温度有关,在生产过程和科学实验中,人们经常会遇到温度和温度测量问题,这就需要制定一个统一的标准。

2. 温标

温标是用于测量温度的某种统一的基准量(即标尺),温标规定了温度的始点(即零度)和测量温度的基本单位。目前使用较多的有热力学温标、国际实用温标、摄氏温标和华氏温标。

(1)热力学温标

热力学温标又称为开尔文温标(K),根据热力学原理,按照卡诺(Carnot)循环工作的热机,工质在温度 T_1 时吸收热量 Q_1,在温度 T_2 时放出热量 Q_2,则存在关系

$$\frac{T_2}{T_1}=\frac{Q_2}{Q_1} \tag{5.2-1}$$

开尔文(Kelvin)根据这一关系,建立了只用一个温度为基点,而能确定其他温度的热力学温 标,故又称开尔文温标(K),但是卡诺循环是理想化的,无法实现,由理想气体的关系式

$$\frac{p_1V_1}{T_1}=\frac{p_2V_2}{T_2} \tag{5.2-2}$$

可见,如果选择同样的基准点和单位,则利用理想气体状态参数变化的温标与热力学温标是一致的。只要我们选用在性质上接近于理想气体的真实气体,再进行修正,就可以制造出合适的温度计,实现热力学温标。热力学温标符号为 T,单位为开尔文 K。规定了水的三相点(即水的固、液、气三态共存时)的温度为 273.16 K,即 1 K 等于水的三相点热力学温度的 1/273.16,热力学温标也叫绝对温标。由于温度间隔定义了,所以热力学温标也就完全确定了。

(2)国际实用温标

利用真实气体来实现热力学温标虽然可行,但这样的气体温度计实际应用极为不便。所以为了使热力学温标得以实施和复现,从 1927 年国际计量大会决定建立统一的国际实用温标。经过多次修改,1990 年新的国际温标(ITS-90)开始实施。2019 年 5 月 20 日第 26 届国际计量大会,表决通过了关于"修订国际单位制(SI)"的决议,国际单位制基本单位中开尔文改由玻尔兹曼常数定义。我国规定自 1991 年 7 月 1 日起使用此温标。

"90 国际温标"规定热力学温度(符号为 T)是基本的物理量,其单位是开尔文(符号为 K)。它规定了水的三相点热力学温度为 273.16 K,定义开尔文 1 度等于水的三相点热力学温度的 1/273.16。另外由于水的冰点与三相点的热力学温度相差 0.01 K,因此,热力学温标 T 与摄氏温标 t 的关系为

$$T=t+273.15 \tag{5.2-3}$$

(3)摄氏温标与华氏温标

摄氏温标是将标准大气压下冰的熔点定为零度(0 ℃),把水的沸点定为 100 度(100 ℃)的一种温标。在 0 ℃到 100 ℃之间划分为 100 等分,每一等分为摄氏一度。摄氏温标是工程中最通用的温度标尺。国际实用温标与摄氏温标之间的关系为

$$t=T-273.15 \tag{5.2-4}$$

式中:t 为摄氏温度,℃;T 为热力学温度,K。因为冰的熔点比水的三相点温度低 0.01 ℃或 0.01 K。

华氏温标是将标准大气压下冰的熔点定为 32 ℉,水的沸点定为 212 ℉,中间划分为 180 等份,每一等份为华氏一度。华氏温标与摄氏温标之间的关系为

$$F=\frac{9}{5}t+32 \tag{5.2-5}$$

式中:t 为摄氏温度,℃;F 为华氏温度,℉。摄氏温度和华氏温度常以水银温度计测量,它们有赖于测温物质的物理特性,使温标的测量值不够准确,而且相互不一致。

5.2.2 膨胀效应测温原理及其应用

物体中大多数固体和液体,当它们在温度升高时,都会膨胀,利用这种物理效应可制成温度计,这种根据受热膨胀性质制作的温度计叫膨胀式温度计,主要有液体膨胀式温度计、固体膨胀式温度计和压力式温度计。

1. 液体膨胀式温度计

液体膨胀式温度计应用最广泛的是水银玻璃温度计，它的构造简单，使用方便，准确度高和价格低廉。

使用液体膨胀式温度计应注意两个问题。

①零点漂移，玻璃热胀冷缩也会引起零点位置的移动，因此使用玻璃液体温度计时，应定期校验零点位置。

②露出液柱的校正，使用时必须严格掌握温度计的插入深度，因为温度刻度是在温度计液柱部分全部浸入介质中标定的，而使用时液柱不能全部浸入到介质中，可按下式来求其修正值

$$\Delta t = h\alpha(t - t_0) \tag{5.2-6}$$

式中：h 是露出液柱的高度，m；α 是工作液体在玻璃中的相对膨胀系数（水银 α=0.000 16/℃；有机液 α=0. 000 124/℃）；t 为温度计的指示值，℃；t_0 为露出部分平均温度，℃。

2. 固体膨胀式温度计

它是利用固体受热膨胀原理制成的温度计，可分为杆式温度计和金属片温度计，最常用的是金属片温度计。它是由两种线膨胀不同的金属片重叠焊制而成。金属片一端固定，另一端自由移动。在下面金属片的线膨胀系数比上面大的情况下，当温度升高时，双金属片会产生向上的弯曲变形。温升越高，则弯曲角度越大。它的结构简单，抗震性能好，比水银温度计坚固，且可以避免水银污染。双金属片温度计的准确度等级在 1.0 级至 2.5 级，测温范围在-60 ℃ ~500 ℃。

3. 压力式温度计

压力式温度计由温包、毛细管和弹簧管所构成的封闭系统及传动指示机构组成。它是利用工作介质因温度变化而发生压力变化的原理，常分三种型式。

①充气体的压力式温度计。它是利用封闭系统中的充填气体膨胀或收缩产生的压力变化来测量温度，如封闭的系统中充氮气，测温范围在-80 ℃ ~550 ℃。

②充蒸汽的压力式温度计。它是利用封闭在系统中所充的低沸点液体饱和蒸汽压力的变化来测量温度，如所充的低沸点液体有氯甲烷（CH_3Cl）、氯乙烷（CH_2CH_2Cl）、丙酮（CH_3CO-CH_3）、乙醚（CH_3OCH_3）等，测温范围为-20 ℃ ~200 ℃。

③充液体的压力式温度计。它是利用封闭在系统中所充的液体受热后压力升高的原理来测量温度，所充的液体有水银（Hg）、二甲苯（C_8H_{10}）、甲醇（CH_3OH）等，测温范围在-40 ℃ ~550 ℃。

5.2.3 热电效应测温原理

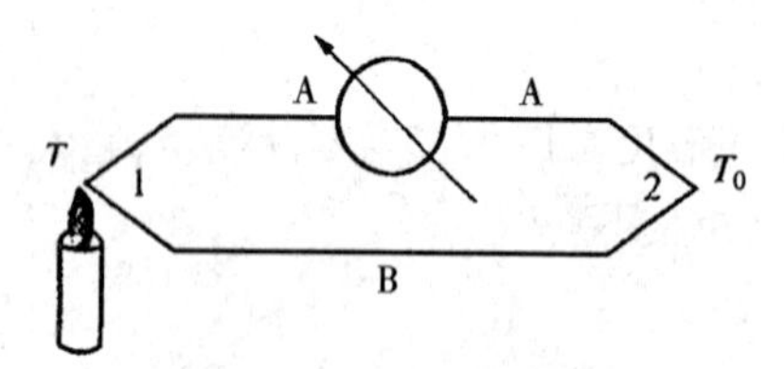

图 5.2-1 热电效应示意图（$T>T_0$）

将两种不同的金属导体 A 和 B 焊接在一起，构成一个封闭回路，当两个接点 1 和 2 的温度不同时，如图 5.2-1 所示，$T>T_0$ 时，则回路中有电流，电流方向与两端温度高低及两电极性质有关。

这种现象说明，只要热电偶两端温度不相等，回路中就存在电流，这个电流称为热电流，而产生热电流的电动势称为热电势，这一现象就是热电效应。它是贝克在 1821 年发现的，所以热电效应也称为贝克效应。这种热电势由温差电势（汤姆孙电势）和接触电势（帕尔帖电势）组成。当参考端（接点 2）T_0=常数时，热电势只与两电极

材料和工作端 T 的温度有关。此时热电势为

$$E_{AB}=f(T) \tag{5.2-7}$$

5.2.4 热电回路性质及理论

两种不同的导体（或半导体）组成的闭合回路，当两个节点处于不同温度 T 和 T_0，回路中会产生电动势，即热电势。这个热电势是由温差电势和接触电势组成的。

1. 温差电势（汤姆孙电势）

这是一段导体上因两端温度不同而产生的热电势。当同导体的两端温度不同时，在导体内部两端的自由电子相互扩散的速率不同，高温端的电子数跑到低温端的电子数比低温端的电子数跑到高温端的电子数要多，结果使高温端因失去电子而带正电荷，低温端因得到电子而带负电荷，这样在高、低温端之间形成一个由高温端指向低温端的静电场。该电场阻止电子从高温端向低温端扩散，最后达到动态平衡状态，此时在导体上产生一个相应的电动势，即为温差电势。此电势只与导体性质和导体两端的温度有关，而与导体的长度、截面大小、沿导体长度上的温度分布无关，如图 5.2-2 所示。设均匀导体 A 两端的温度为 T 和 T_0，则导体两端温差电势记为 $E_A(T,T_0)$。

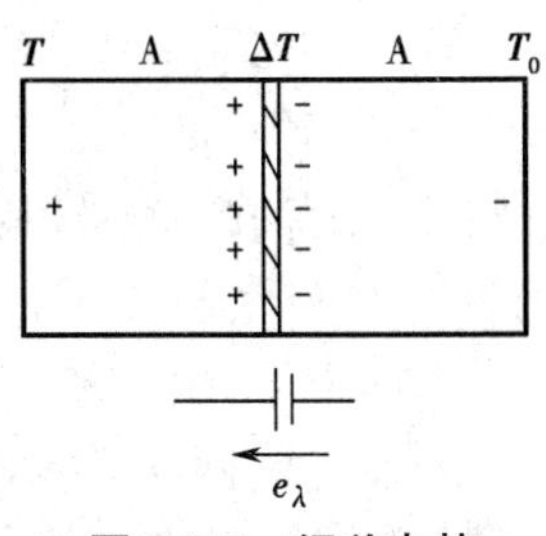

图 5.2-2 温差电势

2. 接触电势（帕尔帖电势）

不同导体中的自由电子密度不同，当两种不同导体连接在一起时，A、B 金属导体中的电子密度在接触处就会发生电子扩散。如果 A 导体的电子密度 ρ_A 大于 B 导体的电子密度 ρ_B，则从 A 扩散到 B 的电子数要比 B 扩散到 A 的多，在 A、B 接触面上形成一个从 A 到 B 的静电场。该电场将阻止电子由 A 导体到 B 导体的进一步扩散，当电子扩散的能力与上述静电场阻力平衡时，接触面的自由电子扩散就达到了动态平衡。在动态平衡时 A、B 接触面形成电势，即为接触电势，该电势的大小取决于两种导体的自由电子密度和接触点的温度，如图 5.2-3 所示。设接触点温度为 T 时，则导体 A、B 的接触电势记为 $E_{AB}(T)$。

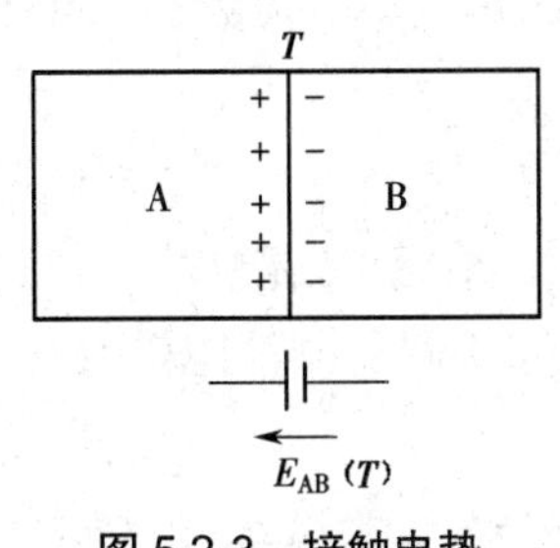

图 5.2-3 接触电势

3. 热电回路总电势

热电回路的总电势是温差电势和接触电势的代数和，如图 5.2-4 所示的闭合回路中，两个接触点处有两个接触电势 $E_{AB}(T)$ 和 $E_{AB}(T_0)$，在导体 A 和 B 中还各有一个温差电势，$E_A(T,T_0)$ 和 $E_B(T,T_0)$。该热电回路总电势为

$$E_{AB}(T,T_0)=E_{AB}(T)-E_{AB}(T_0)+E_B(T,T_0)-E_A(T,T_0) \tag{5.2-8}$$

上述温差电势及接触电势均为 T 或 T_0 的函数，整理上式，将含 T 及 T_0 的函数分开，则

$$E_{AB}(T,T_0)=f_{AB}(T)-f_{AB}(T_0) \tag{5.2-9}$$

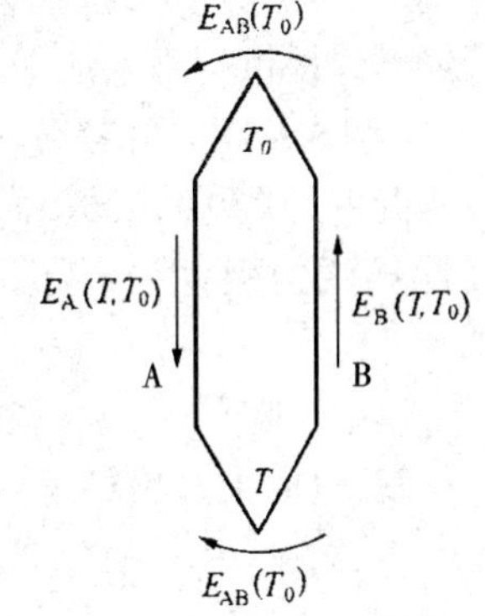

图 5.2-4 热电回路总电势

当热电回路的 A、B 材料确定后，总电势 $E_{AB}(T,T_0)$ 只是温度 T 和 T_0 的函数差。若使热电回路中的一个接触点的温度 T_0 保持不变，设为常数 C，这时上式

可写成

$$E_{AB}(T,T_0)=f_{AB}(T)-C \tag{5.2-10}$$

此时热电回路所产生的热电势 $E_{AB}(T, T_0)$只和温度 T 有关，因此测量热电势的大小，就可以求得温度 T 的数值了。通常把依据此原理测温的热电回路称为热电偶。通常把 T 端称为热端（工作端、测量端），T_0 端称为冷端（参考端、自由端）。

4. 热电偶的基本定律

（1）均质导体定律

由一种均质导体（或半导体）组成的闭合回路，无论导体的长度和截面积及沿导体各处的温度分布如何，都不会产生热电势。由此定律可以得到结论：①热电偶必须由两种不同性质的材料组成；②由一种材料组成的闭合回路，当有温差时，回路产生热电势，则说明材料是不均质的。

（2）中间导体定律

在热电偶回路中插入第三种、四种……均质导体，只要插入点导体两端温度相同，对原热电偶回路中的总电势没有影响。

由此定律导出，如果两种导体 A、B 对另一种参考导体 C 的热电势为已知，则这两种导体组成热电偶的热电势是它们对参考导体热电势的代数和（图 5.2-5）。

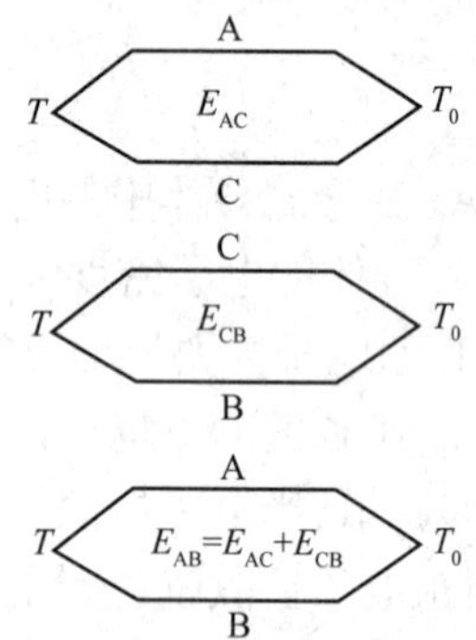

图 5.2-5　中间导体定律

$$E_{AB}(T,T_0)=E_{AC}(T,T_0)+E_{CB}(T,T_0) \tag{5.2-11}$$

（3）中间温度定律

热电偶的接点温度 T_1 和 T_3，它的热电势等于接点温度分别为 T_1、T_2 和 T_2、T_3 的两支相同性质的热电偶的热电势的代数和，如图 5.2-6 所示，它的热电势为

$$E_{AB}(T_1,T_3)=E_{AB}(T_1,T_2)+E_{AB}(T_2,T_3) \tag{5.2-12}$$

由此定律可以得到结论：①热电势在某一给定冷端温度下进行的分度，只要引入适当的修正，就可以在另外的温度下使用；②与热电偶具有同样热电性质的补偿导线可以引入热电偶的回路中，相当于把原热电偶导线延长而不影响热电偶原有的热电势，这就为实际测量中应用补偿导线提供了理论依据。

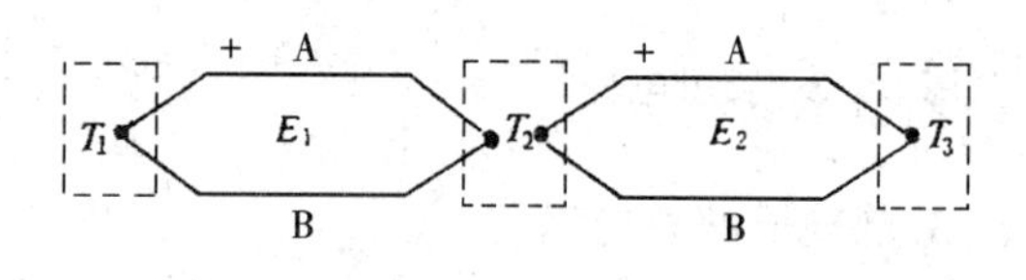

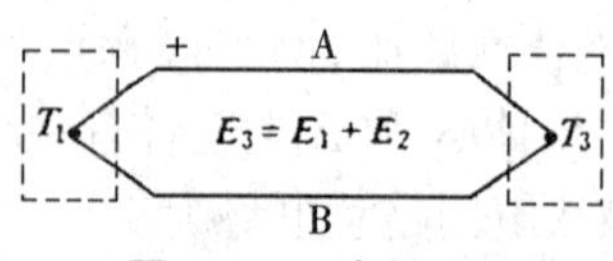

图 5.2-6　中间温度定律

【**例 5.2-1**】 用 K 分度号的热电偶和与其匹配的补偿导线测量温度，但在接线中把补偿导线的极性接反了，这时仪表的指示（　　）。

（A）不变　　（B）偏大　　（C）偏小　　（D）视具体情况而定

解：设原来补偿导线极性接法正确时的热电势为

$$E'=E_{AB}(T,T_0)=E_{AB}(T)-E_{AB}(T_0)$$

这样，如果把补偿导线极性接反了，则热电势变为

$$E = E_{AB}(T,T_0') - E_{A'B'}(T_0',T_0)$$
$$= E_{AB}(T) - E_{AB}(T_0') - E_{A'B'}(T_0') + E_{A'B'}(T_0)$$

两式相减得

$$\Delta E = E - E'$$
$$= E_{AB}(T) - E_{AB}(T_0') - E_{A'B'}(T_0') + E_{A'B'}(T_0) - E_{AB}(t) + E_{AB}(T_0)$$
$$= -E_{AB}(T_0') - E_{A'B'}(T_0') + E_{A'B'}(T_0) + E_{AB}(T_0)$$

因为在一定范围内补偿导线和热电偶的特性相同,所以上式可写为

$$\Delta E = -2E_{AB}(T_0') + 2E_{A'B'}(T_0)$$

由此可见,当 $T_0' > T_0$ 时,则 ΔE 为负,仪表的指示值偏小;若 $T_0' < T_0$ 时,则指示值偏大;若 $T_0' = T_0$ 时,则指示值不变。所以实际仪表指示值到底是偏大、偏小还是不变,必须视当时 T_0' 和 T_0 的具体大小而定,所以该题的正确答案是(D)。

5.2.5 热电材料

1. 对热电材料的主要要求

对热电材料主要有 6 点要求:①物理性能稳定,能在较宽的温度范围内使用,其热电性质不随时间变化;②化学性能稳定,在高温下不易被氧化和腐蚀;③热电势与温度之间呈线性关系;④电导率高,电阻温度系数小;⑤复制性好,可以互换;⑥价格便宜。

2. 常用的热电材料

(1)标准化热电偶

①铂铑 10—铂热电偶(分度号 S)。属于贵金属热电偶,通常直径为 0.5 mm,使用最高 温度 1 300 ℃,短期使用可达 1 600 ℃。该热电偶复制性好,测量准确度高,可在氧化性及中性气氛中长期使用,在真空中可短期使用。

②铂铑 13—铂热电偶(分度号 R)。热电偶的基本性质和使用条件和铂铑 10—铂热电偶相同,热电势略大些。

③铂铑 30—铂铑 6 热电偶(分度号 B)。是贵金属热电偶,通常直径为 0.5 mm,可长期 在 1 600 ℃中使用,短期可达 1 800 ℃。它宜在氧化性或中性气氛中使用,也可在真空中短期使用。抗污染能力强,热电性质更为稳定。这种热电偶的热电势和热电势率都比铂铑 10-铂热电偶小。

④镍铬—镍硅(镍铝)热电偶(分度号 K)。它是一种贱金属热电偶,通常直径为 0.3~3.2 mm,直径不同,使用的最高温度也不同。如直径为 3.2 mm 的热电偶,可长期在 1 200 ℃使用,短期测温可达 1 300 ℃。在 500 ℃以下可以在还原性、中性和氧化性气氛中可靠工作,而在 500 ℃以上只能在氧化性或中性气氛中工作。

⑤镍铬—康铜热电偶(分度号 E)。属贱金属热电偶,通常直径为 0.3~3.2 mm,测温范围在-200 ℃ ~900 ℃。以 3.2 mm 热电偶为例,可长期在 750 ℃高温使用,短期测温可达 900 ℃。这种热电偶适合在氧化性或中性气氛中使用。它亦适合在 0 ℃以下测量温度,在常用的热电偶中每摄氏度对应的热电势数值最高。

⑥铁—康铜热电偶(分度号 J)。属贱金属热电偶,通常直径为 0.3~3.2 mm,测温范围在-40 ℃ ~750 ℃。它适应在氧化、还原、真空及中性气氛中使用,不能在 538 ℃以上含硫气氛

中使用。

⑦铜—康铜热电偶（分度号 T）。属贱金属热电偶，通常直径为 0.2~1.6 mm，测温范围在-200 ℃ ~400 ℃。它适应在氧化、还原、真空及中性气氛中使用，它在潮湿的气氛中抗腐蚀，特别适合在 0 ℃以下温度测量，测温准确度较高，稳定性好，低温时灵敏度高。

⑧镍铬—金铁热电偶（分度号 Ni—AuFe0.07 ）及铜—金铁热电偶（分度号 Cu—AuFe0.07）。这两种热电偶适用于低温测量，测温范围前者为-270 ℃ ~0 ℃，后者为-270 ℃ ~ -196 ℃。这两种热电偶在低温下使用具有稳定性好、灵敏度高等优点。

（2）非标准化热电偶

①钨铼系热电偶。钨铼系热电偶测温可达 2 760 ℃，可长期测量低于 2 316 ℃的温度，短期可测高达 3 000 ℃。可用在干燥气氛、中性气氛和真空中，不宜用在还原性气氛、潮湿的氢气及氧化性气氛中。

②铱铑系热电偶。铱铑系热电偶可用于真空、中性及弱氧化性气氛中，不宜在还原性气氛中使用，在强氧化性气氛中使用寿命将缩短。正极铱铑合金中铑含量有 40%、50%、60%三种，测温范围分别为 2 100 ℃、2 050 ℃和 2 000 ℃。以上两系热电偶测温准确度可达 ± 1%。

③非金属热电偶。非金属热电偶已定型投入生产使用的产品有：热解石墨热电偶、二硅化钨—二硅化钼热电偶、石墨—二硼化锆热电偶、石墨—碳化钛热电偶和石墨—碳化铌热电偶等。这五种热电偶的准确度为 ±（1~1.5）%t，可在 1 700 ℃的氧化气氛中使用。这些热电偶的出现，开辟了含碳气氛中测温的途径，使得不用贵金属也能在氧化性气氛中测量高温。非金属热电偶的材料复制性较差，因此没有统一的分度表，另外其材料的机械强度较差，使用中受到了较大的限制。

5.2.6 热电偶结构及使用

1. 热电偶的测温结构形式

热电偶测温形式分为露头型、绝缘型和接地型。

①露头型（如图 5.2-7a）。主要用于测量要求响应快，而灵敏度高，被测介质对热电偶的接点无任何污染及化学反应的场合。

②绝缘型（如图 5.2-7b）。主要用于高温及防止热电偶与介质接触而影响热电偶质变的场合。

③接地型（如图 5.2-7c）。主要用于热电偶节点不能与被测介质宜接接触，而又要求测量响应快，又灵敏度高，需要减少外部电磁干扰的场合。

工业热电偶的结构如（图 5.2-8），它是由热电偶、绝热体、保护套管和密封接线盒等组成。

2. 热电偶使用要注意的问题

热电偶使用中主要应注意以下问题。

①工业上使用最多的是铠装热电偶，套管与热电偶之间应填满绝热材料的粉末，它的测温上限，除与热电偶有关外，还与套管的外径及套管壁厚度有关，外径粗、管壁厚的测温上限可高些。

②热电偶应与被测介质充分接触，尽量使两者处于相同温度，可以减少由于接触热阻而带来的测量误差。

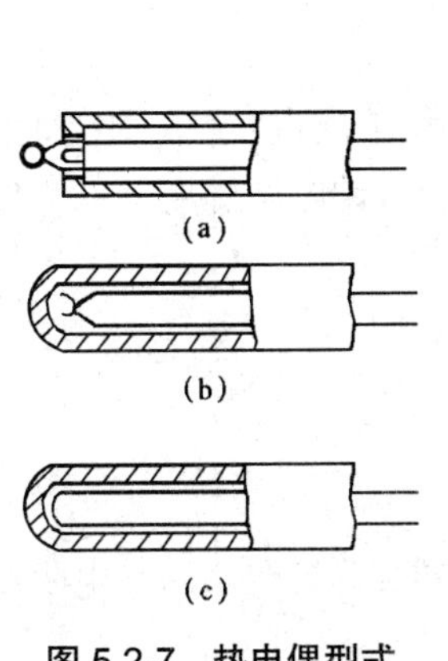

图 5.2-7 热电偶型式

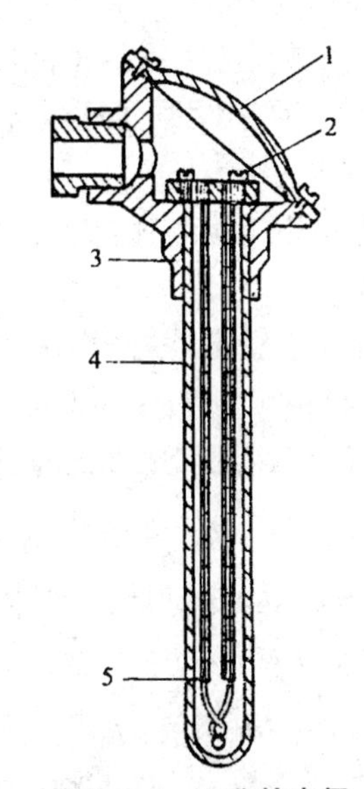

图 5.2-8 工业热电偶

1—接线盒 2—接线柱 3—接线座 4—保护管 5—感温元件

③要经常清除保护套管的污染物及灰尘等,以减少附加热阻所带来的测量误差。

④根据测温范围,合理地选择热电偶的型号,避免因超范围长期工作在高温区,引起热电偶材质发生变化而产生测量误差。

⑤热电偶测温度时,应尽量避开强磁场感应的影响(如电机,变压器等)。必要时应采用带屏蔽保护的补偿导线来克服磁场干扰。

⑥冷端(自由端)温度的补偿与修正,热电偶测温时应保持冷端温度为 0 ℃,或恒定值,如不能保证冷端温度为 0 ℃,则必须根据冷端的实际恒定值采用补偿法来进行修正。

⑦热电偶测温时如测量点与测量二次仪表距离较远时,为了节省热电偶导线的投资,可以采用补偿导线将信号引入二次仪表。但要求所采用的补偿导线应满足:在温度 0 ℃ ~100 ℃范围内,补偿导线的热电性能和热电偶热电性能相同;热电偶和补偿导线的接点温度要相等,并应采取措施使接点低于 100 ℃;补偿导线与热电偶连接时要注意正负极性,不可接反;补偿导线价格要便宜。

5.2.7 热电阻测温原理及常用材料、常用组件的使用方法

热电阻测温是根据金属的电阻随着温度的变化而变化的原理,所采用的材料必须满足以下条件。

①电阻温度系数大。

温度变化 1 ℃时电阻值的相对变化量,温度系数用 α 表示,即

$$\alpha=\frac{R_t-R_{t0}}{R_{t0}(t-t_0)}=\frac{1}{R_{t0}}\frac{\Delta R}{\Delta t} \tag{5.2-13}$$

式中:α 为在 t~t_0 温度范围内的平均温度系数(1/ ℃);R_t 为 t ℃时的电阻值;R_{t0} 为 t_0 ℃时的电阻值。

②在测温范围内热电阻的物理及化学性质稳定。

③要有较大的电阻率,热容量和热惯性要小,对温度变化的响应要快。

④电阻值与温度的关系尽可能成为线性,以便于分度。

⑤复现性好,复制性强,而且是容易得到的纯物质。

⑥价格便宜。

常用的热电阻材料有铂电阻、铜电阻、镍电阻、半导体热敏电阻等,下面分别介绍。

1. 铂电阻

铂电阻特点是稳定性好、准确度高、性能可靠,在高温下的物理性质、化学性质都非常稳定,国际标准(ITS-90)规定在 13.803 3 K~961. 79 K 温域内,以铂电阻温度计作为标准仪器。

温度在−200 ℃~0 ℃之间的特性方程为

$$R_t = R_0\left[1 + At + Bt^2 + Ct^3(t-100)\right] \tag{5.2-14}$$

温度在 0 ℃~850 ℃之间的特性方程为

$$R_t = R_0(1 + At + Bt^2) \tag{5.2-15}$$

式中: R_t 为 t ℃时的电阻值; R_0 为 0 ℃时的电阻值; A 为常数,对工业用的铂电阻,A=3. 908 02 × 10^{-3} ℃$^{-1}$;B 为常数,B=−5. 802 × 10^{-7} ℃$^{-2}$;C 为常数,C=−4.273 50 × 10^{-9} ℃$^{-4}$。

由于铂电阻是标准热电阻,在实际测量时,只要测得铂热电阻的阻值,便可以从标准分度表中查出对应的温度值。

2. 铜电阻

铜电阻的电阻值与温度的关系几乎是线性的,电阻温度系数比较大,而且材料易提纯,价格便宜。

铜电阻的测温范围在−50 ℃~+150 ℃,其在测温范围内的温度特性方程为

$$R_t = R_0(1 + At + Bt^2 + Ct^3) \tag{5.2-16}$$

式中: A 为常数,A = 4. 288 99 × 10^{-3} ℃$^{-1}$; B 为常数,B=−2. 133 × 10^{-7} ℃$^{-2}$; C 为常数,C=1.233 × 10^{-9} ℃$^{-3}$。

【例 5.2-2】 某铜电阻在 20 ℃时的阻值 R_{20}=16.28 Ω, α=4.25 × 10^{-3} ℃$^{-1}$,求该热电阻在 100 ℃时的阻值。

解: $R_{20}=R_0(1+20\alpha)$

$R_{100}=R_0(1+100\alpha)$

所以 $$R_{100} = R_{20}\frac{(1+100\alpha)}{(1+20\alpha)} = 16.28\times\frac{1+0.425}{1+0.085} = 21.38\,\Omega$$

3. 镍电阻

镍电阻的电阻温度系数较大,灵敏度比铂和铜电阻高,但在温度超过 200 ℃时,特性曲线有特异点,因此测温范围在−60 ℃~+180 ℃,其在测量范围内的温度特性方程为

$$R_t = 100 + At + Bt^2 + Ct^4 \tag{5.2-17}$$

式中: A 为常数, A = 0.548 5 × 10 ℃$^{-1}$; B 为常数, B=0.665 × 10^{-3} ℃$^{-2}$; C 为常数, C = 2.805 × 10^{-9} ℃$^{-4}$。

4. 半导体热敏电阻

半导体热敏电阻具有很高的电阻温度系数,采用不同的原料可以制成具有很高的正温度系数或负温度系数的热敏电阻,通常使用最多的是有负温度系数的热敏电阻,在一定温度范围

内可近似认为电阻与温度成线性关系，其表达式为

$$R_T = R_{T_0} e^{B/\left(\frac{1}{T}-\frac{1}{T_0}\right)} \quad (5.2\text{-}18)$$

式中：R_T 为温度为 T（K）时电阻值；R_{T_0} 为温度为 T_0（K）时的电阻值；e 为常数，e =2. 718；B 为常数，与半导体材料的成分，加工工艺等因素有关，通常 B 值在 1 500 ~5 000 K 范围内。由于 B 变化很大，所以半导体热敏电阻必须个别分度。

5.2.8 非接触测量方法

1. 单色辐射温度计

单色辐射式光学高温计是利用物体在某一波长下的光谱辐射强度与温度有单值函数关系，进行比较测温的。由于它不与被测介质接触，不破坏被测介质的温度场，动态响应好，因此可用于测量非稳态过程的温度值。物体的温度高于 700 ℃后会明显地发出可见光，并具有一定的亮度，其单色亮度 $L_{0\lambda}$ 与物体单色辐射强度 $E_{0\lambda}$ 成正比，即

$$L_{0\lambda} = CE_{0\lambda} \quad (5.2\text{-}19)$$

式中：C 为比例系数（1/π）。

根据维恩公式得

$$E_{0\lambda} = C_1\lambda^{-5}e^{-C_2/\lambda T_s} \quad (5.2\text{-}20)$$

式中：λ 为波长，m；e 为自然对数的底；C_1 为普朗克第一辐射常数 $3.741\,3\times10^{-16}\ \mathrm{W\cdot m^2}$；$C_2$ 为普朗克第二辐射常数，$1.438\,8\times10^{-2}\ \mathrm{m\cdot K}$；$T_s$ 为黑体的温度。

代入（5.2-19）式得

$$L_{0\lambda} = CE_{0\lambda} = CC_1\lambda^{-5}e^{-C_2/\lambda T_s} \quad (5.2\text{-}21)$$

同样也可导出实际物体的关系式为

$$L_\lambda = CE_\lambda = C\varepsilon_\lambda C_1\lambda^{-5}e^{-C_2/\lambda T} \quad (5.2\text{-}22)$$

式中：L_λ 为实际物体的亮度；E_λ 为实际物体的单色辐射强度；ε_λ 为物体的单色发射率；T 为实际物体的温度。

当温度为 T_s 的黑体的亮度 $L_{0\lambda}$ 与温度为 T 的实际物体的亮度 L_λ 相等时，则可由式（5.2-21）与（5.2- 22）得

$$\frac{1}{T} = \frac{1}{T_s} - \frac{\lambda}{C_2}\ln\frac{1}{\varepsilon_\lambda} \quad (5.2\text{-}23)$$

由于物体 $0<\varepsilon_\lambda<1$，所以 $T_s<T$。这样从光学高温计直接测到的温度 T_s 根据物体表面的单色发射率 ε_λ、辐射波长 λ，用式（5.2-23）求得实际物体温度 T。

2. 全色辐射温度计

全色辐射温度计是利用测量黑体全部辐射能来确定物体的温度。根据斯蒂芬—玻尔兹曼公式，对于绝对黑体的全部辐射能应为

$$E_0 = \sigma_0 T_s^4 \quad (5.2\text{-}24)$$

式中：σ_0 为斯蒂芬—玻尔兹曼常数，$5.666\,9\times10^{-8}\ \mathrm{W/(m^2\cdot K^4)}$。

根据式（5.2-24），当测得黑体全辐射能量 E_0 后，就可以计算出黑体的温度 T_s。当被测物体的真实温度为 T 时，其辐射能量 E 等于该辐射体在温度 T_p 时的绝对黑体全辐射能 E_0，而温

度 T_p 为所读取的被测物体的辐射温度。

由以上定义则 $E=\varepsilon\sigma T^4$，$E_0=\sigma_0 T_s^4$，令 $E=E_0$。即可由下式修正

$$T=T_p\sqrt{\frac{1}{\varepsilon}} \tag{5.2-25}$$

实际物体的发射率 ε 是小于 1 的数，因此 T_p 总是小于 T_s 的。

3. 比色辐射温度计

比色辐射温度计是利用两种不同波长的辐射强度的比值来测地温度的。由维思偏移定律可知，当温度发生变化时，物体的最大辐射强度向波长增加或减小的方向移动，这使波长 λ_1 和 λ_2 下的辐射亮度比，随温度而变化，因此测量亮度比的变化，可得到相应的温度。

由维思公式可得，单色辐射率为 ε_λ 物体的单色辐射强度为

$$E_\lambda=\varepsilon_\lambda C_1\lambda^{-5}e^{-C_2/\lambda T} \tag{5.2-26a}$$

而两个单色波长为 λ_1 和 λ_2 的同温度辐射强度之比为

$$\frac{E_{\lambda 1}}{E_{\lambda 2}}=\frac{\varepsilon_{\lambda 1}}{\varepsilon_{\lambda 2}}\left(\frac{\lambda_2}{\lambda_1}\right)e^{\frac{C_2\left(\frac{1}{\lambda_2}-\frac{1}{\lambda_1}\right)}{T}} \tag{5.2-26b}$$

当温度为 T 的实际物体在两个波长下的单色辐射亮度比值，与温度为 T_s 的黑体的在上述两波长下的单色辐射亮度比值相等时，把 T_s 称为实际物体的比色温度。根据上述定义，应用维恩公式：

$$\frac{1}{T}-\frac{1}{T_s}=\frac{\ln\frac{\varepsilon_{\lambda_1}}{\varepsilon_{\lambda_2}}}{C_2\left(\frac{1}{\lambda_1}-\frac{1}{\lambda_2}\right)} \tag{5.2-27}$$

已知 λ_1、λ_2、$\varepsilon_{\lambda 1}/\varepsilon_{\lambda 2}$ 和 T_s 可求 T。

5.2.9 温度变送器

1. 电动温度变送器

电动温度变送器由输入电路和高放大倍数的自激调制放大器等部件组成。利用热电偶或热电阻温度传感器把被测量的温度值，转换为标准的电压和电流信号。它可以对热电偶起冷端补偿作用；可把热电阻输出的电阻值转换成直流毫伏信号，并起着仪表整机调零和零点迁移作用；还可远距离输出标准电压 4 ~20 mV，标准电流 4 ~20 mA；可以构成具有负反馈的闭环系统。如图 5.2-9 所示。

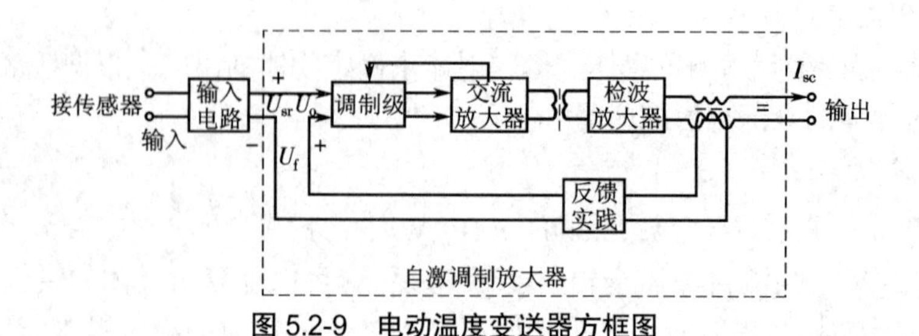

图 5.2-9 电动温度变送器方框图

2. 气动温度变送器

气动温度变送器是利用温度变化时,变送器中的测压部件内的压力变化来测量温度。测压系统由温包、毛细管和波纹管组成,如图 5.2-10 所示。

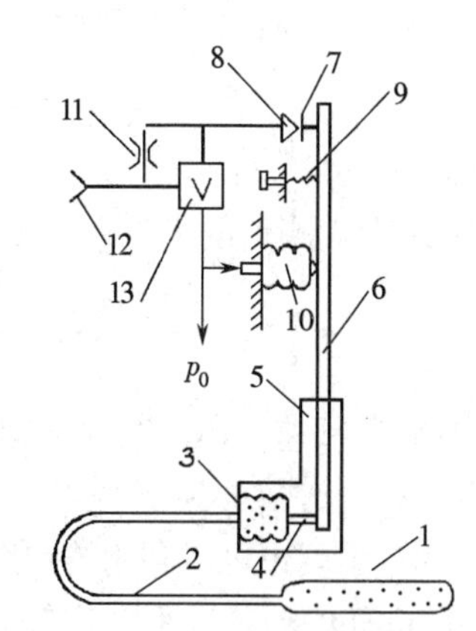

图 5.2-10 气动压力式温度变送器结构原理图

1—温包 2—毛细管 3—测量波纹管 4—推杆 5—支点膜片 6—主杠杆 7—挡板 8—喷嘴 9—调零弹簧 10—反馈波纹管 11—恒气喷 12—气源 13—放大器

5.2.10 测温布置技术

在前面所讨论的测温方法中,测温元件大多数必须与被测介质直接接触,因此也称为接触测温方法。采用接触测温方法测温,测温仪器所指示的温度与被测介质的实际温度是有差值的,而如何减少差值非常重要。合理选择测温点,尽量减少测温误差,应从以下几点考虑。

①温度测点,应选择最能代表被测量的位置。

②测温探头应尽量插入被测介质中,为了减少误差,应把露在外边的测量管用保温材料包起来,这样不仅使测温误差减小,还可以减少系统的损失。

③为了提高测量精度,减小误差,应把测温元件放在管道流体速度最高的地方,即管道中心轴线上。

④内插式测温保护套管,在机械强度允许的情况下,尽量采用薄壁型套管,以减小测量的热惯性,保护套管内应填充良好导热细粉材料以克服测量时滞。

⑤用热电偶测量炉温时,应避免测温元件与火焰直接接触,接线盒不应碰到炉壁,以避免自由端温度过高。

⑥使用热电偶、热电阻测温时,应防止测量环境中的强电磁干扰对测量温度的影响。

⑦测温元件对负压管道(风道)的设备进行测量时,要保证安装孔的密封,以防止外界空气被吸入而引起的测量误差。

⑧对系统有一定压力的设备,测温元件安装时,要保证密封及承受压力,做到安全可靠。

⑨测温元件的安装地点应便于维修、拆装及调试方便。

⑩对非接触测量的辐射温度计要准确分析及测量被测物体的发射率(ε),以提高测量的准确度。

5.3 湿度的测量

5.3.1 干湿球温度计测量原理

干湿球温度计的测量原理是:当大气压力 B 和风速 v 不变时,利用被测空气相对于湿球温度下的饱和水蒸气压力和干球温度下的水蒸气分压力之差,根据干湿球温度差之间的数量来确定空气的湿度。

干湿球温度计是由两支相同的温度计组成的。其中一支温度计的球部包有潮湿的纱布,由于湿度温度计球部潮湿纱布的水分蒸发,带走热量,使其温度降低,而温度降低的数值取决于湿球温度计球部所包潮湿纱布的水分蒸发强度,而蒸发强度取决于周围空气的气候条件。周围空气湿度越高,湿球温度计的水分蒸发就愈强,则湿球温度计指示的数值比干球温度计指

示的空气温度就越低。在测得干湿球温度后可按下式计算相对湿度

$$\varphi=\left(\frac{p_{\mathrm{b.s}}}{p_{\mathrm{b}}}-AB\frac{\theta_{\mathrm{w}}-\theta_{\mathrm{s}}}{p_{\mathrm{b}}}\right)\times 100\% \tag{5.3-1}$$

式中:B 为实测点的大气压,Pa;A 为与风速相关的系数,经验公式为

$$A=\left(593.1+\frac{135.1}{\sqrt{v}}+\frac{48}{v}\right)\times 10^{-6}$$

式中: v 为风速,m/s; P_{b} 为干球温度对应的饱和水蒸气的压力,Pa; $P_{\mathrm{b.s}}$ 为湿球温度对应的饱和水蒸气压力,Pa;θ_{s} 为空气的湿球温度, ℃;θ_{w} 为空气的干球温度, ℃。

相对湿度也可以利用焓湿图查得。式(5.3-1)只适用于风速为 2.5 m/s,大气压力为 101 325 Pa (760 mmHg)的条件下才比较正确。如有差别应按下式修正

$$\varphi\approx\frac{B}{B'}\varphi' \tag{5.3-2}$$

式中:B 为实测点大气压力,Pa; B' 为限定的大气压力 101 325 Pa; φ' 为修正前的相对湿度,%; φ 为修正后的相对湿度,%。

5.3.2 干湿球电学测量和信号传送

干湿球电信号传感器是一种将温度参数转换成电信号的测量仪表。它的测量原理与干湿球温度计相同。主要区别为干球和湿球测温是采用两支微型套管式镍电阻(或其他热电阻)所替代。为了保证镍电阻周围造成一恒定风速的气流,增加了一个微型轴流电机。恒定气流速度为 2.5 m/s 以上。

干湿球电信号传感器的测信电路原理图如图 5.3-1 所示。

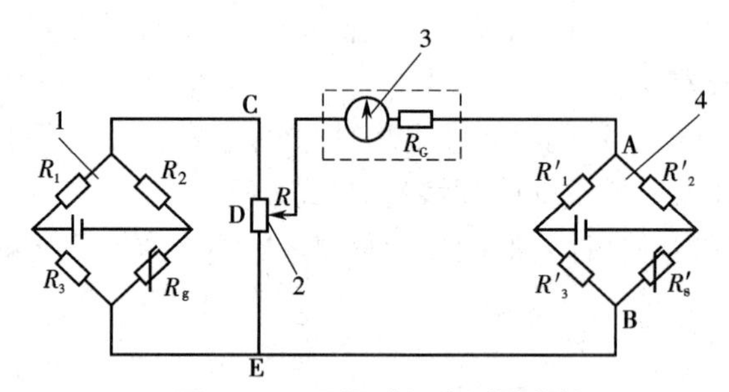

图 5.3-1 干湿球温度测量电桥

1—干球温度测量电桥 2—补偿可调电阻 3—检流计 4—湿球温度测量电桥

它是由两个不平衡电桥接在一起而组成一个复合电桥。图中左边电桥为干球温度测量电桥,电阻 R_{g} 为干球热电阻;右边电桥为湿球温度测量电桥,电阻 R_{s} 为湿球热电阻。

左侧干球电桥的输出电压 U_{CE} 为干球温度 θ_{w} 的函数,即

$$U_{\mathrm{CE}}=f_{\mathrm{CE}}(\theta_{\mathrm{w}}) \tag{5.3-3}$$

右侧干球电桥的输出电压 U_{AB} 为湿球温度 θ_{s} 的函数,即

$$U_{\mathrm{AB}}=f_{\mathrm{AB}}(\theta_{\mathrm{s}}) \tag{5.3-4}$$

左右电桥通过补偿可调电阻 R 连接。当 R 的动接触点 D 位置一定,左右电桥处于不平衡状态时,则检流计中有电流 I 通过,其电流大小为

$$I=\frac{U_{AB}-U_{DE}}{R_G} \tag{5.3-5}$$

式中：R_G 为检流计内电阻，U_{DE} 为补偿可调电阻 R 上 D、E 两点间的电压降。

当可调电阻的动触点 D 的位置使左、右电桥处于平衡时，检流计无电流通过，此时有

$$U_{AB}=U_{DE}=I_{CE}R_{DE} \tag{5.3-6}$$

$$U_{CE}=I_{CE}R \tag{5.3-7}$$

式中：I_{CE} 为流过可调电阻 R 的电流；R_{DE} 为可调电阻 R 上 D、E 两点间的电阻。

此时，可知补偿电桥平衡时的可调电阻 R_{DE} 为干、湿球温度 θ_w 和 θ_s 的函数

$$R_{DE}=\frac{U_{AB}}{I_{CE}}=\frac{f_{AB}(\theta_s)}{f_{CE}(\theta_w)}=f(\theta_w,\theta_s) \tag{5.3-8}$$

由此，可以看出补偿电路平衡时的可调电阻 R_{DE}，与干湿温度的比例有关。根据这一关系可计算和标定出与相对湿度的对应关系，并以此来测量空气的相对湿度。

5.3.3 露点仪

1. 光电式露点湿度计

光电式露点湿度计是利用光电原理直接测量气体露点温度的电测湿度计。其基本结构及系统框图如图 5.3-2 所示。

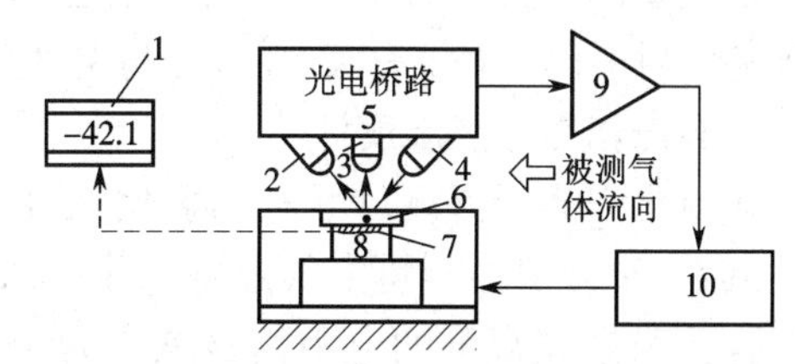

图 5.3-2 光电式露点湿度计

1—露点温度指示器 2—反射光敏电阻 3—散射光敏电阻 4—光源 5—光电桥路 6—露点镜 7—铂电阻 8—半导体热电制冷器 9—放大器 10—可调直流电源

从图中可知，光电式露点湿度计的关键部件是一个可以自动调节温度并能反射光的金属 露点镜及光学系统。当被测的采样气体通过中间通道与露点镜相接触时，如果镜面温度高于气体的露点温度，此时镜面的光反射性强，来自白炽灯光源的斜射光束经露点镜面反射后，大部分射向反射光敏电阻，只有很少部分被散射光敏电阻接受。二者通过光电桥路进行比较，将不平衡信号，经平衡差动放大器放大后，自动调节输入半导体热电制冷器的电流。半导体热电制冷器的冷端与露点镜相联。当输入制冷器的电流值发生变化时，制冷量也随之变化，电流愈大，制冷量愈大，露点镜的温度愈低。当降至露点温度时，露点镜开始结露。此时来自白炽灯光源的光束射到凝露的镜面时，受凝露面的散射作用，使反射光束的强度减弱，而散射光的强度开始增加。经两组光敏电阻接受并再经过光电桥路进行比较后，放大器与可调电源自动减小输入半导体热点制冷器的电流，以使最后露点镜的温度升高。当不结露时，又自动降低露点镜的温度，最终使露点镜的温度达到动态平衡时，即为被测气体的露点温度。通过安装在露点镜内的铂电阻和露点温度指示器，即可直接显示被测的露点温度值。使用中应注意，采样的气体不能含有烟尘杂物、油脂等污染物，否则会直接影响测量的精度。

2. 露点湿度计

露点湿度计由温度计 1 和 2、镀镍黄铜盒 3 和一个橡皮鼓气球 4 组成，如图 5.3-3。

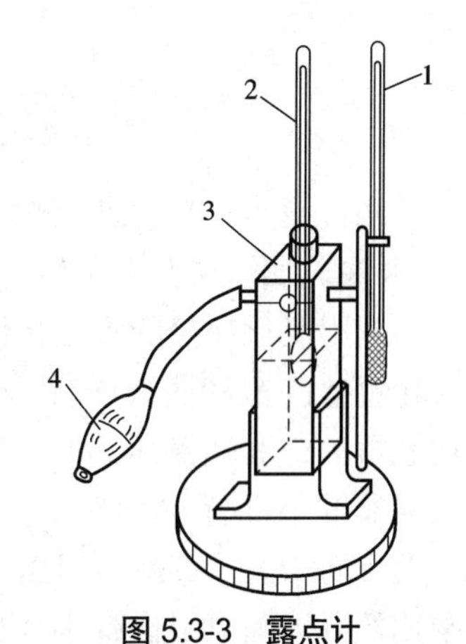

图 5.3-3 露点计

1—干球温度计 2—露点温度计 3—镀镍黄铜盒 4—橡皮鼓气球

测量时在黄铜盒内注入乙醚的溶液,用橡皮鼓气球将空气 吹入黄铜盒中,并由另一管口排出,使乙醚得到较快速度的蒸发,当乙醚蒸发时吸收了自身热量使温度降低。当空气中水蒸气开始在镀镍黄铜盒外表面凝结时,插入盒中的温度计的读数就是空气的露点温度。测出露点温度后,就可以从水蒸气表中,查出露点温度对应的水蒸气饱和压力 P_1 和干球温度下饱和水蒸气的压力 P_b,即可计算出空气的相对湿度。需注意的问题是,当冷却表面上刚出现露珠时,需立即测量表面温度,否则容易造成较大的误差。

3. 氯化锂电阻湿度计

氯化锂是一种性能稳定的金属盐类,它在空气中具有强烈的吸湿特性,而吸湿量又与空气相对湿度成一定的函数关系,随着空气中的相对湿度愈大,则 氯化锂吸收的水分愈多,反之减少。同时氯化锂的导电性能,即电阻率的大小随其吸湿量的多少而增减,吸收水分愈多,电阻率愈小。当氯化锂的蒸气压高于水气中水蒸气分压力时,氯化锂释放水分,则导致电阻率增大,氯化锂电阻湿度计就是利用氯化锂吸湿后电阻率的变化特性制成的。

使用氯化锂电阻湿度计应注意:①为避免电阻湿度计测量头在氯化锂溶液发生电解,电极两端应接低压交流电,严禁使用直流电源;②环境温度对氯化锂电阻湿度计有很大影响,该湿度计的电阻不仅与湿度有关,而且还与温度有关,因此氯化锂电阻湿度计要带有温度补偿电路。

4. 氯化锂露点湿度计

氯化锂露点湿度计是利用氯化锂溶液吸湿后电阻减小的基本特性,将测量空气的相对湿度问题,转化成为测量空气温度和涂有氯化锂溶液的测量探头湿度问题。它是利用电子线路将探头与空气温度的电阻信号综合为相对湿度信号。氯化锂露点湿度计的传感器结构如图 5.3-4 所示。

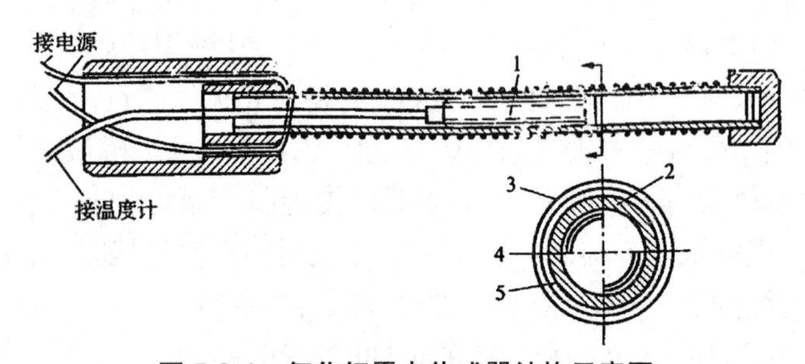

图 5.3-4　氯化锂露点传感器结构示意图

1—热电阻　2—金属管　3—金线　4—玻璃丝套管　5—绝缘涂层

测量露点温度原理:测定露点过程是用一只玻璃式铂热电阻,在电阻外面缠绕玻璃丝布套,并在玻璃丝布套上平行绕两根铂丝加热线。玻璃丝布用 40%~80% mg/ml 的氯化锂溶液浸透。利用氯化锂盐的吸湿特性和铂电阻测头进行测湿。当空气中的水蒸气分压力等于或低于氯化锂盐的饱和蒸汽压时,氯化锂盐保持固相,不吸收空气中的水分,而当水蒸气分压力比氯化锂盐的饱和蒸汽压高时,氯化锂盐就会吸水,并逐渐潮解成溶液。氯化锂盐在液相时,它的电阻非常小,而在固相时,它的电阻非常大。另外氯化锂的饱和蒸汽压与温度有关,并随温度的上升而增大。在测量时由于氯化锂盐溶液吸收空气中的水分而潮解,则电阻减小,而缠绕的两铂丝电极间电阻也减小,电流增大,产生焦耳热,使测量头温度上升,而此时被测空气温度不变,相应的氯化锂的饱和蒸汽压上升,直到氯化锂饱和蒸汽压力与被测空气中的水蒸气分压力相等,吸湿和蒸发相等,达到了动态平衡,此时流过两电极间的电流不再变化,因而测量头上的温度也不再变化,而这时的温度称为平衡温度。由于平衡温度与露点温度是相对应的,则指示仪表就直接指出被测空气的露点温度。当知道了露点温度,就可以计算出空气的相对湿度。

5. 陶瓷电阻电容湿度计

利用半导体陶瓷材料制成的陶瓷湿度传感器具有如下优点:测量范围宽,可实现全湿范围内的湿度测量;工作温度高,常温湿度传感器的工作温度在 150 ℃以下,而高温湿度传感器的工作温度可达 800 ℃;响应时间较短;精度高;抗污染能力强;工艺简单;成本低廉。

陶瓷电阻湿度计是烧结型陶瓷湿敏元件,有 $MgCr_2O_4$-TiO_2 系, TiO_2-V_2O_5 系, ZnO-Li_2O-V_2O_5 系, $ZnCr_2O_4$ 系, ZnO_2-MgO 系, Fe_3O_4 系, Ta_2O_5 系等。这类湿度传感器的感湿特征量大多数为电阻。除 Fe_3O_4 外,都为负特性湿度传感器,即随着环境相对湿度的增加,阻值下降。也有少数陶瓷湿度传感器,它的感湿特征量为电容。

①结构陶瓷电阻湿度计。该湿度传感器(如图 5.3-5 所示)的感湿体是 $MgCr_2O_4$-TiO_2 系多孔陶瓷。这种多孔陶瓷的气孔大部分为粒间气孔,气孔直径随 TiO_2 添加量的增加而增大。粒间气孔与颗粒大小无关,它相当于一种开口毛细管,容易吸附水分。材料的主晶相是 $MgCr_2O_4$ 相,此时,还有 TiO_2 相等,感湿体是一个多晶相的混合物。

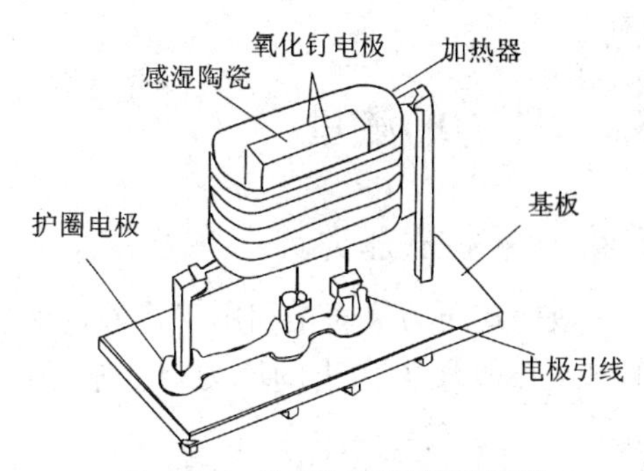

图 5.3-5 陶瓷湿敏元件结构图

②电阻—湿度特性。如 $MgCr_2O_4$-TiO_2 系陶瓷湿度传感器的电阻—湿度特性(图 5.3-6 所示),随着相对湿度的增加,电阻值急剧下降,基本按指数规律下降。当相对湿度从 0 变为 100% 时,电阻值从 $10^7\ \Omega$ 下降到 $10^4\ \Omega$,变化了三个数量级。

③电阻—温度特性。在不同的温度环境下,测量陶瓷湿度传感器的电阻—温度特性如图 5.3-7 所示。从图中可见,从 20 ℃到 80 ℃的各条曲线的变化规律基本一致,具有负温度系数,其感湿负温度系数为-0.38%/℃。如果要求更精确的湿度测量,需要对湿度传感器进行温度补偿。

④响应时间。响应时间特性如图 5.3-8 所示。根据响应时间的规定,从图中可知,响应时间一般都小于 10 s。

⑤稳定性。制成的 $MgCr_2O_4$-TiO_2 系陶瓷类湿度传感器,必须进行高温负荷实验、高温高湿负荷实验、常温常湿实验。实验所用电压为交流 5 V,以判断产品质量和保证产品可靠、稳定地工作。

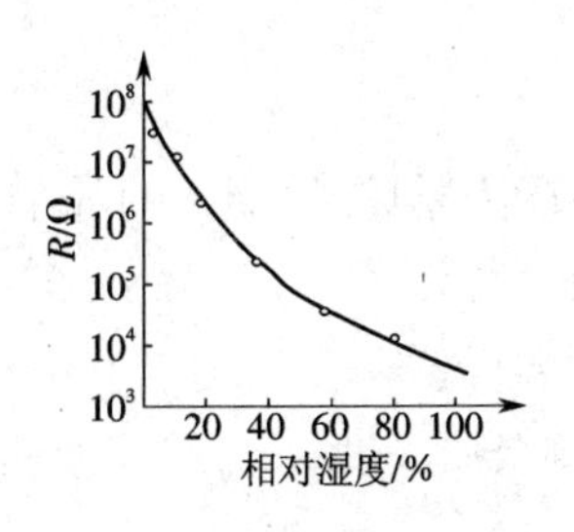

图 5.3-6 陶瓷湿度传感器的电阻—湿度特性

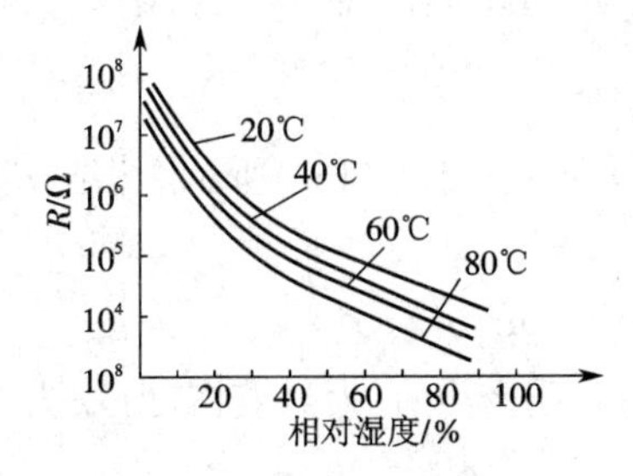

图 5.3-7 陶瓷湿度传感器的电阻—温度特性

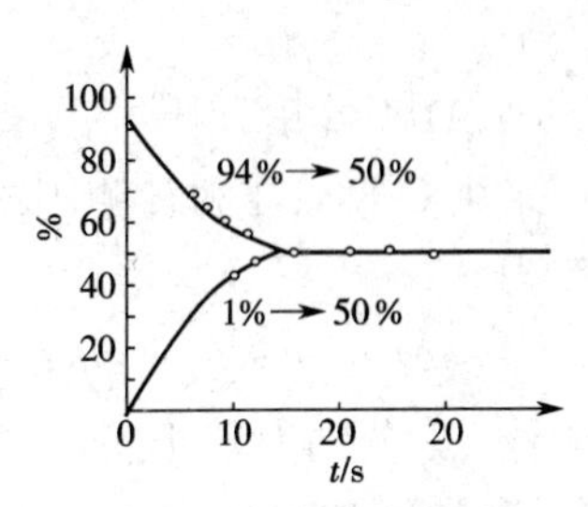

图 5.3-8 湿度传感器的时间响应特性

6. 毛发式湿度计

它是利用经脱脂等处理过的毛发及纤维材料，在不同湿度空气中的伸缩率不同的原理，当相对湿度 φ 增加时，毛发、纤维材料会伸长，反之缩短。毛发长度的变化，通过机械放大装置带动测量仪表指针偏转，从而测得相对湿度。毛发及纤维材料作为湿度敏感元件，一般反应速度较慢，相对湿度与输出的位移信关系是非线性的，长期使用还会引起老化和塑性变形。其测量精度较低，但有构造简单、工作可靠、不需经常维护等优点。

5.3.4 露点仪测湿布置技术

露点仪测湿应注意：①测量湿度点应布置在空调系统的回风口，以准确测量和控制系统相对湿度；②测湿传感器的测点区域，应有良好的通风处，并避免水滴飞溅和水蒸气直接接触；③ 采用干湿球温度计测量空气湿度时，要保证湿球周围的风速恒定，风速应为 2.5 m/s，并保持湿球温度计球部的纱布不可缺水；④采样气体不得含有烟尘、油脂等污染物，否则会影响测量精度。

5.4 压力的测量

5.4.1 液柱式压力计

液柱式压力仪表是利用工作液的液柱所产生的压力与被测压力相平衡，并根据液柱高度来测量被测压力大小的压力计。常用的工作液有水、酒精和水银，主要结构形式如图 5.4-1 所示。

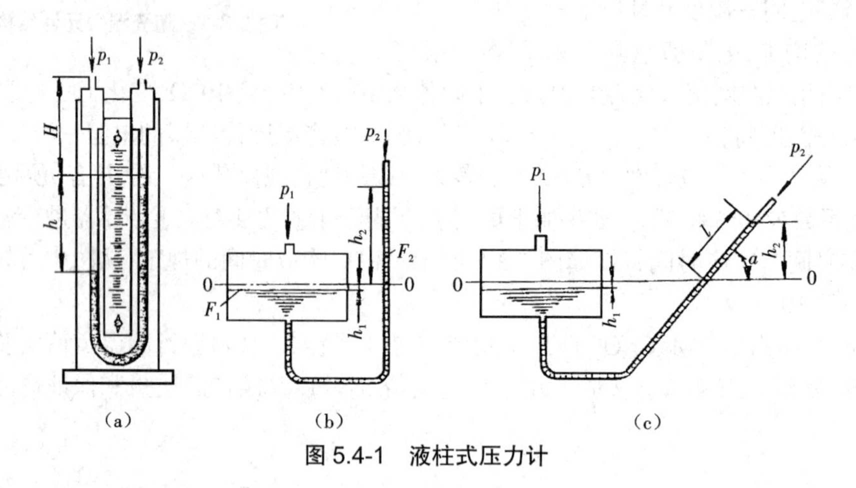

图 5.4-1 液柱式压力计

(1)U 形管压力计

采用 U 形管压力计测压的原理如图 5.4-1(a)所示。根据流体静力学原理，通入 U 形管的压差为

$$\Delta p = p_1 - p_2 = gh(\rho - \rho_1) + gH(\rho_2 - \rho_1) \tag{5.4-1}$$

式中：ρ_1、ρ_2 分别为 U 形管中左右介质密度；ρ 为封液密度；H 为右侧介质高度；h 为封液液柱高度；g 为重力加速度。

当 $\rho_1 \approx \rho_2, \rho >> \rho_1$ 时

$$\Delta p = p_1 - p_2 = gh\rho \tag{5.4-2}$$

(2)单管压力计

单管压力计如图 5.4-1(b)所示。由于 U 形管压力计需要读两个液面高度,使用不便。故把 U 形管的一边肋管换成大截面容器,成为单管压力计。其两侧压力差为

$$\Delta p = p_1 - p_2 = g(\rho - \rho_1)\left(1 + \frac{F_2}{F_1}\right)h_2 \tag{5.4-3}$$

式中:F_1、F_2 分别为容器和侧压管的截面积;h_2 为封液柱高度。

当 $F_1 >> F_2$,且 $\rho >> \rho_1$ 时

$$\Delta p = p_1 - p_2 = gh_2\rho \tag{5.4-4}$$

(3)斜管微压计

如图 5.4-1(c)斜管微压计两侧差为

$$\Delta p = p_1 - p_2 = g\rho L \sin\alpha \tag{5.4-5}$$

式中:L 为液柱长度;α 为斜管的倾斜角度。

5.4.2 活塞式压力计

活塞式压力计是利用已知活塞面积上的破码重力来平衡被测压力,从已知的活塞面积和破码重量,来求被测压力值,如图 5.4-2 所示。在测量时活塞上端托盘放有标准砝码,活塞插入活塞缸内,下端底面承受手轮加压泵,向系统加压使油压升高,直到活塞被压力油顶起到一定高度,此时两力的平衡关系为

$$p = \frac{G}{F} \tag{5.4-6}$$

式中:F 为活塞底面有效面积;G 为活塞、托盘与砝码的总重量。

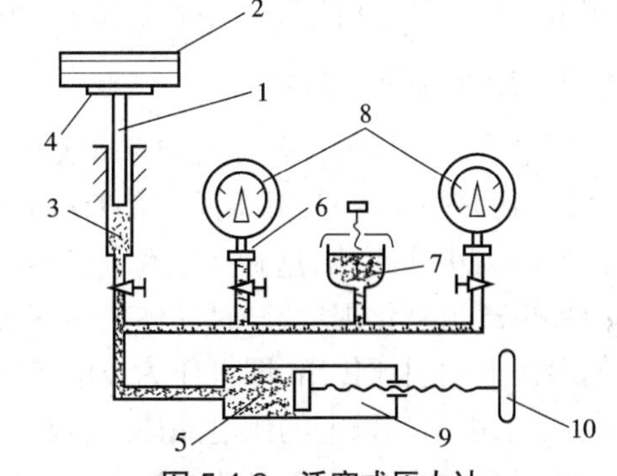

图 5.4-2 活塞式压力计

1—活塞 2—砝码 3—活塞缸 4—托盘 5—工作液体 6—压力表接头 7—油杯 8—被校正压力表 9—加压泵 10—手轮

活塞式压力计,由于测量范围宽、测量精确度高,所以主要作为压力标准仪表。

5.4.3 弹簧管式压力计

弹簧管式压力计(也叫波登管压力计)是在表内有一根弯成圆弧形的空心扁圆截面管,管子一端焊接在被测压力输入端,另一端(自由端)堵头封闭,可以自由移动并和仪表传动机构相连接。在输入 p 作用下,弹簧管根据压力变化伸展或收缩,使自由端产生位移,此位移通过传动机构放大,带动指针移动,进行不同压力的测量。

使用弹簧式压力计要注意,由于弹性元件的滞后、弹性衰退、传动间隙与摩擦及温度对弹性材料的影响,应定期校验,以消除测量误差。

5.4.4 膜式压力计

膜式压力计主要是使用膜片作为测压的敏感元件,它的主要参数有膜片材料、膜片厚度、膜片直径及波纹形状等。这些参数与膜片的灵敏度、刚度、位移量及线性度有关。由于膜片强

度的影响,一般情况下多用来测量微压、差压。常用来测量风道、烟道、炉膛及制粉系统等处的压差或负压。

波纹膜片的特性方程为

$$\frac{pR^4}{Hh^4}=K_1\frac{s}{h}+K_2\left(\frac{s}{h}\right)^3 \tag{5.4-7}$$

式中:R 为膜片半径;s 为膜片中心在压力作用下的位移;K_1、K_2 为与波纹峰距、膜片厚度有关的系数;H 为波纹峰峰间的距离;h 为膜片厚度。

5.4.5 波纹管压力计

波纹管是一种轴对称的环状波纹,在内腔与外部介质的压力差作用下,沿轴向伸长(或压缩)的测压弹性元件,常分为无缝和有焊缝两种类型。使用中有缝波纹管(焊接波纹管)的性能比普通的无缝波纹管优越得多,主要是它的压力—位移特性好、非线形小、刚度小、刚度均匀性好。所以大多数仪表、传感器的测压元件多采用有缝波纹管。

波纹管常用于测量较低的压力,精度一般在 1.5 级。对于波纹管的工作性能要求不太高的测量场合,可以选择无缝波纹管,它的造型容易,加工成本低。

5.4.6 压电式压力计

压电式压力计的工作原理是基于某些物质的压电效应。当压电材料的结晶物质沿它的结晶轴,受到力的作用时,其结晶内部有极化现象出现,并在材料表面形成电荷集结,它的大小和作用力的大小成正比,这种效应称为正压电效应。相反,在晶体的某个表面施加电场,则在晶体内部也产生极化现象,同时晶体产生变形,这种现象称为逆电压效应。在具有压电效应的晶体的表面上用引线传出,即可作为压电传感器的输出。为了提高输出信号,在实际的压电传感器中,多采用两片以上的压电晶体组合在一起所组成的传感器。由于压电晶片有极性,所以可有两种组合方式、一种将晶片同极性的晶面紧贴在一起作为一个输出端,两边电极用导线连接后作为一个输出端,形成并联组合,如图 5.4-3(a)(c)所示;另一种组合将正负电荷集中在上下极板,而中间晶面上的电荷互相抵消,形成串联组合,如图 5.4-3(b)所示。

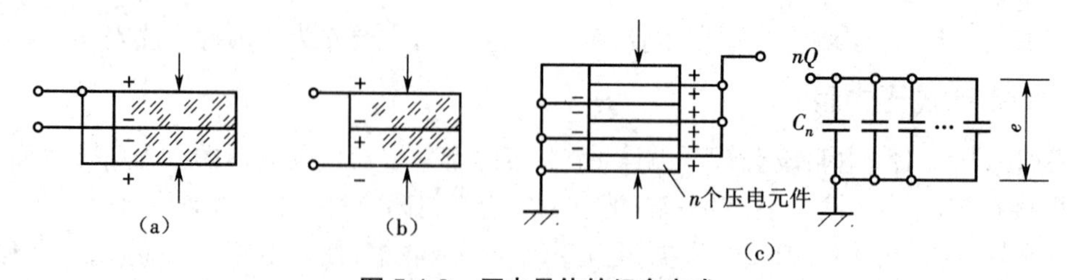

图 5.4-3 压电晶体的组合方式

从以上两种组合方式可以看出,并联组合输出电荷大,输出电容大,输出阻抗低,时间常数大。而串联组合,输出电压大,电容小,阻抗高,时间常数小。使用中应针对不同的放大测量电路的要求,合理的匹配传感器的组合形式,以提高测量精度。

5.4.7 传感器

1. 电阻应变传感器

电阻应变传感器，是将压力信号直接转变成电阻值变化信号的传感器。它的传感器元件是电阻应变片。特点是：体积较小，可直接贴在被测元件上、精度高、线性好、使用与维护方便，但制作过程较复杂。利用该应变传感器可以测量压力、力、重量、位移量、速度及加速度。

对于大多数应变片为金属丝的材料，在弹性范围内的电阻丝电阻变化率 $\frac{\Delta R}{R}$ 可用下式表示

$$\frac{\Delta R}{R}=K\frac{\Delta l}{l}=K\varepsilon \tag{5.4-8}$$

式中：K 为灵敏系数，数值约在 1.6~3.6 之间；ε 为线应变。

金属电阻丝电阻的变化率 $\frac{\Delta R}{R}$ 与线应变 ε 的关系，如图 5.4-4 所示。

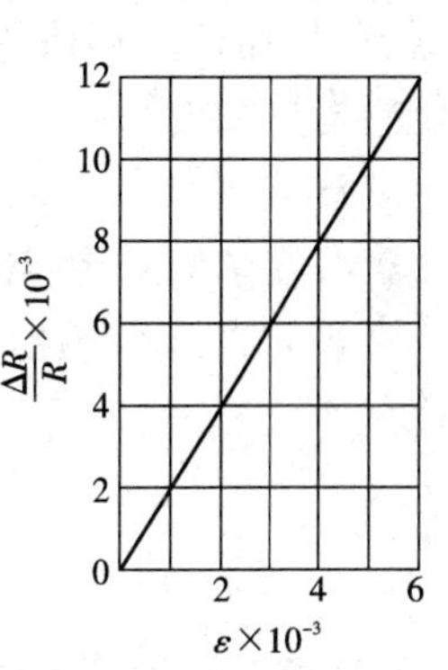

图 5.4-4 金属电阻丝电阻的变化率与线应变的关系

应变式传感器的应变材料还可以采用半导体材料，该材料制成的应变片最大优点是灵敏系数高，K 值在 30 ~ 175 间，且机械滞后小，横向效应小，体积小。

2. 电容传感器

电容式压力传感器是以测压的弹性膜片作为电容的可移动极板，与固定极板之间形成可变电容。当被测压力变化时，使可动极板产生位移，并与固定极板的距离发生变化，使电容的电容量改变，则通过测量电容量的变化，即可间接获得被测压力的大小，如图 5.4-5 所示。两极板间的电容量为

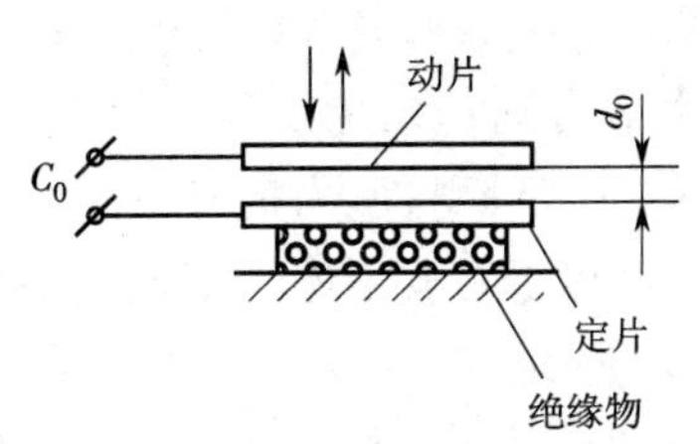

图 5.4-5 改变极板间距的电容传感器

$$C=\frac{\varepsilon S}{d} \tag{5.4-9}$$

式中：S 为极板间的相互覆盖面积；d 为两极板间距离；ε 为极板间的介电常数。

如果用相对介电常数 ε_r 表示，并把单位转化为 cm，则式(5.4-9)可写为

$$C=\frac{\varepsilon_r S}{d}\times8.85\times10^{-2}$$
$$\varepsilon_r=\frac{\varepsilon}{\varepsilon_0} \tag{5.4-10}$$

式中：ε_0=8.854 × 10^{-12} F/m(真空介电常数)，电容 C 的单位 PF。

在实际测量中，为了提高传感器的灵敏度，同时克服电源电压和环境温度等因素的影响，常采用对称配置的差动式电容传感器，并与适当的交流测量电桥配合输出，可以获得高于 0.25 级以上的准确度。

3. 电感传感器

电感式传感器在静态和动态测量中应用较广。它是将测得的机械变化量转化成磁路中的电感量 L 或互感系数 M 的变化，并将这种变化引入转化电路后，可得到相应的电信号，完成对被测机械量的测量。

电感传感器中，电感线圈中的衔铁与弹簧元件自由端相连，当衔铁产生位移时转换成线圈中的电感量的变化，因此在使用中应注意以下问题。

①电流的影响。电感线圈使用时要加入电压，并在线圈回路产生电流，线圈中的电阻会因为电流的变化，产生焦耳热，这样必然造成线圈电阻阻值的变化，造成传感器次级线圈输出产生漂移，因此使用电感传感器的初级输入电源应采用恒流源供电，较为有利。

②频率的影响。电感传感器中的衔铁由硅板片压成，在磁场的作用下每片硅板中会形成涡流，从而产生涡流损失，而涡流损失与频率 f 成正比，频率上升，涡流损失上升，这样会引起传感器灵敏度下降；频率下降，涡流损失下降，但会引起信号损失增大，所以选择的频率一般至少要比被测压力波动的最高频率高 10 倍为宜。

4. 霍尔应变传感器

霍尔应变传感器是利用霍尔效应，将弹性元件在压力作用下的位移量转换成电势信号输出。

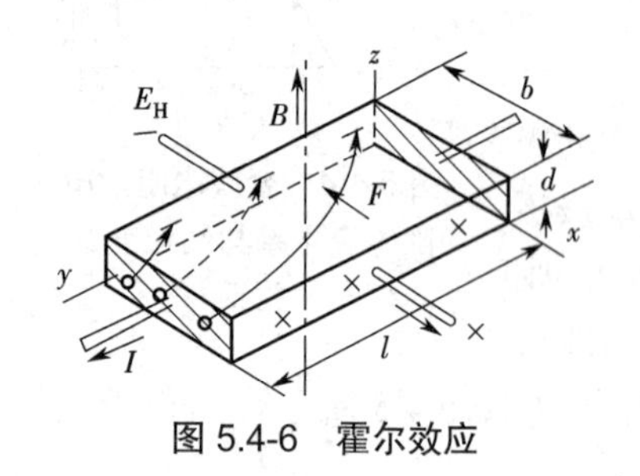

图 5.4-6　霍尔效应

把半导体单晶薄片放置在磁感应强度为 B 的磁场中，如图 5.4-6 所示，其中 F 为磁场力。如在它的两纵向端面通以一定的控制电流 I，则在晶体的两个横向端面之间出现电势 E_H，这种现象称为霍尔效应，所产生的电势 E_H，称为霍尔电势。使用中可以从霍尔片的四个端面引出两对导线，一对导线与纵向端面连接，作为霍尔片的输出电势。测压时，在压力作用下，弹簧元件的自由端带动霍尔片产生位移，改变了霍尔片处于非均匀磁场的位置，从而将压力信号产生的位移量，转换成霍尔电势输出的变化量，此时传感器输出电势则与被测压力成正比。霍尔元件作为一种磁电转换元件，也可用于把其他的位移、转速等有关的物理量转换成电量，并可远距离传送。

5.4.8　压力仪表的选用和安装

压力在供热通风等工程中，是判断热力状态的重要参数之一。通过压力的测量能对设备和系统进行合理的操作与调节，保证压力测量的准确性，这对设备安全、经济运行有重要意义。

1. 仪表量程及精度选择

测压仪表应根据被测压力的大小、压力的稳定性、测量的精度要求、被测介质种类及安装条件等进行合理选择。在采用弹性压力计的量程时，被测最大压力值应不超过仪表满量程的 3/4。对采用液柱压力计时所选的量程应考虑压力突然变动时，不要使管内封液溢出玻璃管外。精度的选择，应根据被测参数的最大误差来确定，即选用仪表的基本误差应大于被测压力允许的最大绝对误差。一般工程上只用于监督或检查用的被测量仪表，常采用 1.5 级以上的仪表。作为标定用的标准压力表，要求精度在 0.5 级以下。

2. 仪表类型选择

仪表的类型选择，主要应从四方面考虑：①被测压力的范围及精度的要求；②被测压力介质的性质；③被测压力所在的环境要求；④测量的目的及对仪表输出信号的要求。

3. 压力表的安装

压力测量的精度不仅与仪表精度有关，还与测压元件安装与使用有关。

(1)取压口

从安装角度来看，当介质为液体时，为防止堵塞，取压口应开在设备下部，但不要在最低点；当介质为气体时，取压口要开在设备上方，以免凝结液体进入，而形成水塞。在压力波动频繁和对动态性能要求高时，取压口的直径可适当加大，以减小误差。在管道或烟道上取压时，取压点应选择最能代表被测压力的地方。

测量压差时，取压口应在同一水平面上，以免形成系统误差。

(2)导压管

测量仪表远离测点时，应采用导压管。导压管的长度和内径，直接影响测量系统的动态性能。工程上规定导压管最大长度不超过 50 cm。内径一般在 Φ7 mm~Φ38 mm 之间；测量水、蒸汽、气体时，导压管内径一般取 Φ10 mm；测量动态性能要求高、介质黏度大和脏污而且导压管又较长的时候，其内径应大些。

在导压管敷设时，应保持 3%的倾斜度。在测量低压时，倾斜度应增大到 5%~10%；测量压差时，两根导管应平行布置并尽量靠近，以使内部介质温度相等。当导压管内为液体时，应在最高点安装排气装置；当导压管内为气体时，应在最低点安装排液装置，以免形成气塞或水塞。被测介质中如含有粉尘，导压管应向取压口方向倾斜，并在接口设置除尘器，能随时吹扫。导压管在靠近取压口处应安装截止阀，以便维修；另外在仪表端可安装三通阀门，以便标定压力表及冲洗导压管。

安装压力测点的位置应便于操作人员观察、检修。测量点的环境温度、湿度、振动、辐射、电磁场以及放置方向都应满足测量仪表本身的要求。对测量波动频繁压力，应在表前安装阻尼装置。对测量高温介质压力时，应在表前安装阻尼冷却装置。对测压介质为高压，有腐蚀性或爆炸性的介质，应采取相应的措施以保证安全。

5.5 流速的测量

5.5.1 流速测量原理

流速在供热、通风和空调工程中是一个基本参数。流速测量的常用方法有机械方法、散热率法、动力测压法及激光、超声波等测量法。

机械方法的测量原理是利用流动气体的动压，推动机械装置来显示流速。

散热率法的测量原理是将发热的测速传感器放置于被测流体中，利用传感器的散热率与流体流速成比例的关系来测量流速。

动力测压法测量原理是利用流体流动中的总压与静压之差，即动压来测量流速，所以也称为动压管。

5.5.2 机械风速仪的测量及结构

风速仪的敏感元件是一个轻型叶轮,带有径向装置的叶轮分为翼形及杯形两类。翼形叶轮的叶片为几片扭转成一定角度的铝薄片,而杯形叶轮的叶片为铝制的半球形叶片,如图 5.5-1 所示。当气流流动时动压力作用在叶片上使叶轮产生同转运动,而转速与气流速度成正比,叶轮的转速可以通过机械传动装置连接到指示与记录设备上,以显示风速的测量值。图中两种风速仪均适用于测定 15 ~20 m/s 内的气流速度。各自的特点是,翼式风速仪的灵敏度比杯式高,而杯式由于叶轮机械强度较高,则测风速范围比翼式宽。

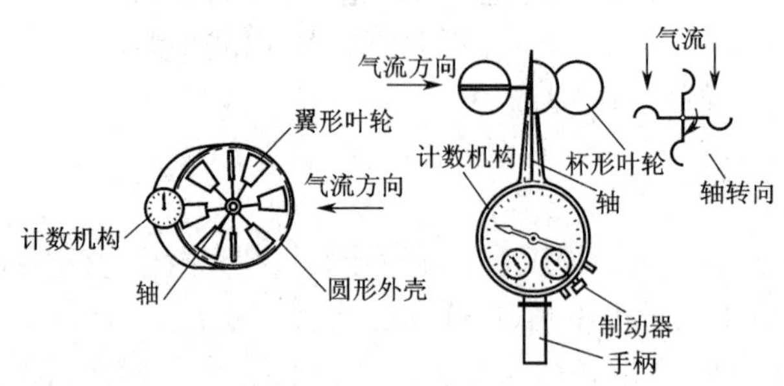

图 5.5-1　机械式风速仪

5.5.3 热线风速仪的测量原理及结构

热线风速仪是利用被加热的热线探头在气流中的散热损失与气流速度之间的关系来测量流速的。测量时通过热线的电流为 I,热线电阻为 R_w,此时热线温度为 T_w,热线产生的焦耳热为 I^2R_w。热线在流体中散热损失主要与强迫对流换热有关,根据热平衡原理有

$$I^2R_w = hF(T_w - T_f) \tag{5.5-1}$$

式中:h 为热线与被测流体的表面传热系数;F 为热线的换热面积;T_w 为热线线温度;T_f 为被测流体温度。

当热线探头与流体流动方向垂直放置时,其单位时间内探头散热量与加热电流之间的平衡关系可表示为

$$I^2R_W = (a + bv^n)(T_w - T_f) \tag{5.5-2}$$

式中:a、b 为与流体参数及探头结构有关的常数;n 为与流速有关的常数;v 为流体流速。

从上式可以看出,流体的速度只是热线电流和热线温度或电阻的函数,即

$$v = f(I, T_w) \tag{5.5-3}$$

$$v = f(I, R_w) \tag{5.5-4}$$

5.5.4 L 形动压管

L 形动压管(L 形皮托管),它是由总压探头和静压探头组成,利用测量流体的总压与静压之差,即动压来判断流体的流速,所以也称动压管,如图 5.5-2 所示,其中(a)带半球形头部的标准皮托管;(b)为带锥度的皮托管。根据不可压缩流体的伯努利方程,在同一轴流线上流体与压力的关系式为

$$p + \frac{1}{2}\rho v^2 = p_0 \tag{5.5-5}$$

式中：p_0 为流体的总压；p 为流体的静压；ρ 为流体密度；v 为流体流速。

由式（5.5-5）可得

$$v=\sqrt{\frac{2(p_0-p)}{\rho}} \tag{5.5-6}$$

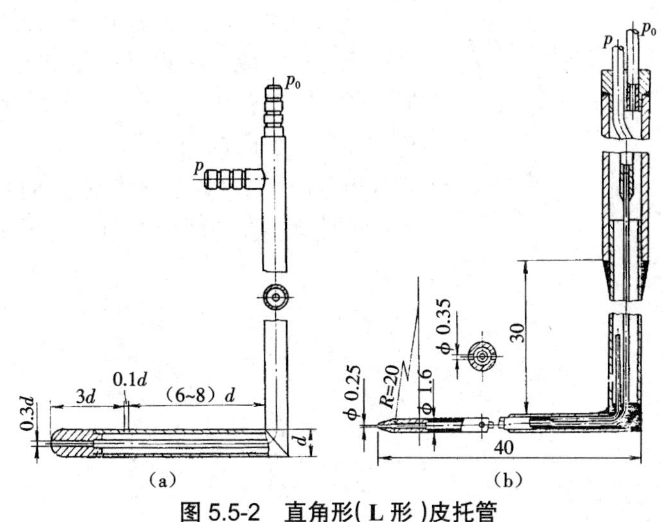

图 5.5-2　直角形（L 形）皮托管

p_0—总压　p—静压　d—皮托管头部直径

从上式可以看出，只要测得流体的总压和静压之差就可以求出流体的流速。对于图 5.5-2 所示的两种 L 形动压管，考虑测量总压与静压的误差，引入校准系数 ζ（一般由厂家提供），则式（5.5-6）改写为

$$v=\zeta\sqrt{\frac{2(p_0-p)}{\rho}} \tag{5.5-7}$$

以上分析过程只对不可压缩气体。对可压缩气体计算时要根据马赫数的大小，选择不同的气体压缩性修正系数 ε。

【例 5.5-1】 采用毕托管测量作用于流道壁面上的静压力时，可用在流道壁面上开静压孔的方法进行测量，但开孔时应注意，下述条件中（　　）是错误的。

（A）测压孔应尽量开在直线形管壁上　　（B）测压孔轴线应尽量与壁面垂直

（C）测压孔的直径应尽量小　　（D）测压孔的边缘应尽量整齐、光洁

解：根据毕托管测量流速时的基本要求如下。

（1）静压管孔附近的壁面要光滑平整，孔径不宜过大。否则在孔附近的流线会引起变形，使测量产生误差，如果孔径达到 1.0 mm，误差可达 1%以上，因此孔径应在 0.5 mm 左右为好。孔径太小，增加工艺上的麻烦，同时使用中也会因经常堵塞及滞后等问题而带来不便。

（2）静压孔应垂直于壁面，若偏向来流方向，测出的静压比正确值为高（正误差）；相反，如背向来流方向，则影响小一些。

（3）应合理设计孔口形状，当孔口导角产生正误差，数值随圆半角增加而加大。孔口有倒角引起负误差，原因是这时在孔口前边缘气流迅速脱离，而在后边锥形部分产生抽吸现象。当倒角深为孔径的一半时产生误差为-0.3%。当孔口有飞边毛刺时产生 15%~20%负误差，即使

毛刺已经去掉,用手已感觉不到时,仍然会存在光亮小平面,仍有较大误差。所以本题答案是(C)。

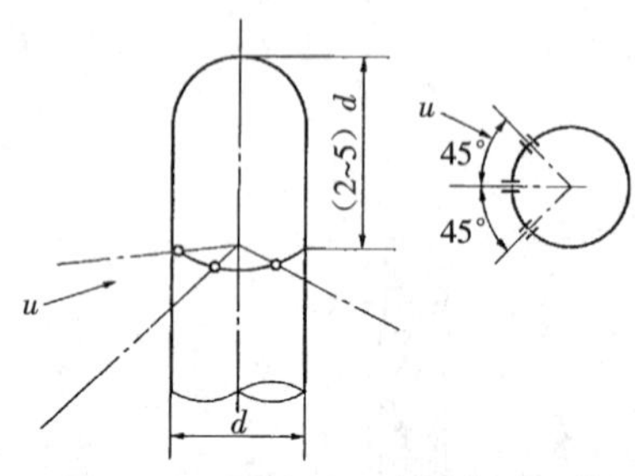

图 5.5-3　圆柱形三孔复合测压管

5.5.5　测速仪

1. 圆柱形三孔测速仪

三孔测速仪(管)主要由三孔感压探头、干管、传压管和分度盘组成。用它可以测量流体的流速大小及方向。在探头三孔中,中间为总压孔,两侧的孔用于探测气流方向,也称方向孔(图 5.5-3)。当两侧孔测量到的压力相等时,则可以认为气流方向与总压孔的轴线重合。此时总压孔与两个方向孔的压力分别为

$$p_2 - p = \frac{1}{2}\rho v^2 \tag{5.5-8}$$

$$p_1 - p = \frac{1}{2}\rho v^2(1-4\sin^2 45°) = -\frac{1}{2}\rho v^2 \tag{5.5-9}$$

$$p_3 = p_1 \tag{5.5-10}$$

式中:p_2 为中间孔压力(总压);p_1、p_3 为方向孔压力。

式(5.5-8)与(5.5-9)相减得

$$p_2 - p_1 = \rho v^2$$

$$v = \sqrt{\frac{p_2 - p_1}{\rho}} \tag{5.5-11}$$

由上可知,流速方向是根据两方向孔,测感到压力平衡状况来判断的,而流速的大小是根据总压孔与方向孔之间的压力差来计算的。

2. 三管型测速仪

圆柱形三孔复合测压管在测量比较大的横向速度流场中,会产生角度误差,而误差随着感测头直径缩小而减小。感测头外径最小可做到 2. 5 毫米,但直径相对还是比较大,对气流堵塞也比较大。为了克服这种缺陷,因此可以用三管复合型测压管。

三管复合型测压管是将三根测压管焊接在一起,如图 5.5-4 所示,两侧方向管的斜角要保持相等,斜角可以向内斜,也可以向外斜。总压管可以在两方向管中间也可以在方向管的上下布置。为了增加测压管的刚度,可以焊接加强筋,但为了克服加强筋对测速流场的干扰,要求测孔到杆柄和加强筋的距离分别要大于 6D 和 12D 的管外径。

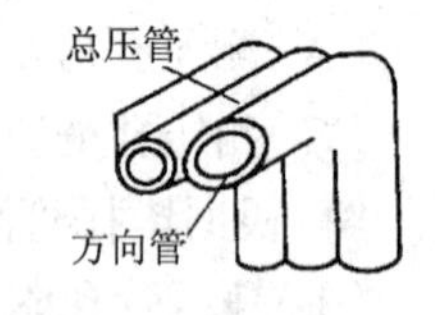

图 5.5-4　三管型复合测压管

三管型复合测压管的特性和校准曲线与圆柱形三孔复合测压管相似。由于焊接小管的感测头部较小,可以用于气流 Ma 数较高、横向速度梯度较大的气流测量。不足之处是,刚性差,方向管斜角较大,测量气流时较易产生脱流,所以在偏流角较大时,测量数值不太稳定。

5.5.6　流速测量布置技术

流速测量点的布置要求应从以下考虑。

①采用机械式风速仪在测量时，应保证风速仪叶轮全部放置于气流的流束中。每次测量的时间应延续在 0.5~1 分钟范围内。而所测得的流速应是该时间之间的平均值。另外应使叶轮的旋转平面与流动气流方向垂直，偏差应在 ±10° 角以内，否则会使测量误差加大。

②采用 L 形动压管测量气流流速时，由于静压管插入气流中，则对流体总存在一定的扰动影响，这会带来测量误差。因此应在不影响静压管机械强度的前提下，尽量减少静压管的直径，以减少对气流的扰动。测压管与气流方向偏离应在 6°~8° 以内，并尽可能与气流方向一致，以减少测量误差。

③采用热线风速仪可用以：测量被测对象几何形状较复杂流体；测量不透明介质（如油）的流速；测量素流参数；测量微风速、脉动速度；使流速的量程扩大到 500 m/s，将脉动频率上限提高到 80 kHz。

5.6 流量的测量

5.6.1 节流法测量流量原理

1. 测量原理

节流变压降流量计是基于流体流经节流元件（如孔板、喷嘴等）时，由于流束收缩，在节流件前后产生压差，并利用此压差与流速的关系来测量流量的，简称为压差式流量计或节流式流量计。

节流式流量计由节流元件、差压信号管道和差压计三部分组成，其工作原理可见图 5.6-1。根据流体通过节流元件（如孔板）时的流动状态，由流动的连续性方程和伯努利方程整理得

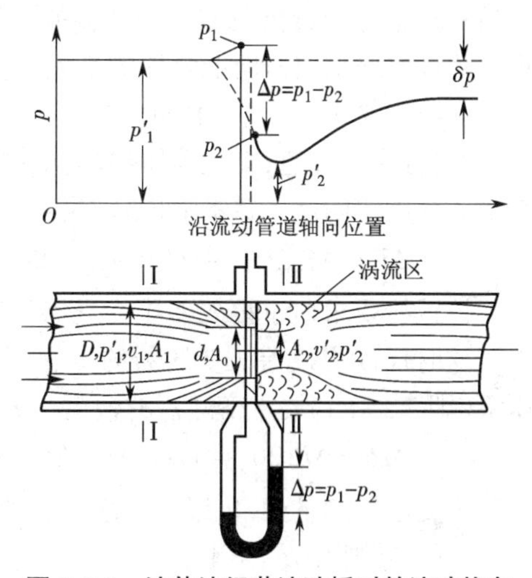

图 5.6-1　流体流经节流孔板时的流动状态

$$q_V=\alpha\varepsilon\frac{\pi}{4}d^2\sqrt{\frac{2\Delta p}{\rho}} \tag{5.6-1}$$

式中：q_V 为流体的体积流量，m^3/s；α 为流量系数；ε 为流体膨胀校正系数（对不可压缩流体，$\varepsilon=1$）；d 为节流元件的开孔直径，m；Δp 为流体流经节流元件前后的差压，Pa；ρ 为流体在工作状态下的密度，kg/m^3。

2. 节流装置类型、测量范围和使用方法

标准节流装置是根据流量测量节流装置国家标准和规程来进行设计、制造、安装和使用的。标准节流装置包括孔板、喷嘴和文丘里管等，非标准节流装置包括 1/4 圆喷嘴、偏心孔板、圆缺孔板、锥形入口孔板、双重孔板等。节流装置的取压方式有角接取压、法兰取压、径距取压、理论取压和管接取压。

节流装置在流量测量中应用非常广泛，它几乎能测量各种工况下的单相流体和高温、高压下的流体。标准中规定节流装置安装时，上下游需要有足够长度的稳速管段，测量段的流体流动应保持亚音速、稳定或仅随时间缓慢变化的装置，此外这些装置的每一个类型仅能在规定的管道尺寸和雷诺数的极限内使用。

节流装置的使用应注意以下方面。

①标准节流装置只适用于圆管中单相、均质的流体或具有高度分散的胶体溶液；要求流体必须充满管道，在流经节流装置时流体不发生相变，流速小于声速；在流体流经节流件前，流束必须与管道轴线平行，不得有漩涡。

②安装时，必须保证节流元件开孔和管道同心，节流元件端面与管道轴线垂直，节流元件前端面正对流体的流动方向。

③导压管应按最短距离连接，为了防止导压管的管路中积聚气体或水分，导压管应垂直安装，如水平安装时，其倾斜率不应小于 1 : 10。

④测量黏性介质和有腐蚀性流体时，应安装隔离器。

【例 5.6-1】 孔板和差压变送器配套测流体流量，变送器的流量范围为 0~80 kPa，对应的流量为 0~100 t/h。仪器投入使用后发现，管道内的实际流量很小，变送器的输出只有 5.5 mA 左右。现希望通过更改差压变送器的测量范围，使在该流量时变送器的输出在 8 mA 左右，则更改后该差压变送器所能测得的最大流量是(　　)t/h。

(A)37.5　　(B)46.81　　(C)53.58　　(D)61.23

解：首先应知道，变送器输出的标准电流值一般为 4~20 mA，这是有关变送器的基本常识。知道了变送器的这一基本常识后，我们就可以求出变送器输出 5.5 mA 时的差压值

$$\Delta P=\Delta P_{\max}(I-4)/(20-4)=80\times(5.5-4)/16=7.5\ \text{kPa}$$

该题目要求通过更改差压变送器的测量范围，使在该流量时变送器的输出在 8 mA 左右。由于这时仅仅更改差压变送器的量程，孔板流量计没有变更。所以在该流量下也就是在该差压下(即 7.5 kPa)要求变送器的输出在 8 mA 左右。这样变送器更改后的量程为

$$\Delta P_{\text{k}}=\Delta P(20-4)(I_{\text{k}}-4)=7.5\times16/(8-4)=30\ \text{kPa}$$

知道了变送器的量程，再根据孔板流量计流量与差压的平方根成正比的关系，求出变送器量程更改后所能测得的最大流量

$$M_{\text{k}}=M_{\max}\sqrt{\Delta P_{\text{k}}}/\sqrt{\Delta P_{\max}}=100\times\sqrt{30}/\sqrt{80}=61.23\ \text{t/h}$$

所以正确答案是(D)。

5.6.2 容积法测量流量

容积式流量计是用来测量各种液体(有时也测气体)的体积流量。它是使被测流体充满具有一定容积的空间，然后再把这部分流体从出口排出，因此叫容积式流量计。如果单位时间内排出固定容积的数目为 z，则流体的体积流量为

$$q_V=zV \tag{5.6-2}$$

式中：q_V 为体积流量；z 为排出固定容积数目；V 为固定容积。

常用的容积式流量计有椭圆齿轮流量计、腰轮流量计、刮板式流量计、湿式气体流量计四种。前三种型式的容积式流量计，由于齿轮等运动部件与壳体之间存在间隙，在仪表进出口差压作用下，存在着通过间隙的滑漏量而产生测量误差。这种误差随着流体流量的减小而加大，所以只有在一定的流量以上(15%~20%满量程)使用时才能保证测量的准确度。容积式流量计典型误差曲线如图 5.6-2 所示。

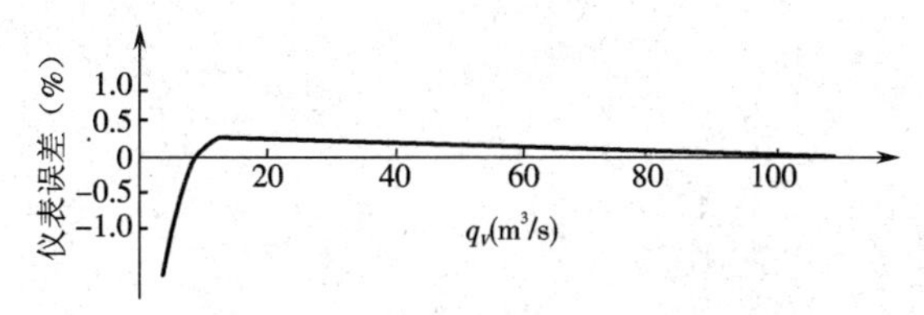

图 5.6-2 容积式流量计典型误差曲线

5.6.3 流量计

1. 涡轮流量计

涡轮流量计是一种速度式流量计，它由变送器和显示仪表所组成，如图 5.6-3 所示。

被测流体流经涡轮并推动其转动时，高导磁性的涡轮叶片就周期性地扫过永久磁铁，使磁路的磁阻发生周期性的变化，线圈中的磁通量也跟着发生周期性的变化，并使线圈中感应出交流电信号，该交变电信号的频率与涡轮的转速成正比，即

$$f = Zn \tag{5.6-3}$$

式中：f 为电脉冲频率；Z 为涡轮的叶片数目；n 为涡轮转速。

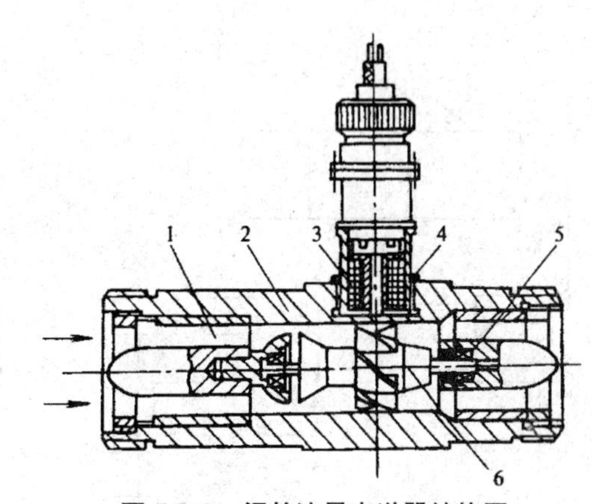

图 5.6-3 涡轮流量变送器结构图

1—导流器 2—壳体 3—感应线圈
4—永久磁铁 5—轴承 6—涡轮

同时频率、转速与流量成正比，也就是说，流量越大，线圈中的感应出的交流电频率（Hz）越高。频率与被测流量的关系为

$$q_V = \frac{f}{K} \tag{5.6-4}$$

式中：q_V 为体积流量；f 为电脉冲频率；K 为流量系数（仪表常数）。

2. 电磁流量计

电磁流量计主要用于测量具有导电性的液体介质的流量，常用来测量酸、碱、盐溶液以及含有固体颗粒的液体的流量。

电磁流量计由检测和转换两部分组成。被测介质的流量经检测部分，变换成感应电势，然后再由转换部件将感应电势转换成 4~20 mA 的标准电流（电压）信号输出，以便进行指示和记录等使用。电磁流量计的基本原理是基于电磁感应定律，如图 5.6-4 所示。当导电流体在磁场中作垂直方向流动时，因切割磁力线而在两电极上产生感应电势，感应电势的方向、大小由下式确定：

$$E_x = BDv \cdot 10^{-12} \tag{5.6-5}$$

式中：E_x 为感应电势，V；B 为磁感应强度，H；D 为管道直径，cm；v 为液体速度，cm/s。

而体积流量与流速的关系为

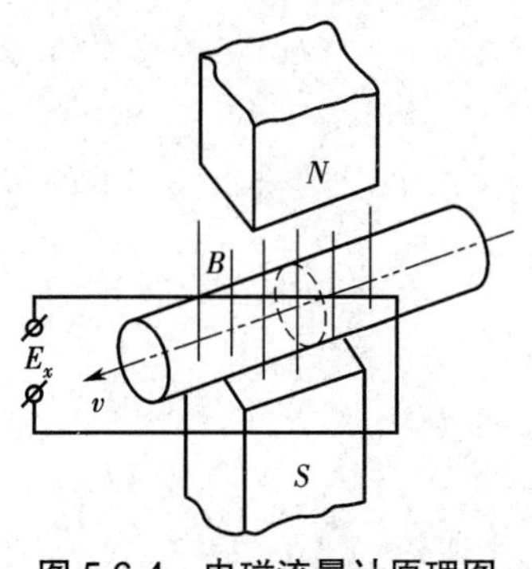

图 5.6-4 电磁流量计原理图

$$q_V = \frac{1}{4}\pi D^2 v \tag{5.6-6}$$

将(5.6-6)代入(5.6-5)得

$$E_x = 4\times10^{-12}\frac{B}{\pi D}q_V = Kq_V$$

式中:K 为仪表常数,$K = \frac{B}{\pi D}\cdot 4\times10^{-12}$。

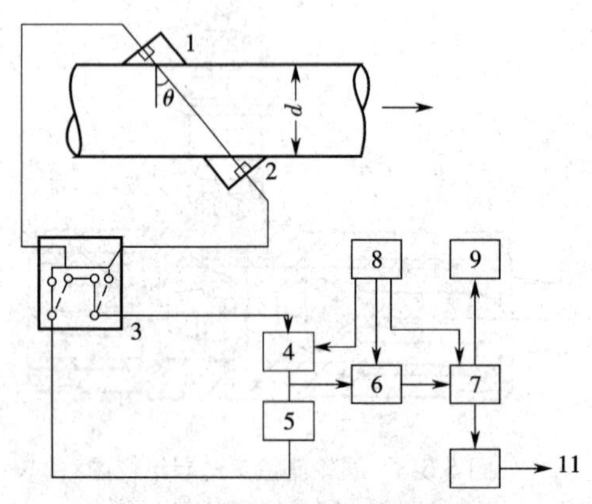

图 5.6-5 超声波频率差法流量计原理图

1—TR_1 2—TR_2 3—切换开关 4—发射机 5—接受机 6—倍频器 7—可逆计数器 8—累计器 9—控制系统 10—数/模转换和瞬时指示 11—遥测系统

3. 超声波流量计

超声波流量计按作用原理可分为:时间差法、相位差法、频率差法、声束偏移法和多普勒效应法。工程上常用的方法是频率差法。它的最大优点是测量时不受声速的影响,即不必对流体温度改变而引起超声波的变化进行补偿。图 5.6-5 所示,是超声波频差法流量计原理图,它是根据液体的运动对超声波中传播速度的影响而测量出液体的流速。在管道壁上,设置两个相对的超声波探头,它们的连线与管道轴线之垂直线的交角为 θ,探头 TR_1 发射超声波传到探头 TR_2 所需时间为

$$\tau^+ = \frac{L}{C + v\sin\theta} \tag{5.6-7}$$

而探头 TR_2 发射超声波传到探头 TR_1,所需的时间为

$$\tau^- = \frac{L}{C - v\sin\theta} \tag{5.6-8}$$

式中:L 为两个超声波探头的间距;C 为流体静止时的声速;v 为流体的平均速度。

当探头 TR_1 发射超声波,经 τ^+ 时间由探头 TR_2 接收到超声脉冲后,经电路而触发发射探环头,使其再发射脉冲,这样就形成闭合的环路(正循环),以 f^+表示正循环频率。

同时,探头 TR_2 发射时,就建立了逆循环,以 f^-表示逆循环频率。

根据管径 d 与 L 的关系:$L = \frac{d}{\cos\theta}$ 代入式(5.6-7)、(5.6-8),则

$$f^+ = \frac{1}{\tau^+} = \frac{C + v\sin\theta}{d}\cos\theta \tag{5.6-9}$$

$$f^- = \frac{1}{\tau^-} = \frac{C - v\sin\theta}{d}\cos\theta \tag{5.6-10}$$

因此,正、逆循环频率之差为

$$f_d = f^+ - f^-$$

$$v = \frac{d}{\sin 2\theta} f_d$$

而瞬时流量为

$$q_V = \frac{\pi d^2}{4} v = \frac{\pi d^3}{4\sin 2\theta} f_d \tag{5.6-11}$$

从以上分析只要测得 f_d 就可以求出 q_V。

【例 5.6-2】 采用超声波流量计测量水的流量，已知管径 D=150 mm，超声波发射与接受装置之间的距离 L=450 mm，声波在水中的传播速度 c=1500 m/s，超声波频率 f=28 kHz，则超声波在顺流和逆流的传播时间为(　　)。

(A) 2.98×10^{-4} s, 3.02×10^{-4} s　　(B) 5.24×10^{-4} s, 6.23×10^{-4} s

(C) 3.014×10^{-4} s, 2.98×10^{-4} s　　(D) 4.821×10^{-4} s, 5.443×10^{-4} s

解：首先应根据已知条件，管径 D=150 mm，超声波发射与接受装置之间的距离 L=450 mm 下的三角函数关系确定超声波流量计的传播方向与管道轴线之间的夹角 θ，然后根据下式计算超声波传到探头的时间。

探头 TR_1 发射超声波传到探头 TR_2 所需时间为

$$\tau^+ = \frac{L}{c + v\sin\theta}$$

而探头 TR_2 发射超声波传到探头 TR_1 所需的时间为

$$\tau^- = \frac{L}{c - v\sin\theta}$$

顺流时间 $\tau^+ = 2.98 \times 10^{-4}$ s

逆流时间 $\tau^- = 3.014 \times 10^{-4}$ s

所以正确答案是(A)。

5.6.4 流量测量的布置技术

本流量测量中应注意以下的问题。

①流量测量采用的节流装置，应根据被测流体、公称通径、雷诺数范围、流量系数以及压力损失等选择。布置测点要求流体必须充满管道；在流经节流装置时流体不发生相变；流速小于声速；流体在流经节流件前，其流束必须与管道轴线平行，不得有漩涡。安装时，必须保证节流件开孔和管道中心重合；节流件端面与管道轴线垂直；防止节流装置接反。

②涡轮流量计使用时要求被测介质要洁净，以减少对轴承的磨损和防止涡轮被卡住，因此应在变送器前加过滤装置；安装时应设副线；涡轮变送器一般应水平安装，变送器前的直线段长度应为管道内径的 15 倍，变送器后为 5 倍，并在变送器前安装流束导流器或整流器；使用中切忌有高速气体引入，特别在测量易气化的液体和液体中含有气体的场合，必要时应在变送器前加装消气器，避免气、液两相同时出现，从而提高测量精确度和使用寿命。

③电磁流量计在使用中要求导管内流速分布应对称，此时感应电势才与平均速度成比例。因此，必须在电极平面前有 5 倍导管内径长度的直管段。当安装在非全开闸阀及其他阀门后时，应有 10 倍导管内径长度的直管段；要根据被测液体的种类、性质、压力、温度及腐蚀性等，选择合适的电极和内衬。仪表最好垂直安装，使流体自下向上流过，以消除电极表面可能有的固体粒子沉淀和气泡的影响。当必须水平安装时，也应使一对电极处于同一水平面。该仪表应安装在防高温、防震的场合，仪表周围要避免强磁场干扰，并确保流体、外壳、管道之间有良

好的接地,要求单独设置接地点,严禁连接在上下水管和电器设备的公共地线上。

④超声波流量计可以测量任何流体的流量,尤其是腐蚀性、高黏度非导电流体的流量。但要求流体中防止含有的颗粒过大、过多,否则将会使超声波流量计产生较大的衰减,从而影响测量精度。另外管内截面的流速分布对测量精度有一定影响,因此在超声波流量计的上、下游应具有一定长度的直管段。

5.7 液位的测量

液位的测量是一门测量液—液、气—液和液—固分界面的技术。

5.7.1 直读式测液位

直读式液位计是利用在容器上开两个口,安装上连接器可以直接观察的玻璃管,并在玻璃管外或内固定一根标尺,以观察记录液位,如图 5.7-1 所示。

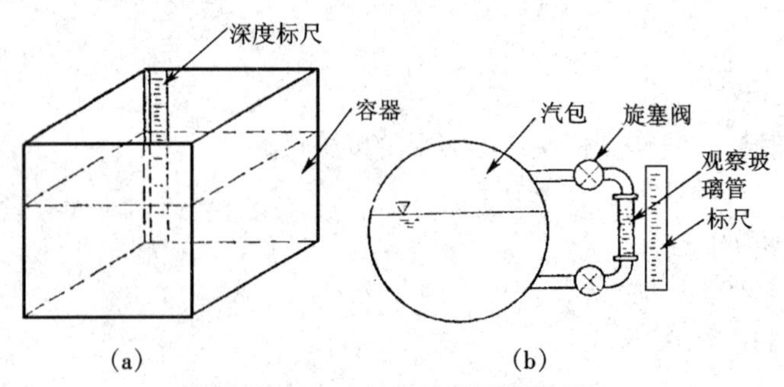

图 5.7-1 直读式液位测量装置

5.7.2 压力法测液位

利用压差法来测量液位,在测量常压、开口容器液位时,可以利用直接测量容器下部某点的压力来测量液位,这种方法称为压力式液位计。也可以利用变压计的高压侧接容器下部液相部分,低压侧接容器上部的气相部分,用气液相部分压差来测量液位,如图 5.7-2 所示。其中(a)为用压力计测量液位示意图;(b)为压差式液位计。

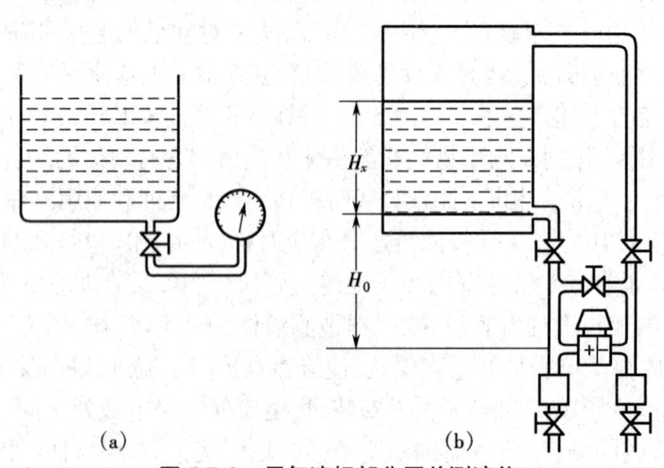

图 5.7-2 用气液相部分压差测液位

压力式液位计所指示的压力与被测液位之间存在着如下关系：

$$H = \frac{p}{\rho g} \tag{5.7-1}$$

式中：H 为被测液位高度；p 为容器内液体的静压力；ρ 为容器内液体的密度；g 为重力加速度。

当被测液体的密度在测量过程中不变时，则所测压力 p 与液体液位的高度 H 成正比。差压式液位计测量方法是根据流体静力学原理，液体中任一点的静压力 p 与其上方自由空间压力 p_0 之差 Δp，与该点上的液体密度 ρ，重力加速度 g 和液位高度 H 的关系为

$$\Delta p = p - p_0 = \rho g H \tag{5.7-2}$$

因此可以通过测量压差来测量液位高度。

5.7.3　浮力法测液位

浮力法液位计常分为浮力恒定液位计和变浮力液位计两类。属于浮力恒定的液位计有自力浮子式液位计、远传浮子式液位计、浮球液位计。属于变浮力式液位计有沉筒式液位计。它们都是利用浮子漂浮（或部分浸没）在液面上，浮子随液面变化而变化，利用浮子上浮或下沉来测量液位高低。

5.7.4　电容法测液位

利用被测介质液位变化，引起传感器电容量变化的原理制成的液位计称为电容式液位计。它的检测原理如图 5.7-3 所示，图中的两同轴圆柱板 1、2 组成的电容器，在两圆筒之间充以介电常数为 ε 的介质时，根据物理学可知，此电容量

$$C = \frac{2\pi\varepsilon L}{\ln D/d} \tag{5.7-3}$$

式中：L 为两极板高度；ε 为中间介质的介电常数；D 为外电极直径；d 为内电极直径。

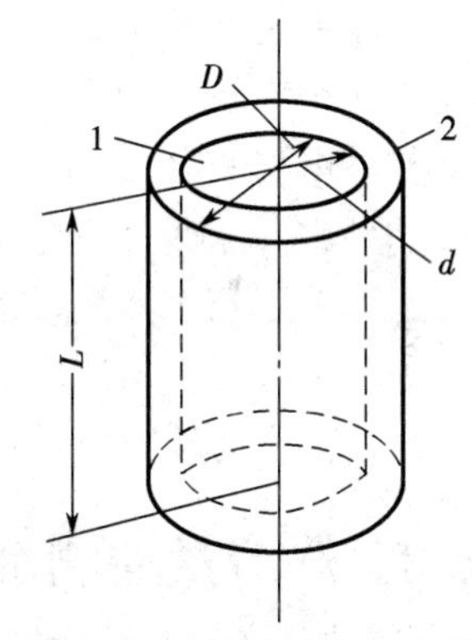

图 5.7-3　同轴圆柱电容器

1—内电极　2—外电极

从上式可以看出，电容量与两极板间充满介质的高度 L 成正比，并与被测介质的介电常数 ε 成正比。被测介质的介电常数 $\varepsilon=\varepsilon_0\varepsilon_p$，其中 ε_0 为真空介电常数，其值为 8.84×10^{-12} F/m，ε_p 为被测介质的相对介电常数。如空气在 1 大气压时，$\varepsilon_p=1.005\,9$、水的 $\varepsilon_p=80$、氧化铝的 $\varepsilon_p=10$ 等，电极尺寸一定时，电容的变化与电极结构无关，根据电容量的大小来测量液位。

5.7.5　超声波法测液位

超声波可以在气体、液体、固体中传播，但是它们的传播速度是不同的，声波在穿过以上介质时会被物体吸收而衰减，以气体吸收最强，故衰减最大；液体其次，故固体吸收最少即衰减最小。声波在穿过不同介质的分界面时会产生反射，而反射波的强弱取决于分界面两边介质的密度与声速的乘积。超声波法测液位是根据声波从发射至接收，到反射回波的时间间隔与液位高度成比例的关系来测量液位。如已知超声波在介质中的传播速度为 α，则

$$H = \frac{1}{2}\alpha\Delta t \tag{5.7-4}$$

式中：H 为液位高度；α 为超声波在介质中的传播速度；Δt 为发射与接收超声波脉冲的时间

间隔。

声速会随温度的变化(对同一介质)而改变,对于理想气体声速可用下式修正:

$$\alpha = \sqrt{kgRT} \tag{5.7-5}$$

式中:k 为等熵指数;R 为气体常数;T 为热力学温度。

常温常压下的空气,可近似看作为理想气体,k= 1.4,R=8.315 J/(mol·K),则

$$\alpha = 20.1\sqrt{T}\ (\mathrm{m/s})$$

从中可以看出,声速与温度的平方根成正比,为了具有测量的准确性,使用中应采用温度补偿措施。

5.7.6 液位测量的布置及误差消除方法

液位测量的布置及误差的消除方法如下。

①采用浮子液位计时,应选择绳索膨胀系数小、而较轻的多股金属绳。尽量减少滑轮系统中的摩擦阻力,减少由于绳索胀、缩引起的误差,以提高测量精度。

②采用压力式液位计时,应注意 H_0 是否在零点,在使用前必须把零点迁移到 H_x =0 处,否则测量时会产生误差。

③采用电容法式液位计时,对选择的材料除考虑温度、耐蚀外,还要考虑所用材料与被测介质是否有较小的亲和力,以减少被测介质对电极的沾染而造成的误差。另外传感器的灵敏度与外电极直径 D 有关,直径越大灵敏度越低。为了提高传感器的灵敏度,要合理选择外电极的型式,一般内、外电极距应在 3~5 mm。

④采用超声波测量液位时,要注意温度对声速的影响。如在 0 ℃时空气中声波的传播速度为 331 m/s,而当温度为 100 ℃时,速度增加到 387 m/s。因此为了能准确测量,必须对声速进行校正。另外被测介质的密度、成分、分布不均匀也会对测量产生误差。

5.8 热流量的测量

5.8.1 热流计的分类

热流计可分为以下类型。

①热式热流计。它是根据导热的基本定律——傅立叶定律来测量吸热元件所吸收的热流量。

②辐射式热流计。它只测量辐射热流密度,它是接收通过小圆孔的全部辐射,采用椭圆形反射镜聚焦到差动热电偶上,测量出温度差,从而求得热流密度。

③量热式热流计。它是将测热元件所吸收的热量传递给冷却水,然后由计算冷却水所带走的热量来判断热流量。

④辐射—对流式热流计(也称全热流计)。它是同时测量辐射传热和对流传热的热流密度装置。

⑤热容式热流计。它是通过测热元件,在加热过程中所接受的热流密度来测定的。

⑥Onera 热流计。它用来测量接受表面吸收的总热流密度。

5.8.2 热流计的布置及使用

热流计在布置及使用中应注意以下问题。

①选择热流计时，由于热流传感器种类很多，各有不同的用途和使用条件，而且它们是在不同条件下标定的，如选用不当时，会带来较大的测量误差。

②使用热流计时，要合理选择热流计的测量范围、温度范围、时间常数、尺寸、内阻及精确度等。

③使用热流计时应尽量使其表面与被测表面的发射率相等或接近，以减少因发射率不同而产生的测量误差。

④安装传感器时，接触要良好，尽量减少气隙，否则会产生测量误差。

⑤安装热流计时应尽量减少其他热流场的干扰，如所测热流设备附近的热管线及其他热设备的干扰。

⑥用于监控设备管理的热流计，要考虑使用的长期稳定性及耐腐蚀性、抗震动、耐高温高湿等影响。

5.9 误差与数据处理

5.9.1 误差函数的分布规律

随机误差是由许多未知的微小的因素影响而产生的。它的大小和正负都是无法预知的，但对于在同样条件下，对同一被测量经过重复多次测量，它的分布会服从统计规律。通过对大量测量值的分析统计，显示出它具有内在规律：①单峰性，即绝对值小的误差出现的概率大于绝对值大的误差出现的概率；②对称性，即绝对值相等符号相反的随机误差出现的概率相同；③有界性，即误差的绝对值不会超出一定的范围；④低偿性，多次测量，当测量次数趋于无穷大时，由于正负误差的相互抵消，全部误差的代数和趋于零。

测量值（随机变量 x）服从以上分布规律，称为正态分布，如图 5.9-1 所示。

对于正态分布的随机误差 δ_i，其概率密度函数可写为

$$F(\delta)=\frac{1}{\sigma\sqrt{2\pi}}\exp(-\frac{\delta^2}{2\sigma^2}) \qquad (5.9\text{-}1)$$

如以测量值 x 来表示可写为

$$F(x)=\frac{1}{\sigma\sqrt{2\pi}}\exp(-\frac{(x-\mu)^2}{2\sigma^2}) \qquad (5.9\text{-}2)$$

式中：σ 为均方根误差，表示测量值在真值周围的离散程度；μ 为被测参数的真值。

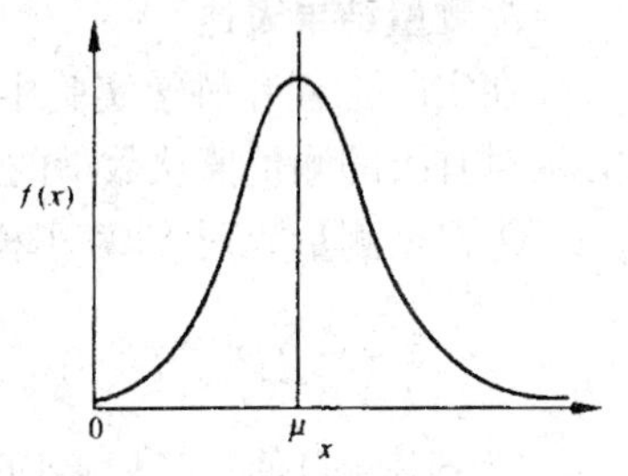

图 5.9-1 正态分布特性曲线

5.9.2 直接测量的平均值、方差、标准误差、有效数字和测量结果表达

1. 直接测量的平均值

$$\overline{x}=\frac{1}{n}\sum_{i=1}^{n}x_i \qquad (5.9\text{-}3)$$

2. 方差

当测量次数 $n\to\infty$ 时,测量值与数学期望值(μ)之差的平方平均值为

$$\sigma^2=\lim_{n\to\infty}\frac{1}{n}\sum_{i=1}^{n}(x_i-\mu)^2 \tag{5.9-4}$$

因为随机误差

$$\delta_i=x_i-\mu \tag{5.9-5}$$

所以式(5.9-4)可表示为

$$\sigma^2=\lim_{n\to\infty}\frac{1}{n}\sum_{i=1}^{n}\delta_i^2 \tag{5.9-6}$$

式中:σ^2 为测量值母体(无穷多的测量数据)方差,简称方差。

3. 标准方差

测定值服从正态分布的均方根误差 σ,为测量数列的标准误差,即

$$\sigma=\sqrt{\lim_{n\to\infty}\frac{1}{n}\sum_{i=1}^{n}\delta_i^2} \tag{5.9-7}$$

4. 有效数字

有效数字位数与误差有紧密的联系,但不能认为把数值中的小数点后位数取得越多,就越准确,这种看法是不全面的。实际测量结果的准确度绝不可能超过仪表所能分辨的范围。如采用数字电压表测量热电偶的输出电势,数字电压表的测量位数是四位数,所测电势值为 1.041 mV,最后一位“1”已是可疑值,它也可能是“0”或“2”,测量时人为地再多估一位, 1.041 3 那就毫无意义。又如采用 1/10 水银温度计测量水箱温度,所读测量值为 16.25 摄氏度,如果读出 16.253 摄氏度来那也不符合实际。因为数字电压表的有效数字为四位,而 1/10 刻度水银温度计的有效数字也只能分辨出整数后的两位。

有效数字的取舍原则,应遵循在记录测量数据值时,只保留一位可疑数字,可以在可疑数字末位上有 ±1 或 ±2 的单位误差。有效数字位数确定后,多余数字采取“四舍五入”法则。

5. 测量结果表达

在实际工程和科学实验中,对同一测量点的测量次数总是有限的,有时甚至比较少,因此必须对有限的测量值从数学的统计分析角度进行科学计算,并以下列几项表达测量结果。

①根据测量数列,计算子样的平均值

$$\overline{x}=\frac{1}{n}\sum_{i=1}^{n}x_i \tag{5.9-8}$$

②定义测量值与子样平均值之差,称为残差。残差为

$$v_i=x_i-\overline{x} \tag{5.9-9}$$

③根据残差平方项计算标准误差

$$\sigma=\sqrt{\frac{1}{n-1}\sum_{i=1}^{n}v_i^2} \tag{5.9-10}$$

④计算算术平均标准误差

$$\sigma_x=\frac{\sigma}{\sqrt{n}} \tag{5.9-11}$$

若以残差表示,则

$$\sigma_x = \sqrt{\frac{1}{n(n-1)}\sum_{i=1}^{n} v_i^2} \tag{5.9-12}$$

测量结果的精密度表明,在对某被测物理量进行 n 次测量后,真值有多大的可能(百分数)落在以子样的平均值 $\bar{x}$ 为中心,以算术平均标准误差 $\pm\sigma_x$ 为置信限内。如:

$x = \bar{x} \pm \sigma_x$(置信度 68. 3%)

$x = \bar{x} \pm 2\sigma_x$(置信度 95.5%)

$x = \bar{x} \pm 3\sigma_x$(置信度 99.7%)

5.9.3 间接测量最优值、误差传递理论、标准误差、误差分配

1. 间接测量最佳估计值

间接测量是通过直接测量与被测量有某种确定函数关系的其他各个变量,利用它们之间的函数关系进行计算,以求得被测量的测量结果。

当间接测量值 y 是直接测量值 $x_1, x_2, \cdots, x_m$ 的函数,即

$$y = F(x_1, x_2, \cdots, x_m) \tag{5.9-13}$$

时,则间接测量值的最佳估计值,可由与其有关的各直接测量值的算术平均值 $\bar{x}$(i=1, 2,⋯, m)代入函数关系求得,即

$$\bar{y} = F(\bar{x}_1, \bar{x}_2, \cdots, \bar{x}_m) \tag{5.9-14}$$

2. 间接测量的误差传递理论

设间接测量值 y 是直接测量值 $x_1, x_2, \cdots, x_m$ 的函数, $y = F(x_1, x_2, \cdots, x_m)$,假设对 $x_1, x_2, \cdots, x_m$ 各进行了 n 次测量,它们都有自己的一列测量值 x_{i_1}, x_{i_2},⋯, x_{i_m},其相应的随机误差为 δ_{i_1}, $\delta_{i_2}, \cdots, \delta_{i_n}$。

间接测量 y 的绝对误差

$$\Delta y = \frac{\partial F}{\partial x_1}\Delta x_1 + \frac{\partial F}{\partial x_2}\Delta x_2 + \cdots + \frac{\partial F}{\partial x_m}\Delta x_m \tag{5.9-15}$$

式中:Δy 为间接测量 y 的绝对误差;Δx_i 为某一直接测量值的绝对误差。

间接测量 y 的相对误差

$$\delta_y = \frac{\Delta y}{\bar{y}} = \frac{\partial F}{\partial x_1}\frac{\Delta x_1}{\bar{y}} + \frac{\partial F}{\partial x_2}\frac{\Delta x_2}{\bar{y}} + \cdots + \frac{\partial F}{\partial x_m}\frac{\Delta x_m}{\bar{y}} \tag{5.9-16}$$

3. 间接测量标准误差

如果间接测量值 y 的误差 δ_y 的分布是正态分布,可得出间接测量值的标准误差与诸直接测量值的标准误差有如下关系:

$$\sigma_y = \sqrt{\sum_{i=1}^{n}\left(\frac{\partial F}{\partial x_i}\right)^2 \sigma_i^2} \tag{5.9-17}$$

由式(5.9-17)可以看出:间接测量值的标准误差是直接测量值标准误差的和函数,是对该直接测量值的偏导数乘积的平方和的平方根。

以上结论是解决间接测量误差分析与处理问题的基本依据。

4. 间接测量的误差分配

从误差传递规律中可知,如果间接测量值 y 与 m 个独立的直接测量值 x 之间有函数关 系:

$$y=F(x_1,x_2,\cdots,x_m)$$

则 y 的标准误差为

$$\sigma_y=\sqrt{\left(\frac{\partial F}{\partial x_1}\right)^2\sigma_1^2+\left(\frac{\partial F}{\partial x_2}\right)^2\sigma_2^2+\cdots+\left(\frac{\partial F}{\partial x_m}\right)^2\sigma_m^2}$$

如果 σ_y 已给定,要求确定 $\sigma_1,\sigma_2,\cdots,\sigma_m$。这样一个方程,求多个未知数,其解是不定的。作为近似分析,可采用“等影响原则”,即假设各直接测量值的误差对间接测量结果的影响是均等的,则

$$\frac{\partial F}{\partial x_1}\sigma_1=\frac{\partial F}{\partial x_2}\sigma_2=\cdots=\frac{\partial F}{\partial x_m}\sigma_m \qquad (5.9\text{-}18)$$

从而

$$\sigma_y=\sqrt{m}\left(\frac{\partial F}{\partial x_i}\right)\sigma_i\ (i=1,2,\cdots,m) \qquad (5.9\text{-}19)$$

或者

$$\sigma_i=\frac{\sigma_y}{\frac{\partial F}{\partial x_i}\sqrt{m}} \qquad (5.9\text{-}20)$$

按照等影响原则近似分配误差,还要切合实际,根据测量仪器可达到的精度、技术上的可能性、合理性等进行调整,以提高其精度要求。

5.9.4 组合测量原理

测虽中各个未知量是以不同的组合形式出现。根据直接测量或间接测量所获得的数据,通过各种条件建立联立方程组,以求得未知参量的最佳估计及其误差。

5.9.5 最小二乘法原理

对测量中的直接测量或间接测量的物理量进行相关分析,获知两变量之间确实存在相关的函数关系后,要对测量量进行分析,以确定具体的方程式,这就是对测量数据进行回归分析,而回归分析的基础就是最小二乘法的原理。

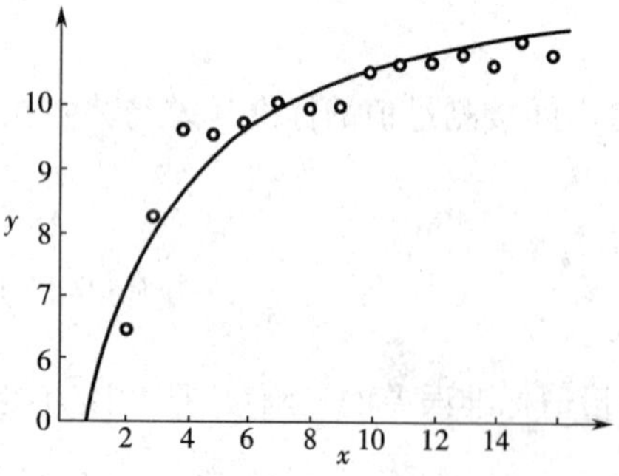

例如,两个变量 x 和 y 之间的未知函数关系为 $y=F(x)$。进行了 n 次测量,得到

$$x_i(i=1,2,\cdots,n)$$

$$y_i(i=1,2,\cdots,n)$$

将其对应的数据画在 x-y 平面坐标上,如图 5.9-2 所示,则可根据这些观察值采用最佳的形式来表达 x 与 y 的函数关系。

图 5.9-2　x_i 与 y_i 关系图

对大多数来说, n 对数据可以确定一个($n-1$)次多项式,使所有的数据点都通过一个曲线,但这种高次

多项式会使计算非常麻烦，计算量大，而且由于测量的误差，所得到的曲线必然多次弯曲，有时不能符合物理过程的本质。因此测量时应尽量减少误差，使得按测量值整理出来的解析式更精确地表达出 x-y 之间的函数关系。

未知函数形式应根据物理性质来确定。如果通过分析还不能准确确定，可以根据数据来进行判断，一般情况下常采用多项式来表示，即

$$y=F(x)=a_0+a_1x+a_2x^2+\cdots+a_mx^m \tag{5.9-21}$$

方次 m 可以随试验数据形式经验地确定，不过应使试验测量次数 n 大于 m。确定了函数类型后，应合理选定 $F(x)$中的各项系数，即公式(5.9-21)中的 $a_0,a_1,\cdots,a_m$。

假定变量 x 与 y 之间的函数可以精确表示为 $y=F(x)$。测量数据(x_i, y_i)与解析式常有偏差。对自变量 x 的任一值 x_i，另一变量 y 与测量量 y_i 之间误差是随机变量。该变量通常服从正态分布，且数学期望为零，均方差为 σ_i，如果各次测量的精度相同，则测量值误差的随机变量 ζ_i 的分布密度可表示为

$$\varphi_i(z)=\frac{1}{\sqrt{2\pi}\sigma}\exp\left(-\frac{z^2}{2\sigma^2}\right)\ (i=1,2,\cdots,n) \tag{5.9-22}$$

而公式中

$$\zeta_i=z_i=y_i-F(x_i)\ (i=1,2,\cdots,n)$$

为了提高分析的精确度，应使 ζ_i 尽可能地小，根据概率论原理，也就是使偶然误差的分布尽可能地集中。

根据概率乘法，可知分布密度 φ_i 出现的概率正比于

$$\frac{1}{\sqrt{2\pi\sigma}}\exp\left(-\frac{Z_1^2+Z_2^2+\cdots+Z_n^2}{2\sigma^2}\right)$$

要使上式值为最大，应使

$$Z_1^2+Z_2^2+\cdots+Z_n^2=\sum_{i=1}^{n}\left[y_i-F\left(x_i\right)\right]^2 \tag{5.9-23}$$

为最小。因此必须选择函数 $y=F(x)$的测量值 y_i 与相应的函数值 $F(x_i)$的偏差的平方和为最小，这就是最小二乘法原理的概率意义。

5.9.6 经验公式法

在实际测量中，可以认为测量所获得的一组自变量 x_i 与因变量 y_i 的值反映了两个物理量 x 与 y 之间存在某种内在关系。因此，可以应用数学工具，将这些数据按设定的某种函数关系进行拟合，从而获得相应的表达式，即经验公式。现已有许多用于拟合的标准程序，只要将各测定值依次输入计算机，选定多项式并设函数关系式的次数以后，可以直接从计算机的数值解获得回归曲线及经验公式。

5.9.7 相关系数

相关系数是描述两个变量(x,y)之间线性相关密切程度的指标，用 R 表示：

$$R=\frac{\sum_{i=1}^{n}(x_i-\bar{x})(y_i-\bar{y})}{\sqrt{\sum_{i=1}^{n}(x_i-\bar{x})^2\sum_{i=1}^{n}(y_i-\bar{y})^2}} \tag{5.9-24}$$

5.9.8 回归分析

测量数据中,因变量与自变址的关系一般可分两类:一类是函数关系,即自变量与因变量之间有确定的数学关系表达式,且有一一对应的关系;另一类为相关关系,即自变量与因变量之间无确定的函数关系,但它们之间确实存在着密切关系,这种关系可以通过对测量数据的回归分析确定。回归分析常采用数理统计方法,从大量测量数据中寻求变量之间相关关系的数学表达式,并对所确定的数学表达式的可信度进行统计分析与验证。

5.9.9 显著性检验与分析

显著性检验通常称作回归方程拟合程度的检验,它是根据相关系数 R 的大小来判断两个变量之间线性相关的密切程度。R 值在-1 和+1 之间变化,R 的绝对值越接近 1,则回归直线与试验测量值拟合得越好。当 $R\doteq 0$ 时,则试验测量值回归直线两侧分散,此时回归直线无实用意义。所以,用回归直线来表示 x 与 y 之间的关系所对应的 R 值,称为相关系数显著值。

5.9.10 过失误差处理

在实际测量中常会遇到个别测量值与多数测量值相差很大,即绝对误差特别大的情况。根据随机误差的性质,特别大的误差出现概率是很小的。这种特大误差的测量值,多半是由于过失或疏忽所引起的误差,这种误差称为过失误差,或称粗大误差。通常应采用合理的方法找出这些可疑的数据,并加以剔除,这对提高测量结果的置信度和准确度有明显的意义。常采用的方法有莱依特准则和格拉布斯准则。

1. 莱依特准则

对某一组测量数值中,其中某一测量值的残差 v_i 绝对值,大于该测量列的标准误差 3 倍,可认为该测量列存在过失误差,即

$$v_i=|x_i-\bar{x}|>3\sigma \tag{5.9-25}$$

故也称 3 标准误差 σ 准则,实际使用时标准误差可用估计值 S 代替。在坏值剔除后,应重新按上式进行计算判断,直至余下的测量值中无坏值存在。

3σ 准则是依据正态分布得出的较简单方法,当子样容量较小时,由于取样界限太窄,则坏值剔除不掉的可能性较大,当子样容量 $n<10$ 时更严重,因此可以采用以 T 分布为基础的格拉布斯准则。

2. 格拉布斯准则

它是先将有限的测量值按大小顺序重新排列为 $x_1\leqslant x_2\leqslant\cdots\leqslant x_n$,然后用下式计算首尾测量值的格拉布斯准则数

$$T_i=\frac{|\gamma_i|}{S}=\frac{|x_i-\bar{x}|}{S} \tag{5.9-26}$$

式中:i 为 1 与 n。

再根据子样容量 n 和选取的显著性水平 α,查格拉布斯准则数 $T(n,\alpha)$表。当 $T_i\geqslant T(n,\alpha)$ 时,则认为是坏值,应剔除。显著性水平 α 一般可取 0.05 或 0.01 ,其含义是按该临界值来判定是否为坏值,而实际非坏值的概率是多少,判断失误的可能性有多大。

5.9.11 系统误差处理方法及消除方法

系统误差的出现一般是有一定规律的,其产生的原因往往是可知或能掌握的。系统误差的处理方法及消除方法应从以下几点考虑。

①在测量前和测量中必须采取正确的方法和措施,尽可能预见到系统误差的来源并设法消除。

②测量仪表及试验装置的安装、调试、使用等是否正确,是否对仪表进行了校准后才使用。

③分析是否因测量仪表的使用环境条件,如温度、湿度、测量区电磁场的干扰等原因引起的并进行有针对性的消除。

④分析误差是否因测量仪表本身元器件老化、磨损及工作电池电压下降等原因引起的并进行有针对性的消除。

⑤采用准确的测量系统和测量方法来修正误差。

⑥采用交换法,将测量中的某些条件相互交换,使产生系统误差的原因相互抵消。

⑦采用测量系统外部定量修正,如电子电路修正或补偿修正误差。

⑧累积误差可采用对称法来消除。

⑨周期性误差可采用在每半周测一个数据,然后全周期取平均值。

5.9.12 误差的合成定律

测量中,可能同时存在三种不同性质的误差(系统误差、随机误差、过失误差)。为使测量结果的准确度高,则需要对所有的误差进行综合。

1. 随机误差的合成

若测量结果中有 k 项彼此独立的随机误差,各项标准差分别为 $\sigma_1, \sigma_2, \cdots, \sigma_k$,则它们的综合效应所产生的综合标准误差 σ 为

$$\sigma = \sqrt{\sum_{i=1}^{k} \sigma_i^2} \tag{5.9-27}$$

在计算综合误差时,经常采用极限误差来合成。只要测量次数足够多,就可以认为极限误差为

$$\Delta_i = 3\sigma_i \tag{5.9-28}$$

合成的极限误差 Δ 为

$$\Delta = \sqrt{\sum_{i=1}^{k} \Delta_i^2} \tag{5.9-29}$$

2. 系统误差的合成

系统误差在测量系统中的出现是有一定规律的,不能采用按平方和与平方根的方法来综合。

若测量结果含有 m 个不确定系统误差 $e_1, e_2, \cdots, e_m$,则总的系统不确定度 e 为

$$e = \sum_{i=1}^{m} e_i \tag{5.9-30}$$

若测量结果中含有 L 个已确定的系统误差(大小与符号均已确定),它们的数值分别为 $E_1, E_2, \cdots, E_L$,则合成的方法是将各项已确定的系统误差代数相加,故得总的系统已定误差为

$$E=\sum_{i=1}^{L}E_i \tag{5.9-31}$$

3. 随机误差与系统误差的合成

如果测量结果中有 k 项独立的随机误差,可用极限误差表示为

$$\varDelta_1,\varDelta_2,\cdots,\varDelta_k$$

其中有 L 个已定的系统误差,其值分别为

$$E_1,E_2,\cdots,E_L$$

有 m 个未定的系统误差,其极限为

$$e_1,e_2,\cdots,e_m$$

则合成总误差为

$$\varDelta_{\Sigma}=\sum_{i=1}^{L}E_L\pm\left(\sum_{j=1}^{m}e_j+\sqrt{\sum_{p=1}^{k}\varDelta_p^2}\right) \tag{5.9-32}$$

仿真习题

5.1 测量技术的基本知识

5-1 微差式测量法比零位式测量法(　　),比偏差式测量法(　　)。

(A)速度慢;准确度高　　(B)速度快;准确度低

(C)速度快;准确度高　　(D)准确度低;速度慢

5-2 在校验工作中,标准表的允许误差不应超过被校表允许误差的(　　)标准表的量程不应超过被校表量程的(　　)。

(A)1/3 ;25%　　(B)1/5;20%　　(C)1/10;10%　　(D)1/3; 20%

5-3 现要测量 500 ℃的温度,要求其测量值的相对误差不应超过 2.5%,下列几个测温表中最合适的是(　　)。

(A)测温范围为-100 ~ +500 ℃的 2. 5 级测温表

(B)测温范围为 0~ +600 ℃的 2.0 级测温表

(C)测温范围为 0~ +800 ℃的 2.0 级测温表

(D)测温范围为 0~ +1 000 ℃的 1.5 级测温表

5.2 温度的测量

5-4 已知 K 型热电偶的热端温度为 300 ℃,冷端温度为 20 ℃。查热电偶分度表得电势:300 ℃时为 12.209 mV, 20 ℃时为 0.798 mV, 280 ℃时为 11.382 mV。这样,该热电偶回路内所发出的电势为(　　)mV。

(A)11.382　　(B)11.411　　(C)13.007　　(D)12. 18

5-5 下列有关电阻温度计的叙述中,不恰当的是(　　)。

(A)电阻温度计在温度检测时,有时间延迟的缺点

(B)与热电偶温度计相比,电阻温度计所能测的温度较低

(C)因为电阻体的电阻丝是用较粗的线做成的,所以有较强的耐振性能

(D)测温电阻体和热电偶都是插入保护管使用的,故保护管的构造、材质等必须十分慎重

地选定

5-6 将玻璃水银温度计插入被测介质，温度计在介质液面外露液柱在 15 mm 处，这时温度计值为 320 ℃，裸露部分的平均环境温度为 40 ℃，水银与玻璃的视膨胀系数为 0.001 6 mm^{-1}，那么被测介质的实际温度为（　　）。

（A）312.4 ℃　　（B）319.9 ℃　　（C）328. 7 ℃　　（D）336. 4 ℃

5-7 用两支分度号为 K 的热电偶测量 A 区和 B 区的温差，连接回路如图所示。当热电偶参比端温度 t_0 为 0 ℃时，仪表指示 200 ℃。则在参比端温度上升到 25 ℃时，仪表的指示值应（　　）。

（A）上升　　（B）下降　　（C）不变　　（D）不确定

5-8 由热电偶构成的测温回路如图所示，请判断接线方式正确的是（　　）。

（A）a　　（B）b　　（C）c　　（D）d

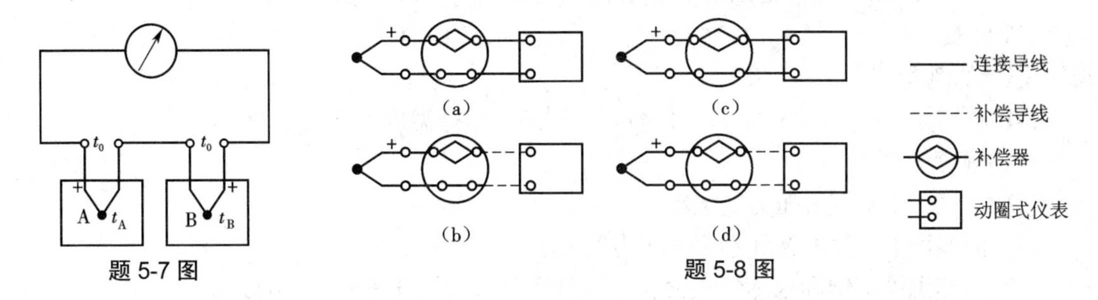

题 5-7 图　　题 5-8 图

5-9 热电偶与补偿导线连接、热电偶和铜导线连接进行测温时，要求接点处的温度应该是（　　）。

（A）热电偶与补偿导线连接点处的温度必须相等

（B）不必相等

（C）热电偶和铜导线连接点处的温度必须相等

（D）必须相等

5-10 有关玻璃水银温度针，下列（　　）的内容是错误的。

（A）测温下限可达-150 ℃　　（B）在 200 ℃以下为线性刻 度

（C）水银与玻璃无粘附现象　　（D）水银的膨胀系数比有机液体的小

5-11 如图所示，热电偶回路的热电势应为（　　）。

（A）$E=E_{AD}(t_1,\ t_2)$

（B）$E=E_{CE}(t_1,\ t_2)$

（C）$E=E_{AF}(t_1,\ t_2)+E_{DC}(t_1,\ t_2)$

（D）$E=E_{AF}(t_2,\ t_1)+E_{DC}(t_2,\ t_1)$

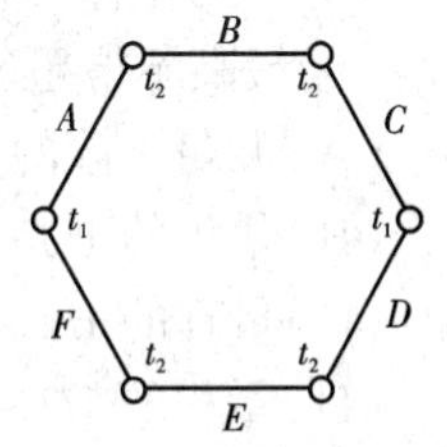

题 5-11 图

5-12 XCT-101 型仪表，分度号为 K，仪表要求外接电阻为 15 Ω，仪表内接电阻为 200 Ω，热电偶电流所具有的电势上限为 800 ℃，$E(800,\ 0)$=33.28 mV，热电偶与仪表之间用补偿导线连接。仪表周围温度为 25 ℃，$E(25,\ 0)$=1 mV。则流过热电偶的电流上限为（　　）mV。

（A）0.15　　（B）0.16　　（C）2.15　　（D）2. 29

5-13 某铜电阻在 20 ℃时的阻值 R_{20} = 16.28 Ω，其电阻温度系数 $a=4.25\times10^{-3}$/℃，该电阻在 100 ℃时的阻值为（　　）Ω。

（A）0.425　　（B）16.62　　（C）21.38　　（D）21.82

5-14　辐射温度的定义是(　　)。

（A）当某温度的实际物体的全辐射能量等于温度为 T_P 的绝对黑体全辐射能量时，温度 T_P 则称为被测物体的辐射温度

（B）当某温度的实际物体在波长为 0.5 μm 时的辐射能量等于温度为 T_p 的绝对黑体在该波长时的辐射能量时，温度 T_p 则称为被测物体的辐射温度

（C）当某温度的实际物体的亮度等于温度为 T_p 的绝对黑体的亮度，温度 T_p 则称为被测物体的辐射温度

（D）当某温度的实际物体在两个波长下的亮度比值等于温度为 T_p 的绝对黑体在同样两个波长下的亮度比值时，温度 T_p 则称为被测物体的辐射温度

5-15　标准热电阻相配的动圈表的每根接线电阻为(　　)。

（A）1 Ω　　（B）5 Ω　　（C）10 Ω　　（D）15 Ω

5.3　湿度的测量

5-16　当大气压力和风速一定时，被测空气的干湿球温度差直接反映了(　　)。

（A）湿度的大小

（B）空气中水蒸气分压力的大小

（C）同温度下空气的饱和水蒸气压力的大小

（D）湿球温度下饱和水蒸气压力和干球温度下水蒸气分压力之差的大小

5-17　关于氯化锂电阻式湿度计，下述错误的说法是(　　)。

（A）最高使用温度为 55 ℃

（B）传感器电阻测量电桥与热电阻测量电桥相同

（C）包含干球温度传感器

（D）稳定性较差

5-18　电容式湿度传感器不具有(　　)的特点。

（A）精度高、响应速度快　　（B）不受环境温度和风速的影响

（C）受环境气体成分的影响　　（D）价格较贵

5.4　压力的测量

5-19　为了保证弹性式压力计的使用寿命和精度，当测量脉动压力时，正常操作压力应为(　　)，最高不得超过(　　)。

（A）测量上限的 1/3 ~ 1/2，量程的 3/5

（B）量程的 1/3 ~ 1/2，测量上限的 2/3

（C）量程的 1/3 ~2/3，测量上限的 3/4

（D）量程的 1/3 ~2/3，测量上限的 3/4

5-20　当测量压力为-40 ~0 ~40 kPa 的一般介质时，应选用(　　)。

（A）膜盒式压力表　　（B）弹簧管式压力表

（C）波纹管式压力表　　（D）压力真空表

5-21　如图所示的压差传感器，元件 4 为(　　)。

（A）测量膜片　　（B）固定电极

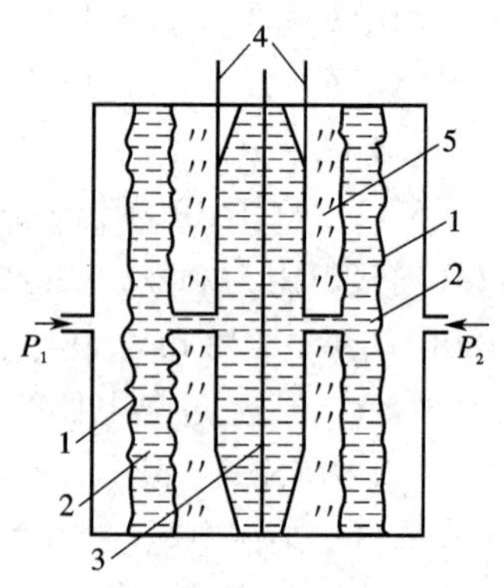

题 5-21 图

（C）霍尔片　　　　　　　　　（D）线圈

5-22　对于液柱式压力计，有人总结出以下几条经验，其中不对的一条是（　　）。

（A）当液柱式压力计的工作液为水时，可在水中加一点红墨水或其他颜色，以便于读数

（B）在精密压力测量中，U 形管压力计不能用水作为工作液

（C）在更换倾斜微压计的工作液时，酒精的重度差不了多少，对仪表几乎没有影响

（D）环境温度的变化会影响液柱式压力计的测量误差

5-23　力平衡式压力、压差变送器的测量误差主要来源于（　　）。

（A）弹性元件的弹性滞后

（B）弹性元件的温漂

（C）杠杆系统的摩擦

（D）位移检测放大器的灵敏度

5-24　今测量某管道蒸汽压力，压力表低于取压口 8 m，如图所示。已知压力表示值 p=6 MPa，压力信号管内凝结水的平均温度 t=60 ℃，水密度 ρ=985.4 kg/m^3，则蒸汽管道内的实际压力及压力表低于取压口所引起的相对误差为（　　）。

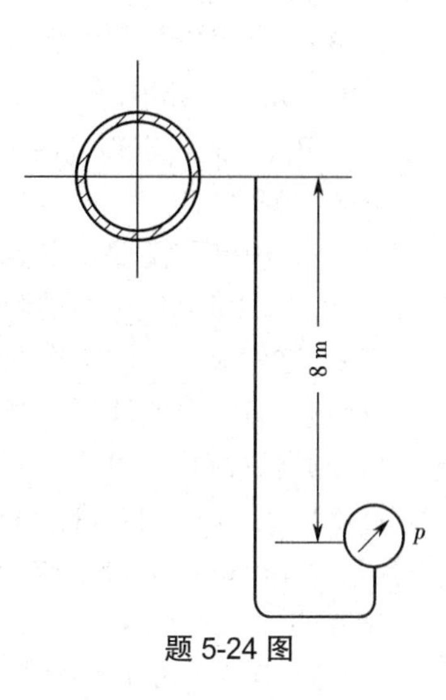

题 5-24 图

（A）5 922. 7 kPa，1.3%　　　　（B）6 200 kPa，20%

（C）6 100.7 kPa，1.5%　　　　（D）6 058 kPa，10%

5-25　对于仪表的类型选择，叙述错误的是（　　）。

（A）被测压力的范围及精度的要求

（B）被测压力介质的性质

（C）被测压力所在的环境要求及对仪表输出信号的要求

（D）测量的目的时间

5-26　压力表安装的工程需要有几条经验，下列中不对的一条是（　　）。

（A）关于取压口的位置，从安装角度来看，当介质为液体时，为防止堵塞，取压口应开在设备下部，但不要在最低点

（B）当介质为气体时，取压口要开在设备上方，以免凝结液体进入，而形成水塞。在压力波动频繁和对动态性能要求高时，取压口的直径可适当加大，以减小误差

（C）测量仪表远离测点时，应采用导压管。导压管的长度和内径，直接影响测量系统的动态性能

（D）在敷设导压管时，应保持 10%的倾斜度。在测量低压时，倾斜度应增大到 10%～20%

5.5　流速的测量

5-27　毕托管的标定有以下步骤，其中（　　）是错误的。

（A）按测量系统安装好被标定的毕托管，使毕托管的总压孔轴线对准风洞的轴线，连接好测量管路

（B）对一般场合，可以采用自制的平直风管标定，该风管的长径比要求大于 50

（C）合理选择标定流速的范围，记录各稳定流速下的标准动压值 Δh 和被标定毕托管的动压值 Δh_1

（D）整理记录数据，拟合成标定方程，绘制标定曲线，以备查用

5-28　热球风速仪的量程下限可达(　　)m/s，分辨率可达(　　)m/s。

(A)0.02；0.0　　(B)0. 05；0.01　　(C)0.1；0.05　　(D)0.1；0.1

5-29　对于偏斜角不大的三元流动来讲，应尽量选用(　　)静压探针或总压探针进行相应的静压或总压测量。

(A)L 形　　(B)圆柱形　　(C)碟形　　(D)导管式

5.6　流量的测量

5-30　今用皮托管测量管道内水的流量。已知水温 t=50 ℃，水密度 ρ=988 kg/m^3，运动黏度 υ=0. 552×10 m^2/s，管道直径 D=200 mm，皮托管全压口距管壁 γ=23.8 mm，测得压差 Δp=0.7 kPa，由此可求得此时的容积流量为(　　)m^3/h。

(A)180.28　　(B)160.18　　(C)168.08　　(D)180.20

5-31　用电磁流量计测量液体的流量，判断下列叙述正确的是(　　)。

(A)在测量流速不大的液体流量时，不能建立仪表工作所必须的电磁场

(B)这种流量计的工作原理是，在流动的液体中应能产生电动势

(C)只有导电的液体才能在测量仪表的电磁绕组中产生电动势

(D)电磁流量计可适应任何流体

5-32　已知饱和蒸汽的密度为 5 kg/m^3，最大流量为 25 000 kg/h，管道内径为 200 mm，孔板孔径为 140 mm，流量系数为 0.68，则该孔板前后的压差最大应为(　　)kPa。

(A)9　　(B)11　　(C)30　　(D)44

5-33　涡轮流量计的特性曲线如图所示，试分析在流量变化时它并不是一条理想水平直线，下列理由中正确的是(　　)。

(A)在小流量下，由于存在的阻力距相对比较大，因此仪表常数不稳定

(B)流量增大时，转动力矩超过阻力距，特性曲线近于水平线，工程要求线性度在 ±0.5%以内，复现性在 ±0.1%以内

(C)线性度不好是由于黏性影响，当流体黏性较小时线性度是水平直线

(D)线性度的影响是由于管道内流速分布不均造成的

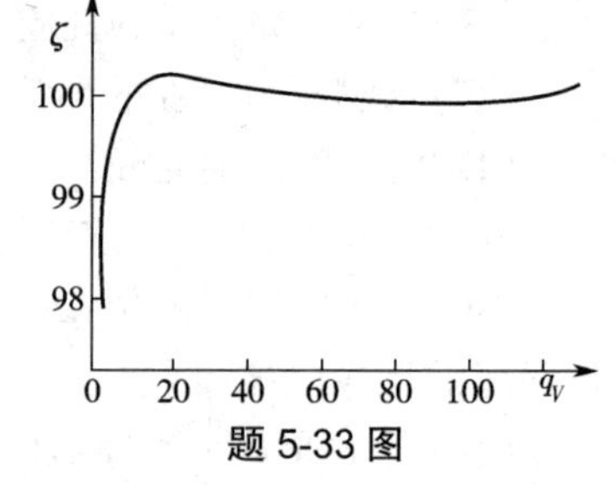

题 5-33 图

5-34　用超声波流量计测某介质流量，超声波发射与接收装置之间距离 L=300 mm，介质流速 v = 12 m/s。如果介质温度从 10 ℃升温到 30 ℃，烟气超声波的速度从 1 450 m/s 变化到 1 485 m/s，则温度变化对时间差的影响是(　　)。

(A)δ_T =−5.7%　　(B)δ_T=4.7%　　(C)δ_T =−4.7%　　(D)δ_T =−8.7%

5-35　涡轮流量计是速度式流量计，下述有关其特点的叙述中，(　　)条的内容是不确切的。

(A)测量基本误差为 ±(0.2～1.0)%

(B)可测量瞬时流量

(C)仪表常数应根据被测介质的黏度加以修正

(D)上下游必须有足够的直管段长度

5-36　已知直径为 50 mm 的涡轮流量变送器，其涡轮上有六片叶片，流量测量范围为 5~50 m^3/h，校验单上的仪表常数是 37.1 次/L。那么在最大流量时，该仪表内的转数是(　　)r/s。

(A)85.9 (B)515.3 (C)1 545.9 (D)3 091.8

5-37 三管型复合测压管的特性,在下述有关其特点的叙述中,( )条的内容是不确切的。

(A)由于焊接小管的感测头部较小,可以用于气流 Ma 数较高、横向速度梯度较大的气流测量

(B)刚性差,方向管斜角较大,测量气流时较易产生脱流,所以在偏流角较大时,测量数值不太稳定

(C)两侧方向管的斜角要保持相等,斜角可以向内斜,也可以向外斜,可以在两方向管中间也可以在方向管的上下布置

(D)为了克服对测速流场的干扰,一般采用管外加屏蔽处理

5-38 需要借助压力计测量流速的仪表是( )。

(A)涡街流量计 (B)涡轮流量计

(C)椭圆齿轮流量计 (D)标准节流装置

5-39 热线风速仪常使用在某些场合,但下列的( )是不正确的场合。

(A)可测对象为几何形状较复杂流体,如不透明介质(如油)的流速

(B)测量紊流参数、测量微风速、脉动速度

(C)可以使流速的量程扩大到 500 m/s,脉动频率上限提高到 80 KHz

(D)热惯性大、功耗大、测量误差较大

5-40 在用滤膜测定环境含尘浓度时,在所注意的事项中,( )条是没有必要的。

(A)当采样气体的相对湿度与标定时气体的相对湿度相差较大时,对滤膜的质量增量应进行修正

(B)应根据空气含尘浓度的大小确定采样时间的长短

(C)两个平行样品测出的含尘浓度偏差小于 20%时方为有效样品

(D)在抽气机开动后即应开始记录采样时间

5-41 已知具有直角开孔的矩形堰流量计,其孔口流量 q 与液位高度 h 间的关系式为:$q=\xi h^n$,式中 ξ 是与开口宽度和重力加速度有关的系数。则该矩形堰的流量方程表达式应为( )。

(A) $q=kh^{3/2}$ (B) $q=kh^{2/3}$ (C) $q=kh^{1/2}$ (D) $q=kh^{3/4}$

5.7 液位的测量

5-42 对于下面所列的液位仪表,受被测液体密度影响的是( )。

(A)电感式液位计 (B)差压式液位计

(C)电容式液位计 (D)超声波液位计

5-43 如图所示为一平衡容器,当水位和汽包压力同时偏离正常值时,是否会产生仪表指示误差?在锅炉启动过程中低水位运行时,水位指示应该( )。

(A)偏低 (B)偏高

(C)不变 (D)无指示

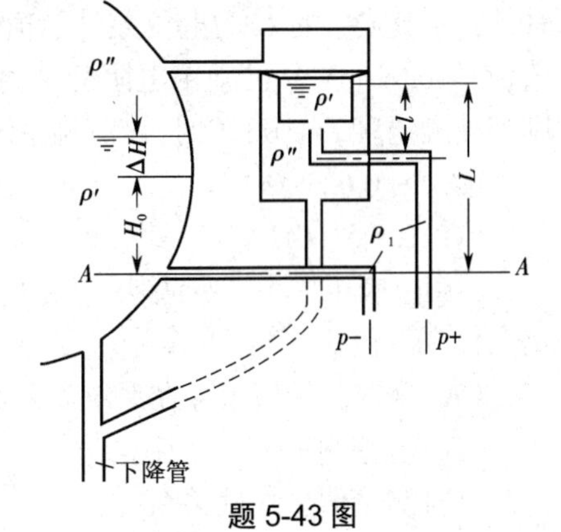

题 5-43 图

5-44　采用电容法式液位计时,要注意的问题是(　　)。

(A)对选择的材料除考虑温度、耐蚀外,还要考虑所用材料与被测介质是否有较小的亲和力,以减少被测介质对电极的沾染而造成的误差

(B)传感器的灵敏度与外电极直径 D 有关,直径越大灵敏度越低

(C)为了提高传感器的灵敏度,要合理选择外电极的型式,一般内、外电极距应在 3~5 mm

(D)电容量与两极板间充满介质的高度 L 成正比,并与被测介质的介电常数 ε 成正比

5.8　热流量的测量

5-45　设热流传感器其他条件不变,则当其厚度增加时,下述中(　　)条的结论是不合适的。

(A)热流传感器越易反映小的稳态热流值

(B)热流传感器测量精度较高

(C)热流传感器反应时间将增加

(D)其热阻越大

5.9　误差与数据处理

5-46　用测量范围为−50 ~ +150 kPa 的压力表测量 140 kPa 压力时,仪表示值为+142 kPa,则该示值的绝对误差为(　　)。

(A)+2 kPa　　(B)2 kPa　　(C)+6 kPa　　(D)40 kPa

5-47 现有 2.5 级、2.0 级、1.5 级、1 级四块测温仪表,对应的测量范围分别为−100~+500 ℃、−50~ +550 ℃、0~1 000 ℃, 0~1 500 ℃。现要测量 500 ℃的温度,其测量值的相对误差不超过 2.5%,则最合适的那块表应是(　　)。

(A)2.5 级　　(B)2.0 级　　(C)1.5 级　　(D)1 级

5-48　已知铜电阻阻值与温度的关系为 $R_t=R_{20}[1+\alpha_{20}(t-20)]$, 20 ℃时铜电阻阻值 $R_{20}=6\pm0.018(\Omega)$, $\alpha_{20}=0.004\pm0.000\,04$ ℃$^{-1}$,则铜电阻在温度 t=30 ℃时的电阻值及其误差为(　　)。

(A)$R_{30}=5.62\pm0.035\ \Omega$　　(B)$R_{30}=6.24\pm0.030\,5\ \Omega$

(C)$R_{30}=6.42\pm0.033\ \Omega$　　(D)$R_{30}=4.78\pm0.052\ \Omega$

5-49　用电位差计和分度号为 Pt50 的热电阻构成测温系统,如图所示。流过热电阻的电流值为 4 mA,标准电阻 $R_N=10\pm0.01\ \Omega$,电位差计是 0.05 级的,它的基本误差不超过 $\Delta U=5\times10^{-4}+0.5U_p$。上式中的 U 为电位差计示值(mV); U_p 为表盘标尺分格值(U_p=0.05 mV)。已知铂电阻分度值的允许误差不超过 0.3 ℃,则当被测温度 t = 100 ℃时,该测温系统的测量误差为(　　)。

(A)± 0.625 ℃　　(B)± 0.37 ℃

(C)± 0.516 ℃　　(D)± 0.568 ℃

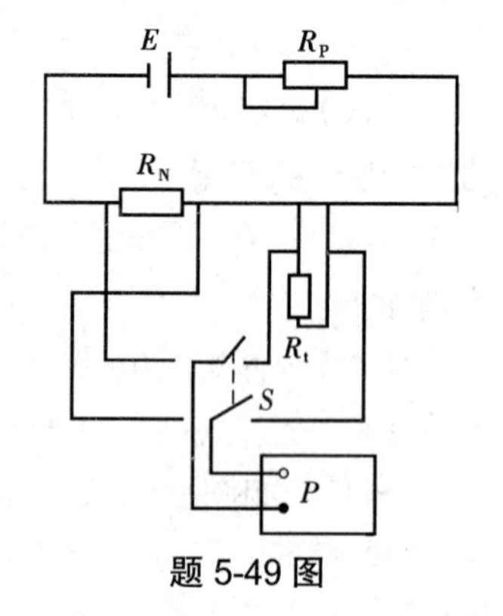

题 5-49 图

5-50　应用最小二乘法从一组测量值中确定最可信赖度的前提条件应不包括(　　)。

(A)这些测量值不存在系统误差和粗大误差

(B)这些测量值相互独立

(C)测量值呈线性关系

（D）测量值服从正态分布

5-51 下列措施中与消除系统误差无关的是（　　）。

（A）采用正确的测量方法和原理依据

（B）测量仪表应定期检定，校基准

（C）可尽量采用数字显示仪表代替指针式仪表

（D）删除严重偏离的坏值

5-52 下列方法中的（　　）不适用于两组被测变量之间的关系。

（A）最小二乘法　（B）经验公式法　（C）回归分析法　（D）显著性检验法

5-53 采用湿球温度计测量空气焓值的方法属于（　　）方法。

（A）直接测量　（B）间接测量　（C）组合测量　（D）动态测量

5-54 已知被测温度在 40 ℃左右变化，要求测量绝对误差不超过 ±0.5 ℃，则应选择（　　）的测温仪表。

（A）量程 0~50 ℃，精度等级 1　（B）量程 0~40 ℃，精度等级 1

（C）量程 0~100 ℃，精度等级 0.5　（D）量程-50~50 ℃，精度等级 0.5

5-55 用温度计对某一温度测量 10 次，该数据中无系统误差及粗大误差，测量数据如下表，则判断测量的最终结果表达式为（　　）。

序号	1	2	3	4	5	6	7	8	9	10
测量值	56.23	56.89	56.21	56.97	56.12	56.19	56.26	56.33	56.17	56.35

（A）56.27 ± 0.06　（B）56.27 ± 0.62　（C）56.27 ± 0.30　（D）56.27 ± 0.08

习题答案

5-1（C）　5-2（A）　5-3（B）　5-4（B）　5-5（C）

5-6（B）。提示：对测量有机液体时由于有机液体的膨胀系数比水银大所以对该系统测量时如果温度计测量头有裸露部分要进行修正，修正公式 $\Delta t = \alpha h(t - t_1)$。式中：$\alpha$ 为工作液体与玻璃之间相对膨胀系数；h 为液柱露出的高度；t 为温度计指示值；t_1 为裸露部分的平均温度。

5-7（A）。由于测量的是两支分度号为 K 的热电偶的温差，当参比端温度上升后温度的变化相互抵消。

5-8（A）

5-9（A）。根据热电偶中间导体判断。

5-10（A）。测量下限可达-150 ℃。

5-11（C）。根据中间导体定律，B 和 E 均为中间导体（两端温度相同），所以可以忽略它们对回路电势的影响，即 $E = E_{AF}(t_1,t_2) = E_{DC}(t_1,t_2)$。

5-12（A）。根据中间温度定律，求出回路的总电势后，除以回路的总电阻。

5-13（C）。根据铜热电阻的特性方程 $R = R_0[1+\alpha t]$，先根据该式求出 R_0，即可求出电阻在 100 ℃时的阻值。

5-14（A）。全辐射能量等于温度为 T_p 的绝对黑体全辐射能量时，温度 T_p 则称为被测物体的辐射温度。

5-15(B)　5-16(D)

5-17(B)。氯化锂电阻式温度传感器适应交流电桥测量电阻,不允许用直流电源,以防氯化锂溶液发生电解。

5-18(C)　5-19(B)

5-20(A)。压力为-40~0~40 kPa,属微压范围测量

5-21(A)　5-22(C)　5-23(C)

5-24(A)。$\Delta p=h\rho g$

5-25(D)　5-26(D)　5-27(B)　5-28(B)　5-29(A)

5-30(B)。皮托管测得动压 $\Delta p=\rho v^2/2$,确定取压口处的流速 $v=\sqrt{\dfrac{2\Delta p}{\rho}}$,根据雷诺数 $Re_D=vD/\upsilon$ 确定流动状态,依测压管所处半径位置和管内速度分布规律确定测点速度和平均速度的关系,从而计算出流量。

5-31(C)　5-32(D)　5-33(B)

5-34(C)。超声波流量计在传播时间差 $\Delta\tau=\dfrac{L}{C-v}-\dfrac{L}{C+v}=\dfrac{2Lv}{C^2-v^2}$

当 $K_\rho=\sqrt{\dfrac{\rho_1}{\rho'_2}}C>>v$ 时,$\Delta\tau\approx\dfrac{2Lv}{C^2}$

根据温度的变化,烟气超声波的速度也在变化,则可求出不同温度下的时间差之后,再求出温度变化对时间差的影响是多少。

5-35(C)

5-36(B)。涡轮流量计的计算公式 $Q=f/\xi$ 可得:$f=\xi Q=$ 37.1 次/L × 50 m^3/h

5-37(D)　5-38(D)　5-39(D)　5-40(A)

5-41(B)。当水头 h 时流体通过孔口的流速 $v=\sqrt{2gh}$,对于任意高度 h 处的微小液位 dh,该过流断面积等于堰宽 b 乘液位高(bdh),流量为 dq=bdh $\sqrt{2gh}$,对该式积分后整理可得答案(B),$q=kh^{2/3}$。

5-42(B)　5-43(A)　5-44(A)

5-45(B)。热流传感器测量精度较高。

5-46(A)

5-47(B)。基本误差去掉百分数的数值即仪表的精度等级,另外还要考虑测量范围。

5-48(B)。α 的值在 0~100 ℃时在 $4.3\text{~}4.4\times10^{-3}$/℃。

5-49(C)。由电位差计法测电阻值的原理可知 $R_t=R_N U_t/UN$,若认为 R_t、R_N、U_t、U_N 各参数的误差彼此独立,则铂电阻的相对误差为

$$\Delta R_t/R_t=[(\Delta R_N/R_N)^2+(\Delta U_t/U_t)^2+(\Delta U_N/U_N)^2]^{1/2}$$,从而求得 ΔR_t。

又因 Δt_R 为铂电阻—温度转换系数,所以测温系统的误差为

$$\Delta=\pm(\Delta t_T+\Delta t_R)^{1/2}$$

式中:Δt_T 为热电阻分度值的允许误差;Δt_R 为用热电阻测 100 ℃时产生的误差。

5-50(C)　5-51(D)　5-52(A)

5-53(B)。据测量的分类方法和定义,用干湿球温度计直接测量空气的干球温度和湿球

温度,再利用空气焓值与干湿球温度的关系式计算,求得空气焓值的测量方法为间接测量方法。

5-54(A)。公式$\Delta_m = \sigma_j \times L_m / 100$分别计算四个选项的最大示值误差,结果都满足不超过±0.5 ℃的要求,再考虑被测量值和量程的关系来判断。

5-55(D)。有限次测量结果的表达式为:$x = \bar{x} \pm 3\sigma_{\bar{x}}$,式中,$\bar{x} = \frac{1}{n}\sum_{i=1}^{n} x_i \cdot \sigma_{\bar{x}} = \frac{\sigma}{\sqrt{n}} \cdot \sigma = \sqrt{\frac{1}{n-1}\sum_{i=1}^{n}(x_i - \bar{x})^2}$,经计算,$\bar{x} = 56.273$,$\sigma_{\bar{x}} = 0.08$

6

机械基础

考试大纲

6.1 机械设计的一般原则和程序，机械零件的计算准则，许用应力和安全系数。

6.2 运动副及其分类，平面机构运动简图，平面机构的自由度及其有确定运动的条件。

6.3 铰链四杆机构的基本形式和存在曲柄的条件，铰链四杆机构的演化。

6.4 凸轮机构的基本类型和应用，直动从动件盘形凸轮轮廓曲线的绘制。

6.5 螺纹的主要参数和常用类型，螺旋副的受力分析、效率和自锁，螺纹连接的基本类型，螺纹连接的强度计算，螺纹连接设计时应注意的几个问题。

6.6 带传动工作情况分析，普通V带传动的主要参数和选择计算，带轮的材料和结构，带传动的张紧和维护。

6.7 直齿圆柱齿轮各部分名称和尺寸，渐开线齿轮的正确啮合条件和连续传动条件，轮齿的失效，直齿圆柱齿轮的强度计算，斜齿圆柱齿轮传动的受力分析，齿轮的结构；蜗杆传动的啮合特点和受力分析，蜗杆蜗轮的材料。

6.8 轮系的基本类型和应用，定轴轮系的传动比计算，周转轮系及其传动比计算。

6.9 轴的分类、结构和材料，轴的计算，轴毂连接的类型。

6.10 滚动轴承的基本类型，滚动轴承的选择计算。

复习指导

1. 机械基础的基本知识

了解：机械设计所遵循的一般原则及其基本含义，机械设计的3种类型，机械设计的一般程序、4个设计阶段及其基本内容。

掌握：机械零件的计算准则及其表达方法，零件可靠度的计算方法，静应力时塑性材料和脆性材料零件的失效形式及许用应力，变应力的特征描述及常见类型，变应力时零件的失效形式及许用应力。

2. 平面机构的自由度

了解：绘制平面机构运动简图的目的和方法，计算平面机构自由度时的注意事项。

掌握：机构和机器的定义和功能，机器中零件和构件的区别，机构的组成要素，平面机构具有确定运动的条件。

重点:运动副的定义及其分类,运动副的约束度和自由度。

难点:平面机构自由度计算公式及其应用。

3. 平面连杆机构

了解:偏心轮机构及其应用。

掌握:平面连杆机构的主要特点,铰链四杆机构的基本形式。

重点:铰链四杆机构具有整转副的条件及其与机构型式的关系,铰链四杆机构的演化方法及演化机构。

4. 凸轮机构

了解:滚子直动推杆盘形凸轮机构设计的注意事项——理论廓线和实际廓线,偏置尖底直动推杆盘形凸轮机构盘形凸轮廓线的设计方法,平底直动推杆盘形凸轮机构凸轮廓线的设计方法以及平底长度的确定。

掌握:凸轮机构的分类方法及其类型,凸轮机构从动推杆的运动阶段及位移线图,从动推杆常用运动规律——等速运动规律和等加速等减速运动规律。

重点:尖底和滚子推杆凸轮机构盘形凸轮的基圆及基圆半径,凸轮廓线设计的基本原理——反转法及其应用。

难点:尖底直动推杆盘形凸轮机构盘形凸轮廓线的绘制方法。

5. 螺纹连接

了解:螺杆和螺母组成螺旋副时拧紧和放松螺母时力矩的计算,螺纹连接的基本类型、结构特点(结构图)及应用场合。

掌握:常用螺纹的类型及主要参数,螺旋副的自锁条件和效率,螺纹连接的防松措施,螺纹连接的主要失效形式和设计计算准则,螺纹连接设计时应注意的问题和提高连接强度的措施。

重点、难点:受拉螺栓连接的强度计算,受剪螺栓连接的强度计算。

6. 带传动

了解:带传动的弹性滑动和传动比。

掌握:带传动的工作原理和传动特点,带传动的主要几何参数。

重点:带传动的受力分析,带传动工作时的应力分析、最大应力及其发生部位。

难点:V带传动的设计方法和步骤,带传动工作时作用在轴上的力的计算,带传动的张紧方法。

7. 齿轮机构

了解:齿轮传动的特点,渐开线的形成及特性,齿轮的常用材料和结构,蜗杆传动的特点及其应用,蜗杆传动的主要失效形式、设计准则以及蜗杆副材料的选取。

掌握:渐开线齿轮的参数、各部分名称和基本尺寸,蜗杆的参数、分度圆直径和蜗杆传动的传动比。

重点:渐开线直齿圆柱齿轮的正确啮合条件和连续传动的条件,齿轮传动轮齿的失效形式和传动设计准则,直齿圆柱齿轮传动的强度计算,斜齿圆柱齿轮传动的正确啮合条件,斜齿圆柱齿轮传动的受力分析,蜗杆传动的受力分析。

难点:直齿圆柱齿轮传动的轮齿受力分析。

8. 轮系

了解:轮系的基本类型。

掌握:平面定轴和空间定轴轮系传动比的计算。

重点:周转轮系传动比的计算方法——反转法。

难点:行星轮系和差动轮系传动比的计算。

9. 轴

了解:按轴的承载情况分类时轴的类型,轴毂连接的类型及应用场合。

掌握:轴结构设计时应满足的条件,提高轴的疲劳强度的措施。

重点:轴的强度计算方法——转矩法和当量弯矩法。

10. 滚动轴承

了解:滚动轴承的主要类型,滚动轴承的代号,滚动轴承类型的选择。

掌握:滚动轴承的失效形式和计算准则。

重点:滚动轴承的基本额定寿命和基本额定动载荷,滚动轴承当量动载荷,滚动轴承基本额定寿命的计算。

复习内容

本章机械基础其内容涵盖了机械原理和机械设计(零件)两门课程中的主要概念和内容,它包括了机械设计的基本知识、机构的组成、常用基本机构、轴系零件、连接以及机械传动等,并附有必要的设计用图线或图表。

6.1 机械设计的基本知识

6.1.1 机械设计的一般原则和程序

1. 机械设计的一般原则

①功能性原则。机械设计的最终目标是所设计的机械产品必须满足规定的功能要求。

②可靠性原则。机械应能保证在规定的使用寿命期限内,零件不发生各种形式的失效。

③经济性原则。机械产品的经济性体现在设计、制造以及使用的全过程。

④社会性原则。社会性原则指所设计产品不应对人、环境和社会造成消极有害的影响。

2. 机械设计的一般程序

机械设计的一般程序可参见表 6.1-1。

表 6.1-1 机械设计的一般程序

计划阶段	设计工作内容	设计目标和任务
计划阶段	(1)提出设计任务 (2)进行可行性研究,分析产品的社会需求 (3)确定任务要求	(1)提出可行性论证报告 (2)提出设计任务书 (3)签订技术经济合同

续表

计划阶段	设计工作内容	设计目标和任务
方案设计阶段	(1)对机器进行功能分析,拟定机器的工作原理 (2)提出机械系统运动方案,并进行必要的初步的运动学设计 (3)确定出产品的最佳总体设计方案	(1)提出方案的原理图 (2)提出机构运动简图,图中应标有必要的最基本的参数
技术设计阶段	(1)确定各机构的基本几何参数和运动参数 (2)保证零件在规定的使用期限内不发生失效,通过设计确定各零件的几何参数 (3)进行机器的动力学分析与设计。 (4)结构设计。 (5)绘制零件图和装配图	(1)完成标注齐全的全套完整的图样,包括外购件明细表 (2)设计计算说明书 (3)使用维护说明书
试制试验阶段	发现问题,对设计加以修正或改进。一般返回到上一阶段,修正某部分的设计结果,直至达到设计预定要求,最后产品才能定型	(1)提出试制和实验装置 (2)提出改进措施,修改部分图样和设计说明书

6.1.2 机械零件的计算准则

在设计时对零件进行计算所依据的条件称为零件的计算准则。常用的零件计算准则有强度准则、刚度准则、稳定性准则、耐热性准则和可靠性准则。

1. 强度准则

机器工作时各个机械零件抵抗外力而不出现断裂、过大塑性变形等类型失效的能力称为强度。机械零件的强度准则是:载荷在零件内引起的应力不应超过允许的限度,即

$$\sigma \leqslant [\sigma] \text{ 和 } \tau \leqslant [\tau]$$

式中: $[\sigma]$ 和 $[\tau]$ 分别为许用正应力和许用切应力。

2. 刚度准则

机械零件在载荷作用下抵抗弹性变形的能力称为刚度。刚度的大小用产生单位变形所需的外力或外力矩表示,其量纲为 N/m 或 N · m/rad。刚度小则变形大。零件在载荷作用下所产生的弹性变形量小于或等于机器工作性能所允许的变形量,称为刚度计算准则,即

$$x \leqslant [x];y \leqslant [y];\theta \leqslant [\theta];\varphi \leqslant [\varphi]$$

式中:$[x]$、$[y]$、$[\theta]$和$[\varphi]$分别为允许伸长、允许挠度、允许转角和允许扭角。

3. 稳定性准则

当机器或零件的固有频率与激振力的频率相等或相近时,将产生共振,振幅急剧增大,这时机器或零件失去振动稳定性。激振力频率通常是不变的,故稳定性计算准则是使所设计零件的固有频率远离激振力的频率,即

$$f_F < 0.85f \text{ 或 } f_F > 1.5f$$

式中:f_F 和 f 分别是零件的固有频率和激振力的频率。

4. 耐热性准则

对可能产生较高温升的零部件应进行温升计算,以限制其工作温度。必要时可采用冷却措施,对某些重要的轴承、蜗杆减速器等零部件必须进行热平衡计算。

5. 可靠性准则

设有一批零件 N_0 个，在规定的条件下工作，到规定的时限时，有 N_f 个零件失效，尚有 $N_0 - N_f(=N_s)$个零件仍能正常工作，则这批零件在该工作条件下的可靠度 R 为

$$R=\frac{N_s}{N_0}=\frac{N_0-N_f}{N_0}=1-\frac{N_f}{N_0}$$

6.1.3 许用应力与安全因素

根据额定功率计算出的载荷，称为名义（标称）载荷。机器运转时，通常引入载荷系数 K（或工况系数 K_A），K_A K 表示为计算载荷。用名义载荷求得的应力称为名义应力，由计算载荷求得的应力称为计算应力。

常用的机械零件强度的判别式为 $\sigma \leqslant [\sigma]$ 和 $\tau \leqslant [\tau]$，其中

$$[\sigma]=\frac{\sigma_{\lim}}{[s_\sigma]} \text{和} [\tau]=\frac{\tau_{\lim}}{[s_\tau]} \tag{6.1-1}$$

式中：$\sigma_{\lim}$ 为极限正应力，$\tau_{\lim}$ 为极限切应力；$[s_\sigma]$ 和 $[s_\tau]$ 分别为正应力和切应力的许用安全因素。

1. 应力分类

应力可分为静应力和变应力。不随时间变化或变化缓慢的应力 σ 称为静应力，如图 6.1-1（a）所示。随时间变化的应力称为变应力，如果变应力具有一定的周期性，则称为循环变应力，如图 6.1-1（b）所示为一般的非对称循环变应力。

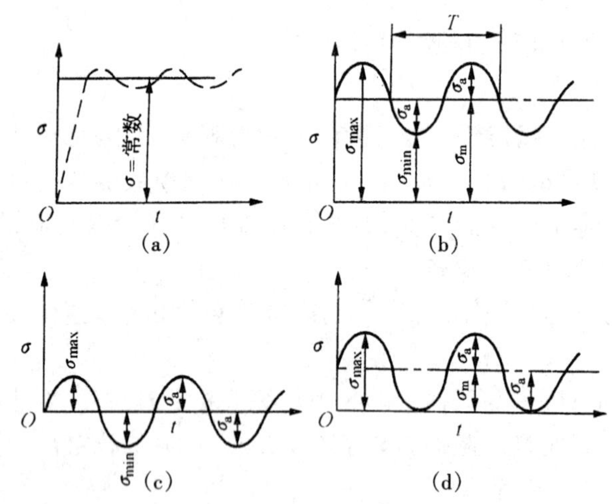

图 6.1-1 应力的类型

设变应力的最大应力为 σ_{max}，最小应力为 σ_{min}，则平均应力 σ_m 和应力幅 σ_a 分别为

$$\sigma_m=\frac{\sigma_{max}+\sigma_{min}}{2} \tag{6.1-2}$$

$$\sigma_a=\frac{\sigma_{max}-\sigma_{min}}{2} \tag{6.1-3}$$

最小应力与最大应力之比称为变应力的循环特性，即

$$r=\frac{\sigma_{\min}}{\sigma_{\max}} \tag{6.1-4}$$

当 $\sigma_{\max}=-\sigma_{\min}$ 时，r=-1，称这种变应力为对称循环变应力，见图 6.1-1（c）。这时得 $\sigma_{m}=0$，$\sigma_{a}=\sigma_{\max}=-\sigma_{\min}$；当 $\sigma_{\max}\neq 0$ 和 $\sigma_{\min}=0$ 时 r=0，称这种变应力为脉动循环变应力，见图 6.1-1（d），这时 $\sigma_{a}=\sigma_{m}=\frac{1}{2}\sigma_{\max}$。静应力为变应力的特例，即 $\sigma_{\max}=\sigma_{\min}$，$\sigma_{a}=0$，$r=+1$。

2. 静应力时的许用应力

（1）塑性材料零件的许用应力

塑性材料零件应按不发生塑性变形的条件进行强度计算。材料的极限应力 $\sigma_{\lim}$ 和 $\tau_{\lim}$ 应为材料屈服点 σ_{s} 和 τ_{s}，材料的许用应力为

$$\left.\begin{aligned}[\sigma]&=\frac{\sigma_{s}}{[S_{\sigma}]}\\ [\tau]&=\frac{\tau_{s}}{[S_{\tau}]}\end{aligned}\right\} \tag{6.1-5}$$

（2）脆性材料零件的许用应力

脆性材料零件应按不发生断裂的条件进行强度计算。材料的极限应力 $\sigma_{\lim}$ 和 $\tau_{\lim}$ 应为材料的强度极限 σ_{b} 和 τ_{b}，材料的许用应力为

$$\left.\begin{aligned}[\sigma]&=\frac{\sigma_{b}}{[S_{\sigma}]}\\ [\tau]&=\frac{\tau_{b}}{[S_{\tau}]}\end{aligned}\right\} \tag{6.1-6}$$

3. 变应力时的许用应力

在周期性变应力的作用下，零件的失效形式是疲劳断裂。疲劳断裂是损伤的积累，它与应力循环次数也即与使用期限或寿命相关。

（1）疲劳曲线

应力比为 r 的应力在循环作用 N 次后，材料不发生疲劳的最大应力称为疲劳极限，它是循环应力的极限应力。当疲劳极限趋于常量时的应力循环次数 N 称为循环基数 N_0，疲劳极限记作为 σ_r。对称循环应力时的疲劳极限为 σ_{-1}，脉动循环应力时的疲劳极限为 σ_0。当循环次数 N_i 小于 N_0 时的疲劳极限称为条件疲劳极限，记作 σ_{rN}。条件疲劳极限与寿命的关系曲线称为疲劳曲线，如图 6.1-2 所示，由图可知，应力越小，零件所能经受的循环次数就越多。

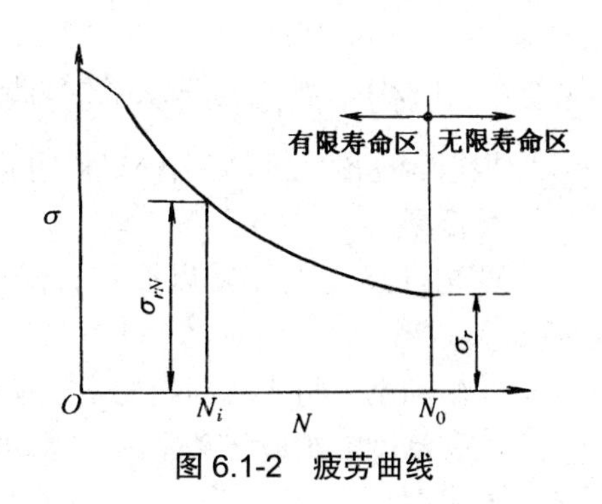

图 6.1-2 疲劳曲线

疲劳曲线的方程（$N<N_0$）为

$$\sigma_{rN}^{m} N = C \tag{6.1-7}$$

式中:C 为常量;m 为与应力状态有关的寿命指数。

通常用 σ_{-1} 表示材料在对称循环应力下的疲劳极限,故由式(6.1-7)得

$$\sigma_{-1N}^{m} N = \sigma_{-1}^{m} N_0 = C$$

由此得对应于循环次数为 N 时的疲劳极限,即

$$\sigma_{-1N} = \sigma_{-1}\sqrt[m]{\frac{N_0}{N}} \tag{6.1-8}$$

式中:σ_{-1} 为对称循环应力时的疲劳极限;σ_{-1N} 为对应于循环次数 N 时对称循环应力的疲劳极限。N_0 是循环基数,其值与材料有关,硬度小于 350 HBS 的钢,取 $N_0 = 10^7$;硬度大于 350 HBS 的钢、铸铁和非铁金属,通常取 $N_0 = 25\times10^7$。

(2)许用应力

当应力是对称循环变化时,许用应力为

$$[\sigma_{-1}] = \frac{\varepsilon_\sigma \beta \sigma_{-1}}{k_\sigma [s]} \tag{6.1-9}$$

当应力是脉动循环变化时,许用应力为

$$[\sigma_0] = \frac{\varepsilon_\sigma \beta \sigma_0}{k_\sigma [s]} \tag{6.1-10}$$

式中:$[s]$ 为许用安全因素;σ_{-1} 和 σ_0 分别为材料的对称和脉动循环疲劳极限;k_σ、ε_σ 和 β 分别为应力集中影响因子、尺寸影响因子和表面状态因子。

4. 安全因素

在零件强度设计时,安全因素 s 的数值对零件尺寸有很大影响。一般按下列情况选取。

①在静应力条件下,塑性材料以屈服点作为极限应力。

②在静应力条件下,脆性材料以强度极限为极限应力。

③在变应力条件下,零件按疲劳强度进行设计,以疲劳极限作为极限应力。

6.2 平面机构的自由度

6.2.1 机构中的运动副及其分类

根据运动副元素的接触特性,可将运动副分为低副和高副。

1. 低副

两构件运动副元素以面相接触的运动副称为低副。低副可分为转动副和移动副两种形式。

①转动副。组成转动副的两运动构件仅能在平面内做相对转动。

②移动副。组成移动副的两运动构件仅能沿某一方向做相对移动。

2. 高副

两构件的运动副元素理论上以点或线相接触的运动副称为高副。

两构件组成运动副后，构件的相对运动便会受到限制，这种受限制的程度称为运动副的约束度，以符号 S 表示；而构件组成运动副后尚存在的相对运动，称为运动副的自由度，以符号 f 表示。不论是高副还是低副，其运动副的约束度 S 和自由度 f 之和应满足 $S+f=3$。

6.2.2 平面机构运动简图

用简单的线条和规定的符号来表示构件和运动副，并用适当的比例尺来画出各运动副在机构中的相对位置。这种用于表明机构各构件间相对运动关系和机构运动特征的简单图形称为机构运动简图。按照构件在机构中的作用，可将构件分为：固定构件、主动件、从动件。

1. 运动副和带副构件表示法

对于机械中的运动副、构件和传动机构的表示方法（见表 6.2-1）可参见国家标准 GB/T 4460-1984。

表 6.2-1 运动副和构件表示法

名称	类型	图例	说明
运动副	转动副	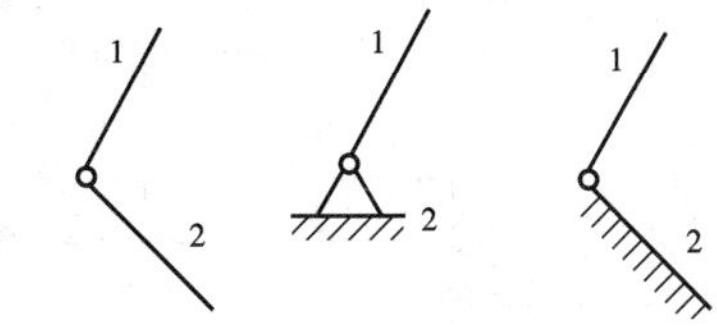	构件 1 和 2 组成转动副，其中某一构件（如件 2）可以成为固定件
	移动副	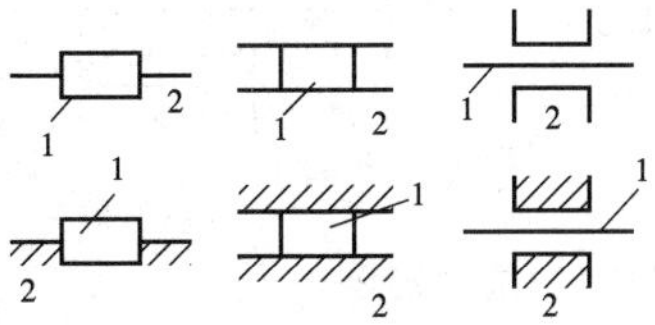	构件 1 和 2 组成移动副，其中某一构件（如件 2）可成为固定件
	高副	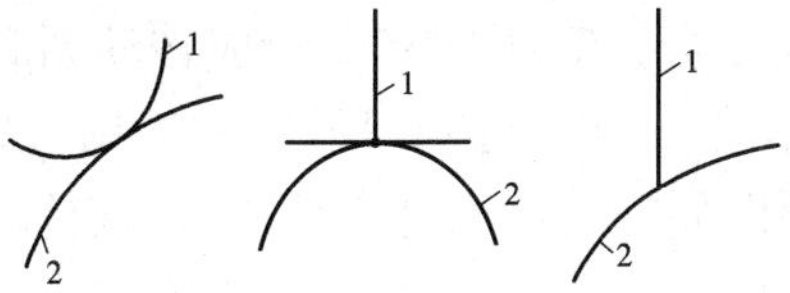	构件 1 和 2 组成高副，其中某一件可成为固定件
带副构件	双副杆	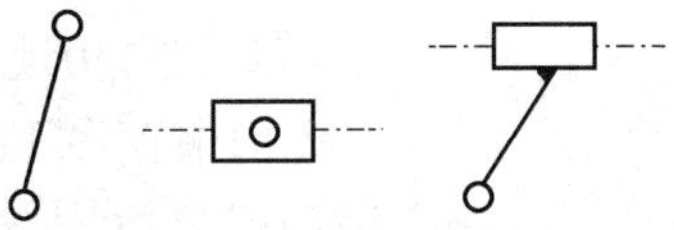	某一构件上具有两个运动副（转动副或移动副）
	三副杆	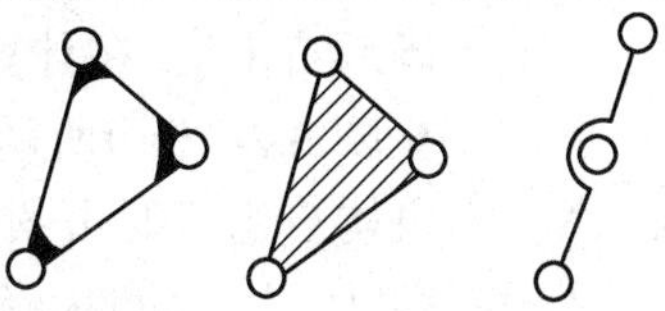	某一构件上具有三个运动副（转动副或移动副）

2. 机构运动简图的绘制方法

机构运动简图的绘制方法：①选择投影面；②认清机架、主动件及从动件；③标出主动件和机架；④搞清构件间可能的相对运动与方式、运动副的类型与数量以及机构总的活动构件数；⑤选定合适的长度比例尺。

6.2.3 平面机构的自由度及机构确定运动的条件

1. 平面机构的自由度

机构的自由度是机构中的各活动构件相对机架(或参考构件)所具有的独立运动数目或相对机架所需的独立位置参数的数目,常以符号 F 表示。

平面机构中每个独立运动的自由构件具有三个自由度,设组成该机构的活动构件(不计机架)共有 n 个,则共计有 $3n$ 个自由度。由所有类型运动副引入的约束度总计应为 $(2P_L+P_H)$ 个。因此,机构自由度为

$$F=3n-2P_L-P_H \tag{6.2-1}$$

式中:n 为机构中的活动构件数;P_L 为机构中的低副数;P_H 为机构中的高副数。

2. 计算机构自由度时应注意的事项

当用式(6.2-1)计算平面机构自由度时,应注意下列几种情况。

1)复合铰链

两个以上构件在运动简图上的同一处用转动副相连接,就构成复合铰链,如图 6.2-1 所示。

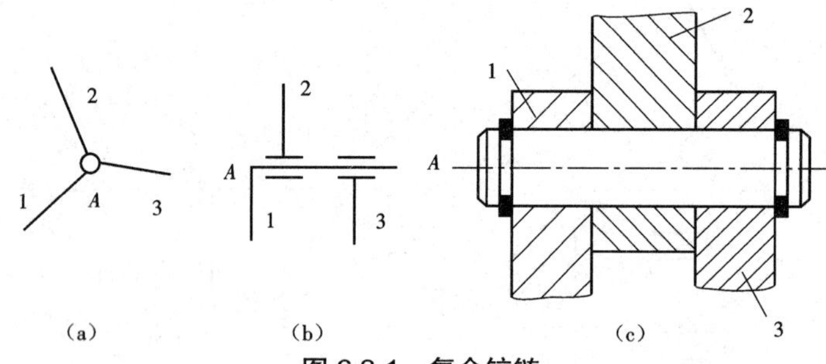

图 6.2-1 复合铰链

图(a)表示了三个构件在 A 处组成复合铰链;图(b)为组成转动副后的实际结构情况,也即在 A 处应视为由构件 1 和 2 以及由构件 1 和 3 分别组成了转动副,显然在图(a)中应为两个转动副。因此,当 M 个构件在运动简图同一处构成复合铰链时,其转动副数应为(M-1)个。图(c)为组成转动副时的结构简图。

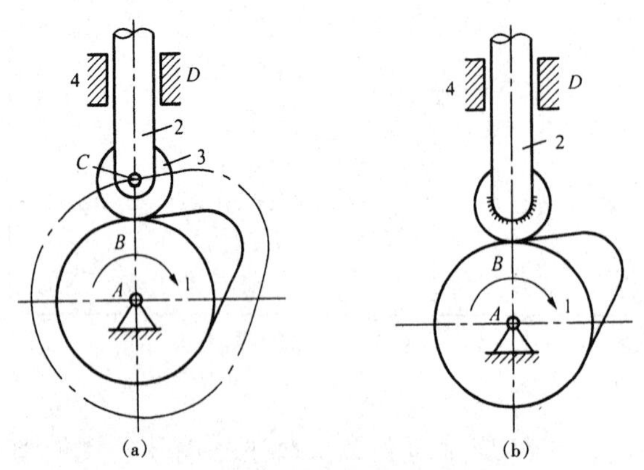

图 6.2-2 局部自由度

2)局部自由度

机构中存在不影响其他构件运动的局部运动或自由度,通常将这种自由度称为局部自由度,在计算机构自由度时应不计。在图 6.2-2(a)所示的凸轮机构中,在计算机构自由度时可假想将滚子 3 和推杆 2 固结为同一构件,除去局部自由度,如图 6.2-2(b)所示。

3)虚约束

在特定的几何条件下,机构中由某些运动副所提供的约束及其对构件运动或自由度的限制往往与其他运动副的约束作用相重复,将这些约束称为虚约束。在计算机构自由

度时,应将虚约束除去不计。平面机构中的虚约束常出现下列几种情况。

①两构件在多处组成转动副,如图 6.2-3(a)所示,且转动副轴线相互重合。在计算机构自由度时,仅考虑其中一个转动副,其余视为虚约束。

②两构件在多处组成移动副,如图 6.2-3(b)所示,且移动副导路中心线相重合或平行。计算机构自由度时,仅计算其中一处的移动副,其余视为虚约束。

③两构件在多处组成平面高副,如图 6.2-3(c)所示机构,且其高副元素接触处的公法线相重合。在计算机构自由度时,仅计算一处高副的约束度,其余视为虚约束。

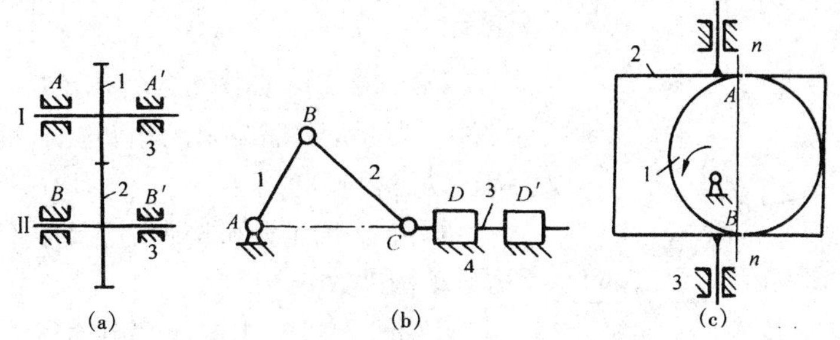

图 6.2-3 多个运动副构成的虚约束

④机构中存在对机构运动不起独立作用的对称或重复结构部分。如图 6.2-4(a_1)、(b_1)所示周转齿轮机构和冲压机构都存在虚约束。在计算机构自由度时,应略去或不计机构中的对称或重复的结构部分。计算机构自由度时,可按图 6.2-4(a_2)、(b_2)所示机构运动简图进行计算。

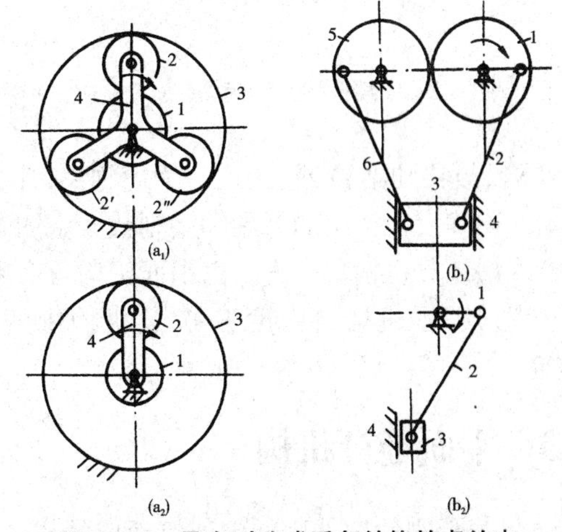

图 6.2-4 具有对称或重复结构的虚约束

3. 机构具有确定运动的条件

机构具有确定运动的条件是:机构自由度大于零且机构的主动件数等于机构的自由度。

【例 6.2-1】 计算图 6.2-5 所示大筛机构的自由度,并说明该机构具有确定运动的条件。

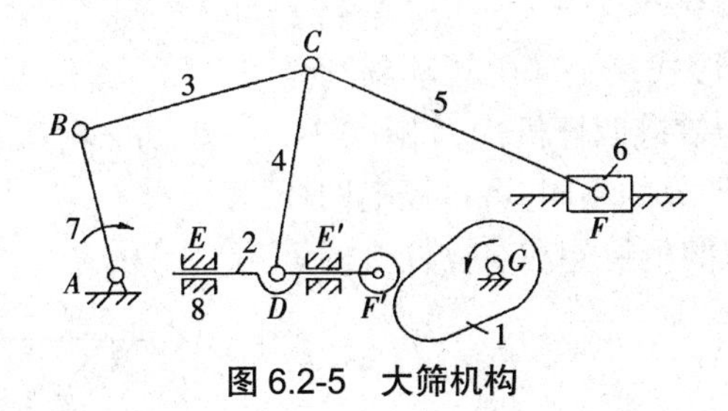

图 6.2-5 大筛机构

解:(1)该机构中凸轮 1 通过滚子 F 驱动从动推杆 2,滚子 F 与构件 2 组成的转动副为一个局部自由度,在计算机构自由度时应除去不计。为此可将滚子与推杆固结而成为同一构件。

(2)三个构件3、4和5在简图的同一处组成复合铰链C,其实际转动副数应为3-1=2个。

(3)推杆2与固定构件8在图上E和E'处组成移动副,且两移动副中心线重合。因此构成机构中的虚约束,在计算机构自由度时仅考虑一处(如图示E处)。

(4)机构总的活动构件数n=7,低副数P_L =9,高副数P_H =1。

(5)机构自由度$F = 3n - 2P_L - P_H = 3 \times 7 - 2 \times 9 - 1 = 2$。

(6)机构具有确定运动的条件是机构中的主动构件数等于机构的自由度。图示机构满足运动确定条件。主动件为1和7,从动(输出)件为筛子6,它能实现具有复杂运动规律的往复移动。

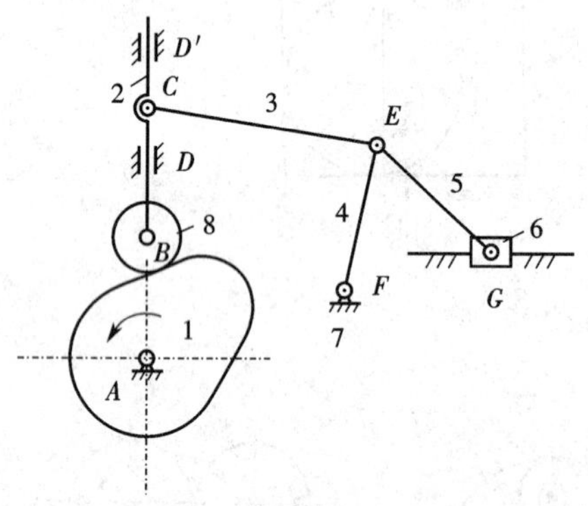

图6.2-6　某机构运动简图

【例6.2-2】 如图6.2-6所示为一机构运动简图,设件1为原动件,试确定该机构的自由度和判断该机构运动是否确定?

解:(1)确定该机构中的活动构件数。由图知,机构活动构件数n=6。

(2)识别机构中的局部自由度、复合铰链和虚约束。在机构运动简图E处,构件3、4和5构成复合铰链,其转动副数应为2个;在推杆2的端部装有可转动的滚子8,它相对杆2的转动为局部自由度,计算时可设想将件8和2固结为同一件,B副消失;推杆2在简图上D和D'处与机架7组成移动副,且导路中心线重合,故移动副D或D'之一为虚约束,计算机构自由度仅计算一处。

(3)确定机构中的低副和高副数。由图知P_L=8;P_H=1。

(4)计算机构自由度。由平面机构自由度计算式得$F=3n-2P_L-P_H=3\times 6-2\times 8-1=1$。

(5)图示机构自由度$F>0$,且机构中的原动件数与机构自由度相等,因此该机构运动确定。

6.3　平面连杆机构

将若干刚性构件用低副连接而成的机构称为连杆机构,并将构件间互相作平面相对运动的机构称为平面连杆机构。

6.3.1　铰链四杆机构的基本形式

平面四杆机构的基本形式是全部由转动副和构件组成的四杆机构,简称为铰链四杆机构,如图6.3-1所示。根据两连架杆运动形式的不同,可将铰链四杆机构分为曲柄摇杆机构、双曲柄机构和双摇杆机构等三种基本形式。

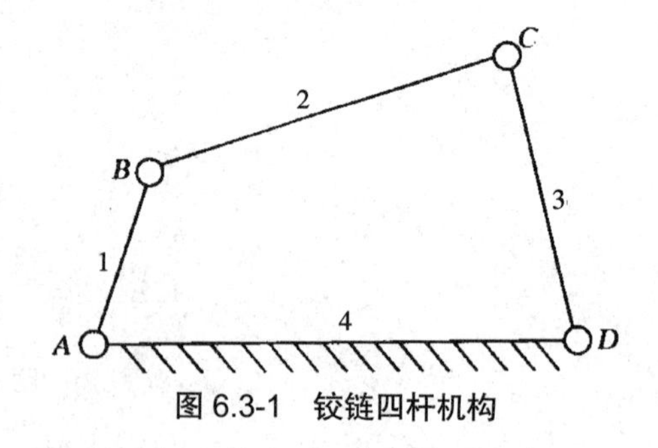

图6.3-1　铰链四杆机构

6.3.2 铰链四杆机构存在曲柄的条件

在曲柄摇杆机构中，杆 1(曲柄)应为最短杆，杆 2、3 和 4 中总有一个杆为最长杆。

$$\begin{cases} l_1 \leqslant l_2 \\ l_1 \leqslant l_3 \\ l_1 \leqslant l_4 \end{cases} \tag{6.3-1}$$

综上所述，铰链四杆机构具有整转副的几何条件为：①机构中最短杆和最长杆杆长之和小于或等于其余两杆杆长之和；②与最短杆相连的转动副为整转副。

铰链四杆机构的机构型式的具体情况为：①以最短杆作为机架时，该铰链四杆机构为双曲柄机构；②以最短杆相邻杆为机架时，铰链四杆机构为曲柄摇杆机构；③以最短杆相对杆为机架时，铰链四杆机构为双摇杆机构。

如果铰链四杆机构不能满足杆长条件，无论取哪一构件作为机架，均为双摇杆机构。

【例 6.3-1】 如图 6.3-1 所示为一铰链四杆机构，$l_{AB}=30$ mm，$l_{BC}=75$ mm，$l_{CD}=50$ mm。试确定该机构成为曲柄摇杆机构时杆 4 长 l_{AD} 的变化范围。

解：(1)设机构中杆 4 长 l_{AD} 为最长，由机构中整转副存在条件得

$$l_{AD}+l_{AB} \leqslant l_{BC}+l_{CD}$$

故 $\quad l_{AD} \leqslant 75+50-30$

即 $\quad l_{AD} \leqslant 95$ mm

(2)设机构中杆 4 长 l_{AD} 为中间长；杆 2 长 l_{BC} 为最长；杆 1 长 l_{AB} 为最短，则由机构中整转副存在条件得

$$l_{BC}+l_{AB} \leqslant l_{AD}+l_{CD}$$

故 $\quad l_{AD} \geqslant 30+75-50$

即 $\quad l_{AD} \geqslant 55$ mm

(3)该铰链四杆机构具有整转副的杆长条件为

$$55 \leqslant l_{AD} \leqslant 95$$

(4)据曲柄摇杆机构杆长特性和已知杆长条件，连架杆 1 杆长 l_{AB} 为最短杆，且最短杆相邻杆 4 为机架，故该铰链四杆机构为曲柄摇杆机构。

6.3.3 铰链四杆机构的演化

下面介绍铰链四杆机构的演化方法及其机构。

1. 将转动副演化为移动副

如图 6.3-2(a)所示曲柄摇杆机构，现若改变构件 3 的形状，使其成为图示弧形滑块的形式，这样曲柄摇杆机构就演化为图(b)所示曲柄弧形滑块机构。

当图 6.3-2(a)所示机构中杆 3 的长度 l_3 逐渐增长至无穷大时，图(b)所示机构中的弧形轨道和弧形滑块 3 成为直线轨道(导路)和滑块。此时，图(a)所示曲柄摇杆机构已演化为图(c)所示曲柄滑块机构。

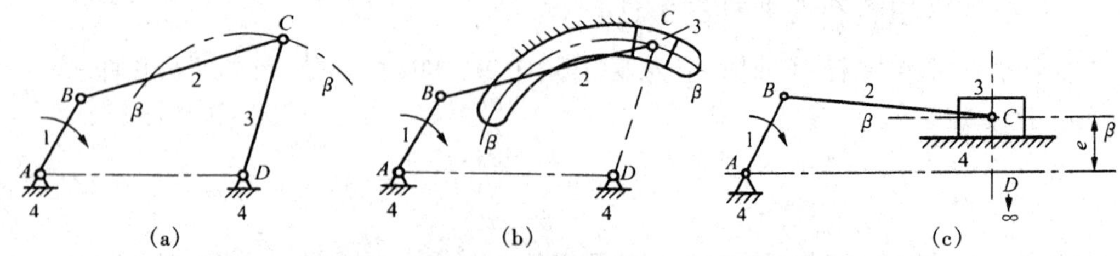

图 6.3-2　转动副演化为移动副——曲柄滑块机构

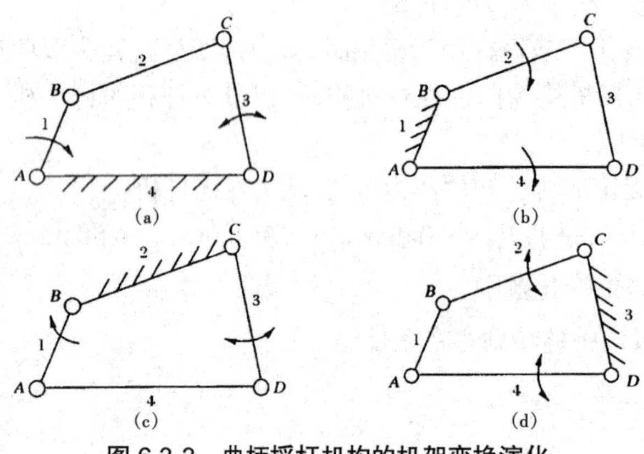

图 6.3-3　曲柄摇杆机构的机架变换演化

2. 取不同构件为机架

（1）曲柄摇杆机构

如图 6.3-3（a）所示曲柄摇杆机构。现若将曲柄 1 作为固定构件（机架），则该机构成为双曲柄机构（图（b））；当将杆 2 作为机架时，机构仍为曲柄摇杆机构（图（c））；而当将杆 3 作为机架时，则机构演化为双摇杆机构（图（d））。

（2）曲柄滑块机构

如图 6.3-4（a）所示曲柄滑块机构。当杆 1 为固定构件，如图 6.3-4（b）所示曲柄转动导杆机构。当杆 1 固定为机架后，杆 4 相对机架 1 作往复摆动而成为摆动导杆，这种机构称为摆动导杆机构。如图 6.3-4（c）所示为曲柄摇块机构。转动副 *C* 为摆转副，滑块 3 仅能绕中心 *C* 往复摆动，这种机构称为曲柄摇块机构。在图 6.3-4（a）所示的机构中，若取杆 3 为固定件，这种机构即为图（d）所示的定块（或移动导杆）机构。

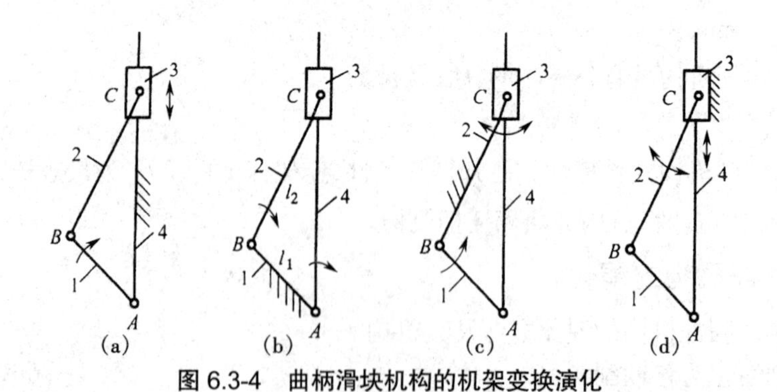

图 6.3-4　曲柄滑块机构的机架变换演化

3. 扩大转动副

铰链四杆机构的演化方法之一是将机构中的转动副元素加以扩大。如图 6.3-5（a）所示曲柄滑块机构，如果将转动副 *B* 的运动副元素扩大，以至包含了转动副 *A*，则机构将演化为图（b）所示的偏心轮机构。

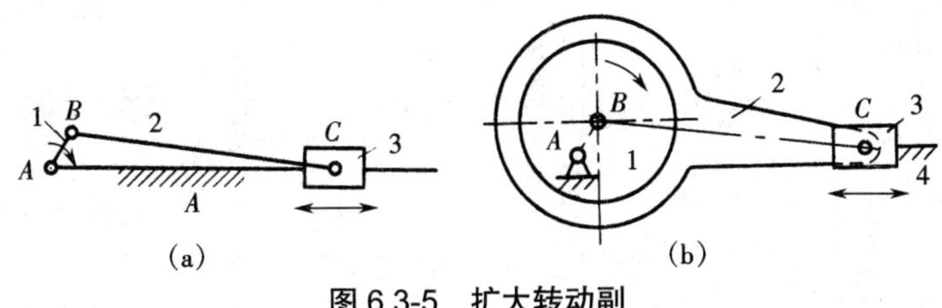

图 6.3-5 扩大转动副

6.4 凸轮机构

凸轮机构是一种高副机构,它主要由主动凸轮、从动件和机架三个基本构件所组成。

6.4.1 凸轮机构的基本类型和应用

1. 凸轮机构的基本类型

1)按凸轮形状分

①盘形凸轮。凸轮是一个绕固定轴线转动且具有可变径向尺寸的盘形构件,如图 6.4-1(a)所示盘形凸轮机构中件 1。

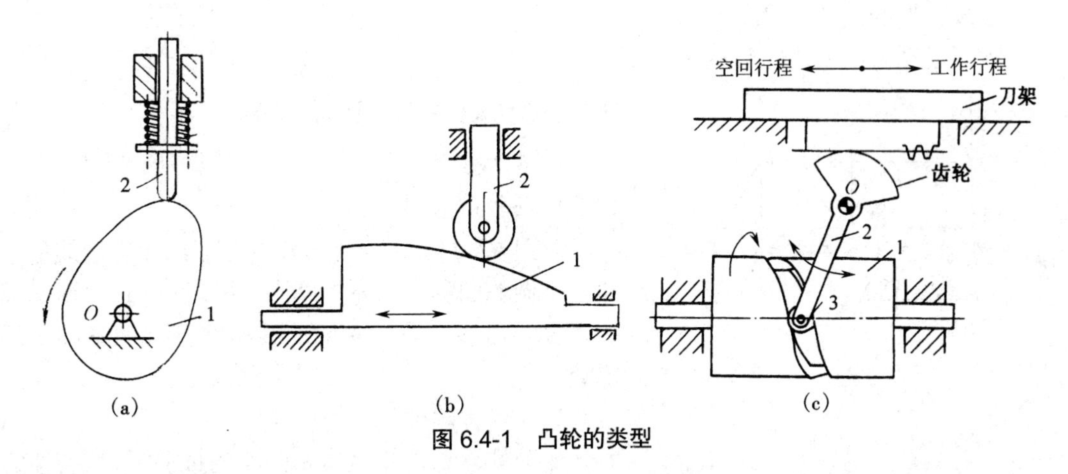

图 6.4-1 凸轮的类型

②移动凸轮。凸轮是相对机架作往复直线移动且具有曲线表面的板状构件。如图 6.4-1(b)所示移动凸轮机构件 1。

③圆柱凸轮。凸轮是一个在回转体表面沿回转体轴向切制出具有曲线凹槽或凸脊的回转构件,如图 6.4-1(c)所示圆柱凸轮机构中件 1。

2)按从动件端部的形状分

①尖底从动件。从动件端部呈尖底形状,如图 6.4-2(a)所示尖底直动和摆动从动件。

②滚子从动件。与凸轮廓线相接触的从动件端部装有滚子,如图 6.4-2(b)所示滚子直动和摆动从动件。

③平底从动件。从动件端部为平底,如图 6.4-2(c)所示平底直动和摆动从动件。

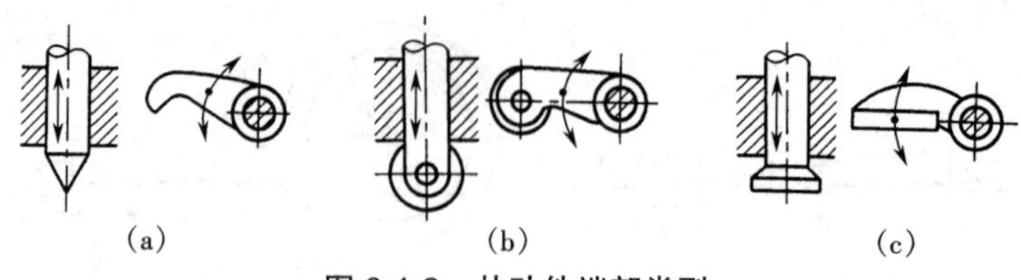

图 6.4-2 从动件端部类型

3)按从动件运动形式分

①直动从动件。从动件相对机架或导路做往复直线运动。

②摆动从动件。从动件相对机架做往复摆动。

4)按凸轮与从动件维持接触的方式分

①力锁合。力锁合是指利用其他外力使从动件与凸轮始终维持接触。

②形锁合。从动件与凸轮始终保持接触,常见的形锁合有盘形槽凸轮机构、等宽凸轮机构等。

2. 凸轮机构的应用

应用可归纳为以下三个方面。

①实现预期的位置要求。

②实现预期的运动规律要求。

③实现运动与动力特性要求。

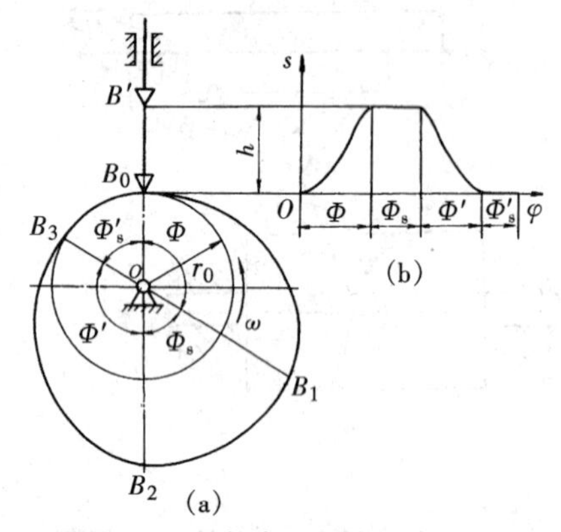

图 6.4-3 凸轮廓线与从动件运动

6.4.2 从动件常用运动规律

1. 基本概念

1)凸轮的基圆

如图 6.4-3(a)所示,以 O 为圆心凸轮轮廓线最小向径所做的圆称为凸轮的基圆,并以符号 r_0 表示基圆的半径。盘形凸轮的轮廓曲线是在基圆的基础上形成的。

2)从动件运动规律

从动件运动规律是指在凸轮的推动下,从动件的位移、速度和加速度等运动变量随时间变化的规律,可以用图线或方程式表示。

3)从动件的运动阶段和运动参数

通常凸轮转过一整周、从动件往复运动一次为凸轮机构的一个运动周期。该周期内又包含了推程段、远休止(停歇)段、回程段、近休止段几个运动阶段。

2. 从动件的常用运动规律

设已知凸轮等速转动,角速度为 ω;从动件的运动阶段为推程段;从从动件推程的起点开始,凸轮的转角为 φ,从动件对应的位移为 s;推程段的推程角为 Φ,升距为 h。

1)等速运动规律

工作要求是从动件在推程段做等速运动,其位移方程可表达为

$$s=\frac{h}{\Phi}\varphi \tag{6.4-1}$$

从动件位移线图如图 6.4-4 所示。

2)等加速等减速运动规律

图 6.4-5 所示,从动件的位移方程分别为

$$s=\frac{2h}{\Phi^2}\varphi^2,\left(\varphi=0\sim\frac{\Phi}{2}\right)$$

和

$$s=h-\frac{2h}{\Phi^2}(\Phi-\varphi)^2,\left(\varphi=\frac{\Phi}{2}\sim\Phi\right) \tag{6.4-2}$$

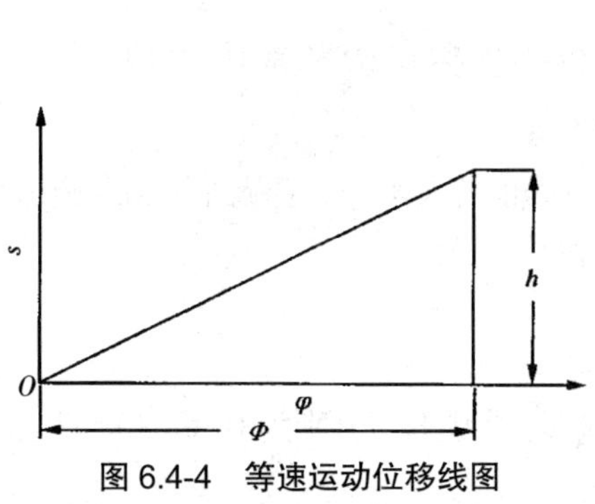

图 6.4-4 等速运动位移线图

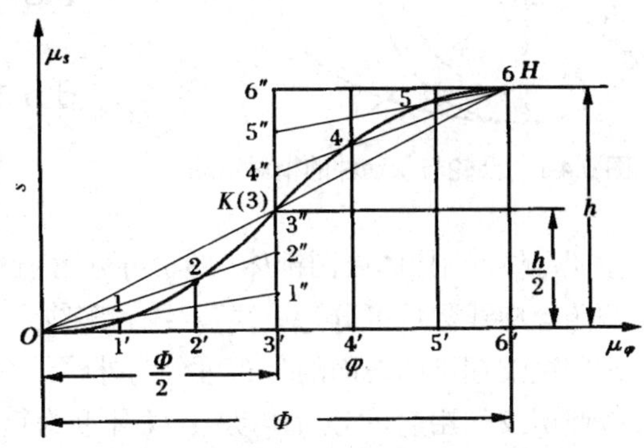

图 6.4-5 等加速等减速运动位移线图

3)余弦加速度运动规律

图 6.4-6 所示,位移方程可表达为

$$S=\frac{h}{2}\left[1-\cos\left(\frac{\pi}{\Phi}\varphi\right)\right] \tag{6.4-3}$$

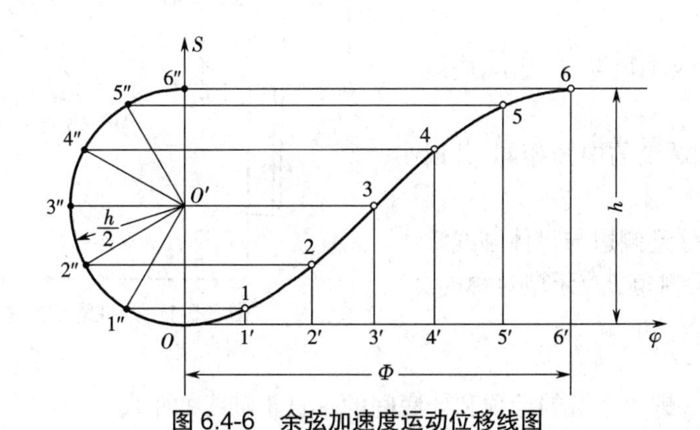

图 6.4-6 余弦加速度运动位移线图

6.4.3 凸轮廓线设计的基本原理——反转法

根据相对运动原理(见图 6.4-7),如果给整个凸轮机构加上一个与凸轮角速度 ω_1 等值但反向的公共角速度 $-\omega_1$,这时机构中各构件间,也即从动件与凸轮间的相对运动并未改变,但凸

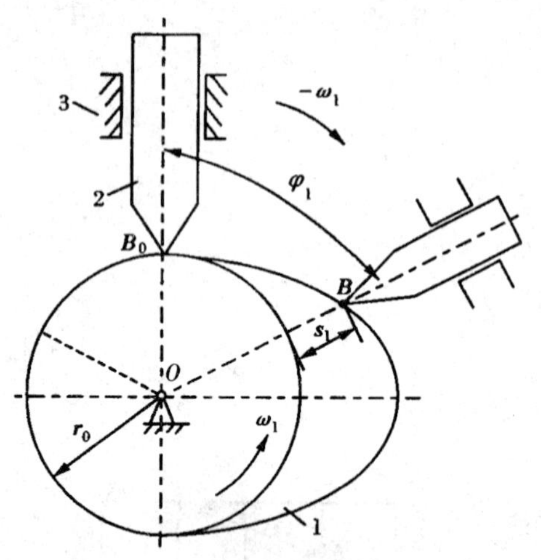

图 6.4-7 凸轮与从动件的相对运动

轮 1 将固定不动，而从动件 2 一方面将随机架（固定导路）3 以角速度 $-\omega_1$ 绕 O 点转动，同时从动件 2 又相对导路 3 做往复移动。由于从动件尖底始终与凸轮廓线保持接触，所以在反转过程中从动件尖底的轨迹就是凸轮轮廓曲线。这种通过反转从动件及其导路进行凸轮廓线设计的方法称为“反转法”。反转法的原理同样适用于其他类型凸轮机构凸轮廓线的设计。

6.5 螺纹连接

6.5.1 螺纹的主要参数和常用类型

1. 螺纹分类

按照螺旋线的旋向可分为右旋螺纹和左旋螺纹。

按照母体（圆柱体或圆锥体）形状可分为圆柱螺纹和圆锥螺纹。

按照螺旋线数目可分为单线、双线和多线。

按照螺纹在母体表面的分布可分为外螺纹和内螺纹。

按照螺纹的用途可分为传动螺纹（牙型为矩形和梯形，牙型角 α 分别为 0° 和 30°）和连接螺纹（牙型为三角形螺纹，牙型角 α=60°）。

2. 螺纹的主要参数

机械中常用圆柱螺纹，其主要参数及其符号见图 6.5-1。

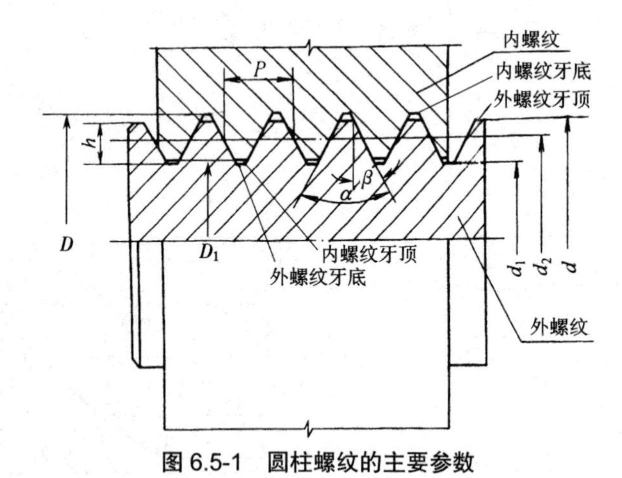

图 6.5-1 圆柱螺纹的主要参数

①大径。外螺纹的大径以 d 表示，内螺纹则以 D 表示。大径是该螺纹的公称直径。

②小径。外螺纹小径以 d_1 表示，内螺纹则以 D_1 表示。

③中径。内外螺纹的中径相同，并以 d_2 表示。

④牙型角 α。牙型侧边与母体轴线垂线间的夹角称为牙侧角 β。牙型对称时，$\beta=\dfrac{\alpha}{2}$。

⑤牙型高度 h。螺纹牙型的牙顶和牙底间的垂直于轴线的距离。

⑥螺距 P。相邻两牙在中径线上对应两点间的轴向距离。

⑦螺纹线数 n。在母体上，形成螺纹的螺旋线数目。

⑧导程 S。同一螺旋线上相邻两牙在中径线上对应点间的轴向距离，且 $S=nP$。

⑨螺纹升角 ψ。在中径圆柱上螺旋线的展开线（斜直线）与垂直于螺纹轴线平面间的夹角，且 $\tan\psi=nP/(\pi d_2)$。

6.5.2 螺旋副的效率和自锁

当量摩擦角为

$$\rho' = \arctan f' \tag{6.5-1}$$

螺旋副的效率为

$$\eta = \frac{\tan\psi}{\tan(\psi+\rho)} \text{和} \eta = \frac{\tan\psi}{\tan(\psi+\rho')} \tag{6.5-2}$$

由螺旋副的效率公式可知，牙型角 α 越大，则当量摩擦因数 f' 和当量摩擦角 ρ' 也越大，螺旋副的效率就越低，但自锁性就越好。三角螺纹的 ρ' 最大，最易发生自锁，但效率也最低。

为了防止螺母在轴向力作用下自动松脱，用于连接的紧固螺纹通常采用三角螺纹，以保证满足自锁条件；而用于传力或传动的螺旋副，通常采用梯形或矩形螺纹。

6.5.3 螺纹连接的基本类型和防松方法

1. 螺纹连接的基本类型

①螺栓连接。螺栓连接又分普通螺栓连接，如图 6.5-2（a）所示，以及铰制孔用螺栓连接，如图 6.5-2（b）所示。

②螺钉连接（如图 6.5-2（c）所示）。

③双头螺柱连接（如图 6.5-2（d）所示）。

④紧定螺钉连接（如图 6.5-2（e）所示）。

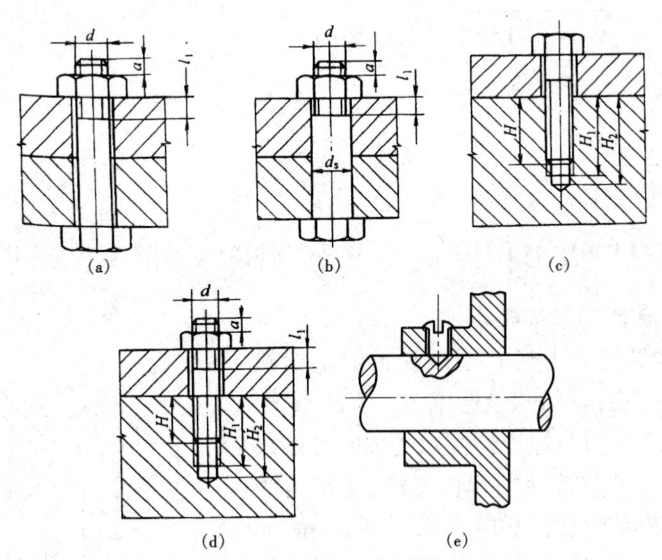

图 6.5-2 螺纹连接基本类型

2. 螺纹连接的防松

常用的防松措施有摩擦防松、机械防松、永久止动等。

6.5.4 螺纹连接的强度计算

按螺栓连接所受载荷的性质，可将其分为受拉螺栓连接和受剪螺栓连接。

1. 受拉螺栓连接的强度计算

在计算螺栓连接强度时，只需考虑螺栓杆强度。当计算出所需螺栓杆尺寸后，必须选用标准的螺栓直径，通常以螺纹小径作为危险截面的直径。

1）受横向工作载荷的受拉螺栓连接

如图 6.5-3 所示螺栓连接，螺栓只承受预紧力，但预紧力 F' 必须满足

$$F' \geqslant \frac{kF_s}{\mu_s m} \tag{6.5-3}$$

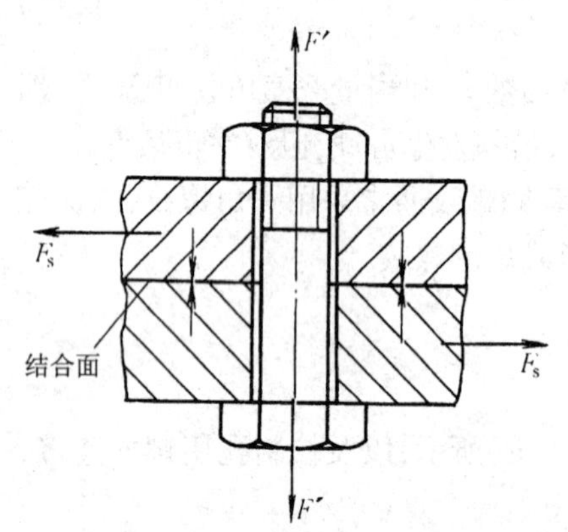

图 6.5-3　受横向载荷的受拉螺栓连接

式中：F_s 为横向工作载荷；μ_s 为被连接件结合面间的摩擦因素。

当由上式计算出所需的预紧力后，应确定由于拧紧螺母而在螺栓内部产生的拉应力 σ 和由螺纹摩擦力矩 T_1 引起的扭应力 τ。实际上螺栓处于拉伸和扭转的复合应力状态，即

$$\text{拉应力}\ \sigma = \frac{F'}{\frac{\pi d_1^2}{4}}$$

和扭应力 τ=0.5σ（适于 M10~M64 的普通螺栓）

依据第四强度理论，螺栓的强度条件为

$$\sqrt{\sigma^2 + 3\tau^2} = \sqrt{\sigma^2 + 3(0.5\sigma)^2} \approx 1.3\sigma \leqslant [\sigma]$$

设计式为

$$d_1 \geqslant \sqrt{\frac{4 \times 1.3F'}{\pi[\sigma]}} \tag{6.5-4}$$

式中 $[\sigma]$ 为螺杆的许用应力，且 $[\sigma] = \frac{\sigma_s}{s}$，其中：$\sigma_s$ 为材料屈服限；s 为安全因数。

2）受轴向静载荷的受拉螺栓连接

螺栓连接最常见的受力形式是承受轴向工作载荷。图 6.5-4 所示为汽缸盖的螺栓连接，安装时拧紧螺母，螺栓受预紧力 F'。但当螺栓连接承受轴向工作载荷 F 后，由于螺栓和被连接件的弹性变形，使螺栓的总拉力 F_O 并不等于预紧力 F' 和工作载荷 F 之和，即 $F_O \neq F' + F$。由螺栓连接的受力分析和变形协调关系得

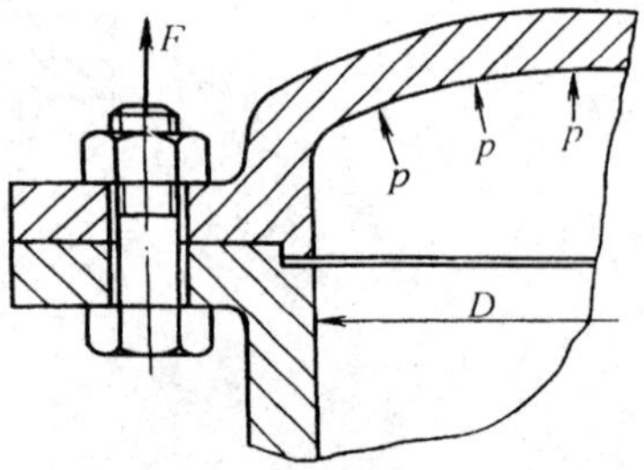

$$F_O = F + F'' \tag{6.5-5}$$

图 6.5-4　汽缸盖螺栓连接

式中：F_O 为螺栓总拉力；F 为工作载荷；F'' 为剩余预紧力。

为保证螺栓连接的紧密性，防止当连接受载后接合面间产生缝隙，因此应保证剩余预紧力 F'' >0。剩余预紧力的推荐值见表 6.5-1。

表 6.5-1 剩余预紧力推荐值

工况	有紧密性要求	冲击载荷	不稳定载荷	稳定载荷	地脚螺栓
F''	(1.5~1.8)F	(1.0~1.5)F	(0.6~1.0)F	(0.2~0.6)F	≥F

当求得螺栓总拉力 F_O 后，即可进行强度计算。考虑到连接在工作载荷作用下，可能需要补充拧紧，故计入扭应力的影响后，应将螺栓总拉力加大 30%，其强度条件为

$$\sigma = \frac{1.3F_O}{\frac{\pi d_1^2}{4}} \leqslant [\sigma] \tag{6.5-6}$$

采用 m 个螺栓时的设计式为

$$d_1 \geqslant \sqrt{\frac{4\times 1.3F_O}{\pi m[\sigma]}} \tag{6.5-7}$$

2. 受剪螺栓(铰制孔螺栓)连接的强度计算

在铰制孔螺栓连接(图 6.5-5)中，螺栓杆与螺栓孔为过渡配合或过盈配合，它依靠螺栓杆的抗剪强度以及螺栓杆与孔径间的抗挤压强度来工作。

由抗剪强度得剪应力为

$$\tau = \frac{4F_s}{\pi d_O^2 m} \leqslant [\tau] \tag{6.5-8}$$

设计式为

$$d_O \geqslant \sqrt{\frac{4F_s}{\pi m[\tau]}} \tag{6.5-9}$$

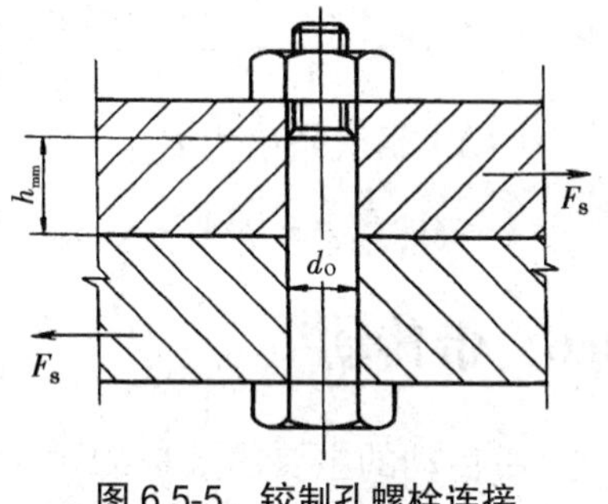

图 6.5-5 铰制孔螺栓连接

式中：F_s 为单个螺栓所承受的工作剪力；d_O 为螺栓杆的配合直径；m 为螺栓的受剪工作面数目；$[\tau]$ 为螺栓的许用应力。

6.5.5 螺纹连接设计时应注意的问题

采取以下措施可以提高螺栓连接强度：

①改善螺纹牙间的载荷分配；

②减小螺栓承受变载荷时的应力幅；

③减小应力集中；

④减小或避免附加弯曲应力。

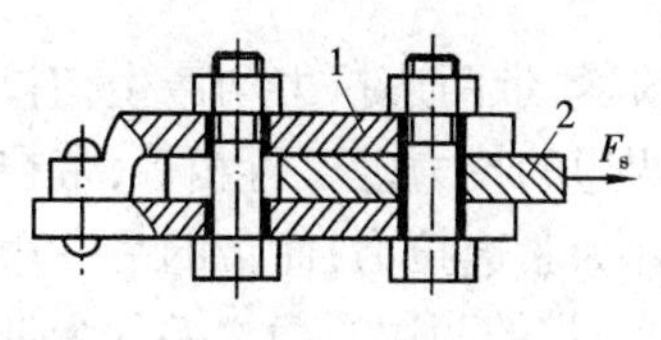

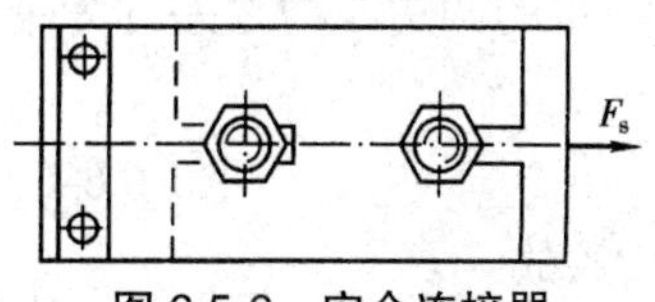

图 6.5-6 安全连接器

【例 6.5-1】 如图 6.5-6 所示为一安全连接器，已知钢板间的摩擦因素 μ_s=0.15，可靠性因子(防滑安全因素)K=1.2；螺栓材料为 Q235 钢，其屈服极限 σ_s= 240 MPa；安全因素 s=1.5。试求拧紧两个 M12(d_1 = 10.106)的普通螺栓后所能承受的最大牵引力。

解：(1)利用拧紧螺母后的预紧力 F' 而在两个结合面 1 和 2 上产生的摩擦力来平衡横向

工作载荷 F_s。结合面间不产生滑移的条件为

$$z\mu_s F'm \geqslant KF_s$$

即预紧力 $F' \geqslant \dfrac{KF_s}{z\mu_s m}$

式中:螺栓个数 z=2;结合面数 m=2;K=1.2;μ =0.15。

由此得 $F' \geqslant \dfrac{1.2 \times F_s}{0.15 \times 2 \times 2}$

即 $F_s \leqslant 0.5F'$

(2)由螺栓拉伸强度条件确定螺栓预紧力

$$\sigma = \frac{1.3F'}{\dfrac{\pi d_1^2}{4}} \leqslant [\sigma]$$

式中:$d_1 = 10.106$;$[\sigma] = \dfrac{\sigma_s}{s} = \dfrac{240}{1.5} = 160\ \text{MPa}$。

故 $F' \leqslant \dfrac{\pi d_1^2}{4} \times \dfrac{[\sigma]}{1.3} = \dfrac{3.14 \times 10.106^2 \times 160}{4 \times 1.3} = 9\ 867.4\ \text{N}$

(3)求最大牵引力 F_{smax}

$F_s \leqslant 0.5F' = 4\ 934\ \text{N}$,$F_{smax} = 4\ 934\ \text{N}$

6.6 带传动

带传动的主要优点是:①可适用于两轴中心距较大的场合;②带具有良好的弹性,因而具有缓冲和吸振作用,运转平稳,噪声小;③过载时带与带轮间会产生打滑,对机械传动装置中的其他机件有保护作用;④结构简单,成本低廉。

缺点是:①带的寿命较短;②传递相同圆周力时,带传动外廓尺寸和作用在轴上的载荷要比啮合(齿轮)传动时的载荷大;③带与带轮接触面间有相对滑动,不能保证准确的传动比。

在带传动中应用最广泛的是 V 带传动。

6.6.1 普通带传动的工作情况分析

1. 带传动的受力分析

为了在带与带轮间产生正压力,在带传动工作前,使带受到预紧,带两边拉力均产生初拉 F_O(见图 6.6-1(a))。传动时,由于带与轮表面摩擦力的作用,带两边的拉力已不再相等,带在缠绕上主动轮的一边被进一步拉紧,其拉力由 F_O 增大为 F_1,F_1 称为紧边拉力;而带的另一边被放松,其拉力由 F_O 减小至 F_2,F_2 称为松边拉力(见图 6.6-1(b))。带的两边拉力之差称为带传动的有效拉力 F,即

$$F = F_1 - F_2 \tag{6.6-1}$$

因紧边拉力的增加量($F_1 - F_O$)应等于松边拉力的减少量($F_O - F_2$),故

$$F_O = 0.5 \times (F_1 + F_2) \tag{6.6-2}$$

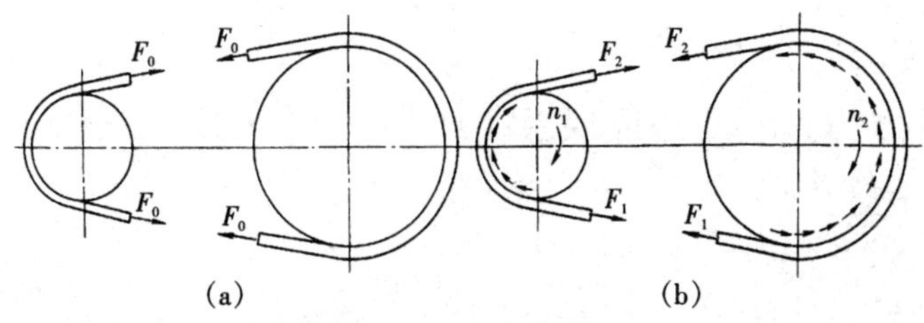

图 6-6.1 带的两边拉力

(a)带工作前的张紧力 (b)带在工作时的拉力

在一定条件下,摩擦力有一极限值。当需要传递的有效拉力超过该值时,带与带轮间将发生显著的相对滑动,这种现象称为打滑。打滑是带传动的主要失效形式之一。带速较低且带速 $v \leqslant 10$ m/s 时,可忽略带的离心力,则带的紧边拉力与松边拉力之间的关系式为

$$F_1 = F_2 \times e^{\mu\alpha} \tag{6.6-3}$$

式中:μ 为带与带轮间的摩擦因素;α 为带轮的包角,即带与带轮接触弧所对应的中心角,rad;e 为自然对数的底,e≈2.718。

由式(6.6-1)和式(6.6-3)得

$$\left.\begin{aligned} F_1 &= F\frac{e^{\mu\alpha}}{e^{\mu\alpha}-1} \\ F_2 &= F\frac{1}{e^{\mu\alpha}-1} \end{aligned}\right\}$$

将上式代入式(6.6-2)后,得表示带传动工作能力的最大有效拉力 F_{max},即

$$F_{max} = 2F_O\left(\frac{e^{\mu\alpha}-1}{e^{\mu\alpha}+1}\right)$$

由上式可知以下几点。

①最大有效拉力 F_{max} 与初拉力 F_O 成正比,因此控制初拉力对带传动的设计和使用很重要。F_O 过小时无法传递所需载荷,且容易产生带的颤动;但 F_O 过大将使轴系受力增大,带的磨损加剧,寿命缩短。

②增大包角 α 和摩擦因数 μ 均可使最大有效拉力增大,通常应使 $\alpha \geqslant 120°$。

③在相同条件下,由于 $\mu_v > \mu$,V 带传动能传递较大功率,或在传递相同功率时,V 带传动的结构更为紧凑。

【例 6.6-1】 已知单根 V 带传递的最大功率 P_{max}= 4.82 kW;小带轮直径 d_1=400 mm;小带轮转速 n_1=1 450 r/min;小带轮包角 α_1=152°;带和带轮间的当量摩擦因素 μ_v=0.25;试确定带传动的最大有效拉力 F_{max}、紧边拉力 F_1 和初拉力 F_0。

解:(1)求 V 带运动速度

$$v = \frac{\pi d_1 n_1}{60 \times 1\ 000} = \frac{3.14 \times 400 \times 1\ 450}{60 \times 1\ 000} = 30.35 \text{ m/s}$$

(2)求带传动的最大有效拉力 F_{max}

因已知 V 带传动传递的最大功率 P_{max}= 4.82 kW,故

$$P_{max} = 4.82 = \frac{F_{max} v}{1\ 000}$$

因此得 $F_{max}=\dfrac{1\ 000\times4.82}{30.35}=15.8\ \text{N}$

（3）由最大有效拉力和初拉力间的关系式

$$F_{max}=2F_0\left(\frac{e^{\mu_v\alpha}-1}{e^{\mu_v\alpha}+1}\right)$$

得 $F_0=\dfrac{F_{max}}{2}\left(\dfrac{e^{\mu_v\alpha}+1}{e^{\mu_v\alpha}-1}\right)$,

故 $F_0=\dfrac{158.8}{2}\left(\dfrac{e^{\mu_v\alpha}+1}{e^{\mu_v\alpha}-1}\right)=79.4\left(\dfrac{e^{0.663}+1}{e^{0.663}-1}\right)=248.4\ \text{N}$

式中 $\mu_v=0.25;\alpha=\dfrac{3.14\times152}{180}=2.65$

（4）求紧边拉力

因 $F_{max}=F_1-F_2$ 和 $F_1+F_2=2F_0$，故得紧边拉力

$$F_1=\frac{F_{max}}{2}+F_0=\frac{158.8}{2}+248.4=327.8\ \text{N}$$

讨论：本题主要考查了带传动的力分析知识，也即最大拉力、紧边拉力和初拉力之间的相互关系；解题应注意无论是正常工作状态还是临界状态，均有 $F=F_1-F_2=1\ 000P/v$，当 P 为 P_{max} 时，F 力就变为最大有效拉力 F_{max}，故 $F_{max}=1\ 000P_{max}/v$。

2. 带的应力分析

带传动工作时，带的应力由拉应力、弯曲应力和离心拉应力三部分组成（见图 6.6-2）。

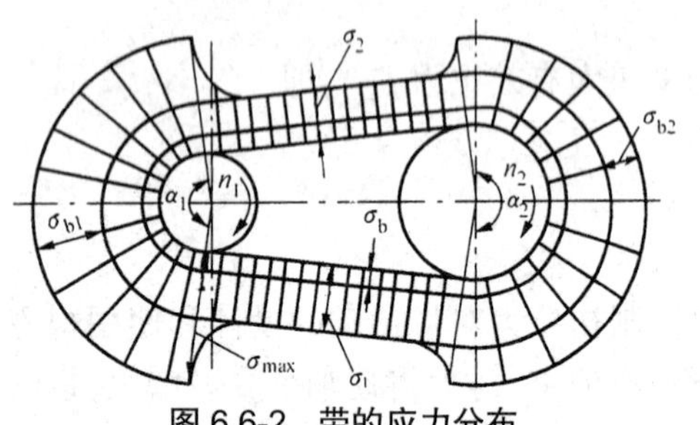

图 6.6-2 带的应力分布

应注意，带的弯曲应力 σ_b 与带轮直径 d 成反比，故小带轮上带的弯曲应力较大；应注意，虽然离心力发生于带作圆周运动的部分，但其引起的拉力却作用于带的全长。图 6.6-2 给出了带的应力分布情况。由图知，在运转过程中，带的应力是不断变化的，最大应力发生在带的紧边与小轮的接触处。工作时带的最大应力为 $\sigma_{max}=\sigma_1+\sigma_{b1}$。因此，传动带长期运行后就会发生疲劳破坏而失去工作能力，这是带传动的又一主要失效形式。

3. 带传动的弹性滑动和传动比

由于带的紧边拉力 F_1 和松边拉力 F_2 不同，且传动带是弹性体，因而会产生弹性变形。当带绕过主动轮时，带的拉力由 F_1 逐渐减小到 F_2；与此同时，带的拉伸变形也会相应减小，从而使带相对带轮表面作滑动，这种由于材料弹性变形而产生的相对滑动称为弹性滑动。由于带传动工作时，带的紧边拉力和松边拉力不等，因此带传动的弹性滑动是不可避免的。弹性滑动会导致从动带轮的圆周速度 v_2 低于主动轮的圆周速度 v_1。

6.6.2 带轮的张紧

在安装带传动时，应使传动带具有一定的张紧力，以保证带传动正常工作，而且当带经过一段工作时间后，由于带会产生永久伸长而松弛，从而使初拉力减小，承载能力降低。为了使带始终保持一定的张紧力。设计带传动时应考虑能调节带长或对两轮中心距加以调整。带的

张紧装置可分为定期张紧和自动张紧两类。

1. 定期张紧装置

在定期张紧装置图 6.6-3 中：(a)为滑轨调节；(b)为摆动架调节；(c)为移动张紧轮。

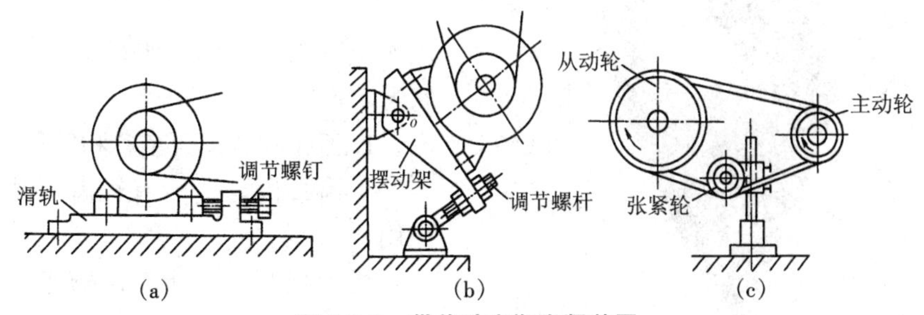

图 6.6-3 带传动定期张紧装置

当两带轮中心距可调时，可采用图 6.6-3(a)所示张紧装置。拧动调节螺钉，可使装有带轮的电动机沿滑轨移动，从而达到张紧的目的。当采用图 6.6-3(b)所示装置时，拧动调节螺杆，使装在摆动架上的带轮(连同电动机)绕轴线 O 摆动，也可达到调节带轮中心距和张紧的目的，这种装置适于带传动作垂直或接近垂直布置时的场合。当两轮中心距不可调时，可利用图 6.6-3(c)所示张紧装置。张紧轮压在传动带上，利用上下移动张紧轮，即可调节带长，以保持带的张紧。为防止包角 α_1 过小，应将张紧轮置于松边内侧靠近大带轮处。

2. 自动张紧装置

利用带轮和电动机等的自重和浮动架的摆动可自动张紧(图 6.6-4(a))，也可利用安置在摆杆 3 上的悬重 1 使张紧轮 2 紧压于传动带上，从而保持带的自动张紧(图 6.6-4(b))。

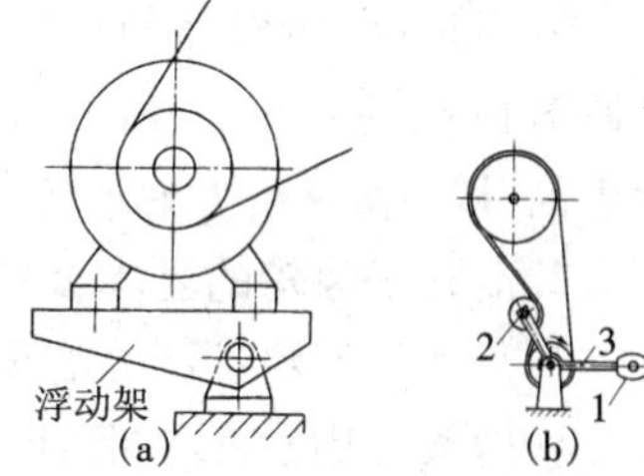

图 6.6-4 带传动自动张紧装置

6.7 齿轮机构

6.7.1 齿轮机构的特点和类型

齿轮机构是应用非常广泛的一种机械传动，它可以用来传递平行轴、相交轴和交错轴之间的运动和动力。齿轮机构是依靠两齿轮轮齿之间的直接接触的啮合传动，和其他的传动形式相比，其主要优点有：①能保证恒定的瞬时传动比；②适用的传递功率和范围较广的圆周速度；③传动效率高；④结构紧凑；⑤工作可靠性高且寿命较长。

但制造齿轮需要有专门的加工和检测装置；对制造和安装的精度要求较高；且不宜用于两轴之间距离较大的场合。

齿廓曲线为渐开线。渐开线的形成方法是，当一条与圆心为 O、半径为 r_b 的圆相切的直线，沿此圆作纯滚动时，该直线上任一点的轨迹称为该圆的渐开线。这个圆称为基圆，其半径为 r_b；该直线称为渐开线的发生线，渐开线上任一点 K 的法线与基圆相切，其切点 N 即为渐开线上对应点 K 的曲率中心。

渐开线上任一点 K 的向径 r_K 与 ON 线间的夹角 α_K 为该点的压力角，在数值上等于该点 K 受力方向(法线 KN 方向)与该点速度 v_K 方向的夹角，且 $\cos\alpha_K = r_b/r_K$。显然，不同的 K 点，向径 r_K 不同，α_K 也不同，因而渐开线上各点的压力角是不同的。

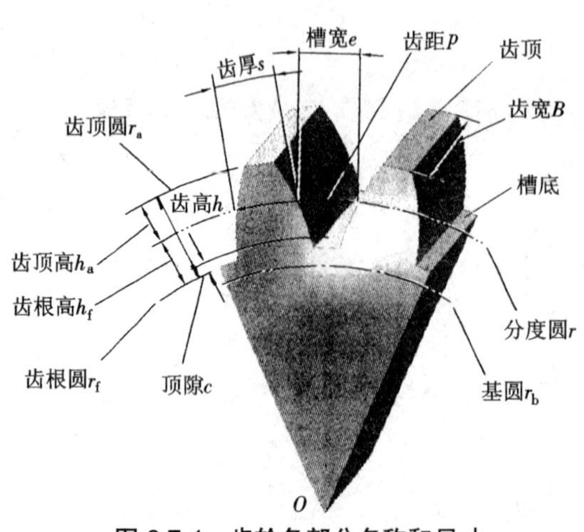

图 6.7-1 齿轮各部分名称和尺寸

对渐开线齿轮来说，基圆半径 r_b 和压力角 α_K 是两个重要的几何参数。

6.7.2 直齿圆柱齿轮的各部分名称和尺寸

图 6.7-1 表示了齿轮各部分的名称和符号。

1. 齿轮的各部分名称和符号

①齿顶圆。过所有轮齿顶端的圆，其半径用 r_a 表示。

②齿根圆。过所有齿槽底部的圆，其半径用 r_f 表示。

③分度圆。介于齿顶圆和齿根圆之间且为设计齿轮的基准圆，其半径用 r 表示。

④基圆。产生渐开线的圆，其半径为 r_b。

⑤齿厚、槽宽和齿距。在任一半径 r_K 的圆周上，一个轮齿两侧齿廓间的弧线长度称为该圆上的齿厚，以 s_K 表示；一个齿槽两侧齿廓间的弧线长度称为该圆上的槽宽，以 e_K 表示；相邻两个轮齿同侧齿廓间的弧线长度称为该圆上的齿距，以 p_K 表示，且 $p_K=s_K+e_K$。分度圆上的齿厚、槽宽和齿距分别用 s、e 和 p 表示，且 $p=s+e$。

⑥齿顶高、齿根高和全齿高。分度圆和齿顶圆之间的径向距离称为齿顶高，以 h_a 表示；分度圆和齿根圆之间的径向距离称为齿根高，以 h_f 表示；齿顶圆和齿根圆之间的径向距离称为全齿高，以 h 表示，且 $h=h_a+h_f$。

2. 渐开线齿轮的基本参数

为了计算齿轮各部分的尺寸，需要确定齿轮的若干基本参数。

①齿数。用 z 表示，且应为整数。

②模数。设分度圆直径为 d，分度圆上的齿距为 p，故分度圆周长为 πd，且 $\pi d=zp$，因此 $d=\frac{z}{\pi}p$，由于式中分母为无理数，因此算出的分度圆直径也总为无理数，而将一个无理数作为设计基准是很不方便的。为此可人为地取

$$m=p/\pi \tag{6.7-1}$$

式中 m 称为分度圆模数，简称为模数，并将它取为一个有理数系列。我国已制定了模数的国家标准，见表 6.7-1。

③压力角。由上述知，渐开线上各点的压力角大小是不同的，为简化刀具，特规定分度圆上的压力角（即齿廓渐开线与分度圆的交点处的压力角）为标准值，我国国家标准已规定压力角的标准值为 20°，并以 α 表示。

表 6.7-1 标准模数(摘自 GB 1357-1987)

第一系列	1	1.25	1.5	2	2.5	3	4	5	6
	8	10	12	16	20	25	32	40	50
第二系列	1.75	2.25	2.75	(3.25)	3.5	(3.75)	4.5	5.5	(6.5)
	7	9	(11)	14	18	22	28	36	45

注:选用模数时,应优先选用第一系列,其次是第二系列,括弧内的模数尽可能不用。

④分度圆。分度圆是计算齿轮尺寸并具有标准模数和标准压力角的基准圆。

⑤齿顶高系数和顶隙系数。齿顶高系数是用于计算轮齿齿顶高和齿根高的系数,以 h_a^* 表示;顶隙系数是用于计算一对齿轮啮合时一个齿轮的齿顶圆和另一齿轮齿根圆间的径向距离,以 c^* 表示。系数 h_a^* 和 c^* 已标准化,见表 6.7-2。

表 6.7-2 齿顶高系数和顶隙系数(GB1357-1987)

齿制	正常齿制		短齿制
	$m \geq 1$	$m<1$	
齿顶高系数 h_a^*	1	1	0.8
顶隙系数 c^*	0.25	0.35	0.3

3. 渐开线标准直齿轮的几何尺寸计算

(1)渐开线标准齿轮的特征

渐开线标准齿轮的特征为:①分度圆上具有标准模数 m 和标准压力角 α;②分度圆上的齿厚及槽宽相等,即 $s=e=\pi m/2$;③具有标准的齿顶高和齿根高,即齿顶高 $h_a=h_a^*m$,齿根高 $h_f=(h_a^*+c^*)m$。

不具备上述特征之一的齿轮称为非标准渐开线齿轮。

(2)渐开线标准直齿圆柱齿轮的几何尺寸

其几何尺寸计算式见表 6.7-3。

表 6.7-3 渐开线标准直齿圆柱齿轮几何尺寸计算公式

基本参数		$z_1, z_2, m, \alpha, h_a^*, c^*$
名称	符号	计算公式
分度圆直径	d	$d_1=mz_1 \quad d_2=mz_2$
中心距	a	$a=\frac{1}{2}(d_2 \pm d_1)=\frac{1}{2}m(z_2 \pm z_1)$
齿顶高	h_a	$h_a=h_a^*m$
齿根高	h_f	$h_f=(h_a^*+c^*)m$
全齿高	h	$h=h_a+h_f=(2h_a^*+c^*)m$
齿顶圆直径	d_a	$d_{a_1}=d_1 \pm 2h_a=(z_1 \pm 2h_a^*)m \quad d_{a_2}=d_2 \pm 2h_a=(z_2 \pm 2h_a^*)m$

续表

基本参数		$z_1, z_2, m, \alpha, h_a^*, c^*$
名称	符号	计算公式
齿根圆直径	d_f	$d_{f_1} = d_1 \mp 2h_f = (z_1 \mp 2h_a^* \mp c^*)m$ $d_{f_2} = d_2 \mp 2h_f = (z_2 \mp 2h_a^* \mp 2c^*)m$
基圆直径	d_b	$d_{b_1} = d_1 \cos\alpha = mz_1 \cos\alpha$ $d_{b_2} = d_2 \cos\alpha = mz_2 \cos\alpha$
分度圆齿距	p	$p = \pi m$
分度圆齿厚	s	$s = \pi m / 2$
分度圆齿槽宽	e	$e = \pi m / 2$
顶隙	c	$c = c^* m$
基圆齿距	p_b	$p_b = \pi m \cos\alpha$
分度圆处齿廓的曲率半径	ρ	$\rho_1 = \frac{d_1}{2}\sin\alpha \quad \rho_2 = \frac{d_2}{2}\sin\alpha$

注：表中计算 d_a 和 d_f 时符号"±、∓"中上面的用于外齿轮，下面的用于内齿轮。在中心距计算公式中，上面的用于外啮合；下面的用于内啮合。

6.7.3 渐开线齿轮的正确啮合条件和连续传动条件

1. 正确啮合条件

渐开线齿轮啮合传动时，由主动轮的轮齿直接推动从动轮的轮齿，一对轮齿齿廓的接触点称为啮合点。在啮合过程中，啮合点在固定平面上的轨迹称为啮合线。图 6.7-2 所示为一对外啮合渐开线齿轮，当主动轮 1 以 ω_1 顺时针方向转动时，渐开线齿廓的啮合线是一条切于两轮基圆的直线 N_1N_2。由于轮齿的啮合点始终位于此直线上，同样这条直线也是一对齿廓接触点的公法线（根据渐开线性质，渐开线上任一点法线应切于基圆）。如图示，前一对轮齿在啮合线上的 K' 点啮合时，后一对轮齿也应在啮合线上的 K 点接触，为了保证前后两对轮齿能同时在啮合线上接触，即所谓的正确啮合，必须使轮 1 相邻两齿同侧齿廓在法线上的距离 $\overline{K_1K_1'}$ 与轮 2 相邻两齿同侧齿廓在法线上的距离 $\overline{K_2K_2'}$ 相等，即 $\overline{K_1K_1'} = \overline{K_2K_2'}$。因 $\overline{K_1K_1'}$ 和 $\overline{K_2K_2'}$ 分别为两轮轮齿的法向齿距，故 $p_{b1} = p_{b2}$，由此得

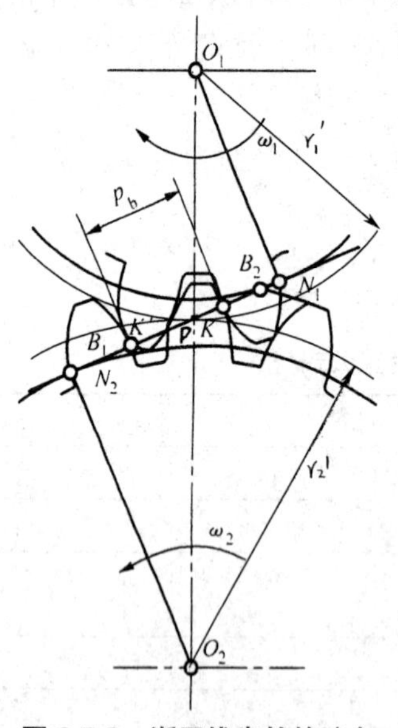

图 6.7-2　渐开线齿轮的啮合

$$\pi m_1 \cos\alpha_1 = \pi m_2 \cos\alpha_2$$

因齿轮的模数和压力角已标准化，因此只有使

$$\left.\begin{aligned} m_1 = m_2 = m \\ \alpha_1 = \alpha_2 = \alpha \end{aligned}\right\} \tag{6.7-2}$$

才能满足法向齿距相等。因此，一对渐开线齿轮的正确啮合条件是两轮的模数和压力角分别相等，且等于标准值。渐开线齿轮传动时传动比是恒定不变的。

2. 连续传动条件

一对齿轮连续传动的条件是

$$\varepsilon=\frac{\text{啮合弧}}{\text{齿距}}\geqslant 1 \tag{6.7-3}$$

由于齿轮的制造、安装误差，为保证传动的连续性，应使 ε 大于给定的许用重合度[ε]。[ε]可根据齿轮的使用场合和制造精度确定，一般可在 1.05~1.35 范围内选取，制造精度高时可取小值。齿轮的重合度越大，表示同时啮合的轮齿对数越多，传动也越平稳。渐开线标准直齿圆柱齿轮传动的重合度的极限值为 1.98。

【例 6.7-1】 今有两对标准直齿圆柱齿轮传动，小齿轮转速均为 n_1=1 480 r/min，齿宽相同；齿轮材料与热处理方式相同，其他传动条件（如工作时间和温度等）也均相同。设第一对齿轮的 m_A=2，z_{A1}=27，z_{A2}=54；第二对齿轮的 m_B=2，z_{B1}=35，z_{B2}=70。试问：已知第二对齿轮的齿面接触强度刚好合格，第一对齿轮的齿面接触度是否合格？反之，当已知第一对齿轮的齿面接触强度刚好合格，第二对齿轮的齿面接触强度是否能合格？

解：（1）设两对齿轮为钢制标准外啮合直齿齿轮，其齿面接触强度计算式为

$$\sigma_{\mathrm{H}}=335\sqrt{\frac{kT_1(u+1)^3}{ba^2u}}\leqslant[\sigma_{\mathrm{H}}]$$

（2）齿轮传递的转矩 T 的计算式为 $T=9.55\times10^6\dfrac{P}{n_1}$。因两对齿轮 A 和 B 所传递的功率 P 以及小轮的转速 n_1 均相同，故 $T_{B_1}=T_{A_1}$。

（3）两对齿轮 A 和 B 的齿宽相等，即 $b_B=b_A$。

（4）两对齿轮 A 和 B 的齿数比 u 分别为

$$u_A=\frac{z_{A_2}}{z_{A_1}}=\frac{54}{27}=2 \text{ 和 } u_B=\frac{z_{B_2}}{z_{B_1}}=\frac{70}{35}=2$$

故 $u_A=u_B$

（5）两对齿轮的传动条件相同，故载荷系数 $K_A=K_B$。

（6）两对齿轮传动的中心距分别为

$$a_A=\frac{m_A}{2}(z_{A_1}+z_{A_2})=\frac{2}{2}(27+54)=81$$

$$a_B=\frac{m_B}{2}(z_{B_1}+z_{B_2})=\frac{2}{2}(35+70)=105$$

（7）两对齿轮齿面接触应力分别为 σ_{H_A} 和 σ_{H_B}，且

$$\frac{\sigma_{\mathrm{H}_A}}{\sigma_{\mathrm{H}_B}}=\frac{a_B}{a_A}=\frac{105}{81}=\frac{35}{27}$$

（8）由上式知，第一对齿轮 A 的齿面接触应力 σ_{H_A} 要比第二对齿轮 B 的齿面接触应力 σ_{H_B} 为大。因此，当第二对齿轮的齿面接触强度刚好合格时，第一对齿轮齿面接触强度不合格。而当第一对齿轮的齿面接触强度刚好合格时，第二对齿轮的齿面接触强度也合格。

讨论:本题主要考核齿轮齿面接触强度公式中各参数和系数的意义。本题中两对齿轮除齿数不同外,其余参数均相同,因两对齿轮的齿面接触强度主要取决于传动中心距 a, a 大则接触强度就高。

6.7.4 轮齿的失效和齿轮传动设计准则

1. 轮齿失效形式

按照齿轮传动时的工作条件,可将其分为闭式齿轮传动和开式齿轮传动。闭式齿轮传动的齿轮安置在封闭的箱体内,因而能保证良好的润滑和工作条件,大多数重要的齿轮传动都采用闭式(齿轮)传动;而开式齿轮传动的齿轮则为外露的,不能保证良好的润滑,易使灰尘、杂质等侵入轮齿啮合部位,故齿面易磨损,大多用于低速传动。

按照齿轮传动中轮齿齿面的硬度可将其分为软齿面(齿面硬度≤350 HBS)齿轮传动和硬齿面(齿面硬度>350 HBS)齿轮传动。

(1)轮齿折断

轮齿折断一般发生在齿根,这是因为轮齿相当于一个悬臂梁,受力后其齿根部位弯曲应力最大,并受到应力集中的影响。当齿轮经长期使用而在载荷多次重复作用下引起的轮齿折断称为疲劳折断;由于短时超过额定载荷而引起的轮齿折断称为过载折断。为防止轮齿折断,齿轮必须有足够大的模数 m。

(2)齿面点蚀

齿面上的接触应力是随时间而变化的脉动循环应力。齿面在这种循环接触应力的长时间的重复作用下,齿面表层就会产生细微疲劳裂纹,裂纹的蔓延扩展而出现微小的金属剥落,并形成一些浅坑(麻点),这种现象称为齿面点蚀。齿面点蚀常发生在软齿面的闭式齿轮传动中,点蚀部位多发生在齿根表面靠近节线处。

(3)齿面胶合

齿面胶合是相啮合轮齿表面在一定压力下直接接触,发生粘着,并随着齿轮的相对运动,发生齿面金属撕脱或转移的一种粘着磨损现象。按照其形成条件又可分为热胶合和冷胶合。热胶合发生于高速、重载的齿轮传动中。冷胶合则发生于低速、重载的齿轮传动中。

(4)齿面磨损

齿面磨损主要是磨粒磨损,当粉尘、铁屑等微粒进入齿面的啮合部位时,将引起齿面的磨粒磨损,一般发生于开式齿轮传动。磨粒磨损不仅导致轮齿失去正确的齿形,还会导致严重的噪声和振动,甚至由于齿厚不断减薄而最终引起断齿。

(5)齿面塑性变形

齿轮传动承受重载时,齿面在摩擦力的作用下可能产生塑性流动,从而使轮齿原有的正确齿形遭受破坏。这种现象常发生于过载严重且为起动频繁的传动中。

2. 普通齿轮传动设计准则

(1)闭式传动齿轮设计准则

闭式传动的主要失效形式为齿面点蚀和轮齿的弯曲疲劳折断。

当采用软齿面时,其齿面接触疲劳强度相对较低。因此,设计时一般应首先按齿面接触疲劳强度条件进行设计,即计算齿轮的分度圆直径、中心距和齿宽等几何参数,然后再校核轮齿的抗弯曲疲劳强度。

当采用硬齿面时，则一般应首先按齿轮的抗弯曲疲劳强度条件，确定齿轮的模数及其主要几何参数，然后再校核其齿面接触疲劳强度。

（2）开式传动齿轮设计准则

开式传动的主要失效形式为齿面磨损和轮齿的弯曲疲劳折断。通常只进行抗弯疲劳强度计算，并采用适当加大模数的方法来考虑磨粒磨损的影响。

（3）大、小齿轮设计准则

根据齿轮实际工作情况，小齿轮比大齿轮工作的频率高，通常先失效。所以选择大小齿轮材料时，一般小齿轮材料应优于大齿轮材料；若大小齿轮材料相同且均为软齿面时，小齿轮材料热处理后的齿面硬度要高于大齿轮材料齿面硬度 20~50 HBS；若均为硬齿面时，小齿轮齿面硬度也应略高于大齿轮齿面硬度。

6.7.5 直齿圆柱齿轮的强度计算

1. 轮齿的受力分析

如图图 6.7-3 所示，设一对相啮合的标准直齿圆柱齿轮标准安装，即两轮分度圆相切，其中心距 a 等于两轮分度圆半径之和。若轮 1 为主动轮，转速为 n_1，传递功率为 P；轮 1 和轮 2 齿的齿廓在 C 点相接触。如果略去摩擦力，并以作用于齿宽中点的集中力来代替分布力，则该对轮齿齿廓间相互作用的总压力为法向力 F_n，其作用线沿切于两基圆的啮合线 N_1N_2 方向（图 6.7-3（a））。力 F_n 可分解为沿两分度圆切线方向的切向力 F_t 和指向齿轮轴心的径向力 F_r（图 6.7-3（b）），其值分别为

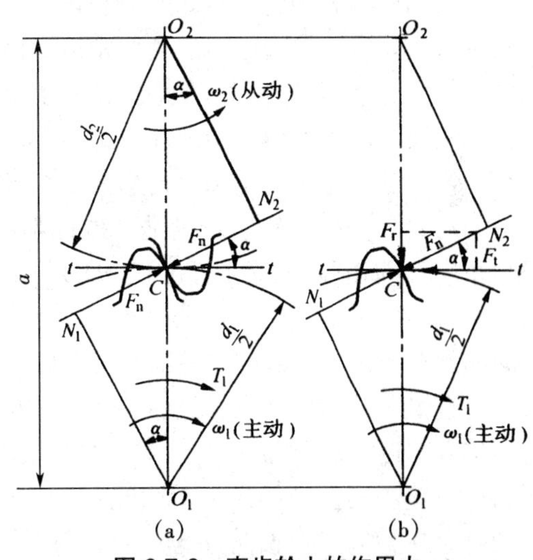

图 6.7-3 直齿轮上的作用力

$$\left.\begin{aligned} F_t &= \frac{2T_1}{d_1}(\mathrm{N}) \\ F_r &= F_t \tan\alpha(\mathrm{N}) \\ F_n &= \frac{F_t}{\cos\alpha}(\mathrm{N}) \end{aligned}\right\} \qquad (6.7\text{-}4)$$

式中：T_1 为小齿轮传递的标称转矩，N · mm，其值 $T_1=9.55\times10^6\ \dfrac{P}{n_1}$（N · mm），其中 P 为传递功率，kW；n_1 为小齿轮转速，r/min；d_1 为小齿轮分度圆直径，mm；α 为压力角（标准值 α=20°）。

2. 齿面接触疲劳强度计算

一对齿轮两轮齿的啮合，可视为在啮合点处齿廓曲率半径所形成的两个圆柱体的接触。因此，根据材料力学有关接触应力的计算公式，可得一对钢制标准齿轮传动的齿面接触强度验算公式

$$\sigma_H = 335\sqrt{\frac{kT_1(u\pm1)^3}{ba^2u}} \leqslant [\sigma_H] \qquad (6.7\text{-}5)$$

式中：σ_H 和$[\sigma_H]$分别为齿面接触应力和许用接触应力；u 为齿轮齿数比，$u=\dfrac{z_2}{z_1}$；“+”号用于外啮

合；“-”号用于内啮合；b 为轮齿有效宽度，mm；a 为一对啮合齿轮的中心距，mm；T_1 为小齿轮传递的扭矩，N·mm；k 为载荷系数。

3. 轮齿抗弯疲劳强度设计

当载荷作用于齿顶时，齿根所受的弯曲力矩最大，因而齿根不发生弯曲疲劳的强度条件为

$$\sigma_F=M/W\leqslant[\sigma_F] \tag{6.7-6}$$

式中：σ_F 是受拉侧齿根最大弯曲应力；$[\sigma_F]$是许用弯曲应力；M 为齿根最大弯矩；W 为轮齿危险载面的抗弯截面系数。

6.7.6 斜齿圆柱齿轮传动及其受力分析

1. 斜齿圆柱齿轮传动

斜齿圆柱齿轮的轮齿分布在圆柱面上，但每个轮齿都不平行于齿轮的轴线，而是相对轴线倾斜了某一角度。轮齿倾斜的角度常以分度圆柱上螺旋线的螺旋角 β 来表示。

在斜齿轮上，与轴线相垂直的平面称为端面；与分度圆柱螺旋线相垂直的平面称为法面。端面和法面中的各参数分别加注下标 t 和 n。

斜齿圆柱齿轮传动适用于传递两平行轴间的运动和动力。

一对斜齿圆柱齿轮的正确啮合条件是：相互啮合的一对斜齿圆柱齿轮的法面模数和法面压力角应分别相等，且等于标准值，即 $m_{n1}=m_{n2}=m_n$ 和 $\alpha_{n1}=\alpha_{n2}=\alpha$，同时应使两啮合斜齿轮的螺旋角相等，即 $\beta_1=\pm\beta_2$，式中“+”号适于内啮合，“-”号适于外啮合。斜齿轮也有右旋与左旋之分，旋向的判断与螺纹连接中的螺纹旋向判断相同。

与直齿圆柱齿轮传动相比，斜齿圆柱齿轮传动的特点为：结构尺寸紧凑；由于一对轮齿是逐渐进入和退出啮合，因而啮合平稳性好；斜齿轮传动的重合度大，同时啮合的齿对数较多；因而斜齿轮传动的振动冲击小，承载能力也较大。斜齿轮传动常用于高速传动。但斜齿轮啮合传动时会在轴向产生轴向分力。为此，必须采用承受轴向载荷的轴承。轴向分力将随螺旋角 β 的加大而增加，为了不使轴向力过大，一般斜齿轮的 β 角应在 8°~15° 范围内选取。

2. 斜齿圆柱齿轮传动的受力分析

当一对斜齿圆柱齿轮的轮齿相啮合时，由于其相对轴线倾斜了一个角度，因此轮齿齿面所受的总法向力可近似地认为是一个与分度圆柱面螺旋线相垂直的集中力 F_n，如图 6.7-4（a）法向力及其分力和 6.7-4（b）法面受力分析所示。总法向力 F_n 可分解为三个分力：与分度圆相切的切向力 F_t；指向齿轮轴心的径向力 F_r 和与齿轮轴线相平行的轴向力 F_x。

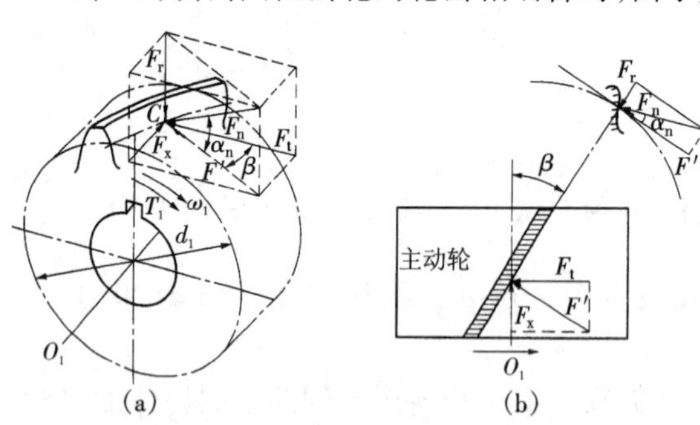

图 6.7-4 斜齿圆柱齿轮受力分析

设齿轮（主动轮）1 的分度圆直径为 d_1，传递的转矩为 T_1；法面压力角为 α_n；分度圆螺旋角为 β，则三个分力可表达为

$$\begin{aligned}&F_t=2T_1/d_1\\&F_r=F_t\tan\alpha_n/\cos\beta\\&F_x=F_t\tan\beta\end{aligned} \tag{6.7-7}$$

式中 α_n 为法面压力角，国标规定斜齿轮的法向参数 m_n 和 α_n 等于标准值。

式中各分力的方向为：切向力 F_t，在主动轮上为工作阻力，它对齿轮轴心的转矩方向与该轮的转向相反；在从动轮上为驱动力，它对齿轮轴心的转矩的方向与该轮的转向相同。径向力 F_r，对一对外啮合齿轮，均指向各自轴心；对一对内啮合齿轮，对内齿轮 F_r 背离其轴心，对外齿轮则仍指向其轴心。轴向力 F_x，可采用手握法判断其方向，即伸出与轮齿螺旋线旋向（左旋或右旋）同名的手（左手或右手）握齿轮轴线，且使四指代表齿轮的转动方向，则拇指伸直（与齿轮轴线平行）后的指向即为主动齿轮轴向力的方向；从动轮上轴向力应与主动轮上的轴向力大小相等、方向相反。显然，判断斜齿圆柱齿轮轴向力方向的依据是：该轮是主动轮或是从动轮；齿轮轮齿的旋向；主动轮的转向。

【例 6.7-2】 如图 6.7-5 所示两级标准斜齿圆柱齿轮传动减速器，高速级斜齿轮为 1 和 2，低速级斜齿轮为 3 和 4。已知轮 2 为左旋，法面模数 $m_{n2}=3$，$z_2=51$，$\beta_2=15°$；轮 3 法面模数 $m_{n3}=5$，$z_3=17$。试问：

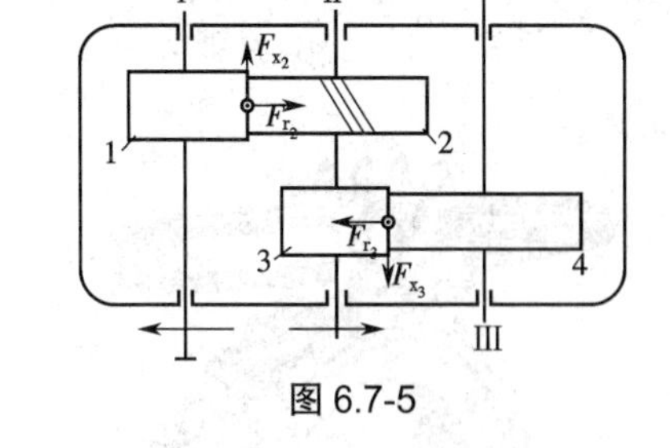

图 6.7-5

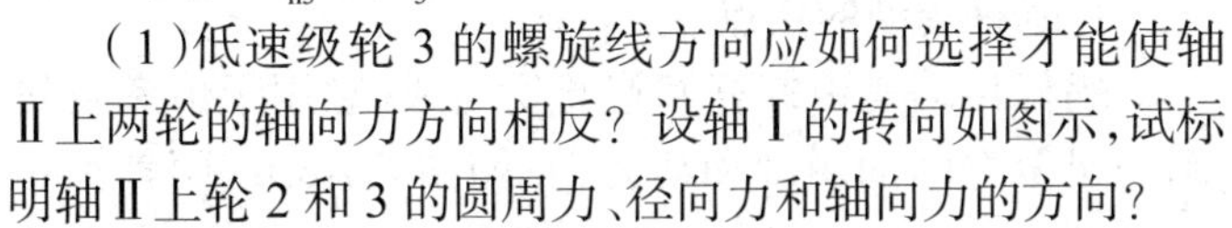

（1）低速级轮 3 的螺旋线方向应如何选择才能使轴Ⅱ上两轮的轴向力方向相反？设轴Ⅰ的转向如图示，试标明轴Ⅱ上轮 2 和 3 的圆周力、径向力和轴向力的方向？

（2）低速级齿轮的螺旋角取多大才能使轴Ⅱ上的轴向力完全抵消？

解：（1）由轮 1 转向（←）得从动轮 2 的转向（→）。

（2）根据轮 2 轮齿旋向（左旋）和转向（→）以及从动轮的性质用手握法得轮 2 所受轴向力 F_{x_2} 指向后方（↑）。

（3）据题意，轮 3 轴向力 F_{x_3} 的方向应与 F_{x_2} 方向相反，即 F_{x_3} 的方向指向前方（↓）。轮 3 为低速级的主动轮，且已知 F_{x_3} 方向，故利用手握法知，轮 3 轮齿向为左旋。

（4）轮 2 和 3 的径向力 F_{r_2} 和 F_{r_3} 均由啮合点沿径向线方向分别指向转动中心，即 F_{r_2} 方向为（→）和 F_{r_3} 方向为（←）。

（5）轮 2 为高速级从动轮，其切向力 F_{t_2} 与啮合点处的圆周速度方向相同；轮 3 为主动轮，其切向力 F_{t_3} 与啮合点处的圆周速度方向相反。

（6）要使轴Ⅱ上轮 2 和轮 3 的轴向力互相完全抵消，应满足 $|F_{x_2}| = |F_{x_3}|$。因

$$F_{x_2} = F_{t_2}\tan\beta_2 \text{ 和 } F_{x_3} = F_{t_3}\tan\beta_3,$$

故
$$\frac{\tan\beta_3}{\tan\beta_2} = \frac{F_{t_2}}{F_{t_3}}$$

因齿轮 2 和 3 传递的转矩 T 相同，即

$T = F_{t_2}\dfrac{d_2}{2} = F_{t_3}\dfrac{d_3}{2}$，且轮 2 和 3 的分度圆直径 d_2 和 d_3 分别为

$$d_2 = z_2 m_{n_2} / \cos\beta_2 \text{ 和 } d_3 = z_3 m_{n_3} / \cos\beta_3$$

故得
$$\frac{\tan\beta_3}{\tan\beta_2} = \frac{F_{t_2}}{F_{t_3}} = \frac{d_3}{d_2} = \frac{z_3 m_{n_3}\cos\beta_2}{z_2 m_{n_2}\cos\beta_3}$$

由上式得

$$\sin\beta_3 = \frac{z_3 m_{n_3}}{z_2 m_{n_2}}\sin\beta_2 = \frac{17\times 5}{51\times 3}\sin 15° = 0.143\ 8$$

$$\beta_3 = 8.27°$$

讨论：①由于斜齿轮传动会产生轴向力，因此当采用两级斜齿轮传动时，尽可能使中间轴上两个齿轮上所承受的轴向力方向相反，以抵消部分或全部轴向力；

②斜齿轮传动时齿轮上承受径向力、切向力和轴向力，其中径向力总是从啮合点处沿径向线指向轴心，切向力对主动轮，其方向与啮合点圆周速度相反，从动轮则相同，轴向力的方向可用手握法确定；③应记住切向力和轴向力间的关系式以及斜齿轮端面和法面模数间的相互换算关系式 $d=m_t z=\dfrac{m_n}{\cos\beta}z$。

6.7.7　蜗杆传动

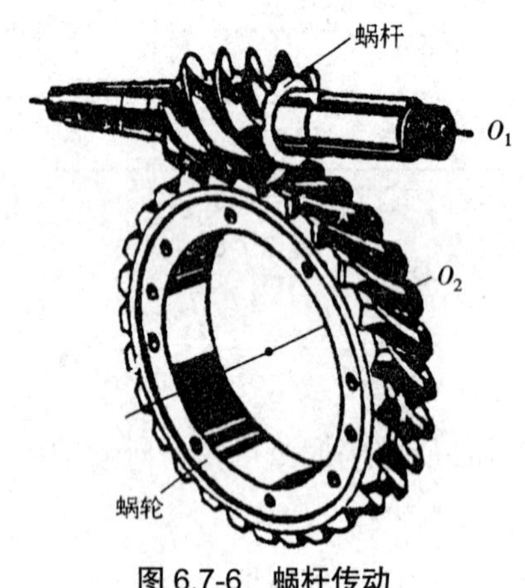

图 6.7-6　蜗杆传动

1. 蜗杆传动的特点

蜗杆传动是由蜗杆和蜗轮所组成，它用于传递空间两交错轴之间的运动和动力（见图图 6.7-6）。两轴轴线分别为 O_1 和 O_2）。交错角一般为 90°，且蜗杆为主动件，蜗轮为从动件。

蜗杆传动具有传动比大、结构紧凑、工作平稳、噪声小以及不需要其他辅助机构即具有传动反行程自锁等优点。但与圆柱齿轮传动相比，蜗杆传动的啮合齿面间有较大的相对滑动，因此效率较低，发热量较高；蜗轮常用减磨、耐磨材料制成，故成本较高。

2. 蜗杆参数和传动比

蜗杆与螺旋相似，也有左旋和右旋之分。蜗杆的螺旋参数采用导程角而不用螺旋角。蜗杆的螺旋线数常用头数 z_1 表示，z_1=1 和 2 时分别称为单头和双头蜗杆；z_1 等于或大于 3 时称为多头蜗杆，通常 z_1=1，2，4，6。当蜗杆的头数小时，传动效率较低，因此对动力传动，常采用双头或多头蜗杆。但单头蜗杆传动可获得大的传动比，且反行程具有自锁性。

设蜗轮齿数为 z_2，当主动蜗杆转过一周时，蜗轮将转过 z_1 个齿或 $\dfrac{z_1}{z_2}$ 周，因此蜗杆传动时传动比为

$$i=\omega_1/\omega_2=z_2/z_1 \qquad (6.7\text{-}8)$$

式中：ω_1 和 ω_2 分别为蜗杆 1 和蜗轮 2 的角速度；z_1 和 z_2 分别为蜗杆头数和蜗轮齿数。

3. 蜗杆直径 d_1 和导程角 γ_1

蜗杆是用与之相配且与蜗杆直径相同的滚刀加工的，为了减少价格较贵的滚刀数，蜗杆直径不能随意选取，国家标准已规定了蜗杆分度圆直径 d_1 和模数、头数的匹配系列值。由于头数 z_1、模数 m 和直径 d_1 均为标准值，故导程角 γ_1 也不能随意选择。

蜗杆直径 d_1 与模数 m 的比值称为蜗杆的直径系数 q，即

$$q=d_1/m \qquad (6.7\text{-}9)$$

导程角 γ_1 的计算式为

$$\tan\gamma_1 = mz_1/d_1 \tag{6.7-10}$$

利用蜗杆和蜗轮分度圆直径，可将蜗杆传动传动比表达为

$$i=\omega_1/\omega_2=z_2/z_1=d_2/d_1\tan\gamma_1 \tag{6.7-11}$$

4. 蜗杆传动的受力分析

在进行蜗杆传动的受力分析时，应注意各分力方向的判定，如图 6.7-7（b）所示。当蜗杆为主动件时，蜗杆上的切向力 F_{t1} 是阻力，所以它对轴线 O_1 的转矩方向与蜗杆转向相反；径向力 F_{r1} 指向蜗杆轴心 O_1；轴向力 F_{x1} 的方向与蜗杆螺旋线旋向和蜗杆的转向有关，可用主动轮的手握法来判定，如图示为右旋蜗杆，则用右手握住蜗杆，四指的指向为蜗杆的转向，拇指伸直后与轴线相平行的指向就是 F_{x1} 的方向。一般蜗轮为从动件，当 F_{x1} 确定后，即确定了 F_{t2} 的方向，因蜗轮转向与 F_{t2} 力对轴心 O_2 转矩方向相同，故蜗轮转向随之确定；F_{x2} 方向与 F_{t1} 方向相反；F_{r2} 方向总是指向蜗轮轴心。

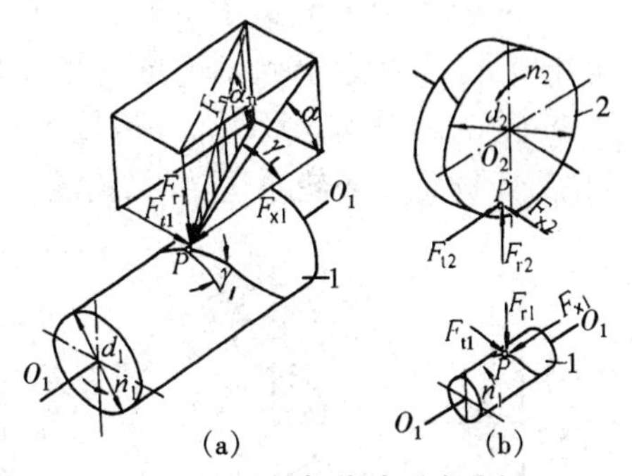

图 6.7-7　蜗杆传动受力分析

6.7.8　蜗杆与蜗轮材料

蜗杆传动的主要失效形式是蜗轮齿面胶合、磨损和点蚀等。在选用蜗杆传动材料时，应考虑传动特点，不仅要求有足够的强度，而且配副材料要具有优良的减摩性和摩擦相容性，要有良好的抗胶合能力。

蜗杆常用的材料为优质碳钢和合金钢，经淬火处理后获得较高齿面硬度，并进行磨削或抛光。对于高速重载或冲击较大的重要蜗杆传动常用材料为 20Cr、20CrMnTi、20Mn VB（经表面渗碳淬火到 56~63 HRC）。

在选择蜗轮材料时，通常根据其齿面滑动速度的大小来确定。对重要的高速蜗杆传动，蜗轮常用铸锡青铜 $ZCuSn_{10}Pb_1$，适用于滑动速度较高（$v\leqslant 25$ m/s）的传动，抗胶合和耐磨性能好，易切削加工，但价格昂贵。对滑动速度为 $v<12$ m/s 的蜗杆传动，蜗轮材料可采用含锡量较低的锡青铜 $ZCuSn_5Pb_5Zn_5$。铝青铜 $ZCuAl_{10}Fe_3$ 和 $ZCuAl_{10}Fe_3Mn_2$ 有足够的强度，铸造性能好，耐冲击，价廉，但抗胶合能力不如锡青铜，切削性也较差，常适用于齿面滑动速度 $v<8$ m/s 的传动。当滑动速度小于 2 m/s 时，可采用灰铸铁 HT200 或 HT150 作为蜗轮材料。

6.8　轮系

在工程实际中，为了满足不同的工作需求（如减速、增速和变速等），往往需要采用由多对齿轮构成的齿轮传动系统。这种由一系列齿轮所组成的传动系统称为轮系。

6.8.1　轮系的基本类型

根据轮系运转时各齿轮轴线的相对位置是否固定可将轮系分为定轴轮系和周转轮系两种基本类型。

1. 定轴轮系

当轮系运转时,若各齿轮的几何轴线相对机架的位置均固定不变,则该轮系称为定轴轮系。

2. 周转轮系

当轮系运转时,若其中至少有一个齿轮的几何轴线相对于机架的位置并不固定,而是绕某一齿轮的固定轴线回转,则该轮系称为周转轮系。

在图 6.8-1 所示轮系中,外齿轮 1 和内齿轮 3 都绕固定轴线 O 回转,但齿轮 2 的几何轴线 O_2 位置不固定。当轮系运转时,齿轮 2 一方面能绕本身的几何轴线 O_2 回转,另一方面又随着构件 H 一起绕固定轴线 O 回转。齿轮 2 如同行星一样运动,兼有自转和公转。通常称齿轮 2 为行星轮,而支持行星轮 2 的构件 H 称为系杆或行星架,轴线位置固定的轮 1 和轮 3 称为太阳轮或中心轮。

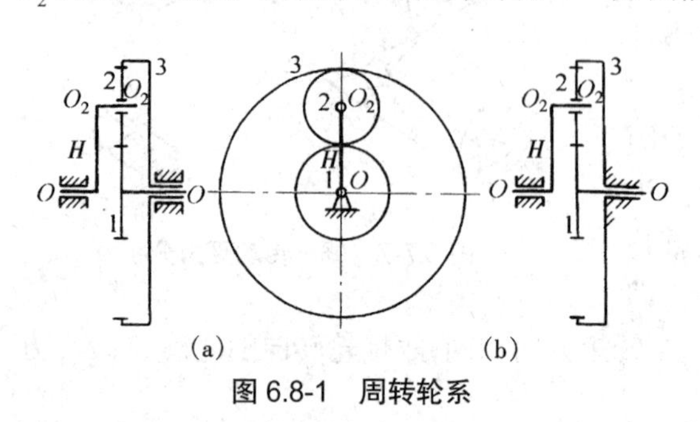

图 6.8-1　周转轮系

6.8.2　定轴轮系传动比计算

当轮系运转时,其输入轴与输出轴角速度 ω(或转速 n)之比称为轮系传动比,用 i_{ab} 表示,下标 a 表示输入(或主动)轴、b 表示输出(或从动)轴,故一对定轴齿轮的传动比可表达为 $i_{ab}=\omega_a/\omega_b=n_a/n_b=\pm z_b/z_a$,式中:"-"号适于外啮合;"+"号适于内啮合。当计算定轴轮系的传动比时,就是应用多对定轴齿轮传动比的公式,以确定传动比的大小以及传动比的正负或输出轴的转向。

1. 平面定轴轮系

如果在定轴轮系中各对齿轮均为圆柱齿轮,并组成相啮合的传动,即轮系中各轮的轴线都互相平行,则称该轮系为平面定轴轮系。

如图 6.8-2 所示轮系,轮 1 的轴为输入,轮 5 的轴为输出。设各轮的角速度和齿数分别用 ω_1, ω_2,…, ω_5 和 z_1, z_2,…, z_5 表示。因为一对互相啮合的定轴齿轮传动比(角速比)等于其两轮齿数的反比。且一对外啮合齿轮的传动比为负,即两轮转向相反;一对内啮合齿轮的传动比为正,即两轮转向相同。因此,由该轮系得

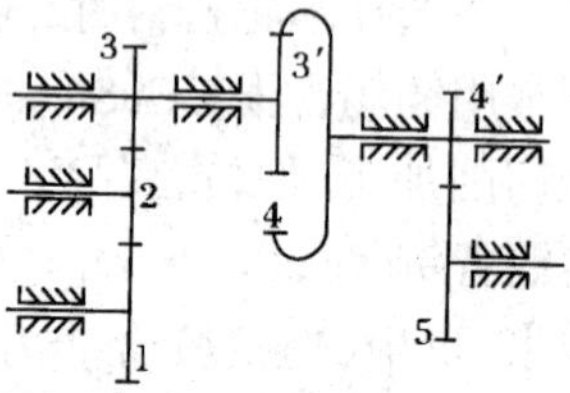

图 6.8-2　平面定轴轮系

$$i_{15}=\frac{\omega_1}{\omega_5}=i_{12}i_{23}i_{3'4}i_{4'5}=(-1)^3\frac{z_2z_3z_4z_5}{z_1z_2z_3'z_4'}$$

上式表明,定轴轮系的传动比等于组成该轮系的各对啮合齿轮传动比的连乘积,其大小等于各对啮合齿轮中所有从动齿轮齿数的连乘积与所有主动齿轮齿数的连乘积之比;式中分子和分母均同时出现了轮 2 的齿数 z_2,因而对传动比大小没有任何作用而将这种齿轮称为惰(过)轮,但它能改变从动轮转向或传动比符号。计算平面定轴轮系传动比的通式可表达为

$$i_{ab}=\frac{\omega_a}{\omega_b}=(-1)^m\frac{\text{所有从动轮齿数的连乘积}}{\text{所有主动轮齿数的连乘积}} \tag{6.8-1}$$

式中:ω_a 表示轮系中首轮的角速度;ω_b 为轮系中末轮的角速度;m 为由首轮 a 至末轮 b 之间外

啮合齿轮的对数。

当所得传动比为负时，表明主动（首）轮与从动（末）轮转向相反；反之，传动比为正时表示转向相同。应注意，公式（6.8-1）适用于平面定轴轮系中任意两轮之间传动比的计算。

2. 空间定轴轮系

当轮系中包含有圆锥齿轮、蜗杆蜗轮等空间齿轮相啮合的传动，即各轮的轴线不完全相互平行，则称该轮系为空间定轴轮系。因为空间定轴轮系中含有轴线不平行的齿轮传动，因而轮系的输入与输出轴之间的转向关系就不能用同向或反向来说明，也不能在传动比计算式前用加注$(-1)^m$来直接确定转向。以下将分两种情况加以说明。

（1）输入和输出轴平行

当空间定轴轮系的输入和输出轴相互平行时，传动比计算式前可加“+”或“-”号，以表示输入和输出轴两者转向相同或相反，但其符号确定仅能在轮系运动简图上用标注箭头的方法将逐个齿轮加以确定。

对于圆锥齿轮传动，在圆锥齿轮可见的表面用箭头“⇆”表示其转向；而一对相啮合的圆锥齿轮传动，表示方向的箭头应同时指向啮合节线（两圆锥面相切的直线），即箭头对箭头；或同时背离啮合节线，即箭尾对箭尾。若通过画箭头的方法最终确定首（主动）轮和末（从动）轮的箭头方向相反，则表明输入和输出轴转向相反，在其传动比前可加“-”号；反之加“+”号（一般可省略）。

如图 6.8-3 所示由圆锥齿轮组成的两种空间定轴轮系型式，轮 1 为首轮，轮 3 为末轮；各轮齿数分别为z_1、z_2、z_2'和z_3。两种机构的传动比应为$i_{13}=\omega_1/\omega_3=\pm z_2z_3/z_1z_2'$；式中“-”号适于图 6.8-3（a）示机构，“+”号适于图 6.8-3（b）示机构。轮系中各轮转向必须用加注箭头的方法加以确定，首轮的转向或箭头方向可任意假定，图示首轮转向的箭头均假定向上。

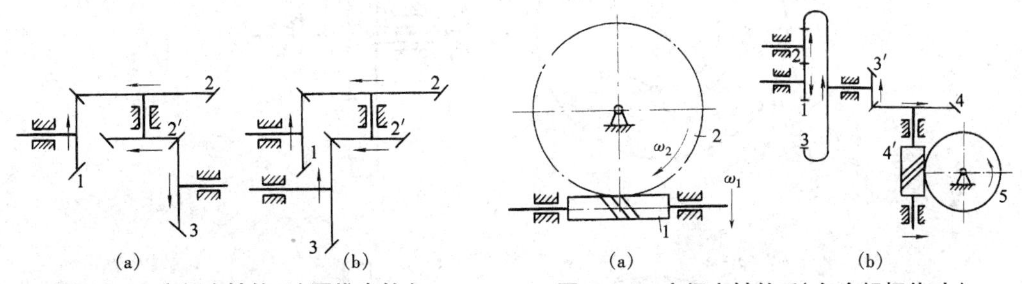

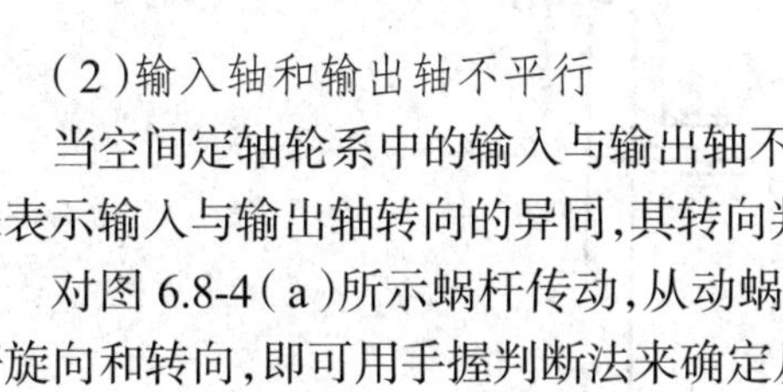

图 6.8-3 空间定轴轮系（圆锥齿轮）

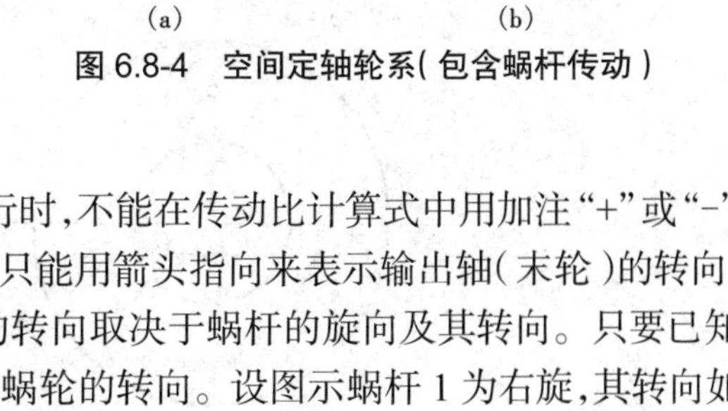

图 6.8-4 空间定轴轮系（包含蜗杆传动）

（2）输入轴和输出轴不平行

当空间定轴轮系中的输入与输出轴不平行时，不能在传动比计算式中用加注“+”或“-”号来表示输入与输出轴转向的异同，其转向判别只能用箭头指向来表示输出轴（末轮）的转向。

对图 6.8-4（a）所示蜗杆传动，从动蜗轮的转向取决于蜗杆的旋向及其转向。只要已知蜗杆旋向和转向，即可用手握判断法来确定从动蜗轮的转向。设图示蜗杆 1 为右旋，其转向如图示用箭头标注，现以右手握住蜗杆，四指沿蜗杆角速度ω_1方向弯曲，则伸直拇指后拇指所指方向的反向即为蜗轮上啮合接触点线速度方向，故蜗轮 2 以角速度ω_2顺时针向转动。

图 6.8-4（b）所示为空间复合定轴轮系，设轮 1 为首（输入）轮，末（输出）轮为 5；各轮齿数分别为z_1、z_2、…、z_5；蜗杆 4′ 为右旋。该轮系的传动比大小为

$i_{15}=\omega_1/\omega_5=z_3z_4z_5/\ z_1z_3'z_4'$

传动比值计算式中，齿数 Z_2 不出现在公式中，因齿轮 2 为“过轮”，其齿数对传动比大小无影响。从动（末）轮 5 的转向必须采用箭头标注法确定，设轮 1 箭头向下，则轮 5 的转向如图示逆时针方向。

6.8.3 周转轮系传动比计算

在周转轮系中，由于系杆的转动，使轮系中出现了既有自转又有公转的做复合运动的行星轮，其运动不是绕定轴线做简单的转动，因此不能用定轴轮系的传动比公式来计算周转轮系的传动比。

为了解决周转轮系的传动比计算问题，可设法将周转轮系转化为假想的定轴轮系。周转轮系和定轴轮系的根本差别就在于周转轮系中存在着转动的系杆，而使行星轮既有自转又有公转。为此应设法使系杆固定不动，根据相对运动原理，若给整个周转轮系一个公共角速度，即给轮系中每一个构件都加上一个附加的公共转动（与系杆 H 角速度大小相等、方向相反的角速度 $-\omega_H$），这时周转轮系中各构件相对运动并不改变，但系杆 H 已变为固定不动，这样就得到一个假想的定轴轮系，并称之为原周转轮系的转化机构（或转化轮系）。

如图 6.8-5（a）所示周转轮系，齿轮 1、2、3 及系杆 H 的角速度分别为 ω_1、ω_2、ω_3 和 ω_H。若给该轮系附加一假想的公共角速 $-\omega_H$，则在转化机构（轮系）中轮 1、2、3 和系杆 H 的角速度分别为

$$\omega_1^H(=\omega_1-\omega_H)、\omega_2^H(=\omega_2-\omega_H)、\omega_3^H(=\omega_3-\omega_H),\omega_H^H=(\omega_H-\omega_H)=0$$

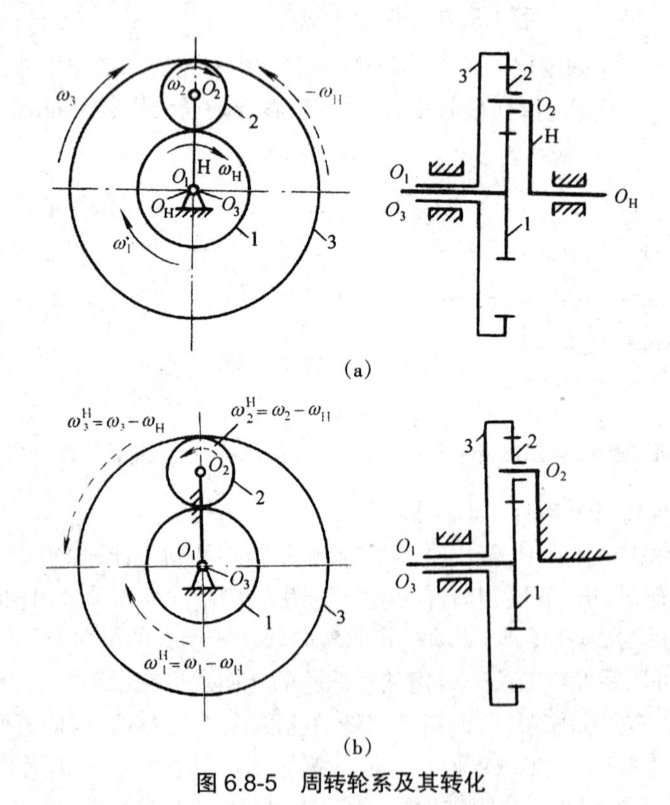

图 6.8-5　周转轮系及其转化

这意味着系杆 H 已静止不动，周转轮系已转换为图（b）所示的转化机构，即假想的定轴轮系。

设轮 1 为输入，轮 3 为输出，则根据平面定轴轮系传动比计算公式，得

$$i_{13}^{H}=\frac{\omega_1^{H}}{\omega_3^{H}}=\frac{\omega_1-\omega_H}{\omega_3-\omega_H}=(-1)^m\frac{z_2z_3}{z_1z_2}=\frac{z_3}{z_1} \tag{6.8-2}$$

式中：i_{13}^{H} 为在转化机构中轮 1 为主动、轮 3 为从动时的轮系传动比；m 为转化机构中外啮合齿轮对数，图示为 m=1；ω_1^{H} 和 ω_3^{H} 分别为轮 1 和 3 相对系杆 H 的角速度；ω_1 和 ω_3 分别为原周转轮系中轮 1 和轮 3 的真实角速度。

应注意，传动比 i_{13}^{H} 和 i_{13} 的区别，i_{13} 是原周转轮系中轮 1 和轮 3 的真正角速度 ω_1 和 ω_3 之比，是真实的轮系传动比；而 i_{13}^{H} 仅为转化机构中两轮相对角速度之比或转化机构的传动比。

根据上述原理，可以写出周转轮系转化机构传动比的一般通用公式。设周转轮系中两个太阳轮分别为 1 和 K，系杆为 H，则转化机构的传动比 i_{1K}^{H} 可表达为

$$i_{1K}^{H}=\frac{\omega_1^{H}}{\omega_K^{H}}=\frac{\omega_1-\omega_H}{\omega_K-\omega_H}=\pm\frac{z_2,\cdots,z_K}{z_2,\cdots,z_{K-1}} \tag{6.8-3}$$

式中：构件 1，K 和 H 称为周转轮系的基本构件；ω_1、ω_K 和 ω_H 为基本构件真实角速度；z_1，z_2，…，z_K 为在齿轮 1 至 K 之间各轮的齿数；齿数前的“±”号应按（-1）^{m} 或画箭头的方法确定。

对于差动轮系，给定三个基本构件角速度 ω_1、ω_K 和 ω_H 中任意两个，便可由式（6.8-3）中的式

$$\frac{\omega_1-\omega_H}{\omega_K-\omega_H}=\pm\frac{z_2,\cdots,z_K}{z_1,\cdots,z_{K-1}}$$

求得第三个构件的角速度，从而求出任两构件的角速比或传动比。但应注意，两基本构件的已知角速度应包括其大小和转向，当转向相同时可以同用“+”或“-”的角速度代入；反之转向不同时，必须认定某一基本构件的角速度为“+”，另一为“-”，所得第三个基本构件角速度的符号就决定了它的转向。

对于行星轮系，在两个太阳轮中必有一个是固定的，例如设太阳轮 K 固定，则其角速度 ω_K=0，而式（6.8-3）表示为

$$i_{1K}^{H}=\frac{\omega_1^{H}}{\omega_K^{H}}=\frac{\omega_1-\omega_H}{0-\omega_H}=1-\frac{\omega_1}{\omega_H}=1-i_{1H}=\pm\frac{z_2,\cdots,z_K}{z_1,\cdots,z_{K-1}} \tag{6.8-4}$$

由上式可知，只要给定两个基本构件 1 或 H 中的任意一个角速度，便可求得另一个构件角速度，也可直接由式（6.8-4）求得传动比 i_{1H}。

【例 6.8-1】 在图 6.8-6 所示的行星轮系中，已知 $z_1=100$，$z_2=101$，$z_2'=100$，$z_3=99$，试求传动比 i_{H1}。

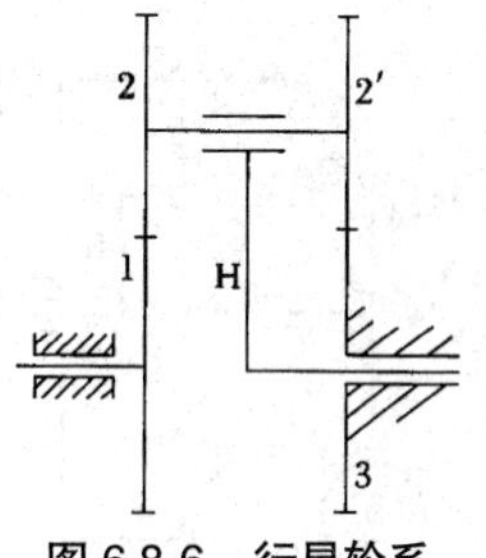

图 6.8-6 行星轮系

解：（1）该轮系基本构件为 1、3 和 H，其中构件 3 为固定构件。轮 2 和 2′ 相固连，为一双联行星齿轮。

（2）太阳轮 3 的角速度 ω_3= 0。

（3）构件 H 为系杆，行星轮 2-2′ 与其铰接。

（4）根据行星轮系传动比计算式（6.8-4）得

$$1-i_{1H}=(-1)^2\frac{z_2\cdot z_3}{z_1\cdot z_2'}$$

故

$$i_{1H}=1-\frac{101\times99}{100\times100}=\frac{1}{10\,000}$$

即 $$i_{\mathrm{H1}}=\frac{1}{i_{\mathrm{1H}}}=10\ 000$$

上式 i_{H1} 为正，表明杆 H 和轮 1 有相同转向，且当系杆 H 转过 10 000 转时，轮 1 才转过 1 转，这说明周转轮系具有获得大传动比的特性。当然除了满足传动比的要求外，在设计时还必须考虑周转轮系的效率。

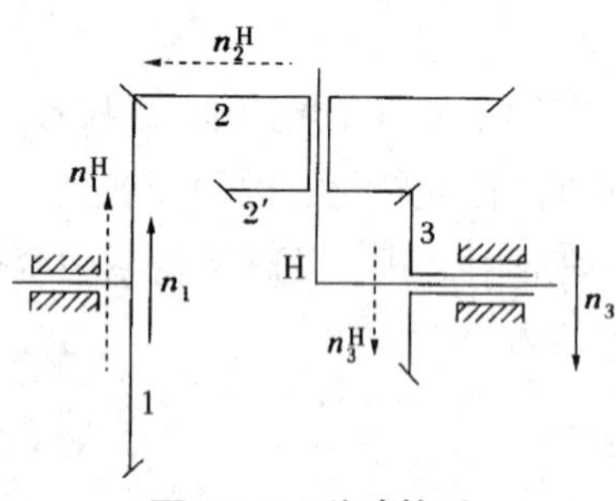

图 6.8-7 差动轮系

【例 6.8-2】 在图 6.8-7 所示轮系中，已知各轮齿数为：z_1=48，z_2=48，z_2' =18，z_3=24，又已知轮 1 和轮 3 的转速分别为 n_1=250 r/min 和 n_3=100 r/min，转向如图示。试求系杆 H 的转速 n_{H} 的大小及方向。

解：（1）该轮系为差动轮系，给定了两个基本构件即轮 1 和 3 的运动。

（2）轮 2 和 2′ 为双联行星轮，分别与太阳轮 1 和 3 相啮合，并与系杆 H 铰接。

（3）三个基本构件的几何轴线相重合，因此可利用式（6.8-3），得

$$i_{13}^{\mathrm{H}}=\frac{n_1^{\mathrm{H}}}{n_3^{\mathrm{H}}}=\frac{n_1-n_{\mathrm{H}}}{n_3-n_{\mathrm{H}}}=-\frac{z_2z_3}{z_1z_2'}$$

式中齿数比前的“-”号表示在该轮系的转化机构中，齿轮 1 和 3 的转向相反，可通过在简图上用画箭头的方法确定。

（4）将已知齿数代入上式后得

$$\frac{n_1-n_{\mathrm{H}}}{n_3-n_{\mathrm{H}}}=\frac{48\times24}{48\times18}=-\frac{4}{3}$$

（5）将已知的 n_1 和 n_3 值代入上式。由于 n_1 和 n_3 真实转速的转向相反，故在代入公式时可假定一个为正值，另一个取负值。现取 n_1 为正，n_3 为负，故

$$\frac{n_1-n_{\mathrm{H}}}{n_3-n_{\mathrm{H}}}=\frac{250-n_{\mathrm{H}}}{-100-n_{\mathrm{H}}}=-\frac{4}{3}$$

由此得 $$n_{\mathrm{H}}=\frac{350}{7}\,\mathrm{r/min}=50\ \mathrm{r/min}$$

因 n_{H} 值为正，表明系杆 H 的转向与齿轮 1 的转向相同，而与轮 3 相反。

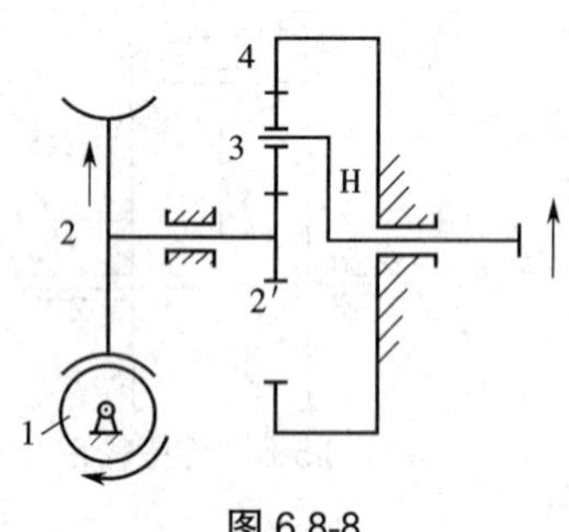

图 6.8-8

【例 6.8-3】 如图 6.8-8 所示轮系，已知蜗杆 1 头数 z_1=1，右旋，转向如图示。轮 2、2′、3 和 4 的齿数分别为 z_2=50、z_2'=15、z_3=15 和 z_4=45。若蜗杆 1 转速 n_1=1 000 r/min，求系杆 H 的转速和转向（在图上用箭头表示）。

解：（1）判别轮系类型。本题为一混合轮系，即由蜗杆 1 和蜗轮 2 组成的空间定轴轮系以及由中心轮 2′、行星轮 3、固定中心轮 4 和系杆 H 组成的行星轮系串接而成。

（2）分别列出两种类型的轮系传动比计算式，即定轴轮系

$$i_{12}=\frac{n_1}{n_2}=\frac{z_2}{z_1} \tag{a}$$

和行星轮系

$$i_{2'4}^{H}=\frac{n_2'-n_H}{n_4-n_H}=-\frac{z_4}{z_2'} \tag{b}$$

且

$$n_2=n_2' \text{和} n_4=0 \tag{c}$$

(3)联立求解式(a)、(b)和(c)。

由式(a)得

$$n_2=n_1\frac{z_1}{z_2}=1\ 000\times\left(\frac{1}{50}\right)=20\ \text{r/min}$$

轮 2 转向应根据蜗杆 1 旋向和转向用手握法确定,由题意知蜗轮转向(↑)。

由式(b)得

$$1-\frac{n_2'}{n_H}=-\frac{45}{15}=-3$$

$$n_H=\frac{n_2'}{4}$$

由式(c)得

$$n_H=\frac{n_2}{4}=\frac{20}{4}=5\ \text{r/min}$$

因 n_H 为正,即 n_H 与 n_2 同向,故系杆转向也为(↑)。

讨论:①应正确区分轮系的类型,含有定轴和周转轮系的传动常称为混合轮系。在确定其传动比或从动件转速时切不可用单一的定轴轮系传动比计算式或单一的周转轮系传动比计算式计算。应分别列出每一种类型系传动比的计算式,然后联立求解。

②要注意空间定轴轮系从动轮转向的确定,通常当首轮和末轮轴线不平行时,必须用画箭头或手握法确定。

6.9 轴

轴是组成机器的一个重要零件,其主要功用是支承旋转零件,并传递运动和动力。

6.9.1 轴的分类

按照轴的承载情况可将轴分为转轴、心轴和传动轴三类。工作时既承受弯矩又传递转矩的轴称为转轴,如图 6.9-1 所示支承齿轮的轴。转轴在机器中最为常见。工作时只承受弯矩而不传递转矩的轴称为心轴,心轴又可分为转动心轴和固定心轴两种,如图 6.9-2(a)固定心轴和(b)转动心轴所示支承滑轮的轴。工作时只传递转矩而不承受弯矩或弯矩很小的轴称为传动轴,如图 6.9-3 所示。

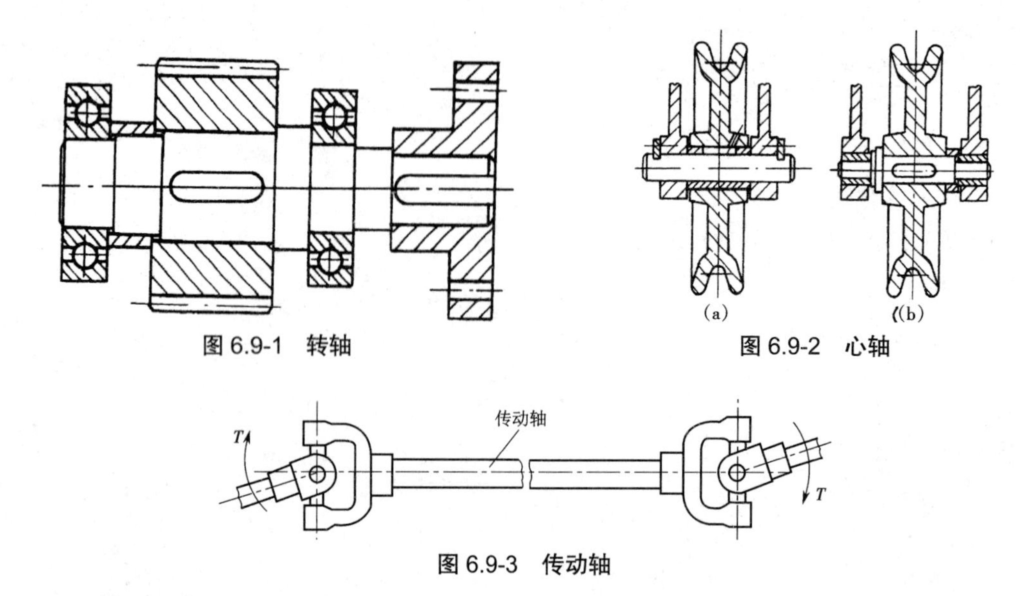

图 6.9-1 转轴

图 6.9-2 心轴

图 6.9-3 传动轴

6.9.2 轴的材料

轴的材料应具有足够的强度、刚度,并对应力集中的敏感性较低,在某些情况下还要求具有较高的耐磨和耐蚀性能。轴的常用材料为碳素钢、合金钢、球墨铸铁和合金铸铁等。

一般机器中轴的材料为优质中碳钢,这类钢通过调质或正火等热处理工艺,使其具有较高的综合力学性能,其中以 45 号优质碳素钢最为常用。对不重要或低速轻载的轴以及一般传动轴也可采用 Q235 和 Q275 等普通碳钢制造。碳钢对应力集中的敏感性较低,机械加工性好,价廉,故应用最广。

对于重要的轴和高速、重载的轴以及具有特殊要求(高温、低温和腐蚀环境)的轴多选用合金钢制造。它具有良好的热处理性能和更良好的力学性能,但对应力集中较敏感。

6.9.3 轴的结构

轴的结构主要取决于:轴在机器中的安装位置及形式;轴上安装零件的类型、尺寸、数量及其与轴连接的方法;载荷的性质、大小、方向及分布情况;轴的加工工艺等。由于影响轴的结构因素较多,且轴的结构又与具体条件相关。因此,轴没有标准的结构形式,设计时必须针对不同的具体情况加以具体分析,但是不论具体条件如何,轴结构设计的基本要求应是:轴上的零件应有准确的工作位置(定位要求)且固定可靠(固定要求);轴上的零件应便于安装、拆卸和调整(安装要求);轴应具有良好的制造工艺性(工艺要求)。

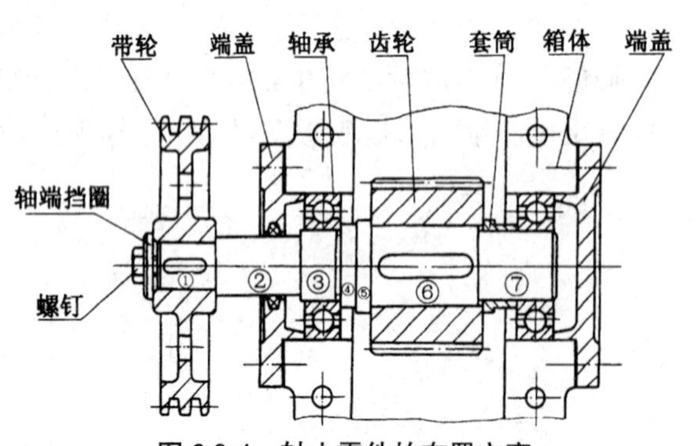

图 6.9-4 轴上零件的布置方案

1. 轴上零件的布置方案

轴上零件的布置方案不单是进行轴的结构设计的前提,而且决定了轴的基本结构形式和各零件的装拆方向和顺序。图 6.9-4 是单级齿轮减速器输入轴轴上零件的布置方案。

在图示方案中，轴段⑤为轴环，其左侧各零件显然应从右向左安装，依次为轴承、端盖、带轮和轴端挡圈；而轴环⑤右侧各零件需从左向右安装，依次为齿轮、套筒、箱体和端盖。

考虑轴上零件的布置方案时，应尽可能减少零件数，缩短零件装配路线的长度，改善轴的受力情况。

2. 轴上零件的定位和固定

为使轴上零件正常工作，必须满足定位要求和固定要求。

（1）定位要求

定位要求是保证零件在轴上有确定的轴向位置，阶梯轴上截面变化的部分叫作轴肩，可起轴向定位作用。图 6.9-4 中轴上各零件的定位方式较为妥当。

（2）固定要求

固定要求是当零件受力时保证不与轴发生相对运动。轴上零件的固定可分为周向固定和轴向固定，前者防止零件与轴发生相对转动，常用的方法为键、花键、销以及过盈连接等；后者用于防止零件与轴发生相对移动，常用方法为轴肩、套筒、螺钉或轴端挡圈（压板）等形式。在图 6.9-4 中齿轮能实现轴向的双向固定，承受向右的轴向力时可通过套筒顶在右滚动轴承内圈上；承受向左的轴向力时可通过轴段⑤和⑥的轴肩以及轴段③和④的轴肩顶在左滚动轴承的内圈上，作用于滚动轴承内圈上的载荷均可通过滚动轴承滚动体、外圈传至两侧端盖和机身。带轮的轴向固定则是依靠轴段①和②的轴肩以及轴端挡圈。

3. 轴的结构工艺性要求

轴的结构应便于加工和装配，如为了能选用合适的毛坯圆钢以减少切削加工量，阶梯轴各段直径不宜相差过大；为了使轴上零件易于装配，轴端和各轴段端部都应有倒角；过盈配合零件装入轴端时常在轴上加工出导向锥面；需要磨削的轴段应留有砂轮越程槽；车制螺纹的轴段，应留出退刀槽；同一轴上的各个键槽应尽可能开在轴上的同一母线位置上。

4. 提高轴的强度的措施

采用合理的措施，可提高轴的承载能力，减小轴的尺寸和机器的质量，降低制造成本。

（1）改进轴上零件的布置方案

改进布置方案可改善轴的受力情况，使轴的最大弯矩或扭矩减小。如图 6.9-5 所示传动轴，采用图 6.9-5（a）所示改进前方案，输入轮布置在轴的一端，轴所受最大转矩为 T_1+T_2；改用图 6.9-5（b）所示改进后方案，输入轮布置在两输出轮之间，则轴上的最大转矩变为 T_1。

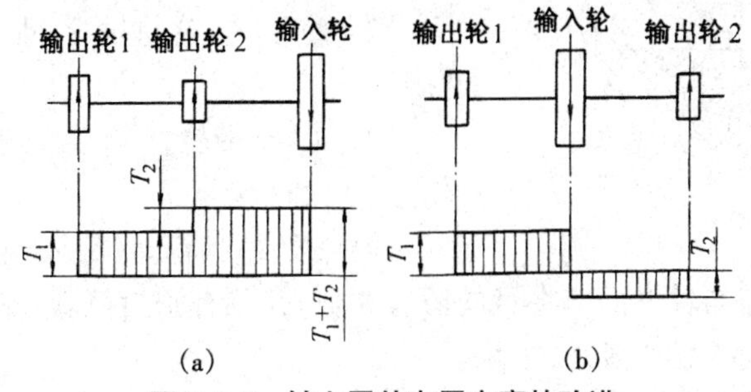

图 6.9-5 轴上零件布置方案的改进

（2）改进轴上零件的结构

改进轴上零件的结构也可减小轴的载荷。如图 6.9-6 所示起重机卷筒，其中，图（a）示方案为大齿轮通过轴将转矩传给卷筒，因此卷筒轴既承受转矩又承受弯矩；图(b)示方案则为大齿轮与卷筒连成一体，转矩直接由大齿轮转给卷筒，故卷筒轴只受弯矩而不受转矩。显然图(b)示方案中轴的直径可以减小。

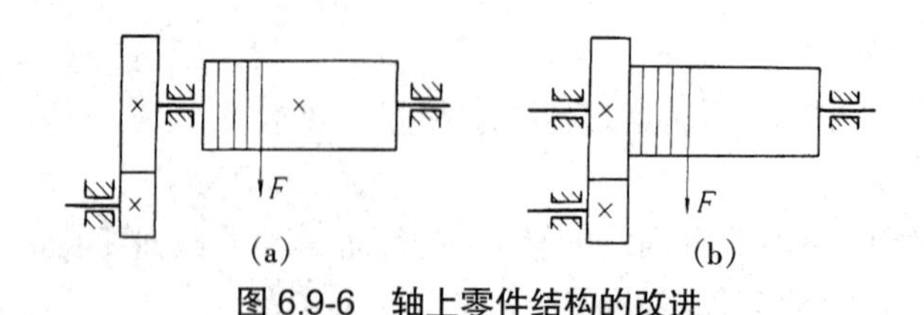

图 6.9-6　轴上零件结构的改进

(3)减小应力集中，提高轴的疲劳强度

为此应精心设计轴的结构。合金钢对应力集中较敏感，尤需特别注意。设计时应避免轴剖面尺寸(阶梯轴)的剧烈变化，尽量加大轴肩圆角半径，尽量避免在轴(特别是应力较大的部位)上开横孔、切槽或切制螺纹；对定位轴肩等重要的轴的结构，由于其侧面要与零件接触，加大圆角半径经常受限制，此时可采用图 6.9-7 所示凹切圆角(图 6.9-7(a))、肩环(图 6.9-7(b))和卸载槽(图 6.9-7(c))等结构，以减小局部应力。

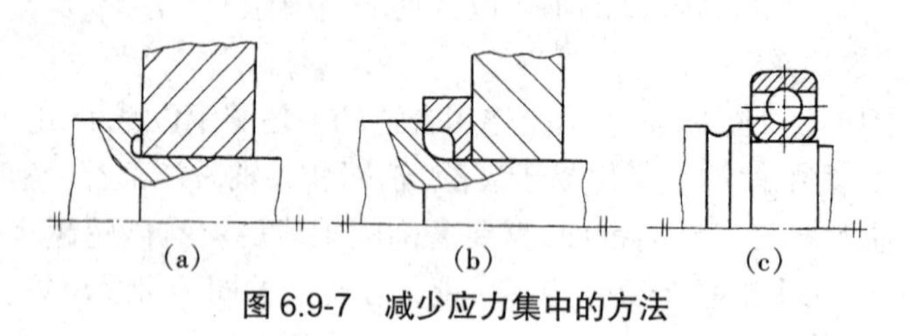

图 6.9-7　减少应力集中的方法

【例 6.9-1】 如图 6.9-8 所示为一轴系结构，图上下半部为原结构，请用序号标出其错误和不合理处，并按序号简要说明原因。图上上半部为已修改后的轴系结构。

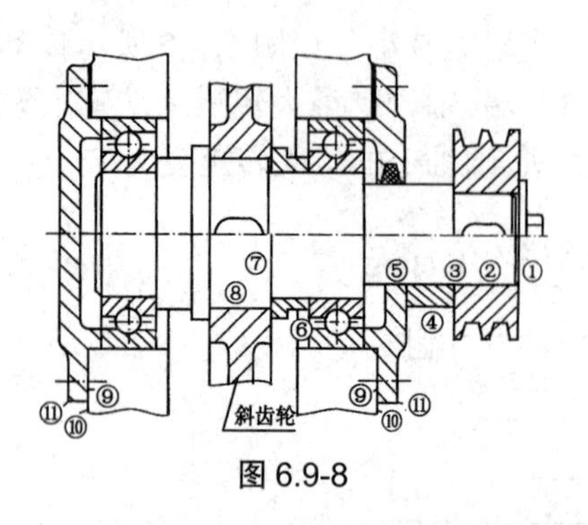

图 6.9-8

解：轴系结构的错误和不合理处共计 11 处，分别为①~⑪。现说明如下。

(1)①处，轴的右端面应比带轮右端面缩进 1~2 mm，且应采用轴端档圈和螺钉将带轮作轴向固定。

(2)②处，带轮与轴之间应采用周向固定的键连接。

(3)③处，带轮左侧端面应依靠轴肩定位，因此轴应做成阶梯状。

(4)④处，取消套筒，因带轮已借助轴肩定位。

(5)⑤处，轴承端盖与轴之间应在径向留有间隙，并装有密封毡圈。

(6)⑥处，宜改用角接触球轴承，以承受轴向力。

(7)⑦处，与斜齿轮轮毂配合段轴颈长度应比轮毂短 1~2 mm。

(8)⑧处，齿轮与轴之间应有键连接。

(9)⑨处，左右两个轴承端盖与箱体间应有调整垫片。

(10)⑩处，为便于加工，箱体与轴承端盖接触面以外的外表面应低一些，可减少加工面。

(11)⑪ 处，轴承端盖外圆表面外侧应倒角。

讨论：①轴与轴上零件(如齿轮和带轮等)是否有周向固定连接(如键和销等连接)；若轴上有多个零件，其键槽是否在同一母线上。

②轮毂长度是否略大于安装轴段的长度。

③要考虑轴上的零件是如何安装于轴上的，特别是安装于轴中段的零件，要检查有无该零件两端的轴段径向尺寸大于零件轮毂孔(或轴承内径)而无法装拆。

④轴上零件两端是否轴向定位。

⑤轴承的类型选择和组合是否合理，特别是采用向心推力轴承时应检查是否成对使用，其内外圈传力点处是否设置传力件。

⑥轴伸出透盖时有无密封及是否留有径向间隙。

⑦轴承内外圈的厚度是否高出与之相接触的定位元素的高度。

⑧轴承的游隙以及整个轴承相对于箱体轴向位置的调节。

5. 改善轴的表面质量

轴表面越粗糙，轴的疲劳强度越低，因此轴表面应有适当要求的粗糙度。

6.9.4 轴的强度计算

对一般传递功率的轴，满足强度条件是最基本的要求。轴的强度计算应根据轴的承载情况和具体要求采用相应的计算方法，常用轴的强度计算方法有转矩法和当量弯矩法两种。

1. 转矩法

转矩法是按轴所受的转矩，根据扭转强度进行计算。采用转矩法计算，只需知道传递转矩的大小，方法简便，它主要适用于三种情况：①传动轴(只承受转矩作用)的强度校核或设计计算；②轴在承受转矩的同时，又承受较小弯矩的作用，可用适当降低许用扭应力的方法进行近似计算；③在轴的结构设计中，常用于转轴最小轴径的初步估算。

轴的强度条件为

$$\tau_T=\frac{T}{W_T}\leqslant[\tau_T] \tag{6.9-1}$$

式中：τ_T 为轴的扭应力，MPa；T 为轴传递的扭矩，N · mm；W_T 为轴的抗扭截面系数，mm^3，对实心圆截面 W_T=0.2 d^3，d 为轴的直径，mm。

对于实心圆轴，若已知其转速 n(r/min)和传递的功率 P(kW)时，上式可表达为

$$\tau_T\approx\frac{9.55\times10^6\dfrac{p}{n}}{0.2d^3}\leqslant[\tau_T] \tag{6.9-2}$$

由上式可得实心轴直径的计算式为

$$d\geqslant\sqrt[3]{\frac{9.55\times10^6 p}{0.2[\tau_T]n}}$$

或简写为

$$d \geqslant c\sqrt[3]{\frac{p}{n}} \tag{6.9-3}$$

式中 c 为计算常量,它与轴的材料及相应的许用扭应力$[\tau_T]$有关。

应用上式求得的 d 值只能作为轴上受转矩作用轴段的最小直径。

2. 当量弯矩法

这种方法是按弯扭合成强度计算,应该在完成轴的结构设计,初步确定了轴的几何形状和尺寸后进行。当量弯矩法按弯扭合成强度条件计算轴径的一般步骤如下。

①进行轴的结构设计,确定轴的外形、各部分尺寸。

②作出轴的空间受力简图,一般应将作用力分解为垂直平面的受力和水平平面的受力。

③分别做出垂直平面和水平平面的受力图,并求出垂直平面和水平平面上支点的作用反力。

④分别作出垂直平面上的弯矩 M_V 图和水平平面的弯矩 M_H 图。

⑤求出合成弯矩 M, $M=\sqrt{M_H^2+M_V^2}$,并作出合成弯矩 M 图。

⑥作出转矩 T 图。

⑦进行弯扭合成,作出当量弯矩 M_e 图。M_e 值为

$$M_e=\sqrt{M^2+(\alpha T)^2} \tag{6.9-4}$$

式中 α 为根据转矩特性而引入的折合系数。

⑧计算危险截面轴径。依据试验,当量弯矩法的强度条件为

$$\sigma_e=\sqrt{\sigma^2+4(\alpha\tau)^2}\leqslant[\sigma_{-1b}] \tag{6.9-5}$$

式中:σ_e 称为当量应力;σ 为轴的弯曲应力,由弯矩产生,通常为对称循环应力,故取 $[\sigma_{-1b}]$ 为材料的许用应力;τ 为轴的切应力,由转矩产生,通常不是对称循环应力,故引入了应力校正因素 α;α 为应力校正因素或折合系数,可根据转矩性质确定。

由式(6.9-5)得

$$\sigma_e=\sqrt{\left(\frac{M}{W}\right)^2+4\left(\frac{\alpha T}{W_T}\right)^2}\leqslant[\sigma_{-1b}] \tag{6.9-6}$$

式中:M 为轴截面所受弯矩,N·mm;W 为轴的抗弯截面系数,mm^3;W_T 为轴的抗扭截面系数,mm^3;T 为轴截面所承受的转矩,N·mm。

若计算出的轴径大于结构设计的初步估算轴径,则表示原结构设计时轴的强度不够,必须修改结构设计。

【例 6.9-2】 有一传动轴,材料为 45 号钢,正火处理,已知传递的功率 P=10 kW,转速 n=120 r/min,试估算轴的直径。

解:(1)由轴已知材料和热处理方式,可由表查得轴的许用应力$[\tau_T]$=(30~40)MPa,取$[\tau_T]$=35 MPa

(2)按许用应力估算轴的直径

据式

$$d\geqslant\sqrt[3]{\frac{9.55\times10^6P/n}{0.2[\tau]}}$$

得 $$d_{\min}=\sqrt[3]{\frac{9.55\times10^{6}P/n}{0.2[\tau]}}==\sqrt[3]{\frac{9.55\times10^{6}\times10}{0.2\times3.5\times120}}=48.4\ \text{mm}$$

（3）取轴的标准值 d=50 mm

讨论：传动轴只受扭矩，故可按扭转强度条件计算轴径。

6.9.5 轴毂连接的类型

轮类零件（齿轮、带轮和飞轮等）与轴相配合的部分称为轮毂，而轴与轮毂的连接则称为轴毂连接。轴毂连接的作用是轮类零件在轴上实现轴向和周向的定位与固定，以传递运动和动力。轴毂连接的主要方式为键连接、花键连接、过盈连接和销连接等。

1. 键连接

键连接为可拆连接，主要用来实现轴和轴上零件之间的周向固定以传递转矩。按不同的装配形式可将键连接分为松连接（平键和半圆键）和紧连接（楔键和切向键）两大类。

（1）平键连接

如图 6.9-9（a）所示，在轴和轮毂上分别开有键槽，并将平键置入其键槽内。平键的横截面是矩形，上下表面相互平行，两侧面为工作面。工作是依靠键和键槽侧面的抗挤压作用和键的抗剪切作用来传递转矩。

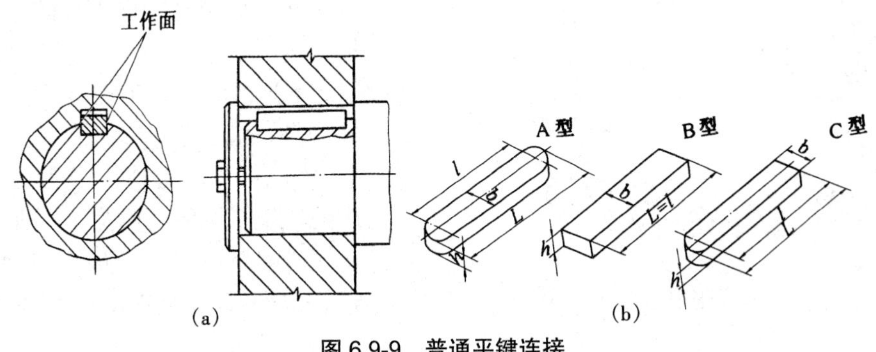

图 6.9-9 普通平键连接

按平键两端端部形状的不同，普通平键可分为图 6.9-9（b）所示圆头（A 型）、平头（B 型）和单圆头（C 型）三种型式。普通平键用于静连接，即轴上零件不能沿轴向作往复移动的连接。当轴上零件需在轴上作轴向移动时，可采用导向平键和滑键连接。平键连接的优点是结构简单，装拆方便，对中性好，故应用广泛。

（2）半圆键连接

键和键槽均为半圆形，半圆键连接时键的两个侧面为工作面。由于轴槽是圆弧形的，因而半圆键可在轴槽中摆动以适应轮毂中键槽底面的斜度。这种连接的优点是对中性好，装配方便，尤其适用于锥形轴端与轮毂的连接。其缺点是轴槽较深，对轴的强度削弱较大。半圆键连接多用于传递转矩不大的静连接场合。

（3）楔键连接

如图 6.9-10 所示楔键连接，楔键的上表面和与它相配合的毂槽底面为具有 1：100 的斜度，装配时需从轴端将键楔入键槽。工作时主要靠键上、下表面（工作面）楔紧后键、轴和轮毂间的摩擦力来传递转矩，同时还可承受一定的单向轴向载荷，对轮毂起到单向的轴向固定作用。

由于楔键楔紧时，将导致轴和轮毂的配合产生偏心，从而影响轮毂与轴的对中性。因此楔键仅适用于定心精度要求不高、载荷平稳和低速的连接。

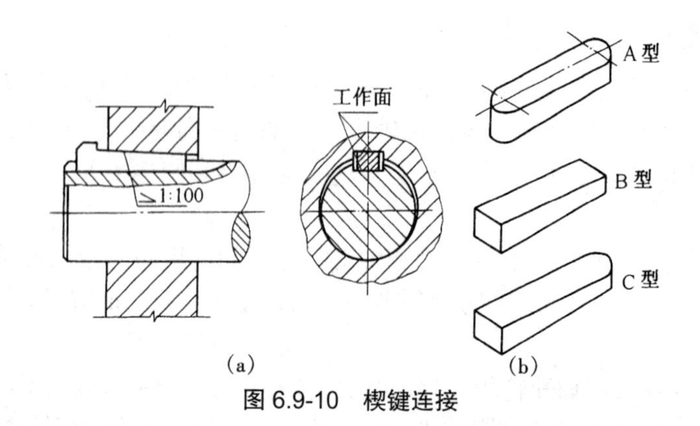

图 6.9-10　楔键连接

2. 花键连接

由轴和轮毂孔上周向均布的多个凹凸齿所构成的周向连接称为花键连接。花键连接由内花键（图 6.9-11（b））、外花键（图 6.9-11（a））组成。外花键是一个带有纵向键齿的轴，内花键是一个带有多个键槽的毂孔，因此可将花键连接视为由多个平键组成的连接。键的两侧为工作面，依靠内、外花键齿侧面的相互挤压来传递转矩。

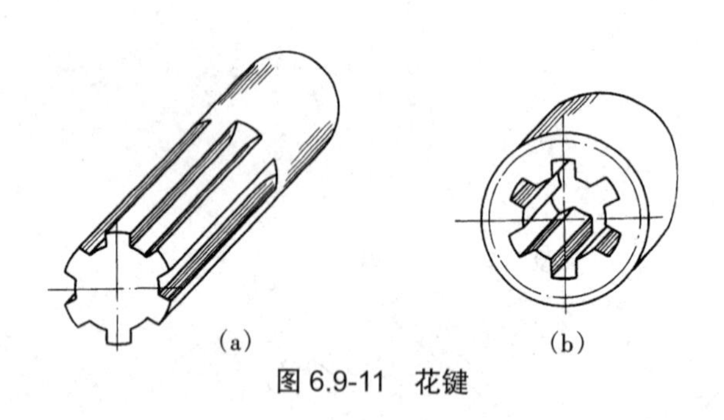

图 6.9-11　花键

花键连接按花键齿形状的不同，可分为矩形花键连接和渐开线花键连接两种形式，两者均已标准化。

3. 过盈连接

过盈连接也常用于轴和轮毂的连接。过盈连接由包容件（轮毂）和被包容件（轴）组成，利用两者之间存在的过盈量而在两者的配合表面间产生结合压力，工作时靠与此压力伴随产生的摩擦力来传递转矩或轴向力。图 6.9-12 为圆柱面过盈连接，件 1 和件 2 分别为轴和轮毂。

过盈连接的装配通常采用压入法和胀缩法。

（1）压入法

压入法是在常温下用压力机将被包容件压入包容件之中。因包容件和被包容件间存在过盈量，所以在压入过程中，结合面间的微观不平度的轮廓波峰被压平，导致装配后的实际过盈量减小，从而降低连接后的紧固性。

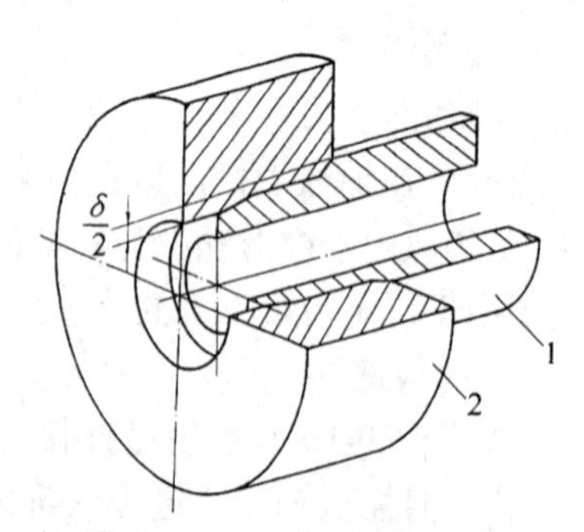

图 6.9-12　圆柱面过盈连接

（2）胀缩法

胀缩法是利用加热或冷却的方法，使包容件膨胀或被包容件收缩以完成装配。在常温下用这种方法能形成牢固的连接。胀缩法装配可减轻或避免结合面微观不平度的波峰被压平，因而连接的紧固性好。常用于连接质量要求较高的场合。

6.10 滚动轴承

滚动轴承是机械中最常用的一种标准件，它用于支承转轴和心轴。典型的滚动轴承通常由内圈、外圈、滚动体和保持架组成。内圈装在轴颈上，外圈安装在机床或零件的轴承座孔内。内外圈上都有滚道，当内外圈做相对转动时滚动体（球、圆柱滚子、圆锥滚子或滚针等）沿滚道滚动。保持架的作用是将各滚动体均匀分隔，以防止其相互摩擦。

滚动轴承具有摩擦阻力小、起动灵敏、效率高、润滑简便和易于互换等优点。滚动轴承是标准件，由专业厂家批量生产，类型和尺寸齐全，标准化程度较高，因而在生产设备中得到广泛应用。滚动轴承的缺点是抗冲击能力较差，径向尺寸较大，在高速重载场合应用时，寿命较低且噪声较大。

6.10.1 滚动轴承的基本类型

1. 按滚动轴承能承受的载荷方向分类

按滚动轴承能承受的载荷方向可将滚动轴承分为向心轴承和推力轴承两大类，前者主要承受径向载荷，而后者主要承受轴向载荷。表示滚动轴承所能承受载荷方向和大小的主要参数称为轴承的公称接触角，以 α 表示。公称接触角 α 是滚动体与套圈（外圈等）接触处的法线与轴承径向平面间的夹角，简称接触角。

2. 按滚动体的形状分类

按滚动体形状又可将滚动轴承分为球轴承和滚子轴承，滚子又可分为圆柱滚子、圆锥滚子、球面滚子和滚针等；按照滚动体的列数分，可分为单列滚动轴承和双列滚动轴承；按内外圈的结合情况分，可分为可分离轴承和不可分离轴承。表 6.10-1 给出了生产中常用滚动轴承的类型及其特性。

表 6.10-1 常用滚动轴承的典型和特性

轴承名称 类型代号	结构简图	基本额定 动载荷比[①]	极限转速比[②]	允许角偏差[③]	主要特性及应用
调心球 轴承 1	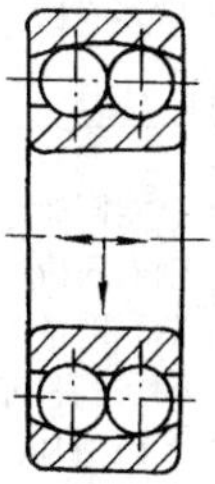	0.6~0.9	高	2°~3°	主要承受径向载荷；同时也能承受少量的双向轴向载荷；外圈滚道为球面，具有自动调心性能；不宜受纯轴向载荷

续表

轴承名称 类型代号	结构简图	基本额定 动载荷比①	极限转速比②	允许角偏差③	主要特性及应用
调心滚子 轴承 2	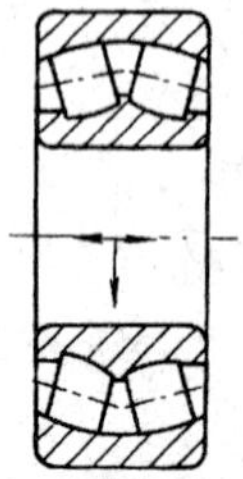	1.8~4	低	0.5° ~2°	能承受很大的径向载荷和少量的轴向载荷,承载能力大,具有调心性能
圆锥滚子 轴承 3	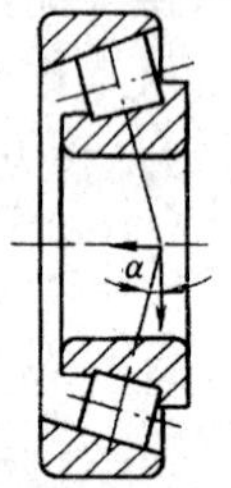 α	1.1~2.5	中	2′	能同时承受较大的径向载荷和单向轴向载荷;接触角 α 可分为小锥角(10° ~18°)和大锥角(27° ~30°)两类;轴向载荷随 α 增大而增大;内外圈可分离,可分别安装,安装时需调整间隙,应成对使用
推力球 轴承 5	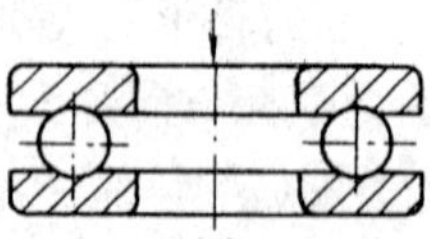 (a) 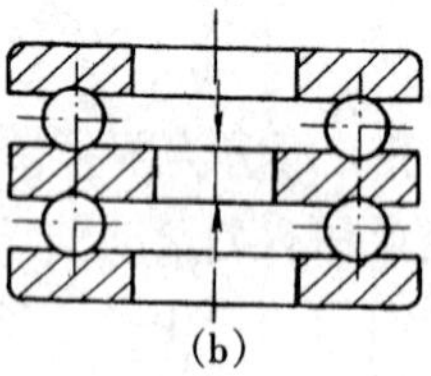 (b)	1	低	不允许	α=90° ;可分单向推力球轴承(图(a))和双向推力球轴承(图(b)),能分别承受单向和双向轴向载荷。载荷作用线应与轴承轴线重合,不允许有角偏差 高速时因滚动体离心力大,从而与保持架产生摩擦,导致发热严重,寿命降低。常用于轴向载荷较大,但转速不高的场合
深沟球 轴承 6	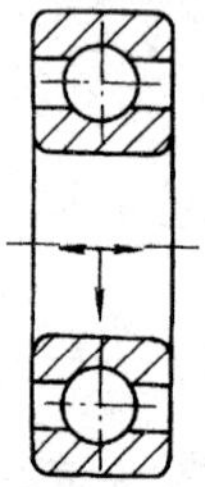	1	高	8′ ~16′	主要承受径向载荷,同时也能承受一定量的双向轴向载荷。当转速很高而轴向载荷不大时,可代替推力球轴承。轴承价格低廉,应用较广
角接触球 轴承 7	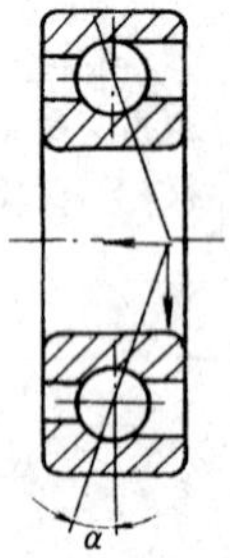 α	1~1.4	较高	2′ ~10′	能同时承受径向载荷和单向轴向载荷;也可单独承受轴向载荷。接触角 α 分为 15° 、25° 和 40° 三种,轴向承载能力随 α 增大而增加;一般成对使用,可以分装于轴上的两个支点或同装于一个支点上。高速时代替推力轴承比深沟球轴承更适宜

续表

轴承名称类型代号	结构简图	基本额定动载荷比①	极限转速比②	允许角偏差③	主要特性及应用
推力圆柱滚子轴承 8		1.7~1.9	低	不允许	主要性能与推力球轴承相近。能承受单向轴向载荷
外圈无挡边圆柱滚子轴承 N		1.5~3	高	2′~4′	只能承受径向载荷，承载能力高；内、外圈轴线偏斜角允许值很小。除表图所示无挡边（N）结构外，尚有内圈无挡边（NU）、外圈单挡边（NF）、内圈单挡边（NJ）等结构型式。内、外圈可分离，可分别安装
滚针轴承 NA		—	低	不允许	径向尺寸小，有较高的径向承载能力，但不能承受轴向载荷；通常内、外圈可分离；一般无保持架，滚针间存在摩擦，故极限转速低；工作时不允许内、外圈轴线有偏斜

注：①额定动载荷比：指各类轴承的基本额定动载荷与相同尺寸的深沟球轴承基本额定动载荷之比；对推力轴承，则指与单向推力球轴承相比。

②极限转速比：指各类轴承的极限转速与相同尺寸系列的深沟球轴承极限转速之比，“高”为90%~100%；“中”为60%~90%；“低”为60%以下。

③允许角偏差指轴承内、外圈轴线的允许偏斜角。

④表中各图示箭头指允许承载方向。

6.10.2 滚动轴承的失效形式及计算准则

1. 滚动轴承的失效形式及计算准则

滚动轴承的失效形式主要有疲劳点蚀、塑性变形、磨损三种形式。

（1）疲劳点蚀

在载荷作用下，滚动体和内、外圈接触处产生接触应力。由于内外圈和滚动体间存在相对运动，轴承元件上任一点处的接触应力都可看作是脉动循环应力。在长时间作用下，内外圈滚道和滚动体表面将形成疲劳点蚀，从而产生噪声和振动，致使轴承失效。

（2）塑性变形

当轴承转速很低或间歇摆动时，过大的静载荷或冲击载荷，会使轴承工作表面的局部应力超过材料的屈服点而出现塑性变形，导致轴承不能正常工作而失效。

（3）磨损

轴承密封不可靠、润滑剂不洁净或在多尘环境下长期工作，导致轴承发生磨粒磨损；当润滑不充分时，还会发生粘着磨损直至胶合。速度越高，磨损越严重。

2. 滚动轴承的寿命计算

（1）基本额定寿命和基本额定动载荷

在做脉动循环变化的接触应力作用下，轴承中任何一个元件出现疲劳点蚀前运转的总转数，或在一定转速下工作的小时数，称为轴承的寿命。

采用数理统计的方法，确定在一定可靠度下轴承的寿命，并称之为轴承的基本额定寿命，其定义可表达为：一批相同的轴承在相同的条件下运动，其中 90%以上的轴承在疲劳点蚀前能达到的总转数或在一定转速下工作的小时数，以 L_{10}（10^6 转为单位）或 $L_{10\,h}$（小时为单位）表示。当基本额定寿命为 10^6 转时，轴承所能承受的最大载荷称为轴承的基本额定动载荷，以 C 表示。显然，轴承在基本额定动载荷作用下，运转 10^6 转而不发生疲劳点蚀的可靠度为 90%。

（2）当量动载荷

如果作用在轴承上的实际载荷是径向载荷和轴向载荷的联合作用，则必须将实际载荷换算成与试验条件相同的假想载荷。在这个假想载荷的作用下，轴承的寿命和实际载荷下的寿命相同，这个假想载荷称为当量动载荷，用符号 P 表示。当量动载荷的计算式为

$$P=XF_r+YF_a \tag{6.10-1}$$

式中：F_r 和 F_a 分别为轴承所承受的径向和轴向载荷，N；X 和 Y 分别为径向动载系数和轴向动载系数。

当向心轴承只承受径向载荷时，$P=F_r$。

当推力轴承（$\alpha=90°$）只能承受轴向载荷，其当量动载荷 $P=F_a$。

由于机械工作时常有冲击和振动，因此轴承的当量动载荷应按下式计算

$$P=f_P(XF_r+YF_a) \tag{6.10-2}$$

式中，f_P 为冲击载荷因素。

（3）基本额定寿命计算

滚动轴承的基本额定寿命 L_{10h}（以小时作寿命单位）与基本额定动载荷 C（N）以及当量动载荷 P（N）之间的关系式为

$$L_{10h}=\frac{10^6}{60n}\left(\frac{f_t C}{f_P P}\right)^{\varepsilon} \tag{6.10-3}$$

式中：ε 为寿命指数，对于球轴承，取 $\varepsilon=3$，对于滚子轴承，取 $\varepsilon=10/3$；C 为基本额定动载荷，对向心轴承为 C_r，对推力轴承为 C_a，C_a 和 C_r 均可在轴承样本或设计手册中查到；P 为当量动载荷，N；f_P 为冲击载荷因数；n 为轴承的工作转速，r/min；f_t 为温度因素。

【例 6.10-1】 有一 6000 类轴承，运转平稳，工作环境温度小于 120 ℃，根据疲劳寿命计算，预期寿命为 $L_{10}=5.4\times10^7$r（L_{10h}=2 000 h）。试问在下列情况下，轴承寿命 L_{10} 和 L_{10h} 各为多少？

（1）当 C 和 P 不变时，轴的转速 n 增加到 $2n$ 时，L_{10} 和 L_{10h} 各为多少？

（2）当 C 和 n 不变、当量动载荷 P 增加到 $2P$ 时，L_{10} 和 L_{10h} 各为多少？

（3）当 n 和 P 不变，轴承尺寸改变，其额定载荷 C 增加到 $2C$ 时，L_{10} 和 L_{10h} 各为多少？

解：（1）滚动轴承的基本额定寿命 L_{10} 和 L_{10h} 与基本额定动载荷 C 以及当量动荷载 P 之间的关系式为

$$L_{10}=\left(\frac{f_t C}{f_P P}\right)^{\varepsilon}$$

$$L_{10h}=\frac{10^6}{60n}\left(\frac{f_t C}{f_P P}\right)^{\varepsilon}$$

式中：L_{10} 为以转数计的滚动轴承的基本额定寿命（单位为 10^6 r）；L_{10h} 为以小时计的滚动轴承的额定寿命（单位为 h）。

（2）由题意知轴承型号为 6000，即为深沟球轴承；取式中寿命指数 ε=3。

（3）已知轴承工作环境温度小于 120 ℃，故取温度因数 f_t=1。

（4）轴承载荷平稳，无冲击，故取载荷冲击因素 f_p=1。

（5）当参数 C 和 P 值不变，转速由 n 增至 $2n$ 时，轴承寿命

$$L_{10}=\left(\frac{C}{P}\right)^3=5.4\times10^7\ \mathrm{r}$$

$$L_h=\frac{10^6}{60\times2n}\left(\frac{C}{P}\right)^3=\frac{2\ 000}{2}=1\ 000\ \mathrm{h}$$

（6）当参数 C 和 n 不变，当量动载荷 P 增至 $2P$ 时，轴承寿命

$$L_{10}=\left(\frac{C}{2P}\right)^3=\frac{5.4\times10^7}{8}=6.75\times10^6\ \mathrm{r}$$

$$L_h=\frac{10^6}{60n}\left(\frac{C}{2P}\right)^3=\frac{2\ 000}{8}=250\ \mathrm{h}$$

（7）当参数 n 和 p 不变，改变轴承尺寸，使其额定载荷由 C 增至 $2C$ 时，轴承寿命为

$$L_{10}=\left(\frac{2C}{P}\right)^3=8\times5.4\times10^7=4.32\times10^8\ \mathrm{r}$$

$$L_h=\frac{10^6}{60n}\left(\frac{2C}{P}\right)^3=8\times2\ 000=16\ 000\ \mathrm{h}$$

讨论：①注意区分轴承寿命的两种表达式，即以转数计的滚动轴承基本额定寿命（单位为 10^6 r）和以小时计的基本额定寿命（单位为 h ）。

②对球轴承和滚子轴承，寿命计算式中的寿命指数 ε 分别为 ε=3 和 $\varepsilon=\frac{10}{3}$。

6.10.3 滚动轴承类型的选择

滚动轴承类型选择的主要依据是转速高低、载荷的情况（大小、方向和性质）、旋转精度、调心性能的要求、空间位置以及经济性和装拆方便性等，具体选用时应考虑以下几点。

①转速较高、载荷不大和旋转精度较高时，宜选用点接触的球轴承；滚子轴承为线接触，宜用于载荷较大、速度较低的装置。

②当径向载荷及轴向载荷都较大时，若转速较高，宜选用角接触球轴承；若转速不高，宜选用圆锥滚子轴承。当径向载荷比轴向载荷大很多，且转速较高时，宜选用深沟球轴承或角接触球轴承；若转速较低，也可采用圆锥滚子轴承。当轴向载荷比径向载荷大很多，且转速不高时，常采用推力轴承与圆柱滚子轴承或深沟球轴承相组合的结构，以分别承受轴向载荷和径向载荷。纯径向载荷可选用深沟球轴承、圆锥滚子轴承或滚针轴承；纯轴向载荷可选用推力轴承，

但其允许的工作转速较低；当转速较高而轴向载荷又不大时，可采用深沟球轴承或角接触球轴承。

③工作中存在冲击载荷时，宜选用滚子轴承。

④对弯曲变形较大的轴以及多支点轴，应选用具有调心作用的轴承。

⑤在要求安装和拆卸方便的场合，常选用内圈和外圈能分离的可分离型轴承，如圆锥滚子轴承和圆柱滚子轴承等。

⑥选择轴承类型时，还应考虑经济性。通常当外廓尺寸相近时，球轴承比滚子轴承价格要低，而深沟球轴承价格最低；轴承公差等级越高，价格也越高，因此，应特别慎选高等级轴承。

仿真试题

6.1 机械基础的基本知识

6-1 大多数通用机械零件都是在变应力下工作，变应力特性可用 σ_{max}、σ_{min}、σ_m、σ_a 和 r 等 5 个参数中任意(　　)来描述。

(A)1 个　　(B)2 个　　(C)3 个　　(D)4 个

6-2 变应力循环特性 r 表示的方法是(　　)。

(A)$r=\sigma_{max}+\sigma_{min}$　　(B)$r=\sigma_{max}-\sigma_{min}$　　(C)$r=\sigma_{max}/\sigma_{min}$　　(D)$r=\sigma_{min}/\sigma_{max}$

6-3 在零件强度设计时，静应力条件下的塑性材料是以(　　)作为极限应力，而脆性材料是以(　　)作为极限应力。

(A)强度极限 σ_b；屈服点 σ_s　　(B)屈服点 σ_s；强度极限 σ_b

(C)强度极限 σ_b；强度极限 σ_b　　(D)屈服点 σ_s；屈服点 σ_s

6.2 平面机构的自由度

6-4 机构的组成要素为(　　)。

(A)构件和运动副　　(B)构件和零件　　(C)零件和运动副　　(D)零件和元件

6-5 4 个构件在机构运动简图上的某一处构成复合铰链，则可构成(　　)个转动副。

(A)2　　(B)3　　(C)4　　(D)5

6-6 机构具有确定运动的条件是(　　)。

(A)自由度 $F>0$

(B)自由度 $F<0$

(C)自由度 $F>0$ 且主动件数等于机构自由度数

(D)自由度 $F\neq 0$

6.3 平面连杆机构

6-7 如图(a)所示为一铰链四杆机构，设已知图示各杆长度，则该机构为(　　)。

(A)双摇杆机构　　(B)双曲柄机构　　(C)曲柄摇杆机构　　(D)双转块机构

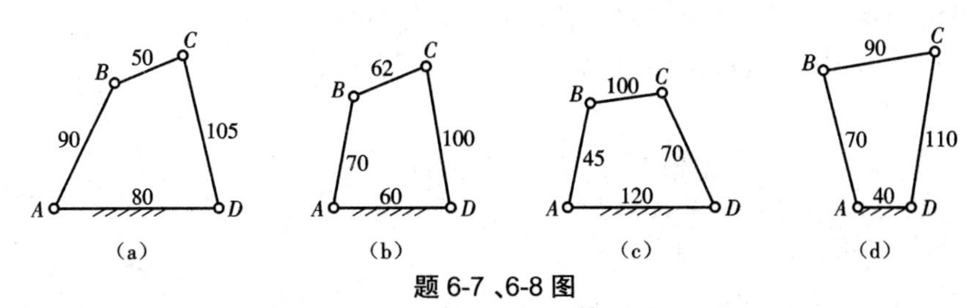

题 6-7 、6-8 图

6-8 如图(b)所示铰链四杆机构,已知图示各杆长度,则该机构为(　　)。
(A)双曲柄机构　(B)双摇杆机构　(C)曲柄摇杆机构　(D)曲柄摇块机构

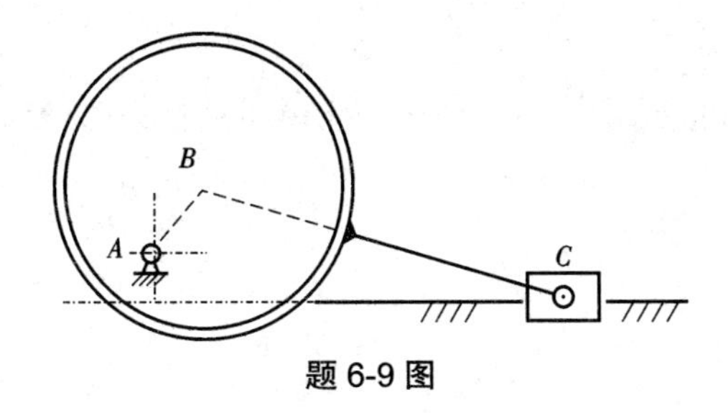

题 6-9 图

6-9 如图所示为一偏心轮机构,它是由通过扩大(　　)转动副演化而得。
(A)对心曲柄滑块机构　(B)偏置曲柄滑块机构
(C)曲柄转动导杆机构　(D)曲柄摆动导杆机构

6-10 如图所示为一单移动副四杆机构,若杆 1 长 a 小于机架 4 长 d,则该机构称为(　　)。
(A)曲柄移动导杆机构
(B)曲柄转动导杆机构
(C)曲柄摆动导杆机构
(D)曲柄摇块机构

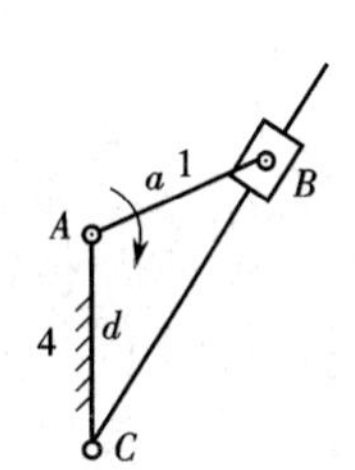

题 6-10 图

6.4 凸轮机构

6-11 凸轮机构中,从动推杆在推程段以等加速、等减速运动规律运动时,是指在(　　)的运动规律。
(A)推程的前半程作等加速,后半程作等减速
(B)推程的前半程作等减速,后半程作等加速
(C)推程全程段作等加速
(D)推程全程段作等减速

6-12 对于滚子直动推杆盘形凸轮机构,盘形凸轮的基圆是指以凸轮回转中心为中心,凸轮回转中心至(　　)间的最近距离所作之圆。
(A)滚子中心
(B)推杆上某一参考点
(C)推杆导路中心线与滚子外圆上部交点
(D)推杆导路中心线与滚子外圆下部交点

6-13　如图所示，一平底直动推杆盘形凸轮机构工作时，在推杆推程和回程的运动过程中，凸轮与平底底面接触点的位置在平底底面上是(　　)。

(A)不变的，始终位于平底底面中点 B

(B)不变的，始终位于平底底面右侧

(C)不变的，始终位于平底底面左侧

(D)变化的，位于平底底面左右两侧

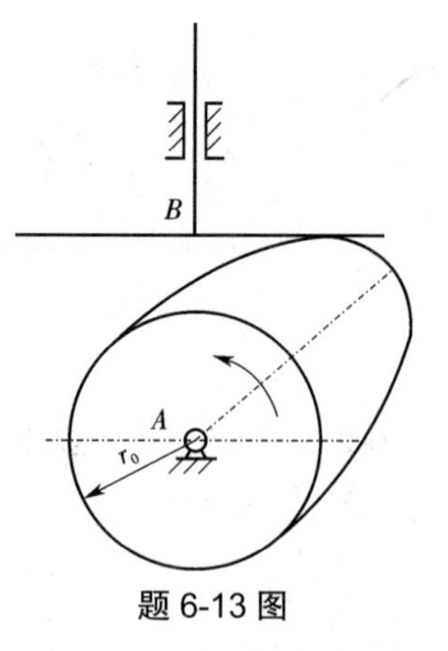

题 6-13 图

6-14　为保证平底直动推杆盘形凸轮机构正常工作，推杆平底底面必须与(　　)的凸轮廓线相接触。

(A)直线　　(B)全部为外凸

(C)部分外凸与部分内凹　　(D)全部为内凹

6-15　如图所示，推杆推程段采用等加速等减速运动规律时，推杆在(　　)位置时，机构会产生柔性冲击。

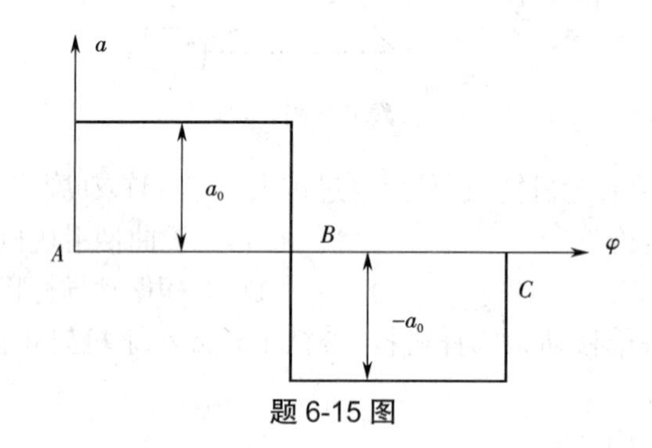

题 6-15 图

(A)起始位置 A　　(B)终止位置 C

(C)中间位置 B　　(D)始末和中间位置 A、B 和 C

6-16　如图所示为尖底直动推杆盘形凸轮机构，如果推杆尖底与凸轮廓线上 B 点相接触时，则凸轮的转角和推杆的位移将分别为(　　)和(　　)(将所得位移值与图示基圆半径 r_0 比较)

(A)30°；$r_0/3$　　(B)40°；$r_0/2$

(C)50°；$0.6r_0$　　(D)60°；$2r_0$

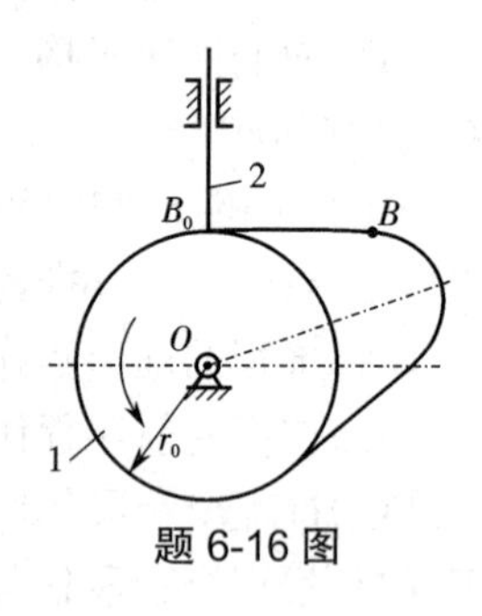

题 6-16 图

6.5　螺纹连接

6-17　承受预紧力 F' 的紧螺栓连接，在受到工作拉力 F 时，剩余预紧力为 F''，其螺栓总拉力 F_0 应为(　　)。

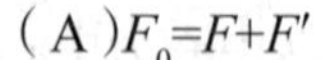

(A)$F_0=F+F'$　　(B)$F_0=F'+F''$

(C)$F_0=F+(F'-F'')$　　(D)$F_0=F+F''$

6-18　适用于连接用的螺纹是(　　)。

(A)矩形螺纹　　(B)梯形螺纹　　(C)三角形螺纹　　(D)锯齿形螺纹

6-19　为提高螺纹自锁性能，应该(　　)。

(A)增大螺纹升角　　(B)采用多头螺纹

(C)增大螺纹螺距　　(D)采用牙形角大的螺纹

6-20　螺栓连接中,属于摩擦防松的方法是(　　)。

(A)黏合剂防松　(B)止动垫圈防松　(C)开口销防松　(D)对顶螺母防松

6-21　当采用螺纹连接而被连接件太厚不宜制成通孔,且连接不需经常拆卸时,往往采用(　　)。

(A)螺栓连接　(B)螺钉连接　(C)双头螺栓连接　(D)紧定螺钉连接

6-22　计算三角形螺纹的受拉螺栓连接的拉伸强度时,考虑到拉伸与扭转的复合作用,应将拉伸载荷增加到原来的(　　)倍。

(A)0.3　(B)1.1　(C)1.25　(D)1.3

6-23　设一滑块在其重力作用下沿倾角为 ψ 的斜面等速下滑,且摩擦角为 ρ,则当 $\psi>\rho$ 时需要维持滑块沿斜面等速下滑的水平力 F 为(　　)。

(A)摩擦力　(B)驱动力　(C)阻力　(D)总反力

6-24　螺栓在轴向工作载荷 F 的作用下,为保证连接可靠有效,则预紧力 F'' 应始终(　　)。

(A)小于零　(B)等于零　(C)大于零　(D)小于或等于零

6-25　用普通螺栓来承受横向工作载荷 F_s(如图)时,当摩擦因数 μ_s=0.15,可靠性因子 k=1.2,接触面数 m=1,则预紧力 F' 为(　　)。

(A)$F' \leqslant 8F_s$　(B)$F' \leqslant 10F_s$

(C)$F' \geqslant 8F_s$　(D)$F' \geqslant 6F_s$

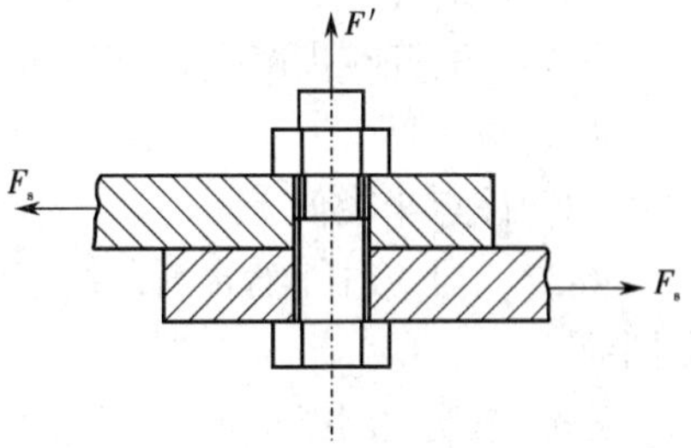

题 6-25 图

6-26　为减小螺栓总拉伸载荷的变化范围,可以(　　)。

(A)增大螺栓刚度或增大被连接件刚度

(B)减小螺栓刚度或增大被连接件刚度

(C)减小螺栓刚度或减小被连接件刚度

(D)增大螺栓刚度或减小被连接件刚度

6.6 带传动

6-27　带传动中,若小带轮为主动轮,则带的最大应力发生在带(　　)处。

(A)进入主动轮　(B)进入从动轮　(C)退出主动轮　(D)退出从动轮

6-28　V带传动中,限制小带轮的最小直径主要是为了(　　)。

(A)使结构紧凑　　(B)限制弯曲应力

(C)保证带和带轮间有足够摩擦力　　(D)限制小带轮上的包角

6-29　带传动中的弹性滑动是由(　　)引起的,弹性滑动是(　　)避免的。

(A)拉力差;可以　(B)拉力差;无法　(C)摩擦力;可以　(D)摩擦力;无法

6-30　在带传动中,当带绕过主动轮时,带的速度(　　)于主动轮的圆周速度;当带绕过从动轮时,带的速度(　　)于从动轮的圆周速度。

(A)落后;超前　(B)落后;落后　(C)超前;超前　(D)超前;落后

6-31　带传动时,带的离心力所产生的拉应力,分布在(　　)。

(A)大带轮作圆周运动的部分　　(B)小带轮作圆周运动的部分

(C)整个带长上　　　　(D)带作直线运动的部分

6-32　V带传动中，V带截面楔角为40°，带轮的轮槽角应(　　)40°。

(A)大于　　(B)等于　　(C)小于　　(D)小于或等于

6-33　采用带传动时，作用于带轮轴上的载荷除了与带的根有关外，尚与参数(　　)和(　　)有关。

(A)紧边拉力和初拉力　　　　(B)松边拉力和小轮包角

(C)初拉力和小轮包角　　　　(D)松边拉力和初拉力

6.7　齿轮机构

6-34　一对渐开线直齿圆柱齿轮的正确啮合条件是(　　)。

(A)两轮齿廓均为渐开线

(B)两轮分度圆上的周节相等

(C)两轮的全齿高相等

(D)两轮分度圆上的模数和压力角分别相等，并等于标准值

6-35　计算蜗杆传动传动比时，设蜗杆1和蜗轮2的分度圆直径分别为d_1和d_2，齿数分别为z_1和z_2，下列公式中(　　)是错误的。

(A)$i=w_1/w_2$　　(B)$i=n_1/n_2$　　(C)$i=d_2/d_1$　　(D)$i=z_2/z_1$

6-36　渐开线齿廓上各点的压力角大小与(　　)有关。

(A)分度圆　　　　(B)齿顶圆

(C)该点半径值　　　　(D)基圆以及该点半径值

6-37　当一对外啮合渐开线齿轮传动的中心距略有变化时，其瞬时传动比(　　)；两轮节圆半径(　　)。

(A)不变；变化　　(B)变化；不变　　(C)变小；不变　　(D)不变；不变

6-38　设计一对材料相同的钢制软齿面齿轮传动，一般使小齿轮面硬度和大齿轮齿面硬度的关系是(　　)。

(A)小齿轮齿面硬度大于大齿轮齿面硬度

(B)小齿轮齿面硬度小于大齿轮齿面硬度

(C)小齿轮齿面硬度等于大齿轮齿面硬度

(D)上述选择均可以

6-39　一对外啮合渐开线斜齿圆柱齿轮的正确啮合条件是(　　)(设法面模数和法面压力角分别以m_n和α_n表示，螺旋角以β表示)。

(A)$m_{n1}=m_{n2}=m_n, \alpha_{n1}=\alpha_{n2}=\alpha_n, \beta_1=-\beta_2$　　(B)$m_{n1}=m_{n2}=m_n, \alpha_{n1}=\alpha_{n2}=\alpha_n, \beta_1=\beta_2$

(C)$m_{n1}=m_{n2}=m_n, \beta_1=-\beta_2$　　(D)$\alpha_{n1}=\alpha_{n2}=\alpha_n, \beta_1=\beta_2$

6-40　对于一个渐开线标准直齿圆柱齿轮，下列讲法正确的是(　　)。

(A)分度圆与节圆重合　　　　(B)分度圆就是节圆

(C)只有分度圆，没有节圆　　　　(D)分度圆与节圆不重合

6-41　硬齿面闭式渐开线齿轮传动的主要失效形式为(　　)。

(A)齿面疲劳点蚀　　(B)齿根疲劳折断　　(C)齿面胶合　　(D)磨损

6-42　软齿面闭式渐开线齿轮传动的主要失效形式为(　　)。

(A)齿面疲劳点蚀　　(B)齿根疲劳折断　　(C)齿面胶合　　(D)磨损

6-43 一对蜗杆 1 和蜗杆 2 传动时,其轮齿上作用力大小的关系是(　　)(以下下标 t、x 和 r 分别表示切向、轴向和径向)。

(A)$F_{t1}=F_{t2}$,$F_{x1}=F_{x2}$,$F_{r1}=F_{r2}$

(B)$F_{t1}=F_{r2}$,$F_{x1}=F_{x2}$,$F_{r1}=F_{t2}$

(C)$F_{t1}=F_{x2}$,$F_{x1}=F_{t2}$,$F_{r1}=F_{r2}$

(D)$F_{t1}=F_{t2}$,$F_{r1}=F_{x2}$,$F_{x1}=F_{r2}$

6-44 一对大小齿轮相啮合的齿轮传动中,通常小齿轮的齿宽应(　　)大齿轮的齿宽。

(A)小于　　(B)大于

(C)等于　　(D)无要求

6.8 轮系

6-45 如图所示轮系,已知各轮齿数分别为 $z_1=20$,$z_2=30$,$z_{2'}=20$,$z_3=30$,$z_4=40$,$z_{4'}=15$,$z_5=30$,$z_{5'}=2$,$z_6=60$,若 $n_1=540$ r/min(转向如图示),则轮 6 的转速等于(　　);转向为(　　)。

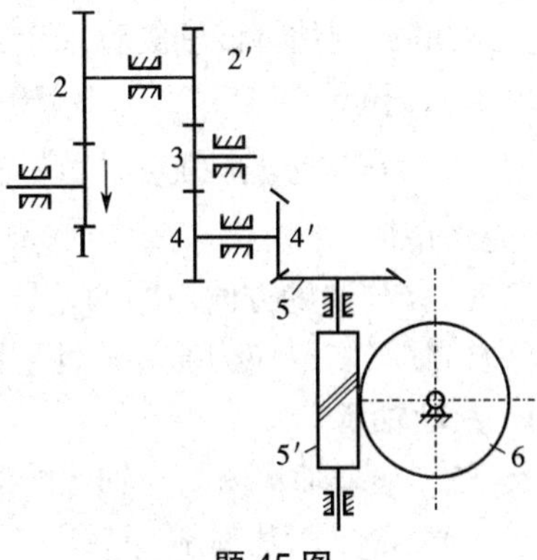

题 45 图

(A)2 r/min;逆时针　(B)1 r/min;顺时针　(C)3 r/min;逆时针　(D)4 r/min;顺时针

6-46 如图所示轮系,已知各轮齿数分别为 $z_1=20$,$z_2=30$,$z_{2'}=25$,$z_3=75$;轮 1 转速为 $n_1=550$ r/min,则系杆 H 的转速 n_H 为(　　);其转向与轮 1 转向(　　)。

(A)200 r/min;相反　　(B)100 r/min;相同

(C)300 r/min;相同　　(D)5 0 r/min;相反

6-47 如图所示轮系,已知各轮齿数分别为 $z_1=20$,$z_2=30$,$z_{2'}=50$,$z_3=80$;$n_1=50$ r/min,则系杆 H 的转速为(　　),其转向与轮 1 的转向(　　)。

(A)转速为 4.7 r/min;相反　　(B)转速为 24.7 r/min;相同

(C)转速为 34.7 r/min;相反　　(D)转速为 14.7 r/min;相同

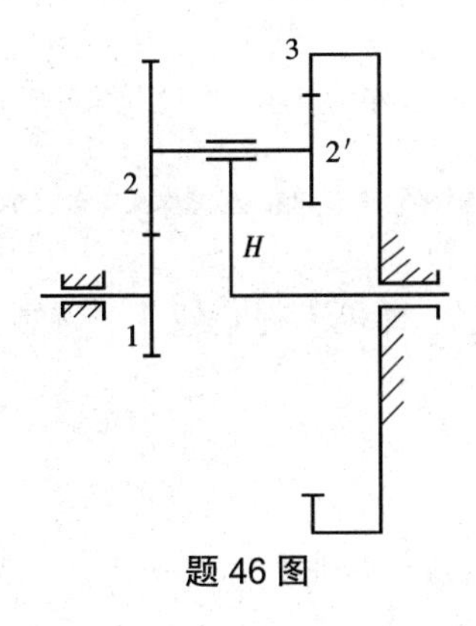

题 46 图

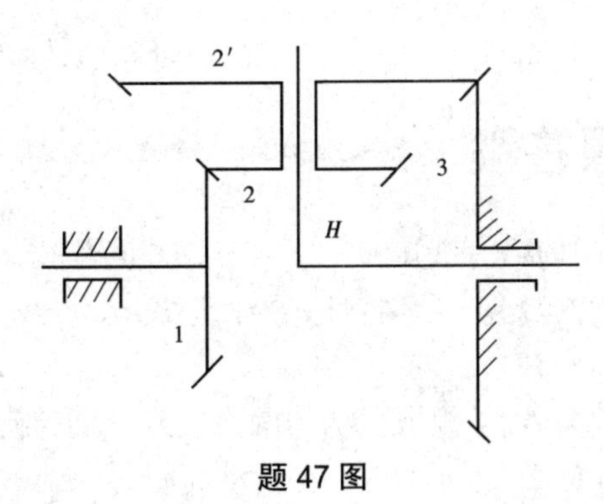

题 47 图

6.9 轴

6-48 在轴的初步计算时,轴的直径是按(　　)初步确定的。

(A)抗弯强度　　(B)轴段上零件的孔径

(C)抗扭强度　　(D)弯扭复合强度

6-49　转轴结构设计时,通常将轴设计成(　　)。

(A)光轴　　(B)阶梯轴　　(C)曲轴　　(D)空心轴

6-50　有一传动轴,已知传递的功率 P=11 kW,转速 n=120 r/min。设轴上的切应力不允许超过 35 MPa,则估算该轴的直径应为(　　)。

(A)20 mm　　(B)30 mm　　(C)40 mm　　(D)5 0 mm

6-51　按弯扭合成强度计算轴径时,在轴的当量弯矩计算式 $M_e=\sqrt{M^2+(\alpha T)^2}$ 中,引入系数 α 是考虑(　　)。

(A)M 与 T 的方向不同的差异　　(B)M 与 T 的位置不同的差异

(C)M 与 T 的应力循环特性不同的差异　　(D)M 与 T 的类型不同的差异

6.10　滚动轴承

6-52　滚动轴承内圈与轴颈的配合以及外圈与座(箱)孔的配合应(　　)。

(A)全部采用基轴制　　(B)全部采用基孔制

(C)前者采用基轴制;后者采用基孔制　　(D)前者采用基孔制;后者采用基轴制

6-53　滚动轴承的基本额定寿命是指(　　)。

(A)在额定动载荷作用下,轴承所能达到的寿命

(B)在额定工况和额定的载荷作用下,轴承所能引起的寿命

(C)在额定工况和额定动载荷作用下,90%轴承所能达到的寿命

(D)同一批同型号的轴承在相同条件下运转,90%轴承所能达到的寿命

6-54　滚动轴承基本额定寿命 L_{10h} 与基本额定动载荷之间的关系式为 $L_{10h}=\dfrac{10^6}{60n}\left(\dfrac{f_t C}{f_p P}\right)^{\varepsilon}$,其中 P 是(　　)。

(A)当量动载荷　　(B)当量载荷　　(C)径向载荷　　(C)基本额定载荷

6-55　滚动轴承工作时,在载荷作用下,轴承元件上任一点处的接触应力通常可看作是(　　)。

(A)静应力　　(B)对称循环应力　　(C)脉动循环应力　　(D)非对称循环应力

习题答案

6-1(B)。已知 σ_{max}、σ_{min}、σ_m、σ_a 和 r 等 5 个参数中任 2 个,即可求得其他 3 个参数。

6-2(D)。循环特性 r 的表达式应为 $r=\sigma_{min}/\sigma_{max}$。

6-3(B)

6-4(A)。组成机构的两大要素分别为构件和运动副。

6-5(B)。m 个构件在运动简图同一处构成复合铰链,其转动副数为(m−1)个。

6-6(C)

6-7(A)。虽然该机构最短杆杆长与最长杆杆长之和 155($=l_{BC}+l_{CD}$)小于其余两杆杆长之和 170($=l_{AB}+l_{AD}$);但固定杆为最短杆的相对杆,因此该机构为双摇杆机构。

6-8(D)

6-9(B)。该机构是由偏置曲柄滑块机构通过扩大转动副 B 演化而成。

6-10（C）。当机构的杆 1 长 a 小于机架 4 杆长 d 时，杆 1 可整周转动，杆 3 则作往复摆动。因此该机构为曲柄摆动导杆机构。

6-11（A）

6-12（A）。在滚子推杆盘形凸轮机构中，基圆半径是指凸轮回转中心至滚子中心间的最近距离。基圆则是以凸轮回转中心为中心、基圆半径为半径所作之圆。

6-13（D）

6-14（B）。为保证平底直动推杆与盘形凸轮间的正常工作，凸轮廓线必须是全部外凸的。

6-15（D）。推杆在推程段的起始、中间和终止位置 A、B 和 C 时，由于推杆加速度发生有限值的突变而引起柔性冲击。

6-16（C）。利用反转法确定凸轮转角和推杆位移。将凸轮转动中心 O 与 B 点相连，OB 线即为反转后导路中心线位置，由此可得凸轮转角 $\angle B_0OB=50°$，推杆位移为 $S=\overline{OB}-\overline{OB_0}=0.6\ r$。

6-17（D）

6-18（C）。三角螺纹连接的当量摩擦因素大于其他型式螺纹的当量摩擦因素，因而具有较高的自锁性能而适用于连接。

6-19（D）　6-20（D）　6-21（B）

6-22（D）。受拉螺栓连接中的螺栓处于扭转和拉伸的复合应力状态，并依据强度理论和强度条件的计算，在设计螺栓时应将螺栓总拉力加大 30%，也即将拉伸载荷增加到原来的 1.3 倍。

6-23（C）。当 $\psi>\rho$ 时，滑块在重力作用下有加速下滑的趋势，因此所加的水平力为阻力，阻止滑块沿斜面加速下滑。

6-24（C）。为保证螺栓连接的紧密性，防止当受载后接合面间产生缝隙，应保证剩余预紧力 $F''>0$。

6-25（C）。为承受连接件的横向工作载荷 F_s，螺栓连接的预紧力 $F'\geqslant kF_s/m\mu_s$。因已知 $m=1$；$\mu_s=0.15$，$k=1.2$，故 $F'\geqslant 1.2\times F_s/1\times 0.15=8F_s$。

6-26（B）。减小螺栓刚度或增大被联接件刚度均可使螺栓总拉伸载荷的变化范围减小，以防止螺栓的疲劳损坏。

6-27（A）　6-28（B）　6-29（B）

6-30（A）。由于有弹性滑动，当带绕过主动轮时，传动带的速度会落后于主动轮的圆周速度；当带绕过从动轮时，传动带的速度会超前于从动轮的圆周速度。

6-31（C）。带传动工作时，带作圆周运动的部分会产生离心力，而离心力产生的拉力则作用在传动带的整个带长上。所以离心力所产生的拉应力分布在传动带的整个带长上。

6-32（C）。带传动工作时，V 带由于弯曲而使两侧面夹角小于 40°，因此带轮的槽楔角也相应减小，使其小于 40°。

6-33（C）　6-34（D）

6-35（C）。由于蜗杆有其不同于一般齿轮传动的几何参数和尺寸，即蜗杆分度圆直径 $d_1\neq mz_1$。因此，（C）中公式是错误的。

6-36（D）。渐开线齿廓上某点压力角的计算公式为 $\cos\alpha_k=r_b/r_k$，即齿廓上各点的压力角值与该点的半径 r_k 以及基圆半径 r_b 有关。

6-37（A）。由于渐开线齿轮传动时，其瞬时传动比仅与两轮的基圆半径有关，因此当中心距略有变化时，瞬时传动比不变；但节圆将不与分度圆重合，节圆半径将会变化。

6-38（A）。根据齿轮实际工作情况，小齿轮比大齿轮工作的频率高，通常先失效。若大小齿轮材料相同且均为软齿面时，小齿轮材料热处理后的齿面硬度要高于大齿轮齿面硬度。

6-39（A）。一对外啮合渐开线斜齿圆柱齿轮的正确啮合条件除了要使两轮的法面模数和压力角分别相等外，还应满足合槽条件，即两轮的螺旋角大小相等、方向相反。

6-40（C）。对于单个齿轮，只有分度圆，没有节圆；当一对齿轮啮合传动时，才出现节圆。根据安装情况，分度圆可能与节圆重合或不重合。

6-41（B）。当采用硬齿面（齿面硬度>350HBS）闭式齿轮传动时，一般应首先按齿轮的抗弯疲劳强度条件进行设计，因为齿根疲劳折断是主要的失效形式。

6-42（A）。当采用软齿面（齿面硬度≤350HBS）闭式齿轮传动时，其齿面接触疲劳强度相对较低。因此一般应首先按齿面接触疲劳强度条件进行设计。因为齿面疲劳点蚀是主要失效形式。

6-43（C）。蜗杆蜗轮传动时，轮齿间作用力大小的关系是：蜗杆的轴向力 F_{x1} 等于蜗轮的圆周力 F_{t2}；蜗杆的圆周力 F_{t1} 等于蜗轮的轴向力 F_{x2}；而径向力则分别相等，即 $F_{r1}=F_{r2}$。

6-44（B）。通常在设计后，将小齿轮齿宽在圆整值的基础上人为地加大 5 ~10 mm，以防止因装配或调整而产生轴向错位导致啮合宽度减小而增大轮齿工作载荷。

6-45（C）。该轮系为一空间定轴轮系。总传动比为

$$i'_{16}=\frac{n_1}{n_6}=\frac{z_2\times z_3\times z_4\times z_5\times z_6}{z_1\times z_{2'}\times z_3\times z_{4'}\times z_{5'}}=\frac{30\times 40\times 30\times 60}{20\times 20\times 15\times 2}=180$$

故 $$n_6=\frac{n_1}{180}=\frac{540}{180}=3\text{ r/min}$$

据轮 1 转向（图示箭头）用画箭头方法确定轮 5 转向（→），再据轮 5′ 旋向和转向确定轮 6 转向（逆时针方向）。

6-46（B）。该轮系为一具有双排行星轮 2 和 2′ 的行星轮系。转化机构传动比为

$$i_{13}^{H}=\frac{n_1-n_H}{n_3-n_H}=-\frac{z_2\times z_3}{z_1\times z_{2'}}=-\frac{30\times 75}{20\times 25}=-4.5$$

因 $n_3=0$，故 $\frac{550-n_H}{-n_H}=-4.5, n_H=100\text{ r/min}$（转向与主动轮 1 相同）。

6-47（D）。该轮系为由锥齿轮组成的行星轮系。转化机构传动比为

$$i_{13}^{H}=\frac{n_1-n_H}{n_3-n_H}=-\frac{z_2\times z_3}{z_1\times z_{2'}}=-\frac{30\times 80}{20\times 50}=-2.4$$

转化机构传动比的符号必须用画箭头方法确定，设轮 1 转向为↑，则轮 3 的转向为↓，故 i_{13}^{H} 为负。轮 3 为固定中心轮，即 $n_3=0$。

由此得 $$\frac{n_2-n_H}{-n_H}=-2.4,\ \frac{50-n_H}{-n_H}=-2.4$$

故 $$n_H=14.7\text{ r/min}\text{(与轮1转向相同)}$$

6-48（C）。轴结构设计的初始阶段应先估算轴径，且以抗扭强度为计算依据，然后以此轴径作为轴端最小直径进行结构设计，再进行轴的有关强度校核。安装在轴上的零件孔径一般

是在轴结构设计完成后才能确定。

6-49(B)。为便于轴上零件的装拆,通常将转轴设计成阶梯轴。

6-50(D)。据轴径估算式知

$$d_{\min}=\sqrt[3]{\frac{9.55\times10^{6}P}{0.2[\tau]n}}=\sqrt[3]{\frac{9.55\times10^{6}\times11}{0.2\times35\times120}}=50\ \text{mm}$$

6-51(C)。弯矩产生的应力为对称循环变应力,而由扭矩产生的应力一般不是对称循环变应力。引入系数 α 的目的是将扭转剪应力的循环特性折合成与弯曲应力的循环特性相一致的特性。

6-52(D)。滚动轴承为标准件,内圈与轴颈配合为基孔制;外圈与座孔配合则为基轴制。

6-53(D)。一批相同(型号)的滚动轴承在相同条件下运转,其中90%以上的轴承所能达到的寿命。而轴承的寿命是指在脉动循环变化的接触应力作用下,轴承中任何一个元件出现疲劳点蚀以前运转的总转数,或一定转速下工作的小时数。

6-54(A)。当量动载荷 P 是一个假想载荷,在这个假想载荷作用下,轴承的寿命和实际载荷下的寿命相同。

6-55(C)。由于内外圈和滚动体有相对运动,轴承元件上任一点处的接触应力都可看作是脉动循环应力。

7 职业法规

考试大纲

7.1 我国有关基本建设、建筑、房地产、城市规划、环境保护、安全及节能等方面的法律与法规。

7.2 工程设计人员的职业道德与行为规范。

7.3 我国有关动力设备及安全方面的标准与规范。

复习指导

1. 必须掌握的几部基本法律法规

建筑法、工程建设质量管理条例、工程建设安全管理条例、城市规划法、环境保护法及其相关环境保护条例、招投标法、合同法、节能法等。

2. 重点

①法律法规中有关参与各方的法律规定为重点,如建设单位、施工单位、监理单位、设计单位、勘察单位、监督单位、设备供应单位、设备出租单位、自升式架设设施安装单位、环境评价单位、检测单位等。

②另外,注意关键时间的有关规定为重点,如:立项、领证、发包、开工、验收、保修等。

③关键词。

3. 复习要点中的两种类型

①判断分析型。

②理解记忆型;避免死记硬背。

复习内容

7.1 职业法规概述

7.1.1 法规的基本概念

法规指法律、法令、条例、规则、章程等的总称。从广义上讲“法规”指的是国家权力机关依据宪法制定的各种法律、规范性文件。其中规范性文件包括行政法规、地方性法规和国务院各部门根据法律和行政法规在本部门权限内制定的规章等，不同的法规具有不同的法律效力。

1. 法律

法律是指国家权力机关即全国人民代表大会及其常务委员会制定的规范性文件。

2. 行政法规

行政法规是指我国最高行政机关即国务院为了实施宪法和法律而制定的有关国家行政管理活动的规范性文件的总称。行政法规在我国的法律体系中的地位仅次于宪法和法律。行政法规在宪法和法律框架内制定和实施。

3. 地方性法规

地方性法规是指省、自治区、直辖市的人民代表大会及其常务委员会和省会城市及“较大的城市”的人民政府依据宪法、法律和国家行政法规制定的，适合本地区具体情况和实际需要的规范性文件的总称。

7.1.2 注册公用设备工程师的执业要求

从事公用设备工程师职业必须通过国家注册考试合格并取得资格证书，必须经过注册登记，方可以公用设备工程师的名义执业。取得公用设备工程师资格，未经注册的，不得以公用设备工程师的名义从事有关公用设备工程师的有关工作。

7.2 建设工程法规

7.2.1 中华人民共和国招标投标法

1. 建设工程招标

1）建设工程招标的概念

建设工程招标是招标人率先提出的条件和要求，发布招标广告吸引或直接邀请众多投标人参加投标并按照规定程序从中选择中标人的行为。

2）招投标活动的基本原则

公开原则、公平原则、公正原则、诚实信用原则。

公开原则应公开的内容。

招标投标活动的公开原则，首先要求进行招标活动的信息要公开。采用公开招标方式，应当发布招标公告，依法必须进行招标的项目的招标公告，必须通过国家指定的报刊、信息网络或者其他公共媒介发布。无论是招标公告、资格预审公告，还是投标邀请书，都应当载明能大体满足潜在投标人决定是否参加投标竞争所需要的信息。另外开标的程序、评标的标准和程序、中标的结果等都应当公开。

【例 7.2-1】 招标工作需要公开的内容不包括（　　）。

（A）招标程序　　（B）评标标准　　（C）中标单位　　（D）评标委员会成员

解：根据招投标活动的公开原则选择，首先要求公开进行招标活动的信息。无论是招标公告、资格预审公告，还是投标邀请书，都应当载明能大体满足潜在投标人决定是否参加投标竞争所需要的信息。另外开标的程序、评标的标准和程序、中标的结果等都应当公开。评标委员会成员、标底等都应当保密。答案为（D）。

3)建设工程招标的方式

(1)公开招标

公开招标称为无限竞争性招标,是招标人以招标公告的方式邀请不特定的法人或者其他组织投标。建设工程项目一般采用公开招标方式。

(2)邀请招标

邀请招标称有限招标,是指招标人以投标邀请书的方式请特定的法人或其他组织投标。下列情形之一可以邀请招标。

①项目技术复杂或有特殊要求,只有少量几家潜在投标人可供选择的。

②受自然地域环境限制的。

③涉及国家安全、国家秘密或者抢险救灾,适宜招标但不宜公开招标的。

④拟公开招标的费用与项目的价值比不值得的。

⑤法律、法规规定不宜公开招标的。

4)建设工程施工招标的必备条件

建设工程施工招标必须具备以下条件。

①招标人已经依法成立。

②初步设计及概算应当履行审批手续的,已经批准。

③招标范围、招标方式和招标组织形式等应当履行核准手续的,已经核准。

④有相应资金或资金来源已经落实。

(注:建设资金已经落实是指建设工期不足1年的,到位资金原则上不得少于工程合同价的50%;建设工期超过1年的,到位资金原则上不得少于工程合同价的30%,建设单位应当提供银行出具的到位资金证明,有条件的可以实行银行付款保函或者其他第三方担保。)

⑤有招标所需的设计图纸及技术资料。

(注:已经具有满足施工需要的施工图纸和技术资料,施工图设计文件已经按照规定通过了审查。)

5)招标时限规定

①自招标文件开始发出之日起至投标人提交投标文件截止之日止,最短不得少于20日。

②自招标文件或资格预审文件出售之日起至停止发出之日止,最短不得少于5个工作日。

6)开标

(1)开标的时间和地点

开标应当在招标文件确定的提交投标文件截止时间的同一时间公开进行,地点应当为招标文件确定的地点。

(2)开标由招标人主持,邀请所有投标人参加

招标人在招标文件要求提交投标文件的截止时间前收到的所有投标文件。开标时都应当当众予以拆封、宣读。开标过程应当记录,并存档备查。

7)评标委员会的组成

评标委员会由招标人代表和有关技术经济方面的专家组成,评标委员会成员为5人以上单数,其中技术经济方面的专家不少于成员总数的2/3。

【例7.2-2】 某工程评标委员会成员由7人组成,其中有关技术、经济方面的专家人数应该是(　　)。

(A)3 人　　(B)4 人　　(C)5 人　　(D)6 人

解:评标委员会由招标人的代表和有关技术、经济等方面的专家组成,成员人数为 5 人以上单数,其中技术、经济等方面的专家不得少于成员总数的三分之二。答案为(C)。

8)中标

(1)确定中标时间

评标委员会提出书面评标报告后,招标人一般应在 15 日内确定中标人,但最迟应当在投标有效期结束前 30 个工作日内确定。

(2)发出中标通知书

①投标人和中标人应当自中标通知书发出之日起 30 日内,按照招标文件和中标人的投标文件订立书面合同。

②中标人应当按照招标人要求提供履约保证金或其他形式履约担保,招标人也应当同时向中标人提供工程款支付担保。

③招标人与中标人签订合同后 5 个工作日内,应当向中标人和未中标的投标人退还投标保证金。

(3)招标投标情况的书面报告

依法必须进行施工招标的项目,招标人应当自确定中标人之日起 15 日内,向有关行政监督部门提交招标投标情况的书面报告。

2. 建设工程投标

1)建设工程投标的概念

建设工程投标是指投标人在同意招标人拟订好的招标文件的前提下,对招标项目提出自己的报价和相应条件,通过竞争以求获得招标项目的行为。

2)建设工程投标的程序

①编制投标文件的步骤。踏勘现场→分析招标文件→校核工程量清单→确定利润方针→计算确定报价→形成投标文件→投标担保。

②编制投标文件的内容。投标函;投标报价;施工组织设计;商务和技术偏差表。

③投标担保。提交投标保证金,包括现金、银行保函、保兑支票、银行汇票、现金支票。

【例 7.2-3】 投标保证金的内容不包括(　　)。

(A)现金　　(B)企业保证　　(C)银行汇票　　(D)保兑支票

解:投标担保:提交投标保证金,包括现金、银行保函、保兑支票、银行汇票、现金支票。答案应为(B)。

7.2.2 中华人民共和国城乡规划法

1. 立法宗旨

《中华人民共和国城乡规划法》是为了加强城乡规划管理,协调城乡空间布局,改善人居环境,促进城乡经济社会全面协调可持续发展而制定的法律。

2007 年 10 月 28 日,第十届全国人民代表大会常务委员会第三十次会通过《中华人民共和国城乡规划法》,共七章七十条,自 2008 年 1 月 1 日起施行,《中华人民共和国城市规划法》同时废止。

2. 城市新区开发和旧区改建

(1)总的原则

城市新区开发和旧区改建必须坚持统一规划、合理布局、因地制宜、综合开发、配套建设的原则。各项建设工程的选址、定点,不得妨碍城市的发展,危害城市的安全,污染和破坏城市环境,影响城市各项功能的协调。

(2)新区开发的原则

①新建铁路编组站、铁路货运干线、过境公路、机场和重要军事设施等应当避开市区。港口建设应当兼顾城市岸线的合理分配和利用,保障城市生活岸线用地。

②城市新区开发应当具备水资源、能源、交通、防灾等建设条件,并应当避开地下矿藏、地下文物古迹。

③城市新区开发应合理利用城市现有设施。

(3)旧区改建的原则

城市旧区改建应当遵循加强维护、合理利用、调整布局、逐步改善的原则;统一规划,分期实施,并逐步改善居住和交通运输条件、加强基础设施和公共设施建设,提高城市的综合功能。

7.2.3 建设工程合同法律制度

1. 建设工程合同的定义和有关强制性规定

(1)定义

建设工程合同是承包人进行工程建设,发包人支付价款的合同。建设工程合同包括工程勘察、设计、监理、施工合同。

(2)强制性规定

①建设工程合同应当采取书面形式。

②建设工程招投标活动,应当依照有关法律的规定公开、公平、公正进行。

③国家重大建设合同,应当按照国家规定的程序和国家批准的投资计划、可行性研究报告等文件订立。

④建设工程实行监理的,发包人应当与监理人采用书面形式订立委托合同。发包人与监理人的权利和义务以及法律责任,应当依照《合同法》第二十一章委托合同以及其他有关法律、行政法规的规定来确定。

2. 建设工程合同的订立与分包

(1)合同的订立

发包人可以与总承包人订立建设工程合同,也可以与勘察人、设计人、施工人订立勘察、设计、施工承包合同。

发包人不得将应当由一个承包人完成的建设工程肢解成若干部分发包给几个承包人。

(2)合同的分包

总承包人或者勘察、设计、施工承包人经发包人同意,可以将自己承包的部分工作交由第三人完成。第三人就其完成的工作成果与总承包人或者勘察、设计、施工承包人向发包人承担连带责任。承包人不得将其承包的全部建设工程转包给第三人或者将其承包的全部建设工程肢解以后以分包的名义分别转包给第三人。禁止承包人将工程分包给不具备相应资质条件的单位。禁止分包单位将其承包的工程再分包。建设工程的主体结构的施工必须由承包人自行完成。

【例 7.2-4】 实行总承包的工程,其主体结构施工应该由(　　)完成。

(A)施工单位　　(B)总承包单位　　(C)分包单位　　(D)任何单位均可

解:建设工程的主体结构的施工必须由总承包单位自行完成。题中(A)选项的施工单位表述不明确。答案为(B)。

3. 建设工程合同的履行

①发包人在不妨碍承包人正常作业的情况下,可以随时对作业进度、质量进行检查。

②隐蔽工程在隐蔽以前,承包人应当通知发包人检查,发包人没有及时检查的,承包人可以顺延工程日期,并有权要求赔偿停工、窝工等损失。

③建设工程竣工后,发包人应当根据施工图纸及说明书、国家颁发的施工验收规范和质量检验标准及时进行验收。验收合格的,发包人应当按照约定支付价款,并接收该建设工程。建设工程竣工验收合格后,方可交付使用;未经验收或者验收不合格的,不得交付使用。

4. 建设合同的违约责任

①勘察、设计的质量不符合要求或者未按照期限提交勘察、设计文件拖延工期,造成发包人损失的,勘察人、设计人应当继续完善勘察、设计,减收或者免收勘察、设计费并赔偿损失。

②因施工人的原因致使建设工程质量不符合约定的,发包人有权要求施工人在合理期限内无偿修理或者返工、改建。经过修理或者返工、改建后,造成逾期交付的,施工人应当承担违约责任。

③因承包人的原因致使建设工程在合理使用期限内造成人身和财产损害的,承包人应承担损害赔偿责任。

7.2.4 中华人民共和国环境保护法

1. 立法宗旨

为保护和改善生活环境与生态环境,防治污染和其他公害,保障人体健康,促进社会主义现代化建设的发展,制定本法。国家制定的环境保护规划必须纳入国民经济和社会发展计划,国家采取有利于环境保护的经济、技术政策和措施,使环境保护工作同经济建设和社会发展相协调。国家鼓励环境保护科学教育事业的发展,加强环境保护科学技术的研究和开发,提高环境保护科学技术水平,普及环境保护的科学知识。

2. 环境监督管理

1)标准的制定与执行

国务院环境保护行政主管部门制定环境质量标准。省、自治区、直辖市人民政府对国家环境质量标准中未作规定的项目,可以制定地方环境质量标准,并报国务院环境保护行政主管部门备案。国务院环境保护行政主管部门根据国家环境质量标准和国家经济、技术条件,制定国家污染物排放标准。省、自治区、直辖市人民政府对国家污染物排放标准中未做规定的项目,可以制定地方污染物排放标准;可以制定严于国家污染物排放标准的地方污染物排放标准。地方污染物排放标准必须报国务院环境保护行政主管部门备案。凡是向已有地方污染物排放标准的区域排放污染物的,应当执行地方污染物排放标准。

2)环境保护管理制度

建设污染环境的项目,必须遵守国家有关建设项目环境保护的管理规定。建设项目的环境影响报告书,必须对建设项目生产的污染和对环境的影响作出评价,规定防治措施,经项目主管部门预审并依照规定的程序报环境保护行政主管部门批准。环境影响报告书经批准后,计划部门方可批准建设项目设计任务书。

3)建设项目环境影响报告书评价制度

建设项目的环境影响评价,由取得相应资格证书的单位承担。国家根据建设项目对环境的影响程度,按照下列规定对建设项目的环境保护实行分类管理。

①建设项目对环境可能造成重大影响的,应当编制环境影响报告书,对建设项目产生的污染和对环境的影响进行全面详细的评价。

②项目对环境可能造成轻度影响的,应当编制环境影响报告表,对建设项目产生的污染和对环境的影响进行分析或者专项评价。

③项目对环境影响较小,不需进行环境影响评价的,应当填报环境影响登记表。

④建设项目环境保护分类管理名单,由国务院环境保护行政主管部门制定并公布。

⑤涉及水土保持的建设项目,还必须有经水土行政主管部门审查同意的水土保持方案。

建设项目环境影响报告书的报批与审批管理程序如下。

(1)报批

①建设单位应当在建设项目可行性研究阶段报批建设项目环境影响报告书、环境影响报告表或者环境影响登记表;但是铁路、交通等建设项目,经有审批权的环境保护行政主管部门同意,可以在初步设计完成前报批环境影响报告书或者环境影响报告表。

②按照国家有关规定,不需要进行可行性研究的建设项目,建设单位应当在建设项目开工前报批建设项目环境影响报告书或者环境影响报告表或者环境影响登记表;其中,需要办理营业执照的,建设单位应当在办理营业执照前报批建设项目环境影响报告书、环境影响报告表或者环境影响登记表。

(2)审批程序

环境保护行政主管部门应当自收到建设项目环境影响报告书 60 日内,收到环境影响报告表之日起 30 日内,收到环境影响登记表之日起 15 日内,分别作出审批决定并书面通知建设单位。预审、审核建设项目环境影响报告书、环境影响报告表或者环境影响登记表,不得收取任何费用。

环境影响报告书、环境影响报告表或者环境影响登记表自批准之日起满五年,建设项目方开工建设的,其环境影响报告书、环境影响报告表或者环境影响登记表应当报原审批机关重新审批。原审批机关应当自收到环境影响报告书、环境影响报告表或者环境影响登记表之日起 10 日内,将审核意见书面通知建设单位,逾期未通知的,视为审核同意。

【例 7.2-5】 环境影响报告书自批准之日起(　　)年内开工,可以不进行重新审批。

(A)2　　(B)3　　(C)5　　(D)7

解:环境影响报告书、环境影响报告表或者环境影响登记表自批准之日起满五年,建设项目方开工建设的,其环境影响报告书、环境影响报告表或者环境影响登记表应当报原审批机关重新审批。答案为(C)。

3. 保护和改善环境

1)环境保护管理规定

①地方各级人民政府对具有代表性的各种类型的自然生态系统区域,珍稀、濒危的野生动

植物自然分布区域,重要的水源涵养区域,具有重大科学文化价值的地质构造、著名溶洞和化石分布区、冰川、火山、温泉等自然遗迹,以及人文遗迹、古树名木,应当采取措施加以保护,严禁破坏。

②在国务院、国务院有关主管部门和省、自治区、直辖市人民政府划定的风景名胜区、自然保护区和其他需要特别保护的区域内,不得建设污染环境的工业生产设施;建设其他设施,其污染物排放超过规定排放标准的,限期治理。

③制定城市规划,应当确定保护和改善环境的目标和任务。城乡建设应当结合当地自然环境的特点,保护植被、水域和自然景观,加强城市园林、绿地和风景名胜区的建设。

④各级人民政府应当加强对农业环境的保护,防治土壤污染、土地沙化、盐渍化、贫瘠化、沼泽化、地面沉降和防治植被破坏、水土流失、水源枯竭、种源灭绝以及其他生态失调现象的发生和发展,推广植物病虫害的综合防治,合理使用化肥、农药及植物生长激素。

2)建设项目选址与总图布置

(1)建设项目的选址应考虑的问题

建设项目选址或者选线,必须全面考虑建设地区的自然环境和社会环境,对选址或选线地区的地理、地形、地质、水文、气象、名胜古迹、城乡规划、土地利用、工农业布局、自然保护区现状及其发展规划等因素进行调查研究,并在收集建设地区的大气、水体、土壤等基本环境要素背景资料的基础上进行综合分析论证,制定最佳的规划设计方案。

(2)建设项目选址

凡排放有毒有害废水、废气、废渣(液)、恶臭、噪声、放射性元素等物质或因素的建设项目,严禁在城市规划确定的生活居住区、文教区、水源保护区、名胜古迹、风景游览区、温泉、疗养区和自然保护区等界区内选址。

4. 关于环境污染防治的管理

1)大气污染防治的有关规定

①向大气排放污染物的单位,必须按照国务院环境保护行政主管部门的规定向所在地的环境保护行政主管部门申报拥有的污染物排放设施、处理设施和在正常作业条件下排放污染物的种类、数量、浓度,并提供防治大气污染方面的有关技术资料。

②国务院按照城市总体规划、环境保护规划目标和城市大气环境质量状况,划定大气污染防治重点城市。直辖市、省会城市、沿海开放城市和重点旅游城市应当列入大气污染防治重点城市。

2)水污染防治的有关规定

水体污染源包括工业污染源、生活污染源、农业污染源等。

水体的主要污染物包括各种有机和无机有毒物质以及热温等。有机有毒物质包括挥发酚、有机磷农药、苯并[a]芘等。无机有毒物质包括汞、镉、铬、铅等重金属以及氰化物等。

有关禁止性规定如下。

①省级以上人民政府可以依法划定生活饮用水地表水源保护区。生活饮用水地表水源保护区分为一级保护区和其他等级保护区。在生活饮用水地表水源取水口附近可以划定一定的水域和陆域为一级保护区。在生活饮用水地表水源一级保护区外,可以划定一定的水域和陆域为其他等级保护区。各级保护区应当有明确的地理界线。

②在生活饮用水源地、风景名胜区水体、重要渔业水体和其他有特殊经济文化价值的水体

的保护区内,不得新建排污口。在保护区附近新建排污口,必须保证保护区水体不受污染。

③禁止向水体排放、倾倒工业废渣、城市垃圾和其他废弃物。

④禁止在江河、湖泊、运河、渠道、水库最高水位线以下的滩地和岸坡堆放、存贮固体废弃物和其他污染物。

3)固体废物污染防治的有关规定

①禁止擅自关闭、闲置或者拆除工业固体废物污染环境防治设施、场所;确有必要关闭、闲置或者拆除的,必须经过所在地县级以上地方人民政府环境保护行政主管部门核准,并采取措施,防止污染环境。

②在国务院和国务院有关主管部门及省、自治区、直辖市人民政府划定的自然保护区、风景名胜区、生活饮用水源地和其他需要特别保护的区域内,禁止建设工业固体废物集中贮存、处置设施、场所和生活垃圾填埋场。

③转移固体废物出省、自治区、直辖市行政区域贮存、处置的,应当向固体废物移出地的省级人民政府环境保护行政主管部门报告,并经固体废物接收地的省级人民政府环境保护行政主管部门许可。

④从事收集、贮存、处置危险废物经营活动的单位,必须向县级以上人民政府环境保护行政主管部门申请领取经营许可证,具体管理办法由国务院规定。

【例 7.2-6】 国家对必须进口的可以用作原料的固体废弃物采取的是(　　)政策。

(A)禁止　(B)允许　(C)限制　(D)符合国家标准可以的

解:国家禁止进口不能用作原料的固体废物;限制进口可以用作原料的固体废物。答案为(C)。

4)噪声污染防治的有关规定

(1)噪声的分类

①按照振动性质噪声可分为气体动力噪声、机械噪声、电磁性噪声。

②按来源噪声可分为交通噪声(如汽车、火车、飞机等)、工业噪声(如鼓风机、汽轮机、冲压设备等)、建筑施工的噪声(如打桩机、推土机、混凝土搅拌机等发出的声音)、社会生活噪声(如高音喇叭、收音机等)。

【例 7.2-7】 根据国家规定,噪声分类按照振动性质可分为(　　)等。

(A)机械噪声　(B)交通噪声　(C)工业噪声　(D)建筑噪声

解:噪声的分类如下。

(1)按照振动性质噪声可分为气体动力噪声、机械噪声、电磁性噪声。

(2)按来源噪声可分为交通噪声(如汽车、火车、飞机等)、工业噪声(如鼓风机、汽轮机、冲压设备等)、建筑施工的噪声(如打桩机、推土机、混凝土搅拌机等发出的声音)、社会生活噪声(如高音喇叭、收音机等)。答案为(A)。

(2)噪声控制技术

噪声控制技术可从声源、传播途径、接收者防护等方面来考虑。

①声源控制。从声源上降低噪声,这是防止噪声污染的最根本措施,包括:尽量采用低噪声设备和工艺代替高噪声设备与加工工艺;在声源处安装消声器消声;严格控制人为噪声。

②传播途径的控制。传播途径的过程包括消声、吸声、隔声、减振降噪。

③接收者的防护。让处于噪声环境下的人员使用耳塞、耳罩等防护用品,减少相关人员在

噪声环境中的暴露时间,以减轻噪声对人体的危害。

(3)施工现场噪声的限值

施工现场各阶段的噪声限值见表 7.2-1。

表 7.2-1 施工各阶段的噪声限值

施工阶段	主要噪声源	噪声限值/dB(A)	
		昼间	夜间
土石方	推土机、挖掘机、装载机等	75	55
打桩	各种打桩机械等	85	禁止施工
结构	混凝土搅拌机、振捣棒、电锯等	70	55
装修	吊车、升降机等	65	55

5. 防治环境污染和其他公害

1)防治环境污染和其他公害的措施

①新建工业企业和现有工业企业的技术改造,应当采用资源利用率高、污染物排放量少的设备和工艺,采用经济合理的废弃物综合利用技术和污染物处理技术。

②建设项目中防治污染的设施,必须与主体工程同时设计、同时施工、同时投产使用。防治污染的设施必须经有关审批环境影响报告书的环境保护行政主管部门验收合格后,该建设项目方可投入生产或者使用。

③禁止引进不符合我国环境保护规定要求的技术和设备。

2)环境保护设施的验收

①建设项目的主体工程完工后,需要进行试生产的,其配套建设的环境保护设施必须与主体工程同时投入试运行。

②建设项目试生产期间,建设单位应当对环境保护设施运行情况和建设项目对环境的影响进行检测。

③建设项目竣工后,建设单位应当对环境保护设施运行情况和建设项目环境影响报告书、环境影响报告表或者环境影响登记表的环境保护行政主管部门,申请建设项目需要配套建设的环境保护设施竣工验收。

④环境保护设施竣工验收,应当与主体工程竣工验收同时进行。需要进行试生产的建设项目,建设单位应当自建设项目投入试生产之日起 3 个月内,向审批该建设项目环境影响报告书、环境影响报告表或者环境影响登记表的环境保护行政主管部门,申请该建设项目需要配套建设的环境保护设施竣工验收。

⑤环境保护行政主管部门应当自收到环境保护设施竣工验收申请之日起 30 日内,完成验收。

7.2.5 中华人民共和国建筑法

1. 立法宗旨

①为了加强对建筑活动的监督管理、维护建筑市场秩序,保证建筑工程的质量与安全,促进建筑业健康发展。建筑活动是指各类房屋建筑及其附属设施的建造和与其配套的线路、管

道、设备的安装活动。

②建筑活动应当确保建筑工程质量与安全，符合国家的建筑工程安全标准。

③国家扶持建筑业的发展，支持建筑科学技术研究，提高房屋建筑设计水平，鼓励节约能源和保护环境，提倡采用先进技术、先进设备、先进工艺、新型建筑材料和现代管理方式。

④从事建筑活动应当遵守法律、法规，不得损害社会公共利益和他人的合法权益。

2. 建筑许可

1）建筑工程施工许可证的办理

建筑工程开工前，建设单位应当按照国家有关规定向工程所在地县级以上人民政府建设行政主管部门申请领取施工许可证；但是国务院建设行政主管部门确定的限额以下的小型工程除外。按照国务院规定的权限和程序批准开工报告的建筑工程，不再领取施工许可证。

2）申请领取施工许可证的条件

申请领取施工许可证必须具备以下条件。

①已经办理建筑工程用地批准手续。

②在城市规划区内的建筑工程，已经取得规划许可证。

③需要拆迁的，其拆迁进度符合施工要求。

④已经确定建筑施工企业。

⑤有满足施工需要的施工图纸及技术资料。

⑥有保证工程质量和安全的具体措施。

⑦建设资金已经落实。

⑧法律、行政法规规定的其他条件。

建设行政主管部门应当自收到申请之日起十五日内，对符合条件的申请颁发施工许可证。

3）施工许可的期限规定

①建设单位应当自领取施工许可证之日起三个月内开工。因故不能按期开工的，应当向发证机关申请延期；延期以两次为限，每次不超过三个月。既不开工又不申请延期或者超过延期时限的，施工许可证自行废止。

②在建的建筑工程因故中止施工的，建设单位应当自中止施工之日起一个月内，向发证机关报告，并按照规定做好建筑工程的维护管理工作。

③建筑工程恢复施工时，应当向发证机关报告，中止施工满一年的工程恢复施工前，建设单位应当报发证机关核验施工许可证。

④按照国务院有关规定批准开工报告的建筑工程，因故不能按期开工或者中止施工的，应当及时向批准机关报告情况，因故不能按期开工超过六个月的，应当重新办理开工报告的批准手续。

4）建筑工程从业资格

①从业单位的资质等级。从事建筑活动的建筑施工企业、勘察单位、设计单位和工程监理单位，按照其拥有的注册资本、专业技术人员、技术装备和已完成的建筑工程业绩等资质条件，划分为不同的资质等级，经资质审查合格，取得相应等级的资质证书后，方可在其资质等级许可的范围内从事建筑活动。

②从业人员的资质。从事建筑活动的专业技术人员，应当依法取得相应的执业资格证书，并在执业资格证书许可的范围内从事建筑活动。

3. 建筑工程发包与承包

1)发包

(1)发包的方式

发包方式分为招标投标发包和直接发包。

①招标投标发包是指发包方事先标明其拟建工程的内容和要求,由愿意承包的单位递送标书,明确其承包工程的价格、工期、质量等条件,再由发包方从中择优选择工程承包方的交易方式。

②建设工程直接发包是指发包方与承包方直接进行协商,以约定工程建设的价格、工期、质量和其他条件的交易。

(2)发包方式的限制

《中华人民共和国招标投标法》规定,只有涉及国家安全、国家秘密、抢险救灾或者属于利用扶贫资金实行以工代赈、需要使用农民工等特殊情况及规模太小的工程,才可不进行招标投标而采用直接发包的方式;而对使用国际组织或者外国政府贷款、援助资金的项目,全部或部分是用国有资金投资或国家融资的项目;以及所有大型基础设施,公用事业等关系社会公共利益、公众安全的项目,则实行强制招投标制,这些项目必须采用招标投标方式来发包工程,否则将不批准其开工建设,有关单位和直接责任人还将受到法律的惩罚。

【例 7.2-8】 下列可以不进行招标而采用直接发包方式的是(   )。

(A)大型基础设施　　(B)涉及国家安全的工程

(C)外国政府贷款项目　　(D)关系社会公共利益的项目

解:发包方式的限制:《中华人民共和国招标投标法》规定,只有涉及国家安全、国家秘密、抢险救灾或者属于利用扶贫资金实行以工代赈、需要使用农民工等特殊情况及规模太小的工程,才可不进行招标投标而采用直接发包的方式。答案为(B)。

(3)发包管理

①提倡对建筑工程实行总承包,禁止将建筑工程肢解发包。建筑工程的发包单位可以将建筑工程的勘察、设计、施工、设备采购的一项或者多项发包给一个总承包单位,但是,不得将应当由一个承包单位完成的建筑工程肢解成若干部分发包给几个承包单位。

②按照合同约定,建筑材料、建筑构配件和设备由工程承包单位采购的,发包单位不得指定承包单位购入用于工程的建筑材料、建筑构配件和设备或者指定生产厂、供应商。

2)承包

(1)承包方的主体资格

①承包建筑工程的单位应当持有依法取得的资质证书,并在其资质等级许可的业务范围内承揽业务。

②禁止建筑施工企业超越本企业资质等级许可的业务范围内或者以任何形式用其他建筑施工企业的名义承揽工程。禁止建筑施工企业以任何形式允许其他单位或者个人使用本企业的资质证书、营业执照,以本企业的名义承揽工程。

(2)工程分包的管理

①大型建筑工程或者结构复杂的建筑工程,可以由两个以上的承包单位联合共同承包。共同承包的各方对承包合同的履行承担连带责任。两个以上不同资质等级的单位实行联合共同承包的,应当按照资质等级低的单位的业务许可范围内承揽工程。

②禁止承包单位将其承包的全部建筑工程转包给他人,禁止承包单位将其承包的全部建筑工程肢解以后以分包的名义分别转包给他人。

③建筑工程总承包单位可以将承包工程中的部分工程发包给具有相应资质条件的分包单位;但是,除总承包合同约定的分包外必须经建设单位认可。

4. 建筑工程监理

国家推行建筑工程监理制度。国务院可以规定实行强制监理的建筑工程的范围。

1)监理业务的委托

实行监理的建筑工程,由建设单位委托具有相应资质条件的工程监理单位监理。建设单位与其委托的监理单位应当订立书面委托监理合同。工程监理单位应当在其资质等级许可的范围内,承担工程监理业务。

2)监理单位的业务范围

①建筑工程监理应当依照法律、行政法规及有关的技术标准、设计文件和建筑工程承包合同,对承包单位在施工质量、建设工期和建设资金使用等方面,代表建设单位实施监督。

②工程监理人员认为工程施工不符合工程设计要求、施工技术标准和合同约定的,有权要求建筑施工企业改正。

③工程监理人员发现工程设计不符合建筑工程质量标准或者合同约定的,应当报告建设单位要求设计单位改正。

3)监理活动的管理

①实施建筑工程监理前,建设单位应当将委托的工程监理单位、监理的内容及监理权限,书面通知被监理的建筑施工企业。

②工程监理单位应当根据建设单位的委托,客观、公正地执行监理任务。

③工程监理单位与被监理工程的承包单位以及建筑材料、建筑构配件和设备供应单位不得有隶属关系或者其他利害关系。

④工程监理单位不得转让工程监理业务。

4)监理单位的法律责任

①工程监理单位不按照委托监理合同的约定履行监理义务,对应当监督检查的项目不检查或者不按照规定检查,给建设单位造成损失的,应当承担相应的赔偿责任。

②工程监理单位与承包单位串通,为承包单位谋取非法利益,给建设单位造成损失的,应当与承包单位承担连带赔偿责任。

5. 建筑安全生产管理

1)建筑安全生产的预防

①建筑工程安全生产管理必须坚持安全第一、预防为主的方针。建立健全安全生产的责任制度和群防群治制度。

②建筑工程设计应当符合按照国家的建筑安全规程和技术规范,保证工程的安全性能。

③建筑施工企业应当建立健全劳动安全生产教育培训制度,加强对职工安全生产的教育和培训;未经安全生产教育培训的人员,不得上岗作业。

2)建筑安全生产的措施

①建筑施工企业在编制施工组织设计时,应当根据建筑工程的特点制定相应的安全技术措施,对专业性较强的工程项目,应当编制专项安全施工组织设计,并采取安全技术措施。

②建筑施工企业应当在施工现场采取维护安全,防范危险,预防火灾等措施;有条件的应当对施工现场实行封闭管理。施工现场对毗邻的建筑物、构筑物和特殊作业环境可能造成损害的,建筑施工企业应当采取安全防护措施。

③建设单位应当向建筑施工企业提供与施工现场相关的地下管线资料,建筑施工企业应当采取措施加以保护。

④建筑施工企业应当遵守有关环境保护和安全生产方面的法律、法规的规定,采取控制和处理施工现场的各种粉尘、废气、废水、固体废物以及噪声、振动对环境的污染和危害的措施。

3)建筑安全生产的报批

有下列情形之一的,建设单位应当按照国家有关规定办理申请批准手续。

①需要临时占用规划批准范围以外场地的。

②可能损坏道路、管线、电力、邮电通讯等公共设施的。

③需要临时停水、停电、中断道路交通的。

④需要进行爆破作业的。

⑤法律、法规规定需要办理报批手续的其他情况。

4)建筑安全生产管理制度

①施工现场安全由建筑施工企业负责。实行总承包的,由总承包单位负责。分包单位向总承包单位负责,服从总承包单位对施工现场的安全生产管理。

②建筑施工企业必须为从事危险作业的职工办理意外伤害保险,支付保险费。

③涉及建筑主体和承重结构变动的装修工程,建设单位应当在施工前委托原设计单位或者具有相应资质条件的设计单位提出设计方案;没有设计方案的,不得施工。

6. 建筑工程质量管理

1)建设工程主体的监督管理制度

建筑工程主体是指建设工程的参与者,它包括:建设单位,勘察、设计单位,监理单位,施工单位,材料设备供应单位等。国家对建筑工程主体实行资格等级认证制度、工程师注册制度、从业许可证制度和监督备案制度,从工程建设主体的源头对工程质量进行有效控制。

2)建设工程的承包与分包管理制度

建筑工程实行总承包制度,工程质量由总承包单位负责,总承包单位将建筑工程分包给其他单位,应当对分包工程的质量与分包单位承担连带责任。分包单位应当接受总承包单位的质量管理。

3)建设单位的质量责任与义务

建设单位不得以任何理由,要求建筑设计单位或者建筑施工企业在工程设计或者施工作业中,违反法律、行政法规和建筑工程质量、安全标准,降低工程质量。不得压缩合同规定的工期。

4)施工单位的质量责任与义务

建筑施工企业对工程的施工质量负责。建筑施工企业必须按照工程设计图纸和施工技术标准施工,不得偷工减料。工程设计的修改由原设计单位负责,建筑施工企业不得擅自修改工程设计。建筑施工企业必须按照工程设计要求、施工技术标准和合同的约定,对建筑材料、建筑构配件和设备进行检验,不合格的不得使用。

5)工程竣工验收管理

建筑工程竣工验收合格后,方可交付使用;未经验收或者验收不合格的,不得交付使用。

6)质量保修管理制度

建筑物在合理寿命内,必须确保地基基础工程和主体结构工程的质量。建筑工程实行质量保修制度。建筑工程的保修范围应当包括地基基础工程、主体结构工程、屋面防水工程和其他土建工程,以及电气管线、上下水管线的安装工程,供热、供冷系统工程等项目;保修的期限应当按照保证建筑物在合理寿命年限内正常使用,维护使用者合法权益的原则确定。具体的保修范围和最低的保修期限由国务院规定。见国务院《建筑工程质量管理条例》规定。

7)社会监督制度

任何单位和个人对建筑工程的质量事故、质量缺陷都有权向建设行政主管部门或者其他有关部门检举、控告、投诉。

【例 7.2-9】 发现工程质量事故或缺陷,(　　)有权向有关行政主管部门报告。

(A)项目作业人员　　(B)项目负责人

(C)施工现场所有人员　　(D)任何单位和个人

解:社会监督制度规定,任何单位和个人对建筑工程的质量事故,质量缺陷都有权向建设行政主管部门或者其他有关部门检举、控告、投诉。答案为(D)。

7.2.6 中华人民共和国城市房地产管理法

1. 立法宗旨

①为了加强对城市房地产的管理,维护房地产市场秩序,保护房地产权利人的合法权益,促进房地产业的健康发展。

②国家依法实行国有土地有偿、有限期使用制度。但是国家在本法规定的范围内划拨国有土地使用权的除外。

③国家根据社会、经济发展水平,扶持发展居民住宅建设,逐步改善居民的居住条件。

④房地产权利人应当遵守法律和行政法规,依法纳税。房地产权利人的合法权益受法律保护,任何单位和个人不得侵犯。

2. 房地产开发用地

房地产开发用地分为土地使用权出让和土地使用权划拨两种形式。

1)土地使用权出让

土地使用权出让是指国家将国有土地使用权在一定年限内出让给土地使用者,由土地使用者向国家支付土地使用权出让金的行为。

(1)土地使用权出让的条件

①国有土地使用权可以有偿出让。

②城市规划区内的集体所有土地,经依法征用转为国有土地后,该区内国有土地的使用权方可有偿出让。

③土地使用权出让,必须符合土地利用总体规划、城市规划和年度建设用地计划。

④土地使用权出让最高年限由国务院规定。

(2)土地使用权出让的方式

①土地使用权出让可以采取拍卖、招标或者双方协议的方式。商业、旅游、娱乐和豪华住

宅用地,有条件的,必须采取拍卖、招标方式;没有条件,不能采取拍卖、招标方式的,可以采取双方协议的方式。采取双方协议方式出让土地使用权的出让金不得低于按国家规定所确定的最低价。

②土地使用权出让,应当签订书面出让合同。土地使用权出让合同由市、县人民政府土地管理部门与土地使用者签订。

2)土地使用权划拨

土地使用权的划拨是指县级以上人民政府依法批准,在土地使用者缴纳补偿、安置等费用后将该土地交付其使用,或者将土地使用权无偿交付给土地使用者使用的行为。

①以划拨方式取得的土地使用权,除法律、行政法规另有规定外,没有使用期限的限制。

②确属必需的建设用地的土地使用权,可以由县级以上人民政府依法批准划拨:a. 国家机关用地和军事用地;b. 城市基础设施用地和公益事业用地;c. 国家重点扶持的能源、交通、水利等项目用地;d. 法律、行政法规规定的其他用地。

7.3 勘察设计管理条例

7.3.1 建设工程勘察设计文件的编制与实施

编制建设工程勘察、设计文件,应当以相关规定为依据:①项目批准文件;②城市规划;③工程建设强制性标准;④国家规定的建设工程勘察、设计深度要求。铁路、交通、水利等专业建设工程,还应当以专业规划的要求为依据。

7.3.2 罚则

①未经注册,擅自以注册建设工程勘察、设计人员的名义从事建设工程勘察、设计活动的,责令停止违法行为,没收违法所得,处违法所得 2 倍以上 5 倍以下罚款;给他人造成损失的,依法承担赔偿责任。

②建设工程勘察、设计注册执业人员和其他专业技术人员未受聘于一个建设工程勘察、设计单位或者同时受聘于两个以上建设工程勘察、设计单位,从事建设工程勘察、设计活动的,责令停止违法行为,没收违法所得,处违法所得 2 倍以上 5 倍以下的罚款;情节严重的,可以责令停止执行业务或者吊销资格证书;给他人造成损失的,依法承担赔偿责任。

③发包方将建设工程勘察、设计业务发包给不具有相应资质等级的建设工程勘察、设计单位的,责令改正,处 50 万元以上 100 万元以下的罚款。

④建设工程勘察、设计单位将所承揽的建设工程勘察、设计转包的,责令改正,没收违法所得,处合同约定的勘察费、设计费 25%以上 50%以下的罚款,可以责令停业整顿,降低资质等级;情节严重的,吊销资质证书。

7.3.3 勘察设计资质分类和分级

建设工程勘察、设计资质分为工程勘察资质、工程设计资质。

①工程勘察资质分为工程勘察综合资质、工程勘察专业资质、工程勘察劳务资质。工程勘察综合资质只设甲级;工程勘察专业资质根据工程性质和技术特点设立类别和级别;工程勘察劳务资质不分级别。取得工程勘察综合资质的企业,承接工程勘察业务范围不受限制;取得工程勘察专业资质的企业,可以承接同级别相应专业的工程勘察业务;取得工程勘察劳务资质的

企业,可以承接岩土工程治理、工程钻探、凿井工程勘察劳务工作。

②工程设计资质分为工程设计综合资质、工程设计行业资质、工程设计专项资质。工程设计综合资质只设甲级;工程设计行业资质和工程设计专项资质根据工程性质和技术特点设立类别和级别。取得工程设计综合资质的企业,其承接工程设计业务范围不受限制;取得工程设计行业资质的企业,可以承接同级别相应行业的工程设计业务;取得工程设计专项资质的企业,可以承接同级别相应的专项工程设计业务。取得工程设计行业资质的企业,可以承接本行业范围内同级别的相应专项工程设计业务,不需再单独领取工程设计专项资质。

7.4 建设工程质量管理条例

7.4.1 必须实行监理的建设工程

①国家重点建设工程;②大中型公用事业工程;③成片开发建设的住宅小区工程;④利用外国政府或者国际组织贷款、援助资金的工程;⑤国家规定必须实行监理的其他工程。

7.4.2 建设工程质量保修

①建设工程承包单位在向建设单位提交工程竣工验收报告时,应当向建设单位出具质量保修书。质量保修书中应当明确建设工程的保修范围、保修期限和保修责任等。

②在正常使用条件下,建设工程的最低保修期限为:a. 基础设施工程、房屋建筑的地基基础工程和主体结构工程,为设计文件规定的该工程的合理使用年限;b. 屋面防水工程、有防水要求的卫生间、房间和外墙面的防渗漏,为 5 年;c. 供热与供冷系统,为 2 个采暖期、供冷期;d. 电气管线、给排水管道、设备安装和装修工程,为 2 年。

③其他项目的保修期限由发包方与承包方约定。建设工程的保修期,自竣工验收合格之日起计算。

7.5 建设工程安全管理条例

7.5.1 安全生产责任

1. 建设单位的安全责任

建设单位应当将拆除工程发包给具有相应资质等级的施工单位。

建设单位应当在拆除工程施工 15 日前,将下列资料报送建设工程所在地的县级以上地方人民政府建设行政主管部门或者其他有关部门备案:①施工单位资质等级证明;②拟拆除建筑物、构筑物及可能危及毗邻建筑的说明;③拆除施工组织方案;④堆放、清除废弃物的措施。

实施爆破作业的,应当遵守国家有关民用爆炸物品管理的规定。

2. 勘察、设计、工程监理及其他有关单位的安全责任

①出租的机械设备和施工机具及配件,应当具有生产(制造)许可证、产品合格证;出租单位应当对出租的机械设备和施工机具及配件的安全性能进行检测,在签订租赁协议时,应当出具检测合格证明。禁止出租检测不合格的机械设备和施工机具及配件。

②检验检测机构对检测合格的施工起重机械和整体提升脚手架、模板等自升式架设设施,应当出具安全合格证明文件,并对检测结果负责。

3. 施工单位的安全责任

①施工单位应当在施工组织设计中编制安全技术措施和施工现场临时用电方案，对达到一定规模的危险性较大的分部分项工程编制专项施工方案，并附具安全验算结果，经施工单位技术负责人、总监理工程师签字后实施，由专职安全生产管理人员进行现场监督。这些工程包括：a. 基坑支护与降水工程；b. 土方开挖工程；c. 模板工程；d. 起重吊装工程；e. 脚手架工程；f. 拆除、爆破工程；g. 国务院建设行政主管部门或者其他有关部门规定的其他危险性较大的工程。对前款所列工程中涉及深基坑、地下暗挖工程、高大模板工程的专项施工方案，施工单位还应当组织专家进行论证、审查。

②施工单位采购、租赁的安全防护用具、机械设备、施工机具及配件，应当具有生产（制造）许可证、产品合格证，并在进入施工现场前进行查验。施工现场的安全防护用具、机械设备、施工机具及配件必须由专人管理，定期进行检查、维修和保养，建立相应的资料档案，并按照国家有关规定及时报废。

7.5.2 安全生产教育培训

①施工单位的主要负责人、项目负责人、专职安全生产管理人员应当经建设行政主管部门或者其他有关部门考核合格后方可任职。

②施工单位应当对管理人员和作业人员每年至少进行一次安全生产教育培训，其教育培训情况记入个人工作档案。安全生产教育培训考核不合格的人员，不得上岗。

③作业人员进入新的岗位或者新的施工现场前，应当接受安全生产教育培训。未经教育培训或者教育培训考核不合格的人员，不得上岗作业。

④施工单位在采用新技术、新工艺、新设备、新材料时，应当对作业人员进行相应的安全生产教育培训。

7.6 中华人民共和国节约能源法

7.6.1 总则

1. 立法宗旨

为了推进全社会节约能源，提高能源利用效率和经济效益，保护环境，保障国民经济和社会的发展，满足人民生活需要，制定本法。

2. 名词解释

①能源：是指煤炭、原油、天然气、电力、焦炭、煤气、热力、成品油、液化石油气、生物质能和其他直接或者通过加工、转换而取得有用能的各种资源。

②节能：是指加强用能管理，采取技术上可行、经济上合理以及环境和社会可以承受的措施，减少从能源生产到消费各个环节中的损失和浪费，更加有效、合理地利用能源。

7.6.2 节能管理

国家对重点用能单位要加强节能管理。重点用能单位是指：①年综合能源消耗总量 1 万吨标准煤以上的用能单位；②国务院有关部门或者省、自治区、直辖市人民政府管理节能工作的部门指定的年综合能源消耗总量 5 000 吨以上不满 1 万吨标准煤的用能单位。

7.6.3 节能技术进步

国家鼓励发展各种通用节能技术:①推广热电联产、集中供热,提高热电机组的利用率,发展热能梯级利用技术,热、电、冷联产技术和热、电、煤气三联供技术,提高热能综合利用率;②逐步实现电动机、风机、泵类设备和系统的经济运行,发展电机调速节电和电力电子节电技术,开发、生产、推广质优、价廉的节能器材,提高电能利用效率;③发展和推广适合国内煤种的流化床燃烧、无烟燃烧和气化、液化等洁净煤技术,提高煤炭利用效率;④发展和推广其他在节能工作中证明技术成熟、效益显著的通用节能技术。

7.7 勘察设计职工职业道德

①发扬爱国、爱岗、敬业精神,既对国家负责同时又为企业服好务。珍惜国家资金、土地、能源、材料设备,力求取得更大的经济、社会和环境效益。

②坚持质量第一,遵守各项勘察设计标准、规范、规程,防止重产值轻质量的倾向,确保公众人身及财产安全,对工程质量负责到底。

③钻研科学技术,不断采用新技术、新工艺,推动行业技术进步;树立正派学风,不搞技术封锁,不剽窃他人成果,采用他人成果要标明出处,尊重他人的正当技术、经济权利。

7.8 特种设备安全监察条例

7.8.1 基本规定

①特种设备是指涉及生命安全、危险性较大的锅炉、压力容器(含气瓶,下同)、压力管道、电梯、起重机械、客运索道、大型游乐设施。

②特种设备安全监督管理部门:国务院特种设备安全监督管理部门负责全国特种设备的安全监察工作,县以上地方负责特种设备安全监督管理的部门对本行政区域内特种设备实施安全监察。

7.8.2 特种设备生产规定

锅炉、压力容器、电梯、起重机械、客运索道、大型游乐设施及其安全附件、安全保护装置的制造、安装、改造单位,以及压力管道用管子、管件、阀门、法兰、补偿器、安全保护装置等(以下简称压力管道元件)的制造单位,应当经国务院特种设备安全监督管理部门许可,方可从事相应的活动。

特种设备的制造、安装、改造单位应当具备的条件:

①有与特种设备制造、安装、改造相适应的专业技术人员和技术工人;

②有与特种设备制造、安装、改造相适应的生产条件和检测手段;

③有健全的质量管理制度和责任制度。

7.8.3 特种设备使用规定

锅炉、压力容器、电梯、起重机械、客运索道、大型游乐设施的作业人员及其相关管理人员,应当按照国家有关规定经特种设备安全监督管理部门考核合格,取得国家统一格式的特种作业人员证书,方可从事相应的作业或者管理工作。

7.8.4 名词解释

1. 锅炉

锅炉是指利用各种燃料、电或者其他能源,将所盛装的液体加热到一定的参数,并承载一定压力的密闭设备,其范围规定为容积大于或者等于 30 L 的承压蒸气锅炉;出口水压大于或者等于 0.1 MPa(表压),且额定功率大于或者等于 0.1 MW 的承压热水锅炉;有机热载体锅炉。

2. 压力容器

压力容器是指盛装气体或者液体,承载一定压力的密闭设备,其范围规定为最高工作压力大于或者等于 0.1 MPa(表压),且压力与容积的乘积大于或者等于 2.5 MPa·L 的气体、液化气体和最高工作温度高于或者等于标准沸点的液体的固定式容器和移动式容器;盛装公称工作压力大于或者等于 0.2 MPa(表压),且压力与容积的乘积大于或者等于 1.0 MPa·L 的气体、液化气体和标准沸点等于或者低于 60 ℃液体的气瓶、氧舱等。

3. 压力管道

压力管道是指利用一定的压力,用于输送气体或者液体的管状设备,其范围规定为最高工作压力大于或者等于 0.1 MPa(表压)的气体、液化气体、蒸气介质或者可燃、易爆、有毒、有腐蚀性、最高工作温度高于或者等于标准沸点的液体介质,且公称直径大于 50 mm 的管道。

【例 7.8-1】 盛装气体或者液体,承载一定压力的密闭设备是指(　　)。

(A)锅炉　　(B)储油罐　　(C)压力管道　　(D)氧气瓶

解:锅炉,是指利用各种燃料、电或者其他能源,将所盛装的液体加热到一定的参数,并承载一定压力的密闭设备;压力管道,是指利用一定的压力,用于输送气体或者液体的管状设备;压力容器,是指盛装气体或者液体,承载一定压力的密闭设备,选项中只有氧气瓶属于压力容器。答案为(D)。

仿真习题

7.1 有关基本建设、建筑、房地产、城市规划、环境保护、安全及节能的法律法规

7-1 1999 年 8 月 30 日通过的《中华人民共和国招投标法》,规定招标分为(　　)。

(A)公开招标、邀请招标　　(B)公开招标、议标

(C)公开招标、邀请招标 、议标　　(D)邀请招标、议标

7-2 投标人和中标人应当自(　　),按照招标文件和中标人的投标文件订立书面合同。

(A)中标通知书发出之日起 15 日内　　(B)确定中标人之日起 30 日内

(C)确定中标人之日起 15 日内　　(D)中标通知书发出之日起 30 日内

7-3 城市新区开发和旧区改建必须坚持的原则是(　　)。

(A)加强维护　　(B)合理利用　　(C)统一规划　　(D)逐步改善

7-4 向已有地方污染物排放标准的区域排放污染物的应当执行(　　)。

(A)国际标准　　(B)国家标准　　(C)行业标准　　(D)地方标准

7-5 凡排放有毒有害废水、废气、废渣(液)、恶臭、噪声、放射性元素等物质或因素的建设项目,严禁在城市规划确定的(　　)区域内选址。

①生活居住区;②文教区;③水源保护区;④名胜古迹;⑤风景游览区;⑥温泉;⑦疗养区;

⑧自然保护区

(A)①②③④⑤⑥⑦⑧　　(B)①③④⑤⑥⑦⑧

(C)①②③⑤⑧　　(D)①③⑤⑥⑦⑧

7-6　大气污染防治重点城市由(　　)划定。

(A)大城市人民政府　　(B)省、自治区、直辖市人民政府

(C)国家环境保护行政主管部门　　(D)国务院

7-7　水体污染源不包括(　　)。

(A)工业污染源　　(B)生活污染源　　(C)农业污染源　　(D)城市污染源

7-8　国家规定向水体排放的废水被禁止的是(　　)。

(A)中放射性物质的废水　　(B)低放射性物质的废水

(C)余热废水　　(D)向农田灌溉渠道排放的城市污水

7-9　建设项目投入试生产之日起(　　),内向审批该建设项目环境影响报告书的环境保护行政主管部门申请该建设项目需要配套建设的环境保护设施竣工验收。

(A)6个月　　(B)2个月　　(C)3个月　　(D)30日

7-10　施工现场白天施工电锯的噪声限值是(　　)dB(A)。

(A)65　　(B)70　　(C)75　　(D)85

7-11　某工程因某些原因不能按规定开工,需要申请延期5个月,有关审批部门可以(　　)。

(A)批准同意延期申请　　(B)批准延期3个月

(C)不能同意延期　　(D)只批准延期这一次

7-12　实施工程监理前,建设单位应当将(　　)书面通知建筑施工单位。

①监理单位②监理内容③监理手段④监理范围

(A)①②③④　　(B)②③④　　(C)①②　　(D)①②④

7-13　建筑施工企业必须为(　　)办理意外伤害保险,支付保险费。

(A)从事危险作业的职工　　(B)现场第一线的职工

(C)现场所有与工程有关的人员　　(D)与工程无关的第三人

7-14　工程总承包单位对于由分包单位造成的分包工程的质量问题应当(　　)。

(A)承担法律责任　　(B)与分包单位承担连带责任

(C)不承担责任　　(D)与分包单位按分包合同比例承担责任

7-15　我国土地使用权出让的方式包括(　　)。

①拍卖出让;②征用;③招标出让;④协议出让

(A)①②③④　　(B)②③④　　(C)①③④　　(D)①②④

7-16　不可以进行划拨土地的是(　　)。

(A)军事用地　　(B)政府用地

(C)城市基础设施用地　　(D)城市开发用地

7-17　工程设计资质包括(　　)。

(A)专业资质　　(B)劳务资质　　(C)行业资质　　(D)总承包

7-18　工程建设必须实行监理的范围:(　　)。

①大、中型工程项目;②市政公用工程项目;③政府投资兴建和开发建设的办公楼、社会发

展事业项目和住宅工程项目；④外资、中外合资、国外贷款、赠款建设的工程项目；⑤国家银行贷款投资的项目

(A)①②③　　(B)②③⑤　　(C)①②③④　　(D)②③④⑤

7-19　施工单位还可以不组织专家进行论证、审查的项目是(　　)。

(A)土方开挖工程　　(B)起重吊装工程　　(C)高大模板工程　　(D)拆除、爆破工程

7-20　从事压力管道管件、阀门等配件的生产单位应当经(　　)许可，方可生产。

(A)国务院特种设备安全监督管理部门

(B)省、自治区、直辖市特种设备安全监督管理部门

(C)县级以上特种设备安全监督管理部门

(D)特种设备所在地县级以上特种设备安全监督管理部门

7.2　职业道德与行为规范

7-21　下列行为中不符合人员行为准则的是(　　)。

(A)不私下接触投标人

(B)客观公正地提出个人评审意见

(C)评标前不打听投标的情况

(D)对投标人的疑问可以在评标结束后向其解释评标的有关情况

7.3　有关设备及安全的标准与规范

7-22　下列厂区压缩空气管道的敷设方式不符合《压缩机空气站设计规范》(GB 50029—2014)的是(　　)。

(A)应根据气象、水文、地质、地形等条件确定

(B)应根据施工运行、维修等因素确定

(C)寒冷地区室外架空敷设的压缩空气管道，应采取防冻措施

(D)工作温度大于 95 ℃的架空压缩空气管道，应有冷却措施

习题答案

7-1(A)

7-2(D)。投标人和中标人应当自中标通知书发出之日起 30 日内，按照招标文件和中标人的投标文件订立书面合同。

7-3(C)　7-4(D)

7-5(A)。建设项目选址的原则：①凡排放有毒有害废水、废气、废渣(液)、恶臭、噪声、放射性元素等物质或因素的建设项目，严禁在城市规划确定的生活居住区、文教区、水源保护区、名胜古迹、风景游览区、温泉、疗养区和自然保护区等界区内选址；②铁路、公路等的选线，应尽量减轻对沿途自然生态的破坏和污染；③排放有毒有害气体的建设项目应布置在生活居住区污染系数最小方位的上风测；排放有毒有害废水的建设项目应布置在当地生活饮用水水源的下游。

7-6(D)

7-7(D)。水体污染源包括工业污染源、生活污染源、农业污染源等。

7-8(A)　7-9(C)　7-10(B)

7-11(B)。建设单位应当自领取施工许可证之日起 3 个月内开工。因故不能按期开工

的，应当向发证机关申请延期；延期以 2 次为限，每次不超过 3 个月。既不开工又不申请延期或者超过延期时限的，施工许可证自行废止。

7-12（C）。实施建筑工程监理前，建设单位应当将委托的工程监理单位、监理的内容及监理权限，书面通知被监理的建筑施工企业。

7-13（A）

7-14（B）。建筑工程实行总承包制度，工程质量由总承包单位负责，总承包单位将建筑工程分包给其他单位，应当对分包工程的质量与分包单位承担连带责任。

7-15（C）。土地使用权出让的方式有：土地使用权出让可以采取拍卖、招标或者双方协议的方式。商业、旅游、娱乐和豪华住宅用地，有条件的，必须采取拍卖、招标方式；没有条件，不能采取拍卖、招标方式的，可以采取双方协议的方式。采取双方协议方式出让土地使用权的出让金不得低于按国家规定所确定的最低价。

7-16（D）。下列建设用地的土地使用权，确属必需的，可以由县级以上人民政府依法批准划拨：①国家机关用地和军事用地；②城市基础设施用地和公益事业用地；③国家重点扶持的能源、交通、水利等项目用地；④法律、行政法规规定的其他用地。

7-17（C）

7-18（C）。下列建设工程必须实行监理：①国家重点建设工程；②大中型公用事业工程；③成片开发建设的住宅小区工程；④利用外国政府或者国际组织贷款、援助资金的工程；⑤国家规定必须实行监理的其他工程。

7-19（C）

7-20（A）。锅炉、压力容器、电梯、起重机械、客运索道、大型游乐设施及其安全附件、安全保护装置的制造、安装、改造单位，以及压力管道用管子、管件、阀门、法兰、补偿器、安全保护装置等（以下简称压力管道元件）的制造单位，应当经国务院特种设备安全监督管理部门许可，方可从事相应的活动。

7-21（D）　7-22（D）

参考文献

[1] 谭羽非,吴家正,朱彤,等. 工程热力学 [M]. 6 版. 北京:中国建筑工业出版社,2016.
[2] 何雅玲. 工程热力学精要分析及典型题解(新版)[M]. 西安:西安交通大学出版社,2008.
[3] 裴清清. 全国勘察设计注册公用设备工程师基础考试复习题集(暖通空调专业)[M]. 北京:中国建筑工业出版社,2004.
[4] 章熙民,朱彤,安青松,等. 传热学[M]. 6 版. 北京:中国建筑工业出版社,2014.
[5] 陶文铨. 传热学[M]. 5 版. 北京:高等教育出版社,2019.
[6] 王秋旺,曾敏. 传热学要点与解题[M]. 西安:西安交通大学出版社,2006.
[7] 蔡增基,龙天渝. 流体力学泵与风机[M].5 版. 北京:中国建筑工业出版社,2009.
[8] 禹华谦. 工程流体力学新型习题集[M]. 天津:天津大学出版社,2006.
[9] 夏泰淳. 工程流体力学习题解析[M]. 上海:上海交通大学出版社,2006.
[10] 伍悦滨,王芳. 工程流体力学泵与风机[M].2 版. 北京:化学工业出版社,2016.
[11] 程军,赵毅山. 流体力学学习方法及解题指导[M]. 上海:同济大学出版社,2004.
[12] 董景新,赵长德,郭美凤,等. 控制工程基础[M].4 版. 北京:清华大学出版社,2015.
[13] 连国钧. 动力控制工程[M]. 西安:西安交通大学出版社,2001.
[14] 刘耀浩. 空调与供热的自动化 [M]. 天津:天津大学出版社,1993.
[15] 张子慧. 热工测量与自动控制[M]. 北京:中国建筑工业出版社,1996.
[16] 俞小莉,严兆大. 热能与动力机械测试技术[M].3 版. 北京:机械工业出版社,2018.
[17] 吕崇德. 热工参数测量与处理[M].2 版. 北京:清华大学出版社,2015.
[18] 关水生. 热工测量及仪表[M].2 版. 北京:中国电力出版社,1995.
[19] 张子慧. 热工测量与自动调节[M]. 北京:中国建筑工业出版社,1996.
[20] 叶江棋. 热工仪表和控制设备的安装[M].2 版. 北京:水利电力出版社,1998.
[21] 唐明辉,陶承志. 热工自动控制仪表[M]. 北京:水利电力出版社,1990.
[22] 陈翼九. 热工测量及仪表习题集[M]. 北京:水利电力出版社,1993.
[23] 张策. 机械原理与机械设计[M].3 版. 北京:机械工业出版社,2019.
[24] 杨可桢,程光蕴,李仲生,等. 机械设计基础[M] .7 版. 北京:高等教育出版社,2020.